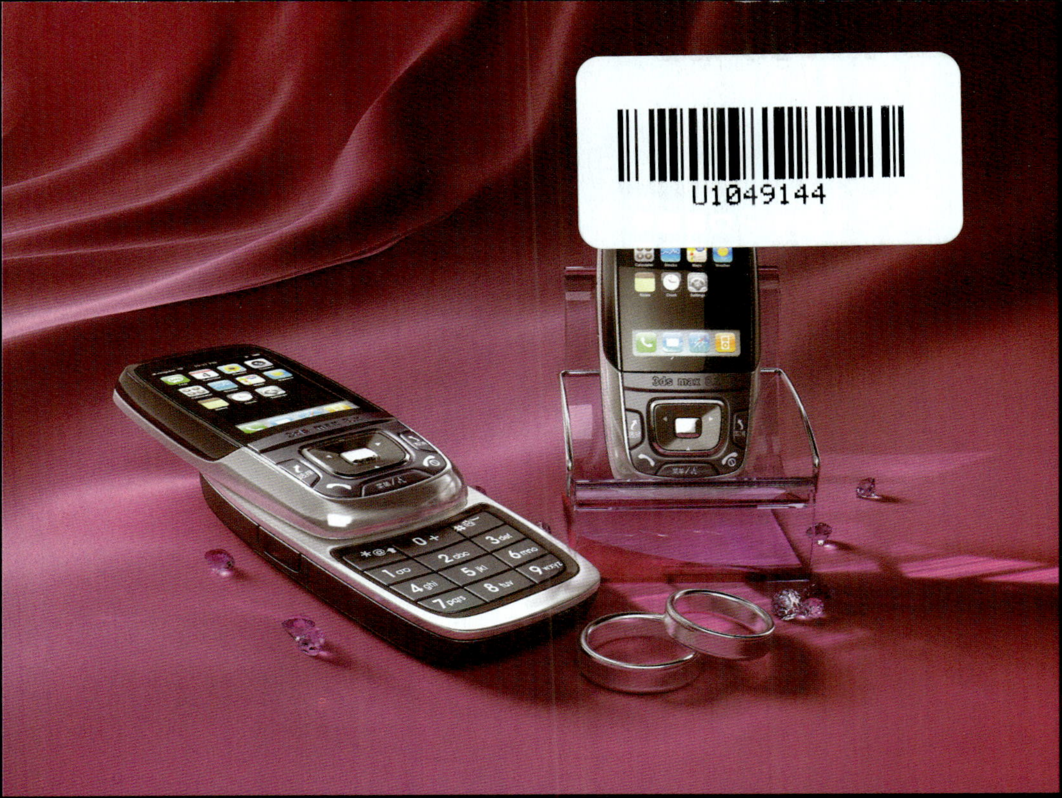

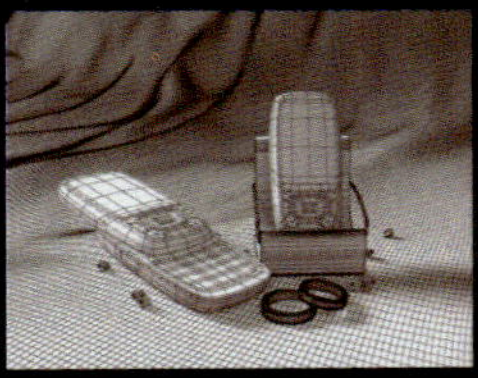

案例名称：手机渲染实例

所在章节：第6章\6.1节

案例名称：汽车造型渲染实例

所在章节：第6章\6.3节

案例名称：中式卧室空间实例　　所在章节：第7章\7.1节

案例名称：中式客厅空间实例　　所在章节：第7章\7.2节

案例名称：欧式客厅空间实例
所在章节：第8章\8.1节

案例名称：欧式卧室空间实例
所在章节：第8章\8.2节

案例名称：欧式大客厅　　　所在章节：第9章

案例名称：中式餐厅　　所在章节：第10章

案例名称：办公大厅　　所在章节：第11章

案例名称：现代会议室　　所在章节：第12章

完美视界

3ds Max+VRay 材质、灯光与效果图渲染技术精粹

点智文化 编著

化学工业出版社
·北京·

本书是一本专门讲解 VRay 材质、灯光与效果图渲染的图书，采用了相关知识和案例相结合的方式进行介绍。在前 5 个章节中，分别讲解了 VRay 的灯光、材质与详细的渲染参数；后面的 7 个章节，通过 9 个综合实例讲解了使用 VRay 软件渲染工业产品及各类室内空间的创作方法及操作过程。

本书附赠一张 DVD 素材光盘，其中包含了本书所有案例的源文件、贴图、素材、效果图以及部分案例的教学视频，读者可在学习书中案例的制作方法的同时观看视频，以提高学习效率。

本书特别适合希望快速提高工业产品效果图及室内效果图渲染质量的人员阅读，也可以作为各大中专院校及培训机构相关课程的学习用书。

图书在版编目（CIP）数据

3ds Max+VRay 材质、灯光与效果图渲染技术精粹/点智文化编著．—北京：化学工业出版社，2010.1
（完美“视”界）
ISBN 978-7-122-06456-1
ISBN 978-7-89472-171-6（光盘）

Ⅰ．3…　Ⅱ．点…　Ⅲ．三维-动画-图形软件，3ds Max、VRay　Ⅳ．TP391.41

中国版本图书馆 CIP 数据核字（2009）第 135110 号

责任编辑：王思慧　孙　炜　张素芳　　　　装帧设计：点智文化

出版发行：化学工业出版社（北京市东城区青年湖南街 13 号　邮政编码 100011）
印　　装：北京画中画印刷有限公司
787mm×1092mm　1/16　印张 $24\,^3/_4$　彩插 4　字数 599 千字　2010 年 1 月北京第 1 版第 1 次印刷

购书咨询：010-64518888（传真：010-64519686）　售后服务：010-64518899
网　　址：http://www.cip.com.cn
凡购买本书，如有缺损质量问题，本社销售中心负责调换。

定　　价：88.00 元(含 1DVD-ROM)

丛书序

了解学习阶段

笔者长期从事电脑美术方面的教育与培训工作，在教学过程中一直强调：学习各类电脑设计软件时必须经过3个阶段，对于每一个学习者而言，清楚自己所处的阶段能够使学习更有针对性。

第1阶段是学习软件基础知识，重点任务是学习软件的基础理论，为以后的深入学习打下坚实的基础。这些基础包括理论也包括实践操作。

第2阶段是练习软件基础操作技能、掌握操作技巧。本阶段最重要的任务是“练”，即通过大量练习融会贯通第1阶段所学的基础知识与理论，并在练习过程中掌握各个软件的操作技巧，积累操作经验。

第3阶段是将各种软件应用到实际的工作与生活中，例如，使用Photoshop处理数码照片，完成广告、海报、包装等平面设计项目，使用3ds Max与VRay渲染室内外效果图。在这个过程中，由于面对的工作任务大多数是全新的，因此不但需要工作者具备对软件技术融会贯通、灵活运用的能力，而且能够找到合适的技术表现自己的设计和创意。

对于大多数学习者而言，第2阶段是漫长且必不可少的，因此学习时需要一定的耐心和恒心。

丛书介绍

本套丛书是面向处于第2阶段及希望快速掌握第3阶段相关技能、技巧的读者所编写的技术型案例类图书。

丛书的内容聚焦于当前最热门的平面、三维和影视技术，包括Photoshop的特效制作技术、Photoshop图像合成技术、Photoshop肌理制作技术、三维效果图渲染技术、影视后期效果制作技术等。

笔者在通过各个案例讲解这些技术时，秉承精美、实用、全面的原则，从而力求使本套丛书中的每一个案例都能够如丛书的名称《完美“视”界》所表达的信息一样，带给读者完美的视觉享受。

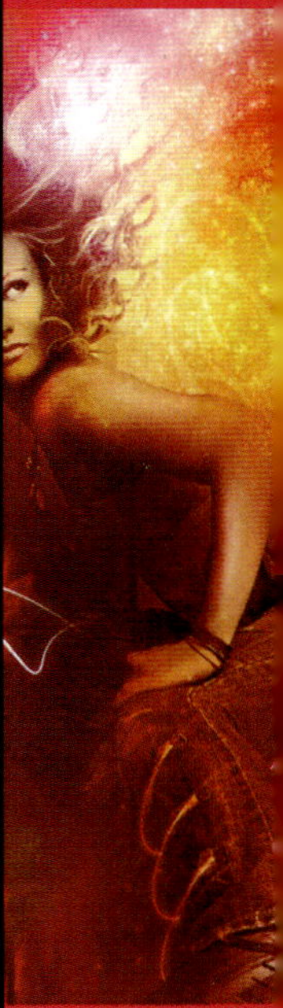

丛书读者定位

本丛书内容丰富、实例经典，写作主旨明确，主要针对具备一定的软件操作基础，但没有太多实际操作经验的学习者，及希望通过学习与练习进入平面设计、三维效果图渲染、影视后期制作的人员。

由于本套丛书案例丰富、实用、精美，也可以作为各大中专院校电脑艺术设计及相关专业和各类培训结构相关课程的教材或参考书。

如何学习本丛书

许多读者在学习案例型图书时，往往流于速读，总希望能够速成，希望通过照猫画虎的练习快速达到精通水平，但结果总是适得其反，根据笔者的教学经验，建议读者按下面的方法使用本书进行学习。

先查看每一个案例的最终效果图，并根据自己的基础默想出要得到此效果应该执行的操作。

（1）对于无法默想出具体步骤的读者，可以按下面的方法学习。

1）翻看案例的操作方法，并仔细学习，研究每一步操作的目的。

2）过半天至一天后，重新制作此案例，但操作时仅翻看效果示例，不再参阅本书的具体操作步骤。

3）反复数次直至能够达到不看书中的操作步骤，也可熟练操作并得到所需的效果。

4）过半天至一天后，重新制作此案例，不再参阅本书的示例效果及操作步骤，完全凭借记忆中的案例效果进行制作。

5）在制作过程中，尽量寻找多种操作思路，但保证效果与示例相同。

6）如果在制作过程中，无法找到多种操作思路，也可以在效果上有所突破，尽量通过改变操作方法得到多种类似效果。

（2）对于能够默想操作步骤的读者，可以按下面的方法学习。

1）按自己的思路进行操作，并对比此操作得到的效果与示例效果的区别。

2）对比自己的操作步骤与书中的操作，并从中找到导致两种效果不同的原因，并认真理解差异的关键因素。

3）过半天至一天后，重新制作此案例，不再参阅本书的示例效果及操作步骤，完全凭借所记忆的案例效果进行制作，并寻找新的创作思路。

按此方法进行学习后，各位读者不仅能够掌握书中的操作精华，而且还能够通过变化操作步骤得到不同的效果，获得举一反三的能力，同时将书中的示例效果作为设计素材积累在脑海中。

另外，要很好地掌握实际操作知识或技能，莫过于将其涉及的知识点或技能、应用方法、常用手法进行分类总结，即通过分析比较具有代表性的个案，将其共性提取出来，再将共性上升为一种理论或规律。如果自己能够初步总结出这些理论或规律，便可以以不变应万变从容应对各种不同的任务，从而提高学习效率与工作质量。

以上所述的方法，笔者曾经应用于教学中，取得了不错的效果，故各位读者也可以按此方法进行学习，如果持之以恒，必有很大的收获。

丛书书目

本丛书包括了平面、三维、影视等热门技术，计划第1批出版的图书详细书目如下。

《Photoshop CS4肌理特效与完美商业应用技术精粹》
《Photoshop CS4视觉特效与图像合成技术精粹》
《Photoshop CS4数码照片后期处理技术精粹》
《Photoshop CS4图层与通道应用技术精粹》
《Photoshop CS4精彩特效制作技术精粹》
《3ds Max+VRay照片级室内家装效果图渲染技术精粹》
《3ds Max+VRay照片级工装与建筑效果图渲染技术精粹》
《3ds Max+VRay材质、灯光与效果图渲染技术精粹》
《Maya+After Effects CS4影视包装技术精粹》

点智文化
2009年2月

前言

VRay灯光、材质的重要性

在当前渲染领域中VRay软件是首选软件，因为此软件拥有真实的光影渲染效果，而获得真实光影渲染效果的核心在于制作整体渲染场景的过程中，无论是为物体赋予材质，还是为场景架设灯光，都需要使用VRay软件自带的材质、灯光，因此掌握VRay的灯光与材质技术对于每一个希望在渲染表现领域更进一步的设计师而言都非常重要。

本书结构

本书正是一本专门讲解VRay灯光、材质与渲染参数方面的理论与实践操作案例的图书，由于当前市场上绝大部分关于VRay的图书，都注重通过案例讲解如何使用此软件进行室内效果图渲染，而VRay软件自身的灯光、材质、渲染技术分析讲解偏少，因此本书以大量篇幅讲解了VRay的灯光、材质与渲染参数。

本书的第1章讲解了VRay软件的渲染参数，如果只希望使用此软件的渲染功能，通过快速学习本章节，可以达到软件的初中级操作水平。

本书从第2章至第5章分别讲解了此软件的灯光、各类材质及特殊功能，内容非常丰富、讲解非常细致，通过学习这些章节，即使对Max材质不甚了解的读者也能够快速上手。

在这些章节中笔者并没有空谈理论，而是给出了丰富的实例，以便于读者学、练结合，快速掌握重点知识。

本书第6章至第12章通过9个案例，分别讲解了如何使用此软件在渲染工业产品、各类室内空间时获得逼真的渲染效果。

其他说明

本书附赠一张DVD素材光盘，光盘包含书中案例模型、贴图等源文件，以及大量丰富的贴图素材、精品模型库，可以节省各位读者大量搜集整理的时间。

另外，本书每一个场景都有光子图文件，调用这些文件，可以使各位读者在学习渲染本书场景时的速度大大

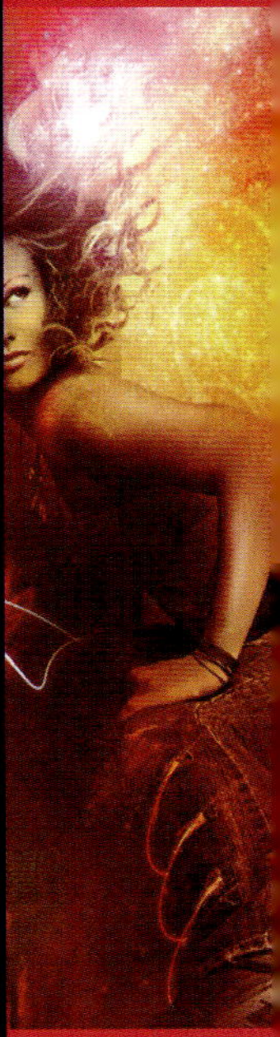

提高。

此外，笔者还邀请了专业的室内渲染技术人员录制了完整案例渲染过程的多媒体教学视频，各位读者可以边看边学，以提高学习效率。

本书的软件编写环境是3ds Max 9.0中文版+VRay 1.5RC3，操作系统是Windows XP SP2，硬件环境是双核AMD 4400 + 2G内存 + 160G高速硬盘 + 128M高速显卡。

如果各位读者打不开本书的场景文件，一个可能是在软件环境方面出了问题，例如，使用3ds Max 8.0或VRay 1.42等与笔者所使用的软件版本不同时，容易出现文件打开错误；此外，如果机器配置过低，例如，内存为1G也可能长时间打不开本书中较大的场景文件。

尽管在讲解案例时尽量使用了通俗易懂的语言并核查了绝大多数案例的步骤，但仍可能存在不当之处，因此建议各位读者在遇到阅读学习困难与笔者以邮件的方式进行交流，笔者的邮件地址是LB26@263.net及LBuser@126.com，我们更多的图书请浏览http://www.dzwh.com.cn。

本书是集体劳动的结晶，参与本书编著的包括以下人员：

雷波、雷剑、吴腾飞、左福、范玉婵、刘志伟、李美、邓冰峰、詹曼雪、黄正、孙美娜、邢海杰、刘小松、陈红艳、徐克沛、吴晴、李洪泽、漠然、李亚洲、佟晓旭、江海艳、董文杰、张来勤、潘光玲、边艳蕊、黄菲、姜玉双、李敏、郤琳琳、卢金凤、李静、肖辉、寿鹏程、管亮、马牧阳、杨冲、张奇、陈志新、刘星龙、马俊南、孙雅丽、孟祥印、李倪、潘陈锡、姚天亮等。

本书所有作品、素材仅供本书购买者练习使用，不得用作其他商业用途。

编者

2009年7月

Contents

目录

1 VRay基础理论

目录 Contents

2 灯光与阴影

3 材质

Contents

目录

4 VRay材质应用实战

目录

Contents

5 置换和毛发修改器

6 工业产品造型展示

7 中式空间

Contents

目录

8 欧式空间

9 欧式大客厅

10 中式餐厅

Contents

目录

11 办公大厅

12 现代会议室

01

第1章 VRay基础理论

1.1 VRay渲染器简介

1.1.1 初步认识强大的VRay渲染器

VRay渲染器是一种真正的光线追踪和全局光渲染器，由于使用简单、操作方便，在国内效果图渲染领域，已经有取代Lightscape等渲染软件的趋势。

VRay渲染器最大的技术特点是其优秀的全局照明（Global Illumination）功能，利用此功能可以在图中得到逼真而又柔和的阴影与光影漫反射效果。

VRay渲染器另一个引人注目的功能是Irradiance Map，此功能可以将全局照明的计算数据以贴图的形式进行渲染，通过智能分析、缓冲和插补，Irradiance Map可以既快又好地达到完美的渲染效果。

近年来VRay渲染器被广泛应用于建筑效果图、电影、游戏等方面，如图1.1所示的精美效果均为渲染大师们使用VRay渲染器渲染的。

图1.1

VRay渲染器不仅仅是一个支持全局照明的渲染器，其内部还集成了众多高级渲染功能，例如，焦散、景深、运动模糊、烘焙贴图、置换贴图、HDRI高级照明等附加功能。如图1.2所示为使用VRay渲染器渲染得到的效果。

图1.2

1.1.2 VRay渲染器的速度优势

对于制作商业效果图的设计师来说，速度和质量是他们的第一生命。在实际工作中，并不会有商业机构无时间限制地让设计师做一张图，因为商业效果图和欣赏效果图不同，欣赏图可以无任何时间、精力限制，只追求最终的欣赏效果即可，但商业效果图是用于产生商业价值的，所以必须在所规定的时间内完成，否则就无法体现其价值。

而出图速度快正是VRay渲染器的一大特点，采用Quasi-Monte Carlo算法的渲染器，其渲染速度本身就比采用Radiosity算法的Lightscape渲染器要快得多。

除了渲染速度快，VRay渲染器还提供了发光贴图（Irradiance Map）供用户调用，简单地说，发光贴图就是可以对低像素（640×480）图像的光源照射进行运算，加载到高像素（3200×2400）的图像中去，高像素图像无需再进行复杂的光照运算，从而使渲染速度提高几倍。

VRay渲染器是直接作为3ds Max的一个插件开发成型的，所以和3ds Max中的模型、材质、灯光等都可以非常好的兼容，即可以直接在3ds Max软件中建立模型，然后激活VRay渲染器开始渲染，非常方便。

其核心的Global Illumination技术可以智能化地识别模型和模型之间的相交面，并且只计算可见面的受光影响。

VRay渲染器还特别加入了VRay专用的材质、灯光和阴影。使用这些材质、灯光和阴影，在进行渲染时，不仅可以获得更好的效果，还可以使渲染速度得到相应的提高。

1.2 激活VRay渲染器

本书案例全部采用功能比较完善的V-Ray Adv 1.5 RC3版本和3ds Max 9.0正式中文版进行制作。由于3ds Max在渲染时使用的是自身默认的渲染器，所以要手动设置VRay渲染器为当前渲染器，具体操作步骤如下。

Step 01 正确安装VRay渲染器，打开3ds Max 9.0中文版，在主工具栏中单击（渲染场景对话框）按钮，弹出“渲染场景”对话框，此时公用面板的“指定渲染器”卷展栏中提示的默认渲染器为默认扫描线渲染器，如图1.3所示。

Step 02 单击“产品级”文本框右侧的...按钮，弹出“选择渲染器”对话框，在这个对话框中可以看到已经安装好的V-Ray Adv 1.5 RC3渲染器，如图1.4所示。

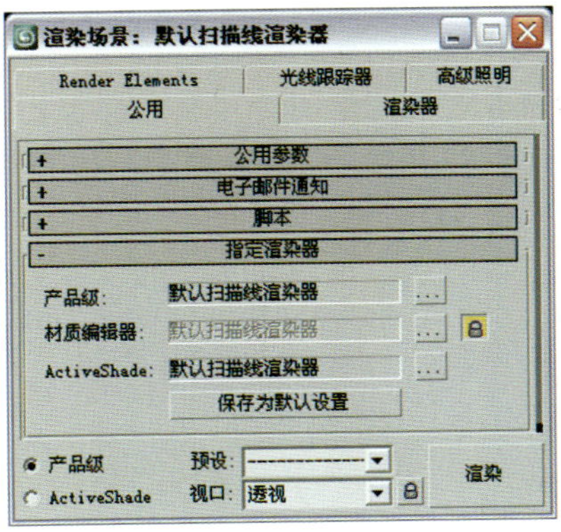

图1.3

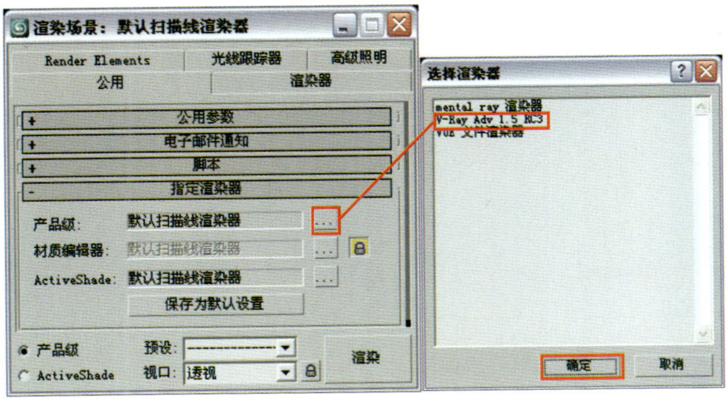

图1.4

Step 03 选择V-Ray Adv 1.5 RC3渲染器，然后单击“确定”按钮。此时可以看到产品级文本框中的渲染器名称变成了V-Ray Adv 1.5 RC3。对话框上方的标题栏也变成了V-Ray Adv 1.5 RC3渲染器的名称。这说明3ds Max目前的工作渲染器为V-Ray Adv 1.5 RC3渲染器，如图1.5所示。

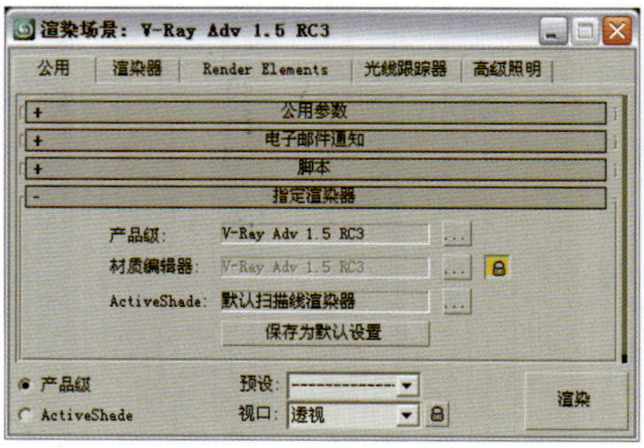

图1.5

1.3 VRay渲染器在3ds Max 9.0中的功能

VRay渲染器正确安装后可以在3ds Max的很多模块中找到VRay渲染器、VRay对象、VRay灯光、VRay摄像机、VRay材质贴图、VRay大气特效和VRay置换修改器。

VRay渲染器位于“渲染场景”对话框中，包括了所有与渲染相关的控制参数，如图1.6所示。

图1.6

VRay对象、VRay灯光和VRay摄像机均位于创建命令面板中，如图1.7所示。VRayProxy物体只在渲染时对代理物体进行计算，而不显示在场景中，这样就可以减少系统的负担。VRaySphere是一种能够提高显示速度的球体。VRayPlane提供了一个无限大的平面，通常当作地面使用。VRayFur可以制作毛发和草地效果。

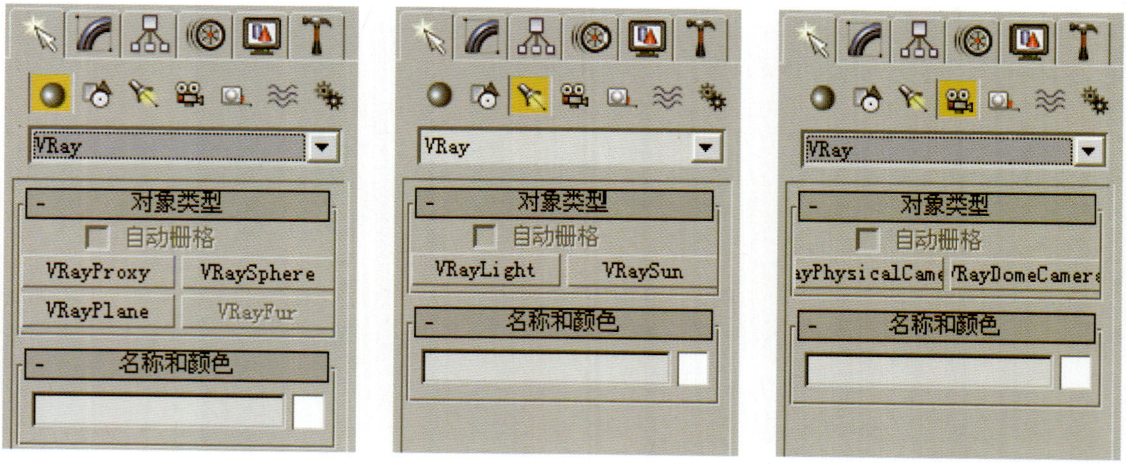

图1.7

VRay灯光属于体积灯光，与VRay渲染器配合使用，能够得到更加理想的照明和投影效果。将VRay Sun与VRaySky贴图配合使用，能够真实地模拟户外的日光照明和环境效果。

VRay的摄像机类型都具有真实摄像机的属性，因此模拟的效果更加准确。

VRay渲染器提供了7种新的材质，它们分别是：VRay2SideMtl（VRay双面材质）、VRayBlendMtl（VRay混合材质）、VRayFastSSS（VRay快速3S材质）、VRayLightMtl（VRay发光材质）、VRayMtl（VRay基本材质）、VRayMtlWrapper（VRay包裹材质）、VRayOverrideMtl（VRay代理材质）。

在材质编辑器的贴图通道中共增加了8种贴图类型，它们分别是：VRayBmpFilter（VRay位图过滤器）、VRayColor（VRay颜色贴图）、VRayCompTex（VRay合成材质）、VRayDirt（VRay脏旧材质）、VRayEdgesTex（VRay线框材质）、VRayHDRI（VRay高动态范围图像贴图）、VRayMap（VRay贴图）、VRaySky（VRay天空材质），如图1.8所示。常用材质及贴图的设置方法将在书中材质部分详细讲解。

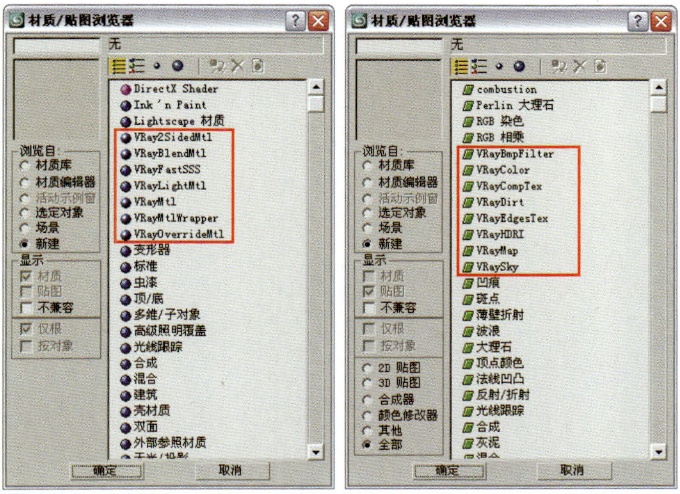

图1.8

VRay大气特效位于“环境和效果”对话框的“天气”卷展栏中，单击“添加”按钮可以添加这两种大气特效，如图1.9所示。VRayToon可以渲染卡通效果，VRaySphereFade需要与SphereGizmo配合使用，位于球形线框以外的对象不能被渲染。

VRay置换修改器位于修改命令面板的修改器列表中，如图1.10所示。3ds Max提供的置换修改器必须指定了置换贴图才可以渲染出置换效果，而VRay的置换修改器可以通过一张纹理贴图产生置换效果。

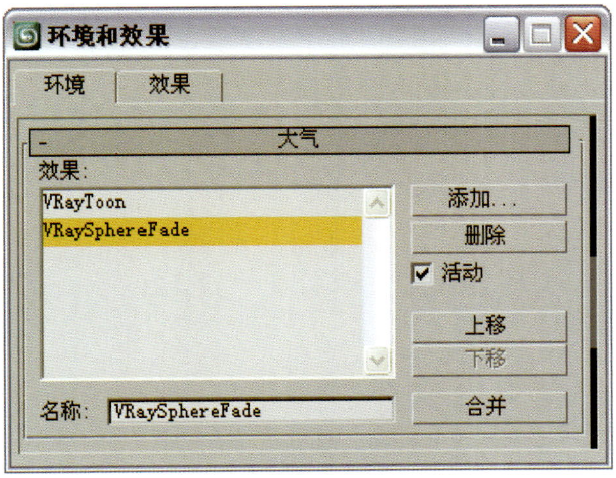

图1.9

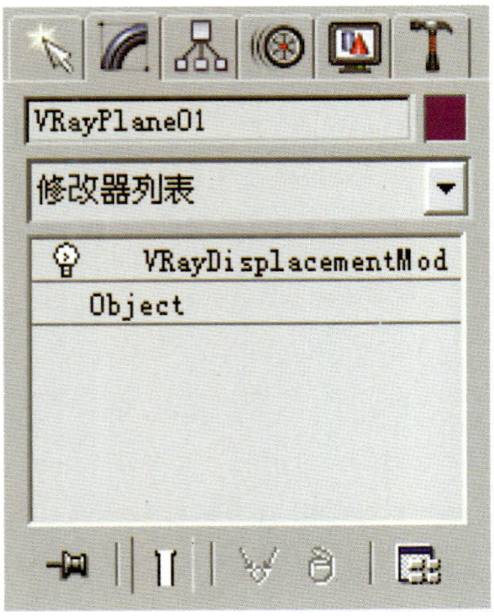

图1.10

1.4 VRay渲染器参数详解

虽然，VRay在使用方面要优于其他渲染软件，在功能方面也较其他大多数渲染软件更强大，但在功能强大而丰富的背后即是复杂而繁多的参数，因此要掌握此渲染器，首先要了解各个重要参数的功能，V-Ray Adv 1.5 RC3的渲染器控制面板如图1.11所示。

VRay版本发布的频率并不高，本书中使用的V-Ray Adv 1.5 RC3是目前的最新版本，在“渲染场景”对话框中可以查看当前使用的渲染器版本，如图1.12所示。

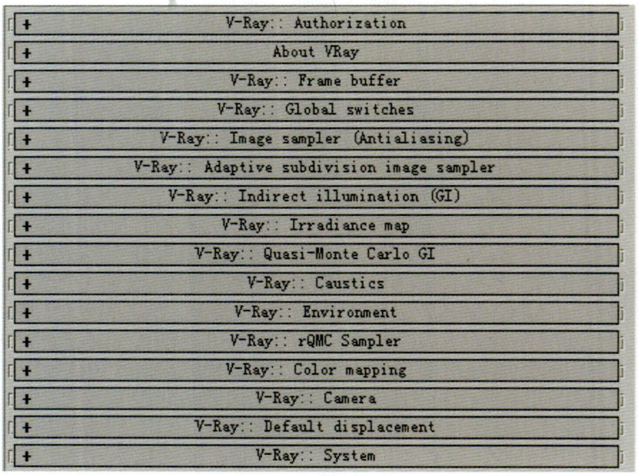

图1.11

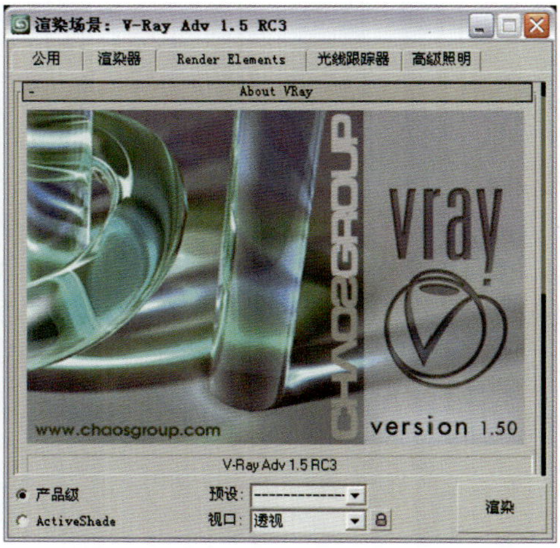

图1.12

1.4.1 “V-Ray：Frame buffer（帧缓存）”卷展栏

“V-Ray：Frame buffer（帧缓存）”卷展栏如图1.13所示，其中主要参数的作用如下。

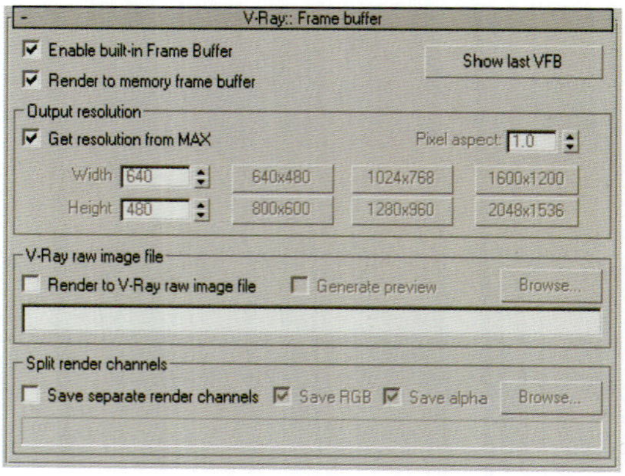

图1.13

- Enable built-in Frame Buffer（使用内置的帧缓存）：勾选该复选框，将使用VRay渲染器内置的帧缓存。
- Render to memory frame buffer（渲染到内存）：勾选该复选框，将创建VRay的帧缓存，并使用它来存储颜色数据以便在渲染时或者渲染后观察。
- Get resolution from MAX（从3ds Max获得分辨率）：勾选该复选框，VRay将使用设置的3ds Max分辨率。
- Output resolution（输出分辨率）：取消对“Get resolutlon from MAX（从3ds Max获得分辨率）”复选框的勾选，该选项可以被激活，用户可以根据需要设置VRay渲染器使用的分辨率。
- Show last VFB（显示上次渲染的VFB窗口）。
- Render to V-Ray raw image file（渲染到VRay图像文件）。
- Generate preview（生成预览）。

- Save separate render channels（保存单独的渲染通道）：勾选该复选框，将允许用户在渲染通道中指定的特殊通道作为一个单独的文件保存在指定目录。

1.4.2 “V-Ray：Global switches（全局设置）”卷展栏

“V-Ray：Global switches（全局设置）”卷展栏如图1.14所示，其中主要参数的作用如下。

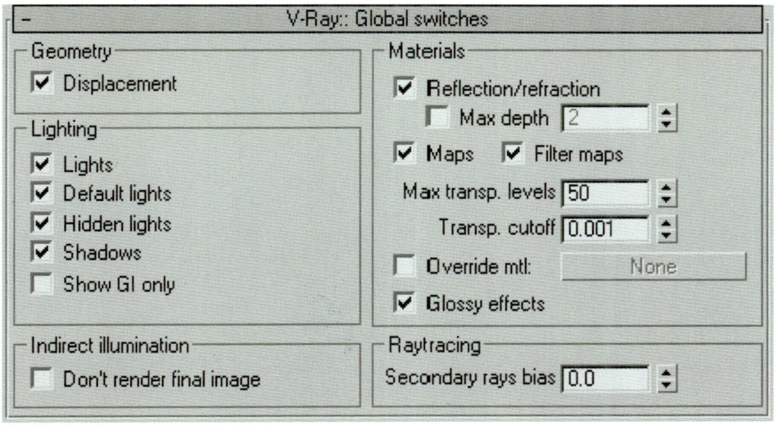

图1.14

1. “Geometry（几何学）”组

- Displacement：决定是否使用VRay自己的置换贴图。注意：该复选框不会影响3ds Max自身的置换贴图。

Tip 提示：

通常在测试渲染或场景中没有使用VRay的置换贴图时此参数不必开启。

2. “Lighting（灯光）”组

该组中的各项参数主要控制着全局灯光和阴影的开启或关闭。

- Lights（灯光）：场景灯光开关。勾选该复选框时，表示渲染时计算场景中所有的灯光设置，如图1.15所示；取消对该复选框的勾选后，场景中只受默认灯光和天光的影响，如图1.16所示。

图1.15

Tip 提示：

取消对“Lights（灯光）”复选框的勾选虽然场景受到默认灯光和天光的影响，但是默认灯光的影响太大，天光的影响已经无法分辨。

图1.16

Tip 提示：

取消对“Lights（灯光）”和“Default lights（默认灯光）”复选框的勾选可以明显地看到场景中只受天光的影响。

- Default lights（默认灯光开关）：该复选框决定VRay渲染是否使用Max的默认灯光，通常情况下需要将其关闭。
- Hidden lights（隐藏灯光）：该复选框决定是否使用隐藏灯光。勾选该复选框时系统会渲染场景中的所有灯光，无论该灯光是否被隐藏。

Tip 提示：

在处理灯光较多的场景时，为了操作方便会将灯光全部隐藏起来，但如果在渲染时未勾选“Hidden lights（隐藏灯光）”复选框，则得到的图像会由于只有天空照明而没有其他灯光照明显得非常黑，通常只要使其保持默认选择状态即可。

- Shadows（阴影）：决定是否渲染灯光产生的阴影。
- Show GI only（决定是否只显示全局光照效果）：勾选该复选框时直接光照将不包含在最终渲染的图像中。

3. “Materials（材质）”组

该组主要对场景的材质进行基本控制。

- Reflection/refraction（为VRay材质的反射和折射设置开关）：取消该复选框的勾选，场景中的VRay材质将不会产生光线的反射和折射，如图1.17所示。

图1.17

Tip 提示：

这个反射/折射开关只对VRay材质起作用，对Max默认材质不起作用。

- Max depth（最大深度）：通常情况下，在材质面板中设置材质的最大深度，当勾选该复选框后，最大深度将由此选项控制。
- Maps（纹理贴图）：是否使用纹理贴图。取消对该复选框的勾选表示不渲染纹理贴图，如图1.18所示。

图1.18

- Filter maps（贴图过滤）：是否使用纹理贴图过滤。勾选该复选框后材质效果将显得更加平滑。
- Max. transp levels（最大透明程度）：控制透明物体被光线追踪的最大深度。
- Transp. cutoff（透明度中止）：控制对透明物体的追踪何时中止。

Tip 提示：

当Max transp levels和Transp cutoff两个参数保持默认时，具有透明材质属性的物体将正确显示其透明效果。

- Override mtl（材质替代）：勾选该复选框时，允许用户通过使用后面的材质槽指定的材质替代场景中所有物体的材质来进行渲染。在实际工作中，常使用此参数来渲染白模，以观察大致灯光、场景明显效果，如图1.19所示。
- Glossy effects（材质平滑）：勾选该复选框后，将采用场景中材质的模糊折射/反射。

图1.19

4. “Indirect illumination（间接照明）”组

- Don't render final image（不渲染最终的图像）：勾选该复选框后，VRay只计算相应的全局光照贴图（光子贴图、灯光贴图和发光贴图）。这对于渲染动画过程很有用。如图1.20所示分别为勾选和未勾选该复选框时的效果，可以看到勾选该复选框时没有渲染最终的图像。

图1.20

5. “Raytracing（光线追踪）”组

- Secondary rays bias（二次光线偏移距离）：设置光线发生二次反弹时的偏移距离。

Tip 提示：

当关闭"V-Ray：Indirect illumination（GI）"卷展栏中的GI开关时（即未勾选"on"复选框），此文本框对场景没有影响。

1.4.3 "V-Ray：Image sampler（Antialiasing）[图像采样（抗锯齿）]"卷展栏

"V-Ray：Image sampler（Antialiasing）（采样设置）"卷展栏如图1.21所示，其中主要参数的作用如下。

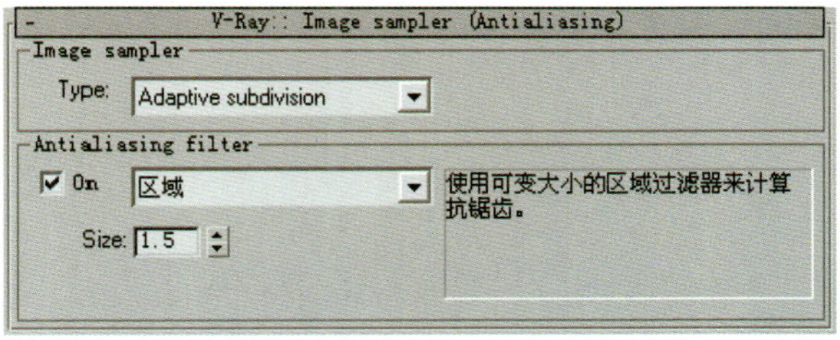

图1.21

1. "Image sampler（图像采样）"组

Type（采样器类型）下拉列表框中各选项的作用如下。

- Fixed rate sampler（固定比率采样器）：这是VRay中最简单的采样器，对于每一个像素它使用一个固定数量的样本。

Tip 提示：

通常进行测试渲染时使用此选项。

- Adaptive QMC（自适应QMC采样器）：这个采样器根据每个像素和它相邻像素的亮度差异产生不同数量的样本。选择此选项后，出现与其相关的"Adaptive QMC"卷展栏，如图1.22所示，通过控制其中的参数可以控制成品品质。
- Adaptive subdivision（自适应细分采样器）：在没有VRay模糊特效（直接GI、景深、运动模糊等）的场景中，它是最好的首选采样器。选择此选项后，出现与其相关的卷展栏如图1.23所示，通过控制其中的参数可以控制成品品质。

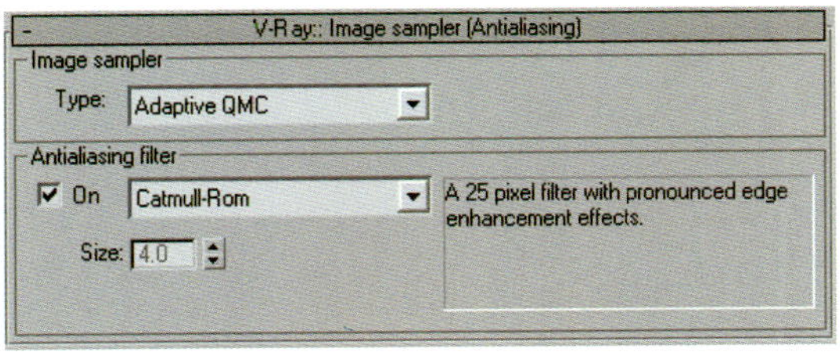

图1.22

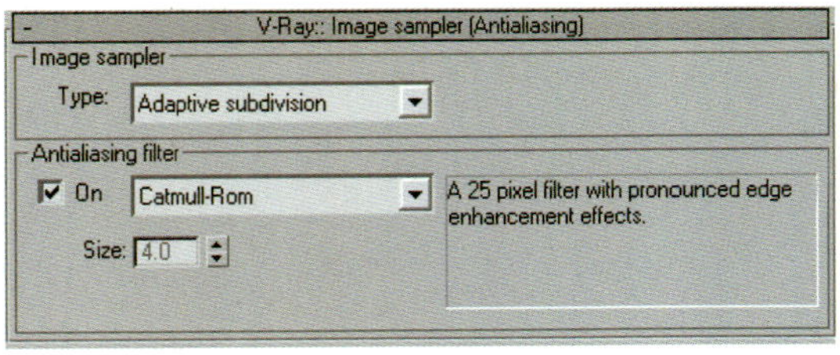

图1.23

2. "Antialiasing filter（过滤方式）"组

On（抗锯齿开关）：在其右侧的下拉菜单中可以选择抗锯齿过滤器。下面介绍一些常用的抗锯齿过滤器。

- 区域过滤器：这是一种通过模糊边缘来达到抗锯齿效果的方法，使用区域的大小设置来设置边缘的模糊程度。区域值越大，模糊程度越强烈。此过滤器是测试渲染时最常用的过滤器，默认参数效果如图1.24所示。

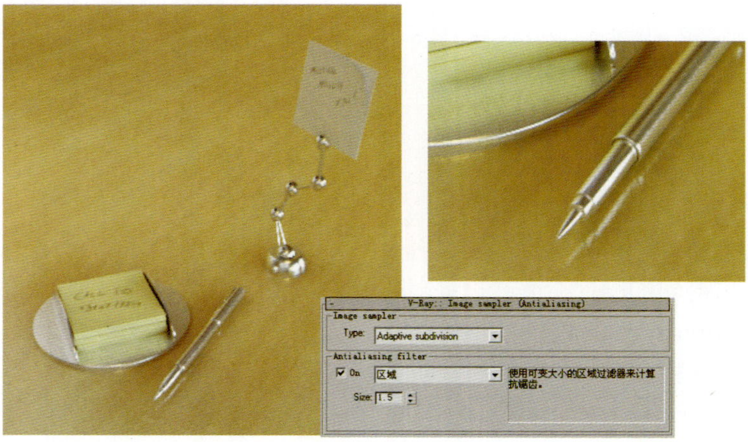

图1.24

- Mitchell-Netravali（米歇尔平滑过滤器）：一种很常用的过滤器可得到较平滑的边缘，默认参数下的抗锯齿效果如图1.25所示。

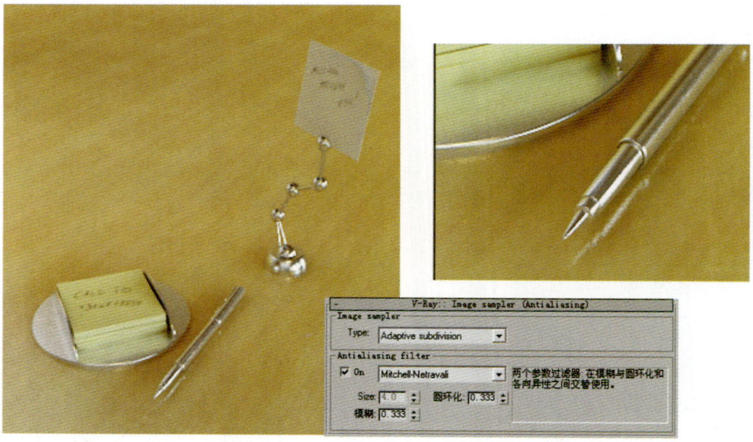

图1.25

- Catmull Rom（锐化过滤器）：可得到非常锐利的边缘（常被用于最终渲染），默认参数下的抗锯齿效果如图1.26所示。

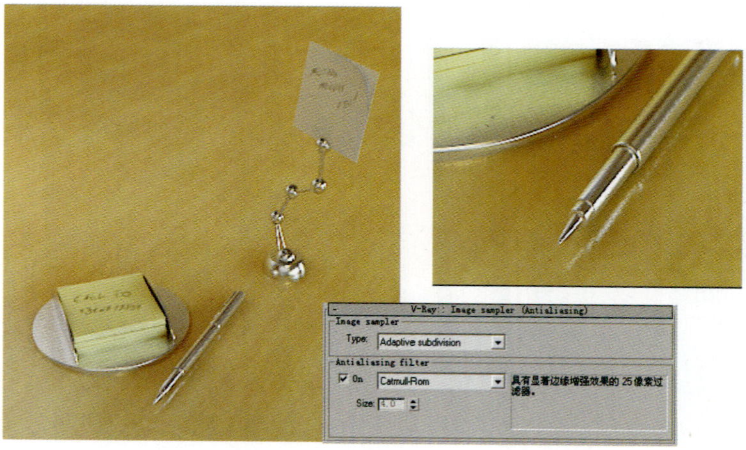

图1.26

是否开启抗锯齿参数，对于渲染时间的影响非常大，笔者通常习惯于在灯光、材质调整完成后，先在未开启抗锯齿的情况下渲染一张大图，在所有细节都确认没有问题后，再使用较高的抗锯齿参数渲染最终效果图。在未开启抗锯齿参数的情况下，渲染时间为6分钟左右，效果如图1.27所示；在其他参数不变的情况下，而使用较高的抗锯齿参数渲染花费了20个小时左右，效果如图1.28所示。

图1.27

图1.28

除了在最终得到高品质图像时要开启抗锯齿参数，如果需要观察反射模糊效果，同样需要开启抗锯齿参数，如图1.29所示为未开启抗锯齿参数时的渲染效果，如图1.30所示为开启抗锯齿参数后的渲染效果，可以看出来开启抗锯齿参数后能够更加真实地反映地砖的反射模糊效果与质量。

图1.29

图1.30

1.4.4 “V-Ray：Adaptive subdivision image sampler（自适应细分采样器）”卷展栏

“V-Ray：Adaptive subdivision image sampler（自适应细分采样器）”卷展栏如图1.31所示，其中主要参数的作用如下。

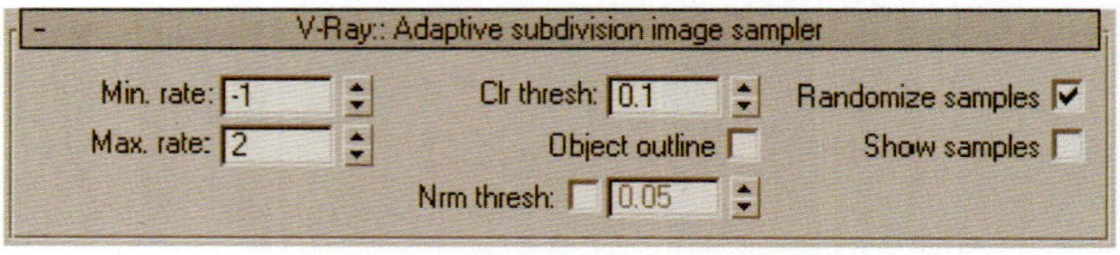

图1.31

Tip 提示：

只有采用Adaptive subdivision（自适应细分）采样器时这个卷展栏才能被激活。

- Min. rate（最小比率）：用于定义每个像素使用的样本的最小数量。
- Max. rate（最大比率）：用于定义每个像素使用的样本的最大数量。
- Clr thresh（极限值）：用于确定采样器在像素亮度改变方面的灵敏性。较低的值会产生较好的效果，但会花费较多的渲染时间。
- Randomize samples（边缘）：用于略微转移样本的位置以便在垂直线或水平线条附近得到更好的效果。
- Object outline（物体轮廓）：勾选该复选框时强制采样器在物体的边缘进行超级采样，而不管它是否需要进行超级采样。这个选项在使用景深或运动模糊的时候会失效。
- Nrm thresh（法向极限值）：勾选此复选框将使超级采样沿法向急剧变化。

1.4.5 “V-Ray：Indirect illumination（GI）（间接照明）”卷展栏

“V-Ray：Indirect illumination（GI）（间接照明设置）”卷展栏如图1.32所示，其中主要参数的作用如下。

- On：决定是否计算场景中的间接光照明。

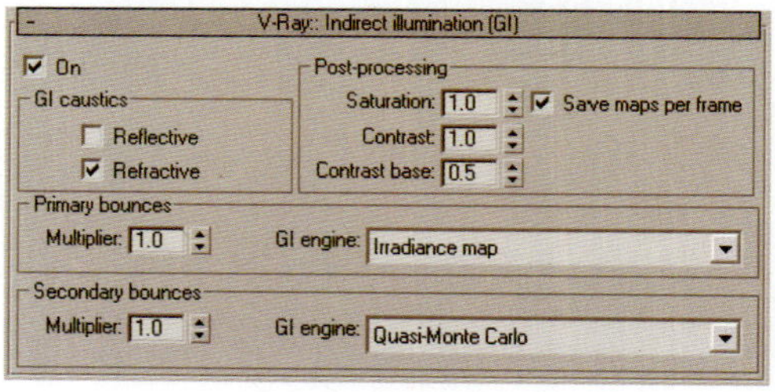

图1.32

1. “GI caustics（焦散控制命令）”组

- Refractive（GI折射焦散）：默认为开启状态。
- Reflective（GI反射焦散）：默认为关闭状态。

2. “Post-processing（后期处理命令）”组

这个命令组主要在最终渲染前对间接照明设置进行的一些额外修正。

- Saturation（饱和度）：此参数控制着全局间接照明下的色彩饱和程度。
- Contrast（对比度）：此参数控制着全局间接照明下的明暗对比度。
- Contrast base（对比度基数）：此参数和Contrast（对比度）参数配合使用。两个参数之间的差值越大，场景中的亮部和暗部对比强度越大。
- Save maps per frame（保存每一帧的贴图）：此复选框默认为勾选，此时VRay在每一帧渲染结束后，允许自动保存发光贴图、光子贴图、灯光贴图、焦散等GI贴图，而且这些贴图将一直写在相同的文件中。取消对该复选框的勾选后，渲染之后只保存一次贴图。

3. “Primary bounces（初级漫射反弹）”组

- Multiplier（倍增值）：此参数决定为最终渲染图像提供多少初级漫射反弹。
- GI engine（GI计算引擎）：初级漫射反弹方法选择列表 Irradiance map 。

4. “Secondary bounces（次级漫射反弹）”组

- Multiplier（倍增值）：确定在场景照明计算中次级漫射反弹的效果，如图1.33所示为在“GI engine”下拉列表中选择“Light cache”选项后设置Multiplier数值为0.75时的效果，可以看出场景局部偏暗；如图1.34所示为将此数值调整为1.0时的效果，可以看出场景的暗部得到较好的修正。

图1.33

图1.34

- GIengine（GI计算引擎）：次级漫射反弹方法选择列表 Light cache ，其中选择“Light cache”选项，在时间与质量方面能够取得平衡。

1.4.6 “V-Ray：Irradiance map（发光贴图设置）”卷展栏

“V-Ray：Irradiance map（发光贴图设置）”卷展栏如图1.35所示，其中主要参数的作用如下。

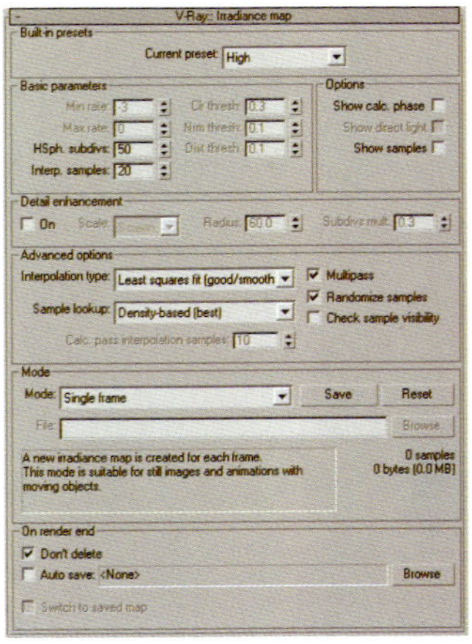

图1.35

1. “Built-in presets（模式选择）”组

在“Current preset（当前预设模式）”下拉列表中，系统提供了 8 种预设的模式供选择，如图1.36所示，如无特殊情况，这几种模式可以满足一般需要。

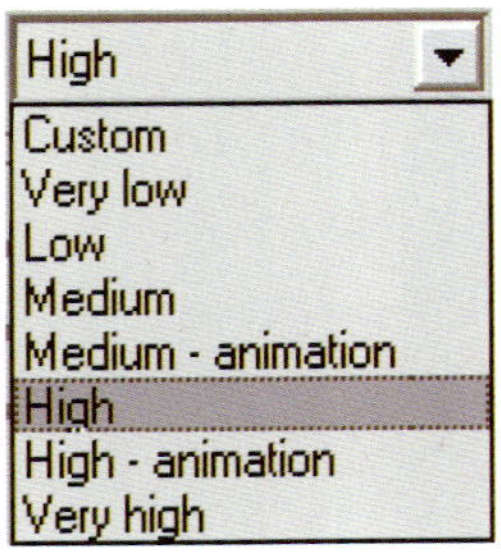

图1.36

- Very low（非常低）：这个预设模式仅仅对预览目的有用，只表现场景中的普通照明。
- Low（低）：一种低品质的用于预览的预设模式。
- Medium（中等）：一种中等品质的预设模式，如果场景中不需要太多的细节，大多数情况下可以产生好的效果。
- Medium-animation（中等品质动画模式）：一种中等品质的预设动画模式，目标就是减少动画中的闪烁。

- High（高）：一种高品质的预设模式，可以应用在较多的情形下，即使是具有大量细节的动画。
- High-animation（高品质动画）：主要用于解决 High 预设模式下渲染动画闪烁的问题。
- Very high（非常高）：一种极高品质的预设模式，一般用于有大量极细小的细节或极复杂的场景。
- Custom（自定义）：选择这个模式可以根据自己需要设置不同的参数，这也是默认的选项。

2. “Basic parameters（基本参数）”组

- Min rate（最小比率）：此参数确定 GI 首次传递的分辨率。
- Max rate（最大比率）：此参数确定 GI 传递的最终分辨率。
- Clr thresh（Color threshold 的简写，颜色极限值）：此参数确定发光贴图算法对间接照明变化的敏感程度。
- Nrm thresh（Normal threshold 的简写，法线极限值）：此参数确定发光贴图算法对表面法线变化的敏感程度。
- Dist thresh（Distance threshold 的简写，距离极限值）：此参数确定发光贴图算法对两个表面距离变化的敏感程度。
- HSph. subdivs（Hemispheric subdivs 的简写，半球细分）：此参数决定单独的 GI 样本的品质。较小的取值可以获得较快的速度，但是也可能会产生黑斑，较高的取值可以得到平滑的图像。
- Interp. samples（Interpolation samples的简写，插值的样本）：定义被用于插值计算的 GI 样本的数量。较大的值会趋向于模糊 GI 的细节，虽然最终的效果很光滑，较小的取值会产生更光滑的细节，但是也可能会产生黑斑。

3. “Options（选项命令）”组

- Show calc phase（显示计算相位）：勾选此复选框时，VRay在计算发光贴图的时候将显示发光贴图的传递，同时会减慢一点渲染计算，特别是在渲染大的图像时。
- Show direct light（显示直接照明）：只在勾选“Show calc phase（计算相位）”复选框时才能被激活。它将促使VRay在计算发光贴图时，显示初级漫射反弹除了间接照明外的直接照明。
- Show samples（显示样本）勾选该复选框时，VRay将在VFB窗口以小圆点的形态直观的显示发光贴图中使用的样本情况。

4. “Advanced Options（高级选项）”组

“Adr anc ed Opt ion（高级选项）”组主要对发光贴图的样本进行高级控制。

- Interpolation type（插补类型）：系统提供了 4 种类型供选择，如图1.37所示。

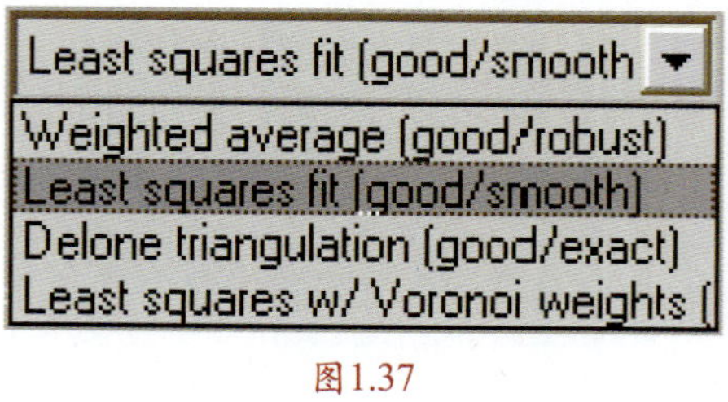

图1.37

- Sample lookup（样本查找）该选项组在渲染过程中使用，它决定发光贴图中被用于插补基础的合适点的选择方法。系统提供了4种方法供选择，如图1.38所示。

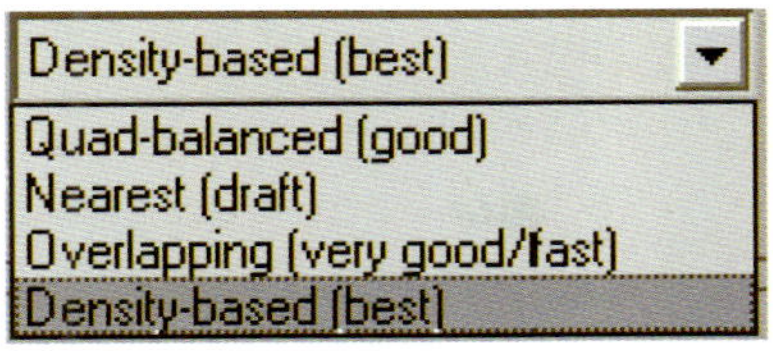

图1.38

- Calc. pass interpolation samples（计算传递插补样本）：此文本框在发光贴图计算过程中被使用，它描述的是已经被采样算法计算的样本数量。较好的取值范围是10～25。
- Multipass（倍增设置）：勾选此复选框时，发光贴图GI计算的次数将由Min rate和Max rate的间隔值决定；取消对该复选框的勾选后，GI预处理计算将合并成一次完成。
- Randomize samples（随机样本）：该复选框在发光贴图计算过程中使用，勾选次复选框时，图像样本将随机放置；取消对该复选框的勾选后，将在屏幕上产生排列成网格的样本。推荐使用默认设置（勾选状态）。
- Check sample visibility（检查样本的可见性）：该复选框在渲染过程中使用。它将促使VRay仅仅使用发光贴图中的样本，样本在插补点直接可见。可以有效地防止灯光穿透两面接受完全不同照明的薄壁物体时候产生的漏光现象。当然，由于VRay要追踪附加的光线来确定样本的可见性，所以它会减慢渲染速度。

5. “Mode（模式）”组

“Moder（模式）”组共提供了6种渲染模式，如图1.39所示。

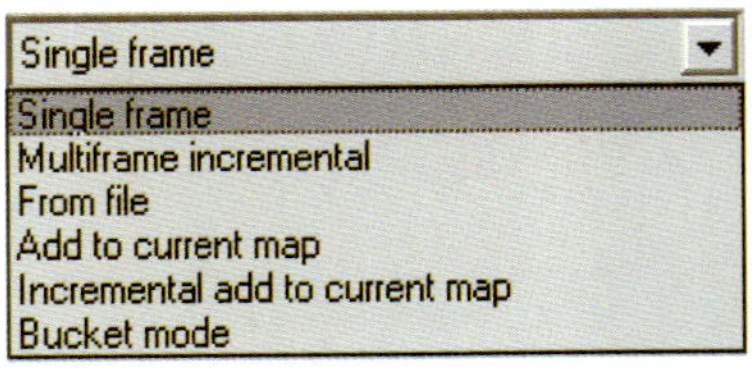

图1.39

选择哪一种渲染模式需要根据具体场景的渲染任务来确定，一个固定的模式不可能适合所有的场景。

- Single frame（单帧模式）：默认的模式，在这种模式下对于整个图像计算一个单一的发光贴图，每一帧都计算新的发光贴图。在分布式渲染的时候，每一个渲染服务器都各自计算它们自己的针对整体图像的发光贴图。
- Multiframe incremental（多重帧增加模式）这个模式仅在渲染摄像机移动的帧序列时很有用。VRay将会为第一个渲染帧计算一个新的全图像的发光贴图，而对于剩下的渲染帧，VRay设法重新使用或精炼已经计算并存在的发光贴图。
- From file（从文件模式）：使用这种模式，在渲染序列的开始帧，VRay简单地导入一个提供的发光贴图，并在动画的所有帧中都是用这个发光贴图。整个渲染过程中不会计算新的发光贴图。
- Add to current map（增加到当前贴图模式）：在这种模式下，VRay将计算全新的发光贴图，并把它增加到内存中已经存在的贴图中。
- Incremental add to current map（在已有的发光贴图文件中增补发光信息模式）：在这种模式下，VRay将使用内存中已存在的贴图，仅仅在某些没有足够细节的地方对其进行精炼。
- Bucket mode（块模式）：在这种模式下，一个分散的发光贴图被运用在每一个渲染区域（渲染块）。这在使用分布式渲染的情况下尤其有用，因为它允许发光贴图在几部电脑之间进行计算。

6. “On render end（发光贴图的控制方式）”组

- Don't delete（不删除）：该复选框默认为勾选状态，意味着发光贴图将保存在内存中直到下一次渲染前。如果不勾选该复选框，VRay会在渲染任务完成后删除内存中的发光贴图。

- Auto save（自动保存）：如果勾选该复选框，在渲染结束后VRay将发光贴图文件自动保存到指定的目录中。
- Switch to saved map（切换到保存的贴图）：该复选框只有在“Auto save”复选框被勾选的时候才能被激活，勾选该复选框后，VRay渲染器也会自动设置发光贴图为From file模式。

1.4.7 “V-Ray：Quasi-Monte Carlo GI（准蒙特卡罗全局光照）”卷展栏

“V-Ray：Quasi-Monte Carlo GI（准蒙特卡罗全局光照）”卷展栏如图1.40所示，其中主要参数的作用如下。

图1.40

> **Tip 提示：**
> 该卷展栏只有在用户选择Quasi-Monte Carlo（准蒙特卡罗）GI渲染引擎作为初级或次级漫射反弹引擎的时候才能被激活。

- Subdivs（细分数值）：用于设置计算过程中使用近似的样本数量。

> **Tip 提示：**
> 当Quasi-Monte Carlo（准蒙特卡罗）渲染引擎作为二次反弹使用时，Subdivs（细分）值的设置对于图面品质将不会产生任何作用。

- Secondary bounces（次级反弹深度）：此参数只有当次级漫射反弹设为准蒙特卡罗引擎的时候才被激活。

1.4.8 “V-Ray：Light cache（灯光缓存）”卷展栏

“V-Ray：Light cache（灯光缓存）”卷展栏如图1.41所示，其中主要参数的作用如下。

> **Tip 提示：**
> 这个卷展栏只有在用户选择Light cache（灯光缓存）渲染引擎作为初级或次级漫射反弹引擎的时候才能被激活。

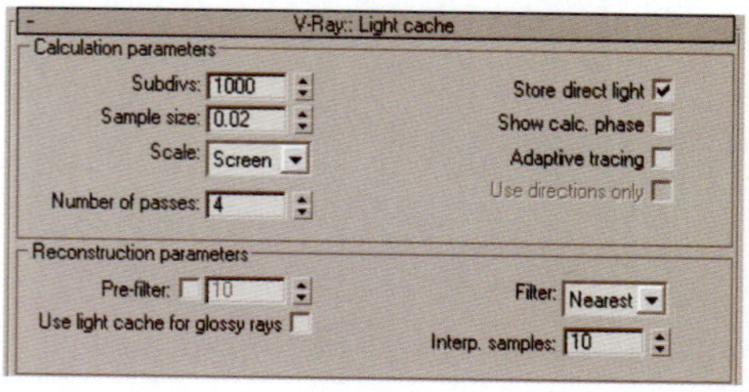

图1.41

1. “Calculation parameters（基本计算参数）”组

此设置组控制着灯光缓存的基本计算参数。

- Subdivs（细分）：设置追踪摄像机发出的采样数量，实际的数量是该参数的平方。
- Sample size（样本尺寸）：设置灯光缓存中样本的间隔。较小的值意味着样本之间相互距离较近，灯光缓存价将保护灯光锐利的细节，但是会产生噪波。

- Scale（比例）：主要用于确定样本尺寸和过滤器尺寸，提供了Scale和World两种类型。
- Number of passes（灯光缓存计算的次数）。
- Store direct light（存储直接光照明信息）：该复选框被勾选后，灯光贴图中也将储存和插补直接光照明的信息。
- Show calc. phase（显示计算状态）：开启后会在虚拟帧缓冲器中显示计算的过程。

2. “Reconstruction parameters（整体重设参数）”组

- Pre-filter（预过滤器）：勾选该复选框时，在渲染前灯光贴图中的样本会被提前过滤。其数值越大，效果越平滑，噪波越少。
- Filter（过滤器）：该选项用于确定灯光贴图在渲染过程中使用的过滤器类型。
- Use light cache for glossy rays（模糊光线使用灯光缓存）：如果该复选框被勾选，灯光贴图将会把光泽效果一同进行计算，在具有大量光泽效果的场景中，有助于加快渲染速度。

1.4.9 “V-Ray：Global photon map（全局光子贴图）”卷展栏

“V-Ray：Global photon map（全局光子贴图）”卷展栏如图1.42所示，其中主要参数的作用如下。

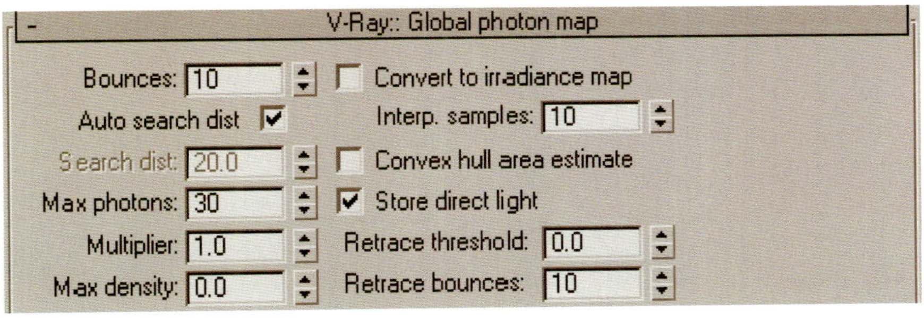

图1.42

Tip 提示：

该卷展栏只有在用户选择photon map（光子贴图）渲染引擎作为初级或次级漫射反弹引擎的时候才能被激活。

- Bounces（反弹次数）：用于控制光线反弹的次数，较大的反弹次数会产生更真实的效果，但是也会花费更多的渲染时间，占用更多的内存。
- Auto search dist（自动搜寻距离）：勾选该复选框，VRay会估算一个距离来搜寻光子。
- Search dist（搜寻距离）：此文本框只有在“Auto search dist”复选框不被勾选时才被激活。
- Max photons（最大光子数）：此参数决定在场景中shaded点周围参与计算的光子的数量，较高的取值会得到平滑的图像，从而增加渲染时间。
- Multiplier（倍增值）：用于控制光子贴图的亮度。
- Max density（最大密度）：此参数用于控制光子贴图的分辨率。
- Convert to irradiance map（转化为发光贴图）。
- Interp. samples（插补样本）：此文本框用于确定“Convert to irradiance map”复选框被勾选时，从光子贴图中进行发光插补使用的样本数量。

- Convex hull area estimate：（凸起表面区域评估）勾选该复选框，基本上可以避免因此而产生的黑斑，但是同时会减慢渲染速度。
- Store direct light（存储直接光）：在光子贴图中同时保存直接光照明的相关信息。
- Retrace threshold（折回极限值）：用于设置光子进行来回反弹的倍增的极限值。
- Retrace bounces（折回反弹）：用于设置光子进行来回反弹的次数。数值越大，光子在场景中反弹次数越多，产生的图像效果越细腻平滑，渲染时间就越长。

1.4.10 “V-Ray：Caustics（焦散）”卷展栏

“V-Ray：Caustics（焦散）”卷展栏如图1.43所示，其中主要参数的作用如下。

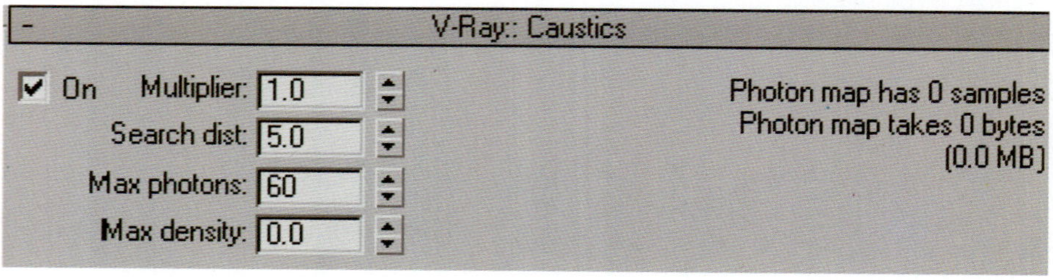

图1.43

- On（焦散开关）：勾选该复选框后开启焦散设置，焦散参数可用。
- Multiplier（倍增值）：用于控制焦散的强度，它是一个全局控制参数，对场景中所有产生焦散特效的光源都有效。如图1.44所示，分别为将倍增值设置为1.0和3.0时的效果，可以明显看到随着数值的增加焦散强度增强了。

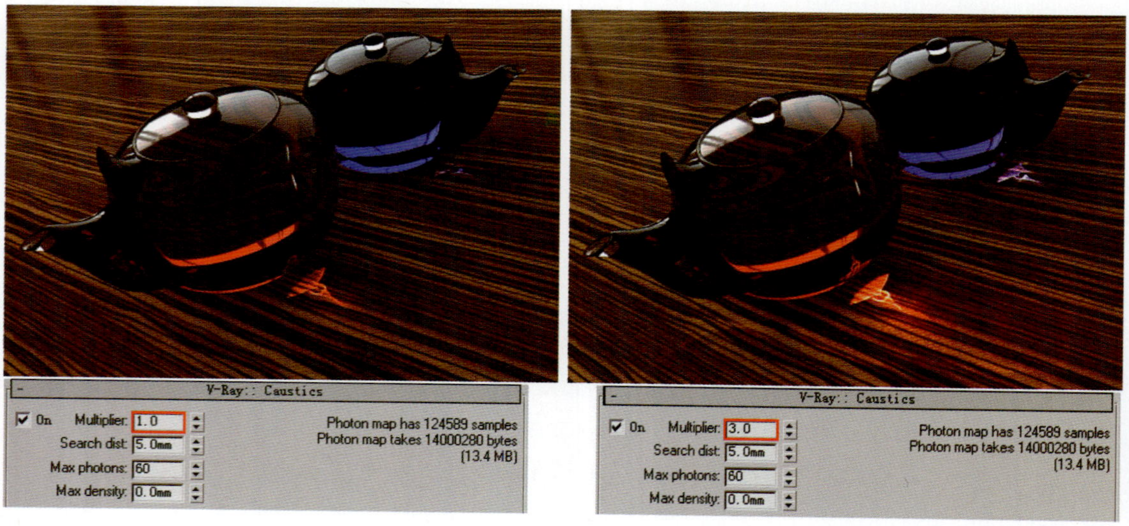

图1.44

- Search dist（搜寻距离）：在使用VRay进行渲染过程中，对物体表现进行光子追踪，同时影响以初始光子为圆心，以Search dist（搜寻距离）为半径，和这个初始光子同一平面的一定范围内的其他光子。Search dist（搜寻距离）设置值的大小，决定了光子影响的范围。值越大，光子影响范围越大，光斑效果越弱化。如图1.45所示，分别为将搜寻距离设置为1和40时的效果。

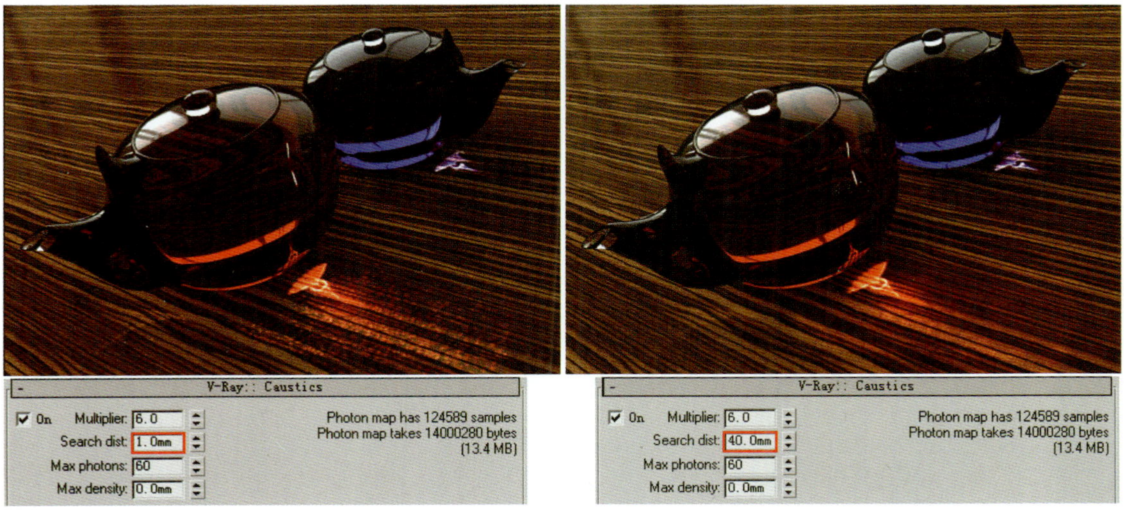

图1.45

- Max photons（最大光子数）：当VRay追踪撞击在物体表面的某些点的某一个光子的时候，也会将周围区域的光子计算在内，然后根据这个区域内的光子数量来均分照明。如果设置的影响范围内现有的光子数量超过了最大的光子数量，VRay也只会按照最大光子数量进行计算。最大光子数越小，光斑现象越明显。如图1.46所示，分别为将最大光子数设置为10和120时的效果。

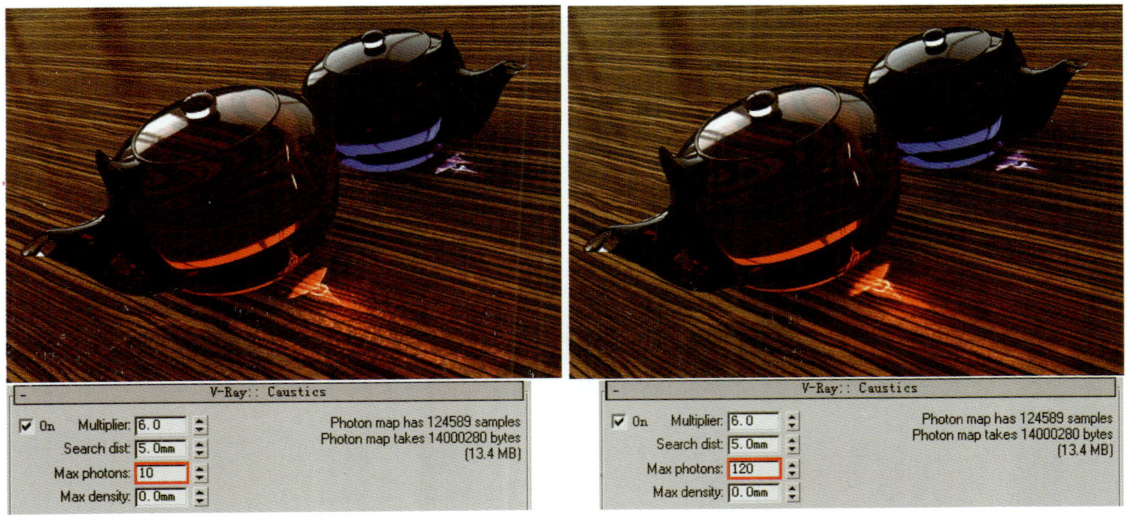

图1.46

- Max density（最大距离）：用于设置光子与光子之间的距离。当VRay追踪计算一定范围内的光子时，会同时计算出光子周围的光子，而这时光子之间的距离设置控制着光子的密集度。数值越高意味着光子间的距离越大，斑点越严重。

1.4.11 “V-Ray：Environment（环境）”卷展栏

“V-Ray：Environment（环境）”卷展栏如图1.47所示，其中主要参数的作用如下。

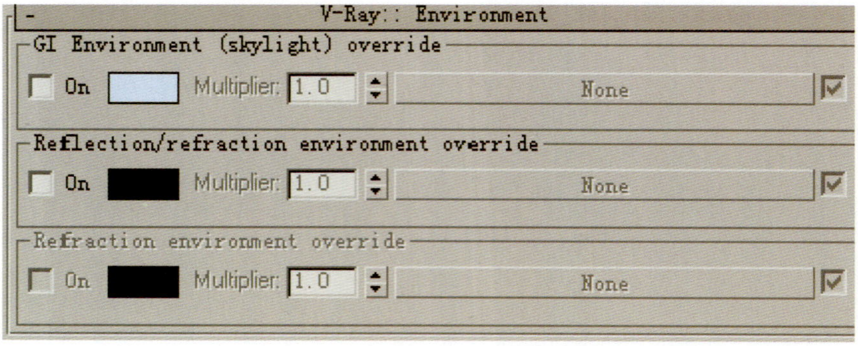

图1.47

1. “GI Environment （skylight） override[GI 环境（天空光）]”组

“GI Environment （skylight） override[GI 环境（天空光）]”组，允许在计算间接照明的时候替代 3ds Max 的环境设置，这种改变 GI 环境的效果类似于天空光。

- On：只有在此复选框被勾选后，其下的参数才会被激活。
- Color（颜色）：允许指定背景颜色（即天空光的颜色）。如图1.48所示，分别为将颜色设置为蓝色和黄色时的效果。

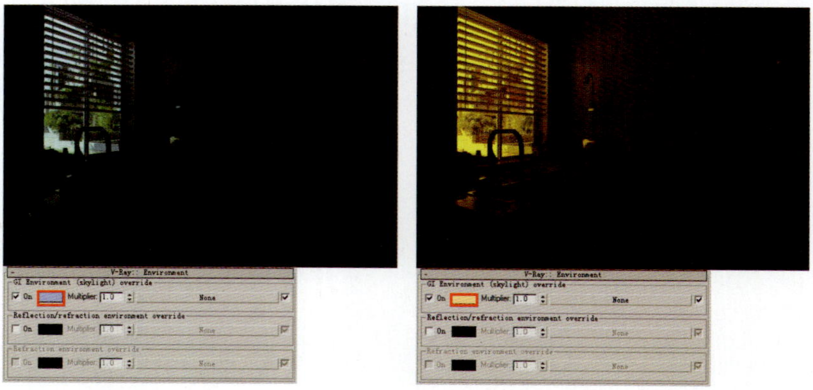

图1.48

- Multiplier（倍增值）：用于设置上面指定的颜色的亮度倍增值。如图1.49所示，分别为将倍增值设置为1.0和3.0时的效果。

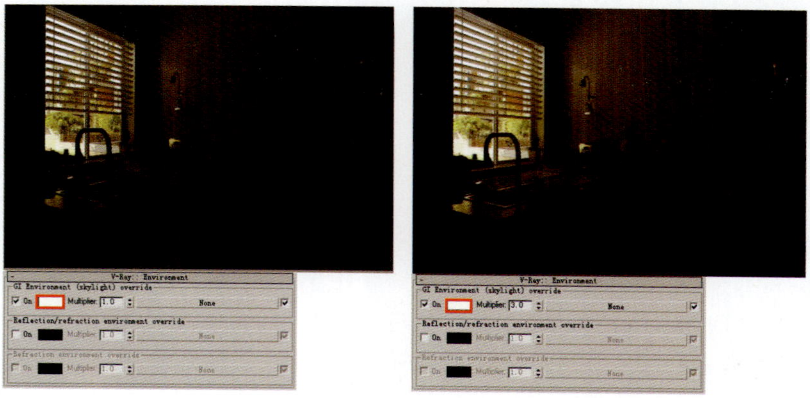

图1.49

- Map（材质槽）：允许指定背景贴图，添加贴图后，系统会忽略颜色的设置，优先选择贴图的设置。

2. “Reflection/refraction environment override（反射/折射环境）”组

“Reflection/refraction environment override（反射/折射环境）”组在计算反射/折射的时候替代 Max 自身的环境设置。

- On：只有该复选框被勾选后，其下的参数才会被激活。如图1.50所示。

图1.50

- Color（颜色）：用于指定反射/折射颜色。物体的背光部分和折射部分会反映出设置的颜色。
- Multiplier（倍增值）：用于设置上面指定的颜色的亮度倍增值，改变受影响部分的整体亮度和受影响的程度，如图1.51所示。

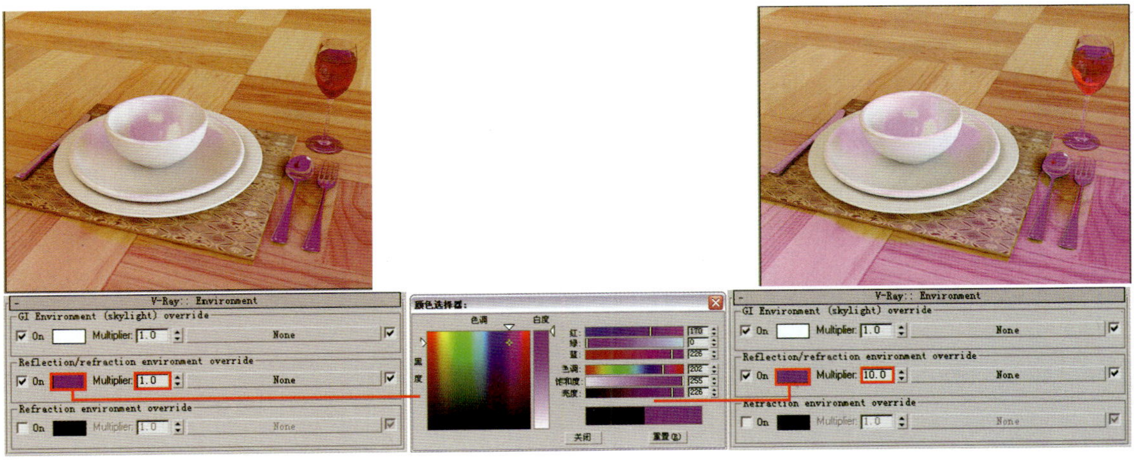

图1.51

- None（材质槽）：指定反射/折射贴图。

3. “Refraction environment override（折射环境）”组

“Refraction environment override（折射环境）”组在计算折射的时候替代已经设置的参数对折射效果的影响，只受此选项组参数的控制。

- On：只有该复选框被勾选后，其下的参数才会被激活。
- Color（颜色）：用于指定折射部分的颜色。物体的背光部分和反射部分不受该颜色的影响。

- Multiplier（倍增值）：用上面指定的颜色的亮度倍增值来改变折射部分的亮度，如图1.52所示。

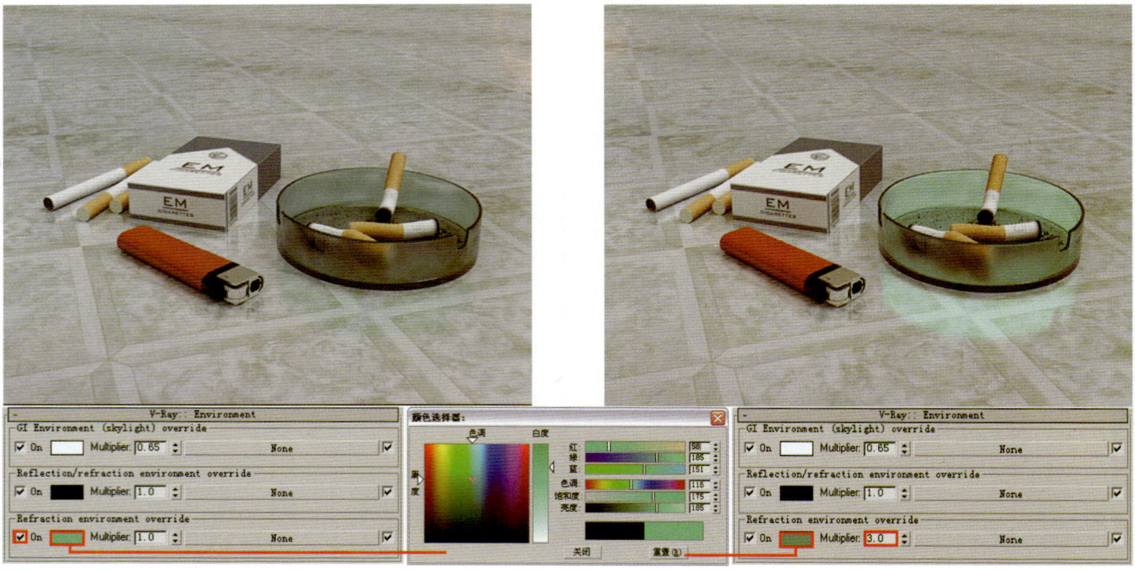

图1.52

- None（材质槽）：用于指定折射贴图，为其添加HDRI贴图后的效果如图1.53所示。

1.4.12 “V-Ray：Color mapping（色彩映射）”卷展栏

“V-Ray：Color mapping（色彩映射）”卷展栏如图1.54所示，其中主要参数的作用如下。

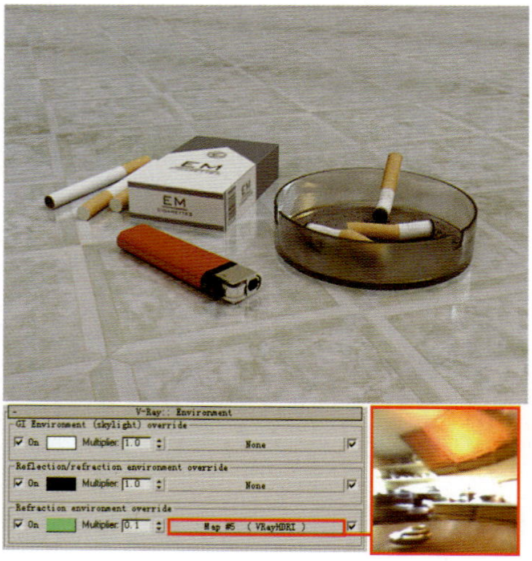

图1.53

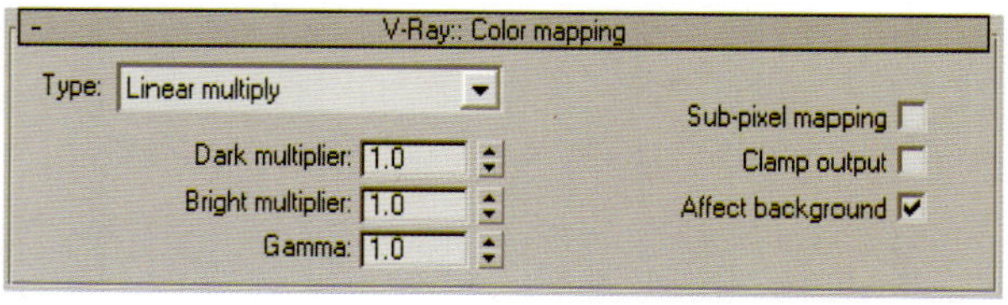

图1.54

Type中包含了7种曝光方式，这里着重介绍其中的4种。

- Linear multiply（线性倍增曝光方式）：这种曝光方式的特点是能让图面的白色更明亮，所以该模式容易出现局部曝光现象，效果如图1.55所示。
- Exponential（指数曝光方式）：在相同的参数设置下，使用这种曝光方式不会出现局部曝光现象，但是会使图面色彩的饱和度降低，效果如图1.56所示。

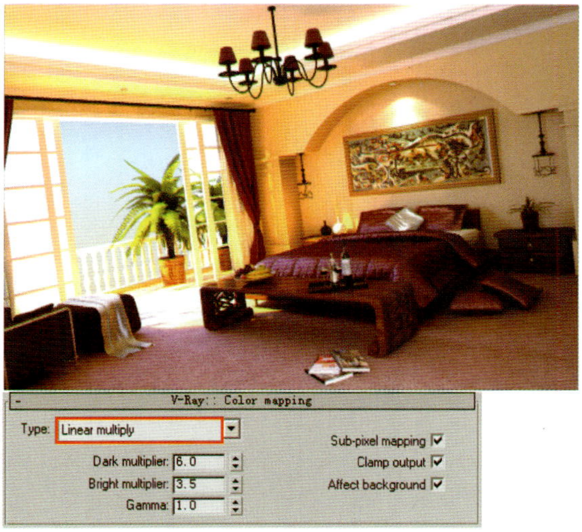

图1.55

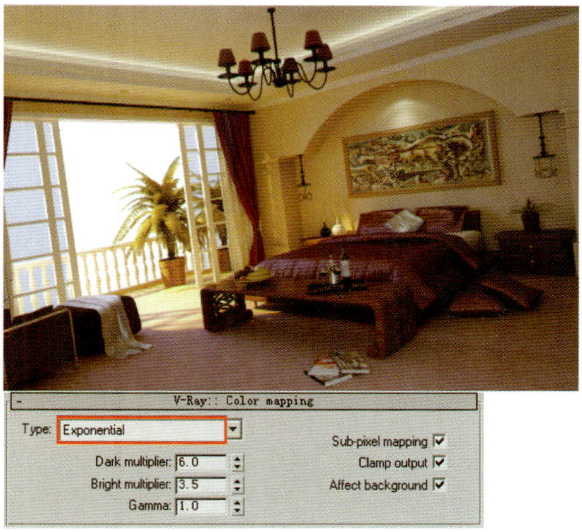

图1.56

- HSV exponential（色彩模型曝光方式）：所谓HSV就是Hus（色度）、Saturation（饱和度）和Value（纯度）的英文缩写，这种方式与上面提到的指数模式非常相似，但是它会保护色彩的色调和饱和度，效果如图1.57所示。
- Intensity exponential（亮度指数曝光方式）：这是与指数曝光类似的颜色贴图计算方式，在亮度上有一些保留，效果如图1.58所示。

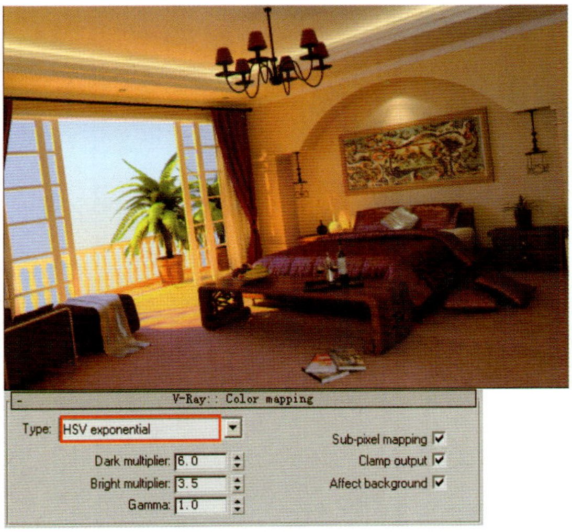

图1.57

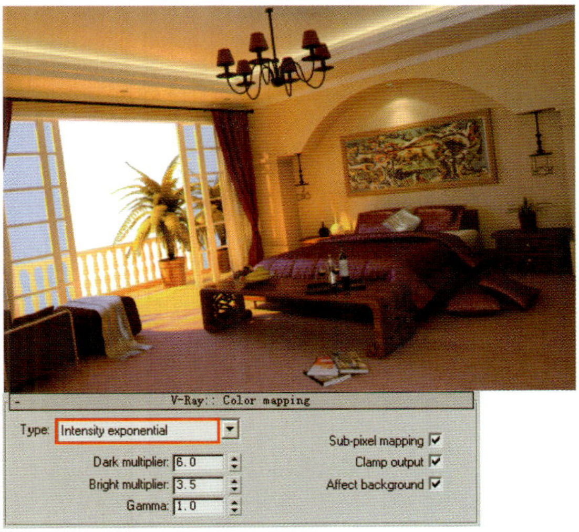

图1.58

Tip 提示：

在实际的室内效果图制作过程中，前三种曝光方式比较常用。

1.4.13 认识倍增参数

- Dark multiplier（暗部倍增）：用来对暗部进行亮度倍增。如图1.59所示为Bright multiplier数值不变的情况下，分别将Dark multiplier（暗部倍增）设置为3.0与7.5时的渲染效果。

图1.59

- Bright multiplier（亮部倍增）：用来对亮部进行亮度倍增。如图1.60所示为Dark multiplier数值不变的情况下，分别将Bright multiplier（亮部倍增）设置为1.0与3.2时的渲染效果。

图1.60

1.4.14 “V-Ray：Camera（摄像机）”卷展栏

“V-Ray：Camera（摄像机）”卷展栏如图1.61所示，其中主要参数的作用如下。

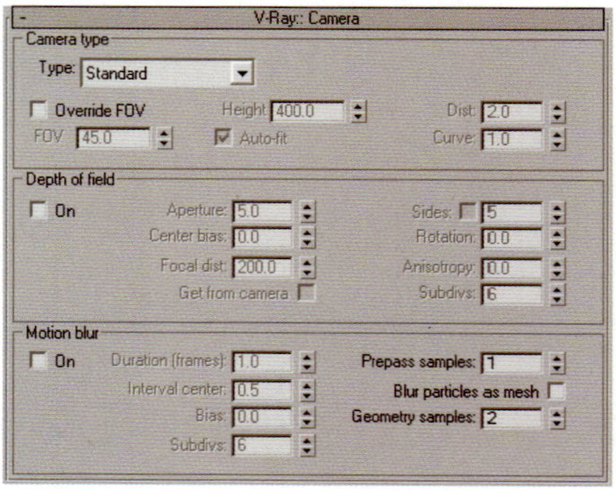

图1.61

1. “Camera type（摄像机类型）”组

- Type（摄像机类型）：一般情况下，VRay中的摄像机是定义发射到场景中的光线，从本质上来说是确定场景是如何投射到屏幕上的。VRay支持标准（Standard）、球形（Spherical）、点状圆柱（Cylindrical point）、正交圆柱（Cylindrical （ortho））、方体（Box）、鱼眼（Fish eye）和扭曲球状（warped spherical）等摄像机类型，同时也支持正交视图。

- Override FOV（替代视场）：使用此复选框，可以替代 3ds Max 的视角。
- FOV（视角）：设置摄像机的视野范围。
- Height（高度）：此文本框只有在正交圆柱状的摄像机类型中有效，用于设定摄像机的高度。
- Auto-fit（自动适配）：该复选框在使用鱼眼类型摄像机的时候被激活。
- Dist（距离）：此参数是针对鱼眼摄像机类型的。
- Curve（曲线）：此参数也是针对鱼眼摄像机类型的。

2. “Depth of field（景深）”组

- Aperture（光圈）：使用世界单位定义虚拟摄像机的光圈尺寸。
- Center bias（中心偏移）：此参数决定景深效果的一致性。
- Focal distance（焦距）：确定从摄像机到物体被完全聚焦的距离。
- Get from camera（从摄像机获取）：当该复选框被激活时，如果渲染的是摄像机视图，焦距由摄像机的目标点确定。
- Side（边数）：此复选框可以模拟真实世界摄像机的多边形形状的光圈。
- Rotation（旋转）：指定光圈形状的方位。
- Anisotropy（各项异性）：当设置为正数时在水平方向延伸景深效果；当设置为负数时在垂直方向延伸景深效果。
- Subdivs（细分）：用于控制景深效果的品质。

3. “Motion blur（运动模糊）”组

- Duration（frames）（持续时间）：在摄像机快门打开的时候，指定在帧中持续的时间。
- Interval center（间隔中心点）：指定运动模糊中心与帧之间的距离。
- Bias（偏移）：控制运动模糊效果的偏移。
- Prepass samples：（预通道样本）计算发光贴图的过程中在时间段有多少样本被计算。
- Blur particles as mesh（将粒子作为网格模糊）：用于控制粒子系统的模糊效果。
- Geometry samples（几何学样本数量）：用于设置产生近似运动模糊的几何学片断的数量。
- Subdivs（细分）：用于确定运动模糊的品质。

1.4.15 “V-Ray：rQMC Sampler（准蒙特卡罗采样）”卷展栏

“V-Ray：rQMC Sampler（准蒙特卡罗采样）”卷展栏如图1.62所示，其中主要参数的作用如下。

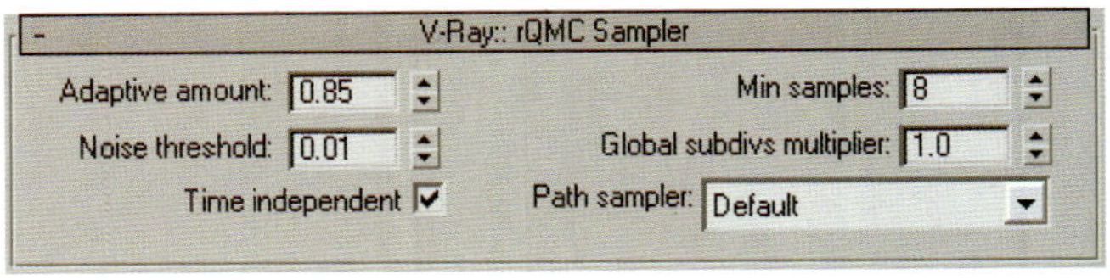

图1.62

- Adaptive amount（数量）：控制计算模糊特效采样数量的范围。值越小，渲染品质越高，渲染时间越长。值为1时，表示全应用；值为0时，表示不应用。
- Min samples（最小样本数）：决定采样的最小数量，一般保持默认即可。
- Noise threshold（噪波极限值）：在评估一种模糊效果是否足够好的时候，控制VRay的判断能力，此数值对于场景中的噪点控制非常有效（但并非噪点的唯一控制参数），如图1.63所示为将此数值设置为0.1渲染效果，如图1.64所示为设置此数值为0.01时的效果，如图1.65所示为设置参数为0.001所的效果。

图1.63

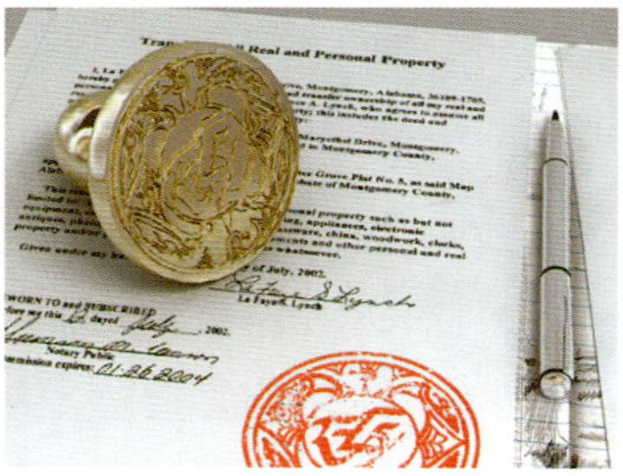

图1.64

图1.65

Tip 提示：

此项数值越小，图像质量越好，但渲染时间也就越长。

- Global subdivs multiplier（全局细分倍增）：可以通过设置这个数值来很快地增加或减小整体的采样细分设置，此设置将影响全局。
- Time independent（时间约束设置）：该选项仅对渲染序列帧有效。

1.4.16 “V-Ray：Default displacement（置换设置）”卷展栏

“V-Ray：Default displacement（置换设置）”卷展栏如图1.66所示，其中主要参数的作用如下。

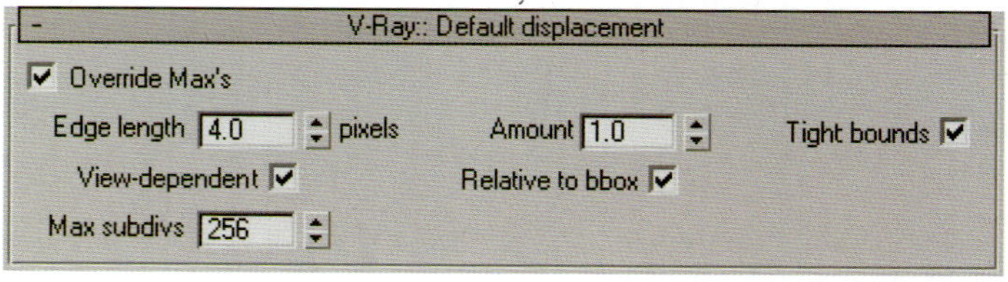

图1.66

- Override Max's（替代Max）：勾选该复选框时，VRay将使用自己内置的微三角置换来渲染具有置换材质的物体。反之，将使用标准的3ds Max置换来渲染物体。如图1.67所示分别为勾选和未勾选该复选框时的对比效果。

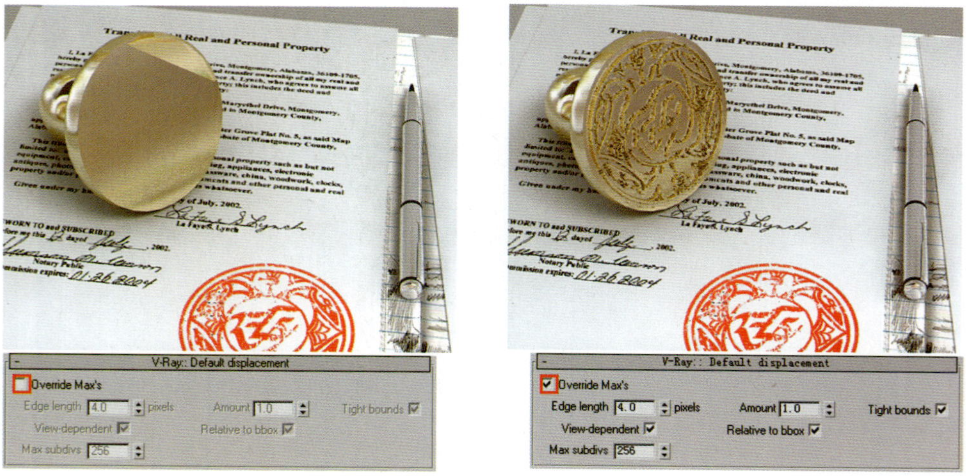

图1.67

- Edge length（边长度）：用于确定置换的品质。值越小，产生的细分三角形越多，意味着置换时渲染的画面效果将体现出更多的细节，同时需要更长的渲染时间。如图1.68所示分别为将边长度设置为2和20时的效果。

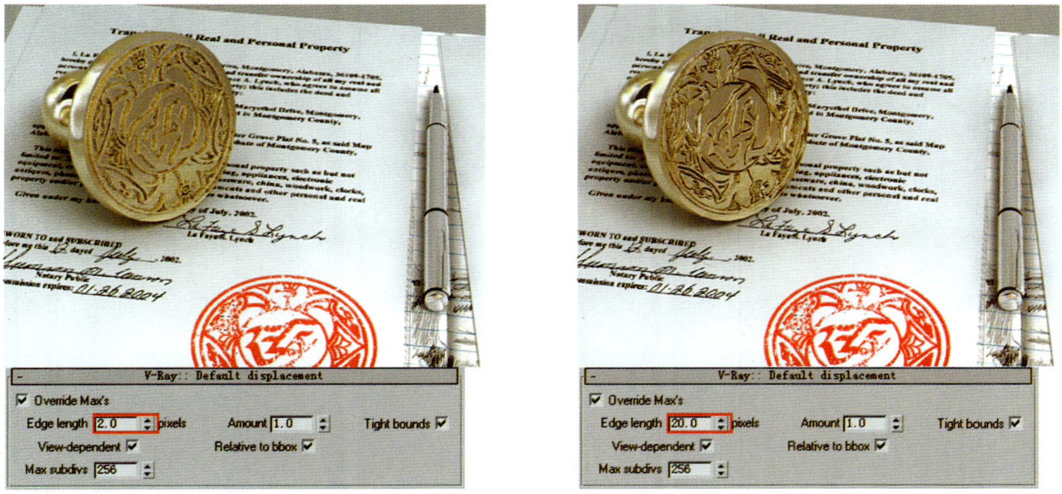

图1.68

- View-dependent（视图依据）：勾选该复选框后，边长度参数决定三角面的最大边长长度；取消对该复选框的勾选后，三角面的最长边长度将使用世界单位，如图1.69所示。

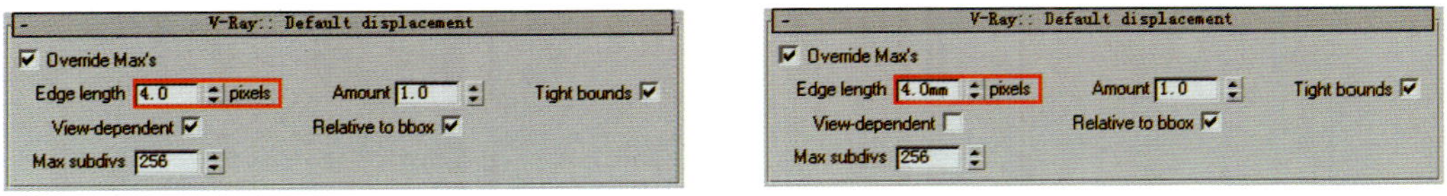

图1.69

- Max. subdivs（最大细分数量）：用于设置原始网格体细分的最大数量。
- Amount（数量设置）：此文本框决定着置换的幅度。如图1.70所示，分别为将数量设置为－0.5和2.0时的效果。

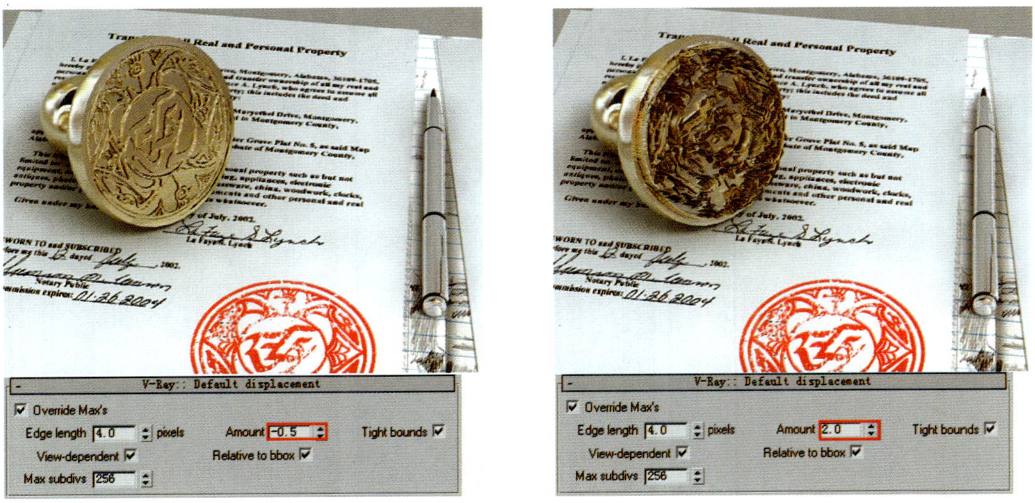

图1.70

- Relativ to bbox（相对于边界框）：该复选框用来对Amount设置值进行单位切换。
- Tight bounds（紧密界限）：勾选后VRay将计算原始网格体的体积。如果使用的纹理贴图有大量的黑色或白色区域，可能需要对置换贴图进行预采样。

1.4.17 “V-Ray：System（系统设置）”卷展栏

“V-Ray：System（系统设置）”卷展栏为VRay的系统卷展栏，在这里用户可以控制多种VRay参数，如图1.71所示，这个设置面板中包括光线投射参数设置组、渲染分割区域块设置组、场景元素属性设置组、默认几何学设置组、帧印记设置组等。下面对其中比较常用的设置进行讲解。

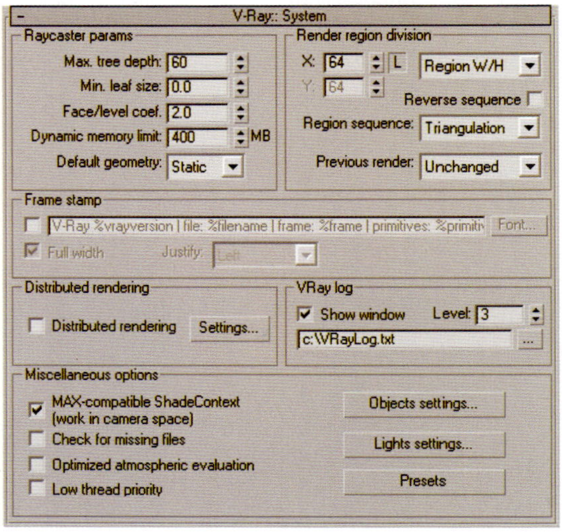

图1.71

1. “Raycaster params（光线投射参数）”组

在“Raycaster params（光线投射参数）”组中可以控制VRay二元空间划分树（BSP树）的相关参数。默认系统设置是比较合理的设置，一般使用默认设置就可以了。

2. “Render region division（渲染分割区域块）”组

此选项组允许控制渲染分割区域（块）的各种参数。这些渲染分割区域块正是VRay分布式渲染系统的基础部分。每一个渲染分割区域块都是以矩形的方式出现，并且每一块相对其他块都是独立的，分布式渲染的另一个特点就是，如果是多个CPU设置的话，渲染分割区域块可以设置分布在多个CPU进行处理，以有效的利用资源。如果场景中有大量的置换贴图物体、VRayProxy或VRayFur物体时，系统默认的方式是最好的选择。这个设置组只是设置渲染过程中的显示方式，不影响最后的渲染结果。

- X：当选择Region W/H模式的时候，以像素为单位确定渲染块的最大宽度；在选择Region Count模式的时候，以像素为单位确定渲染块的水平尺寸。
- Y：当选择Region W/H模式的时候，以像素为单位确定渲染块的最大高度；在选择Region Count模式的时候，以像素为单位确定渲染块的垂直尺寸。
- Region sequence（渲染块次序）：确定在渲染过程中块渲染进行的顺序。其中Top->Bottom为从上到下渲染；Left->Right为从左到右渲染；Checker为以类似于棋盘格子的顺序渲染；Spiral为以螺旋形顺序渲染；Triangulation为以三角形的顺序渲染；Hilbert curve为以希耳伯特曲线的计算顺序渲染。
- Reverse sequence（反向顺序）：该复选框被勾选后，将采取与Region sequence设置相反的顺序进行渲染。
- Previous render（上次渲染）：此参数用于确定在渲染开始的时候，在帧缓冲中以什么样的方式显示先前渲染图像，从而方便我们区分和观察两次渲染的差异。

3. “Frame stamp（帧印记）”组

“Frame stamp（帧印记）”组用于进行水印设置，可以设置在渲染输出的图像下侧记录这个场景的一些相关信息。

- Font（字体）：设置显示信息的字体。
- Full width（全部宽度）：显示占用图像的全部宽度，否则显示文字实际宽度。
- Justify（对齐）：指定文字在图像中的位置。Left为文字居左，Center为文字居中，Right为文字居右。

帧印记只有一行，显示的内容有限，为了得到需要的信息，可以通过设置信息编辑框来得到需要的信息内容，如图1.72所示。

图1.72

4. “Distributed rendering（分布式渲染）”组

分布式渲染是在几台计算机上同时渲染同一张图片的过程。实现分布式渲染要满足的条件是：在多台设备中同时安装了3ds Max和VRay，而且是相同的版本；多台参与计算的设备上相关软件（VRaySpaner）已经成功开启，运行正常。

- Distributed rendering（分布式渲染）：勾选该复选框后开启分布式渲染。
- Settings（设置）：单击此按钮可以弹出“VRay Networking settings”对话框，在对话框中可以添加或删除进行分布式渲染的计算机。

5. “VRay log（日志）”组

VRay渲染过程中会将各种信息都记录下来保存到VRay log中以方便查阅。☑ Show window 用于控制是否显示信息窗口，勾选该复选框将显示信息窗口。Level: 3 为显示级别：1为显示错误信息；2为显示错误信息和警告信息；3为显示错误、警告和情报信息；4为显示所有信息。c:\VRayLog.txt ... 为保存路径。

6. “Miscellaneous options（其他选项）”组

- MAX-compatible ShadeContext （work in camera space）（最大化材质内容）：默认勾选状态下一般可以得到较好的兼容性。
- Check for missing files（检查缺少的文件）：勾选该复选框时，VRay会试图在场景中寻找任何缺少的文件，并把它们列入表格。
- Optimized atmospheric evaluation（优化大气计算）：勾选该复选框，可以使VRay优先评估大气效果，而大气后面的表面只有在大气非常透明的情况下才会被考虑着色。
- Low thread priority（低线程优先）：勾选该复选框时，将促使VRay在渲染过程中使用较低的优先权的线程，避免抢占系统资源。

- Object Settings（物体设置）：单击该按钮会弹出“VRay object properties”对话框。在此对话框中可以设置VRay 渲染器中每一个物体的局部参数，这些参数都是在标准的3ds Max物体属性面板中无法设置的，如GI、焦散、直接光照、反射、折射等属性。
- Light Settings（灯光设置）：单击此按钮会弹出“VRay light properties”对话框，如图1.73所示。在此对话框中可以为场景中的灯光指定焦散或全局光子贴图的相关参数设置，左边是场景中所有可用光源的列表，右边是被选择光源的参数设置，还有一个Max 选择设置列表“Seletion sets”，可以很方便、很有效地控制光源组的参数。其中 Generate caustics: ☑ 被勾选时将产生焦散；Caustic subdivs: 1500 为焦散细分值，增大该值将减慢焦散光子贴图的计算速度；Caustics multiplier: 1.0 为焦散倍增，增大数值表示灯光产生焦散的能力增加。
- Presets（VRay预设）：单击此按钮会弹出“V-Ray presets”对话框，如图1.74所示。在此对话框中可以将VRay的各种参数保存为一个text文件，方便用户快速地再次导入它们。

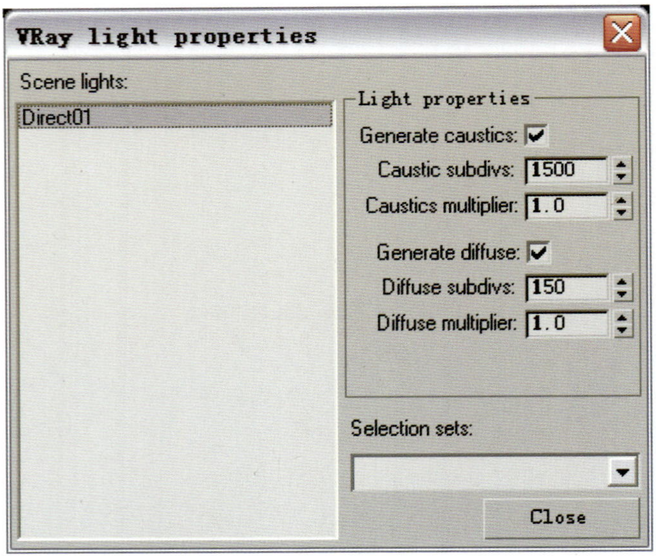

图1.73

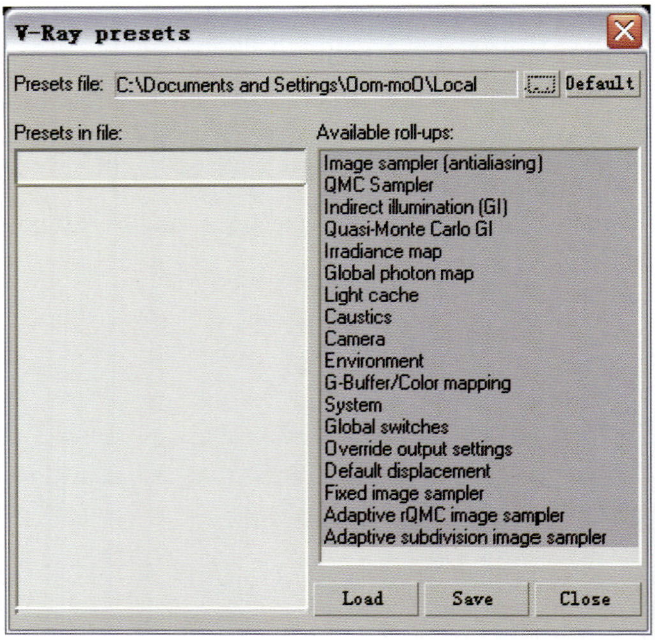

图1.74

02

第2章 灯光与阴影

光盘\第2章 /光盘路径

★ /操作难度

无 /设计风格

2.1 3ds Max灯光在VRay中的应用

本节将对3ds Max的标准灯光进行介绍，并对一些重要参数进行详细的讲解。通过对标准灯光在VRay渲染器中的渲染测试，使读者了解VRay渲染器的灯光技术。

VRay渲染器作为一个渲染插件，与3ds Max系统有着较好的兼容性，所以3ds Max系统中的很多材质和灯光都可以在VRay渲染器中继续使用，VRay自带的灯光及材质只是为用户提供了更多的选择，运用得当的话，两者都可以得到很好的渲染效果。

2.1.1 标准灯光的公用参数

标准灯光包括8种不同的基本灯光对象：泛光灯、目标聚光灯、自由聚光灯、目标平行光、自由平行光、天光、区域泛光灯和区域聚光灯。其中，在VRay渲染器中较常用到的标准灯光为目标聚光灯、目标平行光和泛光灯。

在3ds Max的基本照明类型中，除了天光之外，所有不同的灯光对象都共享一套控制参数，它们控制着灯光的最基本特征，包括常规参数、强度/颜色/衰减、高级效果、阴影参数、阴影贴图参数等，下面分别进行讲解。

1. “常规参数”卷展栏

“常规参数”卷展栏用于控制灯光、阴影的开关以及灯光的排除设置，如图2.1所示。

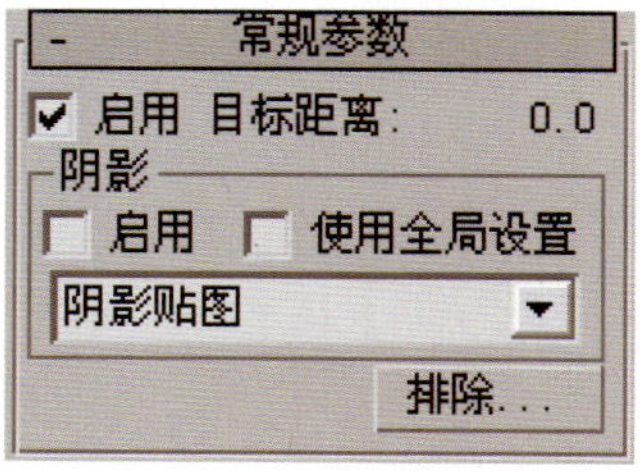

图2.1

其中各参数的主要功能说明如下。

- 启用：该复选框为光源的开关选项，只有当此复选框被勾选时，灯光效果才能够被应用到场景中。系统默认为勾选状态。

“阴影”组中的选项控制灯光是否在对象上产生阴影，是否使用灯光的全局设置，是使用阴影贴图方式投射还是使用光线跟踪阴影。

- 启用：阴影的开关选项，只有当该复选框被勾选时，才能渲染出阴影效果。
- 使用全局设置：勾选该复选框后，将把当前灯光的阴影参数应用到场景中所有有投影功能的灯光上。
- 阴影类型：用于选择阴影的类型，包括高级光线跟踪、mental ray阴影贴图、区域阴影、阴影贴图、光线跟踪阴影和VRay Shadow，如图2.2所示。

图2.2

Tip 提示：

VRay渲染器对标准灯光的阴影支持还不是十分完美，其中的mental ray阴影贴图和光线跟踪阴影在VRay渲染器中不会产生阴影。

- 排除：单击该按钮会弹出“排除/包含”对话框，如图2.3所示。在此对话框中可以设置指定物体不受灯光的照射影响，包括照明影响和阴影影响。

2.“强度/颜色/衰减”卷展栏

“强度/颜色/衰减”卷展栏用于控制灯光的强度、颜色以及衰减，如图2.4所示。

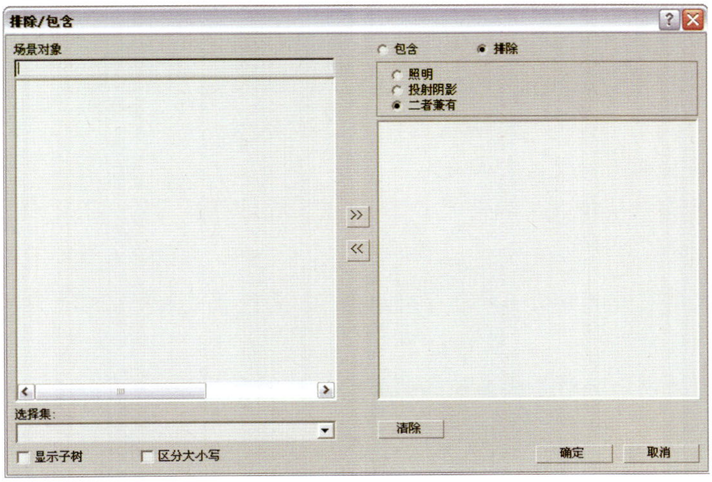

图2.3

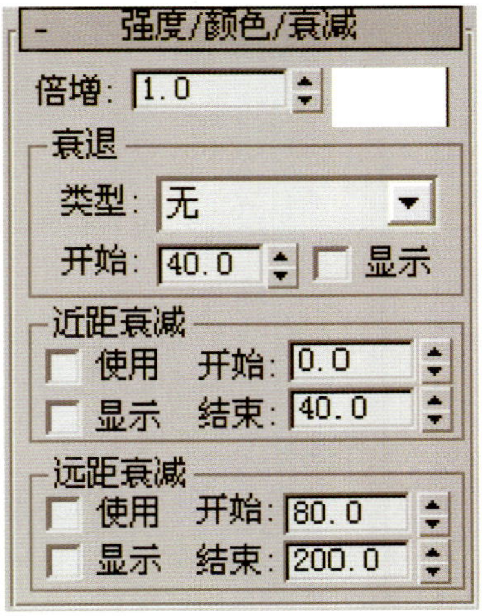

图2.4

其中各参数的主要功能说明如下。

- 倍增：对灯光的强度进行倍增控制，标准值为1。如果设置为2，则灯光的强度增加一倍；如果设置为负值，将产生吸收光线的效果。
- 颜色块：单击“倍增”右侧的颜色块，可以在打开的颜色选择器中设置灯光的颜色，与材质编辑器中的颜色选择器相同。

（1）“衰退”组

“衰退”是使远处灯光强度减小的另一种方法。

- 类型：选择“无”时不产生剧烈衰减；选择“倒数”时将以反向方式计算剧烈衰减；选择“反向平方”时将模拟真实世界中灯光的衰减，但它会使场景变得过于黑暗。
- 开始：此文本框定义了灯光不发生衰减的范围，只有在比“开始”中定义的照射范围更远的灯光才开始发生衰减。
- 显示：显示灯光进行衰减的范围线框。

（2）“近距衰减”组

- 使用：用来决定被选择的灯光是否使用在被指定的衰减范围。
- 显示：如果勾选此复选框，在灯光的周围会出现代表灯光衰减开始和结束的圆圈。
- 开始：设置灯光开始淡入的距离。
- 结束：设置灯光达到其全值的距离。

（3）“远距衰减”组

- 开始：设置灯光开始淡出的距离。
- 结束：设置灯光减为0的距离。

（4）“高级效果”卷展栏

“高级效果”卷展栏用于设置灯光照射到对象上后灯光的反射、对比度和投影贴图等，如图2.5所示。

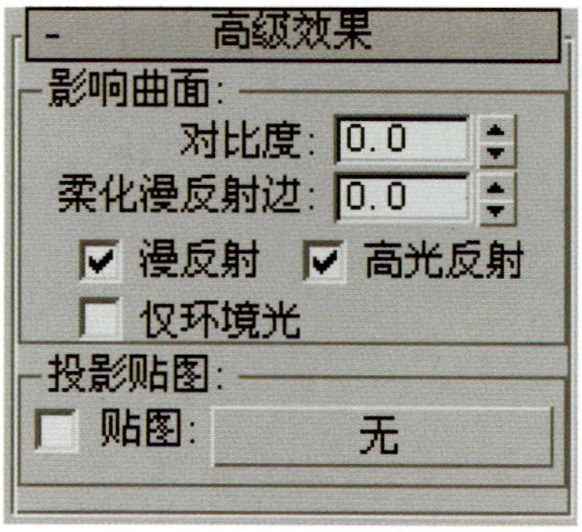

图2.5

其中各参数的主要功能说明如下。

- 对比度：调整曲面的漫反射区域和环境光区域之间的对比度。
- 柔化漫反射边：增加该值可以柔化曲面的漫反射部分与环境光部分之间的边缘，这样有助于消除在某些情况下曲面上出现的边缘。
- 漫反射：勾选该复选框后，灯光将影响对象曲面的漫反射属性；不勾选该复选框，灯光在漫反射曲面上没有效果。
- 高光反射：勾选该复选框后，灯光将影响对象曲面的高光属性；不勾选该复选框，灯光在高光属性上没有效果。
- 仅环境光：勾选该复选框后，灯光仅影响照明的环境光组件，这样用户可以对场景中的环境光照明进行更详细的控制。勾选“仅环境光”复选框后，“对比度”和“柔化漫反射边”文本框以及“漫反射”和“高光反射”复选框不可用。

2. “阴影参数”卷展栏

“阴影参数”卷展栏用于控制阴影的颜色、浓度以及是否使用贴图来代替颜色作为阴影，如图2.6所示。

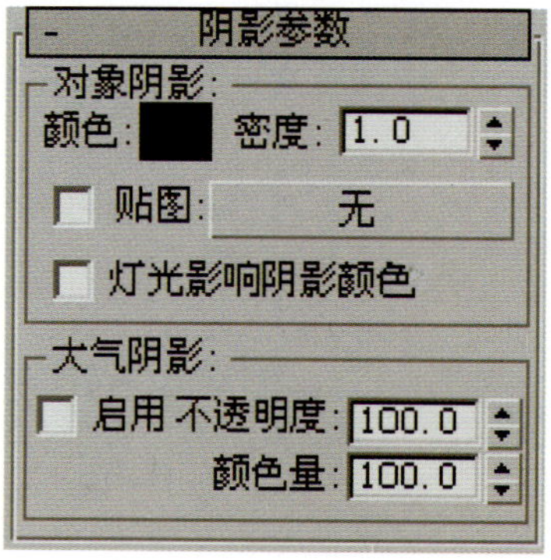

图2.6

其中各参数的主要功能说明如下。

（1）“对象阴影”组

- 颜色：用于设置阴影的颜色。
- 密度：用于调整阴影的密度。
- 贴图：勾选该复选框可以对对象的阴影投射图像，但不影响阴影以外的区域。在处理透明对象的阴影时，可以将透明对象的贴图作为投射图像投射到阴影中，以创建更多的细节，使阴影更真实。
- 灯光影响阴影颜色：勾选该复选框后，灯光颜色与阴影颜色（如果阴影已设置贴图）将混合。

（2）“大气阴影”组

使用这些控件可以让大气效果投射阴影。

- 启用：勾选该复选框后，大气效果如灯光穿过它们一样投射阴影。
- 不透明度：用于调整阴影的不透明度。此值为百分比。
- 颜色量：用于调整大气颜色与阴影颜色混合的量。此值为百分比。

10. “阴影贴图参数”卷展栏

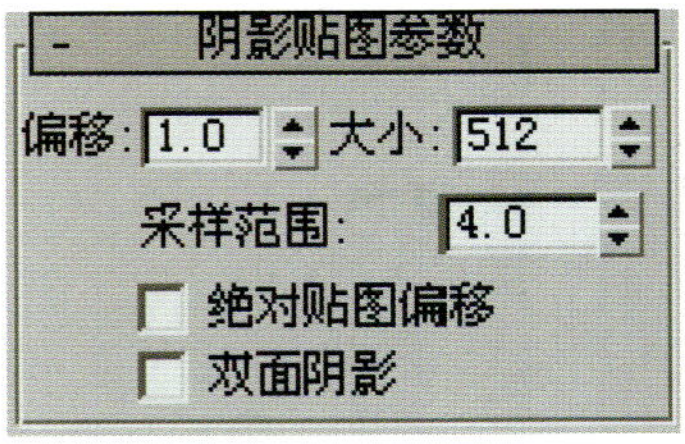

图2.7

“阴影贴图参数”卷展栏主要用于对阴影的大小、采样范围、贴图偏移等选项的控制，其卷展栏如图2.7所示。

其中各参数的主要功能说明如下。

- 偏移：用于面向或背离阴影投射对象移动阴影。
- 大小：设置用于计算灯光的阴影贴图的大小（以像素平方为单位）。
- 采样范围：用于设置阴影中边缘区域的模糊程度，值越高阴影边界越模糊。
- 绝对贴图偏移：勾选该复选框后，阴影贴图的偏移未标准化，但是该偏移在固定比例的基础上以3ds Max 为单位表示。
- 双面阴影：勾选该复选框后，计算阴影时背面将不被忽略。

2.1.2 用标准灯光为场景布置灯光

打开本书所附光盘提供的“标准灯光源文件.max”文件，该文件是一个材质、摄像机及渲染参数都调节好的场景文件，如图2.8所示。

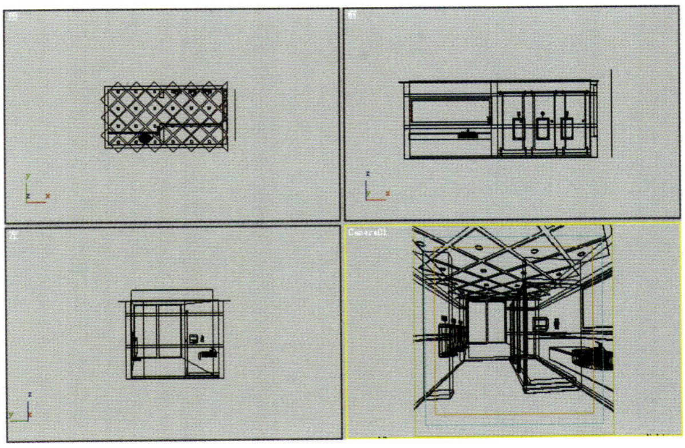

图2.8

Step 01 利用标准灯光为场景布置灯光。首先创建室外的日光。在“创建”面板中单击（灯光）按钮，在弹出的下拉菜单中选择“标准”选项，然后在“对象类型”卷展栏中单击 目标平行光 按钮，在视图中创建一盏目标平行光，位置如图2.9所示。

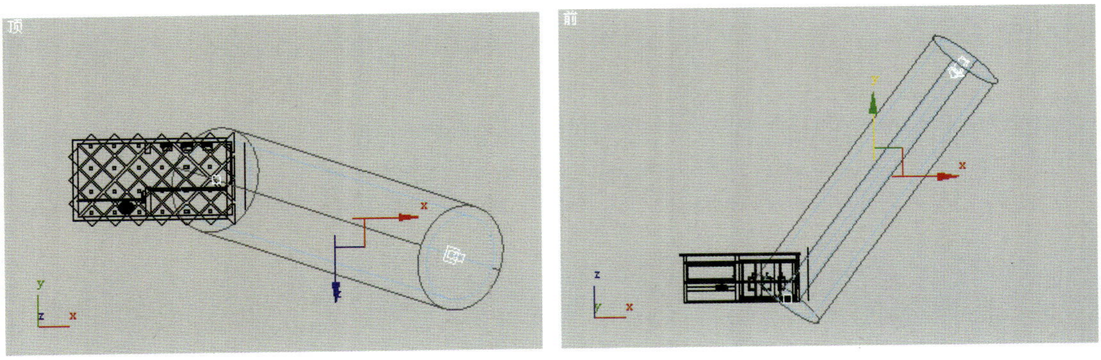

图2.9

Step 02 单击（修改）按钮进入“修改”面板，对刚刚创建的目标平行光Direct01进行参数设置，如图2.10所示。

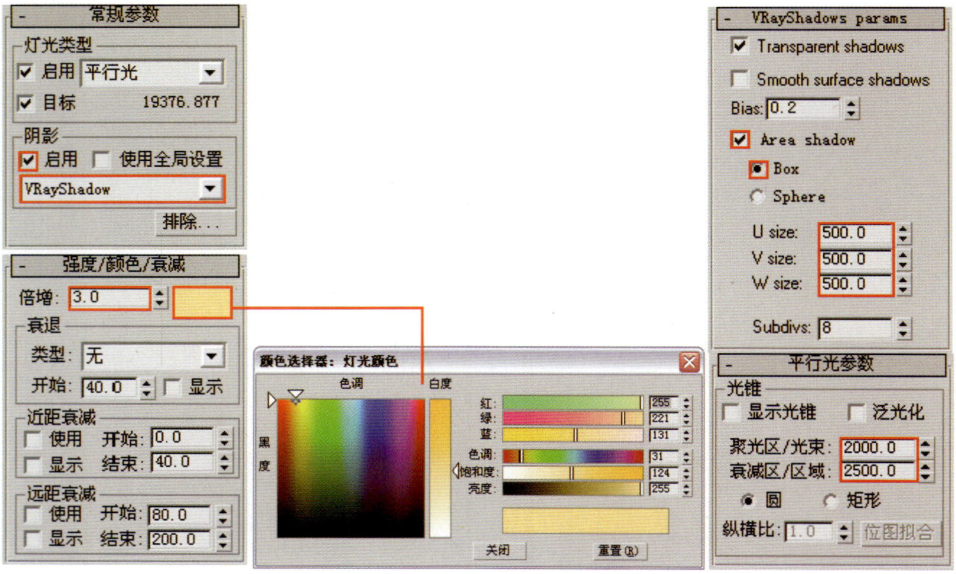

图2.10

Step 03 由于物体“外景”阻挡了阳光进入室内，需在目标平行光中将其排除，参数设置如图2.11所示。

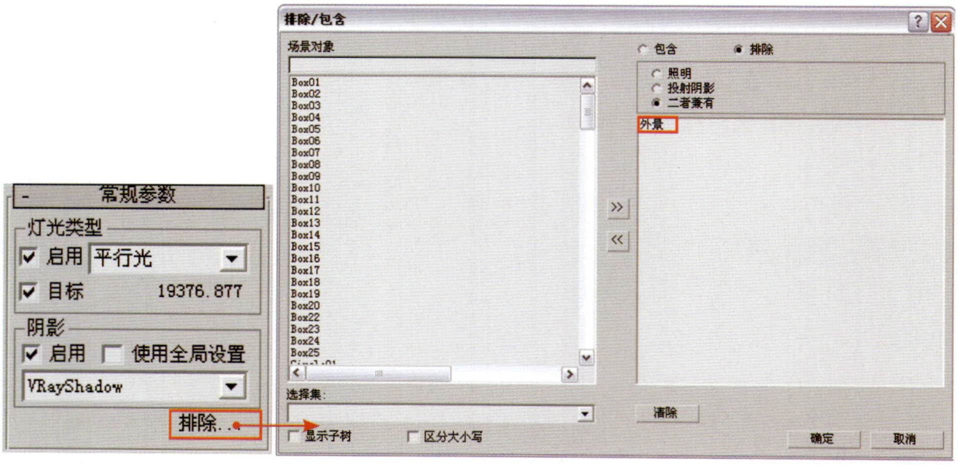

图2.11

Step 04 对摄像机视图进行渲染，灯光效果如图2.12所示。

Step 05 室外日光创建完毕，接下来设置室内筒灯。在“创建”面板中单击（灯光）按钮，在弹出的下拉菜单中选择“标准”选项，然后在“对象类型”卷展栏中单击 目标聚光灯 按钮，在如图2.13所示位置创建一盏目标聚光灯来模拟天花板筒灯效果。

图2.12

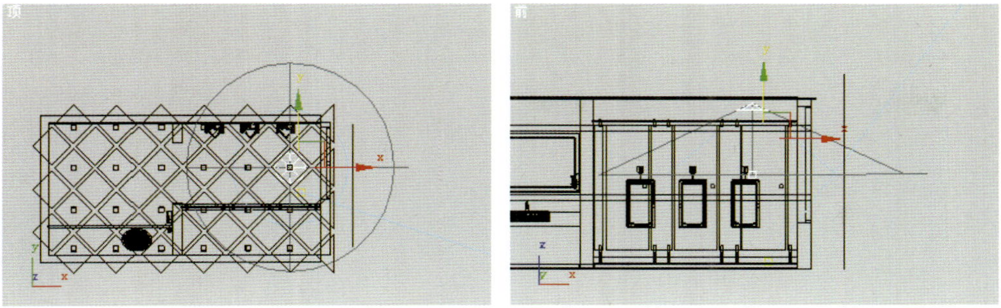

图2.13

Step 06 在“修改”面板中对创建的目标聚光灯参数进行设置，如图2.14所示。

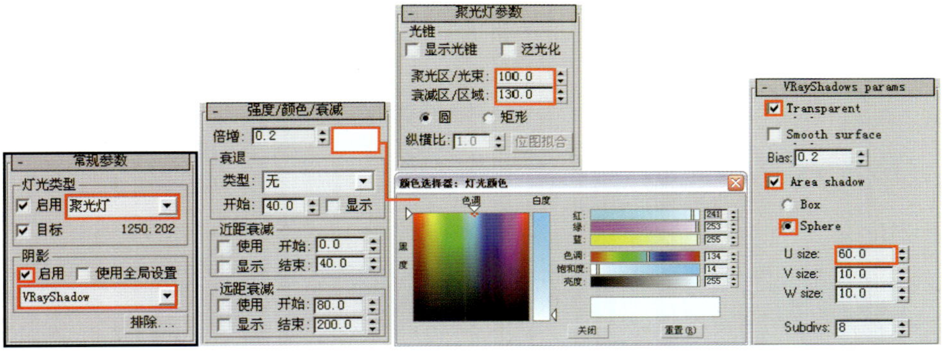

图2.14

Step 07 在顶视图中选中刚刚创建的目标聚光灯Spot01，将其关联复制出17盏，灯光的位置如图2.15所示。

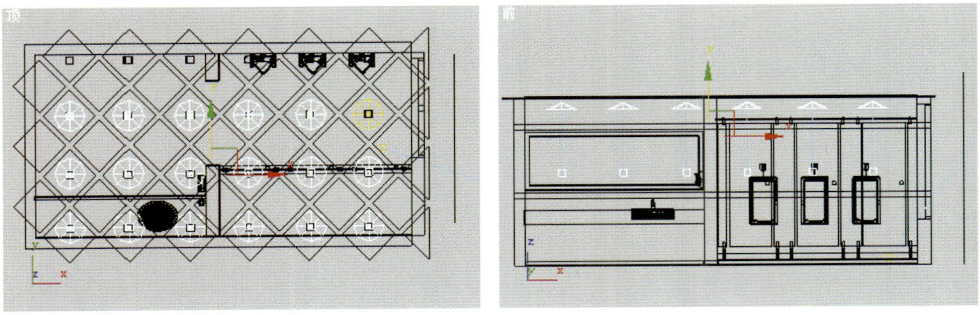

图2.15

Step 08 对摄像机视图进行渲染，效果如图2.16所示。

图2.16

2.2 光度学灯光在VRay中的运用

光度学灯光是一种基于真实物理计算的灯光，通过调整光度学（光能）值可以更精确地定义灯光，模拟真实世界中的光照效果。

不同于标准灯光的是，光度学灯光在照明时能够产生两种光，即直接光和间接光。当一个物体被打在它身上的光源照亮，这个光源就是直接光。直接光照射到物体上后，被物体吸收一部分，其余部分被物体反射或折射出去，被反射或折射的这部分光就是间接光，这一部分光源将影响物体周围的环境，使整个场景具有很真实的感觉。

在VRay渲染器中经常用到的是光度学中的光域网，它源于Lightscape的优秀灯光系列，使用过Lightscape的用户应该比较熟悉Lightscape光域网的优秀特性，在此就不多作介绍。

VRay渲染器完全兼容3ds Max的光度学系列灯光，这让经常使用Lightscape的用户过渡到VRay变得相对容易些。

2.2.1 光度学灯光的照明原理及参数

在现实世界中，间接光从第一个物体表面反射或折射出去后，又会被它遇到的下一个物体表面所吸收、反射或折射，这一光线传播的过程遵循一定的物理规律无限反复进行，直至光度衰减为零，这一过程就叫光能传递。正是在光能传递的作用下，世界才会将真实的质感呈现在我们眼前。光度学灯光就是模拟现实世界中光的原理进行照明的。

在“创建”面板中单击（灯光）按钮，在弹出的下拉菜单中选择“光度学”选项，“创建”面板显示如图2.17所示。

可以看出3ds Max提供了8种光度学灯光，这8种光度学灯光又分为点光源、线光源、面光源、太阳光和日光。

- “目标点光源”和“自由点光源”是常用的灯光，常用于全局照明。
- “目标线光源”和“自由线光源”在室内效果图中制作发光灯槽的线性灯光能得到很好的效果。
- “目标面光源”和“自由面光源”可用来模拟区域灯光的效果。
- “IES太阳光”和“IES天光”常用于室外效果图的照明。

光度学灯光和相应的标准灯光参数非常类似，下面针对两者差异较大的“强度/颜色/分布”卷展栏中各参数的功能进行介绍。

“强度/颜色/分布”卷展栏如图2.18所示。

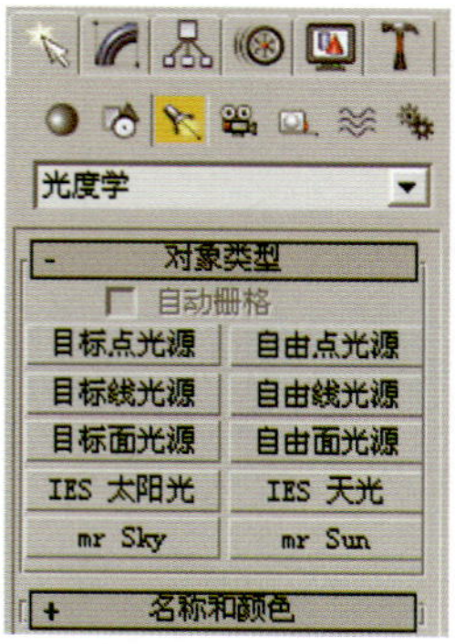

图2.17

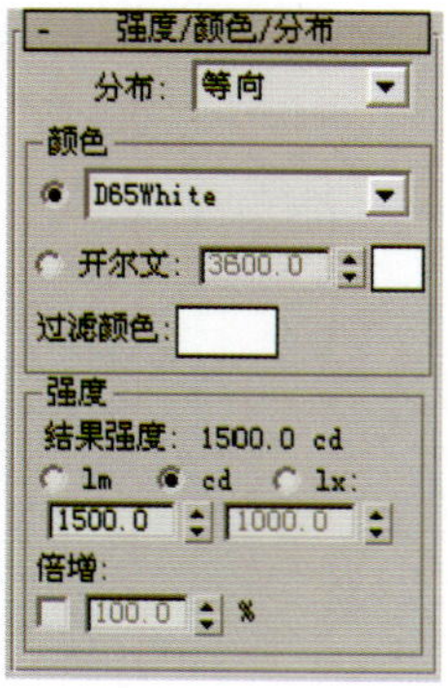

图2.18

1.“分布”下拉列表

其中的各项主要功能说明如下。

“分布”下拉列表用于选择光线从光源发射后在空间中的分布方式，根据光源类型的不同共分为Web、等向、聚光灯3种方式。

- Web（光域网）：使用光域网文件可以描

述灯光亮度的分布情况，不同的光域网文件可以产生不同的灯光发射效果。

- 等向：该分布方式是光度学灯光的默认分布类型，这种在所有方向的光都相同。而漫反射方式在灯光方向发射的光线最强，随着角度的增加会逐渐减少。
- 聚光灯：该分布方式是点光源特有的分布方式，这种分布方式可以产生一束光线，在光束上亮度下降一半，在光域上亮度为0。光束和光域的角度可以像标准聚光灯的聚光区和衰弱区那样进行设置。

2. “颜色”组

- 灯光：挑选公用灯光，以近似灯光的光谱特征。
- 开尔文：通过调整色温微调器来设置灯光的颜色。色温以开尔文度数显示，相应的颜色在温度微调器旁边的色样中可见。
- 过滤颜色：使用颜色过滤器模拟置于光源上的过滤色的效果。

3. “强度”组

这些控件在物理数量的基础上指定光度学灯光的强度或亮度，可使用下面其中一种单位设置光源的强度。

- lm（流明）：用于测量整个灯光（光通量）的输出功率。100 瓦的通用灯泡约有 1750 lm 的光通量。
- cd（坎迪拉）：用于测量灯光的最大发光强度，通常沿着目标方向进行测量。100 瓦的通用灯泡约有 139 cd 的光通量。
- lx（勒克斯）：用于测量由灯光引起的照度，该灯光以一定距离照射在曲面上，并面向光源的方向。勒克斯是国际场景单位，等于 1 流明/平方米。

2.2.2 用光度学灯光为室内效果图布光

打开本书所附光盘提供的“光度学灯光源文件.max”文件，该文件是一个材质、摄像机及渲染参数都调节好的场景文件，如图2.19所示。

Step 01 下面为场景布置光度学灯光。在“创建”面板中单击（灯光）按钮，在下拉菜单中选择“光度学”选项。首先布置主光源，使用多个自由点光源作为这个场景的主光源。在顶视图中创建一盏自由点光源，将其移动到如图2.20所示的位置。

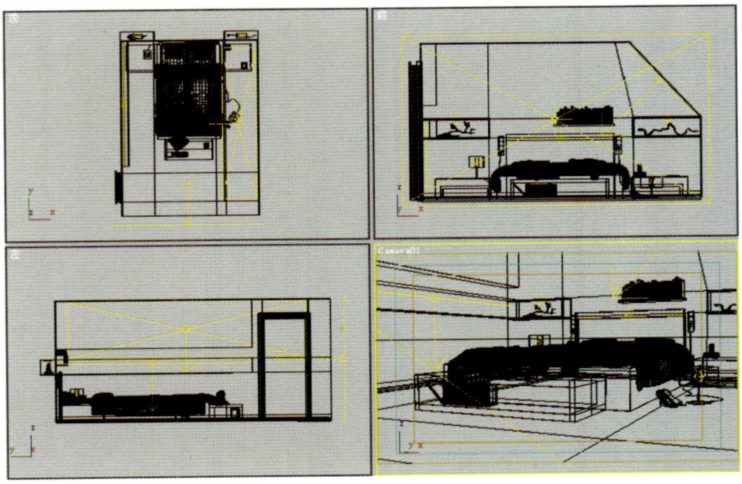

图2.19

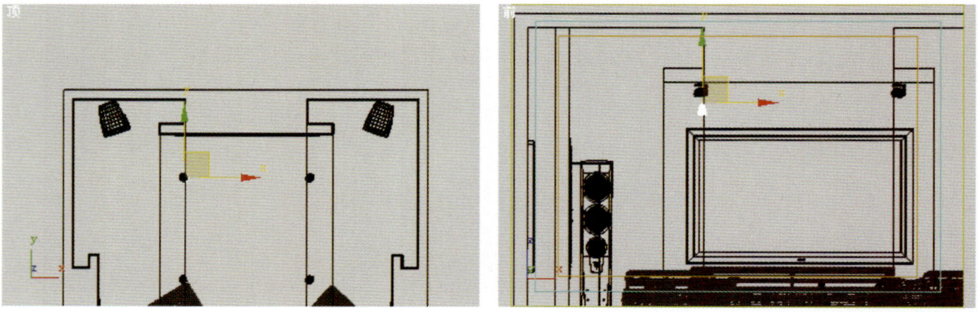

图2.20

Step 02 在“修改”面板中对创建的自由点光源参数进行设置，如图2.21所示。光域网文件为本书配套光盘提供的“第2章\贴图\10.ies”文件。

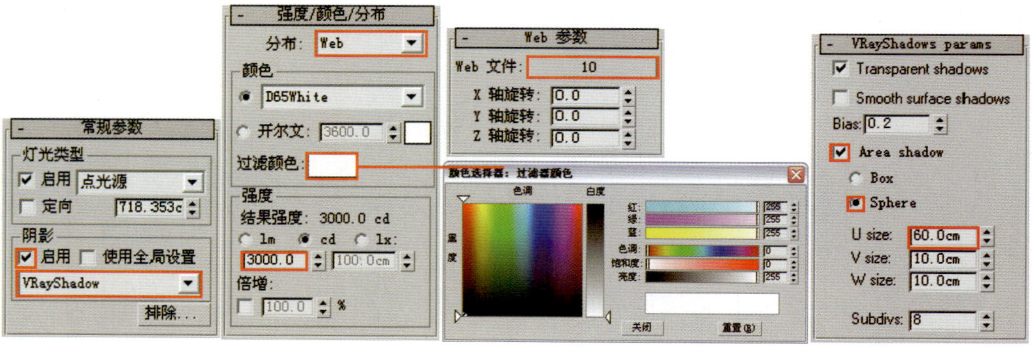

图2.21

Step 03 在顶视图中选中刚刚创建的自由点光源FPoint01，按住Shift键通过移动工具将其关联复制出13盏，调整灯光的位置如图2.22所示。

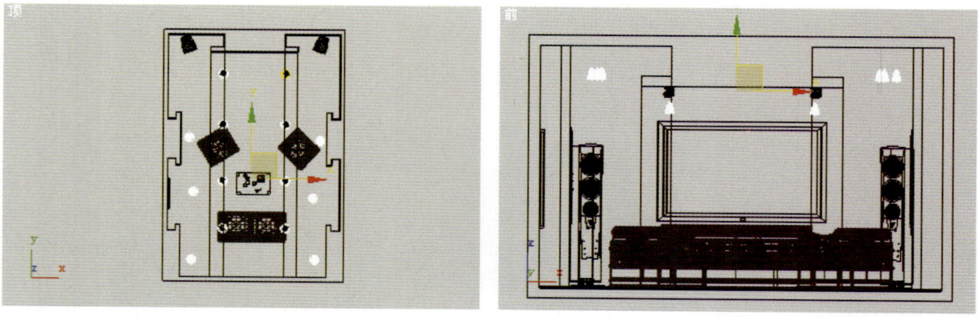

图2.22

Step 04 对摄像机视图进行渲染的效果如图2.23所示。

图2.23

Step 05 设置场景中的灯带效果。在“创建”面板中单击的（灯光）按钮，在弹出的下拉菜单中选择“光度学”选项。在如图2.24所示位置创建一盏自由面光源，灯光参数设置如图2.25所示。

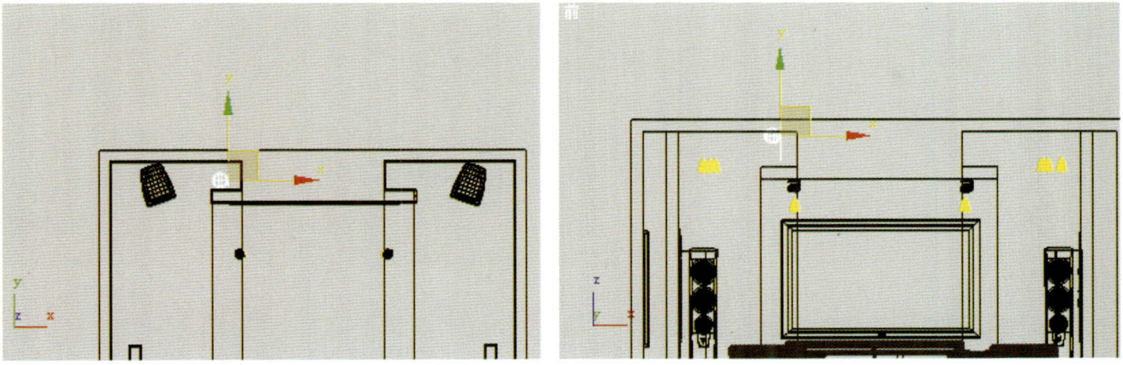

图2.24

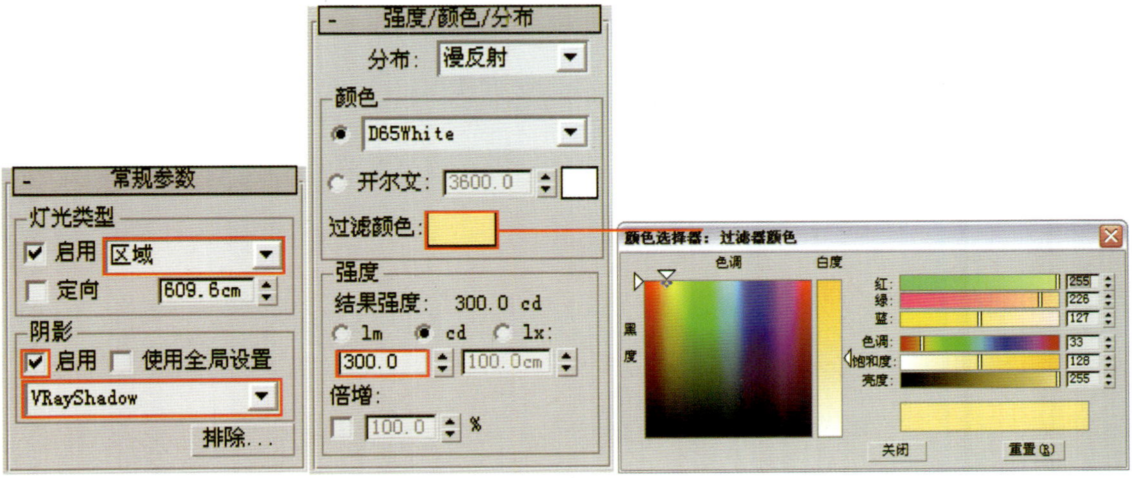

图2.25

Step 06 在前视图中选中刚刚创建的自由面光源FArea01，通过移动、缩放、旋转等工具，将其关联复制出57盏，调整灯光的位置如图2.26所示。

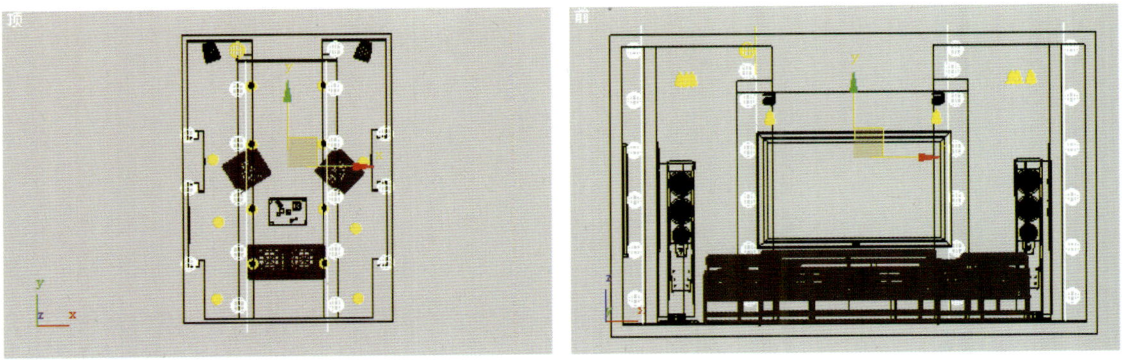

图2.26

Step 07 对摄像机视图进行渲染的效果如图2.27所示。

Tip 提示：

"光度学"中的面光源长度不宜过长，否则灯光分布就会不均匀。

图2.27

2.3 认识VRay阴影

VRayShadows阴影类型常被用来配合3ds Max自带灯光在VRay渲染器中的渲染命令。由于3ds Max光线跟踪阴影不能用VRay渲染器渲染出来，为了达到更好的渲染效果并缩短渲染时间，当使用3ds Max自带的灯光类型时，最好设置阴影类型为VRayShadows类型。

设置阴影类型为VRayShadows，不但可以完成VRay阴影效果的创建，还能让VRay的置换物体和透明物体投射出正确的阴影效果。

不论是标准灯光还是光度学灯光，当选择了VRayShadows阴影类型后,都会出现"VRayShadows params"卷展栏，如图2.28所示。

下面通过渲染一个小场景来讲解这些参数的作用，场景文件为本书所附光盘提供的"餐厅.max"文件，如图2.29所示。

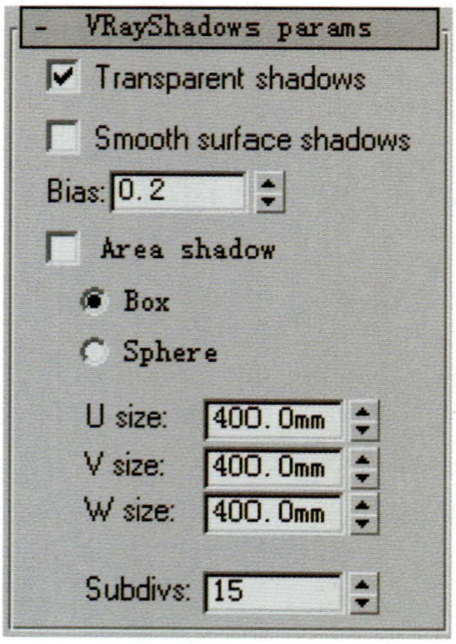

图2.28

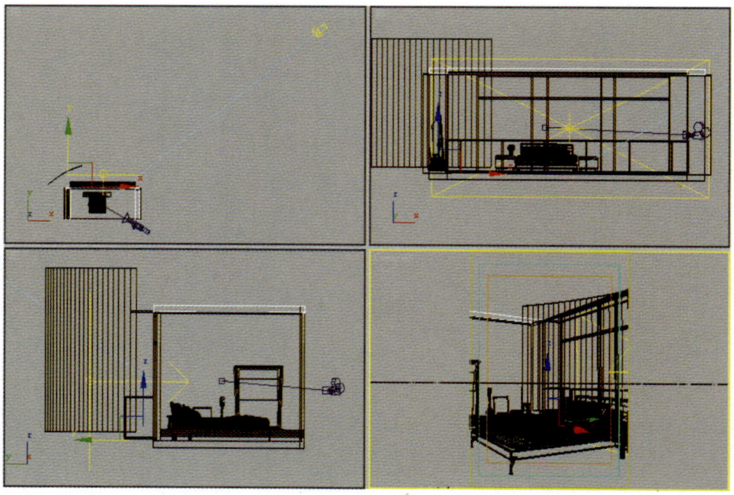

图2.29

Tip 提示：

场景中的目标平行光被用来模拟天光，其阴影类型已经设置为VRay Shadows。

其各参数的主要功能说明如下。

- Transparent Shadows（透明阴影开关）：当取消对该复选框时，场景的灯光、物体受 [- 阴影参数] （标准灯光阴影）卷展栏的控制，如图2.30所示；当勾选该复选框后，场景的灯光、物体不受 [- 阴影参数] 卷展栏的控制，如图2.31所示。

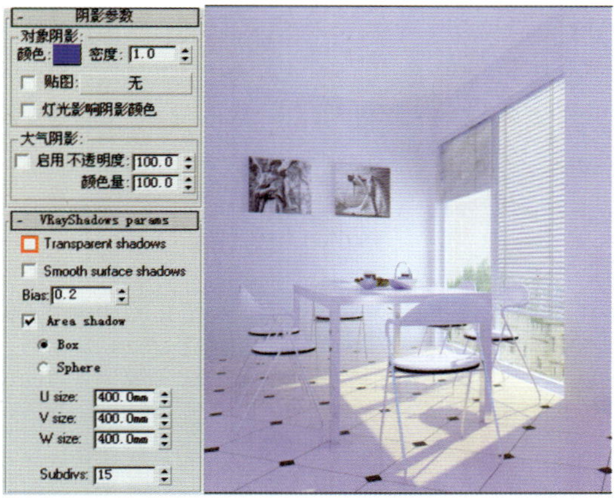

图2.30

图2.31

Tip 提示：

从图中可以观察，到当取消对“Transparent Shadows”复选框的勾选时，场景的背光部分显示为蓝色；当勾选“Transparent Shadows”复选框时，场景的背光部分显示为灰色。椅子上面的蓝色是受环境的影响而产生的。

- Smooth surface shadows（平滑阴影面）：勾选该复选框可以避免投影中的斑点，一般情况要勾选该复选框。
- Bias（阴影偏移设置）：默认为0.2，可以调整数值来控制阴影的偏移大小。如图2.32所示为调整平行光阴影偏移值后的效果。

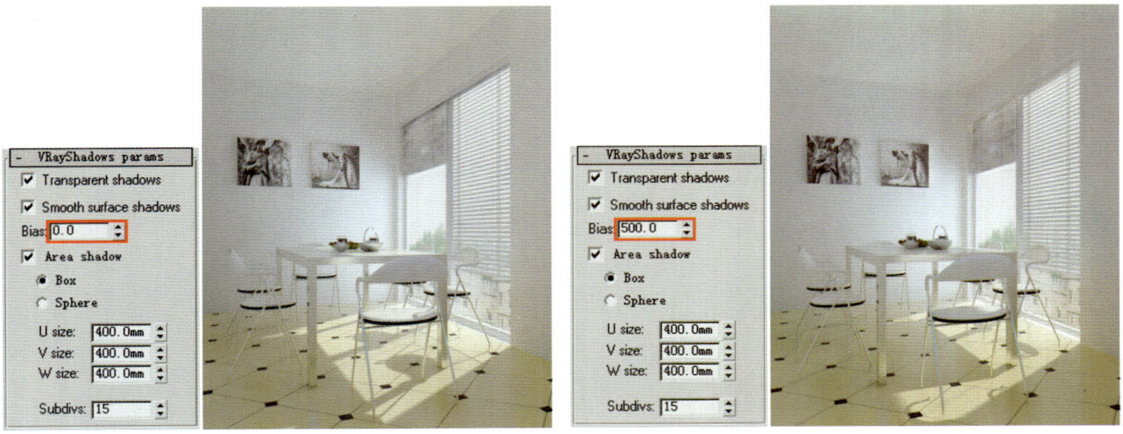

图2.32

Tip 提示：

VRay可以根据真实的表面灯光来计算阴影，并使之产生微小的偏移，这能够用来防止表面因不正确的投影而产生的黑点、噪点。

- Area shadow（开启或关闭区域阴影）：当勾选该复选框时，可以通过选择Box（立方体）或

Sphere（球形）这两种方式来调整U size、V size、W size从而控制阴影的效果。

- Box（立方体光源）：点选该单选钮，灯光投射出的立方体阴影。
- Sphere（球体光源）：点选该单选钮，灯光投射出球体阴影。
- U size（光源U方向尺寸）：如果选择球形光源，此数值为球形半径。
- V size（光源V方向尺寸）：如果选择球形光源，此数值无效。
- W size（光源W方向尺寸）：如果选择球形光源，此数值无效。
- Subdivs（细分）：与其他属性的细分值类似，这个值控制VRay将消耗多少样本来计算区域阴影。值越大，噪点越低，需要的渲染时间就越长。

当细分值为1时，效果如图2.33所示，可以看到阴影位置的噪点很多。当细分值为16时，阴影中的噪点会更加明显地减少，但渲染时间也相对增加了。

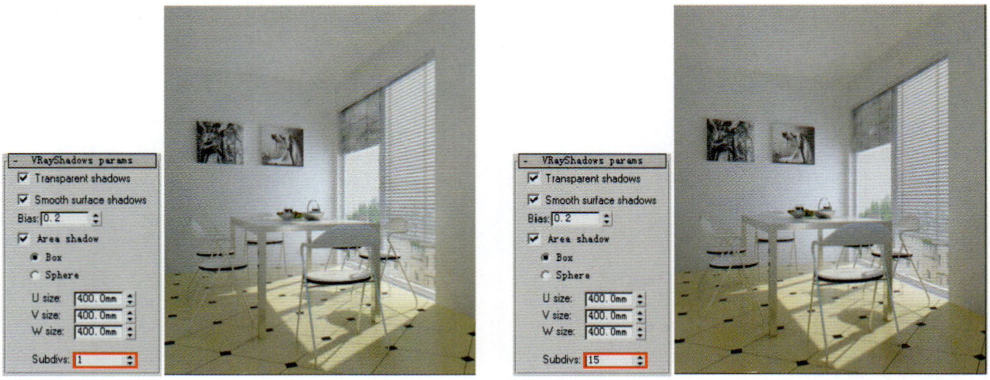

图2.33

2.4 认识VRay灯光

2.4.1 了解VRayLight

单击“创建”面板中的（灯光）按钮，在弹出的下拉菜单中选择“VRay”选项后会出现VRay灯光的列表，如图2.34所示。这里我们主要介绍VRayLight的参数，如图2.35所示。

图2.34

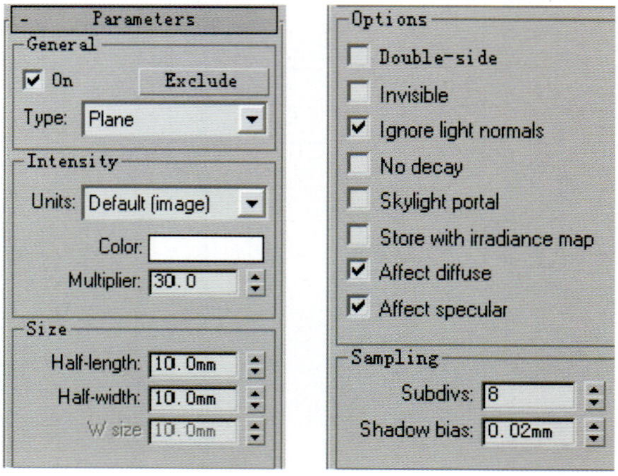

图2.35

下面通过渲染一个场景来讲解VRayLight中各参数的作用。场景文件为本书所附光盘提供的“VRayLight测试场景.max”文件，如图2.36所示。

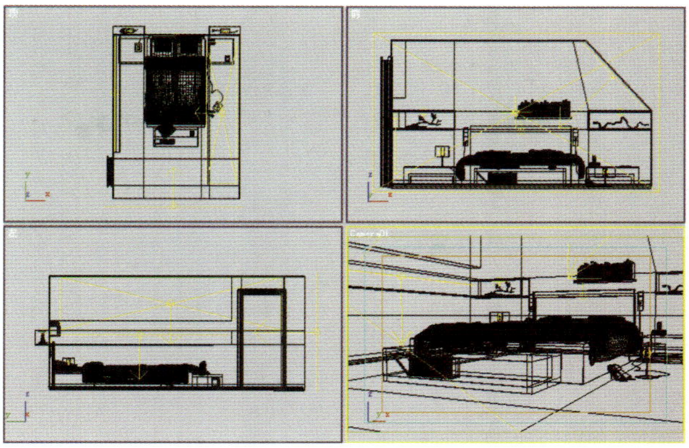

图2.36

其中各参数的主要功能说明如下。

1. “General（常规）”组

- On：开启或关闭VRayLight。只有该复选框被勾选时，灯光设置才对场景起作用。
- Exclude（排除设置）：可设置场景中的任何物体是否受某个灯光照明和阴影的影响。
- Type（VRayLight类型）：有Plane（平面）、Dome（圆顶形）和Sphere（球形）三种光源类型，比较常用的为Plane和Sphere两种光源类型。

2. “Intensity（亮度）”组

- Color（颜色）：用于定义VRayLight光线颜色，效果如图2.37所示。

图2.37

- Multiplier（VRayLight倍增器）：数值越大发光效果就越强烈，如图2.38所示分别为将窗口处的VRayLight面光源的倍增值设置为3和10时的效果。

图2.38（a）

图2.38（b）

Tip 提示：

从图中可以看到随着倍增值的增加场景明显变亮了。

3. “Size（尺寸）”组

该选项组中的各选项用于设置VRayLight的尺寸。当灯光类型为Plane时，可以设置平面光源的长度和宽度；当灯光类型为Sphere时，可以设置球形光源的半径。如图2.39所示为模拟灯带的VRayLight面光源的倍增值不变，改变尺寸大小时的效果。

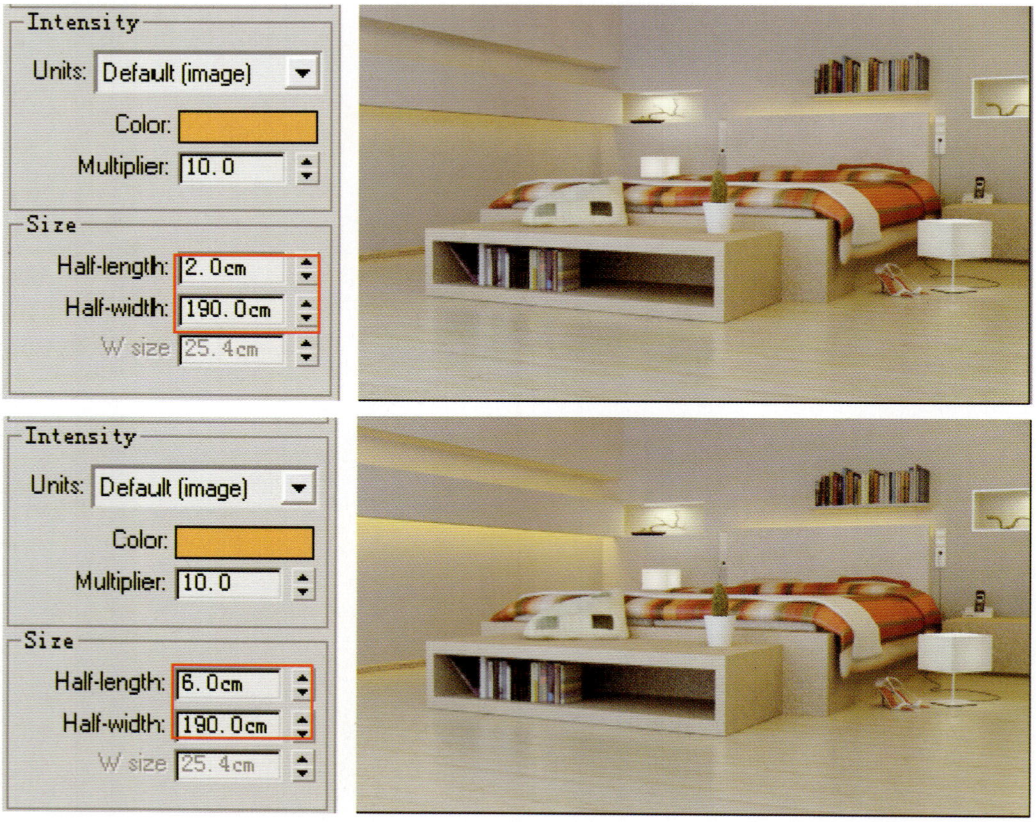

图2.39

Tip 提示：

从渲染效果中发现VRayLight面光源在倍僧值相同的情况下，尺寸越大光照越强。

4. “Options（选项）”组

- Double-side（双面）：当VRayLight使用面光源时，勾选该复选框可以产生双面发光的效果，否则只有VRay导向箭头指向的面才会发光。如图2.40所示为模拟吊灯的面光源在勾选“Double-side”复选框前后的效果。

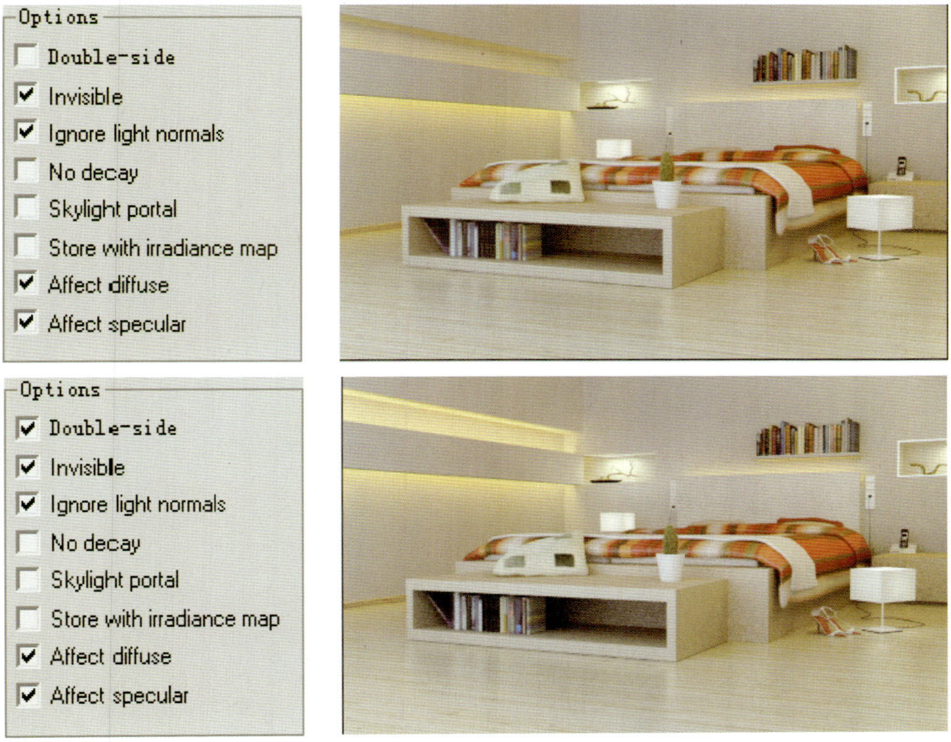

图2.40

- Invisible（光源隐藏）：勾选该复选框时，可以在保留光照的情况下将光源隐藏，否则会显示光源模型。如图2.41所示为勾选“Invisible”复选框前后模拟台灯的VRayLight球形光效果。

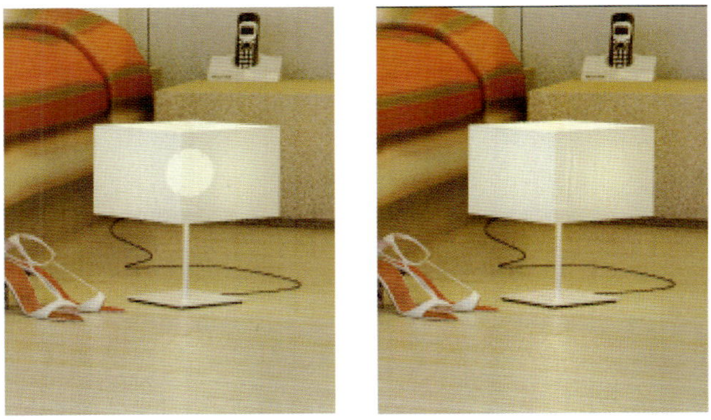

图2.41

Tip 提示：

从渲染效果中发现虽然光照仍在，但模拟台灯灯罩的VRayLight面光源却不见了。

- Ignore light normals（光源法线处理）：可以控制VRay对光源法线的调节，系统为使渲染结果平滑，通常默认勾选此复选框。
- No decay（无衰减）：一般情况下灯光亮度会按照与光源距离平方的倒数方式进行衰减，勾选此复选框后，灯光的强度不会随距离而衰减。
- Skylight portal（开启天光入口）：勾选该复选框后灯光的颜色和倍增值参数会被忽略，而是以环境光的颜色和亮度为准。
- Store with irradiance map（存储发光贴图）：勾选该复选框此选项将保存当前灯光信息储存至最终光子贴图中。

5. “Sampling（采样）”组

- Subdivs（细分）：VRayLight的采样数值越大画面质量越高，渲染速度越慢。如图2.42所示为灯光细分值为1时的测试渲染效果，如图2.43所示为细分值为10时的渲染效果。可以看出数值越大最后得到的效果越细腻，当然渲染所花费的时间也将越长。

图2.42

图2.43

Tip 提示：

要想得到细腻的效果，除了要提高灯光的细分值外，还需要调整其他参数，这些参数将在以后的章节中进行讲解。

- Shadow bias（阴影偏移）：这个参数控制物体的阴影渲染偏移程度。偏移值越低，阴影的范围越大，相对越模糊；偏移值越高，阴影值范围越小，相对越清晰。如图2.44~图2.46所示为对“VRayLight01”及“VRayLight02”的阴影偏移值进行设置后的效果。

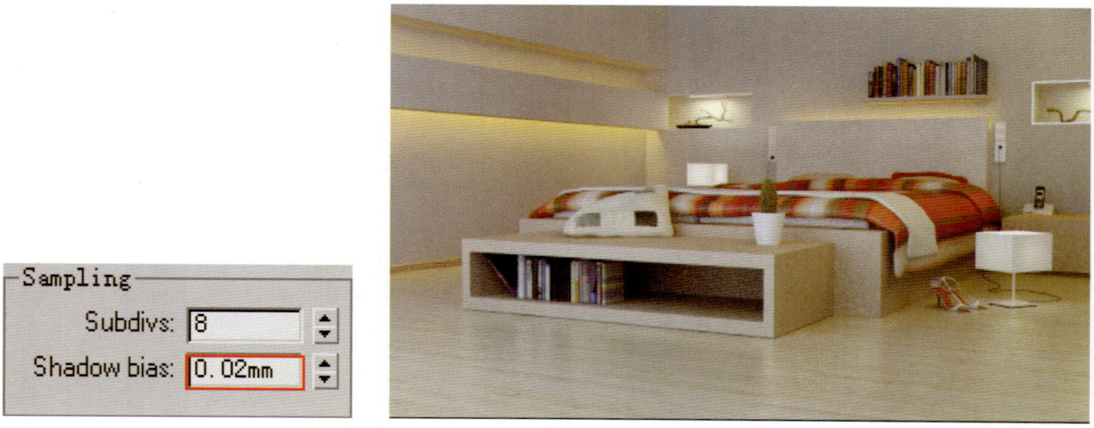

图2.44

Tip 提示：

阴影偏移值为0.02时，场景中物体的阴影范围很大、很模糊。

图2.45

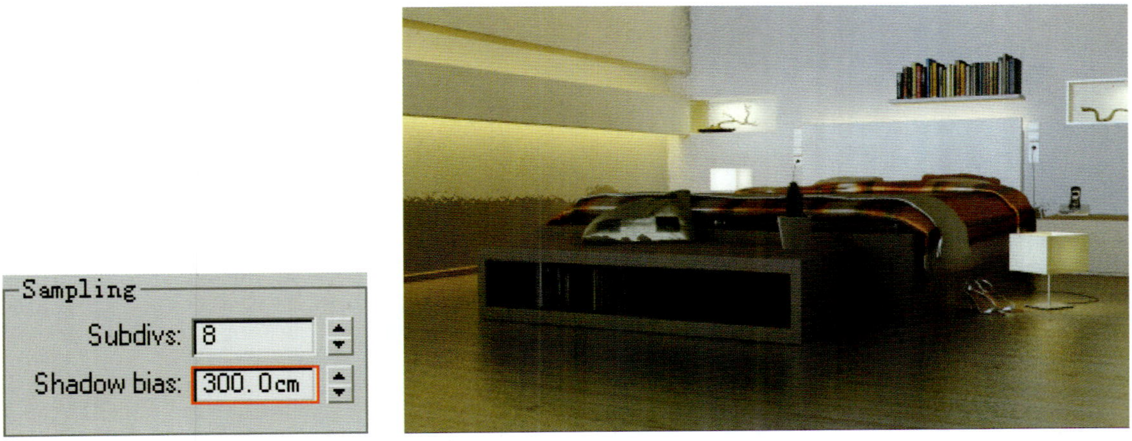

图2.46

Tip 提示：

从图中可以发现随着阴影偏移值的增加，阴影的范围越来越小，越来越清晰。

2.4.2 了解VRaySun和VRaySky系统

从VRay1.48版本开始，VRay在系统中加入了新的VRaySun和VRaySky，这使得运用VRay渲染器制作室外建筑效果图变得更加容易和快捷。

VRaySun和VRaySky是VRay的新功能，它们能模拟物理世界里的真实日光和天光效果，随着VRaySun位置的变化而变化。

在3ds Max的“创建”命令面板中选择VRay灯光下的“VRay灯光”选项，在场景中创建一盏VRaySun灯光，然后在弹出的对话框中选择“是”选项，这样VRaySky就会被作为环境贴图，“VRaySun Parameters（VRay太阳光基本参数）”卷展栏如图2.47所示。

图2.47

其中各参数的主要功能说明如下。

- enabled（开启）：阳光开关。
- invisible（不可见）：勾选该复选框后，可以在保留光照的情况下将光源隐藏，否则在渲染时光源模型会影响场景。
- turbidity（空气浑浊度）：影响阳光和天光的颜色。比较小的值表示晴朗干净的空气，阳光和天光的颜色比较蓝；较大的值表示灰尘含量重的空气，如沙尘暴，阳光和天光的颜色呈现黄色甚至橘黄色。如图2.48所示分别为将数值设置为2、5和10时的效果。

图2.48

- ozone（臭氧层浓度）：此参数是指空气中氧气的含量，较小的值显示阳光比较黄，较大的值显示阳光比较蓝。如图2.49所示分别为将其数值设置为0、0.5和1时的效果。

图2.49

- intensity multiplier（阳光强度）：此参数用来控制阳光的亮度，默认值为1时，整个场景会过亮，在上面测试的例子中，阳光的强度为0.008。
- size multiplier（太阳大小）：此参数用来控制阳光的大小，它的作用主要表现在阴影的模糊程度上，值越大阴影越模糊。
- shadow subdivs（阴影细分）：此参数用来控制阴影的细分程度，值越大渲染的阴影质量越好，相对的渲染时间也会增加。
- shadow bias（阴影偏移）：此参数用来控制物体与阴影偏移的距离，较高的值会使阴影向灯光的方向偏移。
- photon emit radius（光子发射半径）：此参数用来控制光子发射的半径尺寸大小。
- Exclude（排除）：通过该功能可以在“排除/包含”对话框中选择照射或不被照射的模型。

下面再来看一下VRaySky的相关参数，VRaySky贴图既可以放在3ds Max环境里，也可以放在VRay的环境里。在前面创建VRaySun时系统已经自动为场景的环境添加了VRaySky贴图，首先按8键弹出“环境和效果”对话框，然后将环境贴图通道按钮上的VRaySky贴图拖放到一个空白材质球上，并以“实例”方式进行关联复制，这样在材质编辑器中对VRaySky贴图参数的修改都会与环境贴图通道中的VRaySky贴图相关联，如图2.50所示。

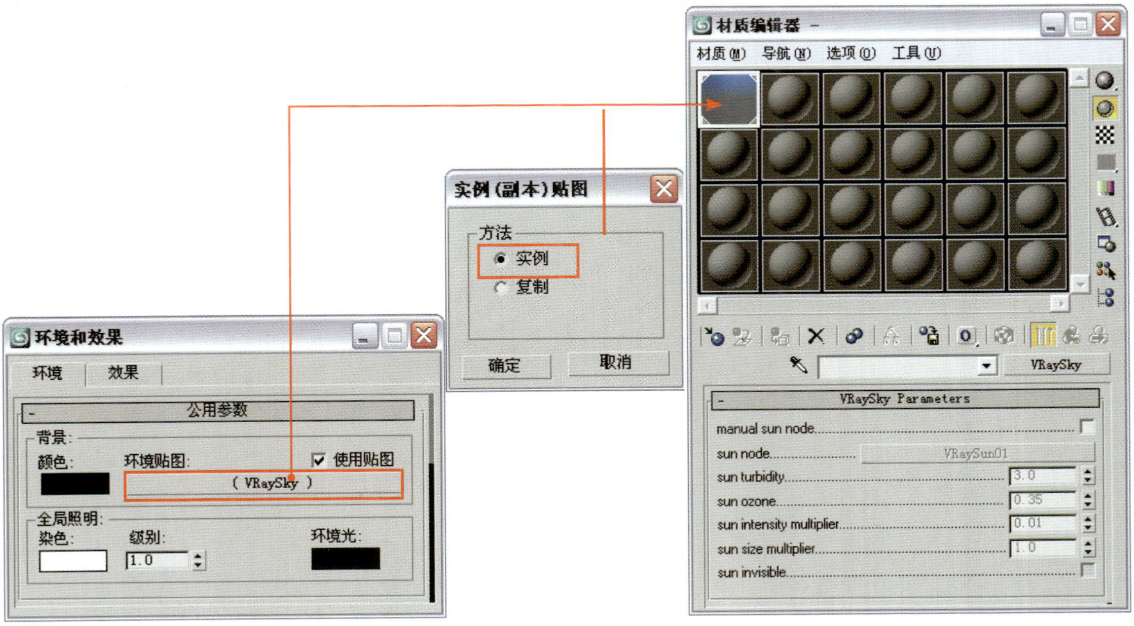

图2.50

- manual sun node（天光开关）：当取消对此复选框的勾选时，VRaySky的参数将与场景中VRaySun的参数自动匹配；当勾选该复选框时，用户可以从场景中选择不同的光源，如3ds Max里的目标平行光，这种情况下，VRaySun将不再控制VRaySky的效果，而VRaySky将用它自身的参数来改变照片的效果。
- sun node（选择阳光源）：这里除了可以选择VRaySun之外，还可以选择其他光源。其余的参数都和VRaySun中的参数效果是一样的，在此不再赘述。

如图2.51所示分别为勾选和未勾选“manual sun node（天光开关）”复选框时的场景渲染效果。

图2.51

3.1.2 认识材质样本窗

材质样本窗中有24个材质样本，在默认情况下，工作区中只显示24个样本球中的6个，要想全部显示所有的材质样本，可按如下步骤操作。

Step 01 单击“材质编辑器”对话框右侧的（选项）按钮，在弹出的“材质编辑器选项”对话框中选择“6×4”选项，如图3.3所示。

Step 02 单击“确定”按钮，得到的效果如图3.4所示。

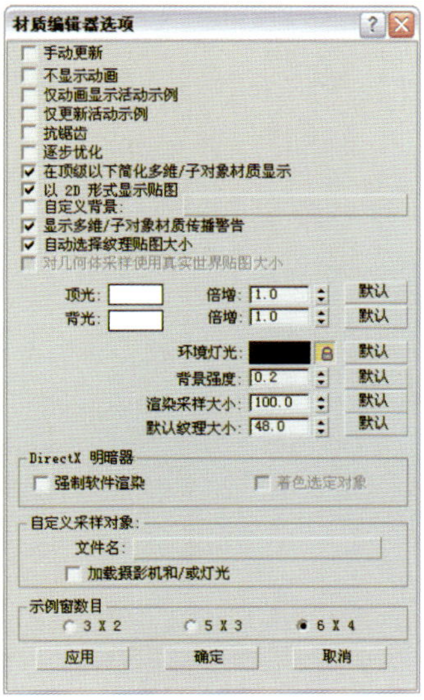

图3.3

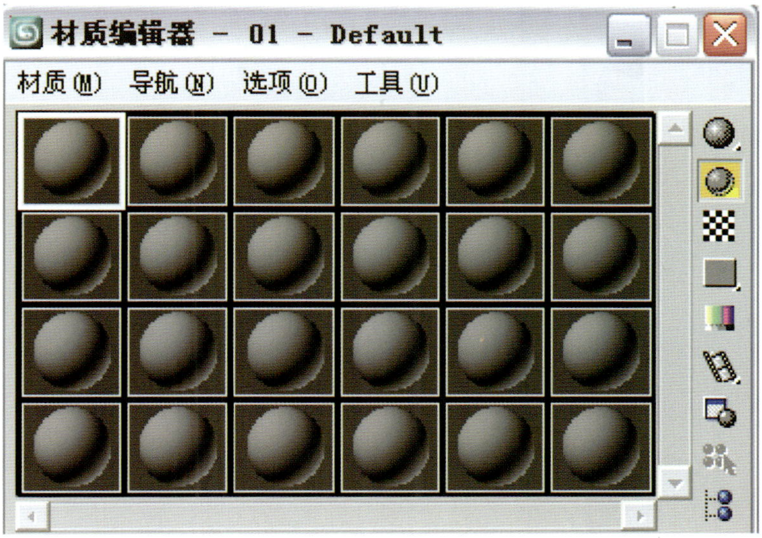

图3.4

选择“选项”→“循环3×25×36×4示例窗”命令，或按X键，可以以6个、15个和24个的方式循环显示材质球。

3.1.3 认识材质编辑器工具栏

创建材质时，我们可以根据需要编辑材质样本球，所有设置都可从材质样本窗右侧和下方的工具栏中访问。

在“材质编辑器”中可以改变样本窗口对象的形状、打开和关闭背光、显示样本窗口的背景，以便更好地观察材质的设置效果。

“材质编辑器”的工具栏中包含以下工具。

- （采样类型）：用于改变材质样本窗中样本材质的形式，有球形、圆柱和盒子3个选项，如图3.5所示为不同类型的样本材质球。

图3.5

- （背光）：用于显示材质受背光照射的效果。
- （背景）：允许打开样本窗的背景，对于透明的材质特别有用。如图3.6所示为未打开背景和打开背景时的对比效果。

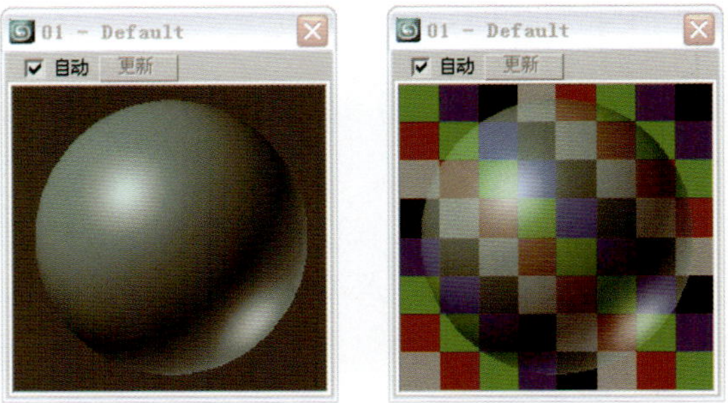

图3.6

- （采样UV平铺）：用于改变“材质编辑器”中材质的重复次数，而不影响应用于对象的重复次数。
- （生成预览）：用于制作动画材质的预览效果。
- （选项）：用于样本窗的各项设置。单击此按钮，弹出如图3.7所示的“材质编辑器选项”对话框。
- （按材质选择）：单击此按钮，弹出“选择对象”对话框，如图3.8所示。在此对话框中可以选择场景中的对象。
- （材质/贴图导航器）：用于查看组织好的材质层级中材质的层次，如图3.9所示。

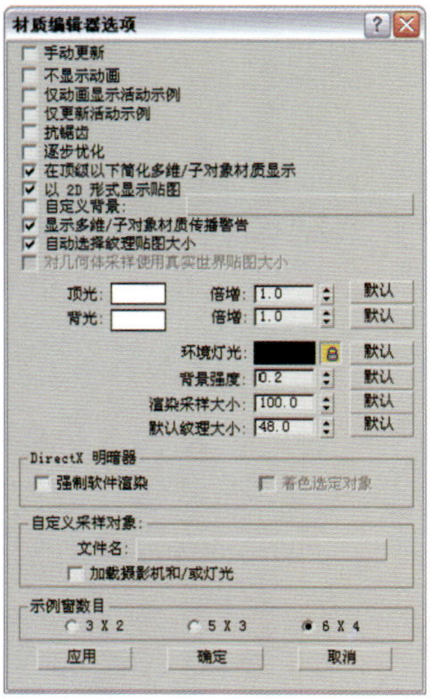

图3.7

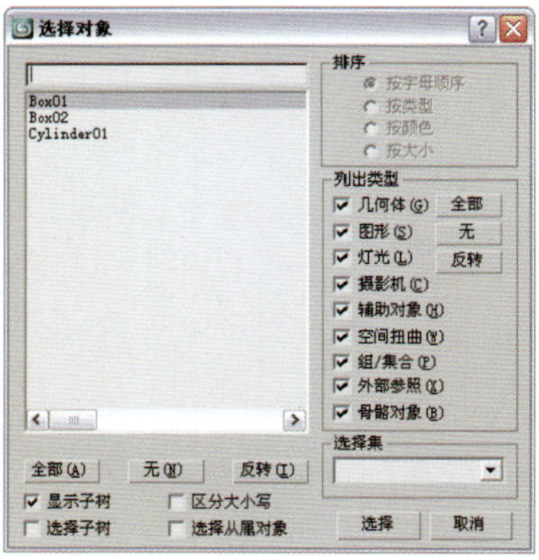

图3.8

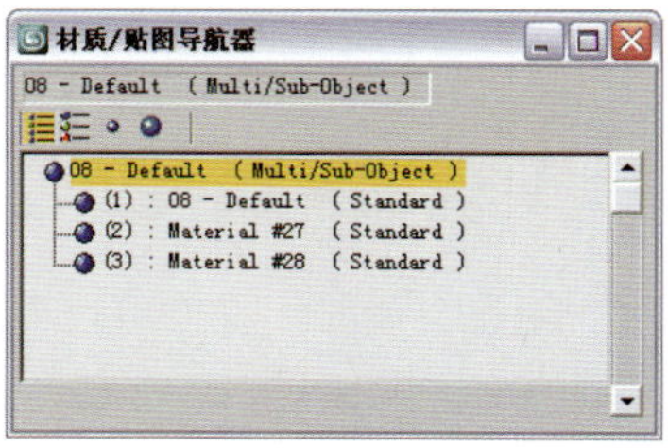

图3.9

- （获取材质）：单击此按钮，弹出“材质/贴图浏览器”对话框。
- （将材质放入场景）：此按钮仅当满足如下两个条件时才可用：①活动示例窗中的材质与场景中的材质有着相同的名称；②活动示例窗中的材质不是热材质。
- （将材质指定给选定对象）：单击此按钮，则将当前材质指定给选定对象。
- （放入库）：单击此按钮，可将材质保存到当前打开的库中，如果没有打开任何库，则将提示创建一个新库。
- （复制材质）：单击此按钮，则将在原材质的基础上生成材质副本。
- （重置贴图/材质为默认设置）：单击此按钮，可移除场景中材质的颜色和贴图，并将光泽度、不透明度等重置为其默认值。
- （在视图中显示贴图）：单击此按钮，可在视图中显示贴图效果。

- （显示最终结果）：单击此按钮，可用于查看所处级别的材质。
- （转到父对象）：单击此按钮，可在当前材质中向上移动一个层级。
- （转到下一个同级项）：单击此按钮，可移动到当前材质中相同层级的下一个贴图或材质。
- （从对象拾取材质）：单击此按钮，可从场景中的一个对象选择材质。
- 01 - Default ：为材质命名。

3.1.4 材质类型

3ds Max中有16种材质类型，不同的材质由于其性能不同，应用范围也不一样。例如，“高级照明材质”适合于使用光能传递渲染的场景；“多维/子对象”材质用于为一个模型不同的面赋予不同的材质；“建筑”材质适合为室内外效果图场景添加材质。

在“材质编辑器”对话框中单击 Standard 按钮，在弹出的“材质/贴图浏览器”对话框中显示所有的材质类型，如图3.10所示。

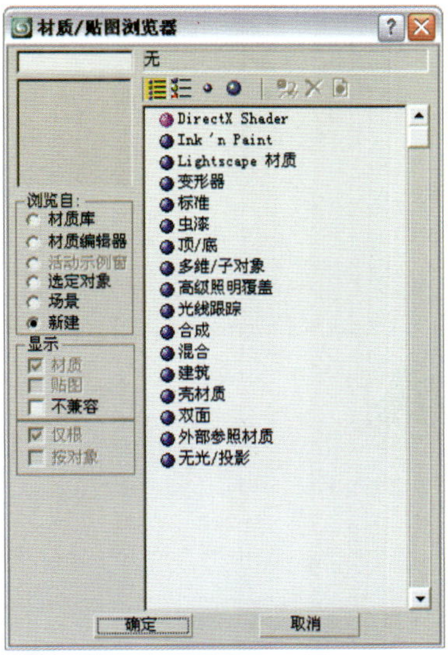

图3.10

3.1.5 材质参数

不同的材质类型有不同的材质参数，通过在材质面板中设置不同的颜色、光泽度、贴图等，得到各种不同的材质效果。“材质编辑器”对话框中默认显示“标准”材质的基本参数，包括8个参数项目，如图3.11所示。

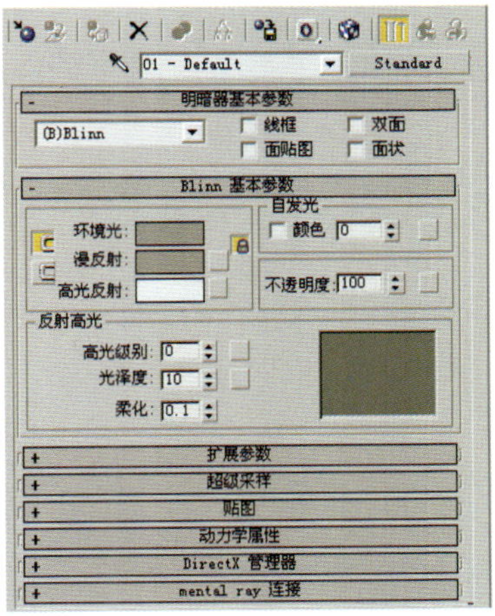

图3.11

3.2 材质编辑器的基本操作

3.2.1 放大样本视窗

虽然“3×2”设置的样本窗已经提供了较大的显示区域，但仍然可以将一个单独样本窗设成更大的尺寸，3ds Max允许将样本窗任意放大。

双击样本窗中的样本球，可使其成为独立的状态。通过改变样本窗的大小，可以调整样本球的大小，如图3.12所示。

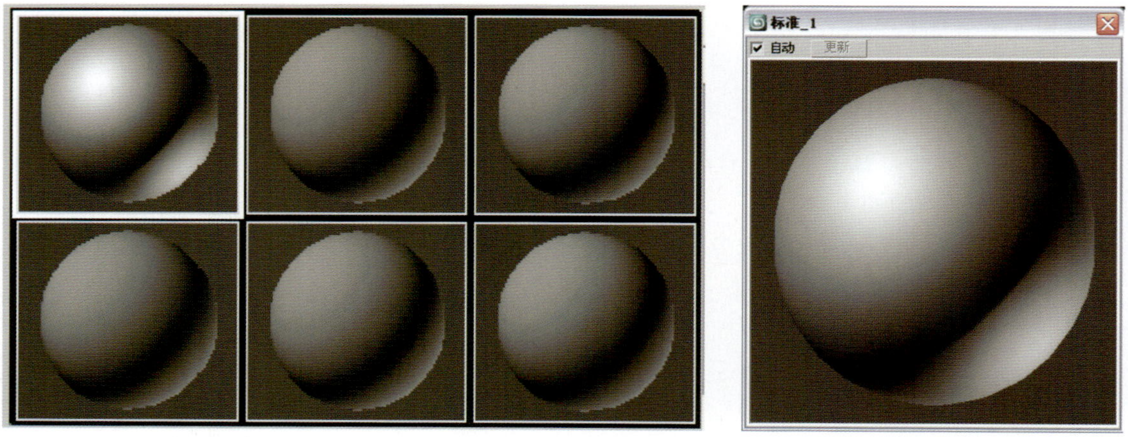

图3.12

3.2.2 认识样本窗指示器

样本窗可提供材质的可视化表示法，用来表明材质编辑器中每一个材质的状态。场景越复杂，指示器就越重要。当给场景中的对象指定材质后，样本窗的各边角处将显示出白色或灰色的三角形，表示该材质已被当前的场景使用。

若三角形是白色的，如图3.13所示，表明材质已被指定给场景中当前选择的对象，此材质为热材质。

若三角形是灰色的，如图3.14所示，表明材质已被指定给场景中未被选择的对象，此材质仍为热材质。

若没有三角形，如图3.15所示，则表明材质还未被使用，此材质为冷材质。

图3.13

图3.14

图3.15

3.2.3 为对象赋予材质

材质编辑器除了可创建材质外，另一个最基本的功能就是将材质应用于各种各样的场景对象上。

3ds Max提供了将材质应用于场景对象上的几种不同方法，可以在某一对象被选中的情况下，单击“材质编辑器”对话框底部的（将材质指定给选定对象）按钮，也可以简单地将材质拖放至当前场景中的单个或多个对象上。

3.2.4 复制材质球

在材质编辑器中复制材质球非常方便，在样本窗中可以通过拖动一个材质球到另一个材质球的方法进行复制，如图3.16所示。如图3.17所示为复制后的效果。

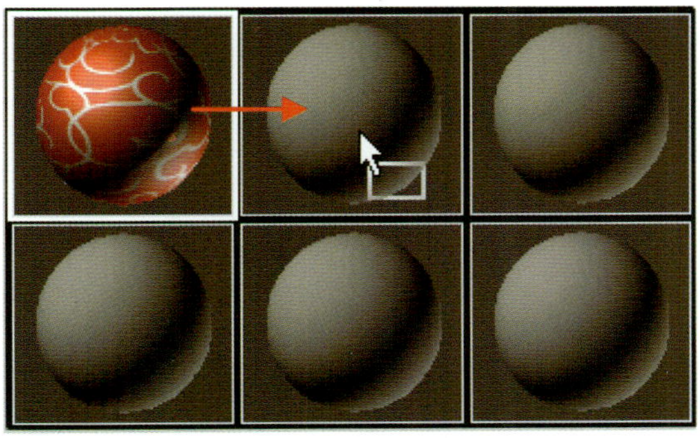

图3.16

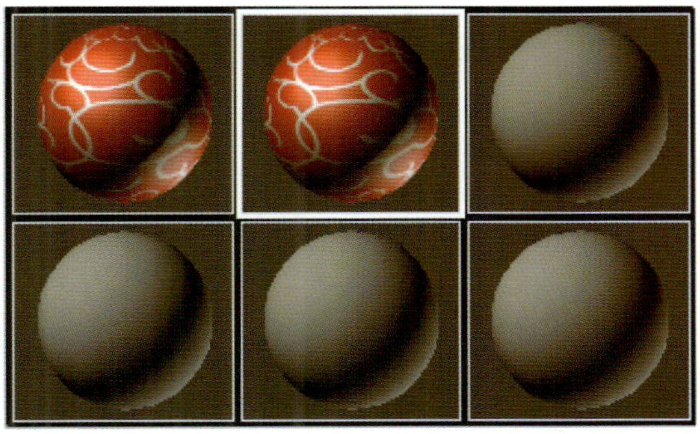

图3.17

如果选中的材质为热材质，则此时“材质编辑器”对话框中的 （复制材质）按钮被激活，如图3.18所示。单击此按钮后将在原材质球的基础上复制得到一个新的材质球，此材质球在场景中变为冷材质，如图3.19所示。

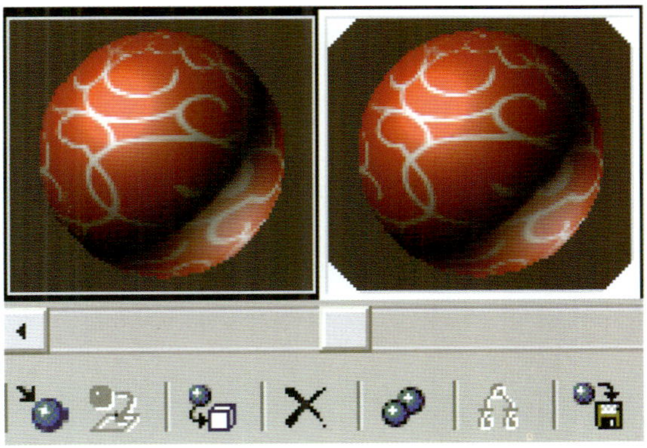

图3.18

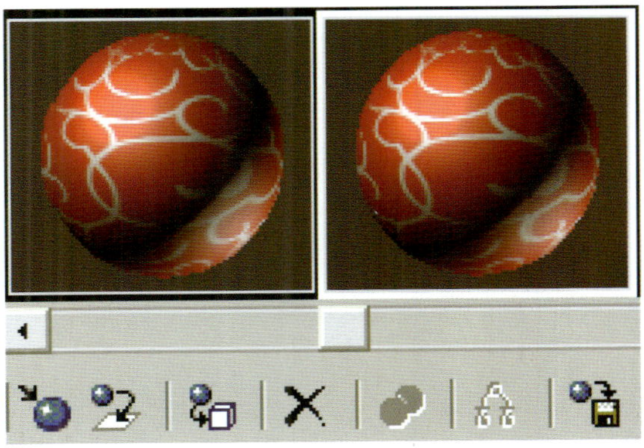

图3.19

3.2.5 删除材质

在“材质编辑器”对话框中单击 （重置贴图/材质为默认设置）按钮，可以删除材质样本球上和场景中的材质。

删除冷材质时，将弹出如图3.20所示的提示对话框，单击“是”按钮后将删除材质样本球上的材质。

删除热材质时，将弹出如图3.21所示的提示对话框，选择“影响场景和编辑器示例窗中的材质/贴图”选项后，将删除材质样本球和场景对象上的材质；选择“仅影响编辑器示例窗中的材质/贴图”选项后，将只删除材质样本球上的材质，对场景对象没有影响。

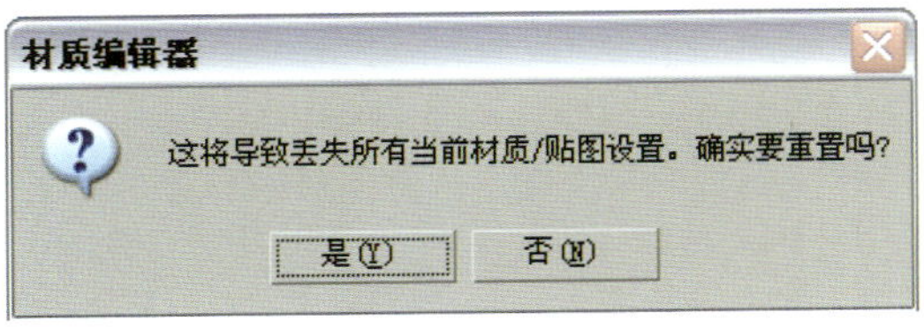

图3.20

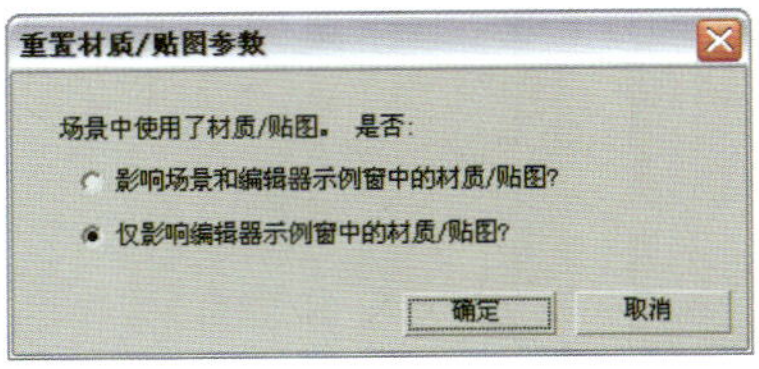

图3.21

3.2.6 从场景中获取材质

在对场景中已有模型的材质进行修改时，经常会用（从对象拾取材质）按钮来拾取对象材质。

下面通过为一个缺少材质的模型添加材质来讲解如何获取场景中对象的材质。

Step 01 打开本书所附光盘提供的“第3章\3-2\3-2-1源文件.max”文件，此文件为一个小筐的模型文件，如图3.22所示。

图3.22

Step 02 按M键弹出“材质编辑器”对话框，选择一个空白材质球，然后单击（从对象拾取材质）按钮，在视图中的小筐上单击，如图3.23所示，从而将材质拾取到选中的材质球上，材质球的效果如图3.24所示。

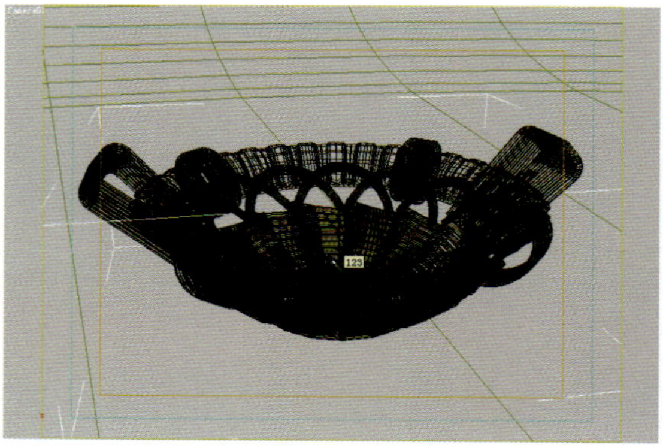

图3.23

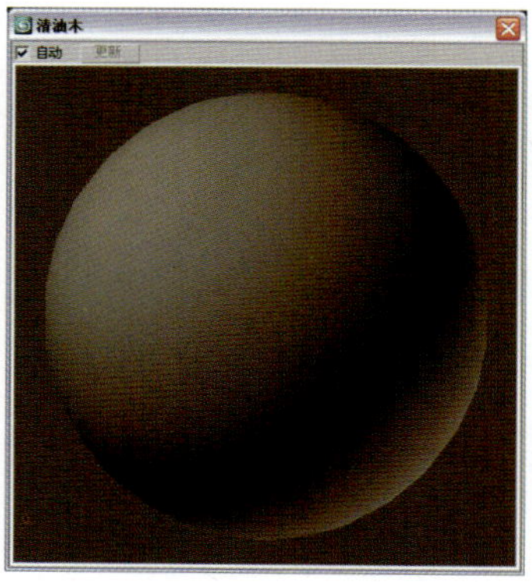

图3.24

Step 03 单击“Basic parameters”卷展栏中Diffuse（漫反射）右侧的贴图按钮，在弹出的“材质/编辑器——油木”对话框中双击“位图”选项，并在弹出的对话框中选择本书所附光盘提供的“第3章\3-2\材质\304438-008-embed.jpg”文件，如图3.25所示。

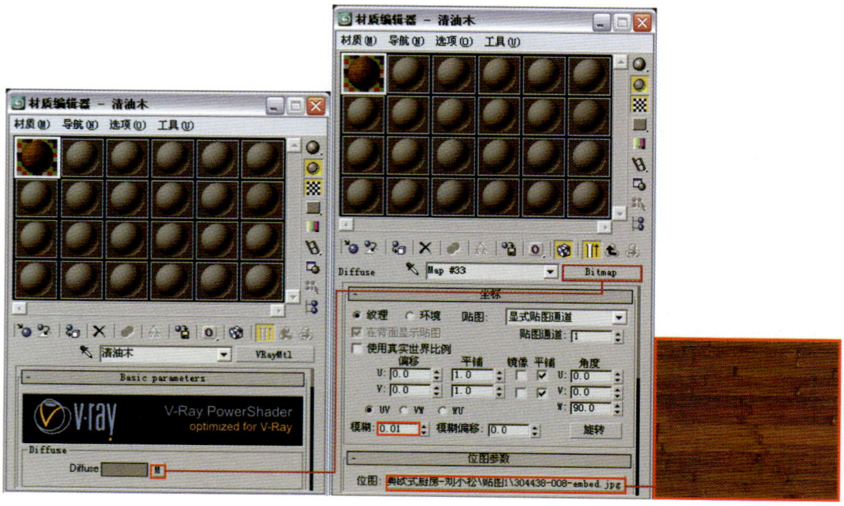

图3.25

Step 04 返回VRayMtl材质层级，单击Reflect（反射）右侧的贴图按钮，为其添加一个“衰减”程序贴图，参数设置如图3.26所示。

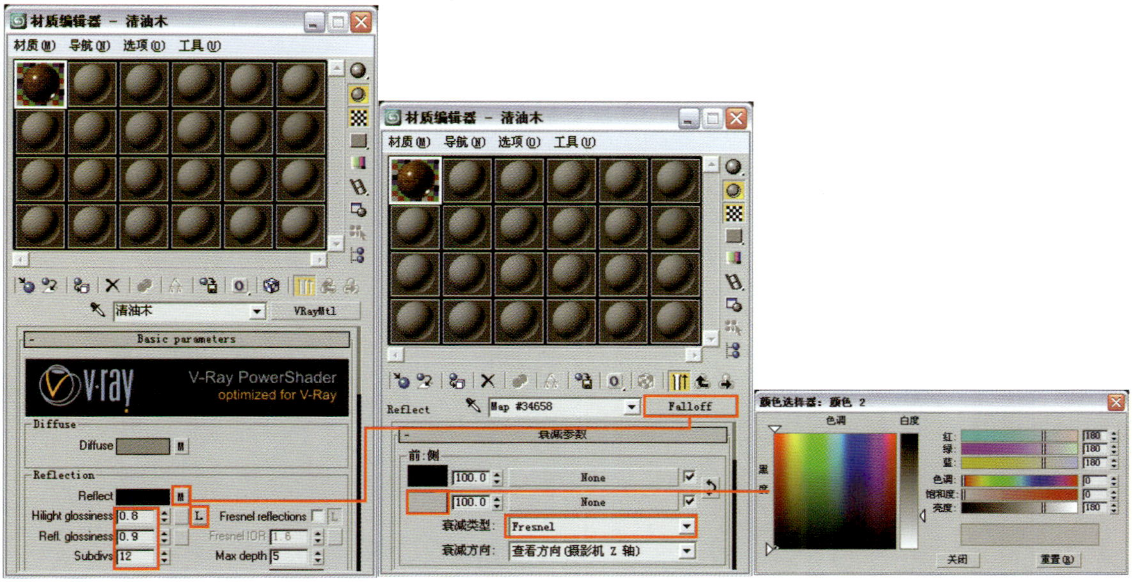

图3.26

Step 05 对摄像机视图进行渲染，效果如图3.27所示。

图3.27

3.2.7 材质库的创建

3ds Max可以将样本窗中的所有材质保存到材质库中，或将场景中应用于对象的所有材质保存到材质库中。

下面介绍创建材质库的方法。

Step 01 打开一个场景，按M键弹出“材质编辑器”对话框。

Step 02 在“材质编辑器”对话框中单击 （获取材质）按钮，弹出“材质/贴图浏览器”对话框。

Step 03 在“浏览自”组中选择“场景”选项后，在“材质/贴图浏览器”对话框中将显示场景中所有的材质和贴图，如图3.28所示。

Step 04 在“材质/贴图浏览器”对话框中单击“另存为”按钮，在弹出的“保存材质库”对话框中选择保存位置并为新的材质库命名，如图3.29所示。单击“保存”按钮后即可将场景中的材质保存到材质库中。

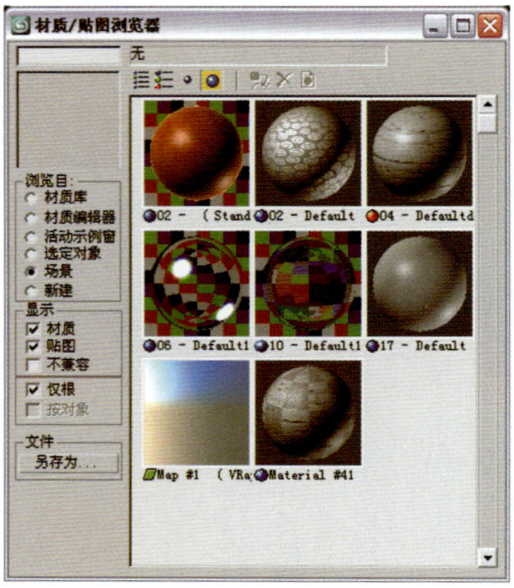

图3.28

图3.29

Tip 提示：

可以将一些常用的材质，如玻璃、金属、乳胶漆等保存在材质库中，需要时可直接从材质库中打开。

3.2.8 材质库的导入

对于已有的材质库，同样可以通过导入的方法实现对其材质的使用，这样可以省去设置材质的时间，从而提高制作效率。

下面介绍导入打开材质库的方法。

Step 01 打开一个场景，按M键弹出“材质编辑器”对话框。

Step 02 在“材质编辑器”对话框中单击 （获取材质）按钮，弹出“材质/贴图浏览器”对话框。

Step 03 在“浏览自”选项下选择“材质库”选项后，在“材质/贴图浏览器器”对话框中则会出现“文件”选项，如图3.30所示。

Step 04 在“材质/贴图浏览器”对话框中单击“文件”选项下的“打开”按钮，在弹出的“打开材质库”对话框中选择材质库所在路径和要打开的材质库文件，如图3.31所示。单击“打开”按钮后即可打开选中的材质库文件，然后会在“材质/贴图浏览器”对话框中显示被打开的材质库中的各个材质，如图3.32所示。

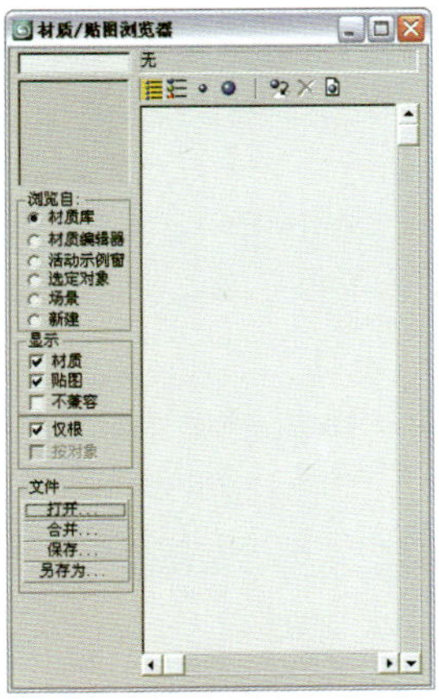

图3.30

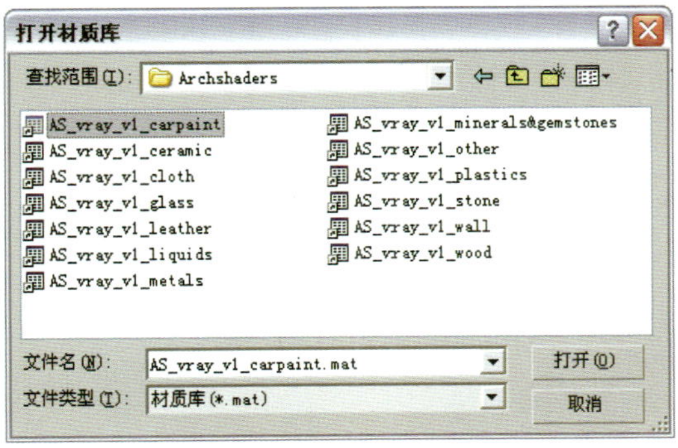

图3.31

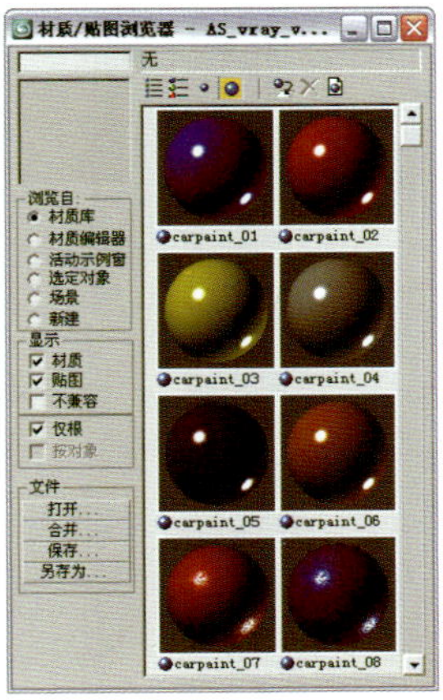

图3.32

3.3 3ds Max中的“标准”材质的应用

3.3.1 认识“标准”材质

“标准”材质的设置非常灵活，可以使用它创建许多常见材质的效果。“标准”材质有4个最基本、最重要的卷展栏，分别为“明暗器基本参数”、“基本参数”、“扩展参数”和“贴图”卷展栏。

1.“明暗器基本参数”卷展栏

对“标准”材质而言，明暗器是一种算法，用于控制材质对灯光做出响应的方式。明暗器尤其适于控制高亮显示的方式。另外，明暗器提供了材质的颜色组件，可以控制材质的不透明度、自发光和其他设置。

材质最重要的参数是明暗，对材质而言，可以在“明暗器基本参数”卷展栏中选择明暗方式，每一个明暗器的参数是不完全一样的，还可以在此卷展栏中指定渲染器的类型，如图3.33所示。

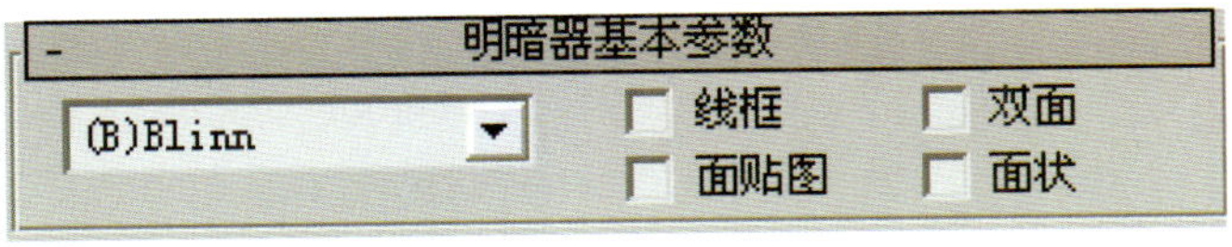

图3.33

在渲染器类型右侧有4个复选框，分别是“线框”、“双面”、“面贴图”和“面状”，下面简单介绍一下这几个复选框。

- 线框：勾选该复选框后，可以使对象作为线框对象进行渲染。
- 双面：勾选该复选框后，3ds Max将既渲染对象的前面也渲染对象的后面。
- 面贴图：将材质的贴图坐标设定在对象的每个面上。
- 面状：使对象产生不光滑的明暗效果。该复选框可用于制作加工过的钻石及其他宝石或任何带有硬边的表面。

2.“基本参数”卷展栏

在3ds Max 中默认使用Blinn明暗器。可以通过明暗器列表来选择其他的明暗器，如图3.34所示。不同的明暗器有一些共同的参数，如“环境光”、“漫反射”、“不透明度”、“光泽度”以及“高光级别”等复选框，每一个明暗器也都有自己的一套参数。

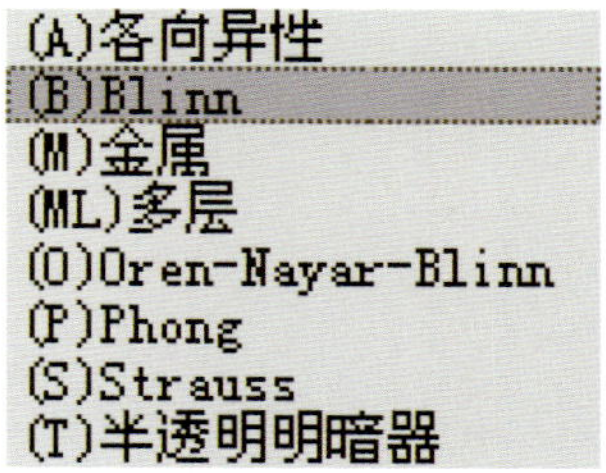

图3.34

各明暗器的功能说明如下。

- 各项异性：用于创建表面呈现非圆形高光和材质的效果，常用于模拟光亮金属表面的不规则亮光。
- Blinn：是一种带有圆形高光的明暗器，其应用范围很广，是默认的明暗器。
- 金属：此明暗器常用来模仿金属表面。
- 多层：此明暗器包含两个各向异性的高光，二者彼此独立起作用，可以分别对其进行调整，以制作出有趣的效果。使用此明暗器可以创建复杂的表面，如缎纹、丝绸和光芒四射的油漆等。
- Oren-Nayer-Blinn：此明暗器具有Blinn风格的高光，但看起来更柔和，通常用于模拟布、土坯和人的皮肤等效果。
- Phong：此明暗器的功能类似于Blinn，用于模拟硬的或软的表面。
- Strauss：此明暗器用于快速创建金属或者非金属表面，如光泽的油漆、光亮的金属和铬合金等。
- 半透明明暗器：此明暗器用于创建薄物体的材质，如窗帘、投影屏幕等，来模拟光线穿透的效果。

下面以系统默认的“Blinn”明暗器为例，介绍“Blinn基本参数”卷展栏中颜色控件、“自发光”及“不透明度”等参数的作用，如图3.35所示。

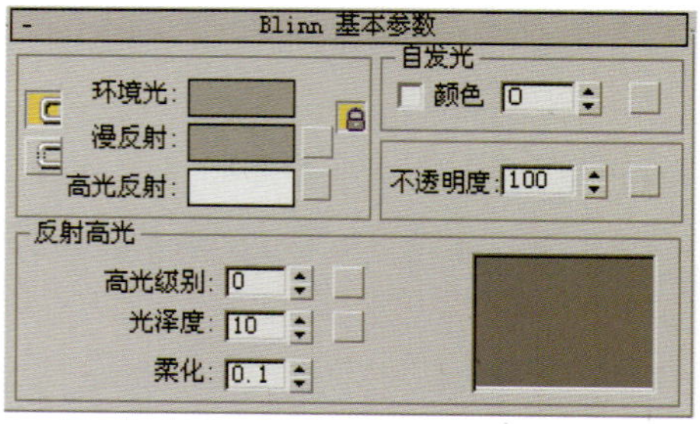

图3.35

- 环境光：用来控制材质阴影区域的颜色。
- 漫反射：用来控制材质漫反射区域的颜色。漫反射颜色是位于直射光中的颜色。
- 高光反射：用来控制发光物体高光区域的颜色。可以在“反射高光”组中控制高光的大小和形状。
- 颜色：单击其右侧的颜色块可以调出颜色选择器，进行颜色的选择。
- （锁定按钮）：用来锁定环境光、漫反射和高光反射中的两种或全部锁定，被锁定的区域将保持相同的颜色。
- （贴图按钮）：各颜色区右侧的空白按钮用于指定贴图。单击此按钮可以直接进入该颜色区的贴图层级，进行贴图的指定。指定贴图后，按钮会显示字母“M”。

- 贴图锁定钮：在默认状态下环境光和漫反射的贴图是互相锁定的，关闭右侧的🔒（小锁头），可取消锁定状态。
- 自发光：可以使材质具有自身发光的效果，如果勾选“颜色”复选框，通过右侧的颜色块可以调出颜色选择器，进行发光颜色的指定；如果取消对该复选框的勾选，通过调整右侧的数值可以控制发光的强度。其右侧是贴图按钮。
- 不透明度：通过数值输入来设置材质的透明度。值为100时为不透明材质；值为0时为完全透明材质。

3. “扩展参数”卷展栏

“扩展参数”卷展栏对于“标准”材质的所有明暗器类型来说都是相同的。该卷展栏具有与透明度和反射相关的控制参数，还包括“线框”组，其卷展栏如图3.36所示。

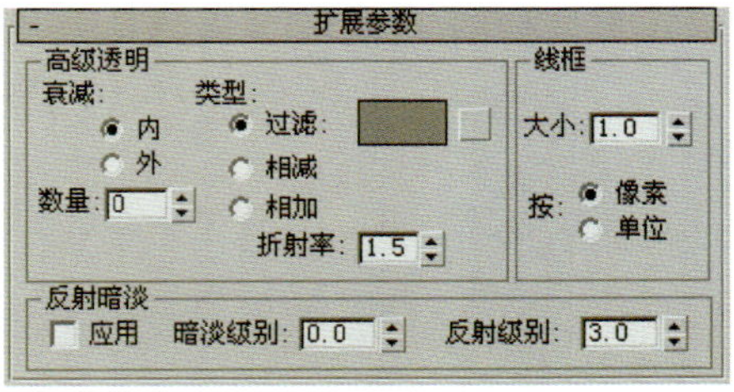

图3.36

其中各主要参数的作用如下。

（1）“高级透明”组

“高级透明”组中的参数用于控制透明材质的不透明度的衰减。

- 衰减：选择是在内部还是在外部进行衰减，以及衰减的程度。点选“内”单选钮，则向着对象的内部增加不透明度，就像在玻璃瓶中一样；点选“外”单选钮，则向着对象的外部增加不透明度，就像在烟雾中一样。
- 数量：用于指定最外部或最内部不透明度的数量。
- 类型：用于选择如何应用不透明度。点选“过滤”单选钮，则是计算与透明曲面后面的颜色相乘的过滤色；点选“相减”单选钮，则是从透明曲面后面的颜色中减除；点选“相加”单选钮，则是增加到透明曲面后面的颜色中。
- 折射率：用于设置折射贴图和光线跟踪所使用的折射率（IOR）。IOR 用来控制材质对透射灯光的折射程度。

（2）“线框”组

- 大小：设置线框模式中线框的大小。可以按像素或当前单位进行设置。
- 按：选择度量线框的方式。点选“像素”单选钮，则用像素度量线框。点选“单位”单选按钮，则用 3ds Max 单位度量线框。

（3）“反射暗淡”组

“反射暗淡”组中的参数用于使阴影中的反射贴图显得暗淡。

- 应用：该复选框用于控制是否启用反射暗淡。
- 暗淡级别：用于设置阴影中的暗淡量。
- 反射级别：影响不在阴影中的反射强度。

4. “贴图”卷展栏

需要设置贴图时，可单击“贴图”卷展栏，然后就会显示所有贴图通道。如图3.37所示为“Blinn”明暗器的贴图通道。

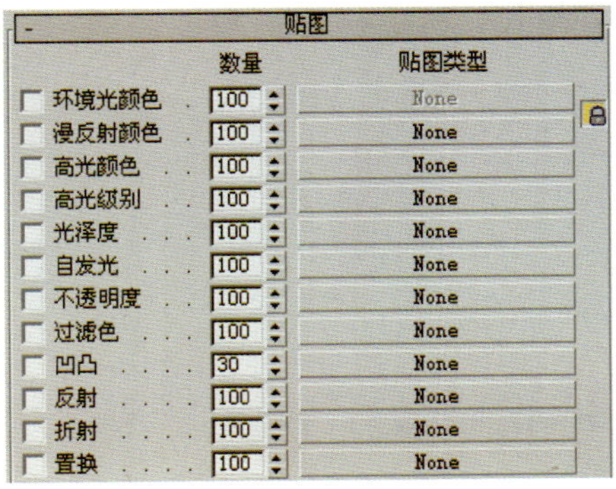

图3.37

3.3.2 “各向异性”明暗器的应用

“各向异性”明暗器能在物体的表面产生椭圆形的、闪亮的高光。如果为头发、玻璃或磨砂金属建模，这些高光很有用。其“反射高光”组如图3.38所示。

其中各个参数的作用如下。

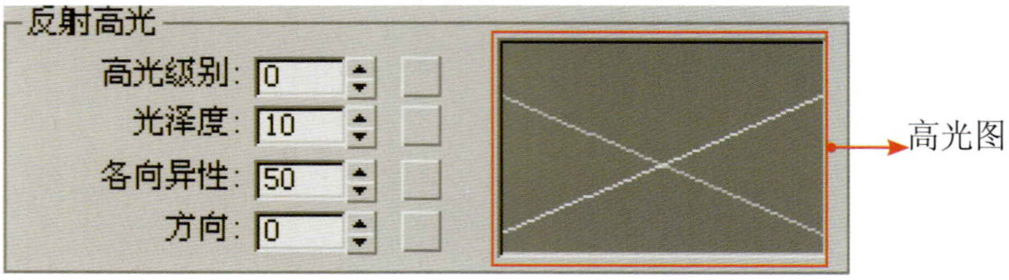

图3.38

- 高光级别：影响反射高光的强度。随着该值的增大，高光将越来越亮，默认值为 5。单击右侧的贴图按钮可将贴图指定给高光度组件。此按钮是一个快捷键，也可以在“贴图”卷展栏中指定高光级别贴图。
- 光泽度：影响反射高光的大小。随着该值的增大，高光将越来越小，材质将变得越来越亮，默认值为 25。单击右侧的贴图按钮可将贴图指定给光泽度组件。此按钮是一个快捷键，也可以在“贴图”卷展栏中指定高光级别贴图。
- 各向异性：控制高光的各向异性或形状。值为 0 时，高光为弧形；值为 100 时，高光非常狭窄。高光图中的一个轴将发生更改，以显示该参数中的变化，默认值为 50。
- 方向：更改高光的方向。示例窗口中将显示方向的更改。该值以度数表示，范围为0~9999，默认值为 0。
- 高光图：这两条相交曲线显示调整“高光级别”、“光泽度”和“各向异性”值的影响。如果降低“光泽度”，曲线将变宽；如果增加“高光度”，曲线将变高。随着调整“各向异性”，白色曲线将发生更改以显示高光如何变宽或变窄。

下面通过实例讲解利用“各向异性”明暗器制作光盘材质的方法。

Step 01 打开本书所附光盘提供的“实例\第3章\标准材质明暗器\各向异性\CD源文件.max”文件，这是一个摄像机、灯光和渲染参数都调节好的场景文件，如图3.39所示。

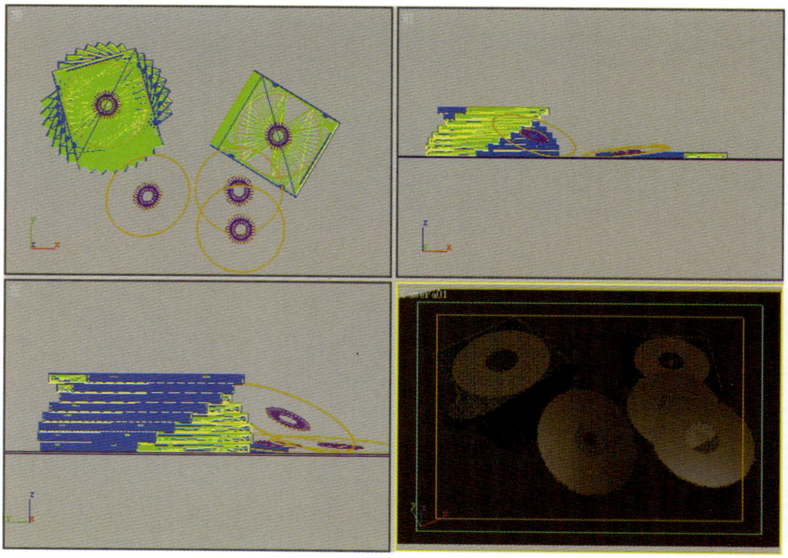

图3.39

Step 02 在视图中选中物体“光盘1”，然后按住Ctrl键，再选择物体“光盘2”和“光盘3”，这样就将它们3个都选中了。按M键，弹出“材质编辑器”对话框，选择一个空白材质球赋给物体“光盘1”和“光盘2”，将材质球命名为“光盘”，打开“明暗器基本参数”卷展栏，在明暗器下拉菜单中选择“各向异性”选项，如图3.40所示。

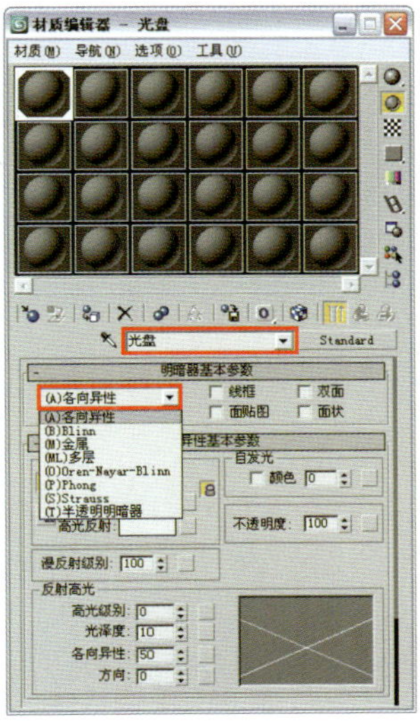

图3.40

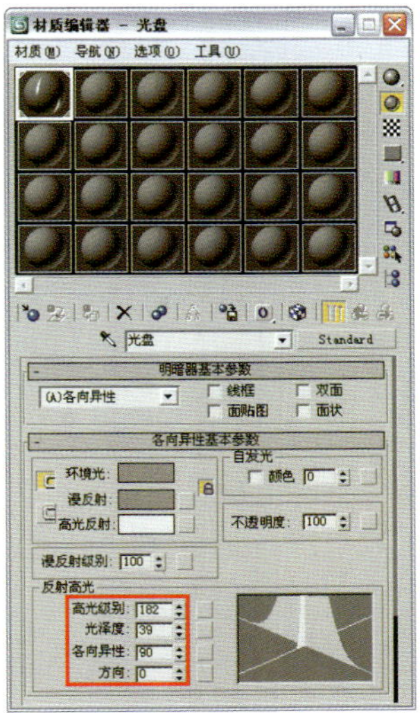

图3.41

Step 03 在“各向异性基本参数”卷展栏中对“反射高光”参数进行设置，如图3.41所示。

Step 04 在“高光反射”贴图通道上添加一张“渐变坡度”贴图，如图3.42所示。

Step 05 对“渐变坡度”贴图进行参数设置，如图3.43所示。

Step 06 单击（转到父对象）按钮返回上一层，在“方向”贴图通道上添加一张“渐变坡度”贴图，对其参数进行设置，如图3.44所示。

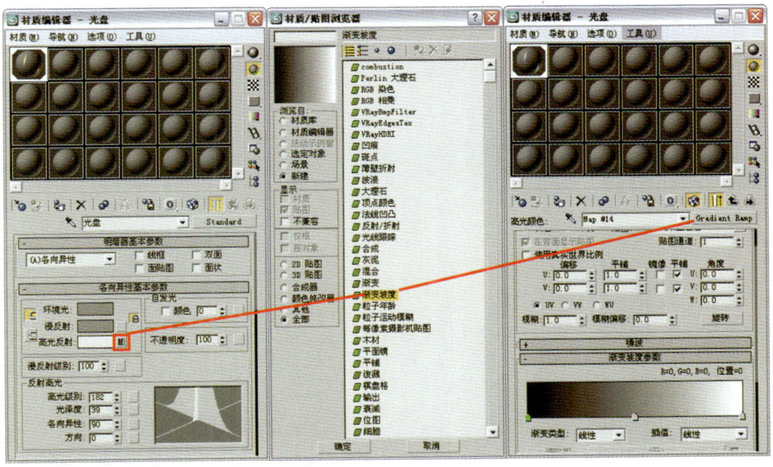

图3.42

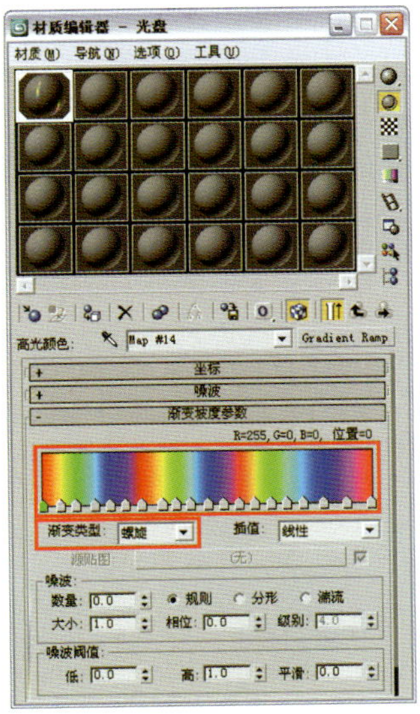

图3.43

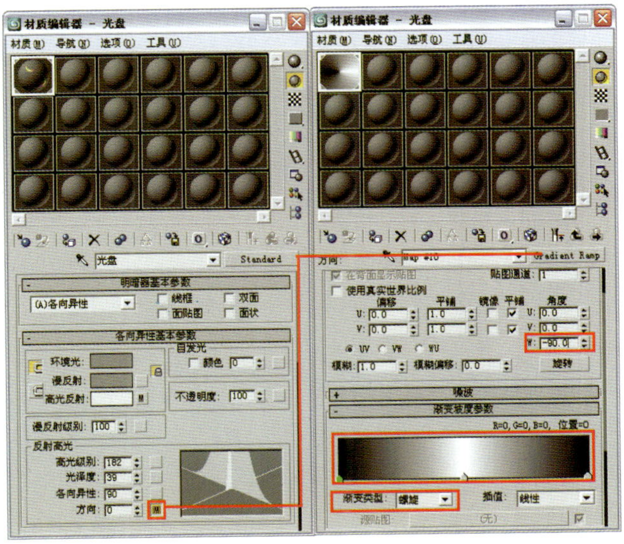

图3.44

Step 07 单击（转到父对象）按钮返回上一层，打开“贴图”卷展栏，在“反射”通道上添加一张“光线追踪”贴图，对其参数进行设置，如图3.45所示。

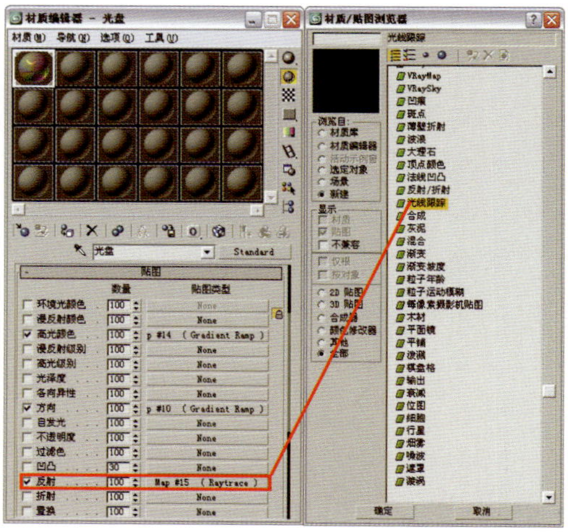

图3.45

Step 08 光盘的材质制作完成，渲染效果如图3.46所示。下面开始制作“盘塑料”的材质。在视图中选中“盘塑料”，按M键，弹出“材质编辑器”对话框，选择一个空白材质球赋给“盘塑料”，将材质球也命名为“盘塑料”。打开“明暗器基本参数”卷展栏，在明暗器下拉菜单中选择“各向异性”选项，在“各向异性基本参数”卷展栏中对其参数进行设置，如图3.47所示。

图3.46

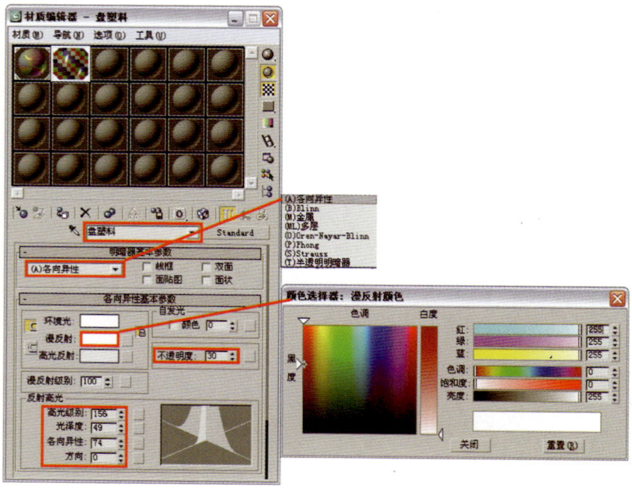

图3.47

Step 09 打开“贴图”卷展栏，在“反射”贴图通道上添加一张“光线跟踪”贴图，对其参数进行设置，如图3.48所示。

Step 10 “盘塑料”的材质制作完成。下面开始制作“CD面1”的材质。在视图中选择物体“CD面1”，按M键，弹出“材质编辑器”对话框，选择一个空白材质球赋给物体“CD面1”，将材质球命名为“CD面1”。在“Blinn基本参数”卷展栏中单击“漫反射”通道按钮，添加一张“位图”贴图，素材位置在本书所附光盘“实例\第3

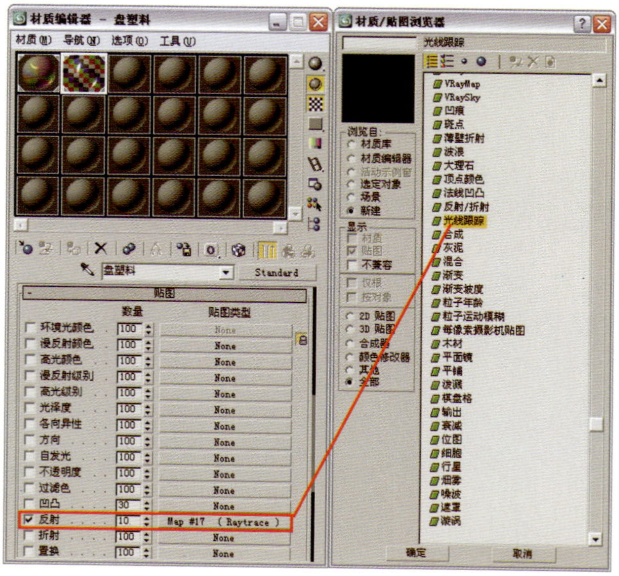

图3.48

章\标准材质明暗器\各向异性\盘贴.jpg”中，对其参数进行设置，如图3.49所示。

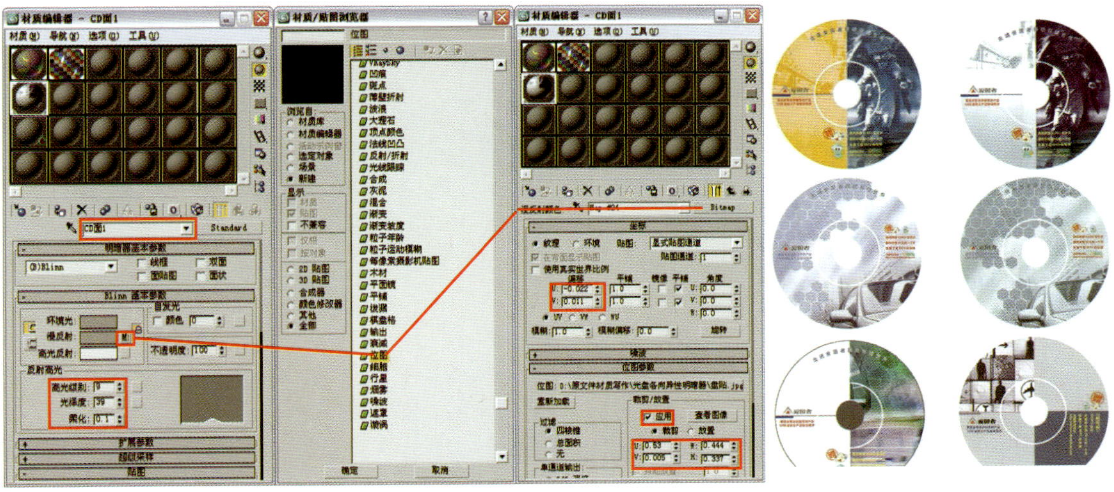

图3.49

Step 11 单击 （转到父对象）按钮返回上一层，打开“贴图”卷展栏，单击“凹凸”贴图通道按钮，添加一张“斑点”贴图，强度改为10，如图3.50所示。

Step 12 物体“CD面1”的材质制作完成，下面开始制作物体“CD面2”的材质，它的材质和物体“CD面1”的材质相似。将物体“CD面1”的材质复制到一个空白材质球上，把材质球的名字改为“CD面2”，将其赋给物体“CD面2”，单击“漫反射”通道上的“位图”贴图，对其参数进行设置，如图3.51所示。

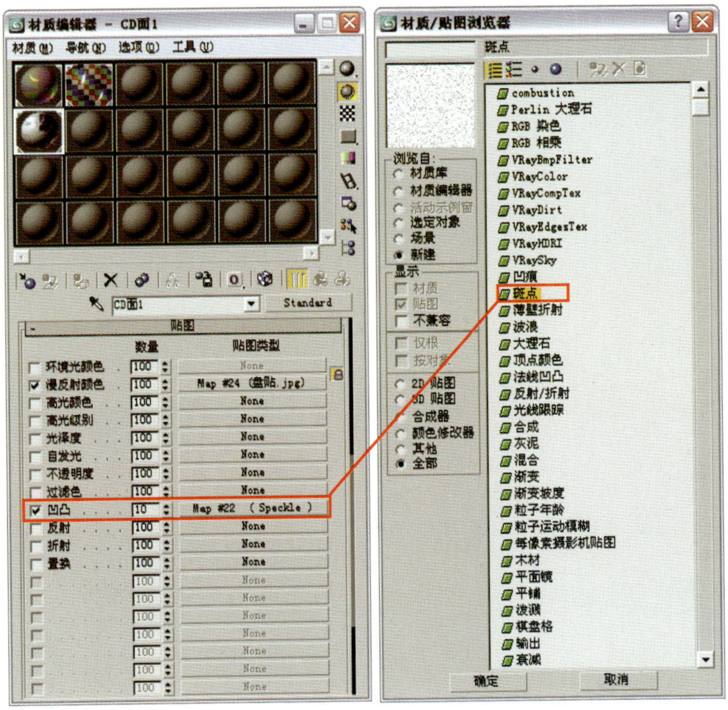

图3.50

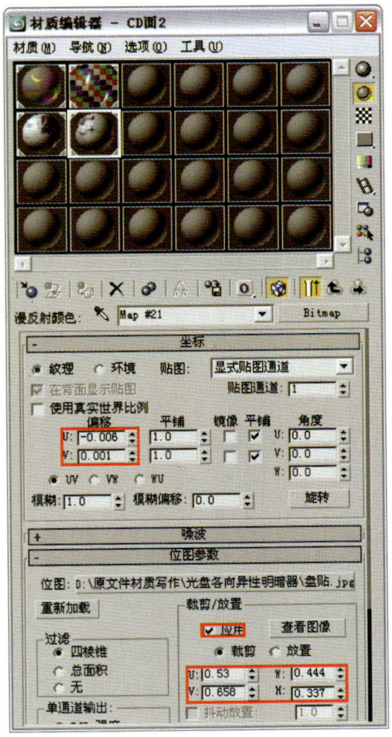

图3.51

Step 13 物体“CD面2”的材质制作完成，下面开始制作光盘壳的材质。在视图中选中物体“壳”，按M键，弹出“材质编辑器”对话框，选择一个空白材质球赋给物体“壳”，将材质球的材质改为多维/子对象材质，如图3.52所示。

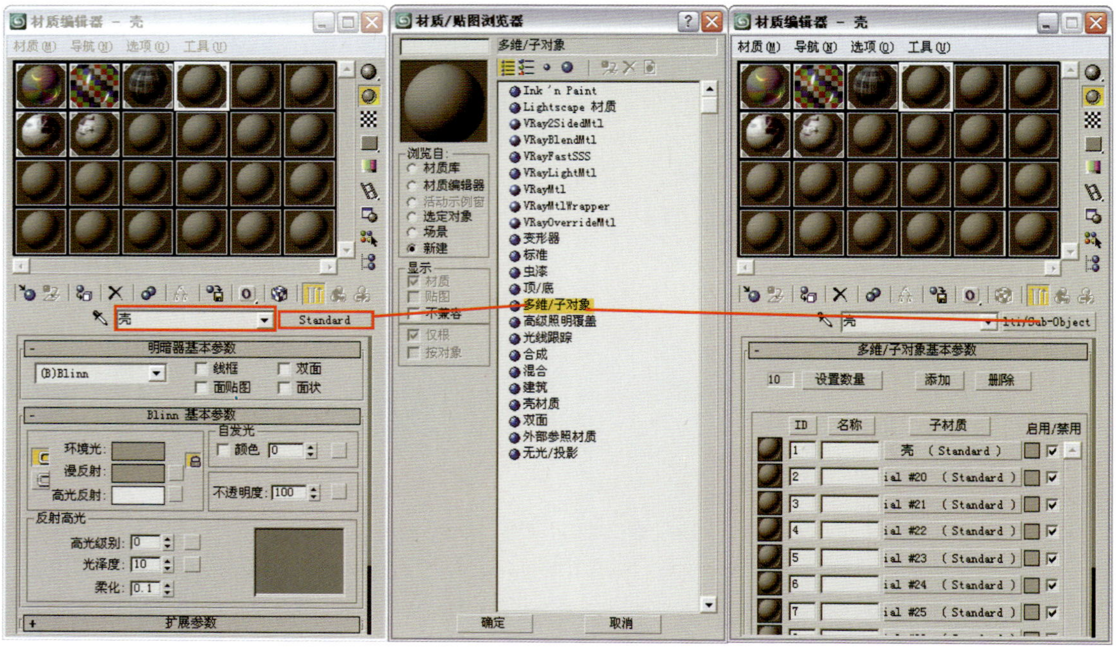

图3.52

Step 14 在“多维/子对象基本参数”卷展栏中，单击“设置数量”按钮，在弹出的对话框中将“材质数量”改为2，如图3.53所示。“壳”的ID号的设置方法在后面“盘子”的例子中将进行具体介绍，在此就先不对其方法进行讲解。

Step 15 单击ID号为“1”的通道，对其参数进行设置，如图3.54所示。

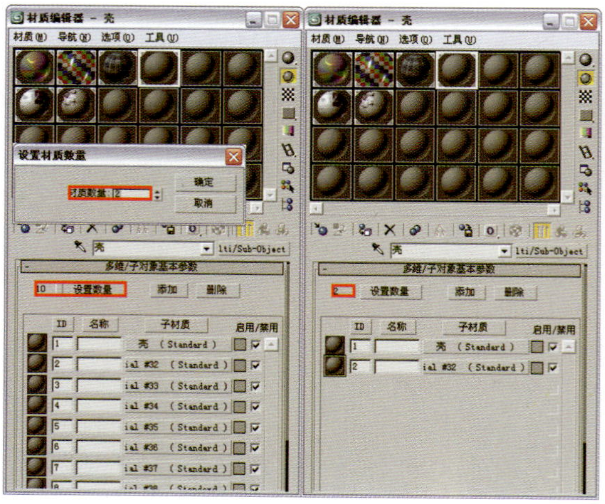

图3.53

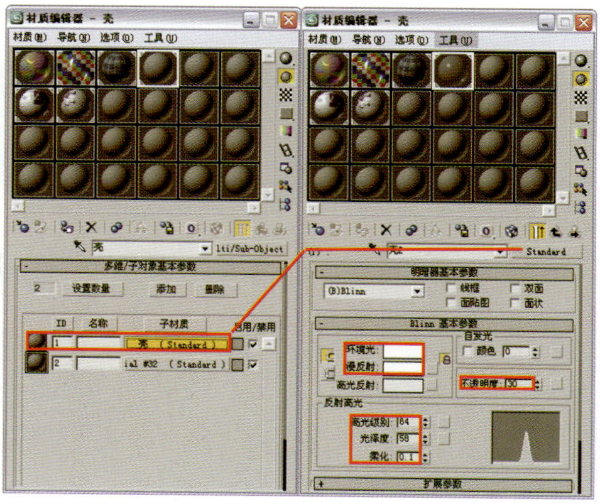

图3.54

Step 16 单击（转到父对象）按钮返回上一层，将ID号为“1”的通道贴图直接复制给ID号为“2”的通道，只对其“透明度”进行修改，如图3.55所示。

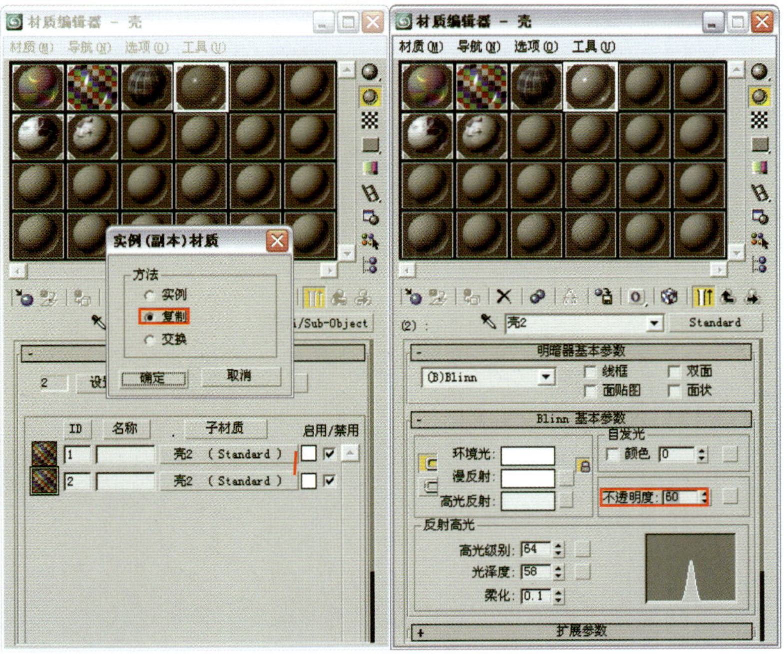

图3.55

Step 17 物体“壳”的材质制作完成，下面开始制作物体“壳1”的材质。在视图中选中物体“壳1”，按M键，弹出“材质编辑器”对话框，选择一个空白材质球赋给物体“壳1”，在“Blinn基本参数”卷展栏中对其“漫反射”颜色和其他参数进行设置，如图3.56所示。

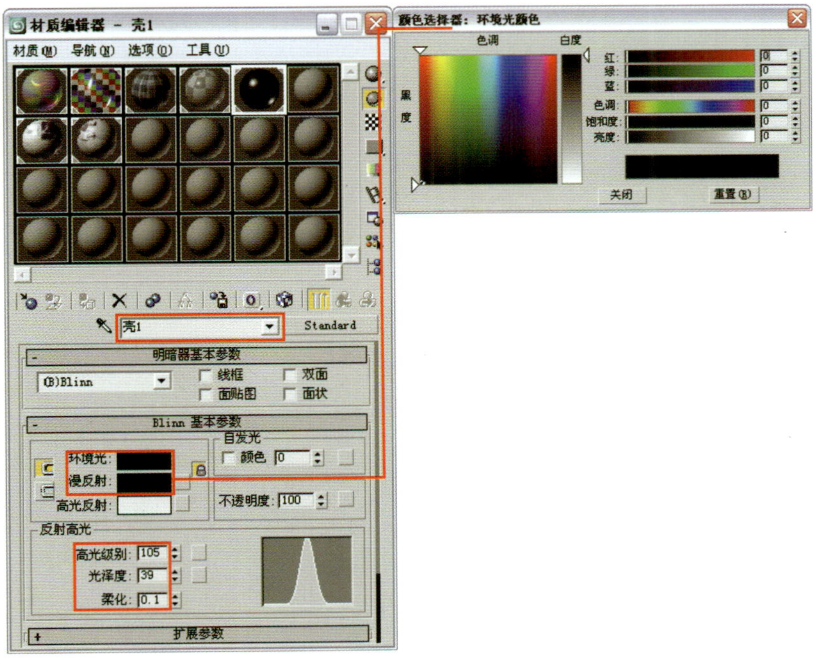

图3.56

Step 18 物体“壳1”的材质制作完成，下面开始制作物体“壳2”的材质。在视图中选中物体“壳2”，按M键，弹出“材质编辑器”对话框，选择一个空白材质球赋给物体“壳2”，在

“Blinn基本参数”卷展栏中对其“漫反射”颜色和其他参数进行设置，如图3.57所示。

Step 19 至此，场景材质全部制作完成，最终渲染效果如图3.58所示。

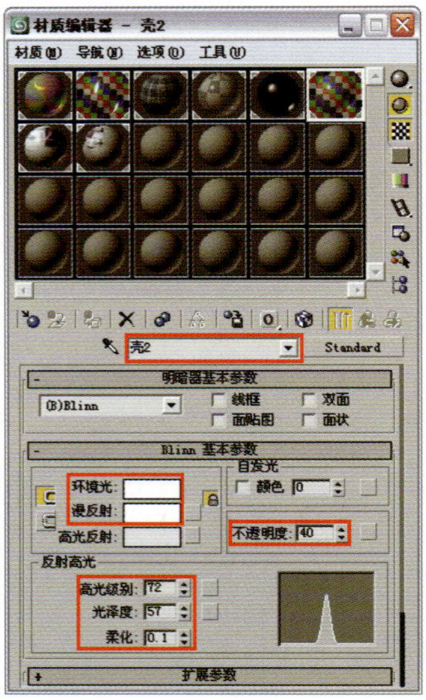

图3.57

图3.58

3.3.3 “Phong”明暗器

“Phong”明暗器和“Blinn”明暗器非常相似，几乎没有区别。其“反射高光”组如图3.59所示，其中各个参数的作用与前面的明暗器相同，这里不再介绍。

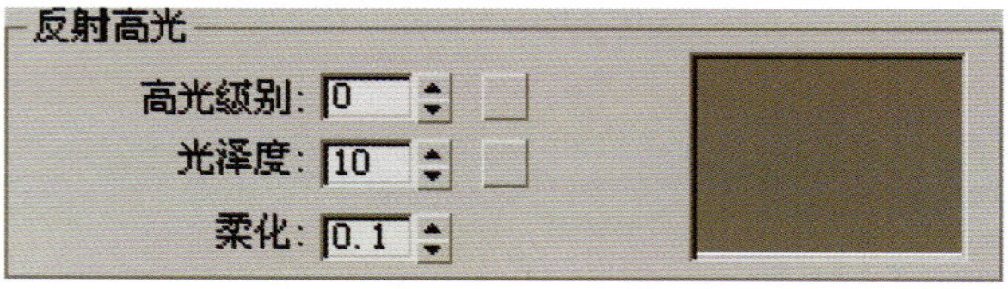

图3.59

3.3.4 “金属”明暗器

“金属”明暗器提供效果逼真的金属表面以及各种看上去像有机体的材质，其“反射高光”组如图3.60所示。

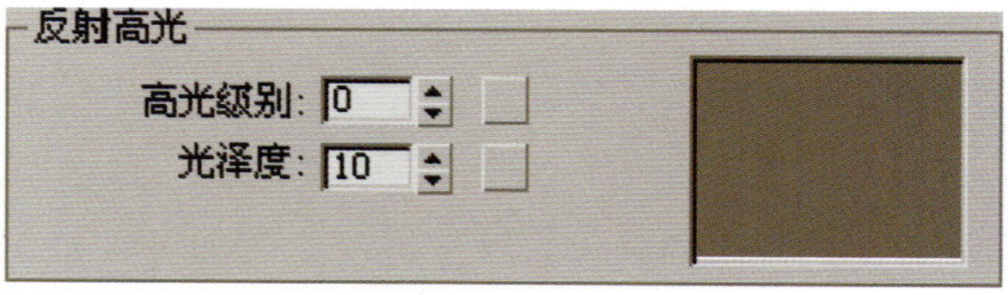

图3.60

其中各主要参数的作用说明如下。

- 高光级别：影响反射高光的强度。随着该值的增加，高光变得越来越亮，并且漫反射颜色变得越来越暗。
- 光泽度：影响反射高光的大小。随着该值的增加，高光曲线变得越来越窄，并且高光变得越来越小。

3.3.5 “Oren-Nayar-Blinn”明暗器的应用

“Oren-Nayar-Blinn” 明暗器是对“Blinn”明暗器的升级式改变，该明暗器包含附加的“高级漫反射”控件、漫反射强度和粗糙度，使用它可以生成无光效果。

此明暗器适合无光曲面，如布料、陶瓦、沙石等，其“反射高光”组如图3.61所示，其中各个参数的作用与“Blinn”等明暗器中参数的作用相同，这里不再介绍。

图3.61

下面通过利用“Oren-Nayar-Blinn”明暗器模拟绒制沙发的实例来对“Oren-Nayar-Blinn”明暗器的使用方法进行讲解，本实例采用VRay渲染器进行渲染。

Step 01 打开本书所附光盘提供的“第3章\3-1\3-1-7\Oren-Nayar-Blinn明暗器源文件.max”场景文件，该文件中的灯光、摄像机及渲染参数都已经设置好，如图3.62所示，此时摄像机视图渲染效果如图3.63所示。

图3.62

图3.63

Step 02 在场景中选中物体“椅子”，按M键弹出“材质编辑器”对话框，选择一个空白材质球，将其指定给物体并将材质球命名为“布”。打开“明暗器基本参数”卷展栏，选择“Oren-Nayar-Blinn”明暗器，如图3.64所示。

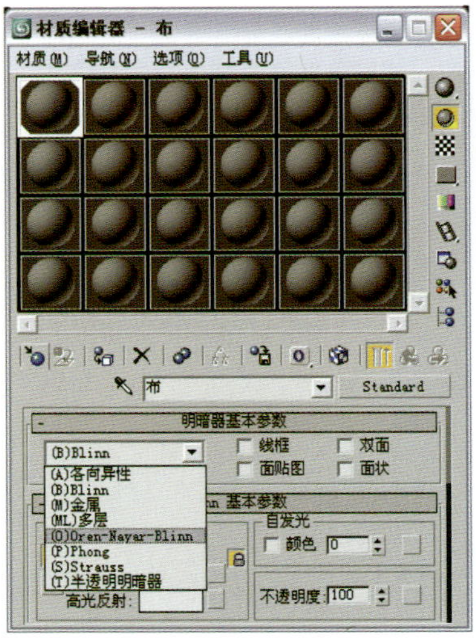

图3.64

Step 03 单击漫反射色块右侧的通道按钮，为其添加一个位图贴图，参数设置如图3.65所示。素材文件为本书所附光盘提供的“第3章\3-1\3-1-7\材质\A.jpg”文件。

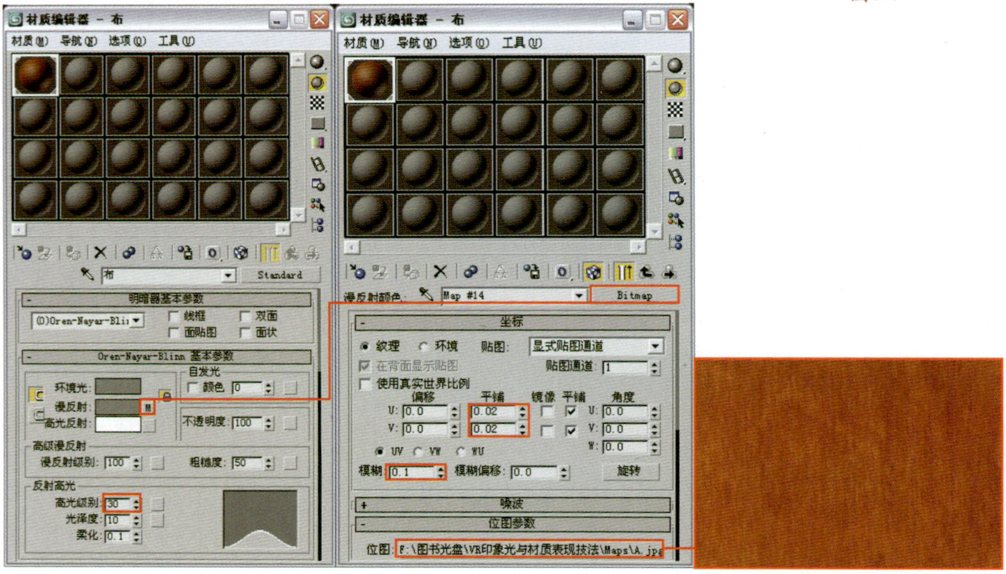

图3.65

Step 04 返回“标准”材质层级，打开“贴图”卷展栏，单击“凹凸”贴图通道按钮，为其添加一个“斑点”贴图，参数设置如图3.66所示。

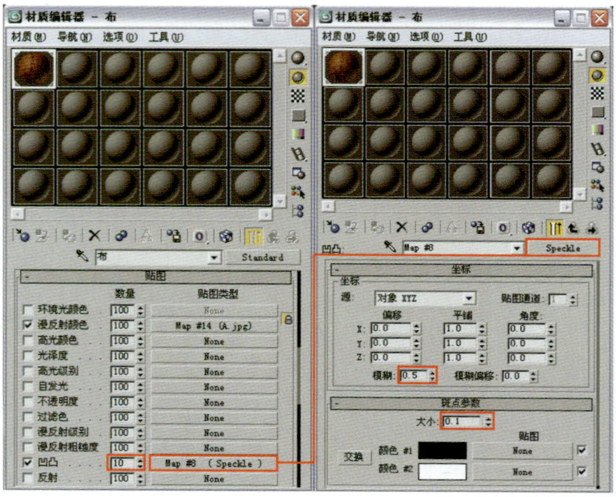

图3.66

Step 05 对摄像机视图进行渲染，效果如图3.67所示。

图3.67

Step 06 再次返回“标准”材质层级，下面为布的表面增加一些光泽。在“Oren-Nayar-Blinn基本参数”卷展栏的“自发光”组中进行参数设置，如图3.68所示。

Step 07 在“遮罩”贴图层级中单击“贴图”右侧的通道按钮，为其添加一个“衰减”贴图，参数设置如图3.69所示。

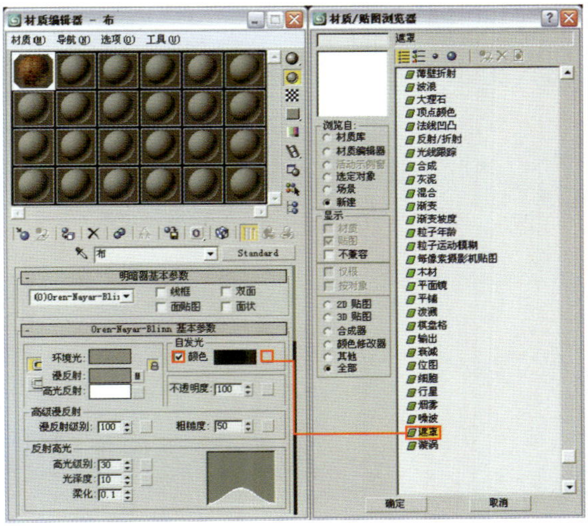

图3.68

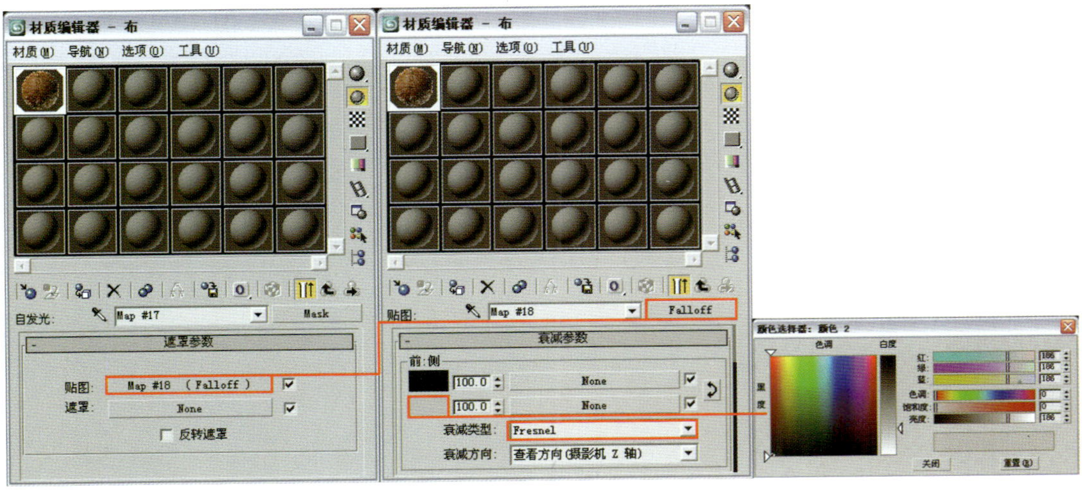

图3.69

Step 08 返回“遮罩”贴图层级，将“贴图”右侧的通道按钮复制给“遮罩”右侧的通道按钮，如图3.70所示。

Step 09 单击“遮罩”右侧的通道按钮，进入其“衰减”贴图层级，参数设置如图3.71所示，最终渲染效果如图3.72所示。

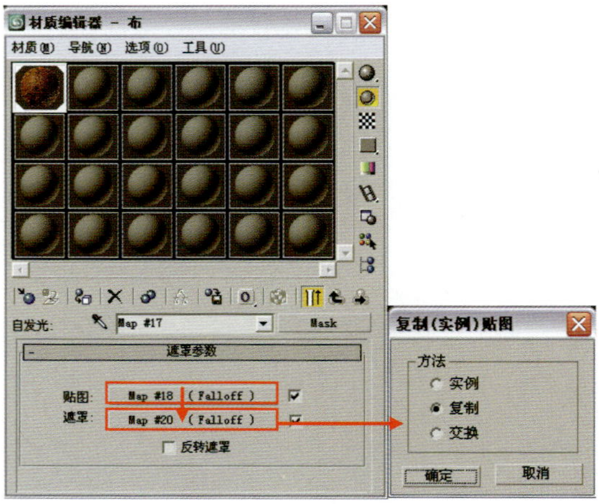

图3.70

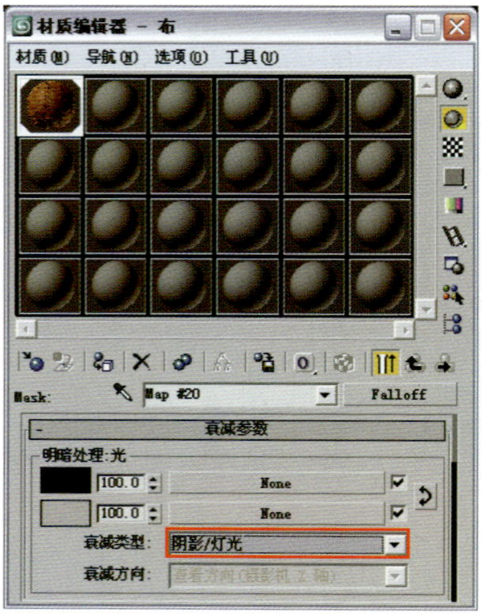

图3.71

图3.72

3.4 3ds Max中其他材质的应用

3.4.1 用“混合”材质制作湖水材质

“混合”材质是一种比较常用的材质，其作用是将多个材质用到同一个模型上。但只是与其他材质的组合，自身不能解决材质的任何属性。“混合”材质的优势在于利用材质库或场景中已有的材质，通过重新组合来表现一些表面材质多样的物体，其“混合基本参数”卷展栏如图3.73所示。

其中各个参数的作用说明如下。

- 材质 1 / 材质 2：设置两个用以混合的材质。可通过勾选或取消勾选按钮右侧的复选框来启用或禁用材质。

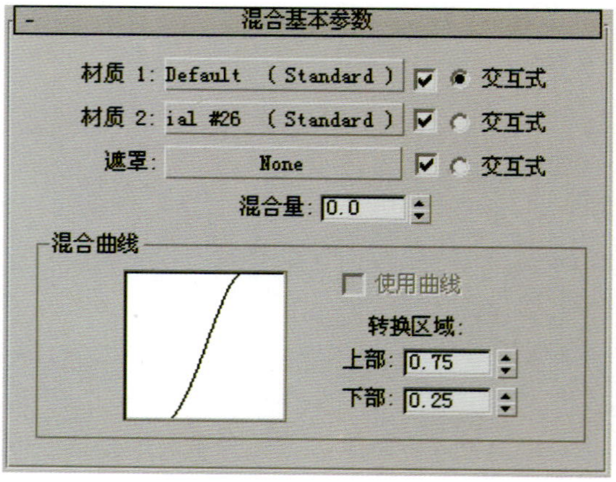

图3.73

- 交互式：选择由交互式渲染器显示在视口中对象曲面上的两种材质。如果一个材质启用并在视口中显示贴图，该材质将优先于“交互式”设置。一次只能在视口中显示一个贴图。
- 遮罩：设置用做遮罩的贴图。两个材质之间的混合度取决于遮罩贴图的强度。遮罩较明亮（较白）的区域显示更多的是“材质1”，而遮罩较暗（较黑）的区域则显示更多的是“材质2”。可通过勾选或取消勾选按钮右侧的复选框来启用或禁用“遮罩”贴图。
- 混合量：确定混合的比例（百分比）。值为0 表示只有“材质 1”在曲面上可见；值为100表示只有“材质 2”在曲面上可见。如果已指定“遮罩”贴图，并且已勾选“遮罩”按钮右侧的复选框，则此选项不可用。

下面通过实例来讲解“混合”材质的使用方法，本实例采用VRay渲染器进行渲染。

Step 01 打开本书所附带光盘提供的“实例\第3章\其他材质\混合\湖水源文件.max”文件，这是一个模型、灯光和渲染参数都调好的场景文件，如图3.74所示。

Step 02 在视图中选中物体“湖水”，按M键，弹出“材质编辑器”对话框，选择一个空白材质球赋给物体“湖水”，将材质球命名为“湖水”。单击“Standard”按钮，在弹出的“材质/贴图浏览器”中选择“混合”材质，在弹出的对话框中选择“将旧材质保存为材质”选项，这样会将原有的材质保留，如图3.75所示。

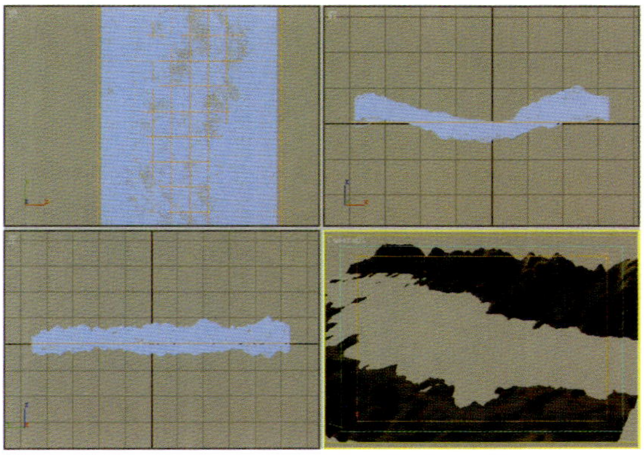

图3.74

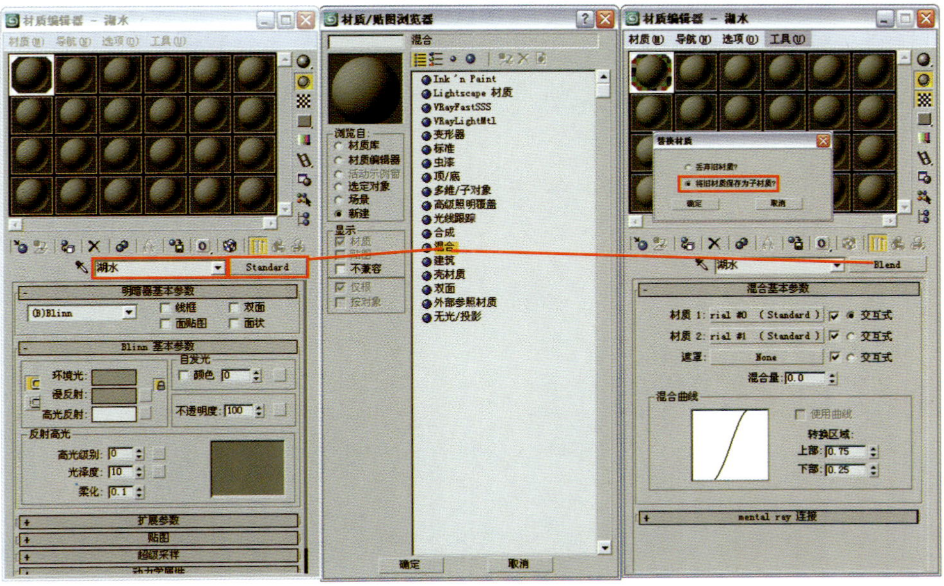

图3.75

Step 03 单击“材质1”的通道按钮，进入其基本材质层级，对“混合基本参数”卷展栏中的参数进行设置，如图3.76所示。

Step 04 打开“贴图”卷展栏，在“折射”贴图通道上添加一张“光线跟踪”贴图，将其强度值设置为10，如图3.77所示。这样水下的物体就能产生折射效果了。

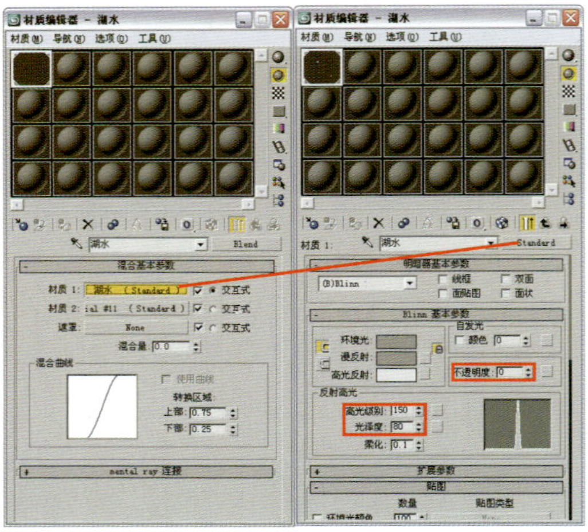

图3.76

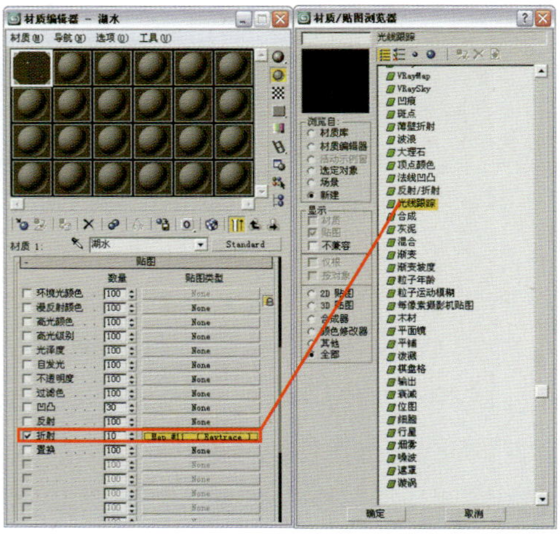

图3.77

Step 05 返回“贴图”卷展栏，在“凹凸”贴图通道上添加一张“噪波”贴图，并对其进行参数设置，这一层属于大波浪区域，同时在其“颜色#1”通道上添加一张“噪波”贴图，并对其进行参数设置，来模拟细碎的波纹，这样水面的起伏变化就会丰富起来。将“凹凸”通道的强度值设置为20左右，如图3.78所示，这种远景下的水面凹凸不能太强，不然水面看起来会不够深远。

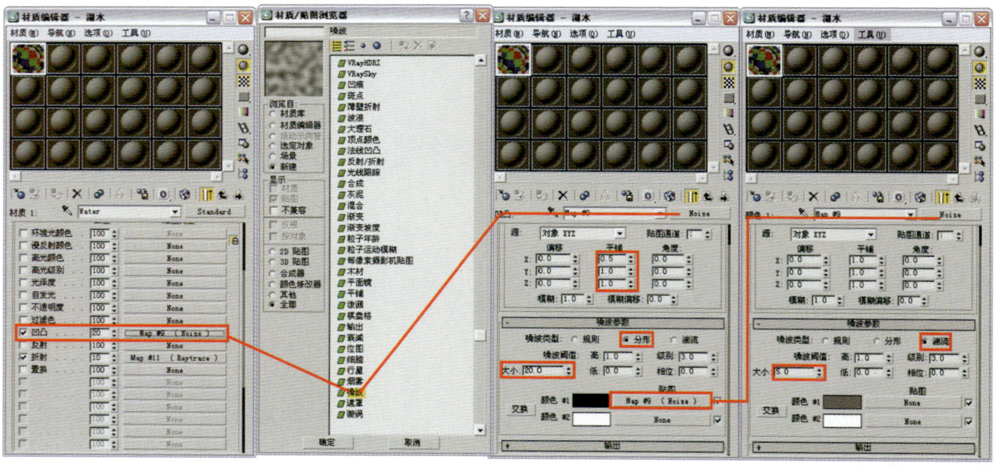

图3.78

Step 06 渲染效果如图3.79所示。

Step 07 返回到“混合”材质层级，单击“材质#2”通道按钮，进入其基本材质层级，对其参数进行设置，如图3.80所示。这一层材质主要用于制作蓝色的反光效果，在这个场景中将背景色设置为淡蓝色，如果直接用“反射”贴图来反射淡蓝色的背景会使湖面的颜色变得很淡，失去了深度效果，所以将此材质制作成深蓝色的效果，使湖面得到深蓝色的反光。

图3.79

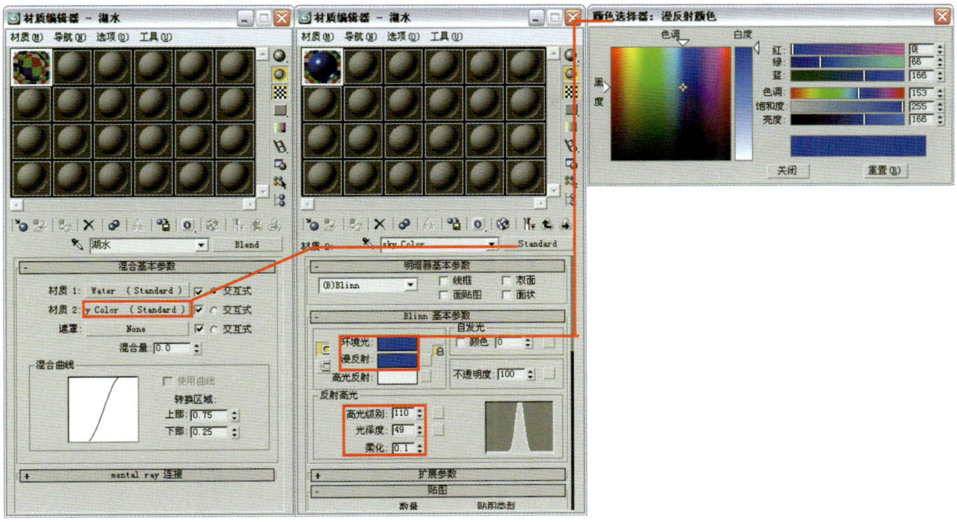

图3.80

Step 08 返回“混合”材质层，单击“遮罩”通道按钮，为其添加一张“衰减”贴图，并对其参数进行设置，如图3.81所示。这样材质边缘就会混合出一层蓝色的反光效果。

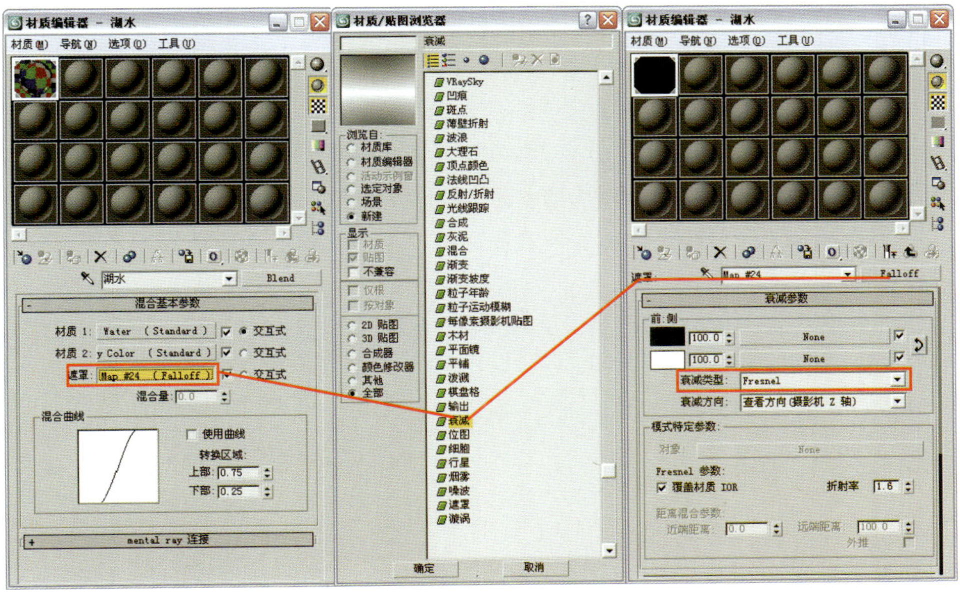

图3.81

Step 09 至此，场景的材质制作完成，最终效果如图3.82所示。

3.4.2 “多维/子对象”材质的应用

“多维/子对象”材质能使一个模型同时拥有多个材质，模型的每一个材质都有一个不同的ID号，构成模型的每一个面也可以被赋予不同的ID号，在为模型应用

图3.82

"多维/子对象"材质时，相同ID的面与材质相对应。

在初次使用"多维/子对象"材质时会经常出错，多是因为搞错ID的对应关系。将多维/子对象材质赋给模型之后，因为材质是以棱为界限，所以不同材质之间会有明显的区别，这一点也是"多维/子对象"材质与其他混合材质的根本区别，即不能控制不同材质之间的过渡。

"多维/子对象基本参数"卷展栏如图3.83所示。

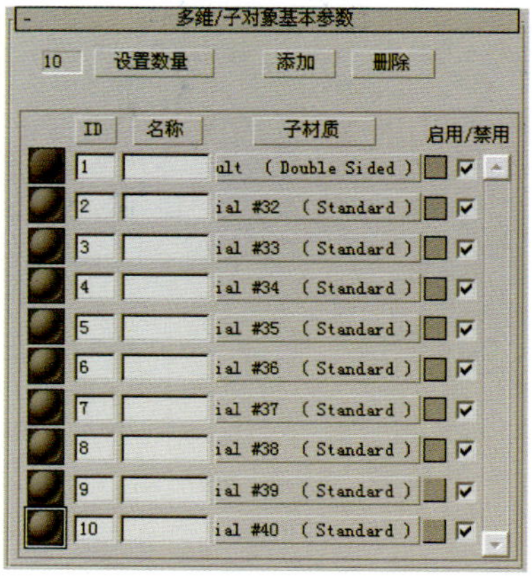

图3.83

其中各主要参数的功能说明如下。

- "设置数量"按钮：用于设置构成材质的子材质的数量。
- "添加"按钮：单击此按钮可将新子材质添加到列表中。
- "删除"按钮：单击此按钮可从列表中移除当前选中的子材质。
- "ID"按钮：单击此按钮可将列表排序，其顺序开始于最低ID号的子材质，结束于最高ID号的子材质。
- "名称"按钮：单击此按钮将通过"名称"列的名称排序。
- 子材质：单击"子材质"按钮将通过显示于子材质按钮上的子材质名称排序。
- 示例球：子材质的"微型预览"。单击示例球来选中子材质，在删除子材质前必须将其选中。
- "ID号（材质球的ID号）"按钮：显示指定于此子材质的 ID 号，可以编辑此字段来改变 ID 号。如果给两个子材质指定相同的 ID 号，会在卷展栏的顶部出现警告信息。
- 子材质：单击每个示例球后的"子材质"按钮创建或编辑一个子材质。每个子材质对其本身而言是一个完整的材质，可以包含所需的大量贴图和级别。
- 颜色样例：单击"子材质"按钮右侧的颜色框，可以显示颜色选择器并为子材质选择漫反射颜色。
- 启用/禁用：启用或禁用子材质。禁用子材质后，在场景中的对象上和示例窗中会显示黑色。

下面通过实例来讲解利用"多维/子对象"材质制作盘子材质的方法。

Step 01 打开本书所附光盘提供的"实例文件\第3章\多维材质\多维材质源文件.max"文件，这是一个摄像机、灯光和渲染参数都调节好的场景文件，如图3.84所示。

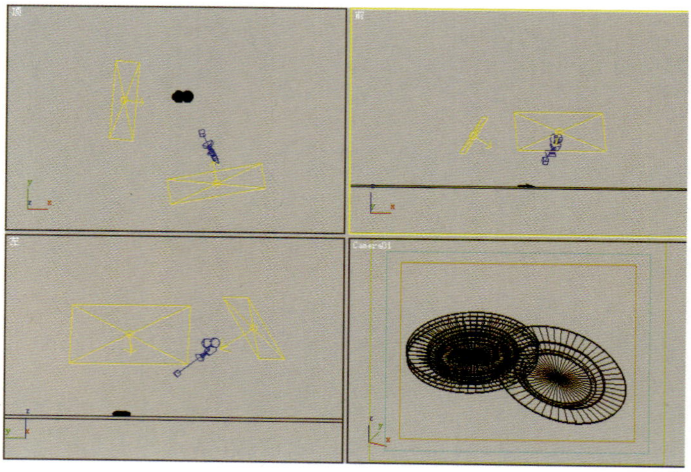

图3.84

Step 02 在给盘子赋材质之前先来给它们设置ID号，一个物体可以设置多个ID号，而一个ID号只可以设置一种材质，这样一个物体就可以同时拥有多种材质或贴图。在视图中选中一个"盘子"进入"修改"面板，在"修改器堆栈"中切换到"可编辑多边形"，选择"多边形"次对象层级，关闭"显示最终结果开/关切换"开关，如图3.85所示。

Step 03 从视图中观察到我们选中了“盘子”中间的面，可以在顶视图中一点一点框选它们，如图3.86所示。

Step 04 打开“多边形属性”卷展栏，调整“设置ID”后面的数值为1，然后按回车键，这样就将水杯外侧的ID值设置成了1，如图3.87所示。

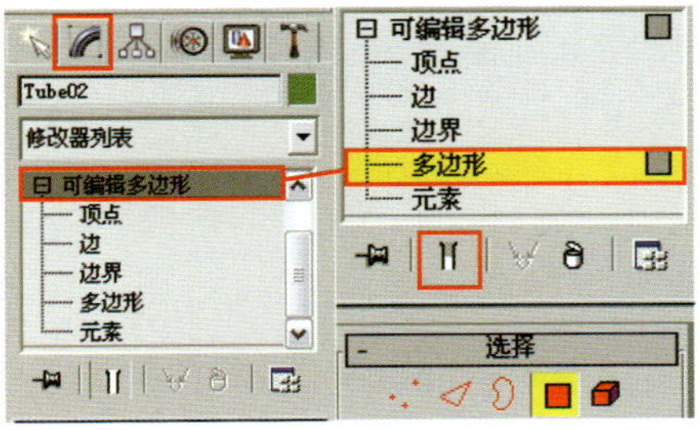

图3.85

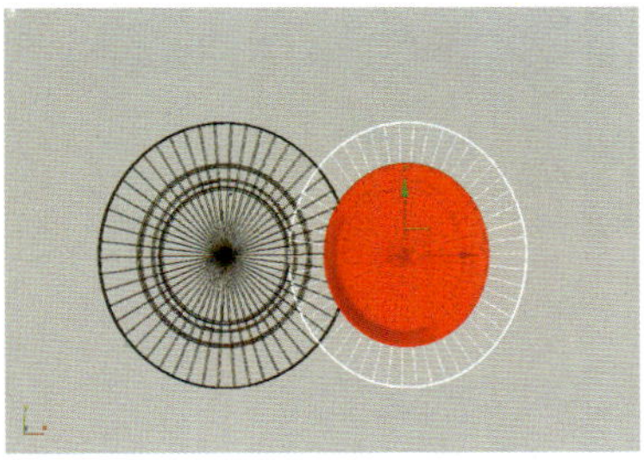

图3.86

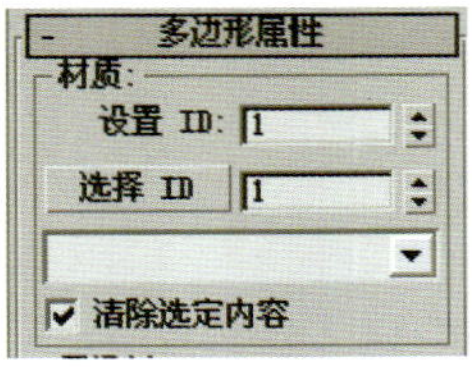

图3.87

Step 05 单击3ds Max菜单栏中的“编辑”→“反选”命令，选中“盘子”内侧及上下表面的面，如图3.88所示。

Step 06 在“多边形属性”卷展栏中将“设置ID”后的数值调整为2，然后按回车键，如图3.88所示，这样就将“盘子”剩余面的ID值设置成了2。关闭“多边形”次物体层级，返回到“修改器堆栈”的最上面一个选项，如图3.89所示。

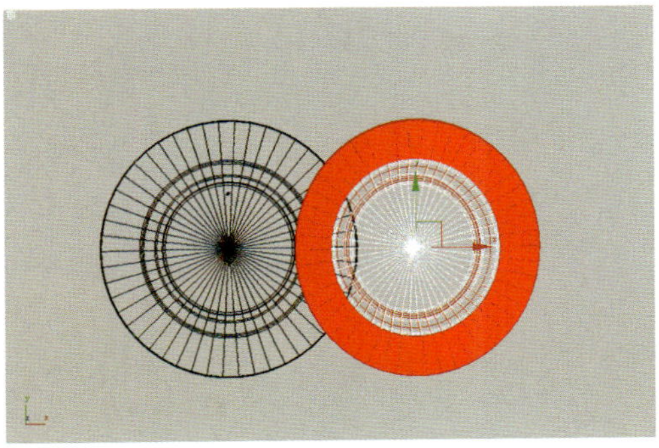

图3.88

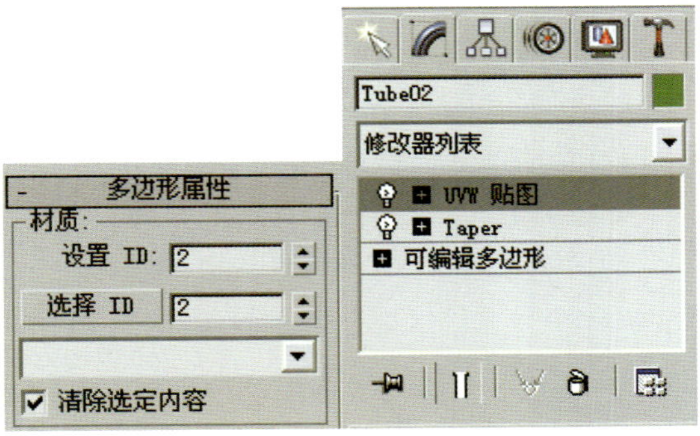

图3.89

Step 07 按M键，弹出“材质编辑器”对话框，选择一个空白材质球赋给一个“盘子”，把材质球命名为“盘心”。单击“Standard”按钮，在弹出的“材质/贴图浏览器”对话框中选择“多维/子对象”材质，如图3.90所示。

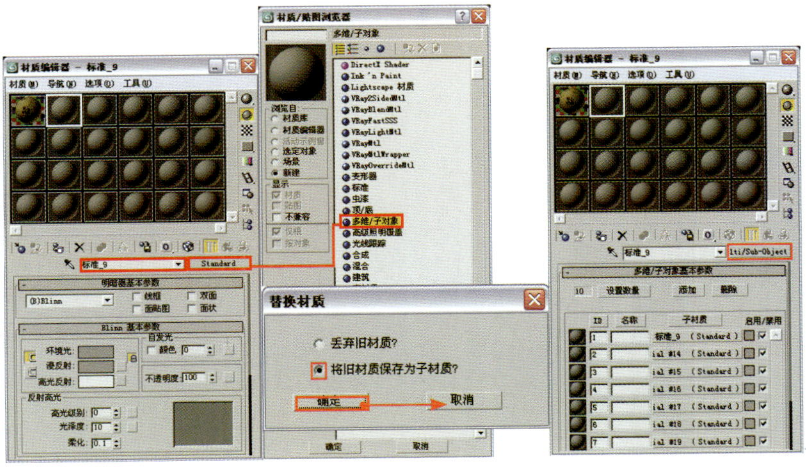

图3.90

Step 08 在“多维/子对象基本参数”卷展栏中，单击“设置数量”按钮，在弹出的对话框中把材质数量改为2，单击“确定”按钮，这时子材质还剩两个，如图3.91所示。

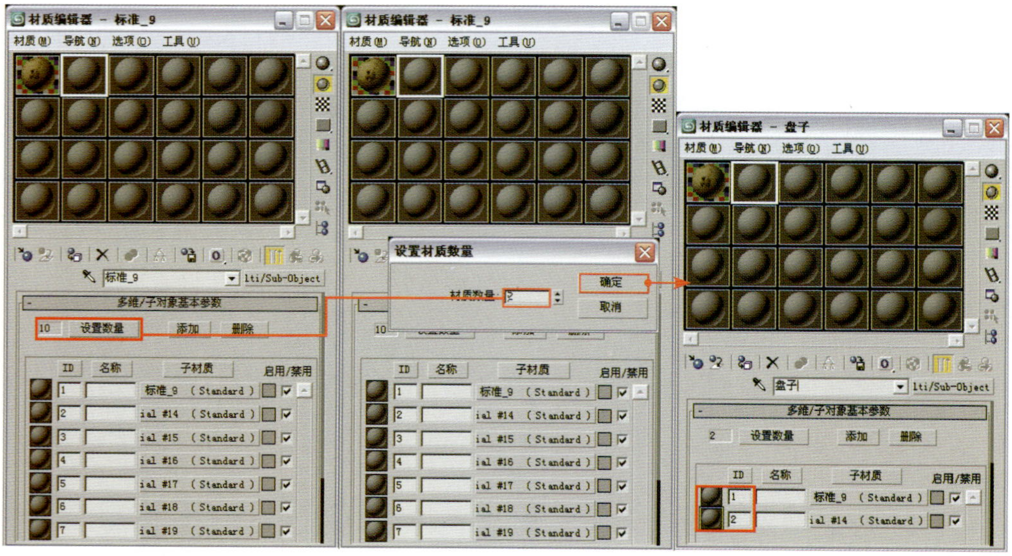

图3.91

Step 09 单击ID1后的材质通道按钮，将材质设置为VRayMtl材质，参数设置如图3.92所示。

Step 10 返回VRayMtl材质层级，单击“Diffuse”右侧的贴图通道按钮，为其添加一个位图贴图，参数设置如图3.93所示。接着在弹出的“文件浏览器”对话框中添加本书所附光盘中的“实例\第3章\其他材质\多维\子对象\盘子.jpg”文件。

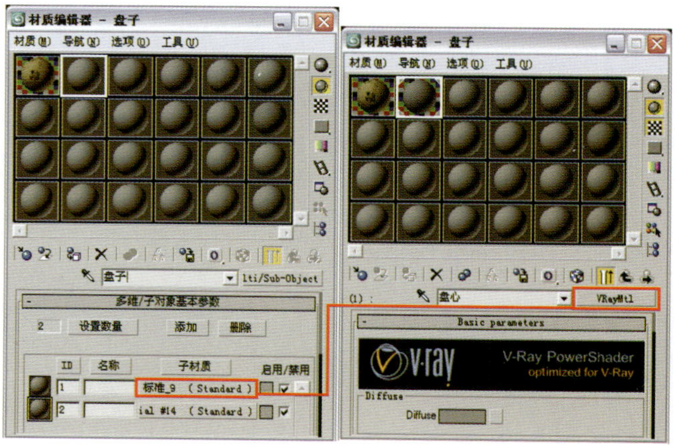

图3.92

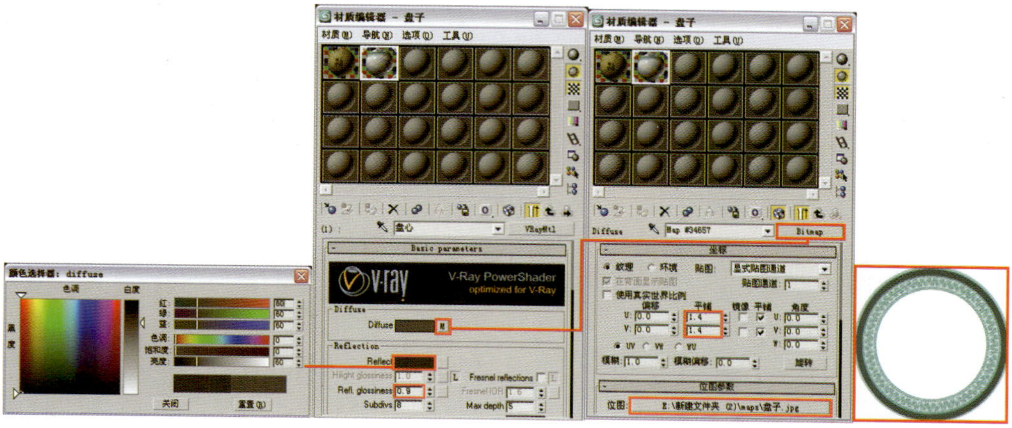

图3.93

Step 11 返回“多维/子对象”层级，单击ID2后的材质通道按钮，将材质设置为VRayMtl材质，参数设置如图3.94所示。至此，“盘子”的材质设置就完成了。

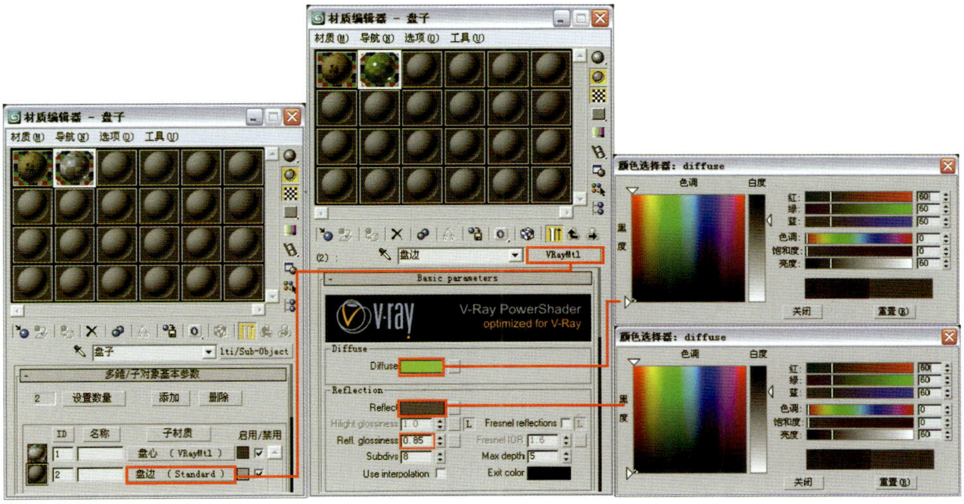

图3.94

Step 12 将材质指定给物体“盘子”，对摄像机视图进行渲染，效果如图3.95所示。

图3.95

3.4.3 “建筑”材质

“建筑”材质提供了大量的建筑类材质预设效果，如水泥、砂石、水、玻璃、纸、木材等，可以很方便地调用这些预设效果进行制作，常用于建筑效果图的制作。

“建筑”材质的设置能够体现材质的物理属性，因此当与光度学灯光和光能传递一起使用时，能够提供最逼真的效果。借助这种功能组合，可以创建精确性很高的照明效果。

1. “模板”卷展栏

“模板”卷展栏提供了可从中选择材质类型的列表。对于“物理性质”卷展栏而言，模板只是一组预设的参数，不仅可以提供要创建材质的近似种类，而且可以提供入门指导。

选择模板之后，可以调整其设置并添加贴图以增强效果，并改进材质外观。 模板并不影响“物理性质”卷展栏上的“漫反射颜色”，只影响数字设置。

3ds Max 附带了一些材质模板，大多数模板的用途都很明确，在此不做过多解释，“模板”卷展栏如图3.96所示。

图3.96

2. “物理性质”卷展栏

“物理性质”卷展栏如图3.97所示。

其中各主要参数的作用说明如下。

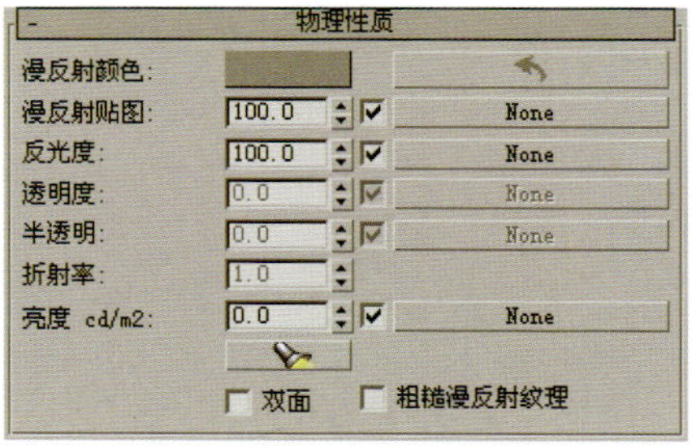

图3.97

- 漫反射颜色：控制漫反射颜色。漫反射颜色即该材质在灯光直射时的颜色。
- (将颜色设置为纹理平均值)按钮：单击此选项可将漫反射颜色更改为当前漫反射贴图中颜色的平均值。（如果没有指定贴图，此按钮不起作用）。
- 漫反射贴图：这些控件将为材质的漫反射组件指定一个贴图。
- 反光度：设置材质的反光度。通常材质的反光度越高，显示的反射高光越小。反射高光是照亮材质的灯光的反射。
- 透明度：控制材质的透明程度。
- 半透明：控制材质的半透明程度。半透明对象是透光的，但是也会将光散射于对象内部。
- 折射率：折射率（IOR）控制几个材质对透过的光的折射程度和该材质显示的反光程度。
- 亮度 cd/m2：当亮度值大于0时，材质显示光晕效果。如果启用了“发射能量”，会向光能传递传送能量。
- （由灯光设置亮度）按钮：从场景中的灯光获得材质的亮度。单击可启用此按钮，然后在视口中单击灯光。将材质的亮度设置为与灯光的亮度相匹配，然后再次禁用该按钮。
- 双面：勾选该复选框后，可将材质应用到选定面的双面。
- 粗糙漫反射纹理：勾选该复选框后，将从照明和曝光控制中排除材质。这样使用漫反射颜色或贴图中的纯RGB值将使材质渲染为完全的平面效果。默认设置为禁用状态。

3. “特殊效果”卷展栏

“特殊效果”卷展栏如图3.98所示。

其中各参数的作用说明如下。

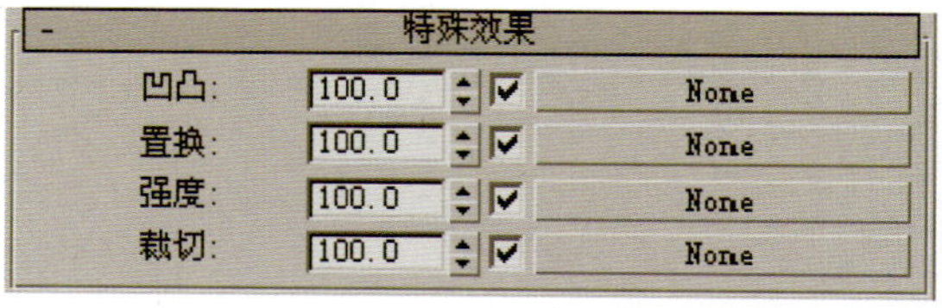

图3.98

- 凹凸：为材质指定凹凸贴图。
- 置换：将位移贴图指定给材质。
- 强度：将强度贴图指定给材质，用以调整材质的亮度。贴图被看作黑白比例的强度值。
- 裁切：为材质指定裁切贴图。

4. “高级照明覆盖”卷展栏

“高级照明覆盖”卷展栏如图3.99所示。

其中各参数的作用说明如下。

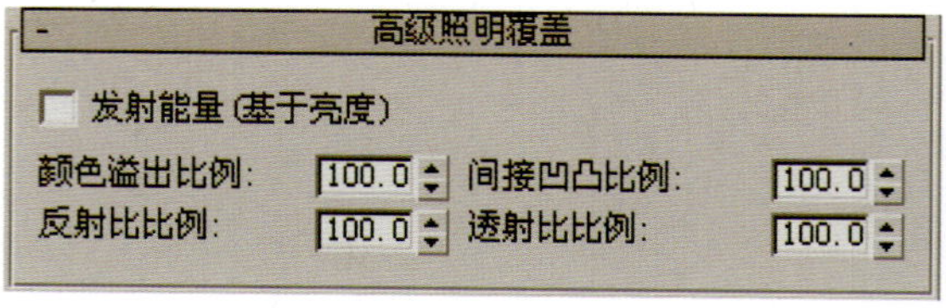

图3.99

- 发射能量（基于亮度）：当勾选此复选框时，材质会根据它的亮度值为光能传递解决方案增添能量。
- 颜色溢出比例：增大或降低反射颜色的饱和度。取值范围为0.0~100.0。
- 间接凹凸比例：通过间接灯光调整基础材质的凹凸贴图在各种区域中的效果。

- 反射比比例：增大或降低材质反射的能量值。
- 透射比比例：增大或降低材质透射的能量值。

下面通过实例来具体讲解“建筑”材质的使用方法，本实例采用“默认扫描线渲染器”进行渲染。

Step 01 打开本书所附光盘提供的“实例\第3章\其他材质\建筑\外观源文件.max”文件，这是一个摄像机、灯光和渲染参数都调节好的场景文件，如图3.100所示。

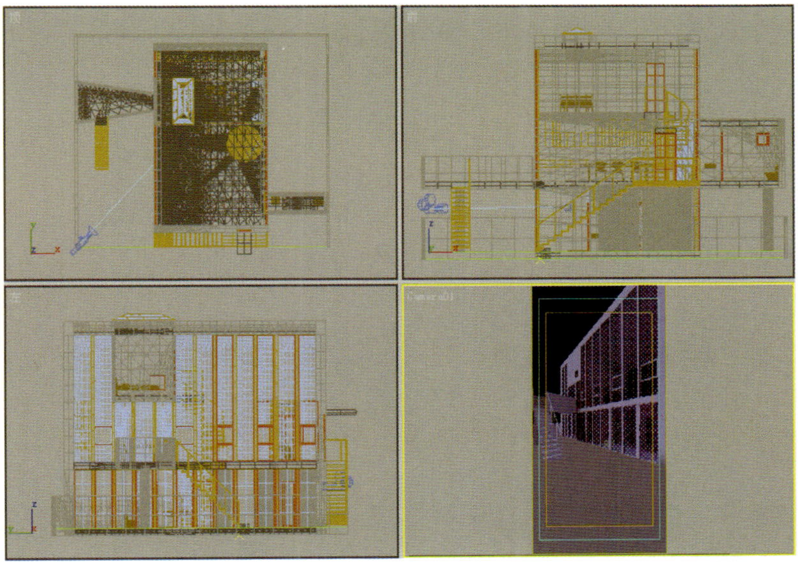

图3.100

Step 02 在视图中选中“玻璃”，按M键弹出“材质编辑器”对话框，选择一个空白材质球赋给物体“玻璃”，把材质球也命名为“玻璃”，单击“Architectural”按钮，将“标准”材质改为“建筑”材质，如图3.101所示。

Step 03 单击“建筑”材质的“模板”卷展栏，在弹出的下拉菜单中选择“玻璃—清晰”选项，在“物理性质”卷展栏中，将“漫反射颜色”调节为蓝色，对其参数进行设置，如图3.102所示。

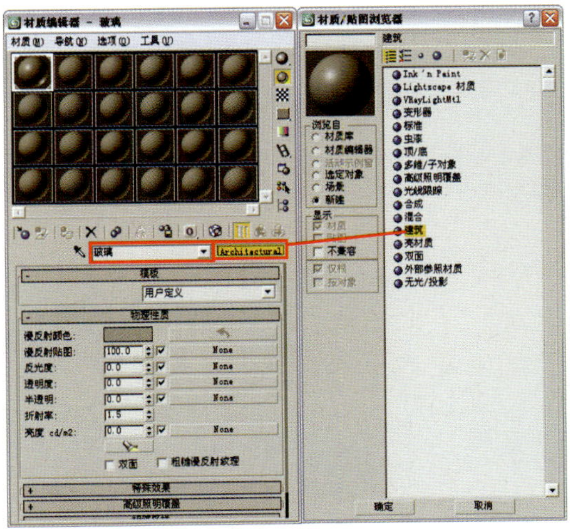

图3.101

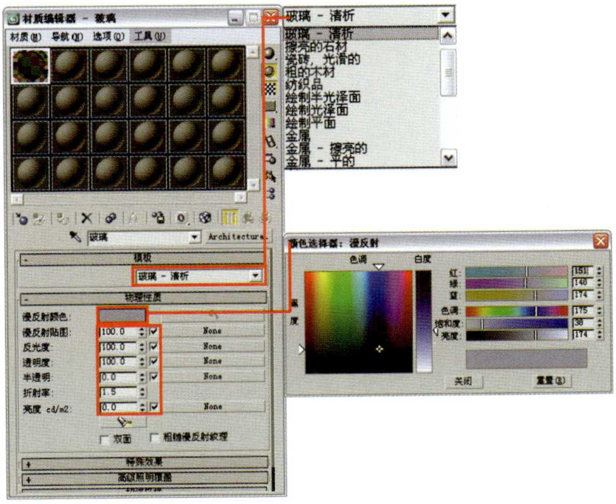

图3.102

Step 04 物体“玻璃”的材质制作完成，下面我们开始制作“框”（即建筑中的全部窗框）的材质。在视图中选择“框”，按M键弹出“材质编辑器”对话框，选择一个空白材质球赋给物体“框”，把材质球也命名为“框”，单击“Architectural”按钮，将标准材质改为“建筑”材质，如图3.103所示。

Step 05 单击“建筑”材质的“模板”卷展栏，在卷展栏的下拉菜单中选择“塑料”选项，再在“物理性质”卷展栏中将“漫反射颜色”调节为黑色，对其参数进行设置，如图3.104所示。

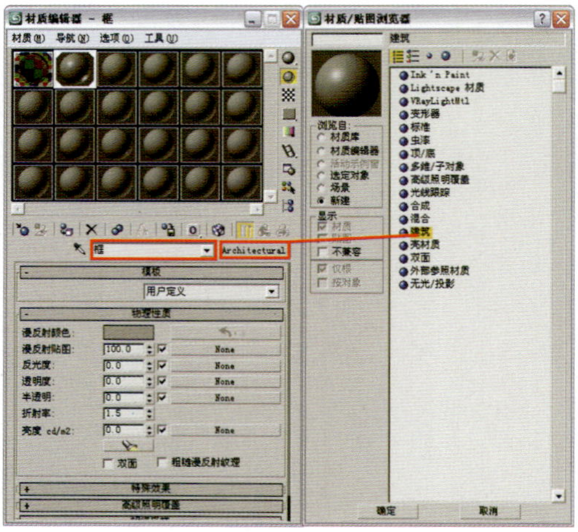

图3.103

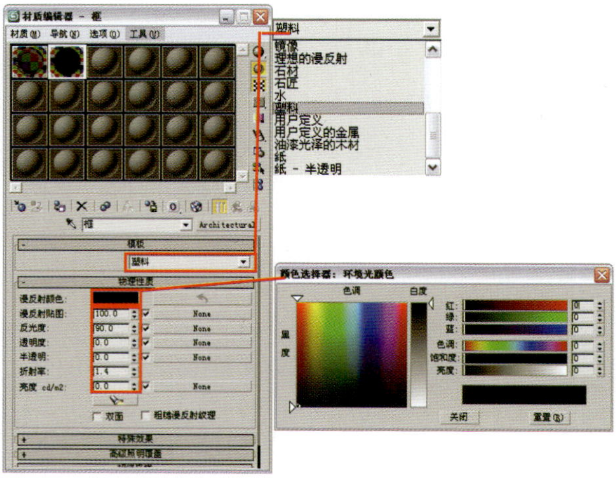

图3.104

Step 06 “框”的材质制作完成，下面我们开始制作“墙、顶、楼梯”的材质。在视图中选择物体“墙、顶、楼梯”，弹出“材质编辑器”对话框，选择一个空白材质球赋给物体“墙、顶、楼梯”，把材质球也命名为“墙、顶、楼梯”，单击“Architectural”按钮将“标准”材质改为“建筑”材质，如图3.105所示。

Step 07 单击“建筑”材质的“模板”卷展栏，在卷展栏的下拉菜单中选择“理想的漫反射”选项，再在“物理性质”卷展栏中，将“漫反射颜色”调节为黑色，对其参数进行设置，如图3.106所示。

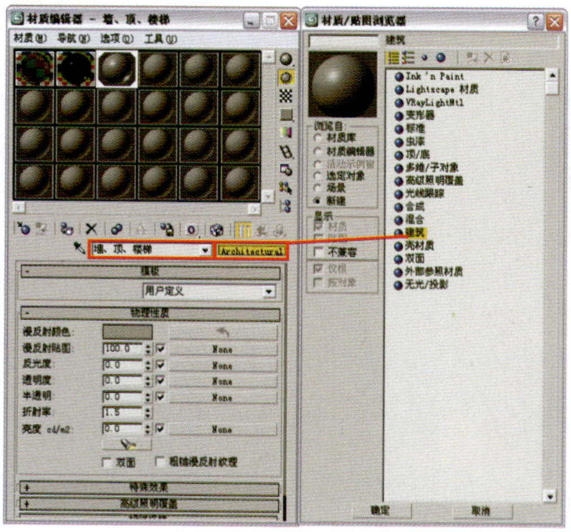

图3.105

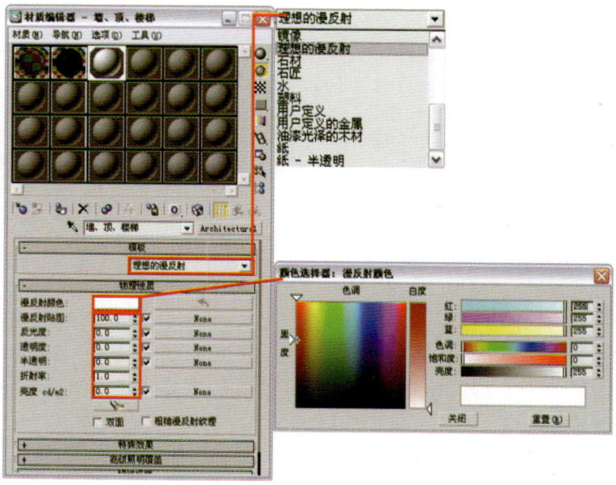

图3.106

Step 08 物体“墙、顶、楼梯”的材质制作完成，渲染效果如图3.107所示。

Step 09 下面我们开始制作物体“墙、顶、楼梯2”的材质。物体“墙、顶、楼梯2”的材质和物体“墙、顶、楼梯”的材质几乎相同，只有“漫反射”的颜色不同。只需把物体“墙、顶、楼梯”的材质复制到一个空白材质球上，将名称改为“墙、顶、楼梯2”，将其“漫反射”颜色改为黑色，赋给视图中的物体“墙、顶、楼梯2”即可，最终材质如图3.108所示。

图3.107

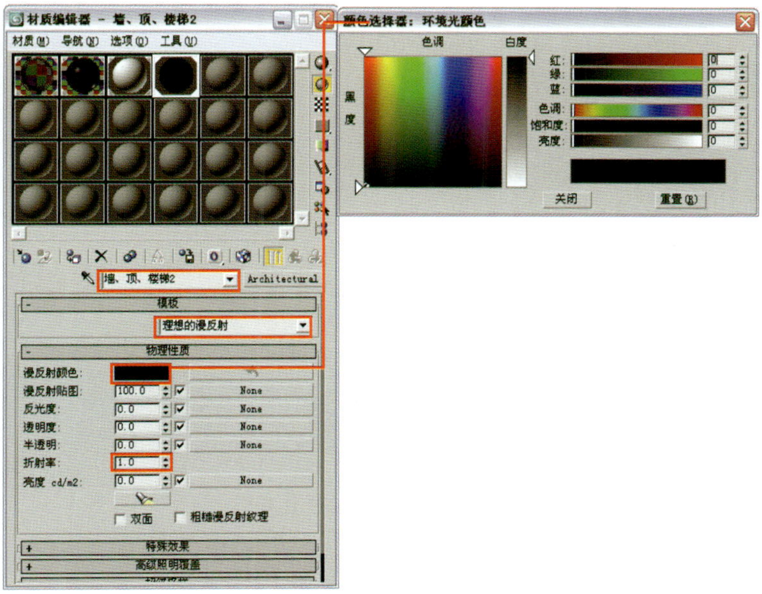

图3.108

Step 10 物体“墙、顶、楼梯2”的材质制作完成，下面我们开始制作物体“金属”（即建筑中所有的金属部件）的材质。在视图中选中物体“金属”，打开“材质编辑器”对话框，选择一个空白材质球赋给物体“金属”，将其材质球也命名为“金属”，单击“Architectural”按钮，将“标准”材质改为“建筑”材质，如图3.109所示。

Step 11 单击“建筑”材质的“模板”卷展栏，在卷展栏的下拉菜单中选择“金属”选项，再在“物理性质”卷展栏中，将“漫反射颜色”调节为白色，对其参数进行设置，如图3.110所示。

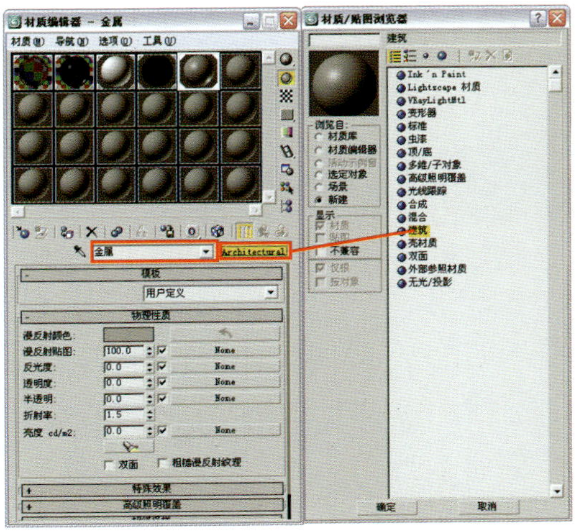

图3.109

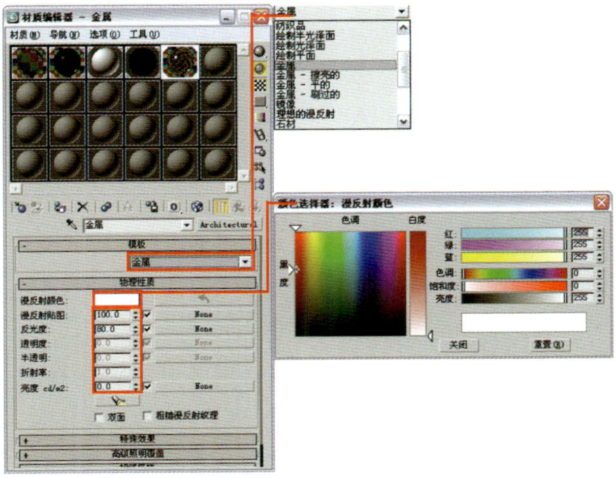

图3.110

Step 12 物体“金属”的材质制作完成，下面我们开始制作“地面”的材质。在视图中选择物体“地面”，打开“材质编辑器”对话框，选择一个空白材质球赋给物体“地面”，把材质球也命名为“地面”，单击“Architectural”按钮，将“标准”材质改为“建筑”材质，如图3.111所示。

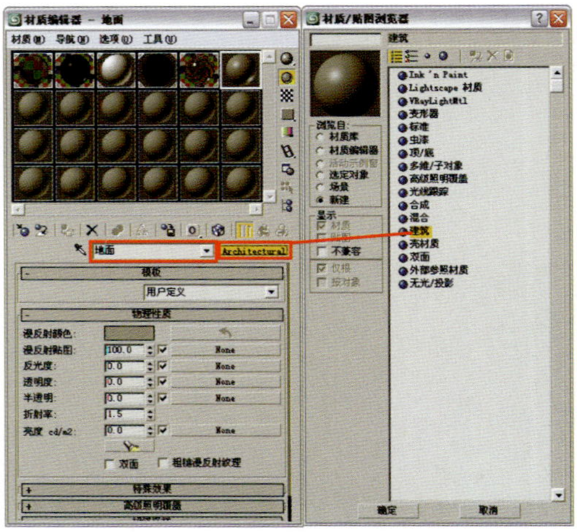

图3.111

Step 13 单击“建筑”材质的“模板”卷展栏，在卷展栏的下拉菜单中选择“粗的木材”选项，再在“物理性质”卷展栏中单击“漫反射”通道按钮，在其通道上添加一个位图贴图，素材为本书所附光盘中的“实例\第3章\其他材质\建筑\条形木.jpg”文件，如图3.112所示。

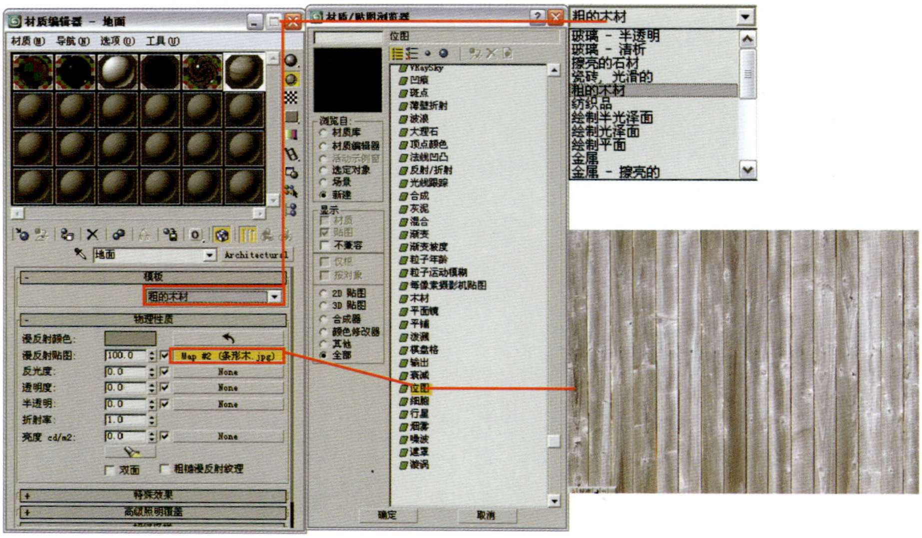

图3.112

Step 14 打开“漫反射”贴图通道上的位图贴图，对其参数进行设置，如图3.113所示。打开“特殊效果”卷展栏，把“漫反射”贴图通道上的位图贴图复制给“凹凸”通道，如图3.114所示。

Step 15 下面我们开始制作“白色油漆”的材质。在视图中选择物体“刷白漆”，打开“材质编辑器”对话框，选择一个空白材质球赋给物体“刷白漆”，把材质球命名为“白色油漆”。单击“Architectural”按

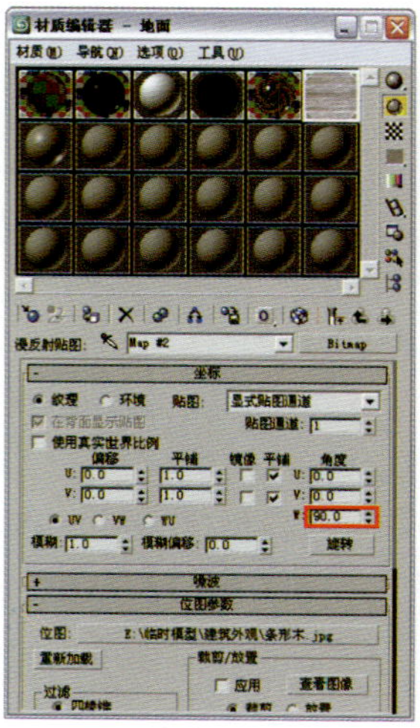

图3.113

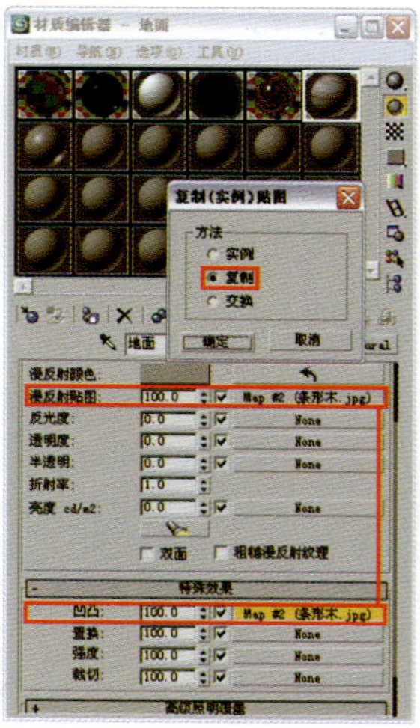

图3.114

钮，将“标准”材质改为“建筑”材质，如图3.115所示。

Step 16 单击建筑材质的“模板”卷展栏，在卷展栏的下拉菜单中选择“油漆光泽的木材”选项，再在“物理性质”卷展栏中，将漫反射颜色调节为白色，如图3.116所示。

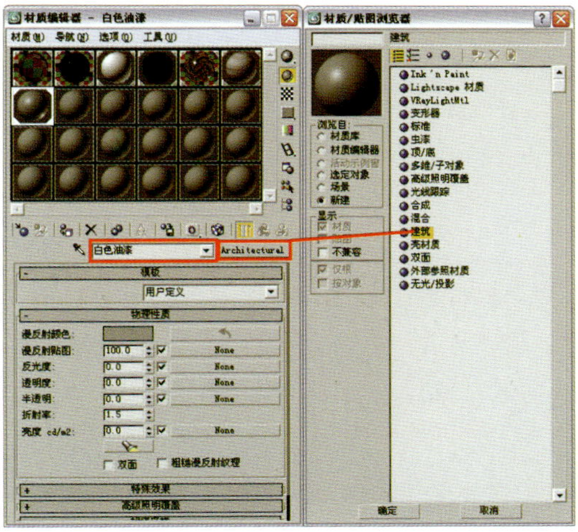

图3.115

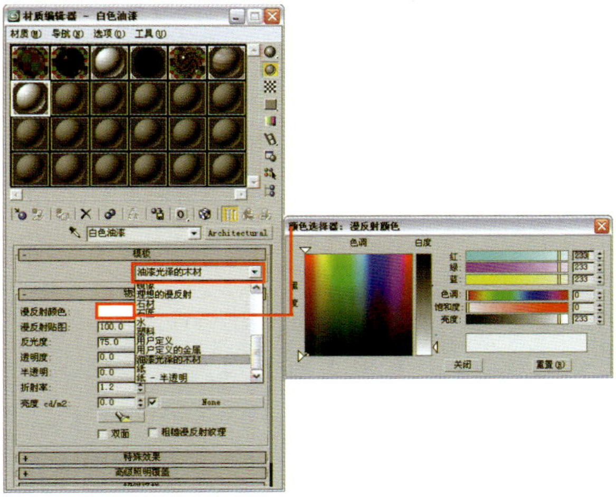

图3.116

Step 17 物体“油漆光泽的木材”制作完成，场景材质全部做完，渲染效果如图3.117所示。在Photoshop中进行了一定的修改后，效果如图3.118所示。

图3.117

图3.118

3.4.4 Ink'n paint材质的应用

“Ink'n paint”材质是一种将3D作品用2D视觉效果进行渲染的材质，这种材质统称为NPR材质。NPR是英文Non Photo Realistic的简称，即为非真实渲染的意思。它可以模拟出矢量效果、素描效果、油画效果、版画效果，甚至是国画效果等。

1. “基本材质扩展”卷展栏

“基本材质扩展”卷展栏如图3.119所示，其中各项参数的作用说明如下：

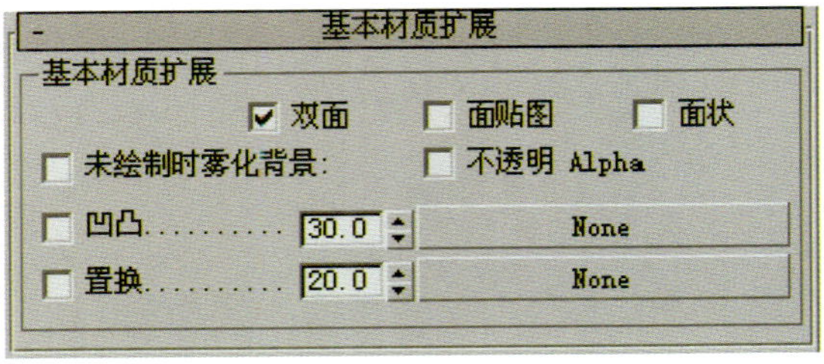

图3.119

- 双面：使材质成为两个面。将材质应用到选定面的双面。
- 面贴图：将材质应用到几何体的各面。如果材质是贴图材质，则不需要贴图坐标，贴图会自动应用到对象的每一个面。
- 面状：就像表面是平面一样，渲染表面的每一面。
- 未绘制时雾化背景：禁用绘制时，材质颜色的已绘制区域与背景一致。启用此切换时，绘制区域中的背景将受到摄像机与对象之间雾的影响。默认设置为禁用状态。

- 不透明 Alpha：勾选该复选框时，即使禁用了墨水或绘制，Alpha 通道仍为不透明。
- 凹凸：将凹凸贴图添加到材质。
- 置换：将置换贴图添加到材质。

2. “绘制控制”卷展栏

“绘制控制”卷展栏如图3.120所示，用于设置绘制材质的主颜色，其中各参数的作用说明如下。

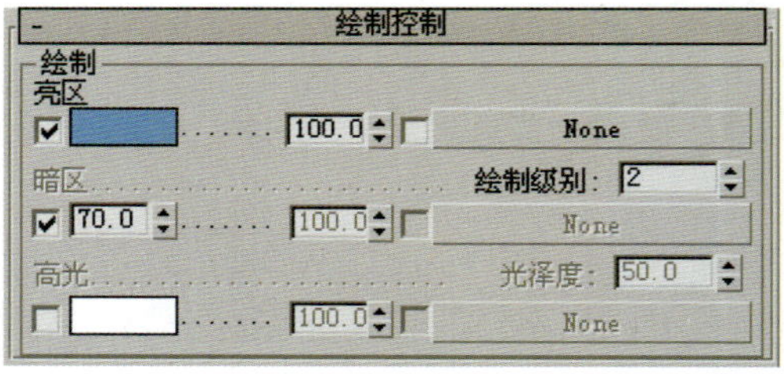

图3.120

- 亮区：对象中亮的一面的填充颜色，默认设置为淡蓝色。禁用此组件将使对象不可见，但墨水除外。默认设置为启用状态。
- 绘制级别：渲染颜色的着色数。值越小，对象看起来越平坦，取值范围为1~255，默认值为 2。
- 暗区：左侧微调器中的值为显示在对象非亮面的亮色百分比。默认值为 70.0。禁用此组件将显示色样，使用色样可以为着色区域指定不同的颜色。默认设置为启用状态。
- 高亮：反射高光的颜色，默认设置为白色。禁用此组件后，将没有反射高光。默认设置为禁用状态。

3. “墨水控制”卷展栏

“墨水控制”卷展栏如图3.121所示，其中各参数的作用说明如下。

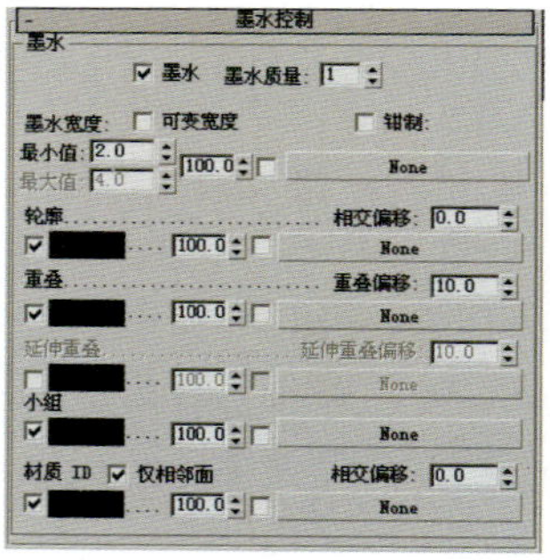

图3.121

- 墨水：勾选该复选框时，会对渲染施墨；取消对该复选框勾选后则不出现墨水线。默认设置为勾选。
- 墨水质量：影响画刷的形状及其使用的示例数量。
- 墨水宽度：以像素为单位的墨水宽度。取消勾选“可变宽度”复选框时，由微调器标记的“最小值”指定。勾选“可变宽度”复选框时，将同时启用“最大”微调器，墨水宽度可以在最大值和最小值之间变化。
- 可变宽度：勾选该复选框后，墨水宽度可以在墨水宽度的最大值和最小值之间变化。勾选“可变宽度”复选框的墨水比固定宽度的墨水看起来更加流线化。
- 钳制：勾选“可变宽度”复选框后，有时场景照明使一些墨水线变得很细，如果发生这种情况，应勾选“钳制”复选框，它会强制墨水宽度始终保持在最大值和最小值之间，而不受照明的影响。
- 轮廓：对象外边缘处（相对于背景）或其他对象前面的墨水。
- 相交偏移：使用此选项来调整两对象相交时可能出现的缺陷。
- 重叠：当对象的某部分自身重叠时所使用的墨水。
- 重叠偏移：使用此选项来调整跟踪重叠部分的墨水中可能出现的缺陷。
- 延伸重叠：与重叠相似，但将墨水应用到较远的曲面而不是较近的曲面。
- 延伸重叠偏移：使用此选项来调整跟踪延伸重叠部分的墨水中可能出现的缺陷。
- 小组：平滑组边界间绘制的墨水。换句话说，它对尚未进行平滑处理对象的边界施墨。默认设置为启用状态。

- 材质 ID：不同材质 ID 值之间绘制的墨水。
- 仅相邻面：勾选该复选框后，对相邻面之间的材质 ID 边界施墨，但不对不同对象之间的材质ID边界施墨。取消勾选此复选框后，则对两对象间的材质 ID 边界或其他不相邻面施墨。默认设置为启用状态。
- 相交偏移：禁用“仅相邻面”时，使用此选项来调整具有不同材质 ID 的两对象之间的边界出现的缺陷。

下面通过一个实例来具体讲解Ink'n paint材质的使用方法，本实例采用“默认扫描线渲染器”进行渲染。

Step 01 打开本书所附光盘中提供的“第3章\3-2\3-2-4\卡通材质源文件.max”文件，这是一个摄像机、灯光和渲染参数都设置好的场景文件，如图3.122所示。对摄像机视图进行渲染，效果如图3.123所示。

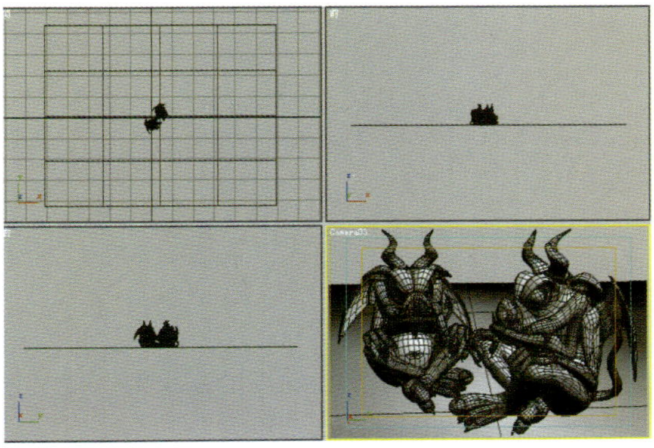

图3. 122

图3.123

Step 02 按M键弹出“材质编辑器”对话框，选择一个空白材质球，单击“standard”按钮，在弹出的“材质/贴图浏览器”对话框中选择“混合”材质类型，在弹出的“替换材质”对话框中选择“将旧材质保存为子材质”选项，将材质命名为“TOON”，如图3.124所示。

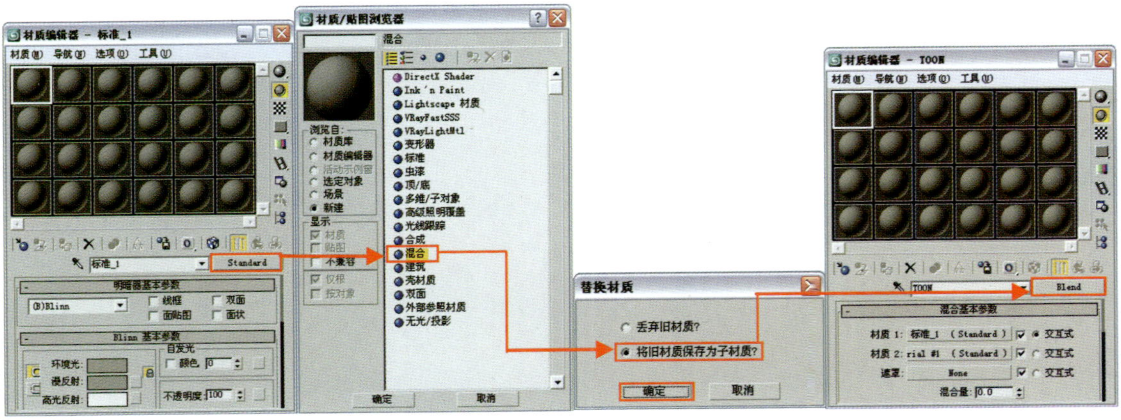

图3.124

Step 03 在混合材质层级中，单击“材质1”右侧的材质通道按钮，进入“标准”材质层级，单击“standard”按钮，在弹出的“材质/贴图浏览器”对话框中选择“Ink'n Paint”材质类型，如图3.125所示。

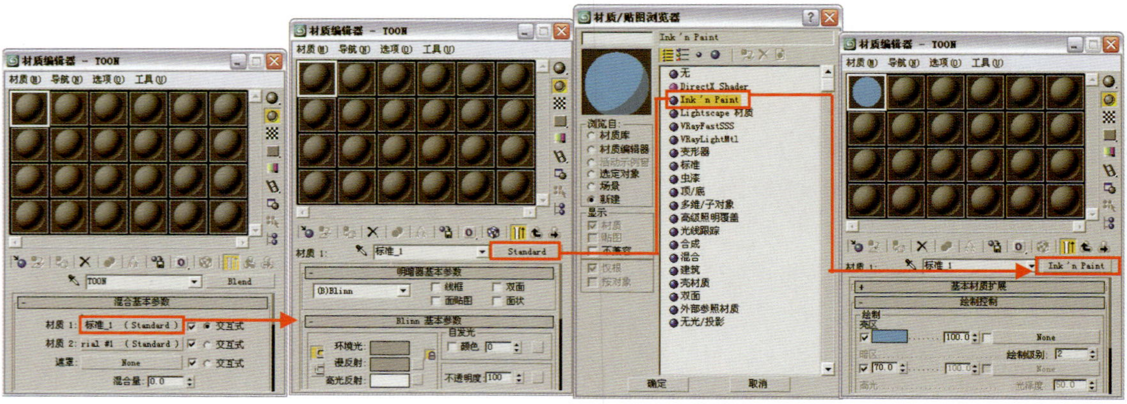

图3.125

Step 04 在Ink'n Paint材质层级中，打开“绘制控制”卷展栏，单击“亮区”右侧的None贴图按钮，在弹出的“材质/贴图浏览器”对话框中选择“衰减”贴图，参数设置如图3.126所示。

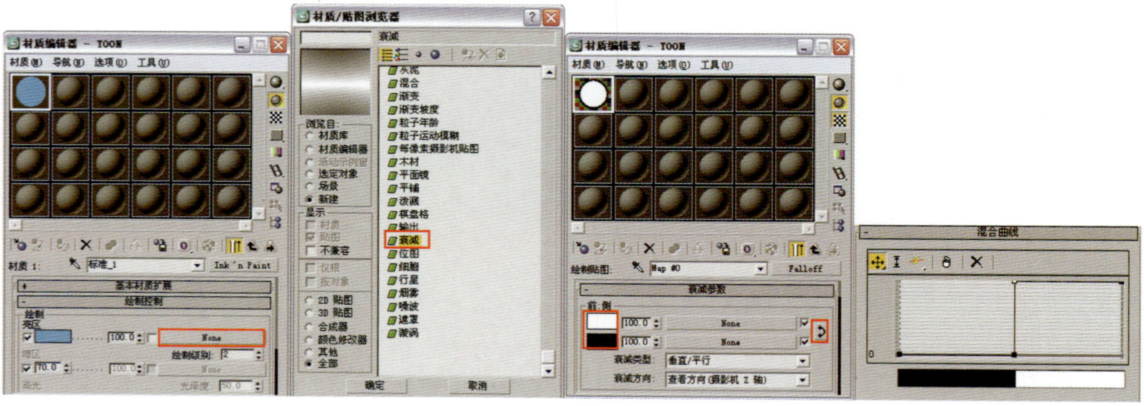

图3.126

Step 05 返回“混合”材质层级，单击“材质2”右侧的材质通道按钮，进入“标准”材质层级，将其设置为Ink'n Paint材质类型。然后进入其“基本材质扩展”卷展栏，单击“凹凸”右侧的None贴图按钮，在弹出的“材质/贴图浏览器”对话框中选择“混合”贴图，如图3.127所示。

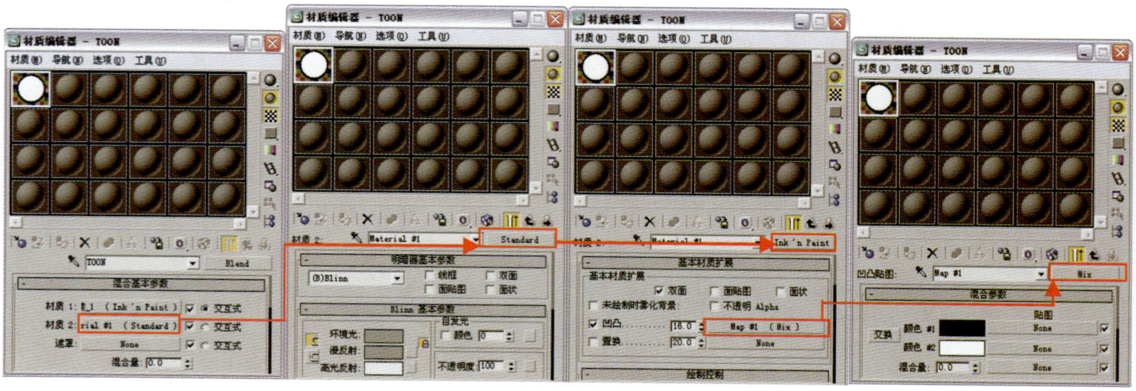

图3.127

Step 06 在“混合”贴图层级中，单击“颜色1”右侧的None贴图按钮，在弹出的“材质/贴图浏览器”对话框中选择“噪波”贴图，参数设置如图3.128所示。

Step 07 返回“混合”贴图层级，单击“颜色2”右侧的None贴图按钮，在弹出的“材质/贴图浏览器”对话框中选择“噪波”贴图，参数设置如图3.129所示。

Step 08 返回“Ink'n Paint”材质层级，进入“绘制控制”卷展栏，单击“亮区”右侧的None贴图按钮，在弹出的“材质/贴图浏览器”对话框中选择“衰减”贴图，参数设置如图3.130所示。

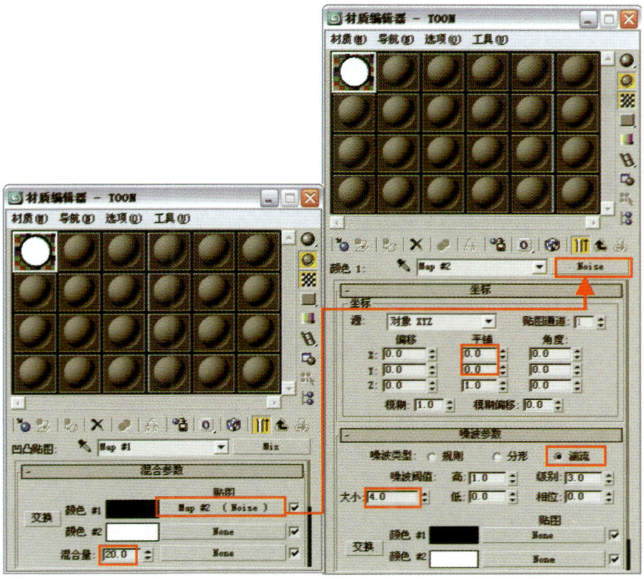

图3.128

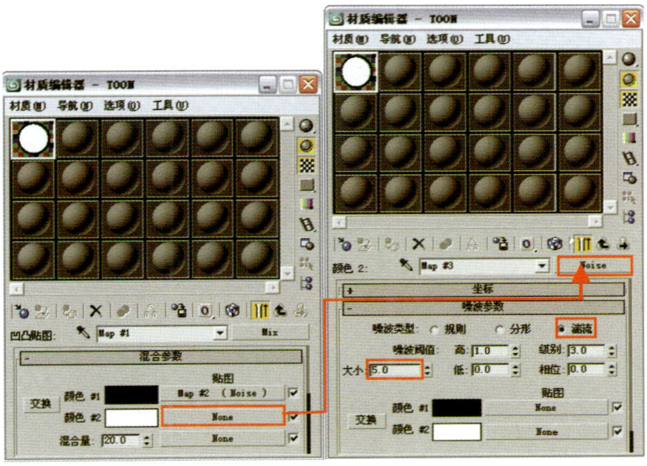

图3.129

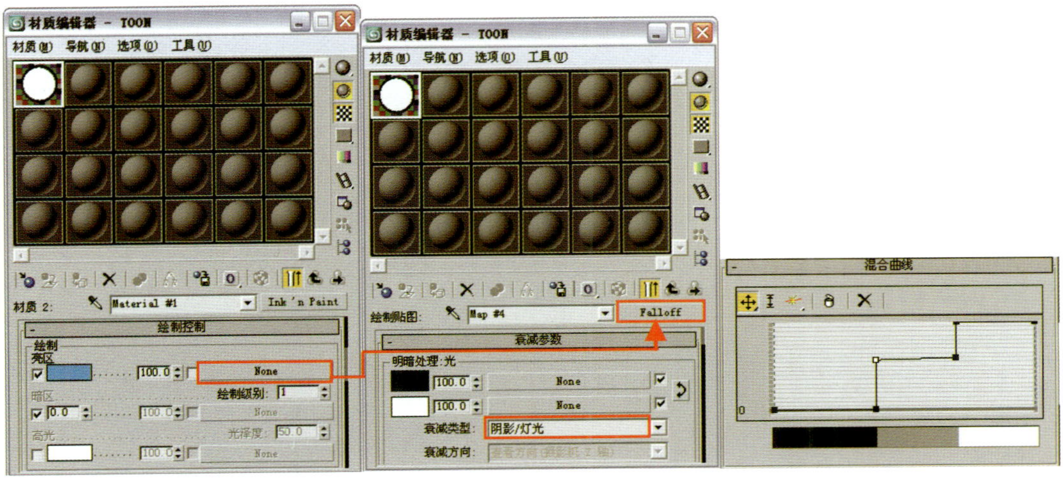

图3.130

Step 09 在“衰减”贴图层级中，打开“衰减参数”卷展栏，单击第一个None贴图按钮，在弹出的“材质/贴图浏览器”对话框中选择“渐变”贴图，参数设置如图3.131所示。

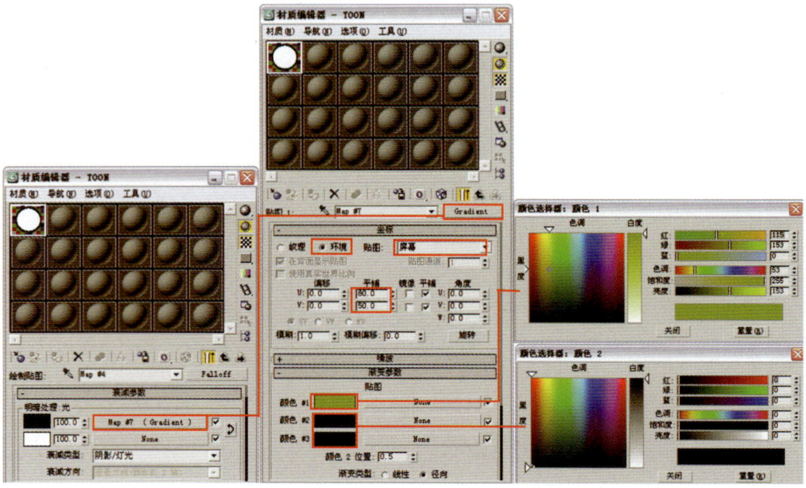

图3.131

Step 10 返回“Ink'n Paint”材质层级，进入“墨水控制”卷展栏并进行参数设置，如图3.132所示。

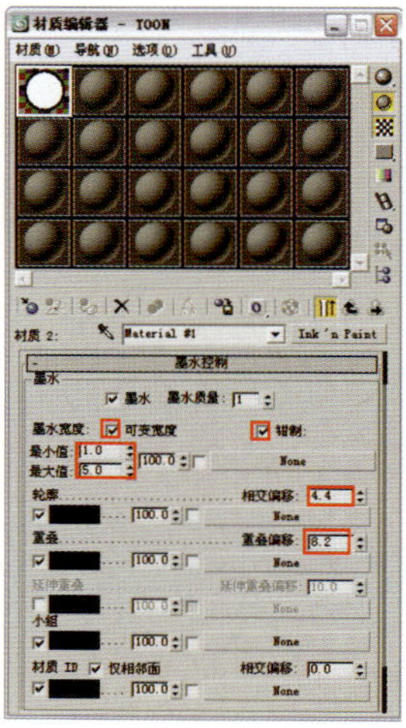

图3.132

Step 11 返回到“混合”材质层级，单击“遮罩”右侧的None贴图按钮，在弹出的“材质/贴图浏览器”对话框中选择“衰减”贴图，参数设置如图3.133所示。

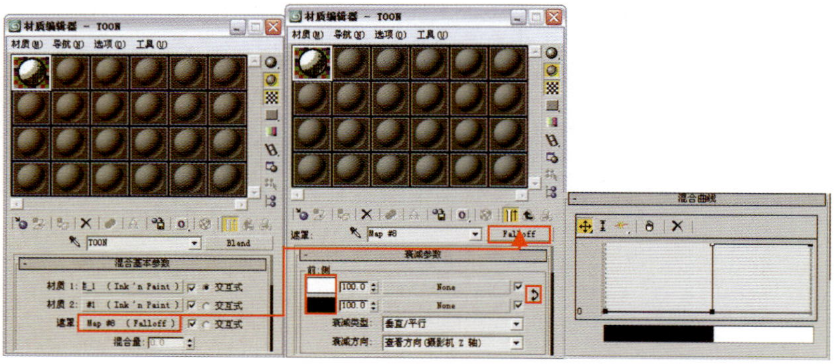

图3.133

Step 12 将材质指定给物体“卡通人物”，对摄像机视图进行渲染，最终效果如图3.134所示。

图3.134

3.4.5 “光线跟踪”材质的应用

“光线跟踪”材质是高级表面着色材质。它与标准材质一样，能支持漫反射表面着色。它还能够创建完全光线跟踪的反射和折射，支持雾、颜色密度、半透明、荧光以及其他特殊效果。

用“光线跟踪”材质生成的反射和折射，比用“反射/折射”贴图更精确。使用渲染光线跟踪对象会比使用“反射/折射”贴图更慢。

1. “光线跟踪基本参数”卷展栏

“光线跟踪基本参数”卷展栏如图3.135所示，它控制该材质的着色、颜色组件、反射或折射以及凹凸。

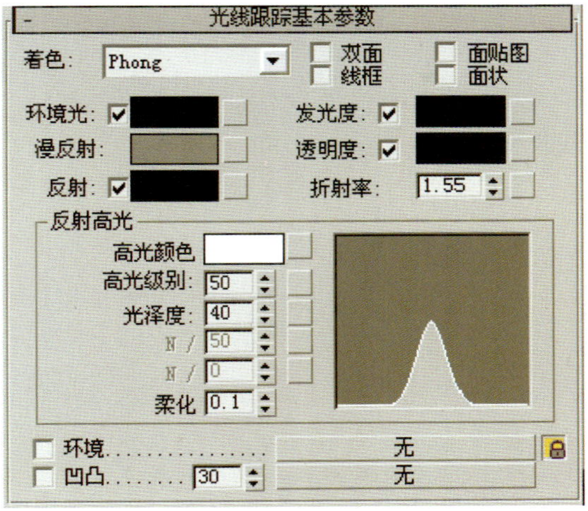

图3.135

其中各参数的作用说明如下。

- 环境光：利用贴图为材质提供一个环境，在材质透明或者有反射效果时有环境光。
- 反射：设置反射级值、级别和颜色。
- 发光度：与标准材质的自发光相似，但不依赖于漫反射颜色。
- 透明度：担当过滤器值，遮住已选取的颜色。
- 折射率：与标准材质的折射率不同的是可以使用贴图控制折射率的变化，使物体表面的折射率有变化。
- 环境：指定覆盖全局环境贴图的环境贴图。反射和透明度都使用整个场景范围内的环境贴图，除非使用此按钮指定另一贴图。
- 锁定按钮：启用此选项后，“透明环境”贴图控件被禁用，应用于“光线跟踪环境”的贴图也会被应用于“透明环境”。禁用此选项后，启用“透明环境”贴图控件，将另一个贴图指定给“透明环境”。
- 凹凸：与“标准”材质的“凹凸”贴图相同。

2. “扩展参数”卷展栏

“扩展参数”卷展栏如图3.136所示，它控制材质的特殊效果、透明度属性以及高级反射率。

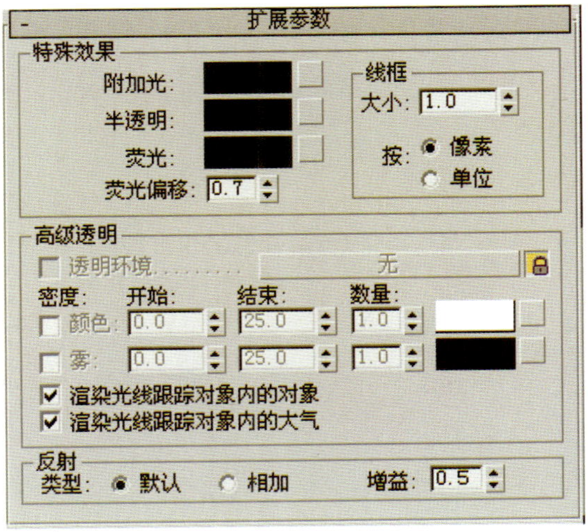

图3.136

其中各参数的作用说明如下。

（1）“特殊效果”组

“特殊效果”组中的参数用来制作特殊效果。

- 附加光：利用“光线跟踪”材质将灯光添加到对象表面。可以将其视为对每个材质进行控制的环境光颜色，但不要将其与“基本参数”卷展栏中的环境光吸收相混淆。
- 半透明：创建半透明效果。
- 荧光偏移：创建一种与在黑色灯光海报上黑色灯光相似的效果。黑光中的光主要是紫外线，位于可见光谱之外。

（2）“线框”组

“线框”组中的参数用来设置“线框”模式中线框的参数。

- 大小：设置“线框”模式中线框的大小。
- 按：选择度量线框的方式。
- 像素：（默认设置）用像素度量线框。
- 单位：用 3ds Max 单位度量线框。

（3）“高级透明”组

“高级透明度”组中的参数可以用来进一步调整透明度效果。

- 透明环境透明度：与“基本参数”卷展栏中的环境贴图类似，只用透明度覆盖场景环境。
- 锁定按钮：将“透明度环境”贴图锁定于“环境”贴图。
- 密度：用于透明材质。如果材质不透明（默认），那么它们将没有效果。
- 颜色：根据厚度设置过渡色。
- 雾：密度雾也是基于厚度的效果，使用不透明和自发光的雾填充对象。这种效果类似于在玻璃中弥漫的烟雾或在蜡烛顶部的蜡。
- 渲染光线跟踪对象内的对象：启用或禁用光线跟踪对象内部的对象渲染。
- 渲染光线跟踪对象内的大气：启用或禁用光线跟踪对象内部大气效果的渲染。

（4）“反射”组

“反射”组中的参数决定反射时漫反射颜色的发光效果。

- 类型：当设置为“默认”时，反射将使用“漫反射”颜色分层。当设置为“附加”时，反射会加到漫反射颜色上，与标准材质一样。
- 增益：控制反射亮度。

3. “光线跟踪器控件”卷展栏

“光线跟踪器控件”卷展栏如图3.137所示，其中的参数我们一般会使用默认设置，在此不再详细介绍。

下面通过实例来具体讲解“光线跟踪”材质的使用方法，本实例采用“默认扫描线渲染器”进行渲染。

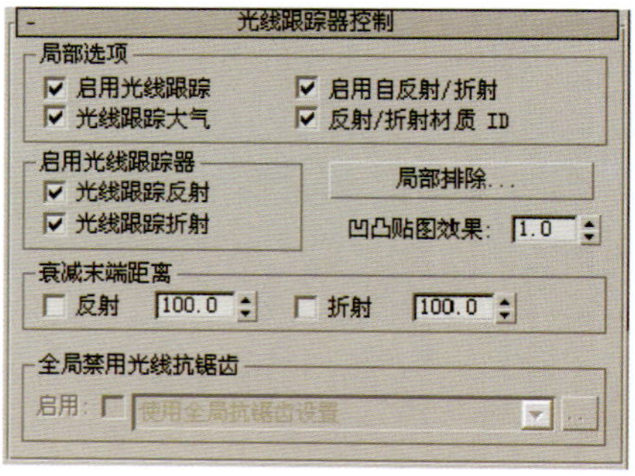

图3.137

Step 01 打开本书所附光盘提供的“第3章\3-2\3-2-5\光线跟踪材质源文件.max”场景文件，场景中的灯光、摄像机及渲染参数已经设置好，如图3.138所示，渲染效果如图3.139所示。

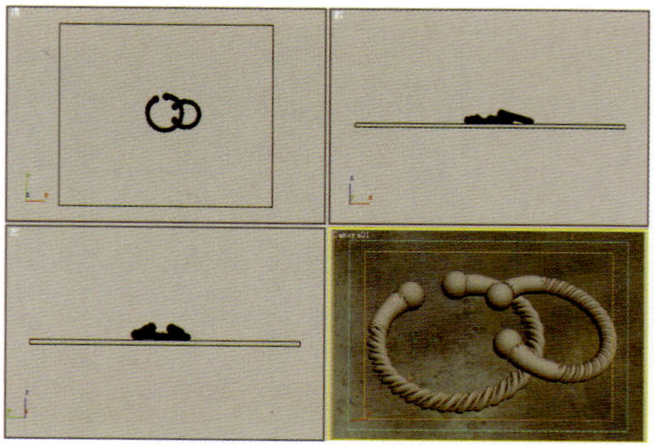

图3.138

图3.139

Step 02 按M键弹出“材质编辑器”对话框，选择一个空白材质球，将其命名为“金属1”，然后单击“standard”按钮，在弹出的“材质/贴图浏览器”对话框中选择“光线跟踪”选项，如图3.140所示。

Step 03 在“光线跟踪基本参数设置”卷展栏中进行参数设置，如图3.141所示。

Step 04 单击“光线跟踪基本参数”卷展栏中“凹凸”右侧的通道按钮，为其添加一个“噪波”程序贴图，参数设置如图3.142所示。

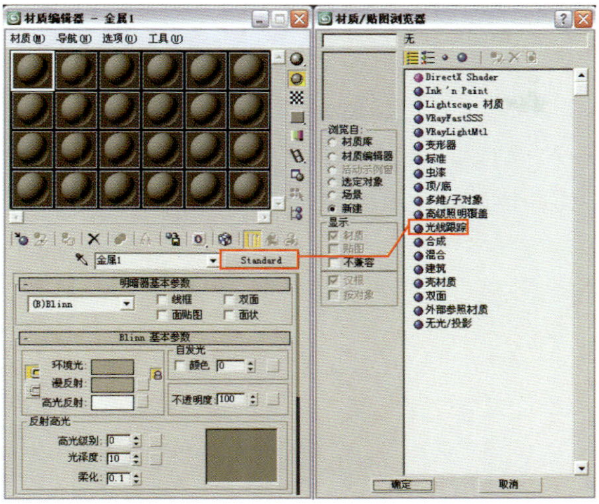

图3.140

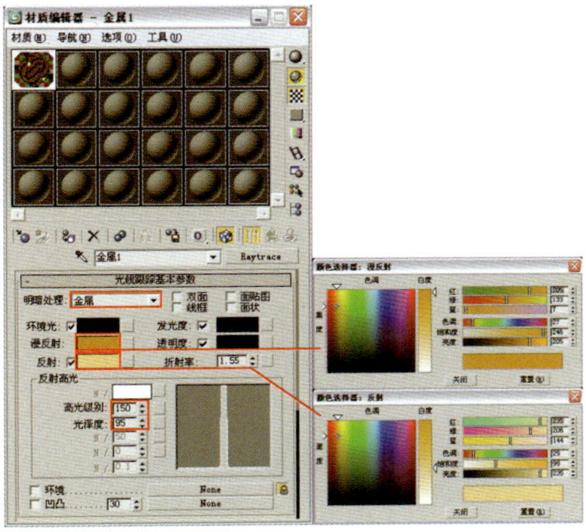

图3.141

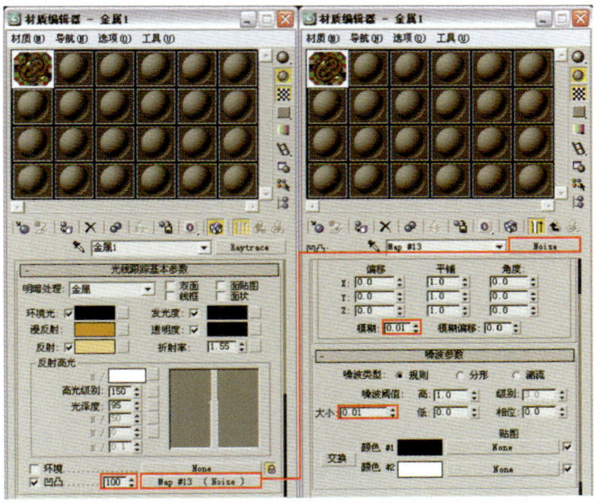

图3.142

Step 05 在场景中选中物体“金属1”将材质赋予物体，渲染效果如图3.143所示。

Step 06 在“材质编辑器”对话框中选择一个空白材质球，将其命名为“金属2”，并将其设置为“光线跟踪”材质，参数设置如图3.144所示。将材质指定给物体“金属2”。

图3.143

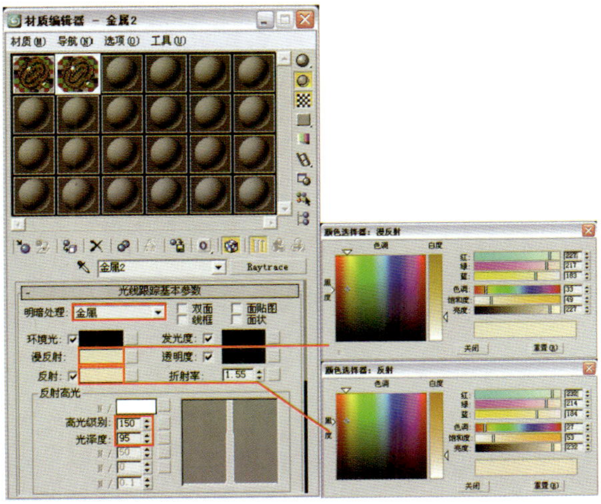

图3.144

Step 07 选择一个空白材质球，命名为“金属3”，将其设置为“光线跟踪”材质，参数设置如图3.145所示。

Step 08 单击“光线跟踪基本参数”卷展栏中“凹凸”右侧的通道按钮，为其添加一个“位图”贴图，参数设置如图3.146所示。素材文件为本书所附光盘提供的“第3章\3-2\3-2-5\材质\img200602091114132.jpg”文件。

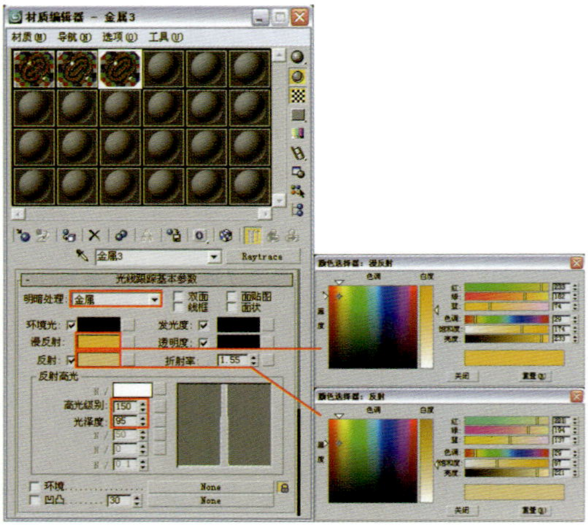

图3.145

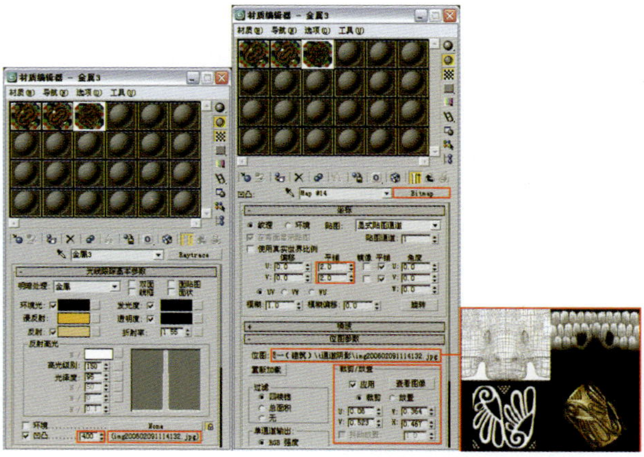

图3.146

Tip 提示：

该物体的UVW贴图坐标已经事先设置好。

Step 09 将材质指定给物体“金属3”，渲染效果如图3.147所示。

Step 10 最后制作“金属4”的材质。选择一个空白材质球，将其命名为“金属4”，并设置为“光线跟踪”材质，参数设置如图3.148所示。

图3.147

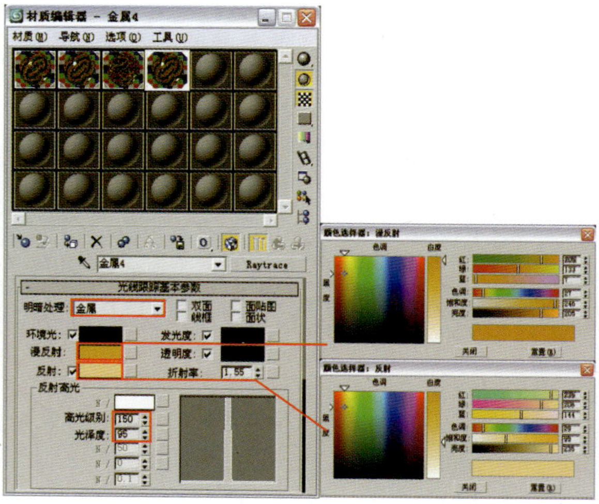

图3.148

Step 11 将材质指定给物体“金属4”，最终渲染效果如图3.149所示。

图3.149

3.5 掌握VRay材质

虽然VRay渲染器与3ds Max默认材质的兼容性很好，但在VRay渲染器中使用VRay专用材质可以获得更好的物理照明效果、更快的渲染速度以及更方便的反射/折射参数调节，具有质量上佳、上手容易的特点。

VRay专用材质还可以针对接收和传递光能的强度进行控制，防止色溢现象发生。在VRay专用材质中可以运用不同的纹理贴图控制反射/折射，增加凹凸和置换贴图，强制直接GI计算，为材质选择不同的BRDF类型等。

下面将介绍几种常用的VRay材质，分别为VRayMtl（VRay专业材质）、VRayLightMtl（VRay灯光材质）、VRayMtlWrapper（VRay材质包裹器）、VRayFastSSS（VRay快速SSS）材质，以及VRayOverrideMtl（VRay替代材质）。

3.5.1 掌握VRayMtl（VRay专业材质）

VRayMtl可以替代3ds Max的默认材质，它的突出之处是可以轻松控制物体的模糊反射和折射以及类似蜡烛效果的半透明材质。下面来认识一下VRayMtl材质的参数。

1. “Basic parameters（基本参数）”卷展栏

VRayMtl材质类型的“Basic parameters（基本参数）”卷展栏如图3.150所示。

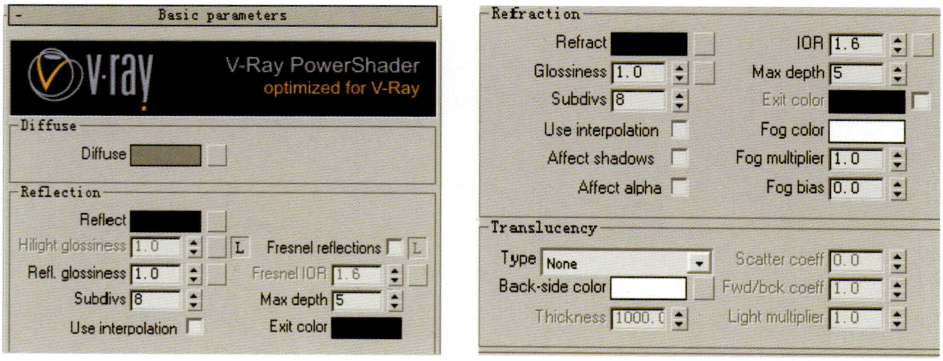

图3.150

其中主要参数的作用说明如下。

（1）“Diffuse（漫反射）”组

- Diffuse（固有色）：材质的漫反射，可以使用贴图覆盖。

（2）“Reflection（反射）”组

- Reflect（反射）：VRay使用颜色来控制物体的反射强度，颜色越浅则物体反射越强烈。黑色代表无反射效果，白色则代表全面反射，可以用贴图覆盖。如图3.151所示为通过调整反射颜色所产生的不同效果。

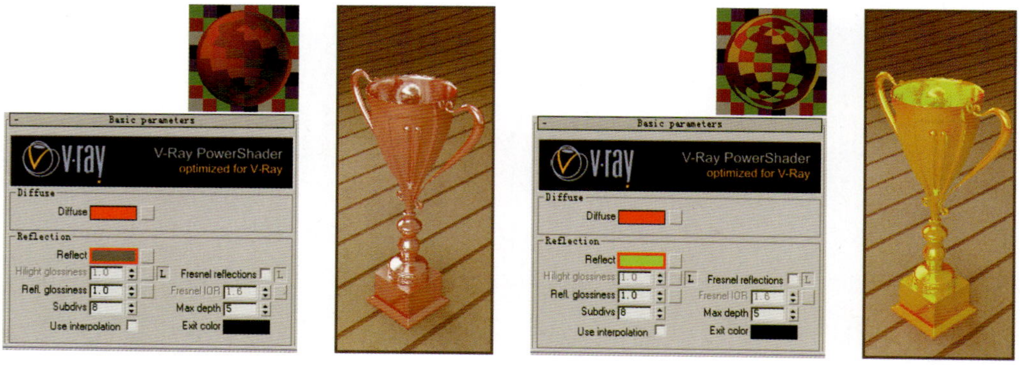

图3.151

- Hilight glossiness（高光）：控制VRay材质的高光状态。默认情况下，“L”按钮被按下，Hilight glossiness（高光）处于非激活状态。数值为1时没有高光，数值越小则高光面积越大。如图3.152和图3.153所示分别为数值为0.1和0.9时的效果。

图3.152

图3.153

Tip 提示：

数值为0.1时，从图中可以看到金属物体产生了大面积的高光，从而使金属物体整体变亮；数值为0.9时，金属物体的高光面积明显减小。

- Refl. glossiness（模糊反射）：反射光泽度。值为1表示是一种完美的镜面反射效果，随着取值的减小，反射效果会越来越模糊。平滑反射的质量由下面的Subdirs（细分）参数来控制。如图3.154所示为设置数值为0.7时的效果，可以发现金属的反射变模糊了。

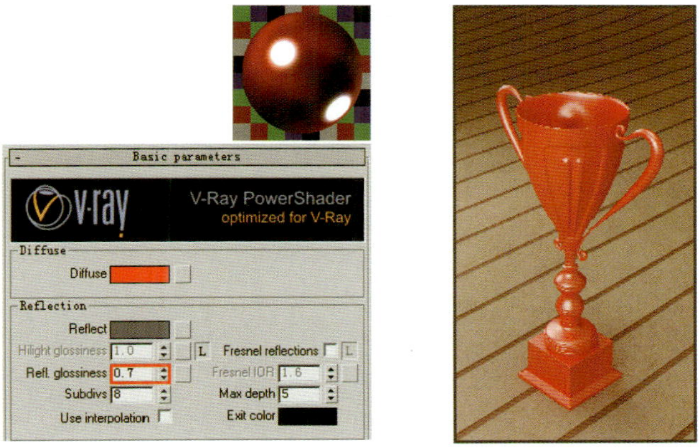

图3.154

- Subdivs（细分）：控制反射光泽度的品质。较小的取值将加快渲染速度，但会导致更多的噪波。当反射光泽度值为1.0时此数值无意义。
- Use interpolation（使用插补）：VRay使用一种类似于发光贴图的缓存方案来加快模糊反射的计算速度。勾选该复选框表示使用缓存方案。
- Fresnel reflections（菲涅耳反射）：菲涅耳反射是以法国著名的物理学家提出的理论命名的反射方式，以真实世界的反射为基准，随着光线表面法线的夹角接近0°，反射光线也会递减至消失。如图3.155所示为勾选该复选框后的效果。
- Fresnel IOR（菲涅耳反射率）：此参数在Fresnel reflections复选框后面的“L”（锁定）按钮弹起的时候被激活，可以单独设置菲涅耳反射的反射率。如图3.156所示为将菲涅耳反射率调整值为5时的效果，可以发现金属的反射明显增强了。

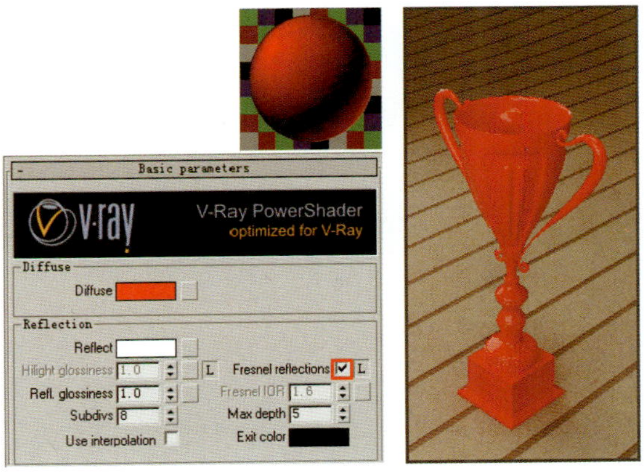

图3.155

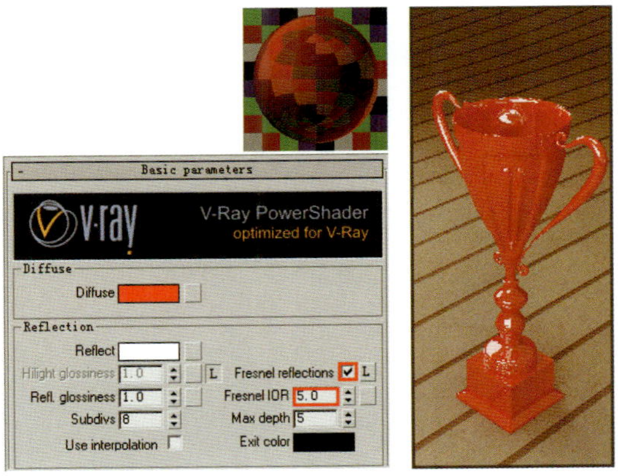

图3.156

- Max depth（最大深度）：定义反射能完成的最大次数。当场景中具有大量的反射/折射表面的时候，此参数要设置得足够大才会产生真实的效果。
- Exit color（消退颜色）：当反射强度大于反射贴图最大深度值时，将反射此设定颜色。

（3）“Refraction（折射）”组

以下操作均为对场景中杯子的材质进行调节的效果。

- Refract（折射）：VRay使用颜色来控制物体的折射强度。黑色代表无折射效果，白色代表垂直折射即完全透明，可以用贴图覆盖。如图3.157所示是将色块调整为白色时，杯子完全透明了的效果。

图3.157

Tip 提示：

当折射颜色设置为纯白色时，材质完全透明，材质的漫反射颜色将不再产生作用。如果将折射色块设置为某种颜色，那么将产生带有一定颜色趋向的折射效果。

- Glossiness（折射光泽度）：数值越小折射的效果就越模糊，默认值为1.0。如图3.158所示是将此参数值设置为0.8时，杯子的折射明显变模糊了。

图3.158

- Subdivs（细分）：折射光泽采样值。定义折射光泽的采样数量，较小的取值将加快渲染速度，但会导致更多的噪波。值为1.0垂直折射时此数值无意义。
- IOR（折射率）：定义材质折射率。将此参数的数值设置为1.2时，杯子的渲染效果如图3.159所示。

图3.159

- Max depth（最大深度）：定义折射能完成的最大次数。
- Exit color（消退颜色）：折射强度大于折射贴图最大深度值时，将折射此设定颜色。
- Fog color（体积雾色）：定义体积雾色填充折射时的颜色。将体积雾色设置为淡绿色，杯子的渲染效果如图3.160所示。

图3.160

- Fog multiplier（体积雾倍增器）：数值越大体积雾的浓度越大，当数值为0时体积雾为全透明。如图3.161所示为体积雾倍增值为0.1时杯子的渲染效果。

图3.161

- Use interpolation（使用插补）：勾选该复选框后，VRay将使用存储的发光贴图中相类似的反射光泽度和半透明效果，以加快渲染效果。
- Affect shadows（影响阴影）：勾选该复选框将导致物体投射透明阴影，透明阴影的颜色取决于折射颜色和雾颜色。如图3.162所示为勾选该复选框后杯子的渲染效果。

图3.162

- Affect alpha（影响alpha通道）：开启/关闭透明通道效果。

（4）“Translucency（半透明）”组

- Thickness（半透明层浓度）：当光线进入半透明材质的强度超过此值后，Vray便不会计算材质更深处的光线，此选项只有开启了半透明性质后才可使用。
- Light multiplier（灯光倍增器）：定义材质内部的光线反射强弱，此选项只有开启了半透明性质后才可使用。
- Scatter coeff（散射率）：定义半透明物体散射光线的方向。值为0时表示光线会在任何方向上被散射，值为1.0时则表示在次表面散射的过程中光线不能改变散射方向。
- Fwd/bck coeff：定义半透明物体内部的向前或向后的散射光线数量。

2. “BRDF（双向反射分布功能）”卷展栏

BRDF（双向反射分布功能）是基于现实中物理表面的一种特定的光线反射特性，是由于物体表面工艺处理的差异性以及特殊手段改变了正常光照在物体表面的表现。现实中可以参照的例子有拉丝不锈钢及CD光盘等。BRDF就是用于表现这类物体表面反射特性的方法，它用于定义物体表面的光谱和空间反射特性，其参数面板如图3.163所示。

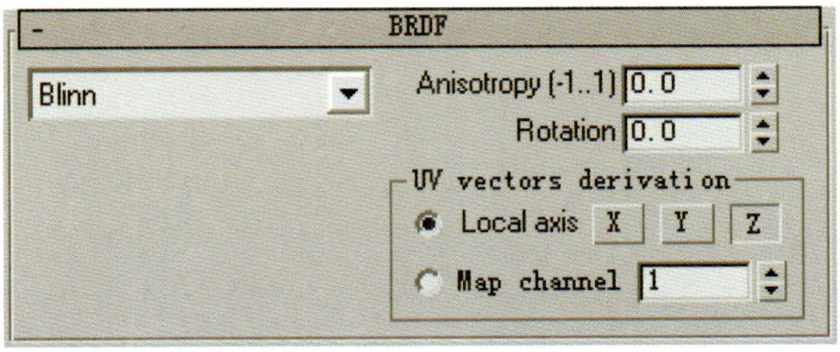

图3.163

其中主要参数的作用说明如下。

- Phong：能够精确地反映出凹凸、高光和反射贴图的效果。
- Blinn：与Phong方式类似，但是其数学运算的结果更加精确。
- Ward：带有高斯分布的各向异性明暗器，常用于模拟金属效果。
- Anisotropy（各向异性）：可以产生一种拉伸、具有角度的高光效果。如图3.164所示为将数值分别设置为−0.7、0和0.7时的效果。

图3.164

- Rotation（旋转）：设置高光的旋转角度。
- UV vectors derivation（UV向量设置组）：设置UV矢量方向来源。
- Local axis（局部坐标）：将各向异性锁定到对象自身的局部坐标上。
- Map channel（贴图通道）：利用贴图通道控制各向异性的方向。

3.5.2 掌握VRayLightMtl（VRay灯光材质）

可以将VRayLightMtl当作VRay 的自发光材质，常用于制作类似于自发光灯罩的效果，该材质类型的参数卷展栏如图3.165所示。

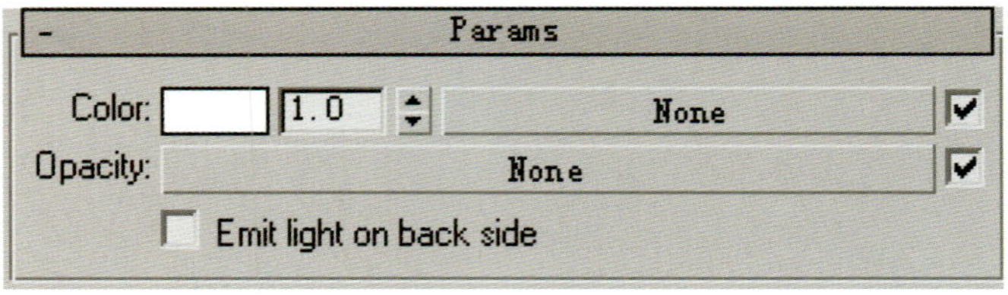

图3.165

其中各个参数的作用说明如下。

- Color（颜色）：控制物体的发光颜色。如图3.166所示分别为将色块设置为白色和绿色时的效果。

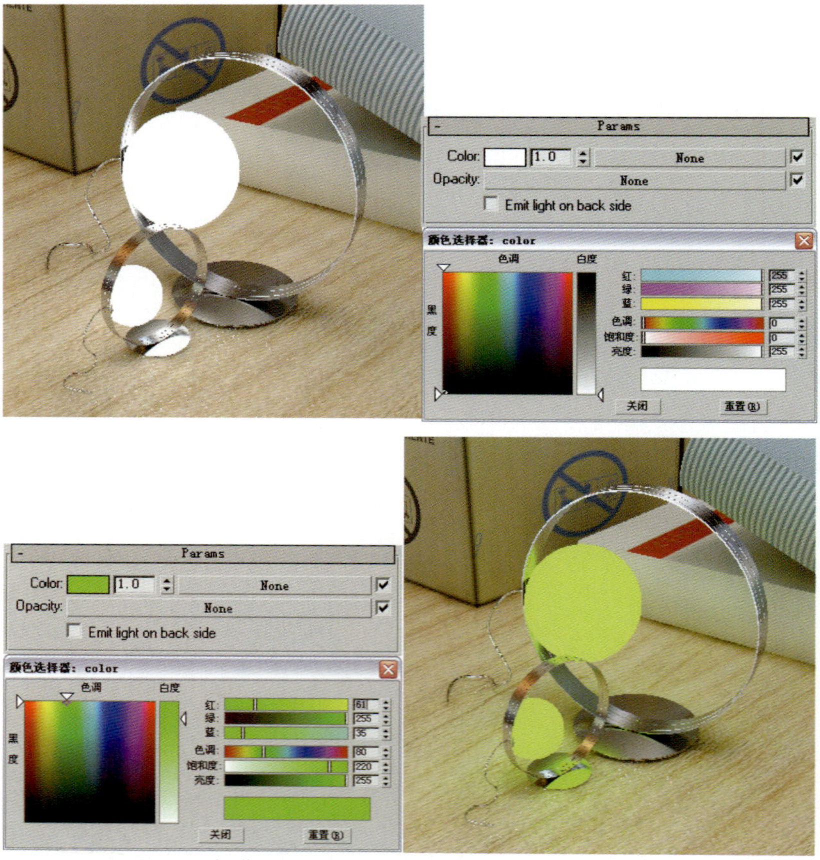

图3.166

- 倍增值：在颜色块右侧的文本框中输入数值，控制物体的发光强度。随着倍增值的增加物体的发光强度也增强。
- 文本框右侧的贴图按钮：指定一种材质或贴图来替代Color（颜色）所定义的纯色产生发光。添加一张位图贴图后，效果如图3.167所示。

图3.167

- Opacity（透明）：透明贴图。
- Emit light on back side（增加背光效果）：不勾选该复选框时，平面物体只有一面发光；勾选该复选框后，平面物体两面都发光。

3.5.3 掌握VRayMtlWrapper（VRay材质包裹器）

VRay渲染器提供的VRayMtlWrapper材质可以嵌套VRay支持的任何一种材质类型，并且可以有效地控制VRay的色溢。它类似于一个材质包裹，任何材质经过它的包裹后，可以控制接收和传递光子的强度，该材质类型的卷展栏如图3.168所示。

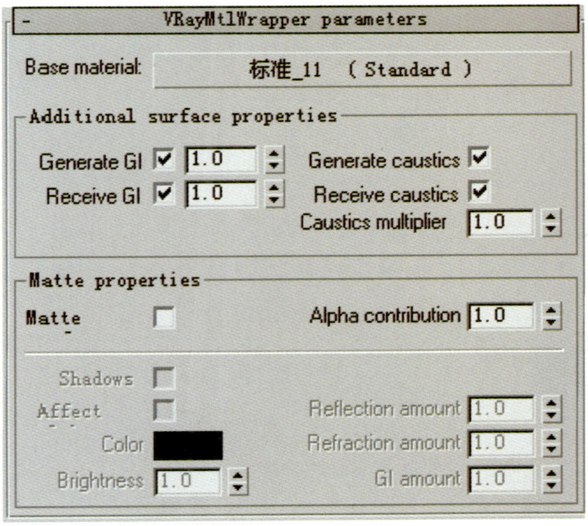

图3.168

其中各参数的作用说明如下。

- Base material（基本材质）：被嵌套的材质，定义包裹材质中使用的基本材质。
- Generate GI（产生光能传递）：控制物体表面光能传递产生的强度。此数值减小则传达到第二个物体的颜色会减少，色溢现象也会随之减弱。
- Receive GI（接收光能传递）：控制物体表面光能传递接收的强度。数值越高，受到更强烈的光就会越亮；数值越低，吸收的光越少，显示就会越暗。
- Generate caustics（产生焦散）：控制物体表面焦散的产生和焦散的强度。
- Receive caustics（接收焦散）：控制物体表面焦散接收的强度。
- Caustics multiplier（焦散倍增）：控制焦散的强度。

在实际工作中经常使用VRayMtlWrapper来控制图像中的色溢现象，如图3.169所示为按正常模式渲染后得到的效果。如图3.170所示为局部观察效果，可以看到由于受到红色壁纸墙面的影响，在吊顶部位有明显的色溢现象。

如图3.171所示为将红色壁纸材质转换成为VRayMtlWrapper，并将Generate GI的数值由1降低到0.5后的渲染效果，可以看出色溢现象得到了较好的控制。

图3.169

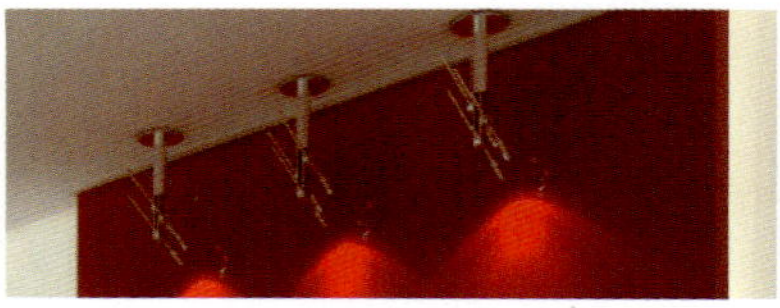

图3.170

图3.171

Tip 提示：

如果数值继续调低，可能导致场景局部偏暗。

下面是将一个设置好的材质转换成为VRayMtlWrapper材质的具体步骤。

单击材质类型按钮，在弹出的“材质/贴图浏览器”对话框中选择VRayMtlWrapper材质类型，如图3.172所示。单击“确定”按钮，在弹出的“替换材质”对话框中选择“将旧材质保存为子材质”选项。

这样原材质就转换成了VRayMtlWrapper材质。

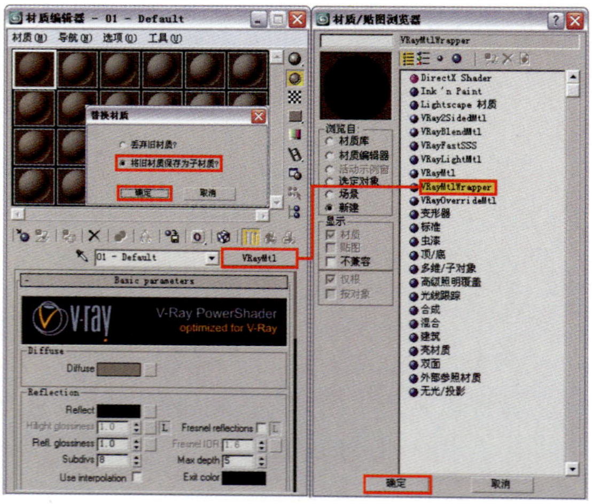

图3.172

3.5.4 掌握VRayFastSSS（VRay快速SSS）材质

“SSS”是细分表面散射的简称。通常情况下光线到达物体表面后被反射、折射或者吸收，但细分表面散射不仅使光线在介质中被吸收，而且还有一部分被散射。VRayFastSSS材质不是标准的3S材质，所以被称为VRay快速3S材质。现实中的3S材质效果如点燃的蜡烛头、受光线直射的人的耳朵等，是一种类似于半透明的效果。“VRayFastSSS Parameters”卷展栏如图3.173所示。

- shallow radius（浅半径）：设置3S材质不透明区域的范围。
- shallow color（浅颜色）：设置3S材质不透明区域的颜色。
- deep radius（深半径）：设置3S材质半透明区域的范围。
- deep color（深颜色）：设置3S材质半透明区域的颜色。
- subdivs（细分）：设置3S材质的采样数量，数值越高3S效果越平滑。

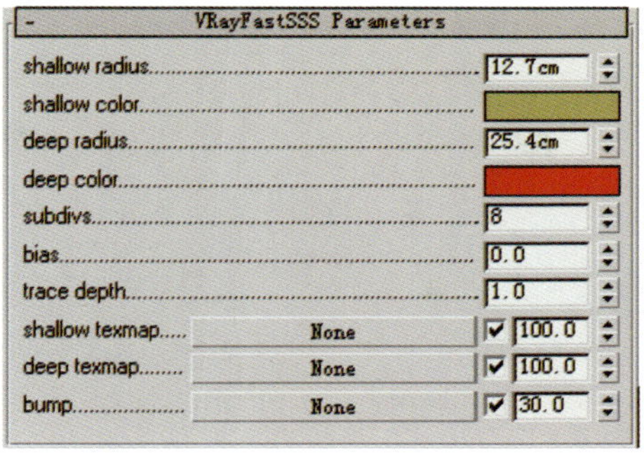

图3.173

- bias（偏移）：设置浅色区域和深色区域的混合程度。数值为正时向浅色偏移，数值为负时向深色偏移。
- trace depth（轨迹深度）：设置光线穿过3S材质的能力。
- shallow texmap（浅纹理）：为材质的浅部制定纹理贴图。
- deep texmap（深纹理）：为材质的深部制定纹理贴图。
- bump（凹凸）：为凹凸贴图通道制定纹理贴图。

如图3.174所示为VRayFastSSS材质的渲染效果，其材质参数设置如图3.175所示。

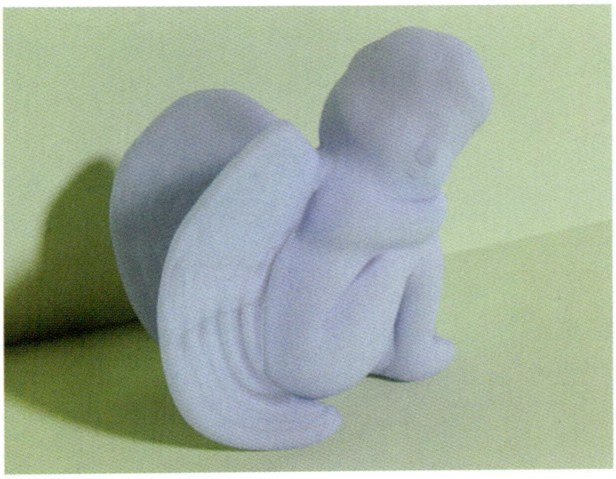
图3.174

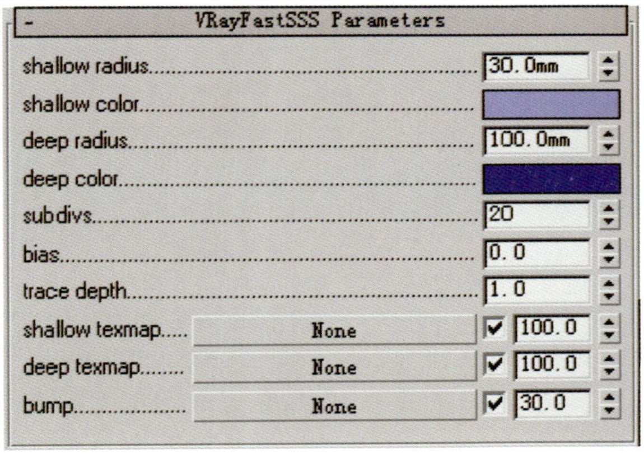

图3.175

3.5.5 掌握VRayOverrideMtl（VRay替代材质）

VRayOverrideMtl（VRay代替材质）可以让用户更广泛地控制场景的色彩融合、反射、折射等，它主要包括Base material（基础材质）、GI material（GI材质）、Reflect mtl（反射材质）和Refract mtl（折射材质）4种材质，其卷展栏如图3.176所示。

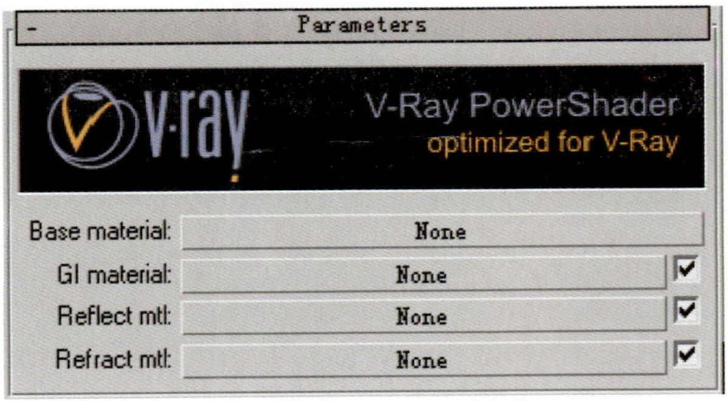

图3.176

- Base material（基础材质）：设置物体的基础材质。
- GI material（GI材质）：设置物体的GI材质。当使用此参数时，灯光的反弹将依照这个材质的灰度来控制，而不是基础材质。
- Reflect mtl（反射材质）：设置物体的反射材质，替代基础材质在反射里看到的物体的材质。
- Refract mtl（折射材质）：设置物体的折射材质，替代基础材质在折射里看到的物体的材质。

如图3.177所示为VRayOverrideMtl（VRay替代材质）的渲染效果，可以看到“垫子”物体辐射红色，是因为用了GI material（GI材质）；“茶壶”物体在镜子里面的反射变成了绿色，是因为用了Reflect material（反射材质）；“垫子”物体在玻璃中的折射为黄色，是因为用了Refract mtl（折射材质）。

图3.177

如图3.178所示为“茶壶”物体的材质参数设置，如图3.179所示为“垫子”物体的材质参数设置。

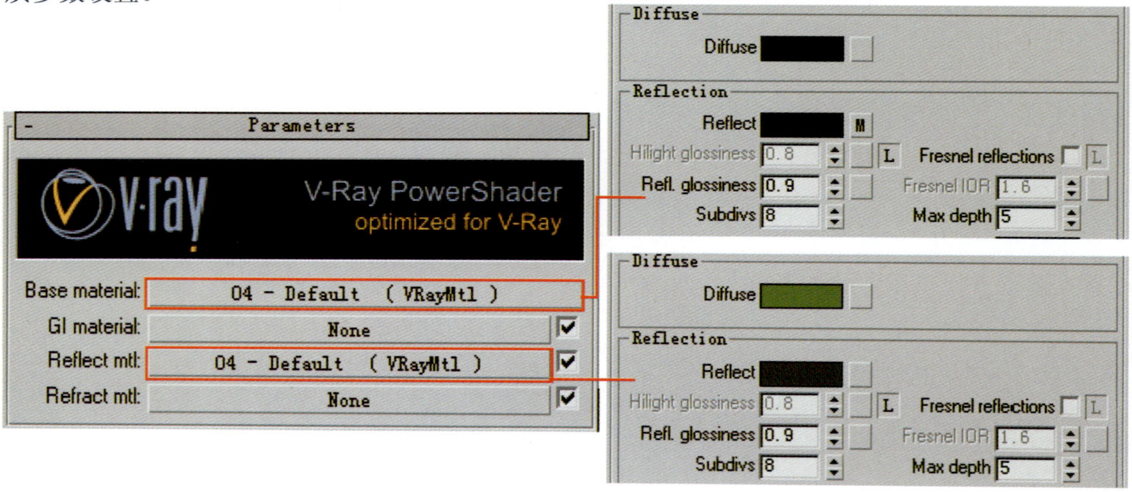

图3.178

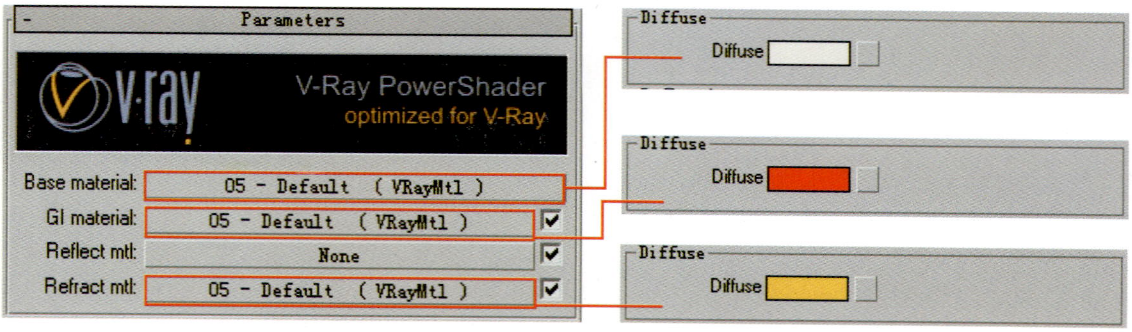

图3.179

3.6 VRay程序贴图

3.6.1 “VRayBmpFilter（VRay位图过滤）”贴图

“VRayBmpFilter（位图过滤）”贴图是一种非常简单的贴图类型，它可以对贴图纹理进行X、Y轴向偏移数量编辑，其卷展栏如图3.180所示。

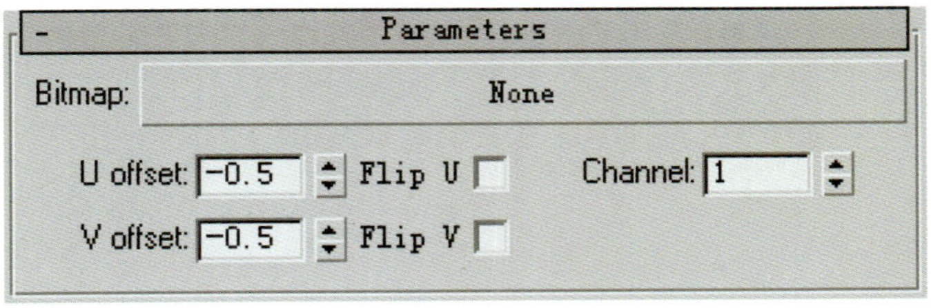

图3.180

- Bitmap（位图）：用来加载位图贴图。
- U offset（X轴偏移）：用来设置X轴向的偏移数量。
- Flip U（X轴反转）：用来控制位图是否在X轴向反转。
- V offset（Y轴偏移）：用来设置Y轴向的偏移数量。
- Flip V（Y轴反转）：用来控制位图是否在Y轴向反转。
- Channel（通道）：用来与物体指定的贴图坐标相对应。

3.6.2 “VRayDirt（VRay污垢）”贴图

“VRayDirt（VRay污垢）”贴图用来模拟真实物体世界中物体上的污垢效果，如墙角上的污垢、铁板上的铁锈等效果，其卷展栏如图3.181所示。

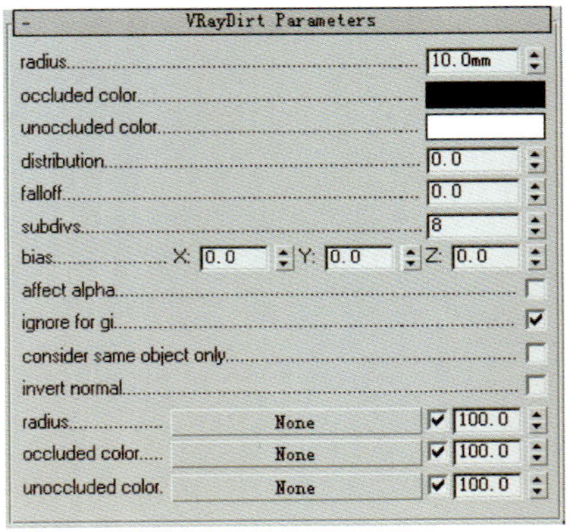

图3.181

- radius（半径）：以场景单位为标准来控制污垢区域的半径，同时也可以使用贴图来控制半径。按照贴图的灰度，白色表示将产生污垢效果，黑色表示不产生污垢效果，灰色就按照它的灰度百分比来显示污垢效果。如图3.182所示为分别将“radius（半径）”设置为1、10和50时的效果。如图3.183所示为用贴图控制半径的效果。

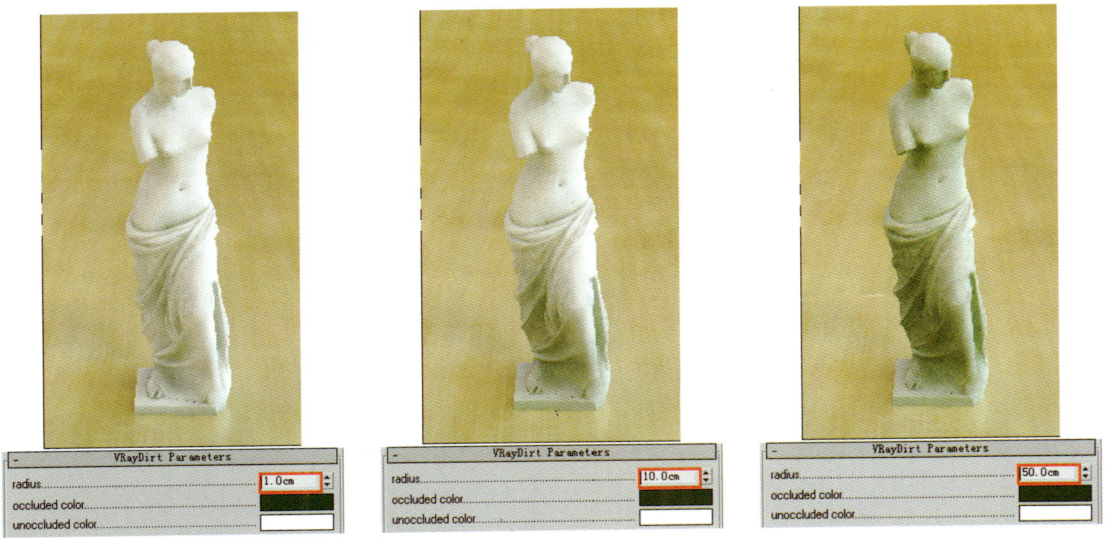

图3.182

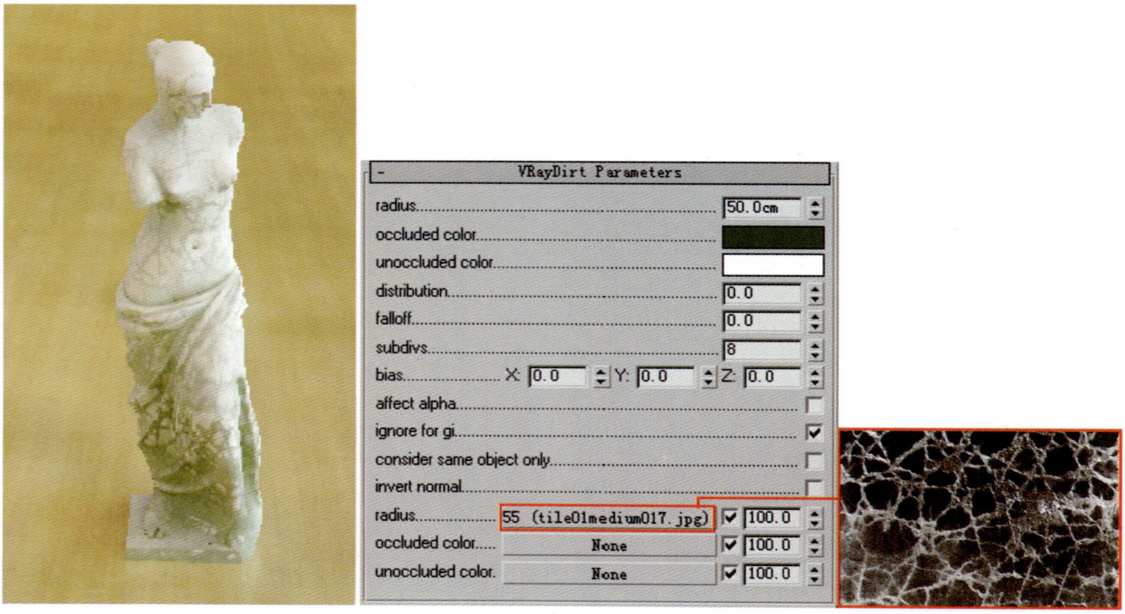

图3.183

- occluded color（污垢区域颜色）：用来设置污垢区域的颜色。
- unoccluded color（非污垢区域颜色）：用来设置非污垢区域的颜色。
- distribution（分布）：控制污垢的分布，值为0表示均匀分布。
- falloff（过渡）：用来设置污垢区域到非污垢区域的过渡效果。
- subdivs（细分）：污垢区域的细分，小的值会产生杂点，但是渲染速度快；值越大杂点越少，但渲染速度越慢。如图3.184所示为将数值分别设置为1、10和25时的效果。

图3.184

- bias（偏移）：设置污垢在X、Y及Z轴向上的偏移量。

- ignore for gi（忽略gi）：此复选框决定是否让污垢效果参加GI计算。
- consider same object only（只考虑一个物体）：当勾选该复选框时，污垢效果只影响它们自身；取消对该复选框的勾选时，整个场景的物体都会受到影响。
- invert normal（反转法线）：反转污垢效果的法线。

3.6.3 “VRayEdgesTex（VRay边纹理）”贴图

“VRayEdgesTex（VRay边纹理）”贴图类型类似于3ds Max的“线框”材质，但是不同的是它是一种贴图，并可以创建一些3ds Max无法完成的有趣效果，如图3.185所示便是使用该贴图渲染出的线框效果。在材质的漫反射通道中添加一张“VRayEdgesTex”贴图，其卷展栏如图3.186所示。

其中各参数的作用说明如下。

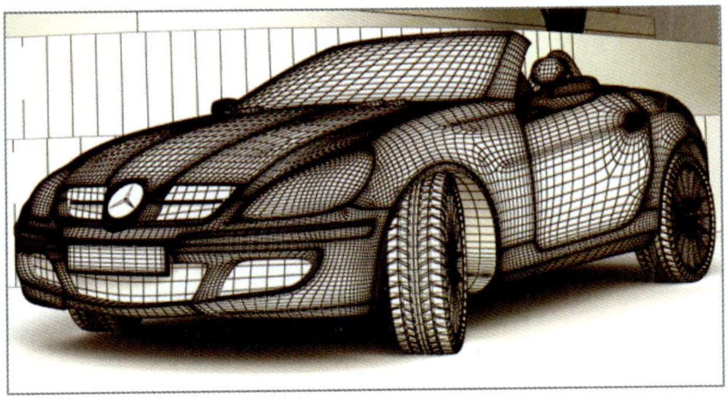

图3.185

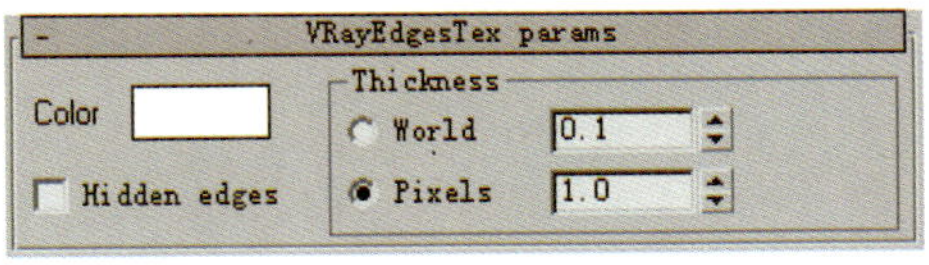

图3.186

- Color（颜色）：用于设置线框的颜色。
- Hidden edges（隐藏边）：勾选该复选框时将渲染物体的所有边，否则仅渲染可见边。
- Thickness（厚度）：定义线框的厚度，使用世界单位或像素来定义。

Tip 提示：

漫反射颜色决定物体本身的颜色。

3.6.4 “VRayHDRI”贴图

“VRayHDRI”贴图类型主要用于导入高动态范围图像（HDRI）来作为“环境”贴图，它支持大多数标准“环境”贴图类型，其卷展栏如图3.187所示。

其中各参数的作用说明如下。

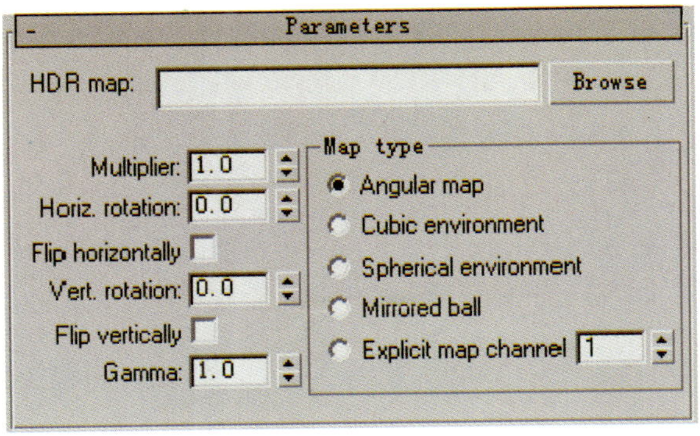

图3.187

- HDR map（HDR贴图）：指定使用HDRI贴图的路径。目前仅支持.hdr和.pic文件格式，其他格式的贴图文件虽然可以调用，但是不能起到照明的作用。

- Multiplier（倍增值）：用于控制HDRI贴图的亮度。倍增值为1和0.7时的渲染效果如图3.188所示。

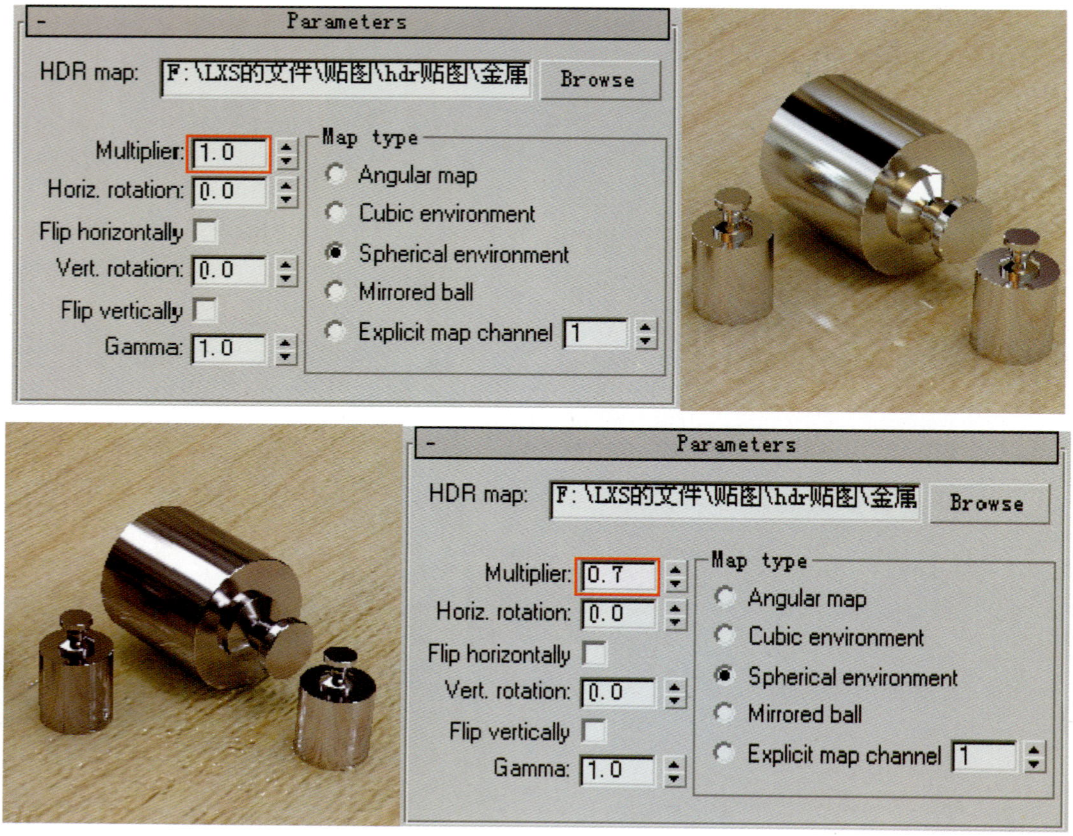

图3.188

Tip 提示：

从图中可以看到随着倍增值的减小“HDRI”贴图的亮度降低了。

- Horiz. rotation（水平方向旋转）：设定“环境”贴图水平方向旋转的角度。
- Flip horizontally（水平方向翻转）：控制是否在水平方向翻转环境贴图。
- Vert. rotation（垂直方向旋转）：设定“环境”贴图垂直方向旋转的角度。
- Flip vertically（垂直方向翻转）：控制是否在垂直方向翻转环境贴图。

“Map type（贴图类型）”组中提供了5种贴图类型，其中各类型的含义如下。

- Angular map（角度贴图）：此贴图方式使HDRI贴图都汇聚到一点，如图3.189所示。
- Cubic environment（立方体环境）：此HDRI贴图被分布在一个立方体上，以这种方式来影响场景中的物体，如图3.190所示。

图3.189

图3.190

- Spherical environment（球形环境）：HDRI贴图被分布在一个球体上，类似于球形背景。大多数情况下此贴图方式模拟的最为真实，如图3.191所示。
- Mirrored ball（对称球）：HDRI贴图以球形对称的方式分布，从而使图像纹理产生了扭曲，如图3.192所示。
- Explicit map channel（外在贴图）：此时HDRI贴图被分布在一个平面上，并可以为贴图纹理指定通道，如图3.193所示。

图3.191

图3.192

图3.193

3.6.5 “VRayMap”贴图

因为早期的VRay渲染器不支持3ds Max中默认的“Raytrace光线追踪”贴图类型，所以在VRay渲染器中使用3ds Max中的“标准”材质时反射和折射就用“VRayMap”贴图类型来代替。如今，最新的VRay渲染器已经能够完美地兼容“Raytrace光线追踪”贴图类型，但“VRayMap”贴图类型的参数更加简单和直观一些，其卷展栏如图3.194所示。

- Reflect（反射）：当“VRayMap”贴图放在反射通道中时，需要选择此选项为材质提供反射效果。
- Refract（折射）：当“VRayMap”贴图放在折射通道中时，需要选择此选项为材质提供折射效果。
- Environment map（环境贴图）：为反射和折射材质选择一个“环境”贴图。

下面分别介绍“Reflection Params（反射参数）”组和“Refraction Params（折射参数）”组中各参数的作用。

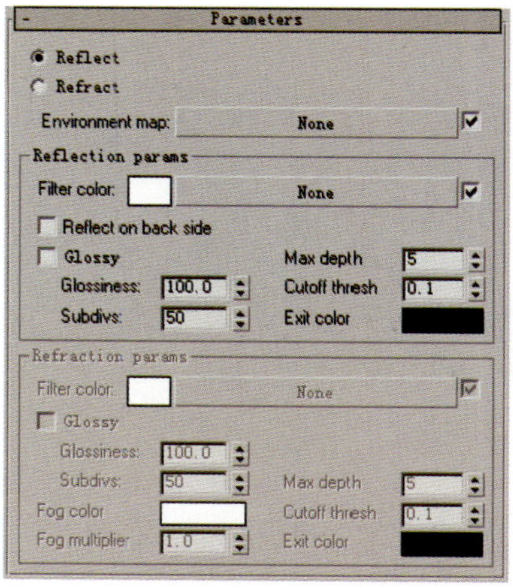

图3.194

1. “Reflection params（反射参数）”组

- Filter color（过滤色）：控制反射的程度。白色将完全反射周围的环境，而黑色将不发生反射效果。也可以用后面贴图通道中贴图的灰度来控制反射程度。
- Reflect on back side（在背面反射）：当勾选该复选框时，将计算物体背面的反射效果。
- Glossy（模糊开关）：控制模糊的开和关。
- Glossiness（反射模糊）：控制物体的反射模糊程度。值为0表示最大程度的模糊，值为100000表示最小程度的模糊（基本上没模糊的产生）。
- Subdivs（细分）：用来控制反射模糊的质量。较小的值将得到更多的杂点，但是渲染速度快；较大的值将得到比较光滑的效果，但是渲染速度慢。
- Max depth（最大深度）：计算物体的最大反射次数。
- Cutoff thresh（终止极限）：用来控制反射追踪的最小值。较小的值反射效果好，但是渲染速度慢；较大的值反射效果差，但是渲染速度快。
- Exit color（退出颜色）：设置当反射已经达到最大次数后，未被反射追踪到区域的颜色。

2. “Refraction params（折射参数）”组

- Filter color（过滤色）：控制折射的程度。白色将完全折射，而黑色将不发生折射效果。同样可以用右侧贴图通道中的贴图灰度来控制材质的折射程度。
- Glossy（模糊开关）：控制模糊的开和关。
- Glossiness（折射模糊）：控制物体的折射模糊程度。值为0表示最大程度的模糊，值为100000表示最小程度的模糊（基本上没有模糊效果）。
- Subdivs（细分）：用来控制折射模糊的质量。较小的值将得到更多的杂点，但是渲染速度快；较大的值将得到比较光滑的效果，但是渲染速度慢。
- Fog color（雾色）：可以理解为光线的穿透能力，白色将没有雾色效果，黑色物体将不透明。颜色越深，光线的穿透能力越差，雾色效果越浓。
- Fog multiplier（雾倍增）：用来控制雾色效果的倍增。较小的值雾色效果较淡，较大的值雾色效果较浓。
- Max depth（最大深度）：计算物体的最大折射次数。
- Cutoff thresh（终止极限）：用来控制折射追踪的最小值。较小的值折射效果较好，但是渲染速度慢；较大的值折射效果较差，但是渲染速度快。

04

第4章

VRay材质应用实战

光盘\第4章 /光盘路径

★★ /操作难度

无 /设计风格

4.1 VRay材质应用

4.1.1 “VRayMtl”材质应用实例1——制作艺术玻璃材质

本节将使用“VRayMtl”材质制作精美的玻璃质感材质。

Step 01 打开本书所附光盘中提供的“第4章\4-2\玻璃材质\玻璃装饰源文件.max”文件，这是一个摄像机、灯光和渲染参数都设置好的场景文件，如图4.1所示。

Step 02 对摄像机视图进行渲染，效果如图4.2所示。

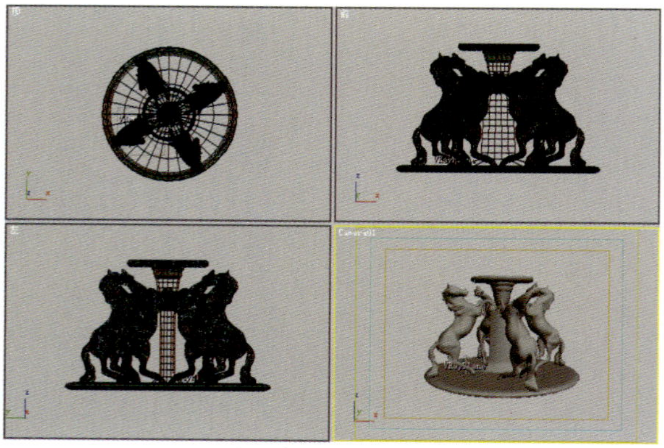

图4.1

图4.2

Step 03 在视图中选择物体“玻璃装饰”，按M键弹出“材质编辑器”对话框，选择一个空白材质球指定给物体，将材质球命名为“玻璃装饰”，单击“Standard”按钮，将其设置为“VRayMtl”材质，如图4.3所示。

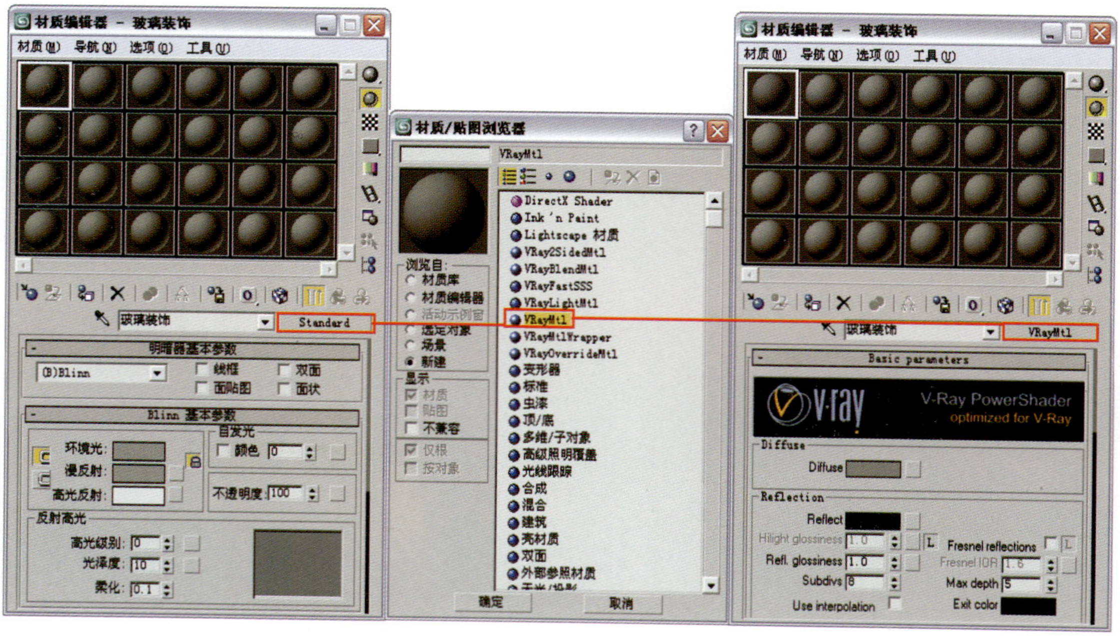

图4.3

Step 04 对“Basic parameters（基本参数）”卷展栏中的参数进行设置，如图4.4所示。

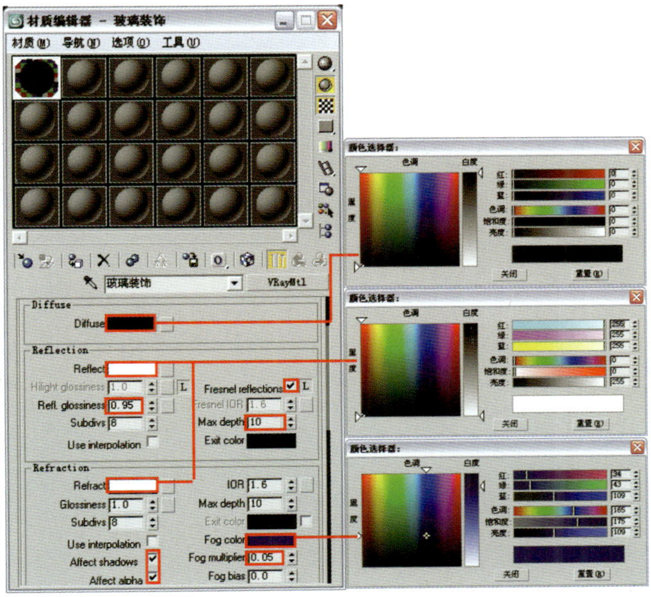

图4.4

Step 05 对“BRDF”卷展栏中的参数进行设置，如图4.5所示。

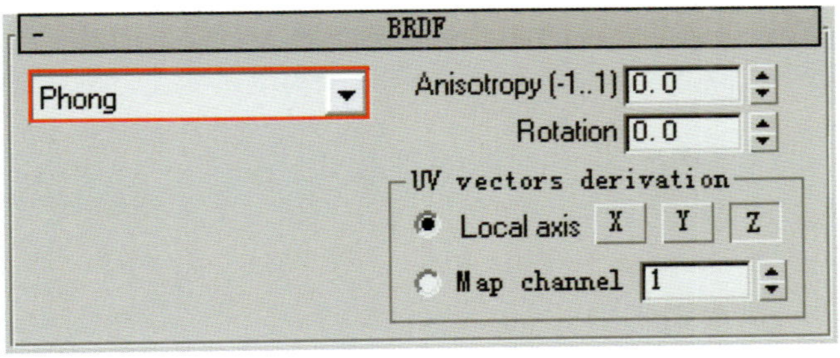

图4.5

Step 06 物体“玻璃装饰”的材质制作完成，对摄像机视图进行渲染，最终效果如图4.6所示。

图4.6

4.1.2 “VRayMtl”材质应用实例2——制作不锈钢材质

本节将使用“VRayMtl”材质制作真实的不锈钢材质。

Step 01 打开本书所附光盘中提供的“第4章\4-2\不锈钢材质\不锈钢材质源文件.max”文件，这是一个摄像机、灯光和渲染参数都设置好的场景文件，如图4.7所示。

Step 02 对摄像机视图进行渲染，效果如图4.8所示。

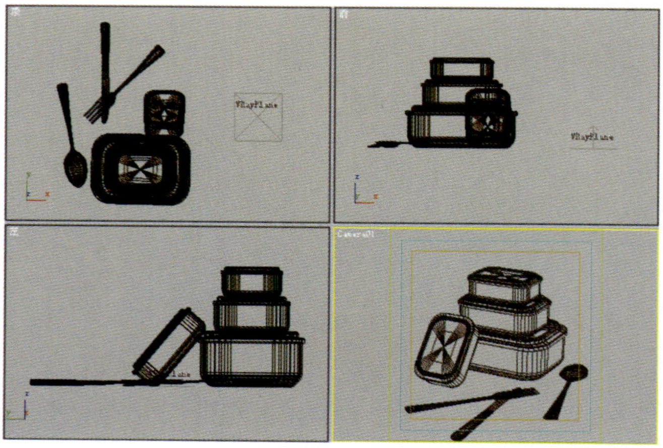

图4.7

图4.8

Step 03 在视图中选中物体“饭盒”，按M键弹出“材质编辑器”对话框，选择一个空白材质球指定给物体“饭盒”，将材质球命名为“金属——钢1”，单击“Standard”按钮，将其设置为“VRayMtl”材质，如图4.9所示。

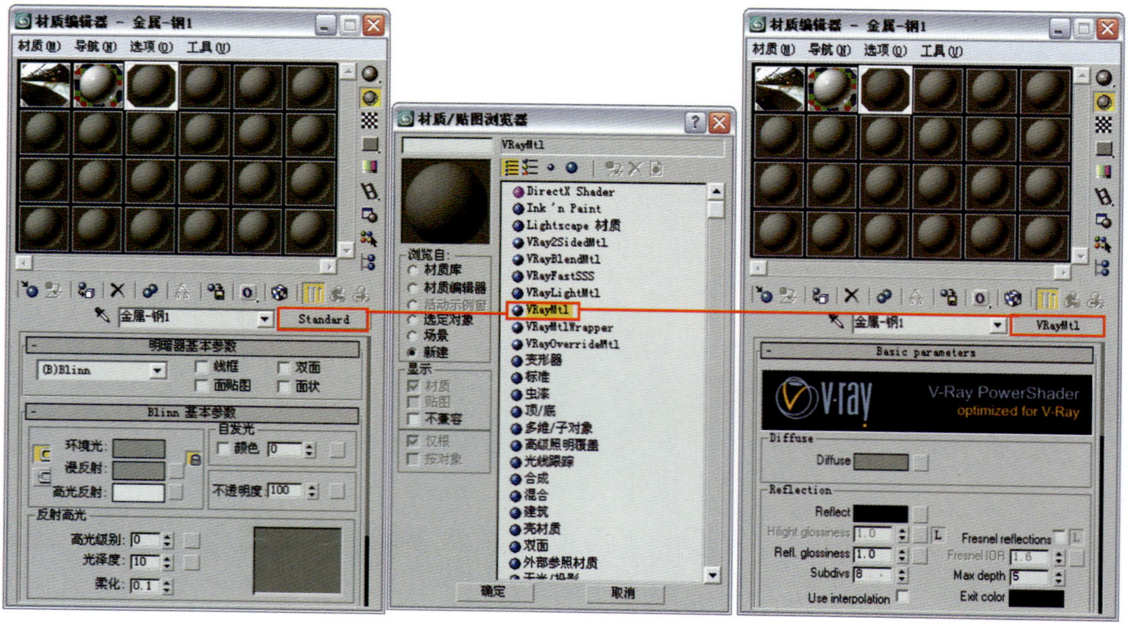

图4.9

Step 04 对“Basic parameters”卷展栏中的参数进行设置，如图4.10所示。对摄像机视图进行渲染，效果如图4.11所示。

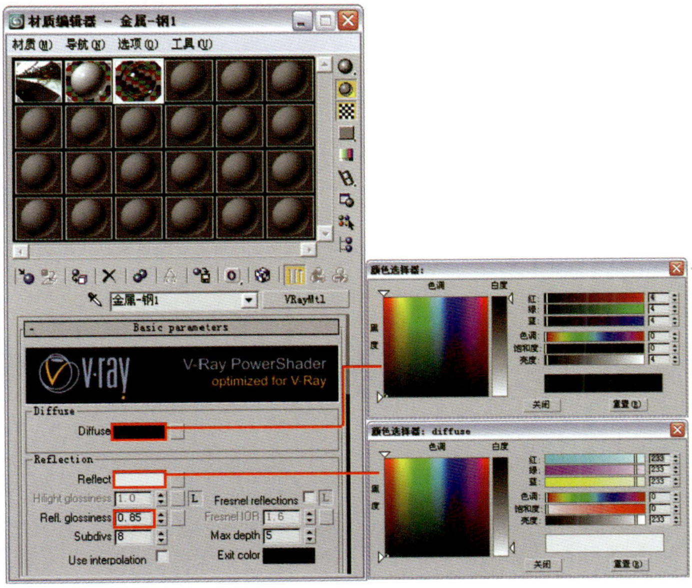

图4.10

图4.11

Step 05 物体“饭盒”的材质制作完成，下面开始制作物体“餐具”的材质。在视图中选中物体“餐具”，按M键弹出“材质编辑器”对话框，选择一个空白材质球，将材质指定给物体“餐具”，将材质球命名为“金属—钢2”，单击“Standard”按钮，将其设置为“VRayMtl”材质，如图4.12所示。

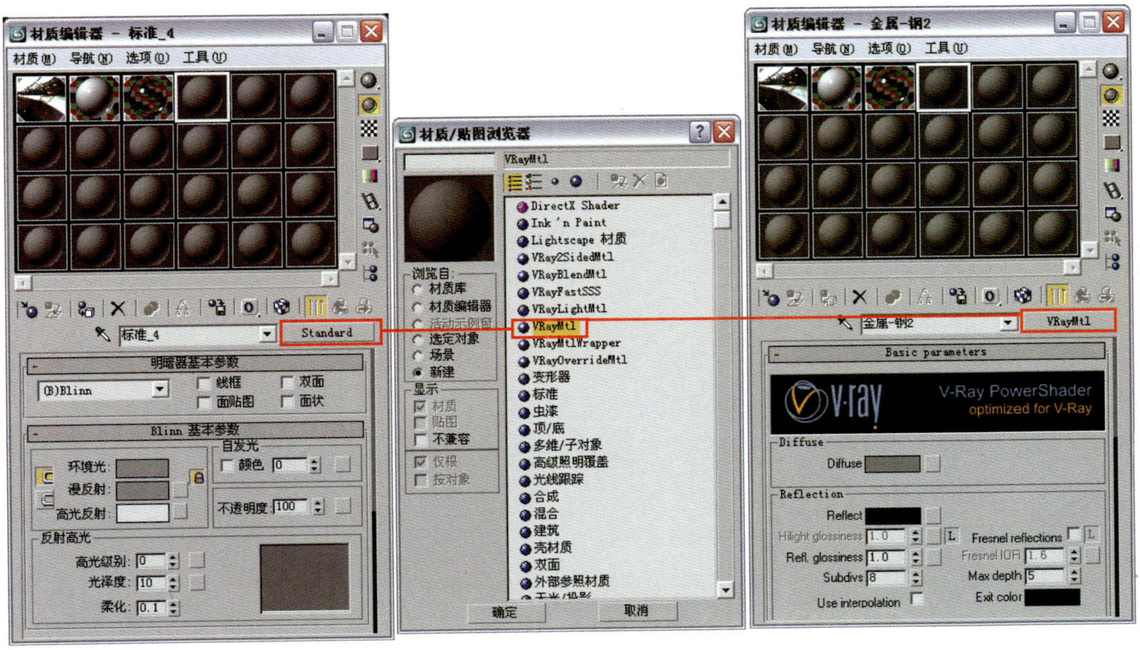

图4.12

Step 06 对“Basic parameters”卷展栏中的参数进行设置，如图4.13所示。

Step 07 对“BRDF”卷展栏中的参数进行设置，如图4.14所示。

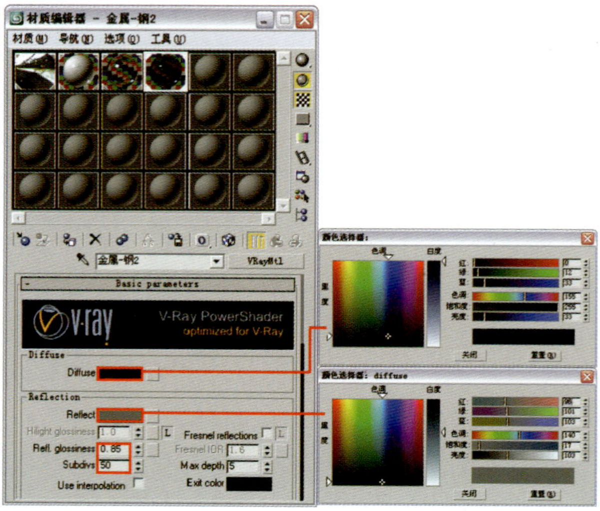

图4.13

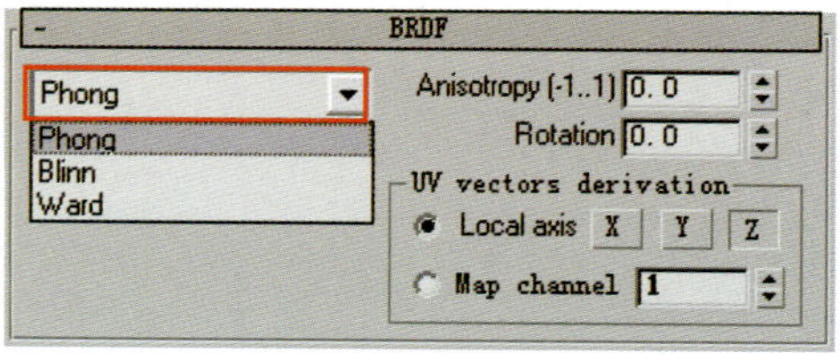

图4.14

Step 08 场景材质制作完毕，对摄像机视图进行渲染，最终效果如图4.15所示。

图4.15

4.1.3 “VRayMtl”材质应用实例3——制作磨砂金属材质

本节将使用“VRayMtl”材质制作逼真的磨砂金属材质。

Step 01 打开本书所附光盘中提供的“第4章\4-2\磨砂金属材质\磨砂金属源文件.max”文件，这是一个摄像机、灯光及渲染参数都设置好的场景文件，如图4.16所示。渲染效果如图4.17所示。

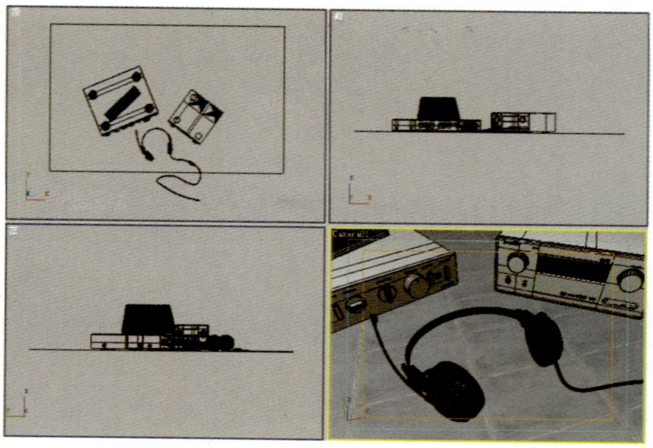

图4.16

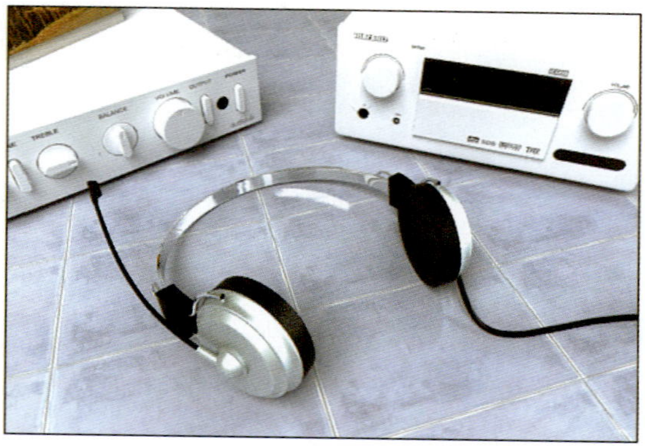

图4.17

Step 02 在视图中选中物体“磨砂金属”，按M键弹出“材质编辑器”对话框，选择一个空白材质球指定给物体“磨砂金属”，将材质球命名为“磨砂金属”，单击“Standard”按钮，将其设置为“VRayMtl”材质，如图4.18所示。

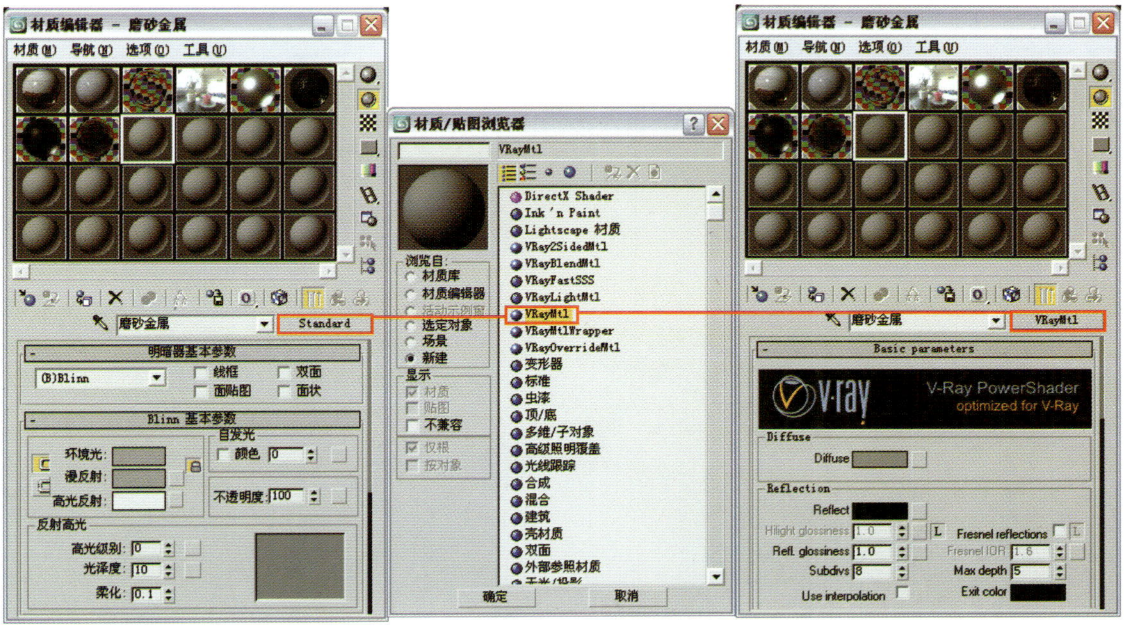

图4.18

Step 03 对“Basic parameters（基本参数）”卷展栏中的参数进行设置，如图4.19所示。

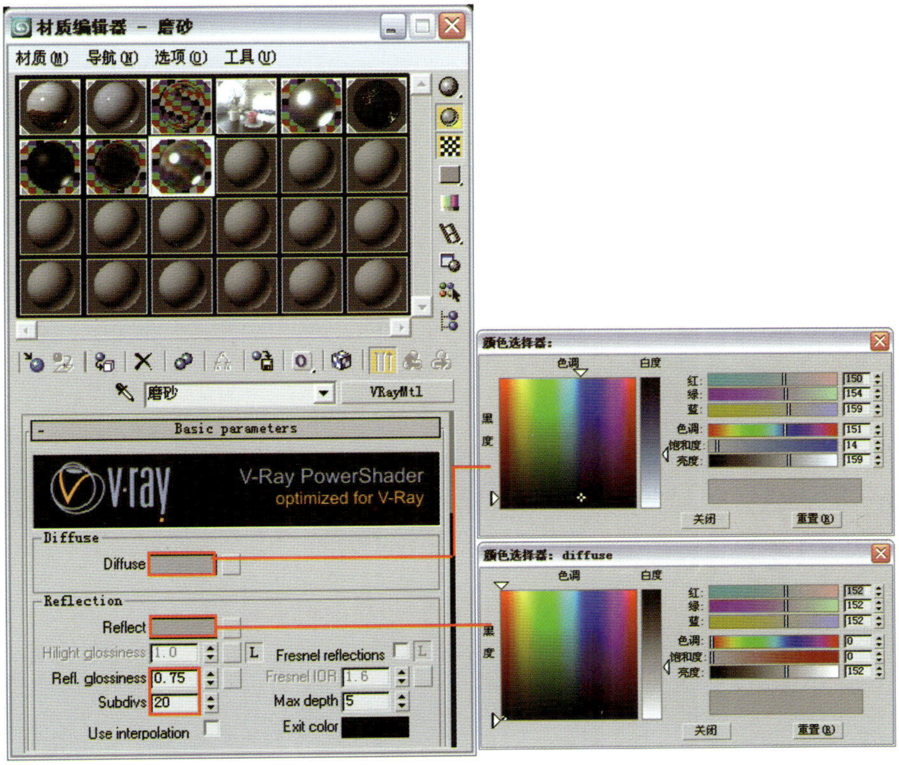

图4.19

Step 04 场景材质制作完毕，对摄像机视图进行渲染，效果如图4.20所示。

图4.20

4.1.4 “VRayMtl”材质应用实例4——制作塑料材质

本节将讲解塑料材质的制作方法。

Step 01 打开本书所附光盘中提供的“第4章\4-2\塑料材质\塑料材质源文件.max”文件，这是一个摄像机、灯光和渲染参数都设置好的场景文件，如图4.21所示。渲染效果如图4.22所示。

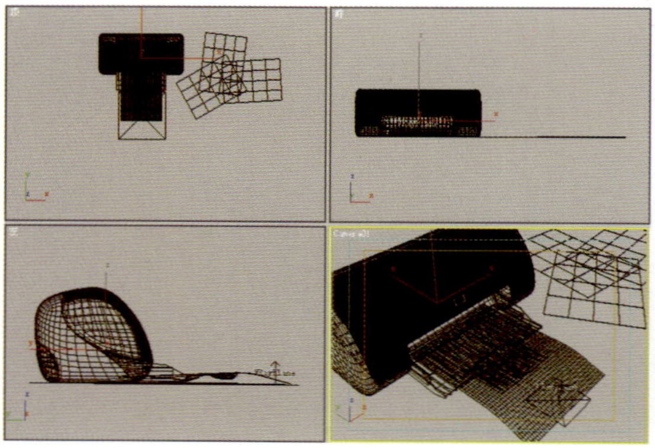

图4.21

图4.22

Step 02 在视图中选中物体“白色塑料”，按M键弹出“材质编辑器”对话框，选择一个空白材质球指定给物体“白色塑料”，然后将材质球命名为“白色塑料”，单击“Standard”按钮，将其设置为“VRayMtl”材质。

Step 03 对“Basic parameters（基本参数）”卷展栏中的参数进行设置，如图4.23所示。

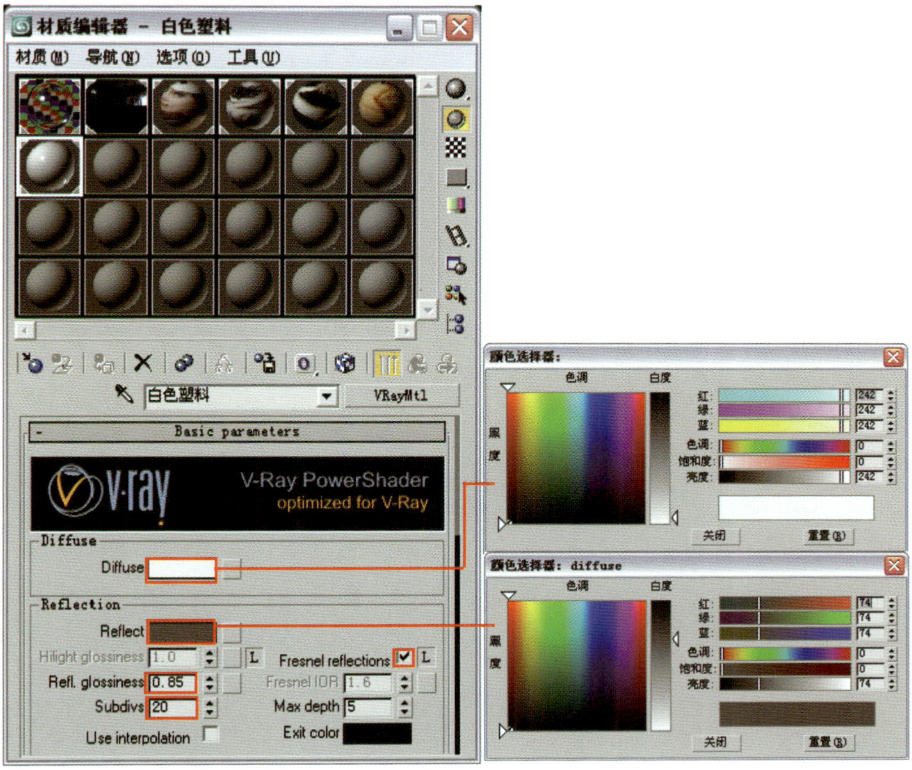

图4.23

Step 04 对摄像机视图进行渲染，效果如图4.24所示。

图4.24

Step 05 在视图中选择物体“灰色塑料”，按M键弹出“材质编辑器”对话框，选择一个空白材质球指定给物体“灰色塑料”，将材质球命名为“灰色塑料”，单击“Standard”按钮，将其设置为“VRayMtl”材质。然后对“Basic parameters（基本参数）”卷展栏中的参数进行设置，如图4.25所示。

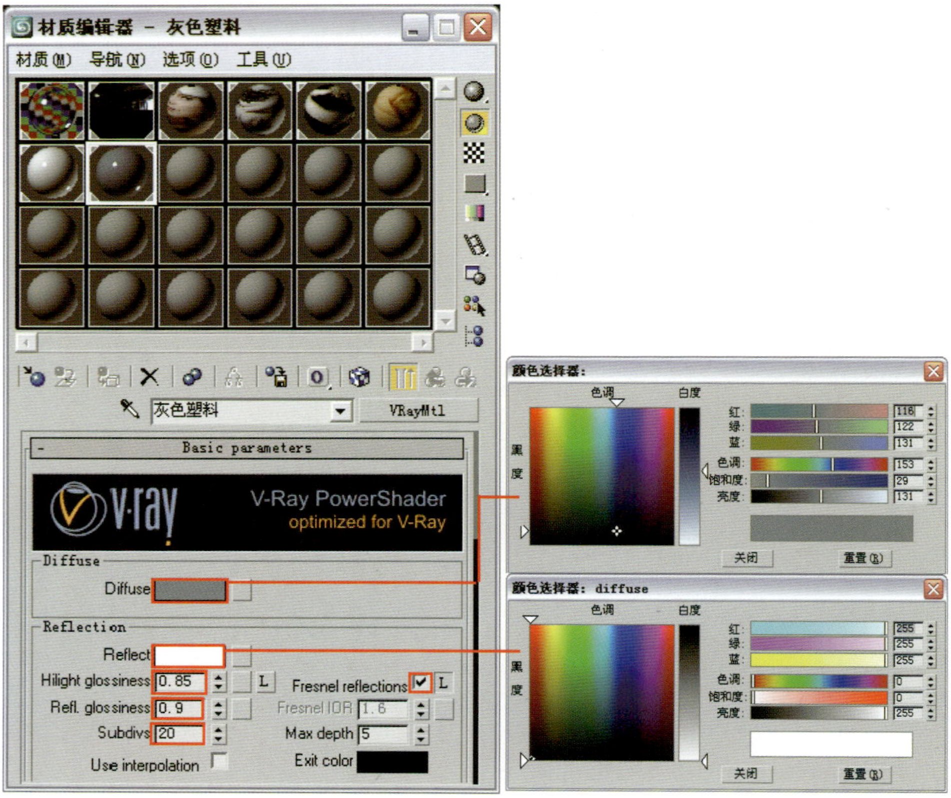

图4.25

Step 06 对摄像机视图进行渲染，最终效果如图4.26所示。

图4.26

4.1.5 “VRayMtl”材质应用实例5——制作皮革材质

本节将讲解皮革材质的制作方法。

Step 01 打开本书所附光盘中提供的“第4章\4-2\皮革材质\皮革材质源文件.max”文件，这是一个摄像机、灯光和渲染参数都设置好的场景文件，如图4.27所示。渲染效果如图4.28所示。

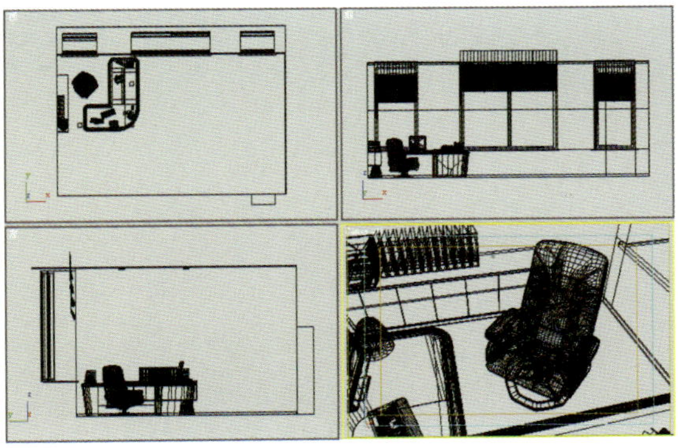

图4.27

图4.28

Step 02 在视图中选中物体“椅子黑皮”，按M键弹出“材质编辑器”对话框，选择一个空白材质球指定给物体“椅子黑皮”，然后将材质球命名为“椅子黑皮”，单击“Standard”按钮，将其设置为“VRayMtl”材质。

Step 03 下面对“Basic parameters（基本参数）”卷展栏的参数进行设置，如图4.29所示。

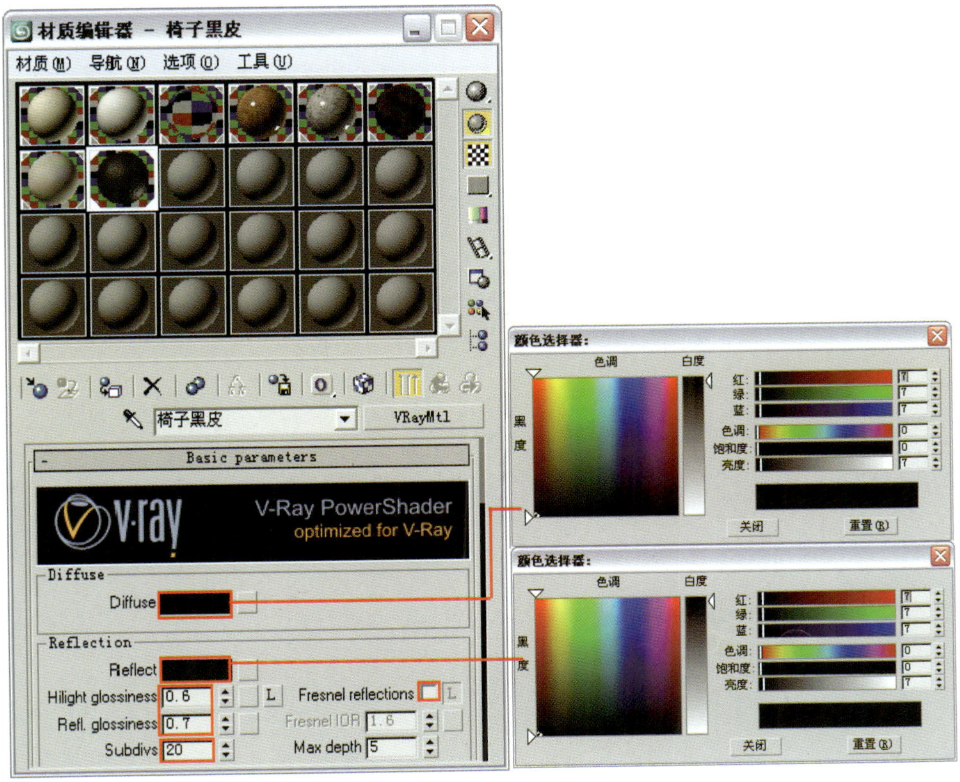

图4.29

Step 04 返回“VRayMtl”材质层级，进入“Maps”卷展栏，单击“Bump”右侧的贴图通道按钮，为其添加一个“位图”贴图，具体参数设置如图4.30所示。贴图文件为本书所附光盘中提供的“第4章\4-2\塑料材质\皮革.jpg”文件。

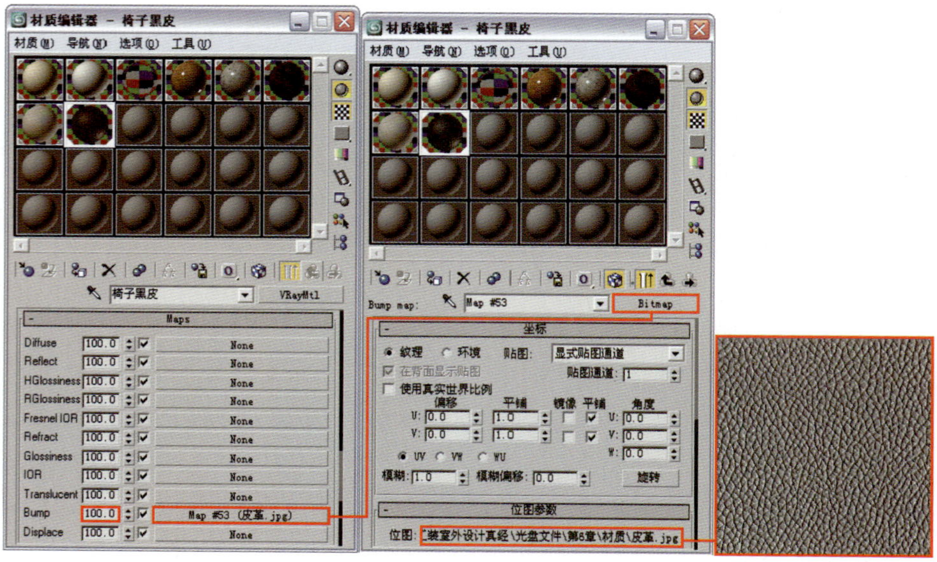

图4.30

Step 05 因为皮革比较暗，为了更好地表现出皮革的光泽，这里在“Environment（环境）”中为其添加一个“输出”程序贴图来提高它的整体亮度，具体参数设置如图4.31所示。

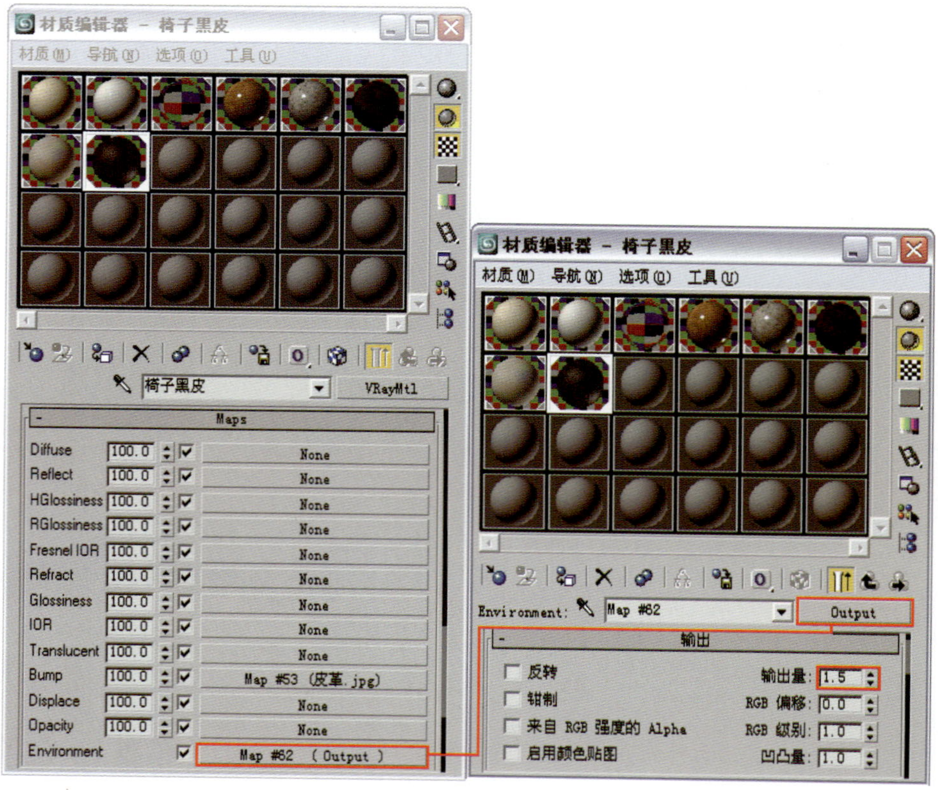

图4.31

Step 06 对摄像机视图进行渲染，最终效果如图4.32所示。

图4.32

4.1.6 “VRayMtl”材质应用实例6——制作布料材质

本节将讲解布料材质的制作方法。

Step 01 打开本书所附光盘中提供的“第4章\4-2\布料材质\布料材质源文件.max”文件，这是一个摄像机、灯光和渲染参数都调节好的场景文件，如图4.33所示。渲染效果如图4.34所示。

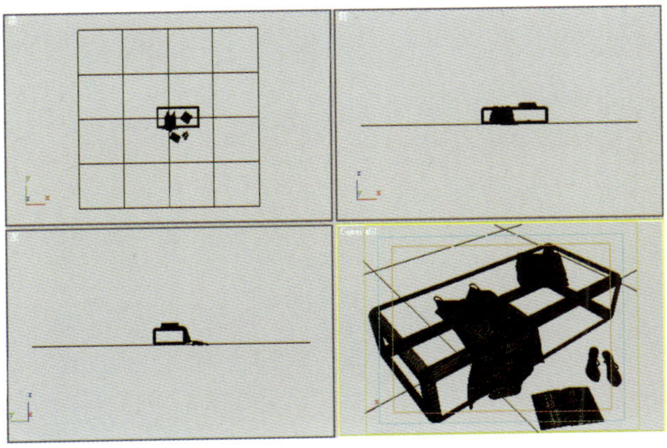

图4.33

图4.34

Step 02 在视图中选中物体“绸缎”，按M键弹出“材质编辑器”对话框，选择一个空白材质球指定给物体“绸缎”，然后将材质球命名为“绸缎”，单击“Standard”按钮，将其设置为“VRayMtl”材质。

Step 03 下面对“Basic parameters（基本参数）”卷展栏中的参数进行设置，单击“Diffuse”右侧的贴图通道按钮，为其添加一个“衰减”程序贴图，具体参数设置如图4.35所示。

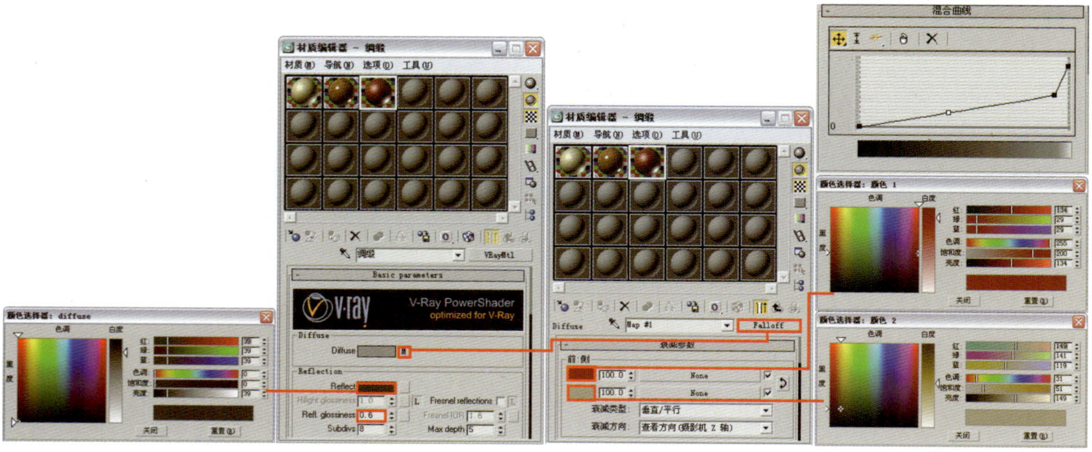

图4.35

Step 04 对摄像机视图进行渲染，效果如图4.36所示。

图4.36

Step 05 在视图中选择物体“毛巾”，按M键弹出“材质编辑器”对话框，选择一个空白材质球指定给物体“毛巾”，将材质球命名为“毛巾”，单击“Standard”按钮，将其设置为“VRayMtl”材质，然后对“Basic parameters”卷展栏中的参数进行设置。单击“Diffuse”右侧的贴图通道按钮，为其添加一个“位图”贴图，具体参数设置如图4.37所示。贴图文件为本书所附光盘中提供的“第4章\4-2\塑料材质\Arch30_024_diffuse.jpg”文件。

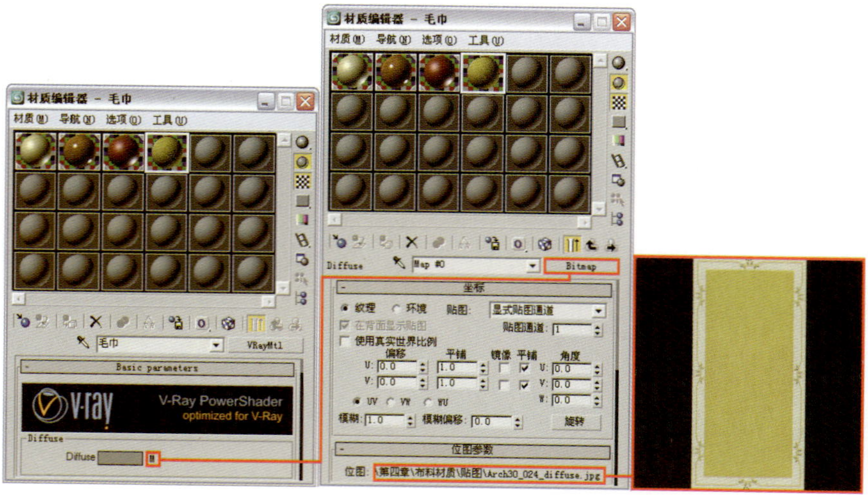

图4.37

Step 06 返回VRayMtl材质层级，进入“Maps”卷展栏，单击Bump右侧的贴图通道按钮，为其添加一个“位图”贴图，具体参数设置如图4.38所示。贴图文件为本书所附光盘中提供的“第4章\4-2\塑料材质\Arch30_024_bump.jpg”文件。

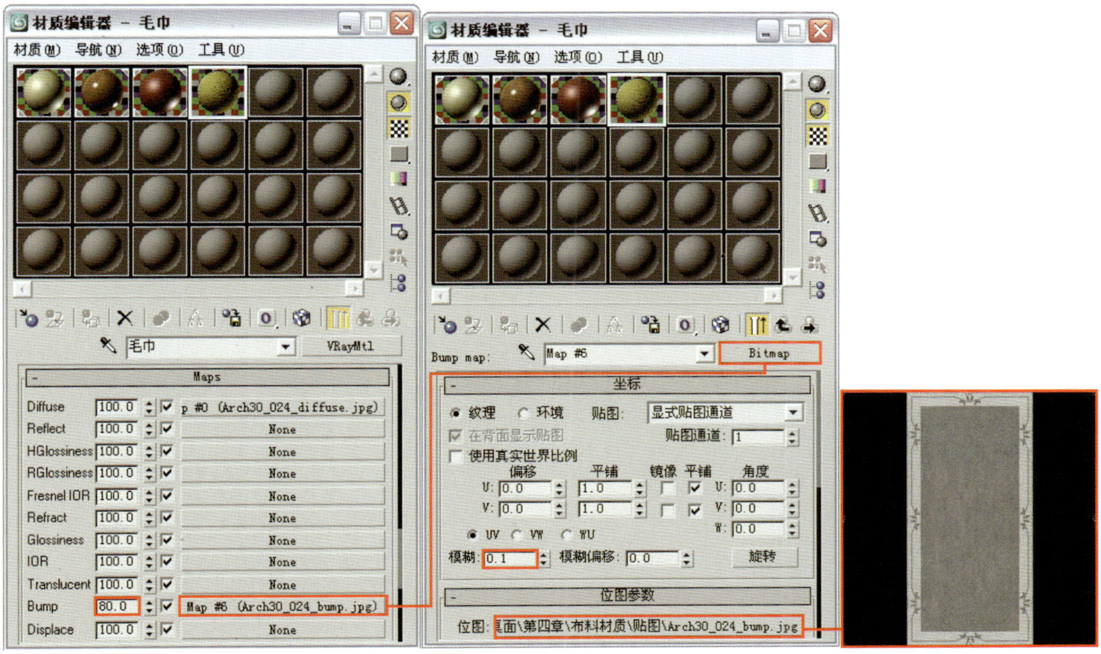

图4.38

Step 07 对摄像机视图进行渲染，最终效果如图4.39所示。

图4.39

4.1.7 “VRayMtl”材质应用实例7——制作黄色金属材质

本节将使用VRayMtl材质制作逼真的黄色金属材质。

Step 01 打开本书所附光盘中提供的“第4章\4-2\黄色金属材质\黄色金属源文件.max”文件，这是一个摄像机、灯光及渲染参数都设置好的场景文件，如图4.40所示。渲染效果如图4.41所示。

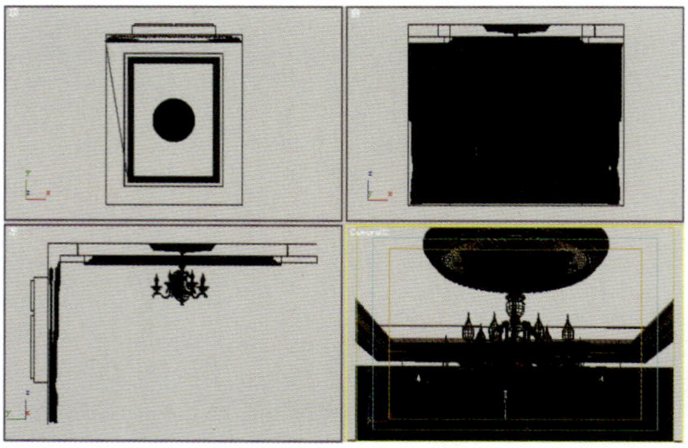

图4.40

图4.41

Step 02 在视图中选中物体“吊灯金属”，按M键弹出“材质编辑器”对话框，选择一个空白材质球指定给物体“吊灯金属”，将材质球命名为“黄色金属”，单击“Standard”按钮，将其设置为“VRayMtl”材质。

Step 03 对“Basic parameters（基本参数）”卷展栏中的参数进行设置，如图4.42所示。

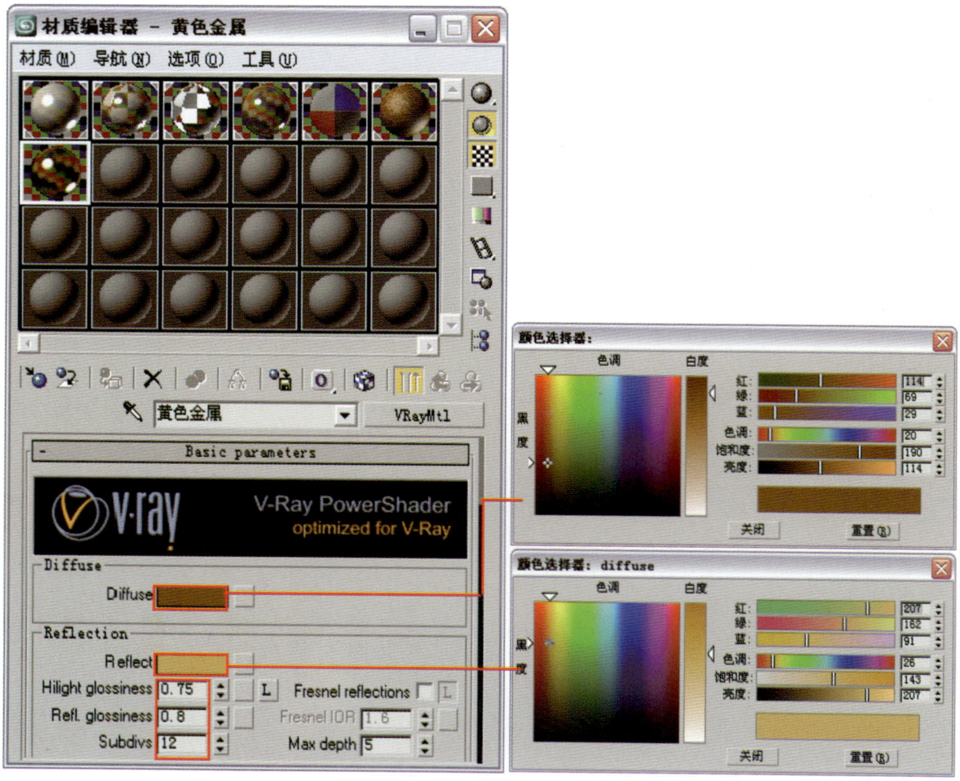

图4.42

Step 04 场景材质制作完毕，对摄像机视图进行渲染，效果如图4.43所示。

图4.43

4.2 VRay其他材质应用

4.2.1 “VRayMtlWrapper”材质应用实例——消除色溢现象

在下面的实例中将利用“VRayMtlWrapper”材质中的“Generate GI”参数控制物体表面光能传递产生的强度，来控制物体的色溢。

Step 01 打开本书所附光盘中提供的“第4章\4-2\包裹材质\色溢场景源文件.max”文件，这是一个摄像机、灯光、材质及渲染参数都设置好的场景文件，如图4.44所示。渲染效果如图4.45所示。

图4.44

图4.45

Tip 提示：

此时场景中色溢现象比较严重，主要是因为场景中有大面积颜色较深的材质。从图中可以看出这个场景中地面及墙面部分的材质颜色较深，下面利用“VRayMtlWrapper”来降低场景的色溢程度。

Step 02 按M键弹出“材质编辑器”对话框，单击（从对象拾取材质）按钮，在场景中拾取“墙体、地面及顶棚”物体的材质，如图4.46所示，这是一个“多维/子对象”材质，如图4.47所示。

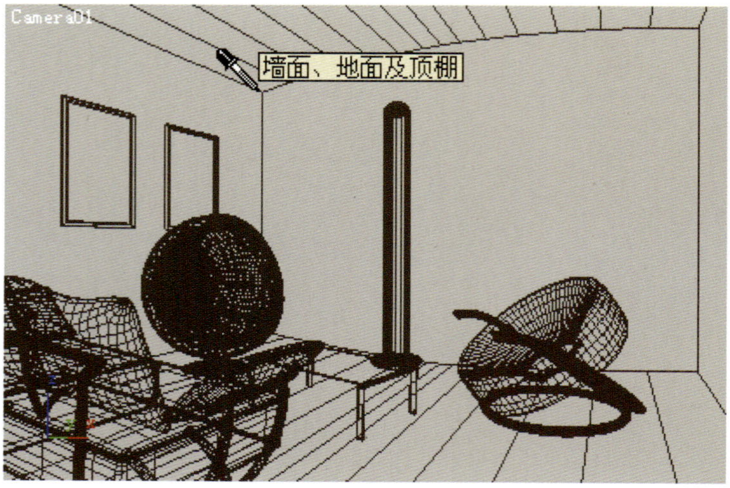

图4.46

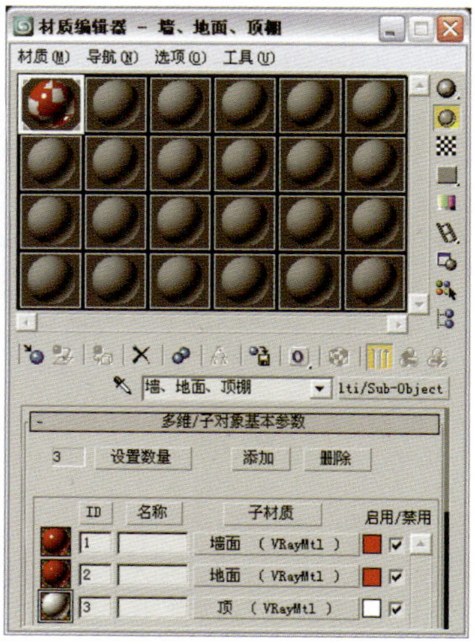

图4.47

Step 03 单击ID1右侧的材质通道按钮，进入“墙面”子材质层级，然后单击“VRay Mtl”按钮，在弹出的“材质/贴图浏览器”对话框中选择“VRayMtlWrapper”，单击“确定”按钮后，在弹出的“替换材质”对话框中选择“将旧材质保存为子材质”选项，如图4.48所示。

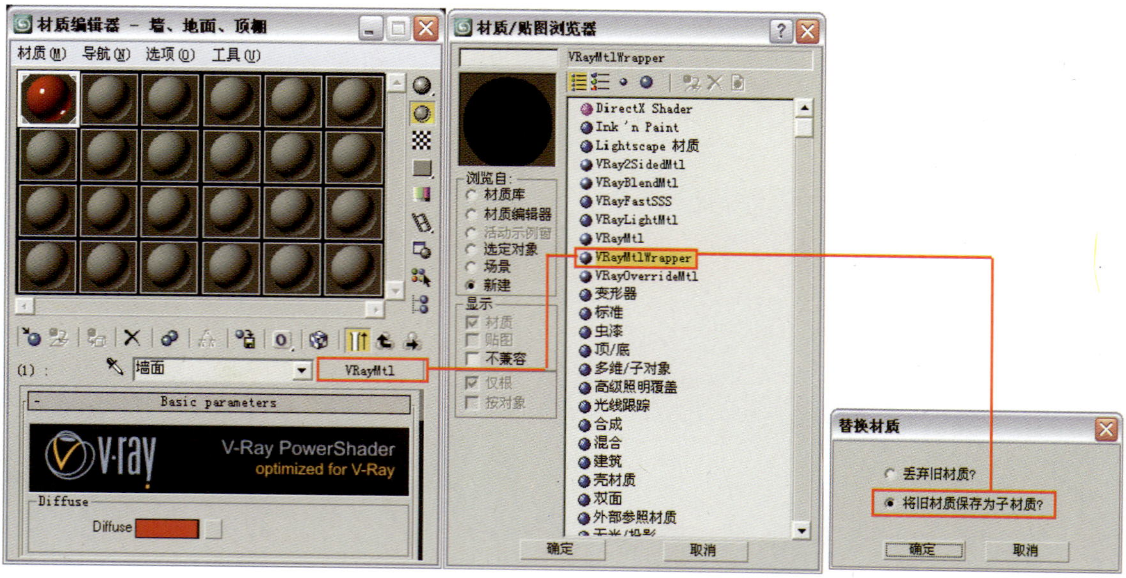

图4.48

Step 04 在“VRayMtlWrapper parameters”卷展栏中进行参数设置，如图4.49所示。

Step 05 返回“多维/子对象”材质层级，单击ID2右侧的材质通道按钮，进入“地面”子材质层级，对该材质层级同样进行第3步和第4步的操作。这样场景中产生色溢的材质都使用“VRayMtlWrapper”进行了包裹，对摄像机视图进行渲染，效果如图4.50所示。

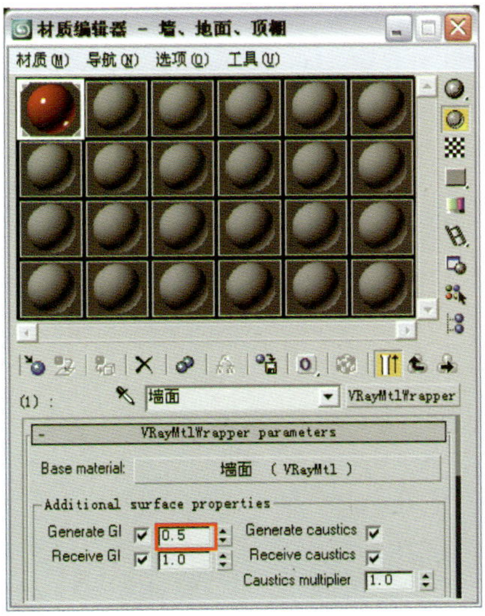

图4.49

图4.50

Tip 提示：

从渲染图像中可以发现场景的色溢现象得到了很好的控制。

4.2.2 “VRayLightMtl”应用实例——制作荧光灯效果

Step 01 打开本书所附光盘中提供的“第4章\4-2\发光材质\发光材质源文件.max”文件，这是一个摄像机、灯光、材质及渲染参数都设置好的场景文件，如图4.51所示。渲染效果如图4.52所示。

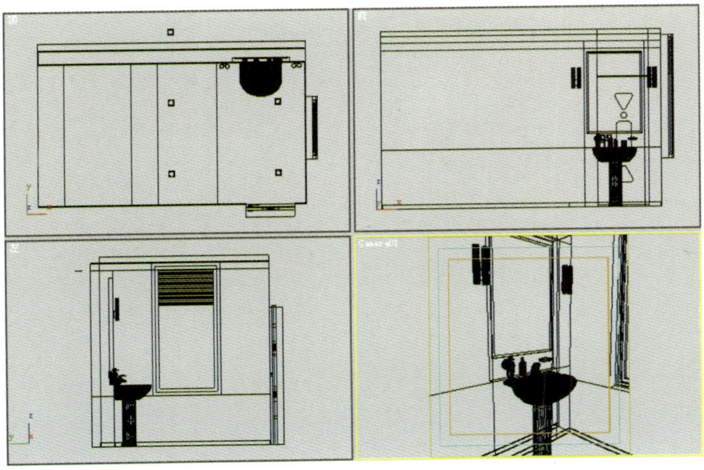

图4.51

图4.52

Step 02 在视图中选择物体“自发光灯片”，按M键弹出“材质编辑器”对话框，选择一个空白材质球指定给物体“自发光灯片”，将材质球命名为“自发光”，单击“Standard”按钮，将其设置为“VRayLightMtl”，如图4.53所示。

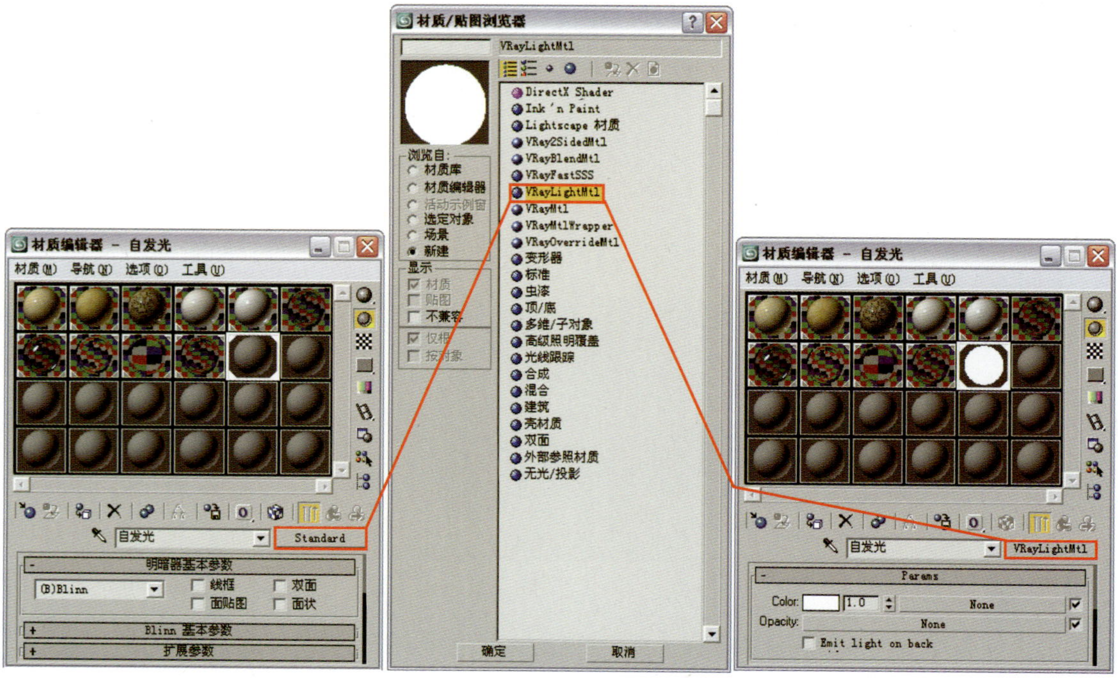

图4.53

Step 03 在“Params”卷展栏中进行参数设置，如图4.54所示。对摄像机视图进行渲染，效果如图4.55所示。

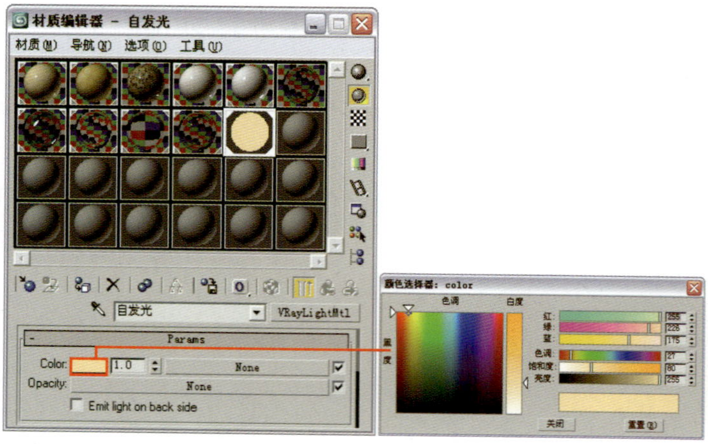

图4.54

图4.55

Step 04 从渲染效果中可以发现，自发光灯片光强度很弱。将材质色块右侧的倍增值设置为10，如图4.56所示。再次对摄像机视图进行渲染，效果如图4.57所示。

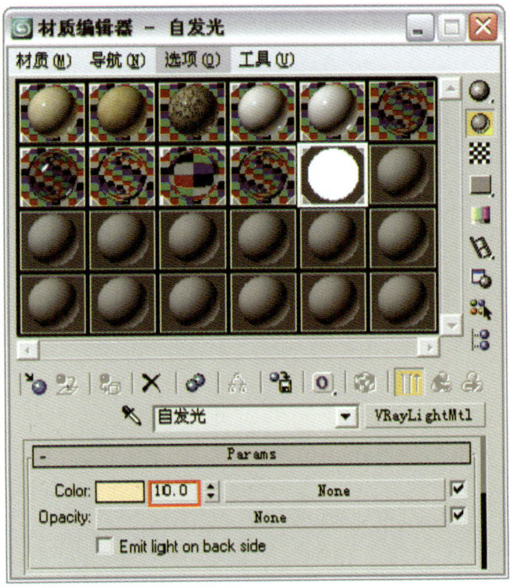

图4.56

图4.57

Tip 提示：

从渲染效果中可以发现，虽然发光灯管的发光强度增加了，但是发光灯管的颜色也随之发生了变换。下面使用另一种方法来解决发光灯管的发光强度问题。

Step 05 单击 VRayLightMtl 按钮，在弹出的“材质/贴图浏览器”对话框中选择“VRayMtlWrappar”材质类型，单击“确定”按钮后，在弹出的“替换材质”对话框中选择“将旧材质保存为子材质”选项，如图4.58所示。

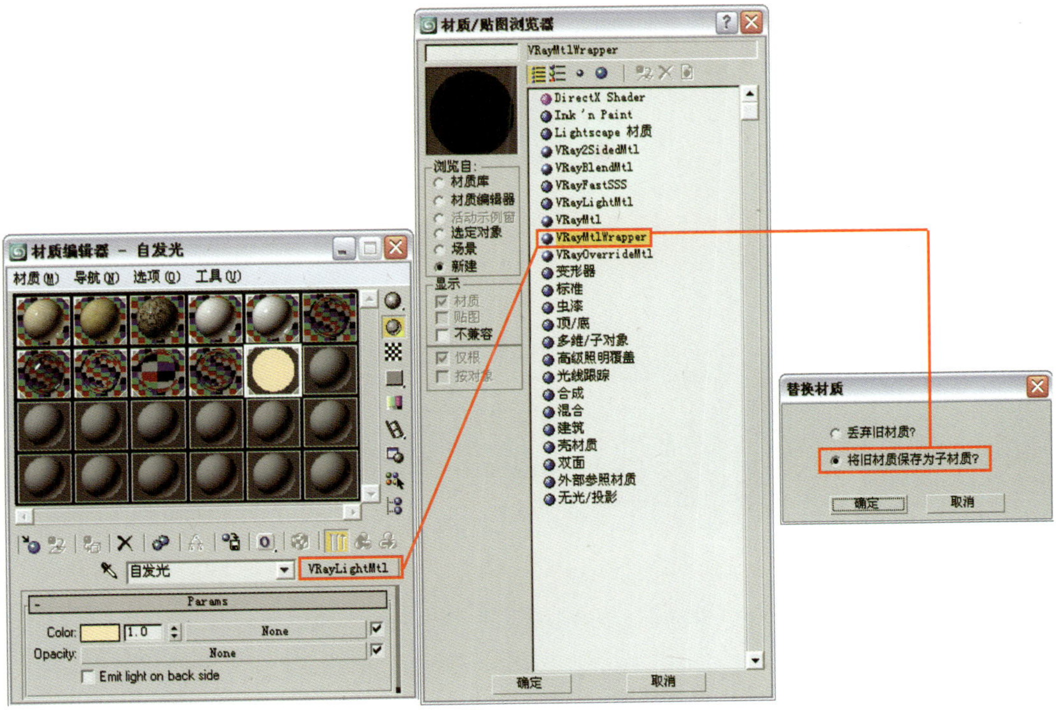

图4.58

Step 06 在“VRayMtlWrapper parameters”卷展栏中进行参数设置，如图4.59所示。对摄像机视图进行渲染，效果如图4.60所示。

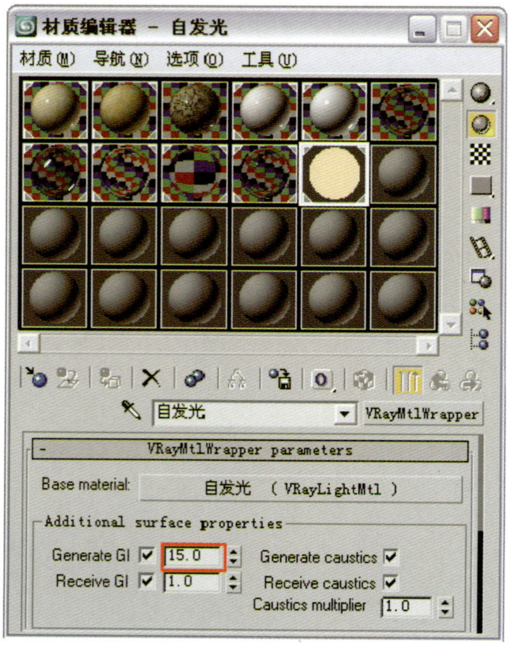

图4.59

图4.60

Tip 提示：

注意观察发光灯片的变化，可以用这种方法来制作彩色荧光灯效果。

Step 07 在这里可以调整“Color”色块的颜色，使其发出不同颜色的光，以适用于不同的场景，具体参数设置如图4.61所示。灯光效果如图4.62所示。

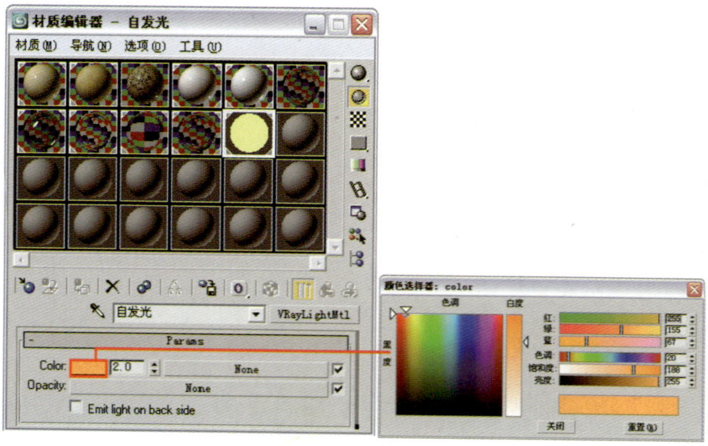

图4.61

图4.62

Step 08 用图片代替颜色发光。在VRayLightMtl材质的“Params”卷展栏中，单击倍增值右侧的贴图按钮，为其添加一个“位图”贴图，如图4.63所示。贴图文件为本书所附光盘中提供的“第4章\4-2\发光材质\贴图\001.jpg”文件。

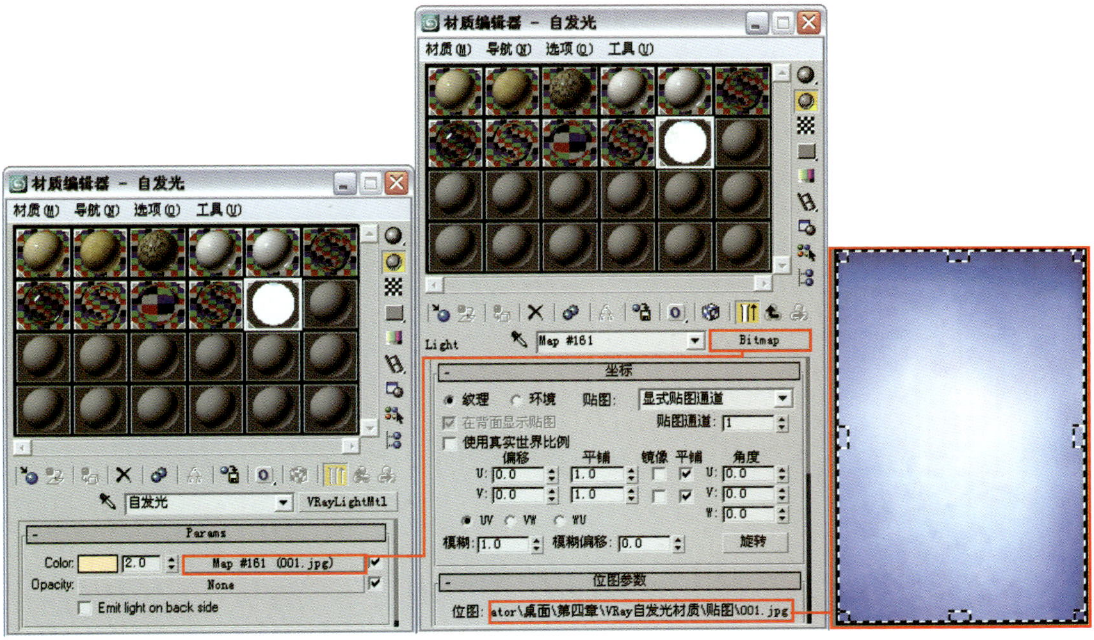

图4.63

Step 09 对摄像机视图进行渲染，效果如图4.64所示。

图4.64

Tip 提示：

当贴图通道贴上贴图后，前面的颜色将不起作用。

NOTE

读书笔记

05

第5章
置换和毛发修改器

光盘\第5章 /光盘路径

★★ /操作难度

无 /设计风格

5.1 VRay毛发

VRay渲染器中自带了4种几何体的创建功能，分别是 VRayProxy （VRay替代物体）、 VRaySphere （VRay球体）、 VRayPlane （VRay平面）和 VRayFur （VRay毛发）。下面我们将对其中最常用的 VRayFur （VRay毛发）进行详细讲解。

VRayFur（VRay毛发）是一种能模拟真实物理世界中最简单的毛发效果功能，虽然效果简单，但是用途广泛，对制作效果图来说绰绰有余，常用来表现毛巾、衣服、地毯及草地等效果。

下面我们通过一个场景来介绍VRayFur（VRay毛发）的使用方法及其参数设置。打开本书所附光盘中提供的“第5章\VRay毛发.max”场景文件，如图5.1所示。

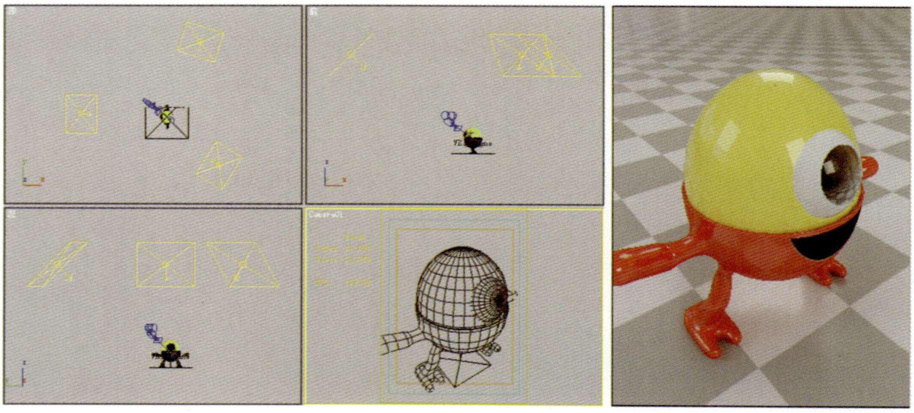

图5.1

选择场景中的物体“Sphere02”，在“创建”面板中单击 （几何体）按钮，然后单击“VRay”类型中的 VRayFur （VRay毛发）按钮，为物体添加毛发效果，如图5.2所示。

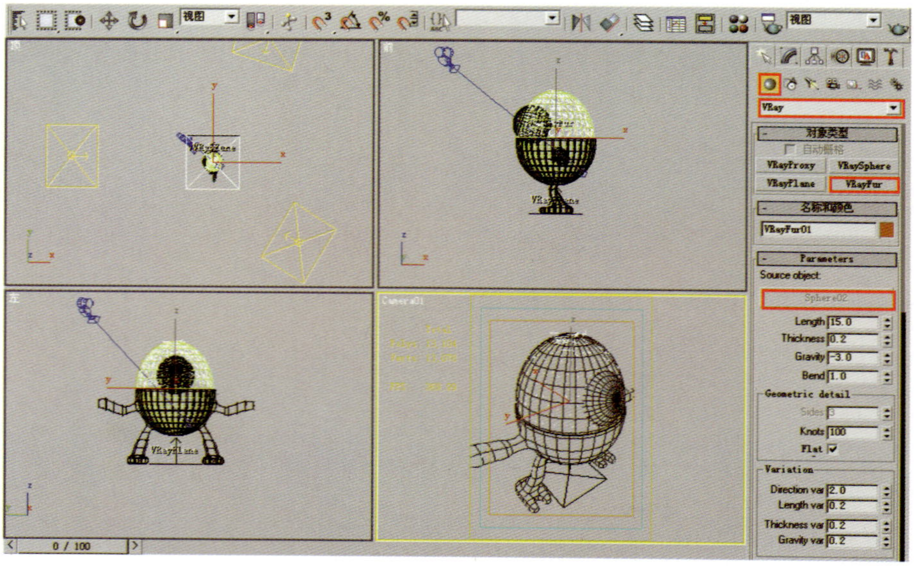

图5.2

VRayFur的参数设置如图5.3所示。

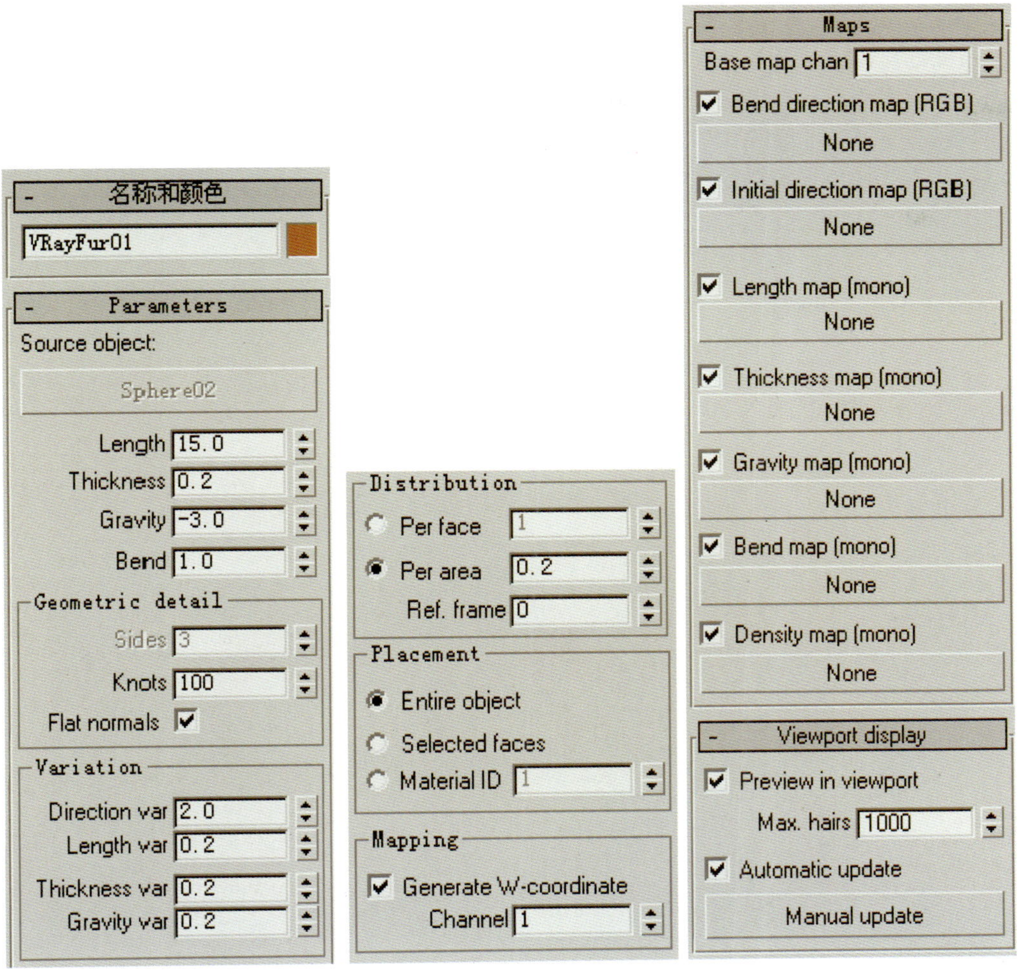

图5.3

5.1.1 “Parameters（参数）”卷展栏

- Source object（产生毛发的物体）：用来选择一个物体产生毛发，单击下侧的按钮就可以在场景中选择想要产生毛发的物体。
- Length（长度）：用来控制毛发的长度，值越大产生的毛发越长。如图5.4所示为将长度值分别设置为15和40时的渲染效果。

图5.4

- Thickness（厚度）：用来控制毛发的粗细，值越大产生的毛发就越粗。如图5.5所示为将此值分别设置为0.05和0.5时的渲染效果。

图5.5

- Gravity（重力）：用来模拟毛发受重力影响的状况。正值表示重力方向向上，数值的绝对值越大，重力效果越强；负值表示重力方向向下，数值越小，重力效果越强；当值为0时，表示不受到重力的影响。如图5.6所示为将此值分别设置为4、0和－4时的效果。

图5.6

- Bend（弯曲）：表示毛发的弯曲程度，值越大越弯曲。如图5.7所示为将此值分别设置为0.1和1.2时的渲染效果。

图5.7

1. “Geometric detail（毛发细节）”组

- Sides（边数）：目前此参数还不可用，在以后的版本中将会得以实现。
- Knots（段数）：用来控制毛发弯曲时的光滑程度。值越高，表示段数越多，弯曲的毛发越光滑。如图5.8所示为将此值分别设置为3和10时的渲染效果。
- Flat nomals（平面法线）：该选项用来控制毛发的呈现方式。当勾选该复选框时，毛发将以平面方式呈现；而不勾选该复选框时，毛发将以圆柱体方式呈现。

图5.8

2. “Variation（变化）”组

- Direction var（方向变化）：用来控制毛发在方向上的随机变化。值越大，表示变化越强烈；值为0表示不变化。如图5.9所示为将此值分别设置为1和5时的渲染效果。
- Length var（长度变化）：用来控制毛发长度的随机变化。值为1时变化最强烈，值为0时表示不变化。如图5.10所示为将此值分别设置为0.1和0.8时的渲染效果。

图5.9

图5.10

- Thickness var（粗细变化）：用来控制毛发粗细的随机变化。值为1时变化最强烈，值为0时表示不变化。如图5.11所示为将此值分别设置为0.1和0.8时的渲染效果。

图5.11

- Gravity var（重力变化）：用来控制毛发受重力影响的随机变化。值为1时变化最强烈，值为0时表示不变化。如图5.12所示为将此值分别设置为0.1和0.8时的渲染效果。

图5.12

3. “Distribution（分布）”组

- Per face（面分布方式）：用来控制每个面产生的毛发数量，因为物体的每个面不都是均匀的，所以渲染出来的毛发也不均匀。如图5.13所示为将此值分别设置为1和5时的渲染效果。

图5.13

- Per area（面积分布方式）：用来控制单位面积中的毛发数量，这种方式下渲染出来的毛发比较均匀。如图5.14所示为将此值分别设置为0.5和5时的渲染效果。

图5.14

- Ref.frame（关联到帧）：表示源物体获取到计算面大小的帧。获取的数据将贯穿于整个动画过程，确保毛发数量在动画中保持不变。

4. “Placement（布置）”组

- Entire object（整个物体）：点选该单选钮，则可使整个物体产生毛发。
- Selected faces（选择的面）：点选该单选钮，则可使选择的面产生毛发，效果如图5.15所示。

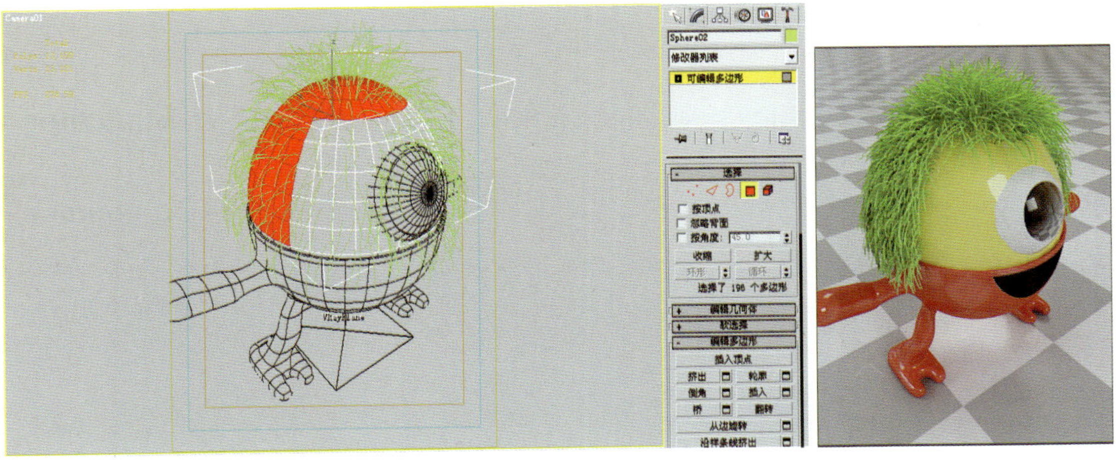

图5.15

- Material ID（材质ID）：用材质的ID来控制毛发的产生。

5. “Mapping（贴图方式）”组

- Generate W-coordinate Channel（创建纹理坐标通道）：此参数可以使用贴图通道来控制毛发。

5.1.2 “Maps（贴图）”卷展栏

- Base map chan（基础贴图通道）：选择贴图的通道。
- Bend direction map（弯曲方向贴图）：用彩色贴图来控制毛发的弯曲方向。
- Initial direction map（最初方向贴图）：用彩色贴图来控制毛发的根部生长方向。
- Length map（长度贴图）：用灰度贴图来控制毛发的长度。
- Thickness map（粗细贴图）：用灰度贴图来控制毛发的粗细。
- Gravity map（重力贴图）：用灰度贴图来控制毛发受重力的影响。
- Bend map（弯曲贴图）：用灰度贴图来控制毛发的弯曲程度。
- Density map（密度贴图）：用灰度贴图来控制毛发的生长密度。

5.1.3 “Viewport display（视窗显示）”卷展栏

- Preview in viewport（视窗预览）：毛发物体在视窗中的预览开关。如图5.16所示分别为该复选框被勾选和取消勾选时的视窗效果。

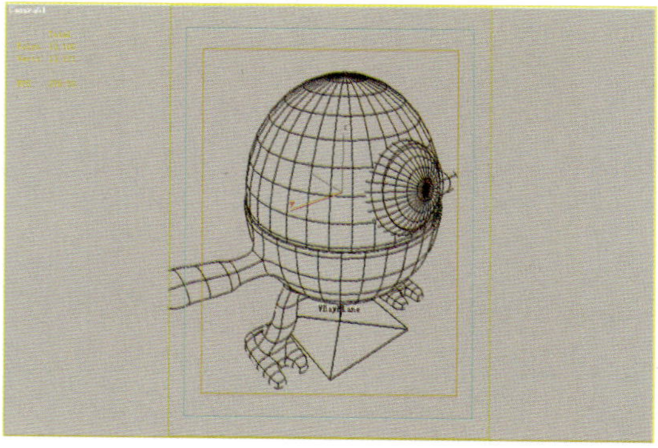

图5.16

- Max.hairs（最大毛发数量）：此参数控制视窗中显示毛发的数量。如图5.17所示为将此值分别设置为100和1000时的视窗效果。

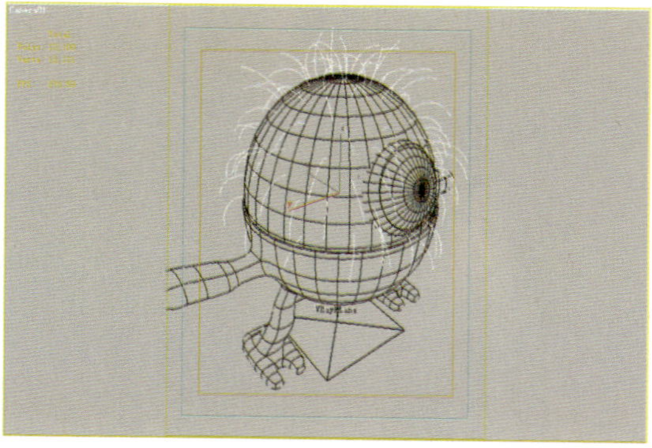
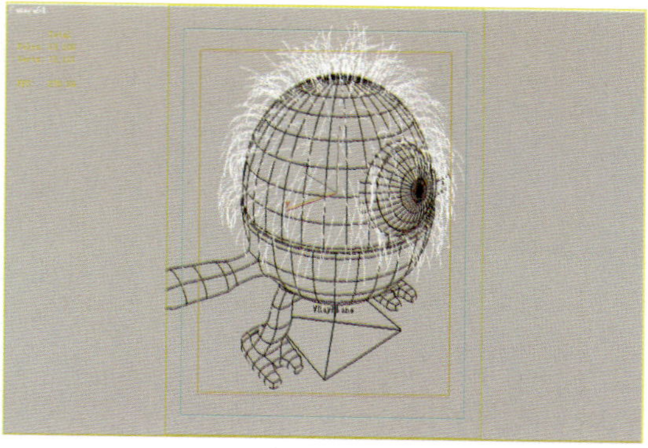

图5.17

- Automatic update（自动更新）：勾选该复选框，对毛发参数的修改变化将自动更新到视窗的显示效果中。
- Manual update（手动更新）：当取消对“Automatic update（自动更新）”复选框的勾选时，视窗中的毛发将不会自动更新，此时单击此按钮，可以手动进行更新。

5.2 VRay置换修改器

VRayDisplacementMod（VRay置换）修改器是一个可以在不修改物体模型的情况下，为场景中的物体添加模型细节的一个强大的修改器。它的效果很像凹凸贴图，但是凹凸贴图仅仅是材质作用于物体表现的一个效果，而VRay置换修改器是作用于物体模型上的一个效果，它的效果比凹凸贴图带来的效果更丰富强烈。

下面将通过一个小场景介绍VRayDisplacementMod（VRay置换）修改器的使用方法和其中各参数的意义。打开本书所附光盘中提供的“第5章\VRay置换.max”场景文件，如图5.18所示。

图5.18

首先需要选中场景中的物体“球体”，然后单击（修改）按钮进入“修改”面板，在修改器列表中选择“VRayDisplacementMod（VRay置换）”修改器，这样就为物体“球体”添加了一个VRayDisplacementMod（VRay置换）修改器，如图5.19所示。

图5.19

VRayDisplacementMod（VRay置换）修改器的参数设置如图5.20所示。

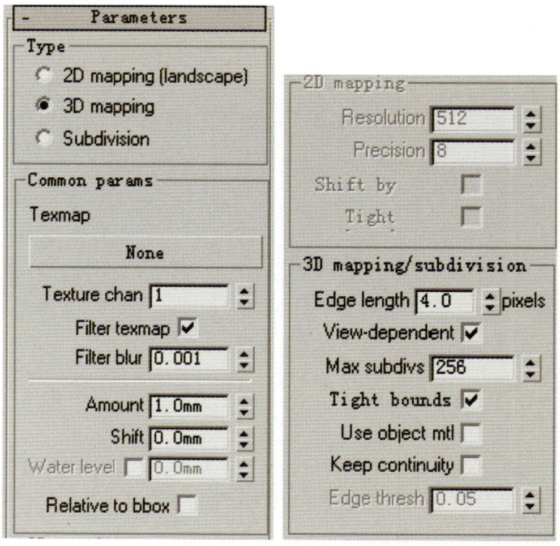

图5.20

5.2.1 “Type（方式）”组

- 2D mapping（landscape）（二维贴图方式）：此方式根据置换贴图来产生凹凸效果，凹或凸的地方是根据置换贴图的明暗来产生的，暗的地方为凹，亮的地方为凸。实际上，VRay在对置换贴图进行分析的时候，已经得出了凹凸结果，最后渲染的时候只是把结果映射到三维空间上。此方式要求指定正确的贴图坐标。
- 3D mapping（三维贴图）：此方式根据置换贴图来细分物体的三角面。它的渲染效果比2D好，但是速度比2D慢。
- Subdivision（细分方式）：此方式和三维贴图方式比较相似，在三维置换的基础上对置换产生的三角面进行光滑处理，使置换产生的效果更加细腻，渲染速度比三维贴图慢。

5.2.2 “Common params（通用参数）”组

- Texmap（贴图纹理）：单击下侧的按钮，可以选择一个贴图来当作置换所用的贴图。如图5.21所示为添加贴图后的默认渲染效果。贴图文件为本书配套光盘中提供的“第5章\VRvay置换\贴图\arch40_076_01.jpg”文件。

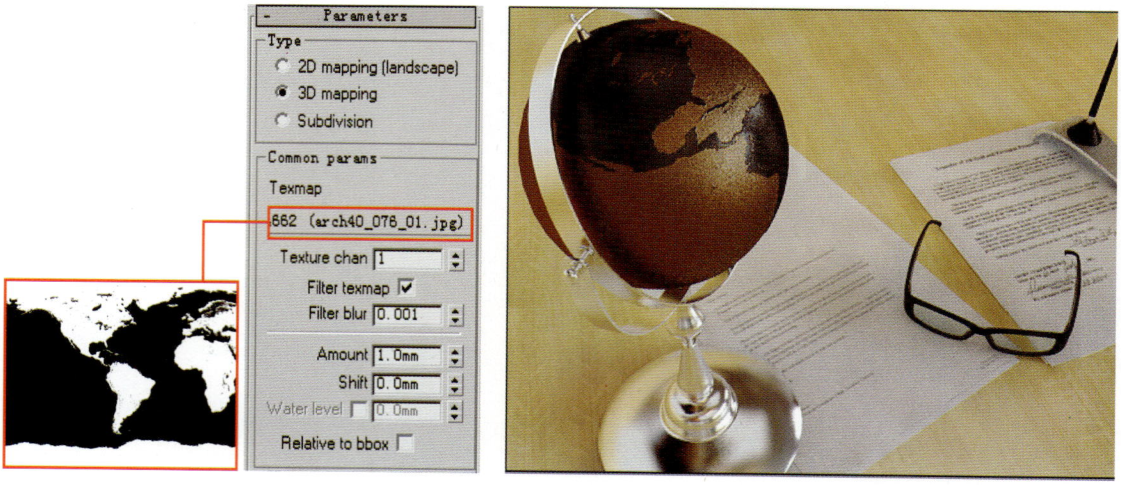

图5.21

- Texture chan（贴图通道）：此贴图通道和给置换物体添加的UVW map中的贴图通道相对应。
- Filter texmap（纹理过滤）：当勾选该复选框时，将使用渲染面板中的Antialiaing（AA抗锯齿）来为纹理进行过滤。

- Filter blur（过滤模糊）：用来控制置换物体渲染出来的纹理清晰程度。值越小，纹理越清晰。
- Amount（总量）：用来控制置换效果的强度。值越高效果越强烈，而负值将产生凹陷的效果。如图5.22所示为将此值设置为－5、5和10时的渲染效果。

图5.22

- Shift（缩放）：用来控制置换物体的收缩膨胀效果。正值是膨胀效果，负值是收缩效果。如图5.23所示为将此值设置为－10和10时渲染效果。

图5.23

- Water level（水平级别）：用来定义置换效果的最低界限。在这个值以下的三角面将全部删除。
- Relative to bbox（关联边界）：置换的数量将以Box的边界为基础，这样置换出来的效果非常强烈。如图5.24所示为该复选框勾选前和勾选后的渲染效果。

图5.24

5.2.3 “2D mapping（2D贴图）”组

- Resolution（分辨率）：用来控制置换物体表面分辨率的程度。最大值为16384，值越高表面分辨率越清晰，需要置换贴图的分辨率也越高。
- Precision（精度）：用来控制物体表面置换效果的精度。值越高置换效果越好。
- Shift by（平均缩放）：该复选框被勾选时，“Common params”组中的“Shift”复选框将不可用，这时根据置换贴图的平均值来缩放。
- Tight（紧密区域）：当该复选框被勾选时，VRay会对置换贴图进行预先分析。如果置换贴图的色阶比较平淡，那么会加快渲染速度；如果置换贴图的色阶比较丰富，那么渲染速度会减慢。

5.2.4 “3D mapping/subdivision（3D贴图/细分）”组

- Edge length（边界长度）：用来定义三维置换产生的三角面的边线长度。值越小，产生的三角面越多，置换品质越高。
- View-dependent（依靠视图）：该复选框被勾选时，边界长度以像素为单位；取消对该复选框的勾选时，则以世界单位来定义边界的长度。
- Max subdivs（最大细分）：用来控制置换产生的一个三角面里最多能包含多少个小三角面。
- Tight bounds（紧密区域）：当该复选框被勾选时，VRay会对置换贴图进行预先分析。如果置换贴图的色阶比较平淡，那么会加快渲染速度；如果置换贴图的色阶比较丰富，那么渲染速度会减慢。
- Use object mtl（使用物体材质）：使用物体自身材质来作为置换贴图。这时“Common params”组中的“Texmap”、“Teture”、“Filter Texmap”选项都将不可用。
- Keep continuity（保持连续）：取消对该复选框的勾选时，具有不同材质ID和不同光滑组的面之间将会产生破裂现象，而勾选该复选框后，将防止它们破裂。
- Edge thresh（边界范围）：当“Keep Continuity”复选框被勾选以后，此文本框将被激活，它控制不同材质ID和不同光滑组的面之间进行缝合的范围。

5.3 VRay卡通材质设置方法

VRayToon（VRay卡通）是一种能够在场景中的物体上产生卡通风格轮廓的插件。在早期，VRayToon只是作为VRay开发工具中有实用性的一部分。需要注意的是，VRayToon并不会产生完全的非现实主义渲染效果。

下面将通过一个小场景介绍VRayDisplacementMod（VRay置换）修改器的使用方法和其中各参数的意义。打开本书所附光盘中提供的“第5章\VRayToon.max”场景文件，如图5.25所示。

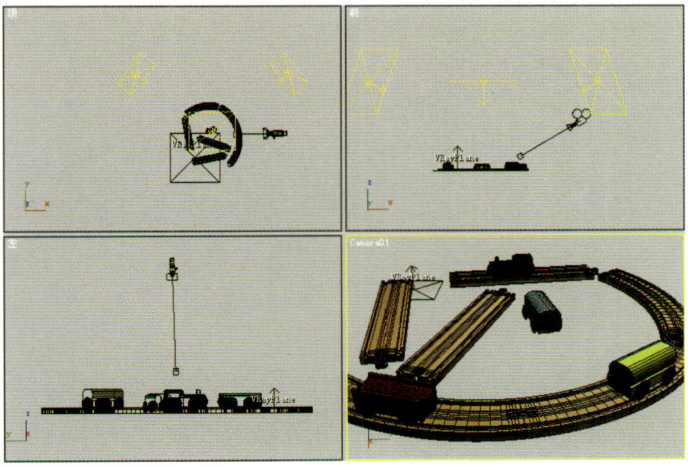

图5.25

首先为场景添加卡通效果。按8键弹出“环境和效果”对话框，然后单击“大气”卷展栏中的 添加... 按钮，在弹出的“添加大气效果”对话框中选择“VRayToon”选项，如图5.26所示。

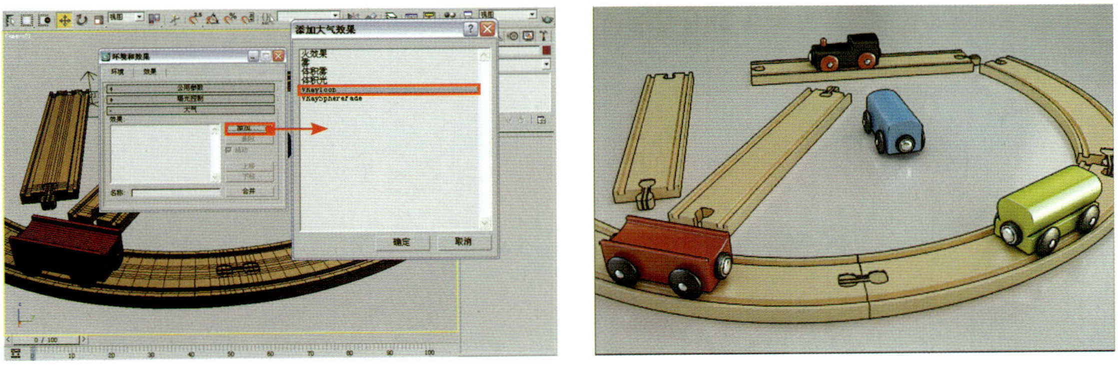

图5.26

添加VRayToon后，其参数会出现在“大气与环境”对话框中，如图5.27所示。

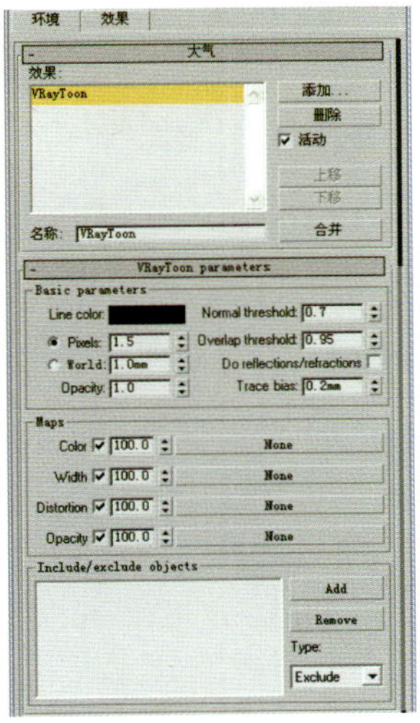

图5.27

5.3.1 “Basic parameters（基本参数）”组

- Line color（轮廓颜色）：控制物体产生卡通效果时的轮廓线颜色。如图5.28所示为分别将其设置为黑色和绿色时的渲染效果。

图5.28

- Pixels（像素）：以像素为单位来控制轮廓线的宽度。值越大，轮廓线越粗。如图5.29所示为将此值分别设置为0.7、2和4时的渲染效果。

图5.29

- World（世界比例）：用系统当前单位来控制轮廓线的粗细。距摄像机近的轮廓线在渲染时会粗一些。如图5.30所示为将其值设置为1和3时的渲染效果。

图5.30

- Opacity（不透明度）：此参数用于控制卡通轮廓线的透明度。取值范围为0~1，值越小，轮廓线效果越弱。

- Normal threshold（法线极限）：此参数用于控制表面法线变化不定物体的各个部分何时产生轮廓线。值为0时，意味着只有在90°或更大的角度才产生内在的轮廓线。设置较大值则意味着平滑的法线表面也能产生轮廓线。不要将这个值设置为1，因为此时会完全填充曲面物体。
- Overlap threshold（重叠极限）：此参数用于控制何时在物体的重叠部分产生轮廓线。值越低内部重叠线越少，值越高内部重叠线越高。同样不要将值设置为1，否则会完全填充物体。
- Do reflections/refractions（执行反射/折射）：勾选该复选框会导致在反射和折射时也出现轮廓线。为了便于观察效果，我们将场景中地面部分材质的反射效果设置得明显些，如图5.31所示为勾选和取消勾选该复选框时的渲染效果。

图5.31

- Trace bias（追踪偏移）：此参数取决于场景的比例，它决定轮廓在进行反射/折射时的光线偏移。

5.3.2 “Maps（贴图）”组

- Color（颜色贴图）：可以为轮廓线指定一张纹理贴图，如图5.32所示。

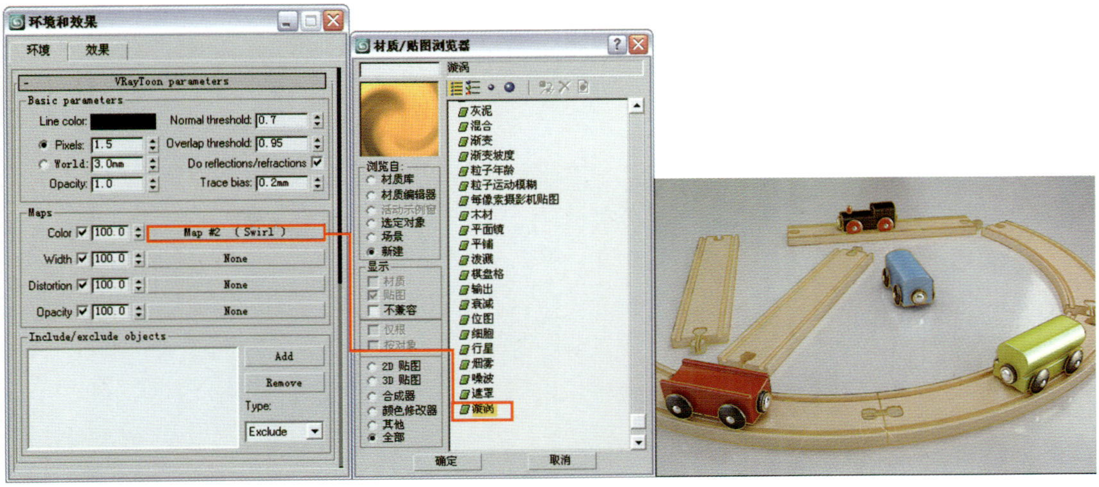

图5.32

- Width（宽度贴图）：用纹理贴图的方式对轮廓线的粗细进行倍增，如图5.33所示。

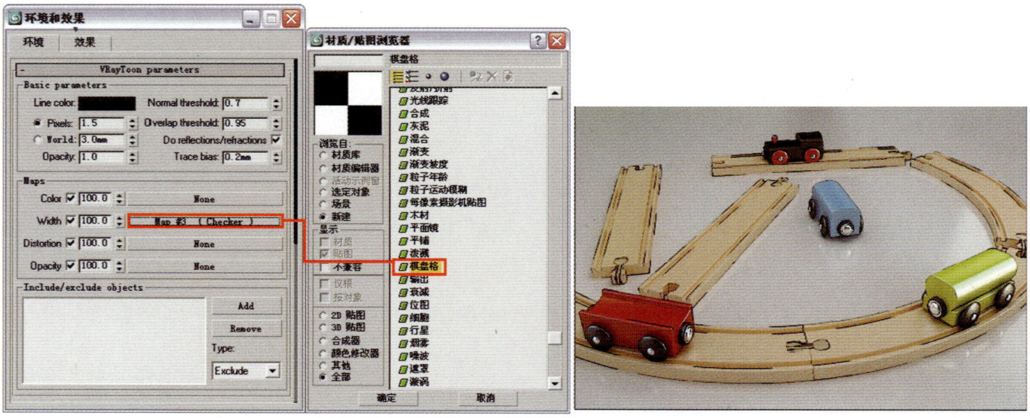

图5.33

- Distortion（扭曲贴图）：通过指定贴图来对轮廓线进行扭曲。它与凹凸贴图的工作方式类似，以纹理贴图的倾斜方向作为扭曲的方向，值越大，扭曲程度越大。
- Opacity（不透明贴图）：通过贴图来控制轮廓线的不透明度，如图5.34所示。

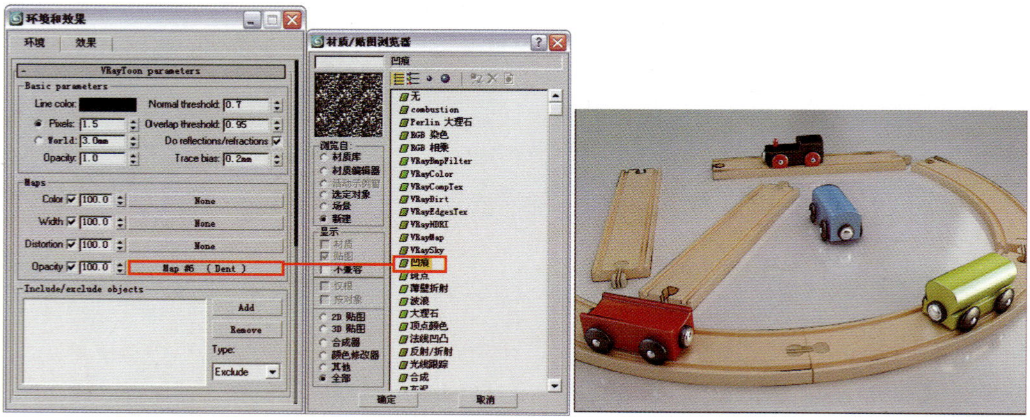

图5.34

5.3.3 “Include/exclude object（包含/排除物体）”组

“Include/exclude object”组用来控制场景中的物体是否受VRayToon影响，与灯光中的排除功能类似。如图5.35所示为将场景中所有小车模型物体排除后的渲染效果。

图5.35

06

第6章

工业产品造型展示

光盘\第6章 /光盘路径

★★ /操作难度

无 /设计风格

众所周知，工业设计在新产品的设计开发及整个企业的经营战略中发挥着重要作用。工业设计是美化、优化工业产品的重要步骤，无论是消费品、汽车，还是电子产品，工业设计都起着越来越重要的作用。本章将以手机和汽车为实例进行讲解。

6.1 手机渲染实例

本实例是一个工业产品的渲染表现，有非常强的针对性和实用性，强调设计理念和制作技术的完美结合。

本场景采用了日光的表现手法，实例效果如图6.1所示。

图6.1

如图6.2所示为手机模型的线框效果图。

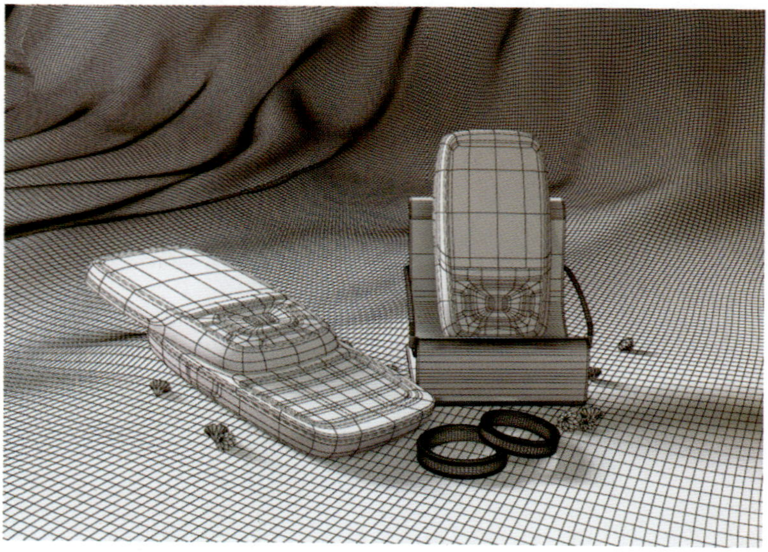

图6.2

下面首先进行测试渲染参数设置，然后进行灯光布置。

6.1.1 手机测试渲染设置

打开配套光盘中的“第6章\手机源文件.max”场景文件，如图6.3所示，可以看到这是一个已经创建好的手机模型。

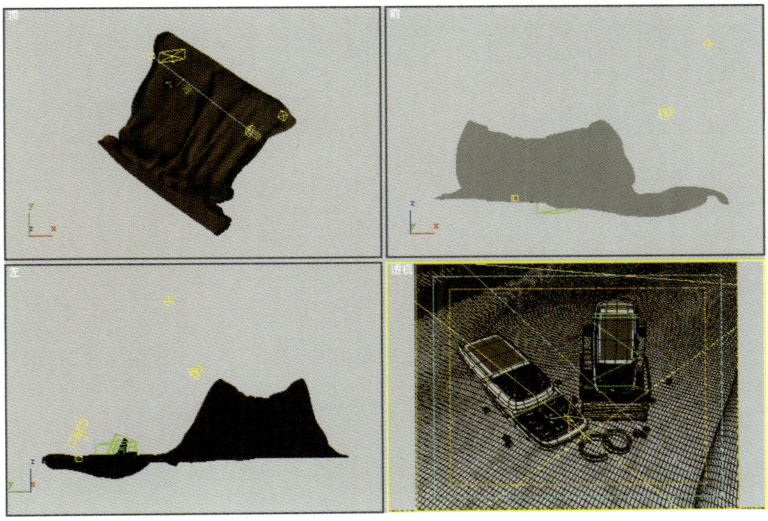

图6.3

下面首先进行测试渲染参数设置，然后为场景创建摄像机。

1. 设置测试渲染参数

测试渲染参数的设置步骤如下。

Step 01 按F10键打开“渲染场景”对话框，在“公用”选项卡的“指定渲染器”卷展栏中单击“产品级”右侧的...（选择渲染器）按钮，然后在打开的“选择渲染器”对话框中选择安装好的“V-Ray Adv 1.5 RC3”渲染器，如图6.4所示。

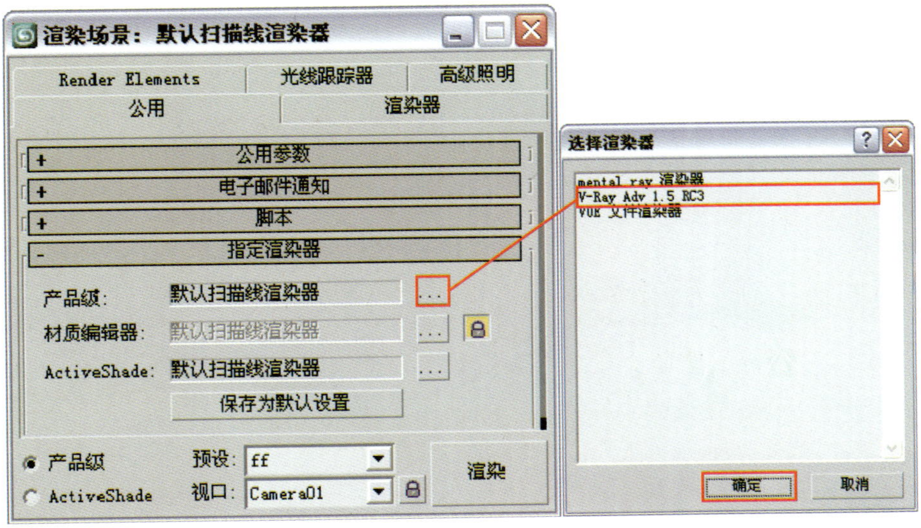

图6.4

Step 02 按F10键打开“渲染场景”对话框，在“公用”选项卡的“公用参数”卷展栏中设置较小的图像尺寸，如图6.5所示。

Step 03 在“渲染器”选项卡的-Ray:: Global switches卷展栏中设置参数，如图6.6所示。

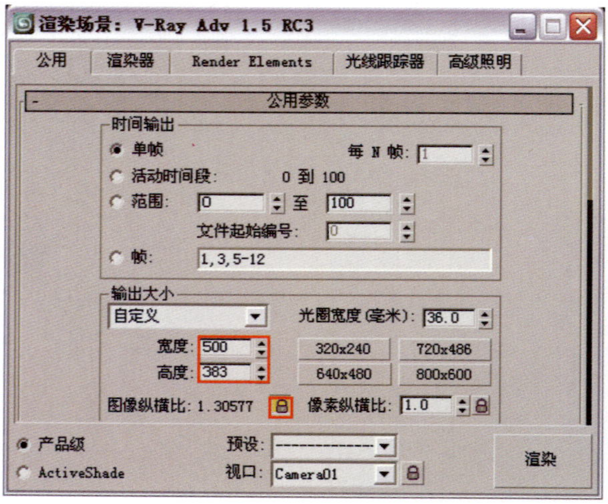

图6.5

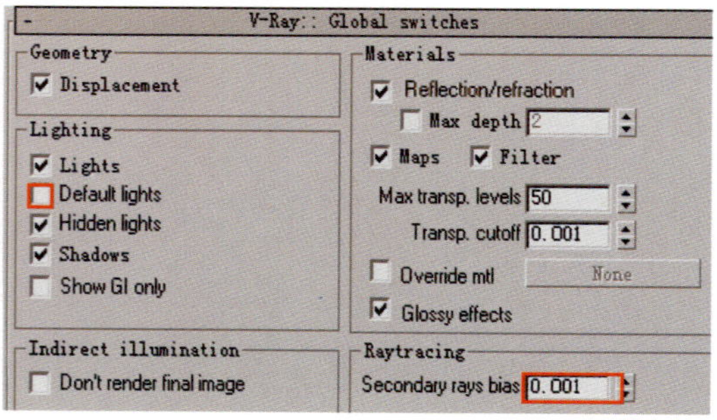

图6.6

Step 04 在V-Ray:: Image sampler (Antialiasing)（抗锯齿采样）卷展栏中设置参数，如图6.7所示。

Step 05 在V-Ray:: Indirect illumination (GI)（间接照明）卷展栏中设置参数，如图6.8所示。

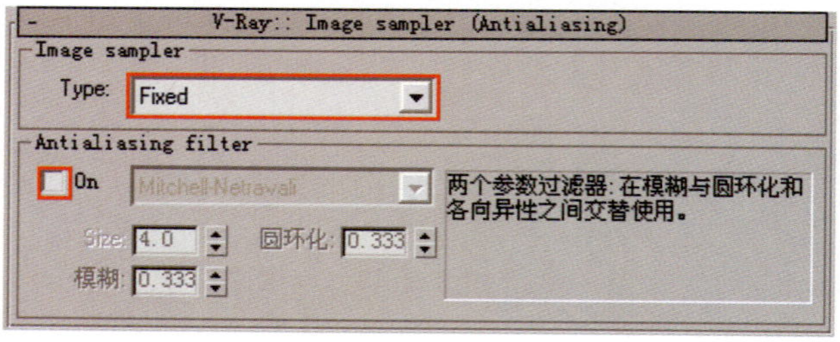

图6.7

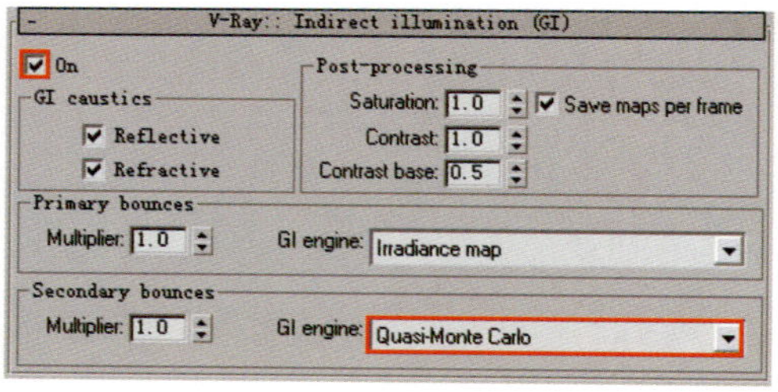

图6.8

Step 06 在V-Ray:: Irradiance map（发光贴图）卷展栏中设置参数，如图6.9所示。

Step 07 在V-Ray:: Quasi-Monte Carlo GI（准蒙特卡罗）卷展栏中设置参数，如图6.10所示。

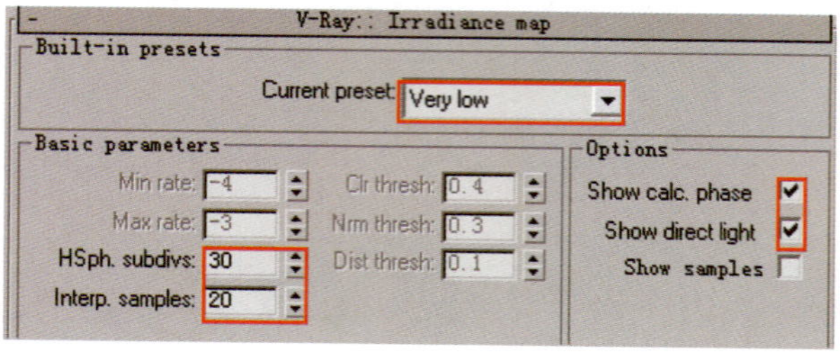

图6.9

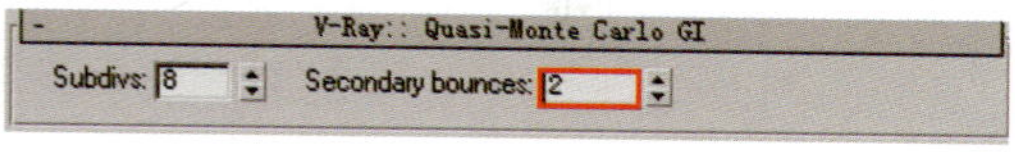

图6.10

Step 08 在V-Ray:: Environment（环境光）卷展栏中设置参数，如图6.11所示。

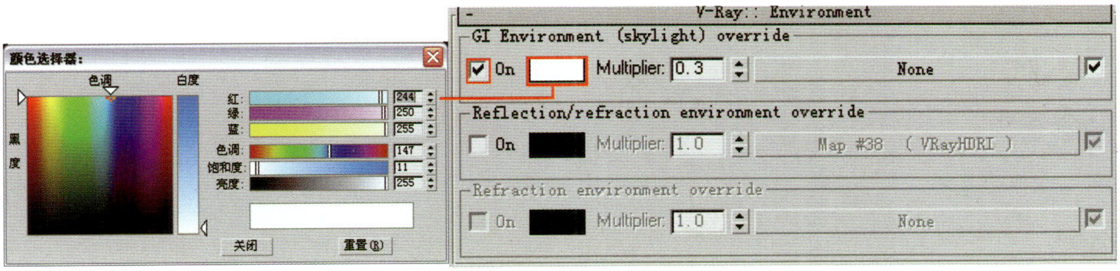

图6.11

Step 09 单击Reflection/refraction environment override右侧的贴图通道按钮，为其添加一个“VRayHDRI”程序贴图，参数设置如图6.12所示。

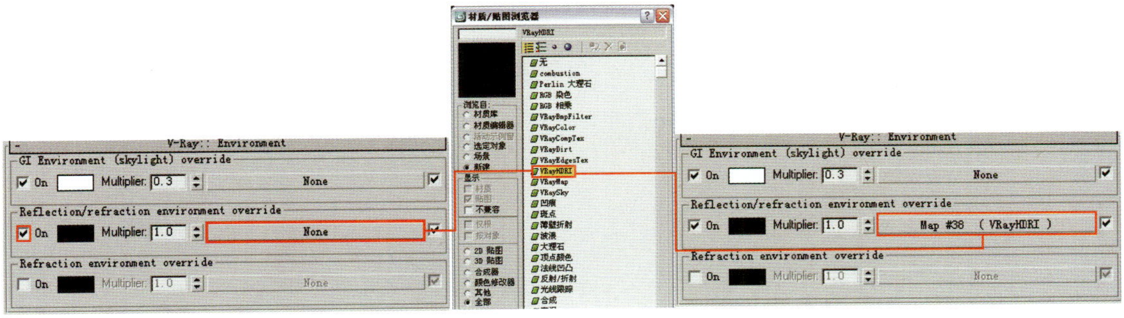

图6.12

Step 10 把Reflection/refraction environment override组中的贴图通道按钮的“VRayHDRI”程序贴图拖动到材质球上，参数设置如图6.13所示。HDRI文件为本书配套光盘中提供的“第6章\贴图\xhdr0.hdr”文件。

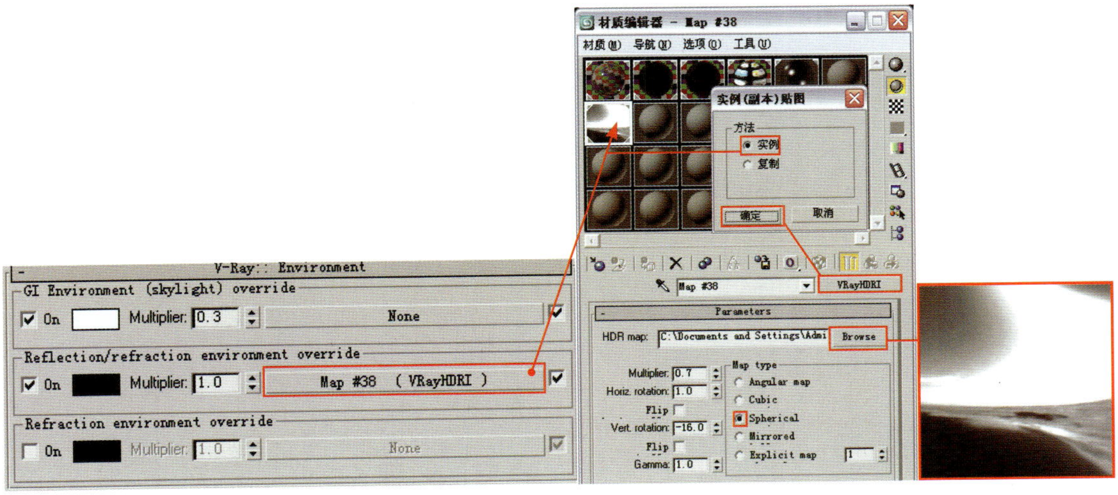

图6.13

2. 创建目标摄像机

目标摄像机总是指向在摄像机前面一定距离内的可控制目标点。当创建目标摄像机时，该摄像机将沿着目标点的方向“查看”区域。目标摄像机有两个用于目标和摄像机的独立图标，如图6.14所示。

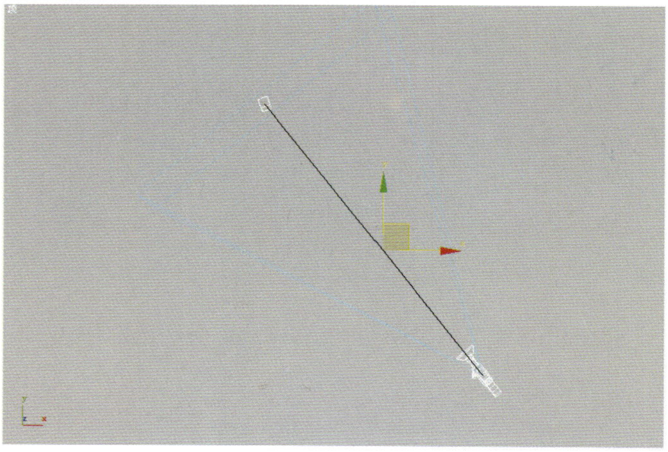

图6.14

Tip 提示：

单击摄像机和连接目标的直线可以选择摄像机对象和目标对象，但是区域选择却不能识别连接目标的直线。

下面为手机场景创建目标摄像机，具体操作步骤如下。

Step 01 在“创建”面板中单击（摄像机）按钮，并在“标准”类型中单击 目标 按钮，然后在Top视图中创建相机，如图6.15所示。

Step 02 单击（修改）按钮，在“修改”面板进行具体参数设置如图6.16所示。

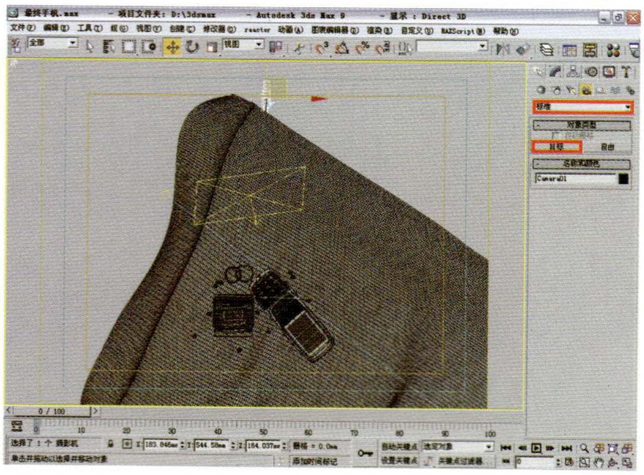

图6.15

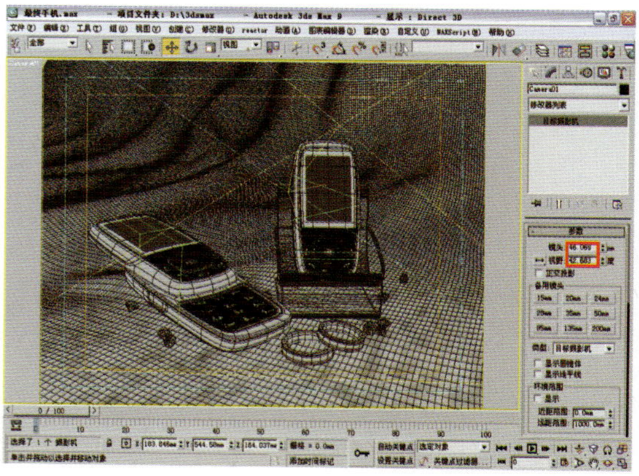

图6.16

Step 03 调整摄像机角度，直至得到令人满意的视觉效果。

Tip 提示：

重命名目标摄像机时，将自动重命名目标，以与之相匹配。

6.1.2 布置场景灯光

本场景光线来源为目标平行光、泛光灯和VRayLight面光源，在为场景创建灯光前，首先用一种白色材质覆盖场景中的所有物体，这样便于观察灯光对场景的影响。

Step 01 按M键打开“材质编辑器”对话框，选择一个空白材质球，单击其 Standard 按钮，在打开的“材质/贴图浏览器”对话框中选择 VRayMtl 材质，将材质命名为“替换材质”，具体参数设置如图6.17所示。

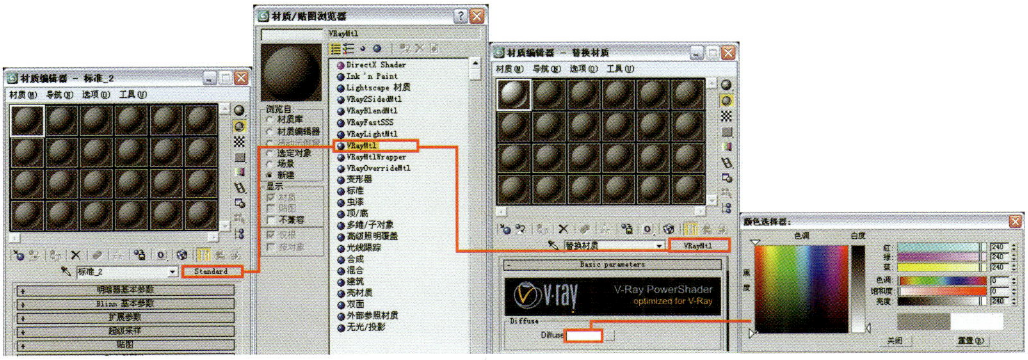

图6.17

Step 02 按F10键打开“渲染场景”对话框，在“渲染器”选项卡的V-Ray:: Global switches卷展栏中勾选“Override mtl”前的复选框，然后在“材质编辑器”对话框中，将“替换材质”的材质球拖放到“Override mtl”右侧的“None”贴图通道按钮上，并以“实例”方式进行关联复制，具体参数设置如图6.18所示。

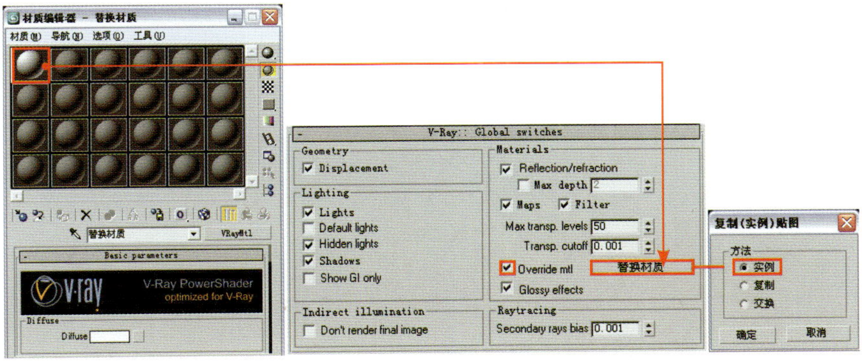

图6.18

Step 03 下面开始创建室外的日光。在“创建”面板中单击（灯光）按钮，在下拉菜单中选择“标准”选项，然后在“对象类型”卷展栏中单击 目标平行光 按钮，在视图中创建一盏目标平行光，位置如图6.19所示，参数设置如图6.20所示。

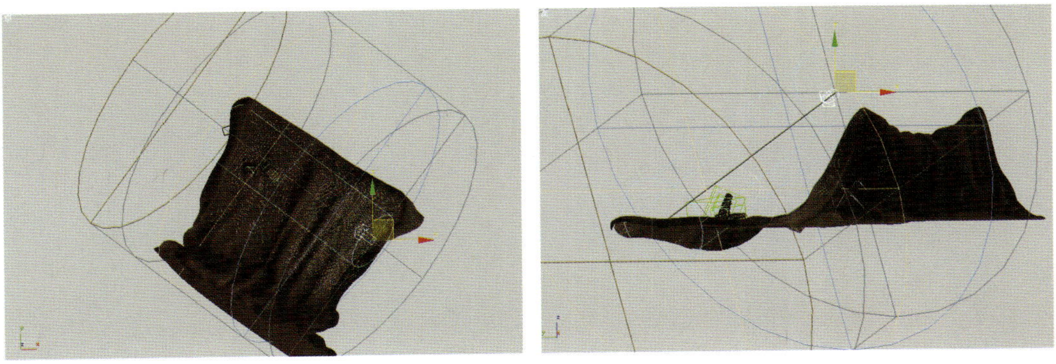

图6.19

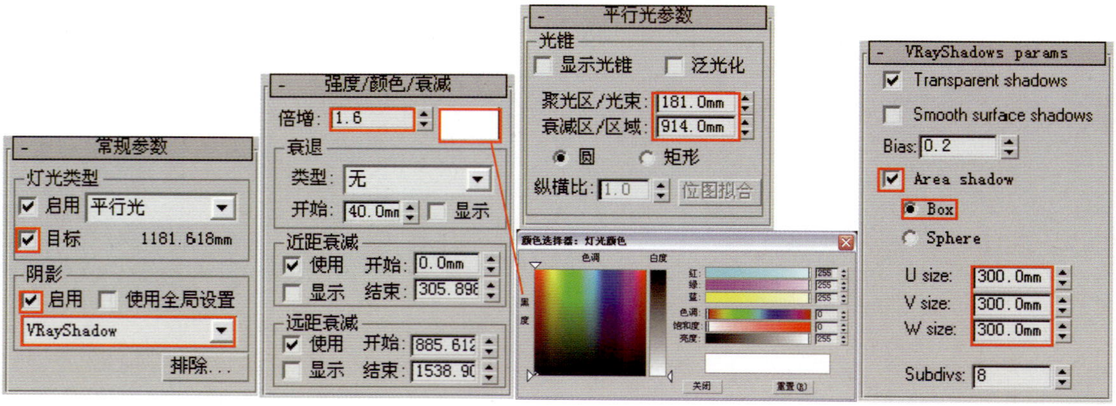

图6.20

Step 04 对摄像机视图进行渲染，局部效果如图6.21所示。

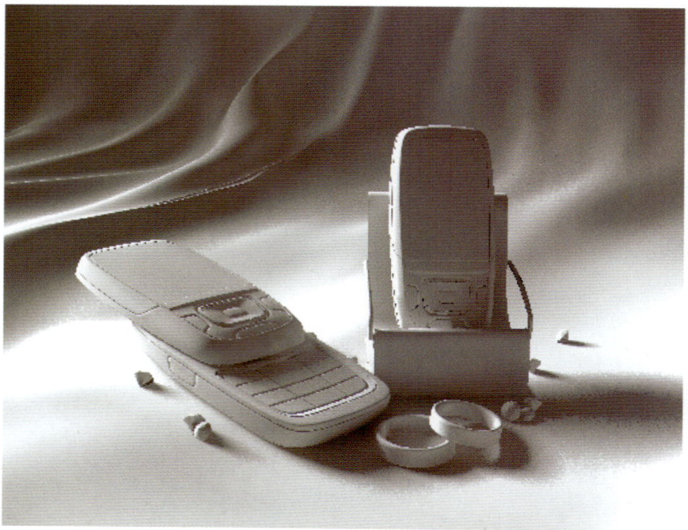

图6.21

Step 05 下面开始泛光灯的创建。在“创建”面板中单击 （灯光）按钮，在下拉菜单中选择“标准”选项，然后在“对象类型”卷展栏中单击“泛光灯”按钮，在场景中创建一盏泛光灯，位置如图6.22所示。

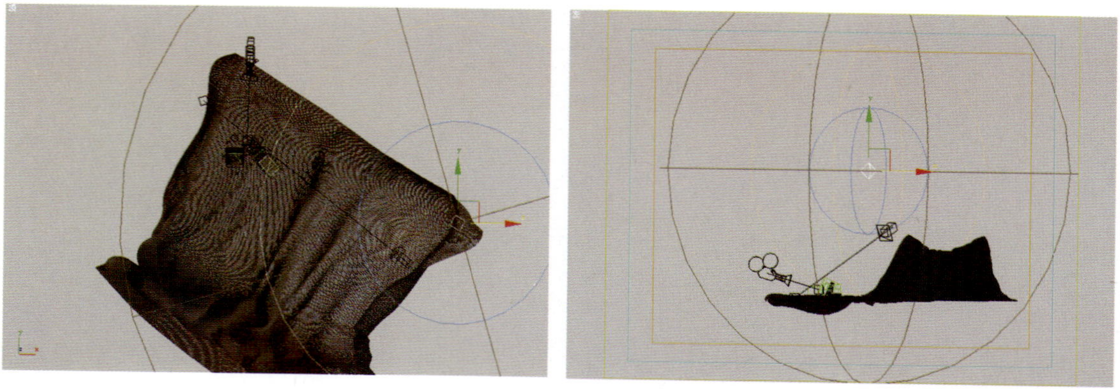

图6.22

Step 06 灯光参数设置如图6.23所示。

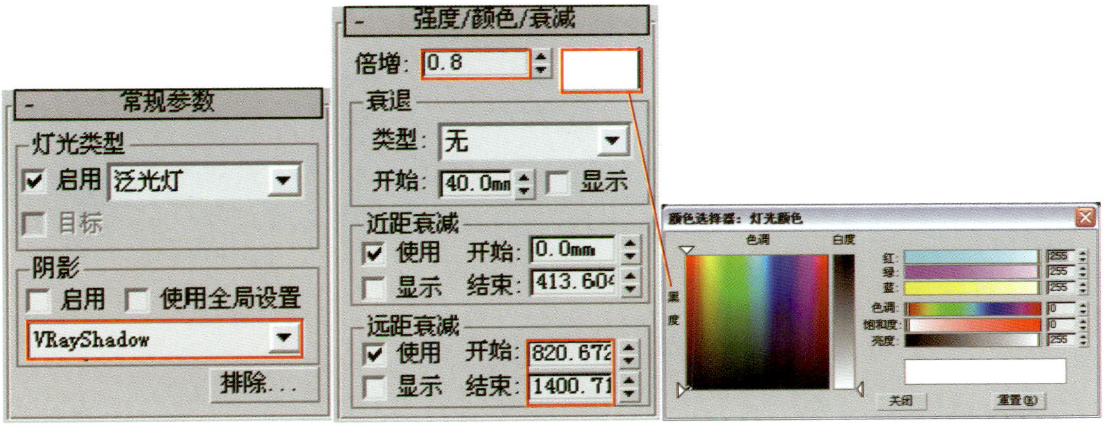

图6.23

Step 07 对摄像机视图进行局部渲染，效果如图6.24所示。

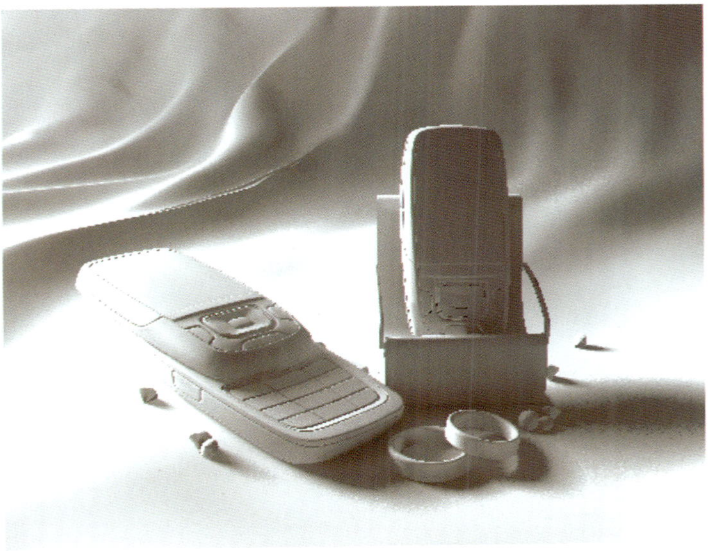

图6.24

Step 08 下面为场景创建补光。在场景中创建一盏VRayLight面光源，如图6.25所示。

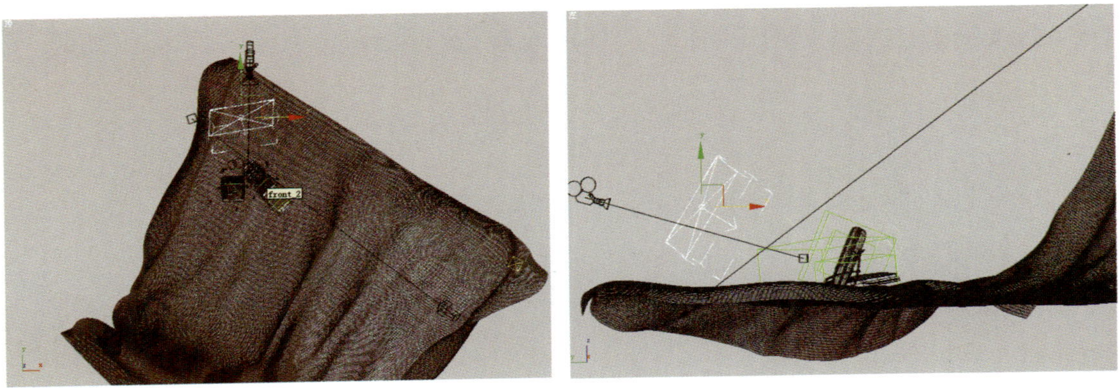

图6.25

Step 09 灯光参数设置如图6.26所示。

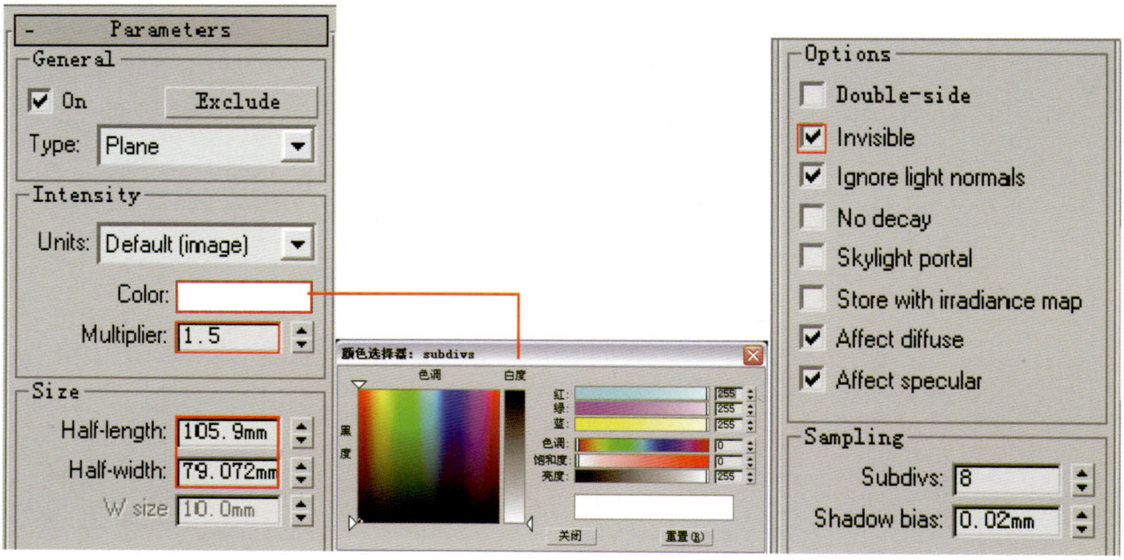

图6.26

Step 10 对摄像机视图进行渲染，效果如图6.27所示。

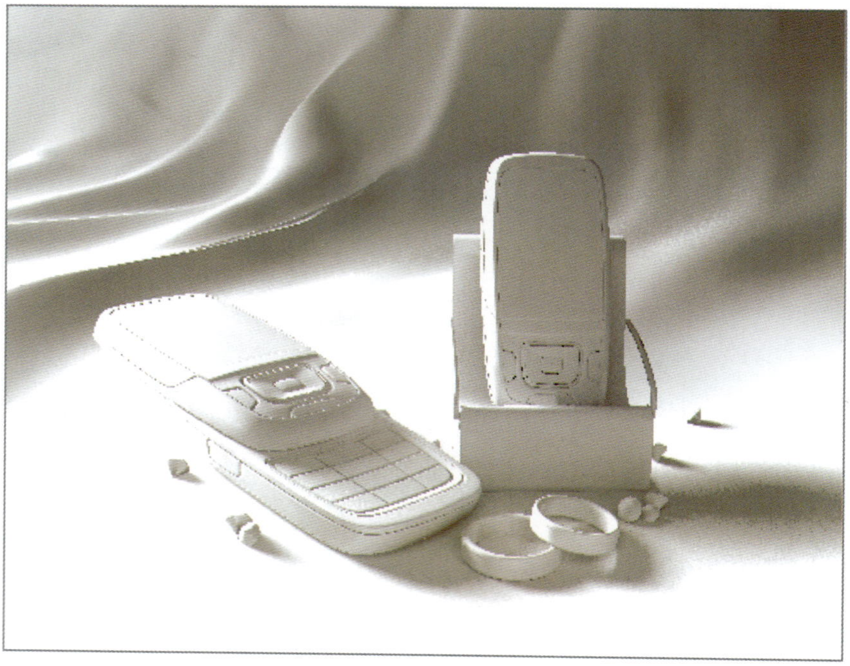

图6.27

上面分别对目标平行光、泛光灯和VRayLight面光源进行了测试，最终测试结果有点亮，是场景中没有材质的原因。下面对场景的材质进行设置。

6.1.3 设置场景材质

手机材质是比较丰富的，主要集中在金属、塑料等材质设置上，如何很好地表现这些材质的效果是表现的重点与难点。

Tip 提示：

在制作模型时必须清楚物体材质的区别，将同一种材质的物体进行成组或附加操作，这样可以为赋予物体材质提供很多方便。

Step 01 在设置场景材质前，首先要取消前面对场景物体的材质替换状态。按F10键打开“渲染场景”对话框，在V-Ray:: Global switches卷展栏中，取消“Override mtl”复选框的勾选状态，如图6.28所示。

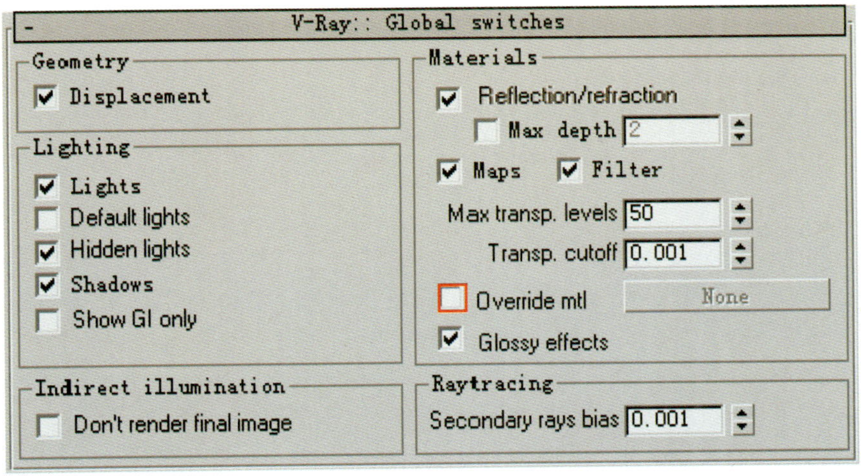

图6.28

Step 02 设置外壳金属的材质。在“材质编辑器”对话框中选择一个空白材质球，将其设置为VRayMtl材质，并将材质命名为“外壳金属”。单击“Diffuse”右侧的贴图按钮，为其添加一个“衰减”程序贴图，具体参数设置如图6.29所示。

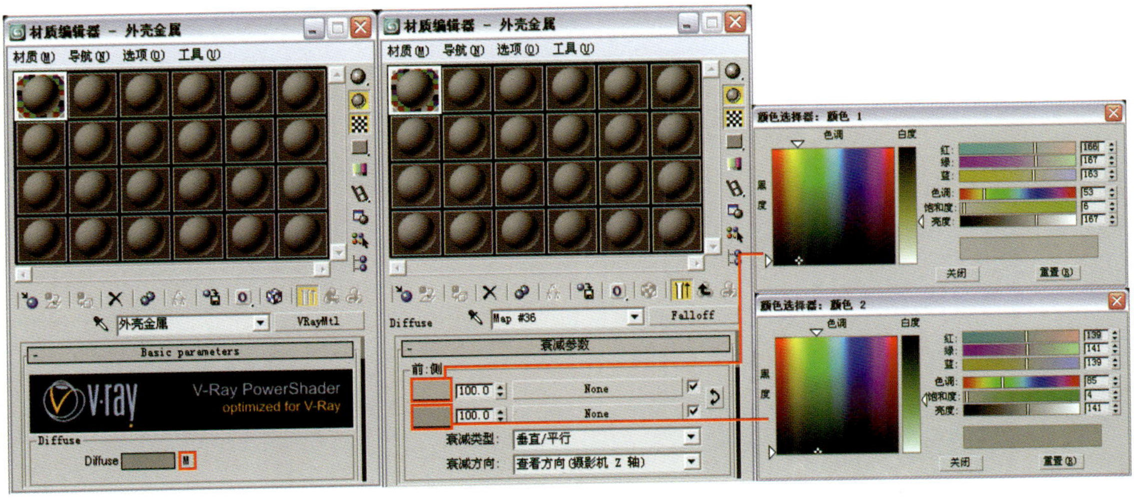

图6.29

Step 03 返回“VRayMtl”材质层级，单击“Reflect”右侧的颜色按钮，具体参数设置如图6.30所示。将材质指定给物体“外壳金属”，对摄像机视图进行渲染，局部效果如图6.31所示。

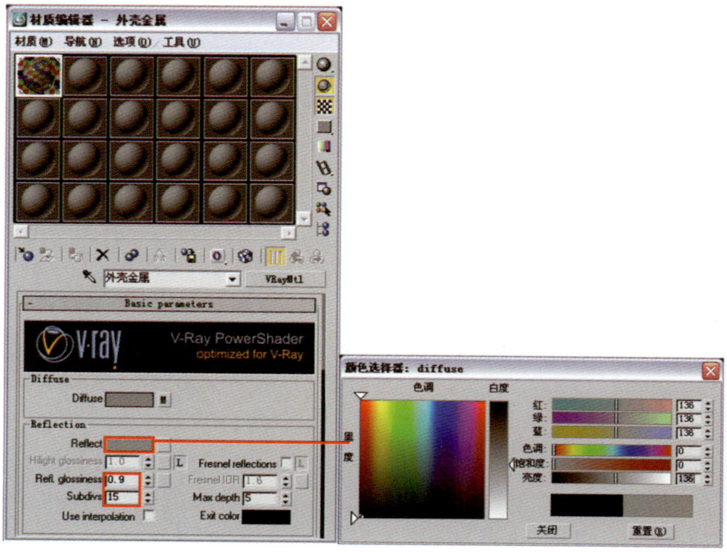

图6.30

图6.31

Step 04 设置场景的塑料材质。首先设置“黑色塑料”材质，在“材质编辑器”对话框中选择一个空白材质球，将其设置为 VRayMtl 材质，并将材质命名为“黑色塑料”。单击“Diffuse”右侧的颜色按钮，具体参数设置如图6.32所示。

Step 05 将材质指定给物体“黑塑料外壳”，对摄像机视图进行渲染，局部效果如图6.33所示。

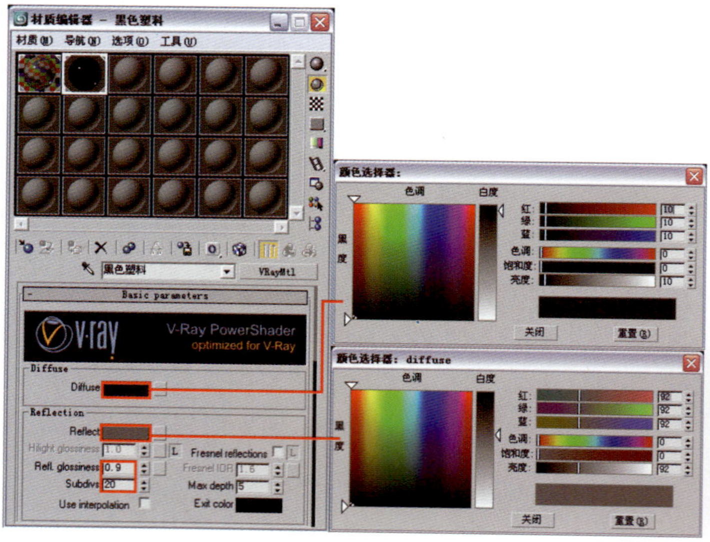

图6.32

图6.33

Tip 提示：

场景中部分物体的材质已经事先设置好，这里仅对场景中的主要材质进行讲解。

Step 06 设置灰色塑料的材质。选择一个空白“标准”材质球，并将材质球命名为“灰色塑料”。单击“Diffuse”右侧的贴图按钮，为其添加一个“衰减”程序贴图，参数设置如图6.34所示。

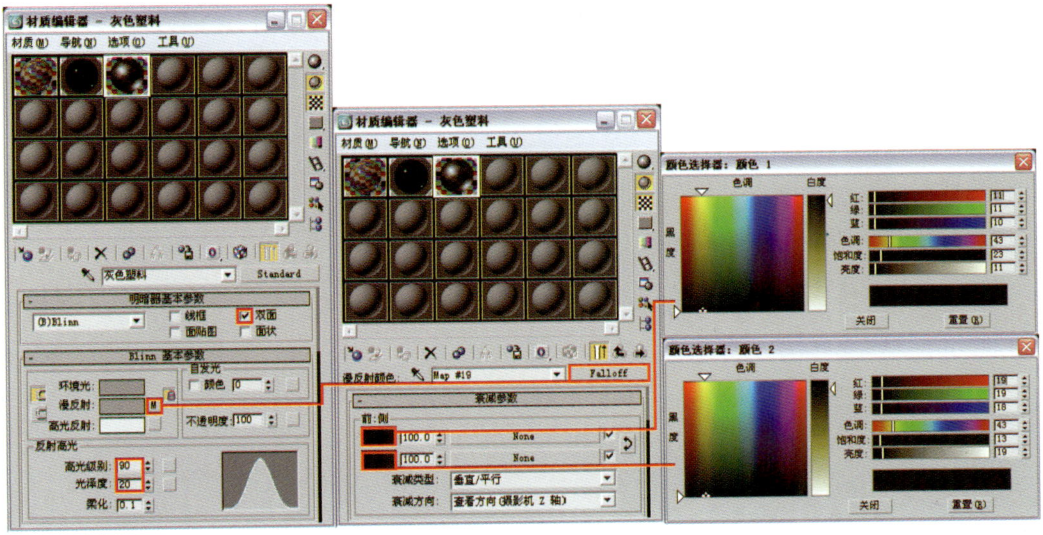

图6.34

Step 07 返回“标准”材质层级，在“贴图”卷展栏中为“反射”右侧的贴图通道按钮添加一个“VRaymap”，具体参数设置如图6.35所示。

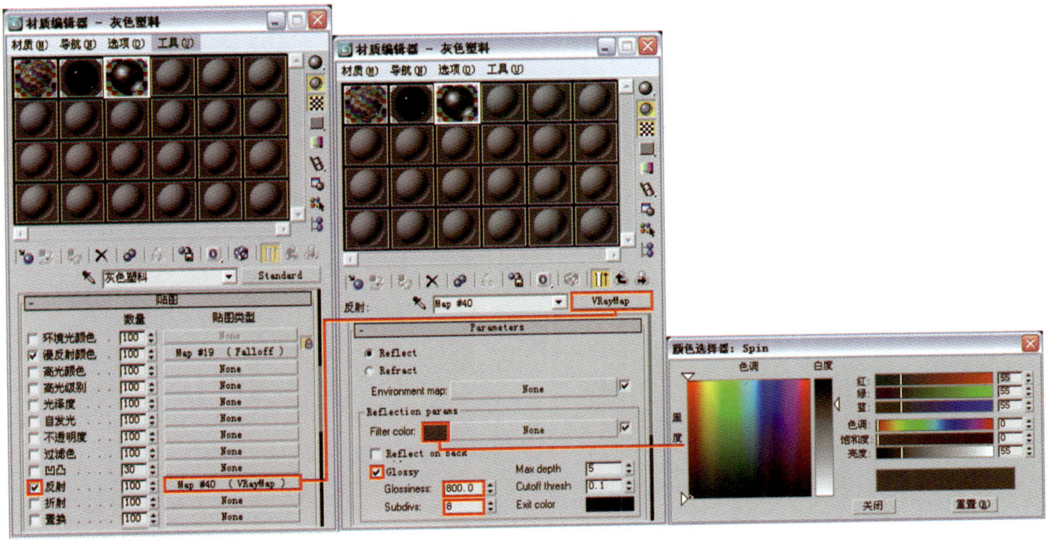

图6.35

Step 08 将材质指定给物体“灰色塑料外壳”，对摄像机视图进行渲染，局部效果如图6.36所示。

图6.36

Step 09 设置手机键盘的材质。在“材质编辑器”对话框中选择一个空白“标准”材质球，并将材质命名为“手机键盘”。单击 Standard 按钮将其设置为“多维/子对象”材质，具体参数设置如图6.37所示。

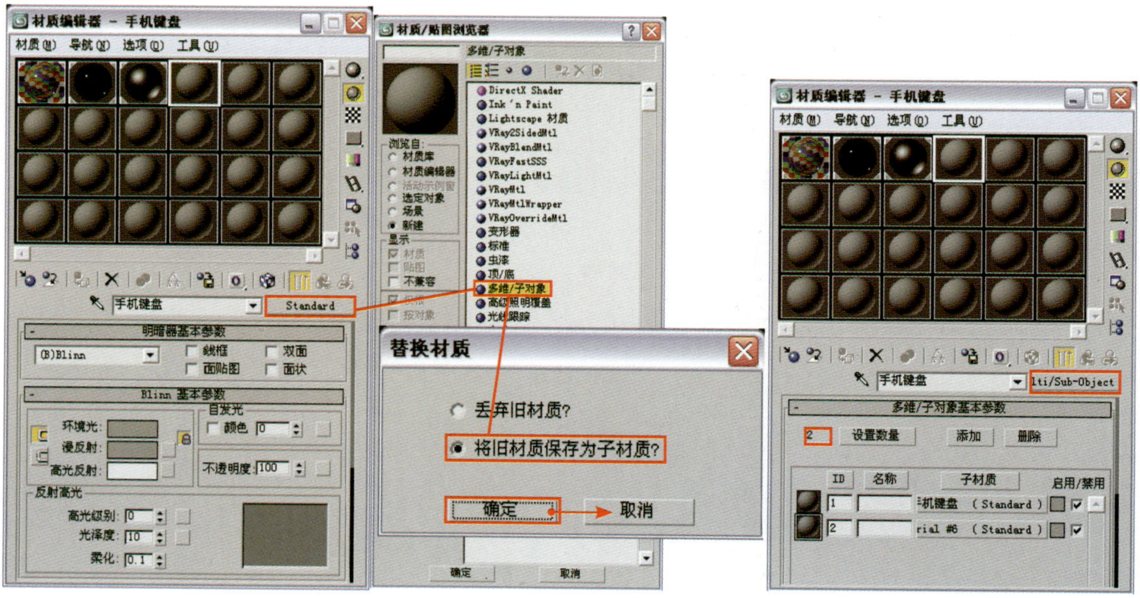

图6.37

Step 10 在“多维/子对象”材质层级中单击第一个贴图通道按钮，将材质命名为“键盘数字”，具体参数设置如图6.38所示。贴图文件为本书配套光盘中提供的“第6章\贴图\main_button.psd”文件。

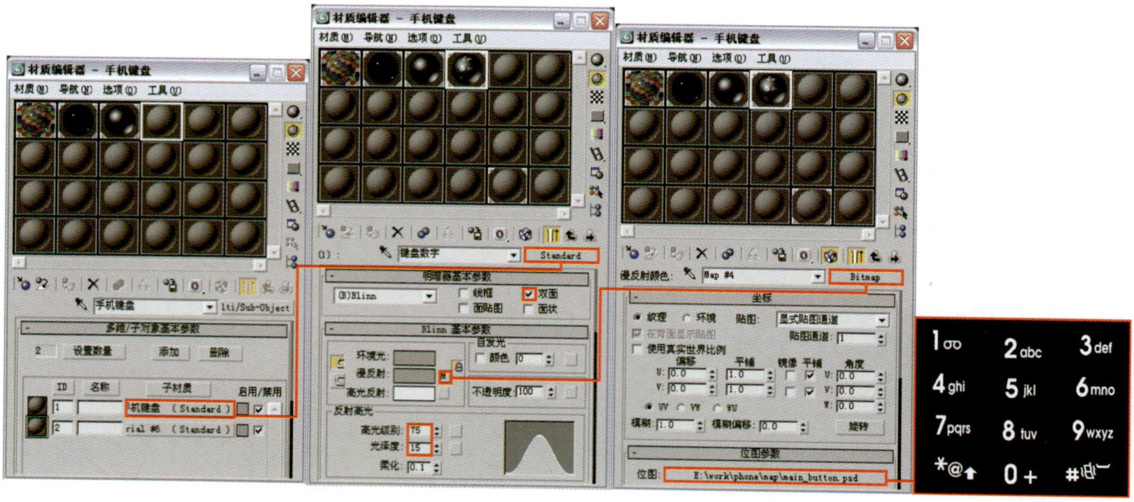

图6.38

Step 11 返回“标准”材质层级，在“贴图”卷展栏中为“反射”右侧的贴图通道按钮添加一个“VRaymap”贴图，具体参数设置如图6.39所示。

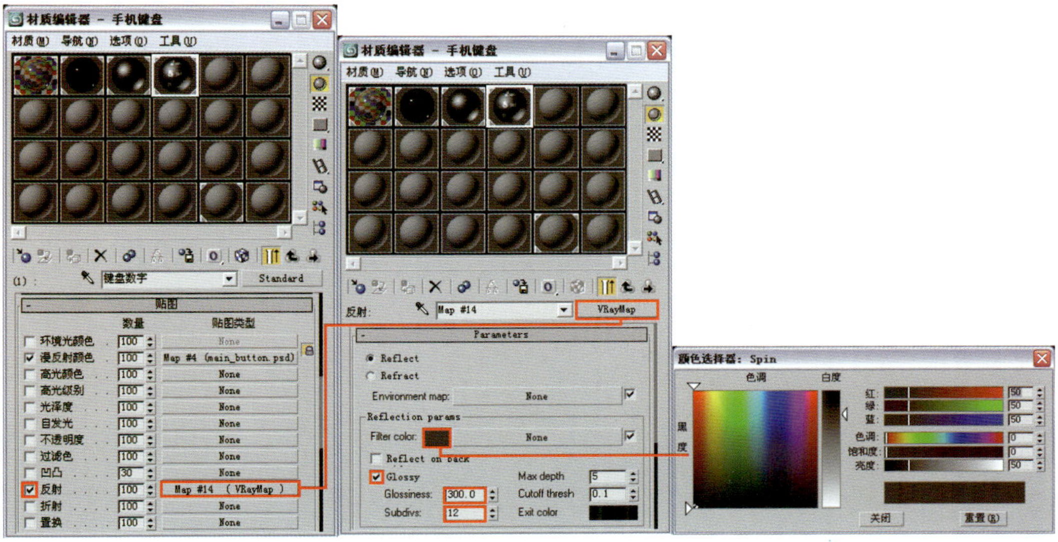

图6.39

Step 12 返回“多维/子对象”材质层级，单击第二个贴图通道按钮，将其设置为 VRayMtl 材质，并将材质命名为“键盘塑料”，具体参数设置如图6.40所示。

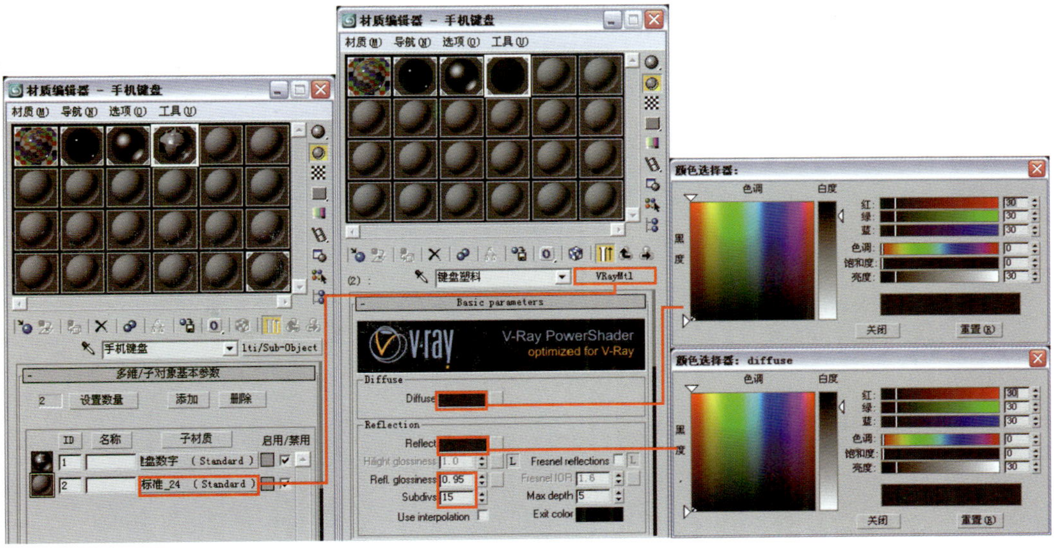

图6.40

Step 13 将材质指定给物体“手机键盘”，对摄像机视图进行渲染，局部效果如图6.41所示。

图6.41

至此，场景的灯光测试和材质设置都已经完成，下面将对场景进行最终渲染设置。最终渲染设置将决定图像的最终渲染效果。

6.1.4 最终渲染设置

1. 最终测试灯光效果

场景中材质设置完毕后需要对场景进行渲染，观察此时的场景效果，对摄像机视图进行渲染，效果如图6.42所示。

图6.42

观察渲染效果可以看出，场景光线有点暗，接下来对“V-Ray::Color mapping”卷展栏进行参数设置，如图6.43所示。再次对摄像机视图进行渲染，效果如图6.44所示。

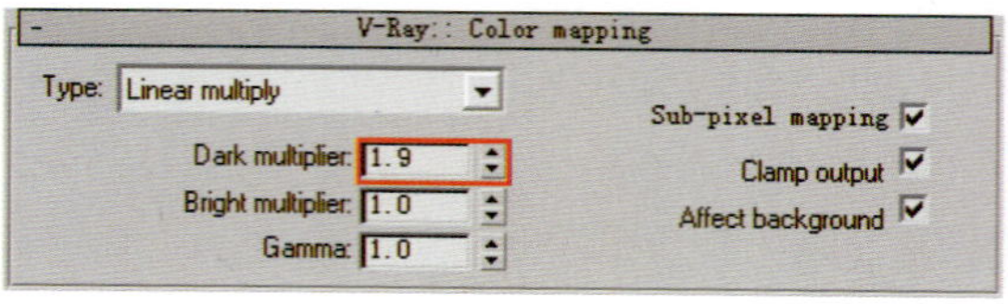

图6.43

图6.44

观察渲染效果，场景光线不需要再调整，接下来设置最终渲染参数。

2. 灯光细分参数设置

Step 01 将模拟日光的目标平行光的灯光细分值设置为24，如图6.45所示。

Step 02 将补光的VRayLight的灯光细分值设置为18，如图6.46所示。

Step 03 将泛光灯的灯光细分值设置为20，如图6.47所示。

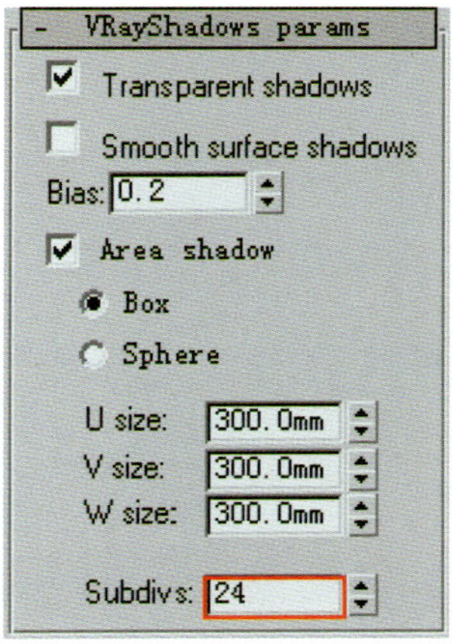

图6.45

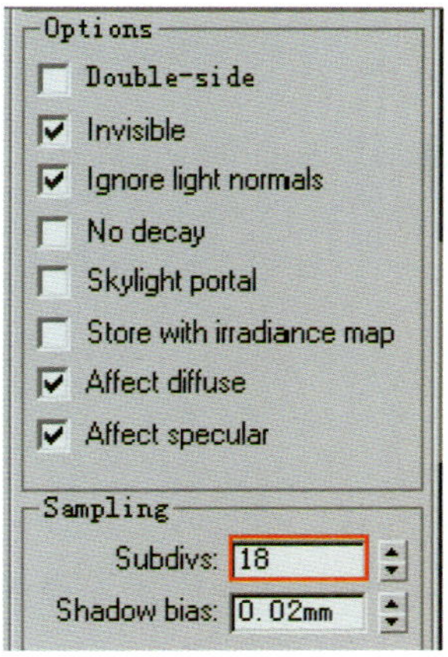

图6.46

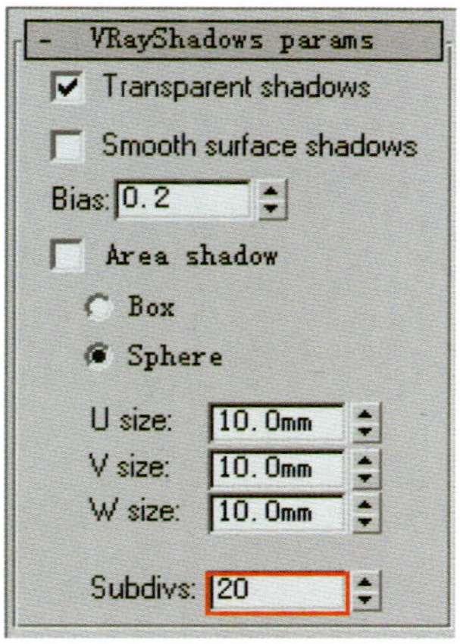

图6.47

3. 设置保存发光贴图的渲染参数

为了更快地渲染出尺寸比较大的最终图像，可以先使用小尺寸的图像渲染并保存发光贴图和灯光贴图，然后再渲染大尺寸的最终图像。保存发光贴图和灯光贴图渲染设置的操作步骤如下。

Step 01 在 V-Ray:: Global switches （全局设置）卷展栏中勾选“Don't render final image（不渲染最终图像）”复选框，如图6.48所示。

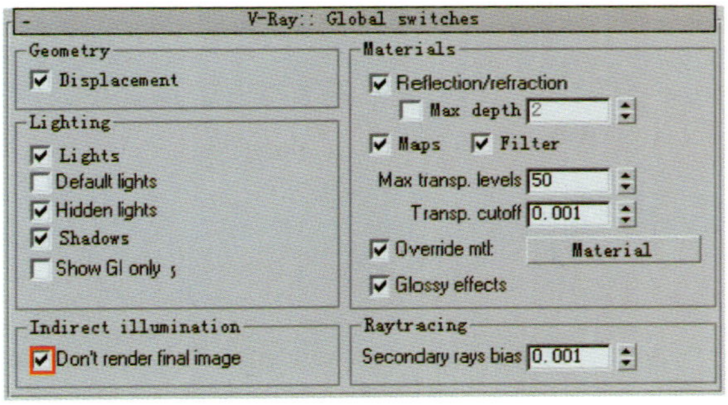

图6.48

Tip 提示：

勾选该复选框后，VRay将只计算相应的全局光子贴图，而不渲染最终图像，从而节省一定的渲染时间。

Step 02 下面进行渲染级别设置。在 V-Ray:: Irradiance map （发光贴图）卷展栏中设置参数，如图6.49所示。

Step 03 在 V-Ray:: Quasi-Monte Carlo GI （准蒙特卡罗全局光照）卷展栏中设置参数，如图6.50所示。

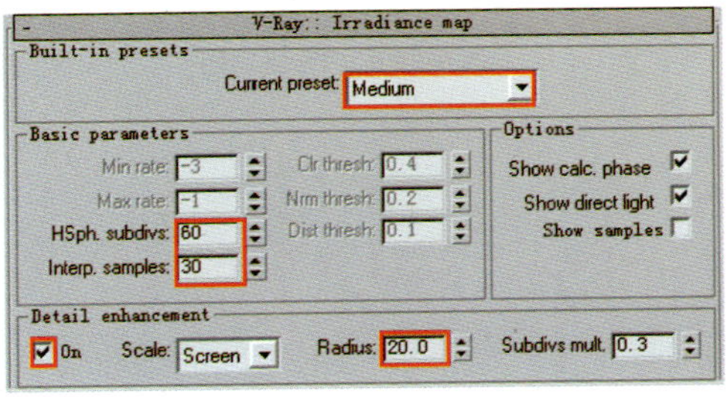

图6.49

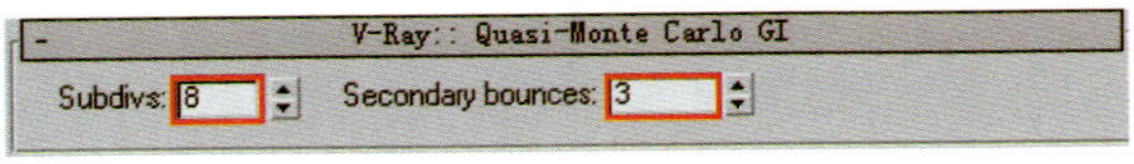

图6.50

Step 04 在V-Ray:: rQMC Sampler（准蒙特卡罗采样器）卷展栏中设置参数，如图6.51所示，这是模糊采样设置。

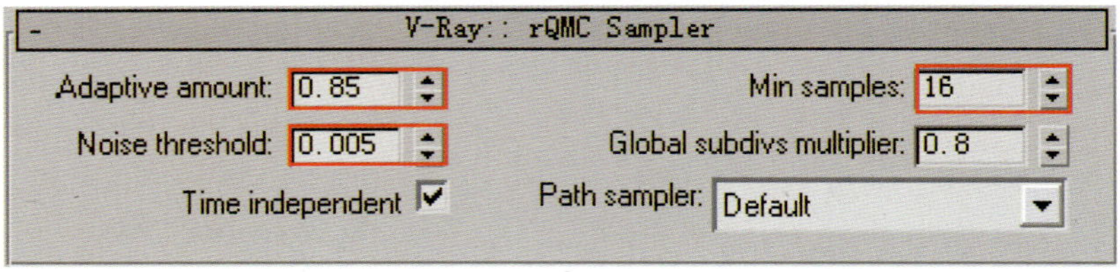

图6.51

Step 05 渲染级别设置完毕，接下来设置保存发光贴图的参数。在V-Ray:: Irradiance map（发光贴图设置）卷展栏中，勾选“On render end（渲染结束后）”组中的“Don't delete（布删除）”和“Auto save（保存）”复选框，然后单击“Auto save（保存）”后面的Browse（预览）按钮，在打开的“Auto save irradiance map（保存发光贴图）”对话框中输入要保存的“发光贴图”文件名以及选择保存路径，如图6.52所示。

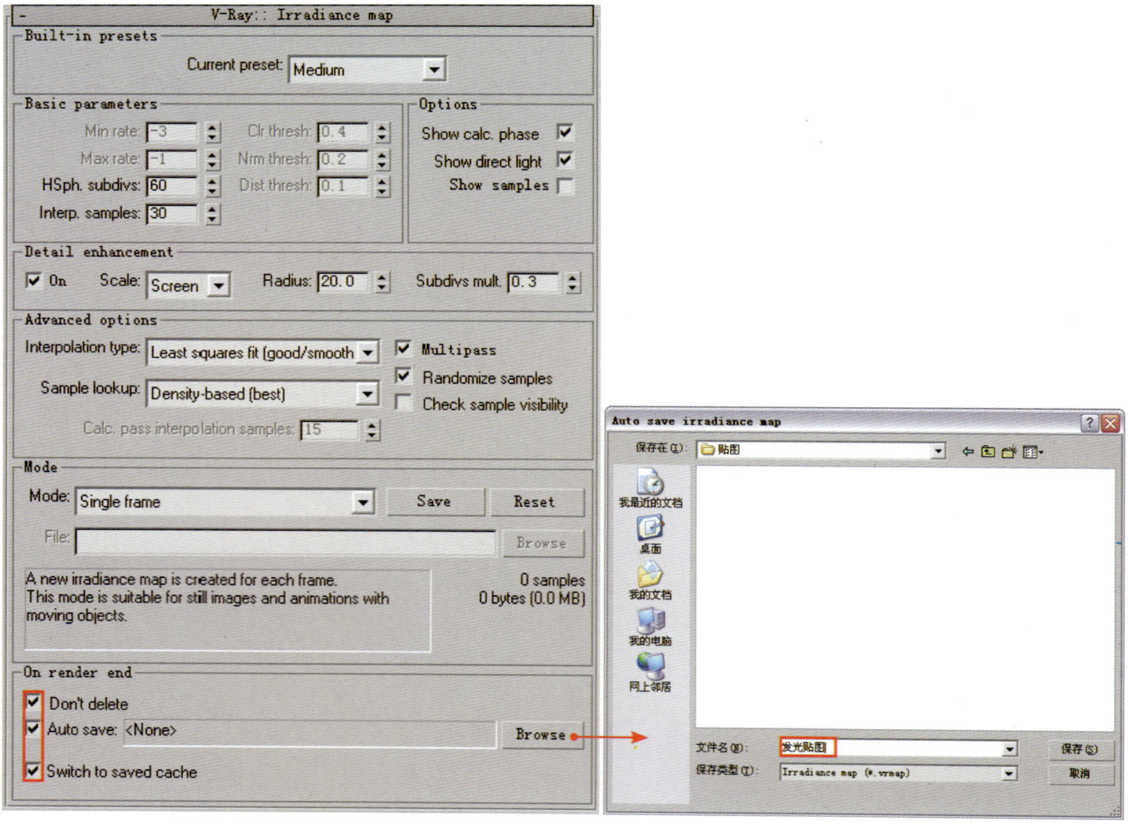

图6.52

Tip 提示：

勾选“Switch to saved cache（切换到已保存缓存贴图）”复选框，当渲染结束之后，当前的发光贴图模式将自动转换为From file类型，并直接调用之前保存的发光贴图文件。

Step 06 保持“公用”选项卡中测试时的输出大小，对摄像机视图进行渲染，效果如图6.53所示。由于这次设置了较高的渲染采样参数，因此渲染时间也增加了。

图6.53

Tip 提示：

由于勾选了“Don't render final image（不渲染最终图像）”复选框，可以发现系统并没有渲染最终图像，渲染完成后发光贴图将被保存到指定的路径中，并在下一次渲染时自动调用。

渲染参数设置完成后，最后设置保存发光贴图和灯光贴图的参数并进行渲染即可。

4. 最终成品渲染

最终成品渲染参数的设置步骤如下。

Step 01 设置图像的输出尺寸。当发光贴图和灯光贴图计算完毕后，在“渲染场景”对话框的“公用”选项卡中设置最终渲染图像的输出尺寸，如图6.54所示。

Step 02 在 V-Ray:: Global switches （全局设置）卷展栏中取消对“Don't render final image（不渲染最终图像）”复选框的勾选，如图6.55所示。

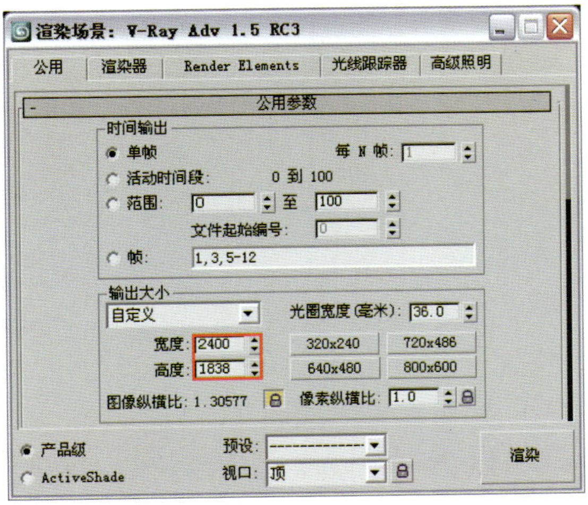

图6.54

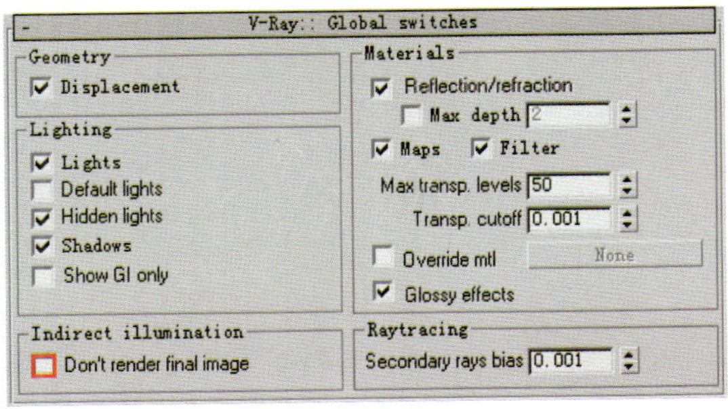

图6.55

Step 03 在 Indirect illumination (GI) 卷展栏中设置抗锯齿和过滤器参数，如图6.56所示。

Step 04 最终渲染效果如图6.57所示。

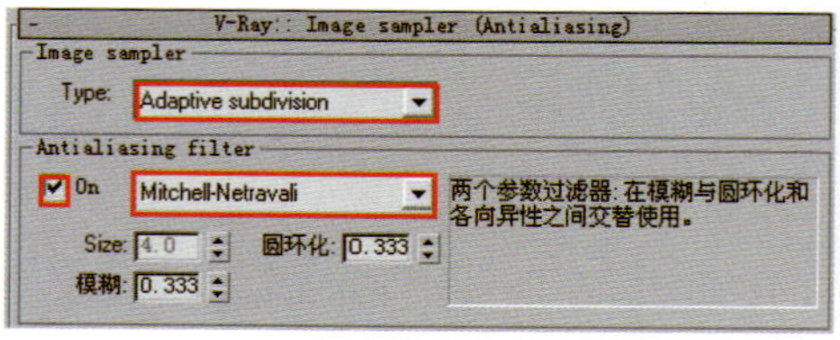

图6.56

图6.57

6.2 Photoshop后期处理

渲染完成后，使用Photoshop软件对图像的亮度、对比度以及饱和度进行调整，使效果更加生动、逼真。主要使用到的命令有“曲线”、“高斯模糊”以及“USM 锐化”等。

Step 01 在Photoshop CS3软件中打开渲染效果图，选择菜单栏中的“图像”→“调整”→“亮度/对比度”命令，参数设置如图6.58所示。

Step 02 在图层面板中将“背景”图层拖动到面板下方的 （创建新图层）按钮上，这样就会复制出一个副本图层，如图6.59所示。

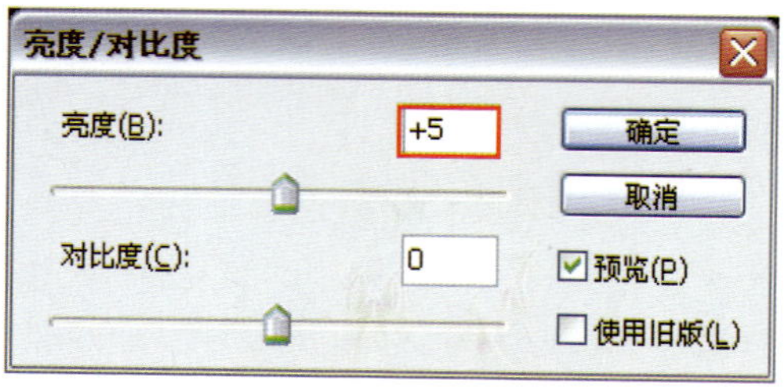

图6.58

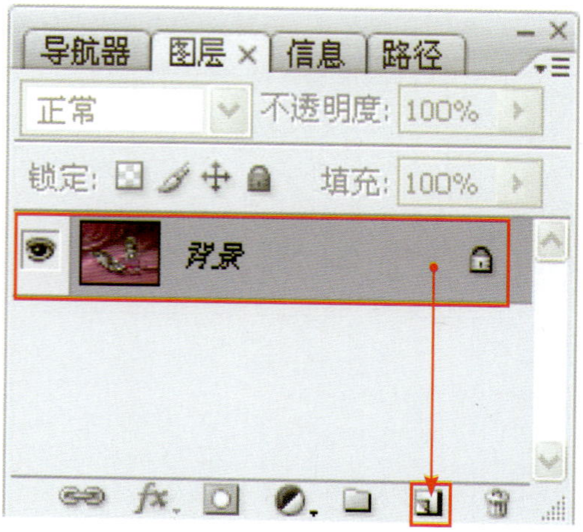

图6.59

Step 03 对复制出的图层进行高斯模糊处理，选择菜单栏中的“滤镜”→“模糊”→“高斯模糊”命令，打开“高斯迷糊”对话框，参数设置如图6.60所示。

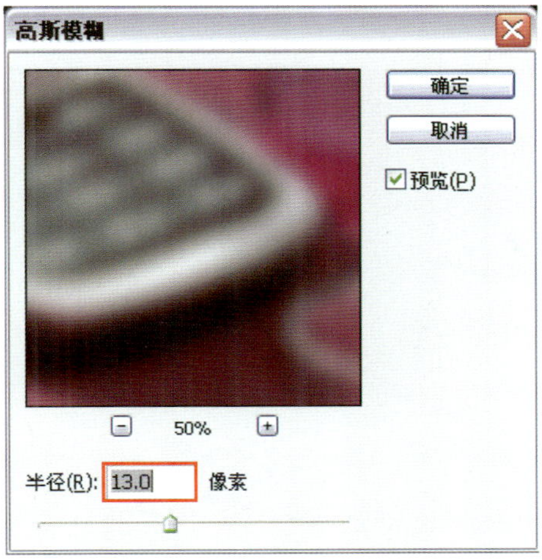

图6.60

Step 04 将副本图层的混合模式设置为“柔光”，将“不透明度”值设置为40%，如图6.61所示。

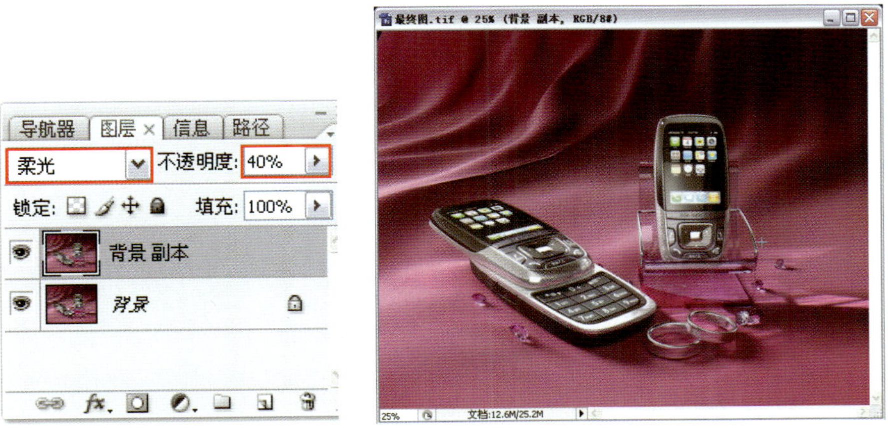

图6.61

Step 05 按Ctrl+E键合并可见图层，最后对图像进行锐化处理。选择菜单栏中的“滤镜”→“锐化”→“USM 锐化”命令，打开“USM锐化”对话框，参数设置如图6.62所示。最终效果如图6.63所示。

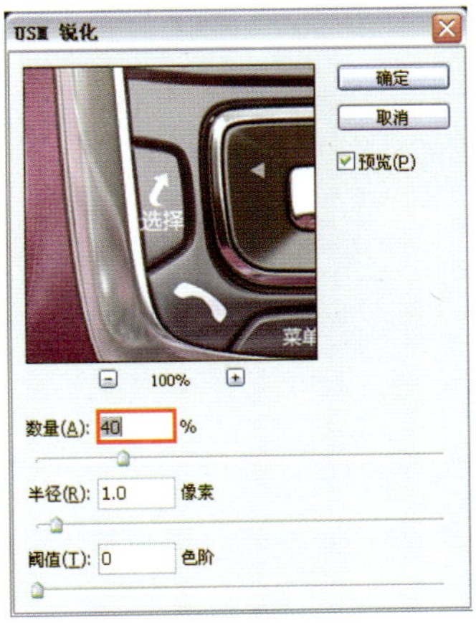

图6.62

图6.63

Step 06 经过Photoshop软件处理后的最终效果如图6.64所示。

图6.64

6.3 汽车造型渲染实例

本实例将讲解一个复杂工业产品的汽车模型，在造型、质感等方面表现得尤为突出。本场景采用了VRayLight面光源的表现手法，实例效果如图6.65所示。

图6.65

如图6.66所示为汽车模型的线框效果图。

图6.66

下面首先进行测试渲染参数设置，然后进行灯光布置。

6.3.1 汽车测试渲染设置

打开配套光盘中的“第6章\汽车源文件.max”场景文件，如图6.67所示，可以看到这是一个已经创建好的汽车模型，并且场景中的摄像机已经创建好。

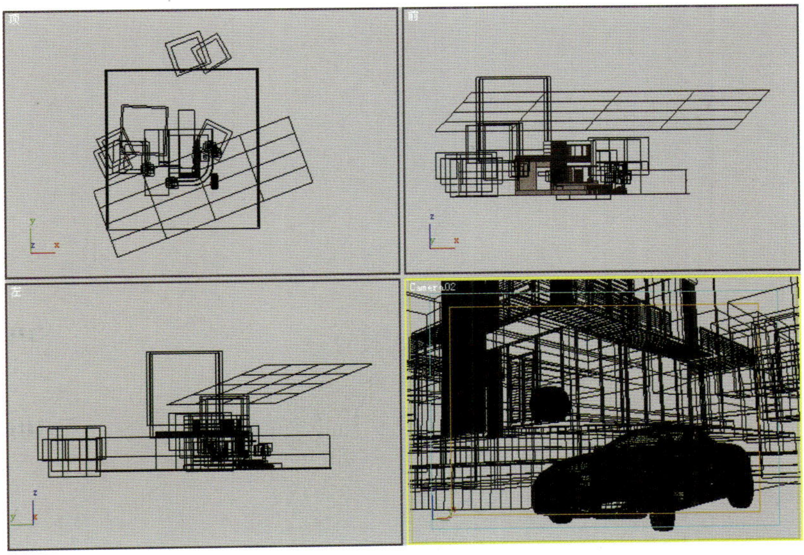

图6.67

下面首先进行测试渲染参数设置，然后进行灯光布置。灯光布置包括天光和VRayLight面光源的建立。

测试渲染参数的设置步骤如下。

Step 01 按F10键打开“渲染场景”对话框，在“公用”选项卡的“公用参数”卷展栏中设置较小的图像尺寸，如图6.68所示。

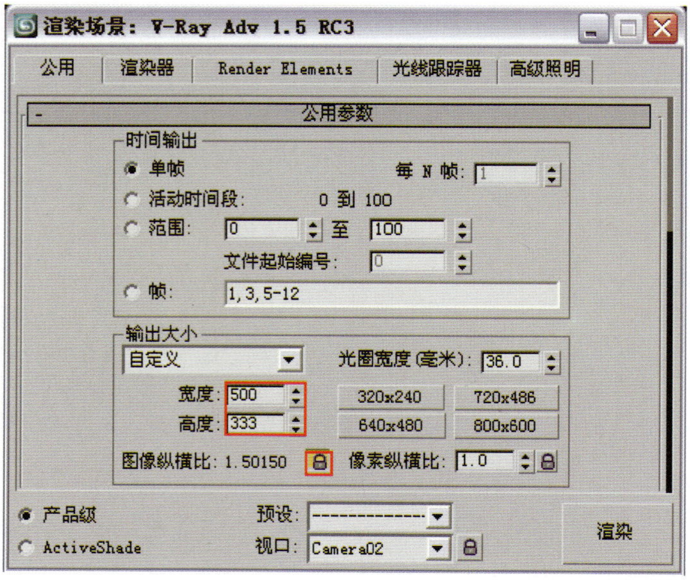

图6.68

Step 02 在“渲染器”选项卡，在-Ray:: Global switches卷展栏中设置参数，如图6.69所示。

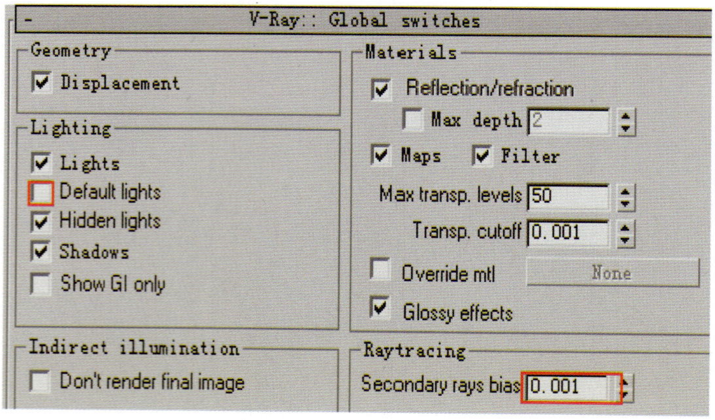

图6.69

Step 03 在V-Ray:: Image sampler (Antialiasing)（抗锯齿采样）卷展栏中设置参数，如图6.70所示。

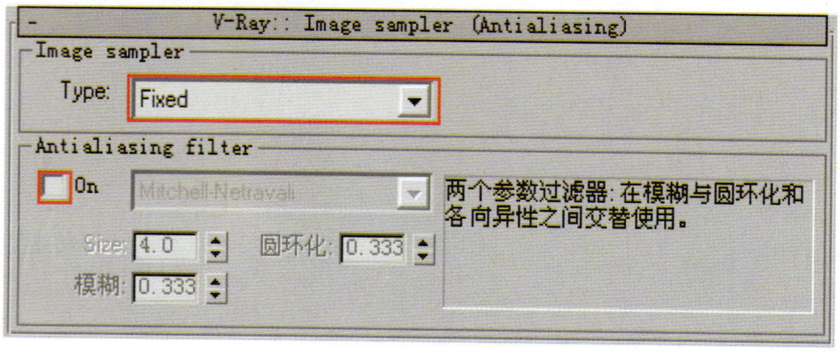

图6.70

Step 04 在 V-Ray:: Indirect illumination (GI)（间接照明）卷展栏中设置参数，如图6.71所示。

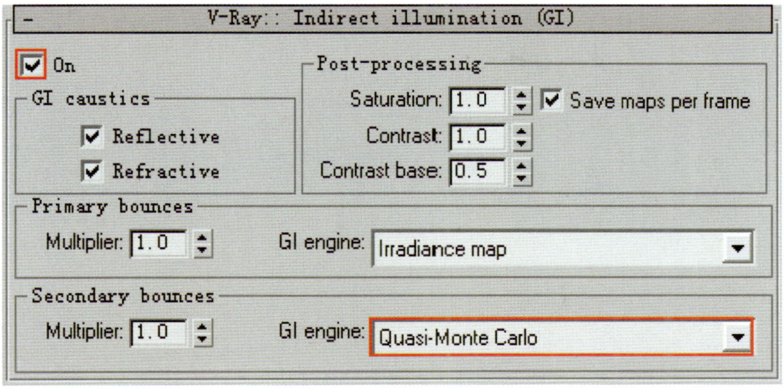

图6.71

Step 05 在V-Ray:: Irradiance map（发光贴图）卷展栏中设置参数，如图6.72所示。

Step 06 在 V-Ray:: Quasi-Monte Carlo GI（准蒙特卡罗）卷展栏中设置参数，如图6.73所示。

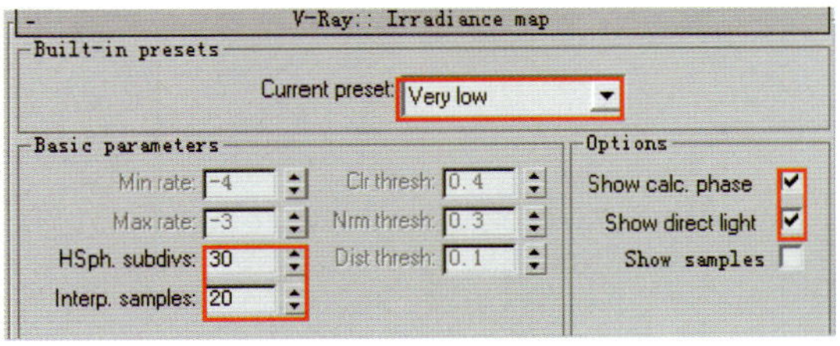

图6.72

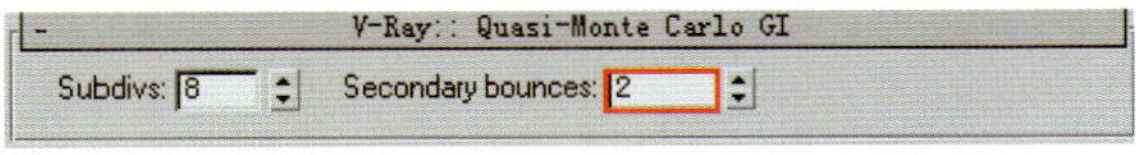

图6.73

Step 07 在 V-Ray:: Environment（环境光）卷展栏中设置参数，如图6.74所示。

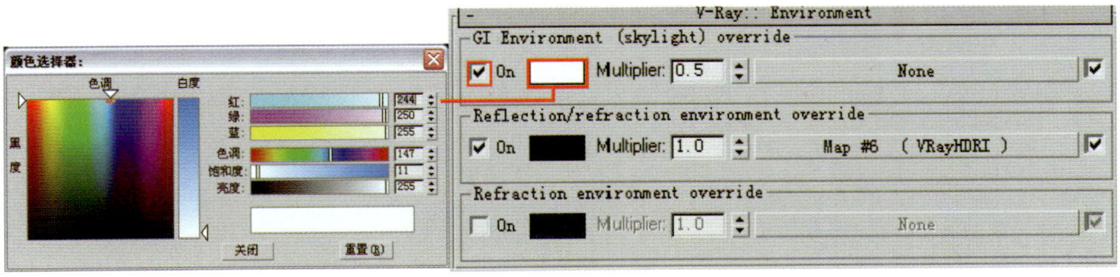

图6.74

Step 08 单击 Reflection/refraction environment override（反射/折射环境替代）右侧的贴图通道按钮，为其添加一个"VRayHDRI"程序贴图，参数设置如图6.75所示。

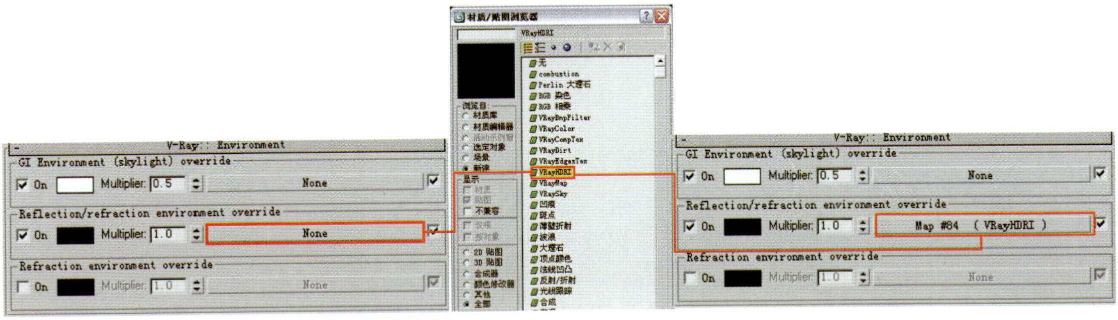

图6.75

Step 09 把 Reflection/refraction environment override （反射/折射环境替代）组中贴图通道按钮的“VRayHDRI”程序贴图拖动到材质球上，参数设置如图6.76所示。HDRI文件为本书配套光盘中提供的“第6章\贴图\xhdr0.hdr”文件。

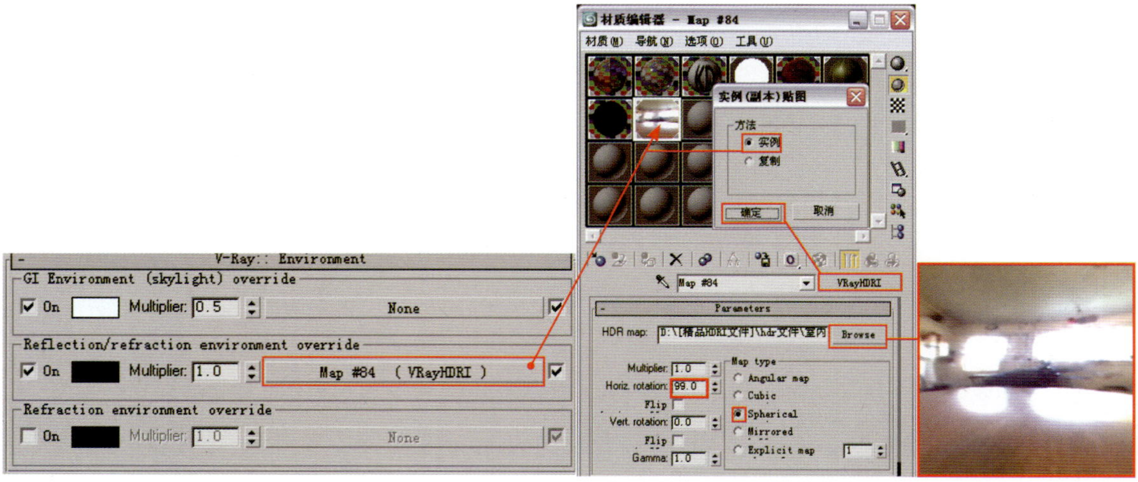

图6.76

6.3.2 布置场景灯光

本场景光线来源为目标平行光、泛光灯和VRayLight面光源，在为场景创建灯光前，首先用一种白色材质覆盖场景中的所有物体，这样便于观察灯光对场景的影响。

Step 01 按M键打开“材质编辑器”对话框，选择一个空白材质球，单击 Standard 按钮，在打开的“材质/贴图浏览器”对话框中选择 VRayMtl 材质，将材质命名为“替换材质”，具体参数设置如图6.77所示。

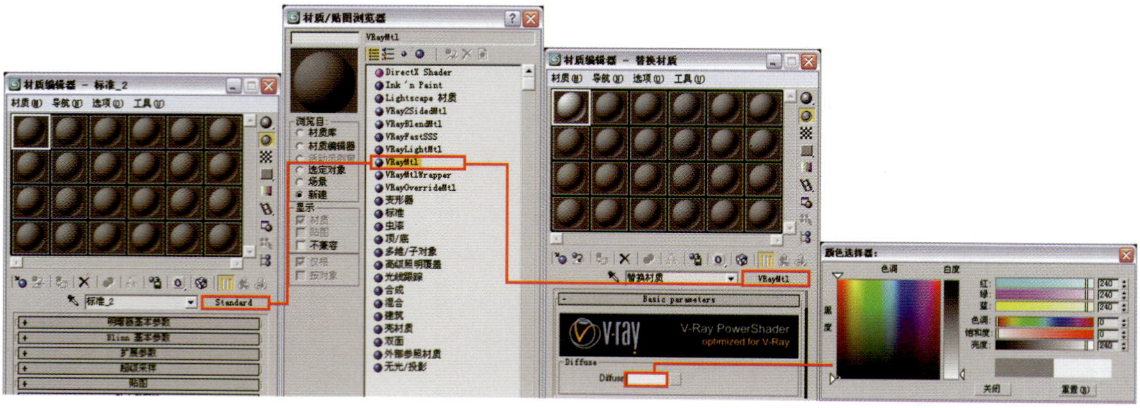

图6.77

Step 02 按F10键打开“渲染场景”对话框，单击“渲染器”选项卡，在 V-Ray:: Global switches （全局设置）卷展栏中勾选“Override mtl（替换材质）”复选框，然后在“材质编辑器”对话框中将“替换材质”的材质球拖放到“Override mtl（替换材质）”右侧的“None（无）”贴图通道按钮上，并以“实例”方式进行关联复制，具体参数设置如图6.78所示。

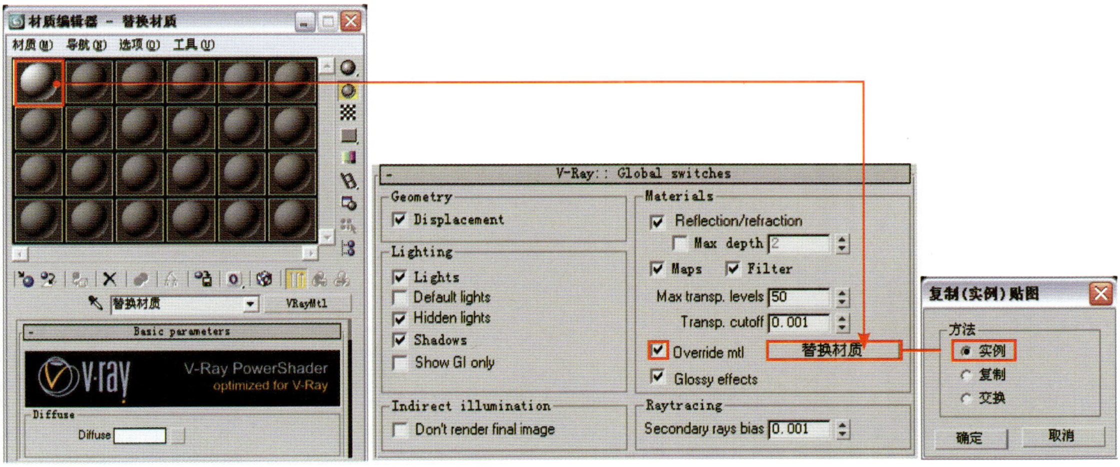

图6.78

Step 03 为场景创建灯光。在场景中创建一盏VRayLight面光源，如图6.79所示。

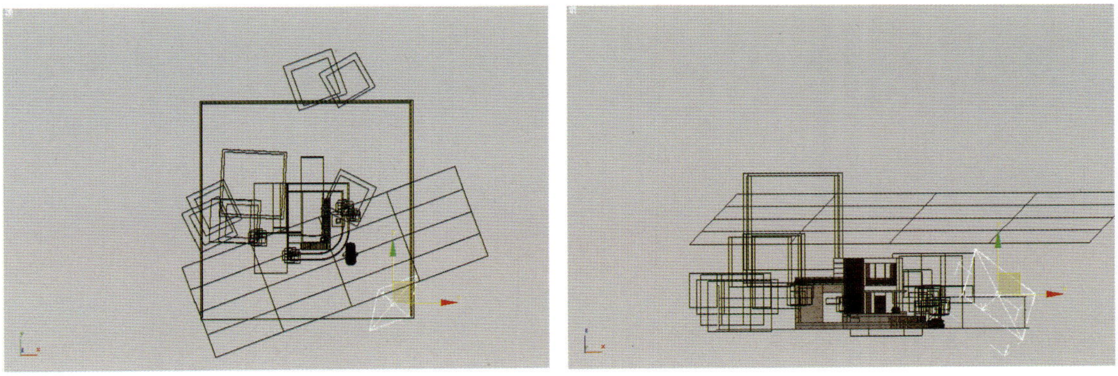

图6.79

Step 04 灯光参数设置如图6.80所示。

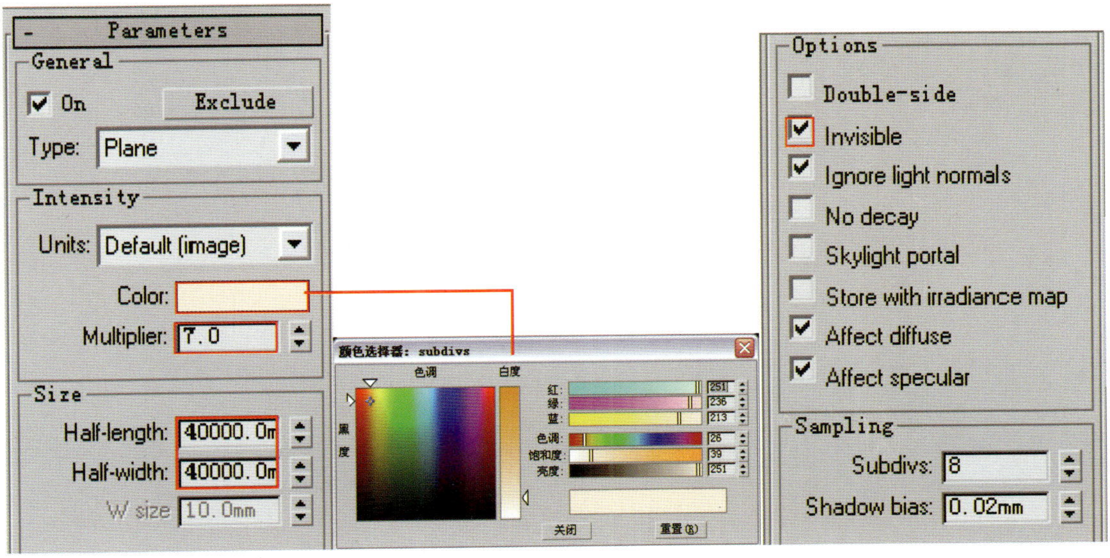

图6.80

Step 05 对摄像机视图进行渲染，效果如图6.81所示。

图6.81

上面分别对VRayLight面光源进行了测试，最终测试结果有点亮，是场景中没有材质的原因。下面对场景中的材质进行设置。

6.3.3 设置场景材质

汽车材质是比较丰富的，主要集中在车漆、玻璃等材质设置上，如何很好地表现这些材质的效果是本例表现的重点与难点。

Tip 提示：

在制作模型时必须清楚物体材质的区别，将同一种材质的物体进行成组或附加操作，这样可以为赋予物体材质提供很多方便。

Step 01 在设置场景材质前，首先要取消前面对场景物体的材质替换状态。按F10键打开“渲染场景”对话框，在V-Ray:: Global switches（全局设置）卷展栏中取消对“Override mtl（替换材质）”复选框的勾选，如图6.82所示。

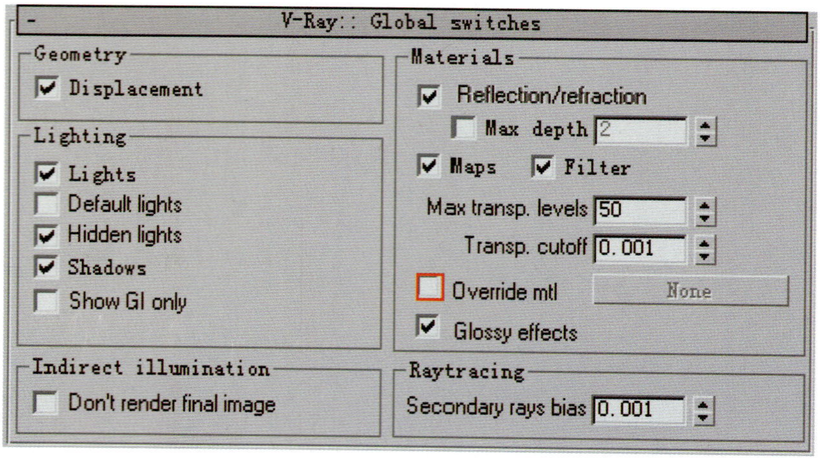

图6.82

Step 02 制作车漆的材质。选择一个空白材质球，将其设置为 VRayMtl 材质，并将材质命名为“车漆”。单击“Diffuse（漫反射）”右侧的颜色按钮，具体参数设置如图6.83所示。

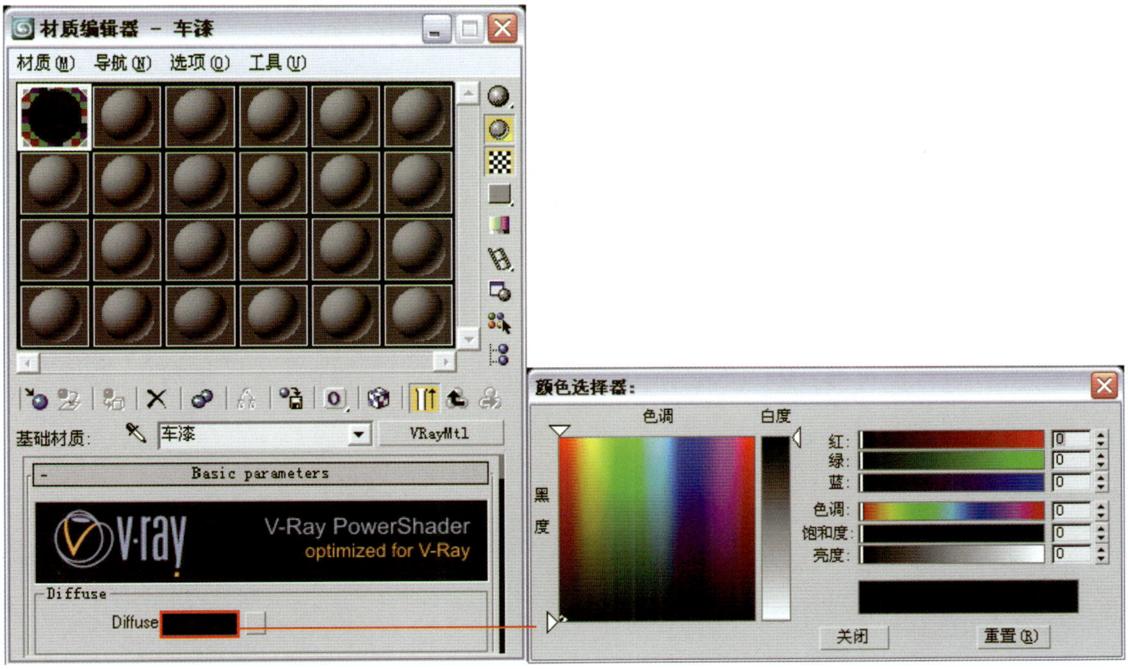

图6.83

Step 03 在“VRayMtl”材质层级中单击“Reflect（反射）”右侧的贴图按钮，为其添加一个“衰减”程序贴图，具体参数设置如图6.84所示。

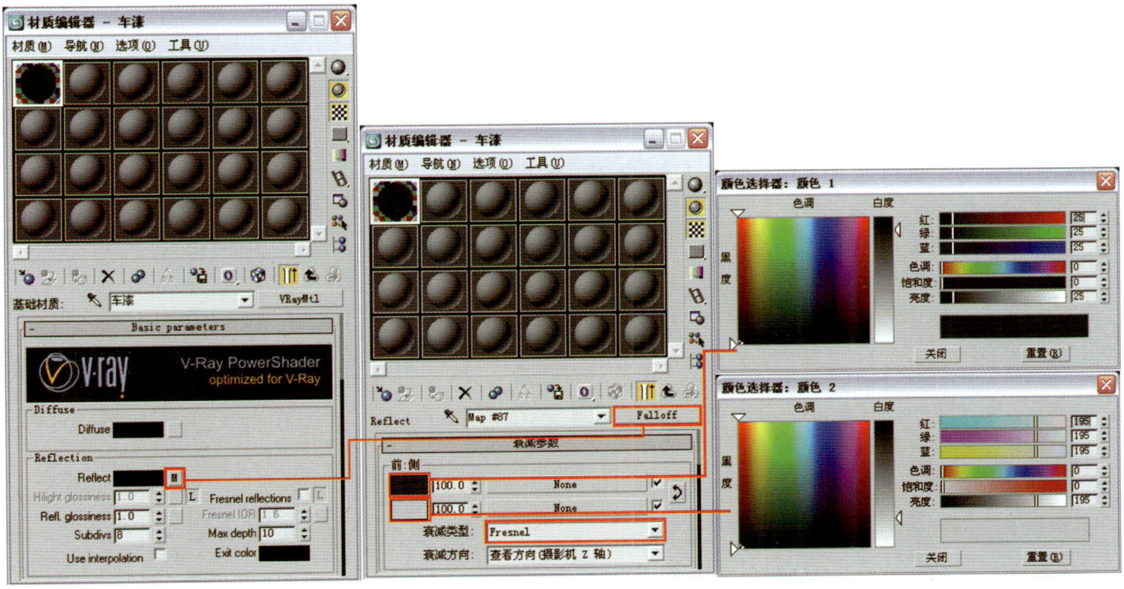

图6.84

Step 04 为了让车漆的效果看起来更加真实，下面在“VRayMtl”材质上添加“车漆”材质，参数设置如图6.85所示。

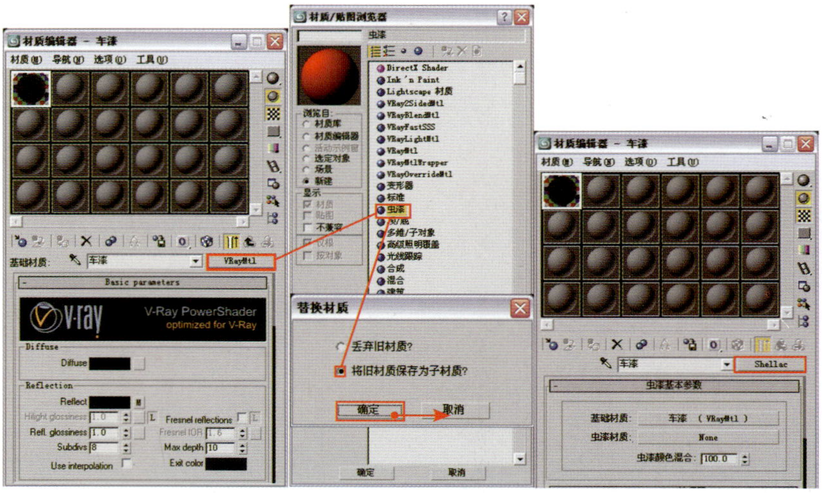

图6.85

Step 05 在“车漆”材质层级中把“基础材质”右侧的材质通道按钮拖动到“车漆材质”右侧的材质通道按钮上，参数设置如图6.86所示。

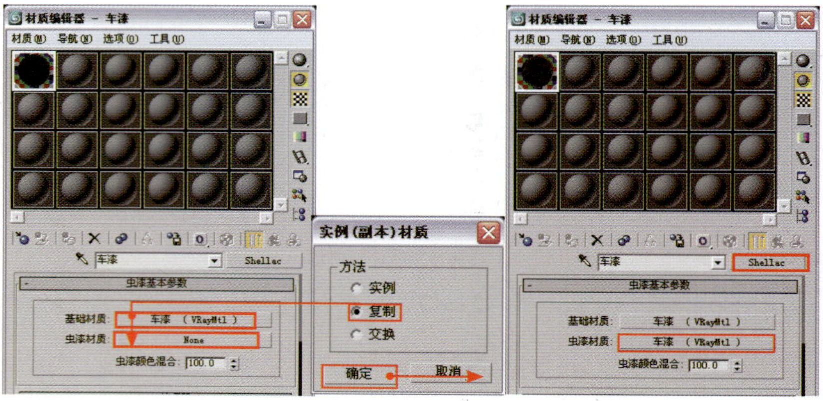

图6.86

Step 06 在“车漆”材质层级中单击“车漆材质”右侧的材质通道按钮，将其设置为“VRayMtl”材质，参数设置如图6.87所示。

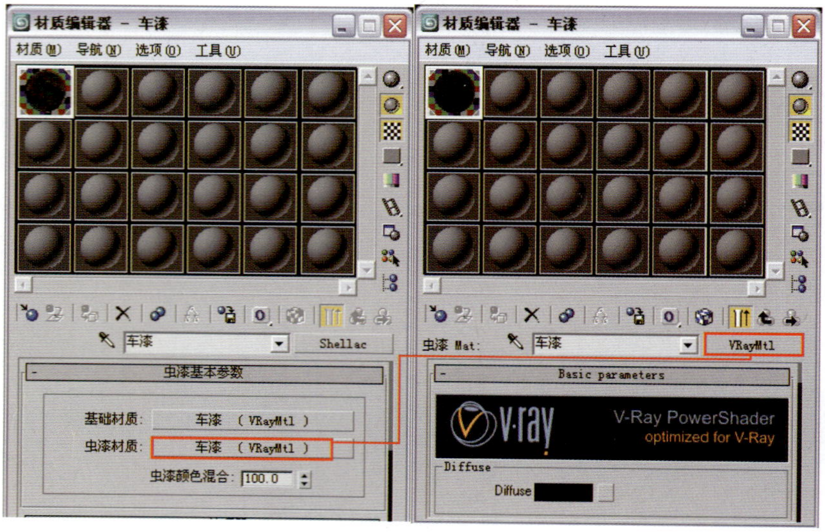

图6.87

Step 07 在“VRayMtl”材质层级中单击“Diffuse（漫反射）”右侧的贴图按钮，为其添加一个“渐变坡度”程序贴图，具体参数设置如图6.88所示。

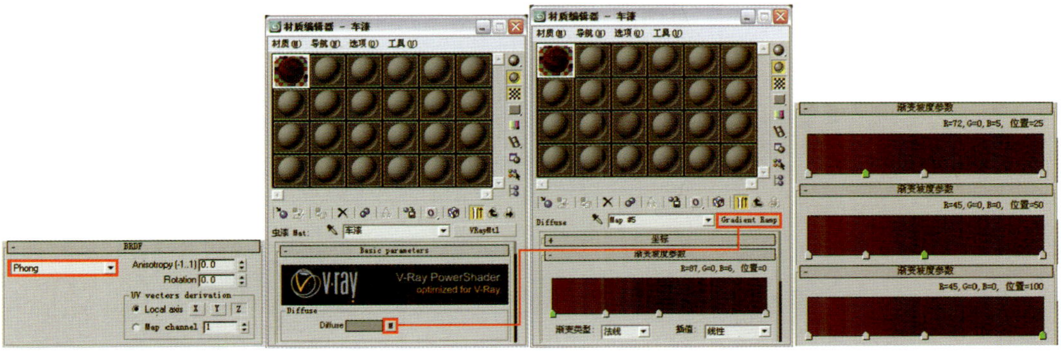

图6.88

Step 08 将材质指定给物体“车漆”，对摄像机视图进行渲染，局部效果如图6.89所示。

图6.89

Step 09 设置轮胎的材质。在“材质编辑器”对话框中选择一个空白材质球，将其设置为 VRayMtl 材质，并将材质命名为“轮胎”。单击“Diffuse（漫反射）”右侧的颜色按钮，具体参数设置如图6.90所示。

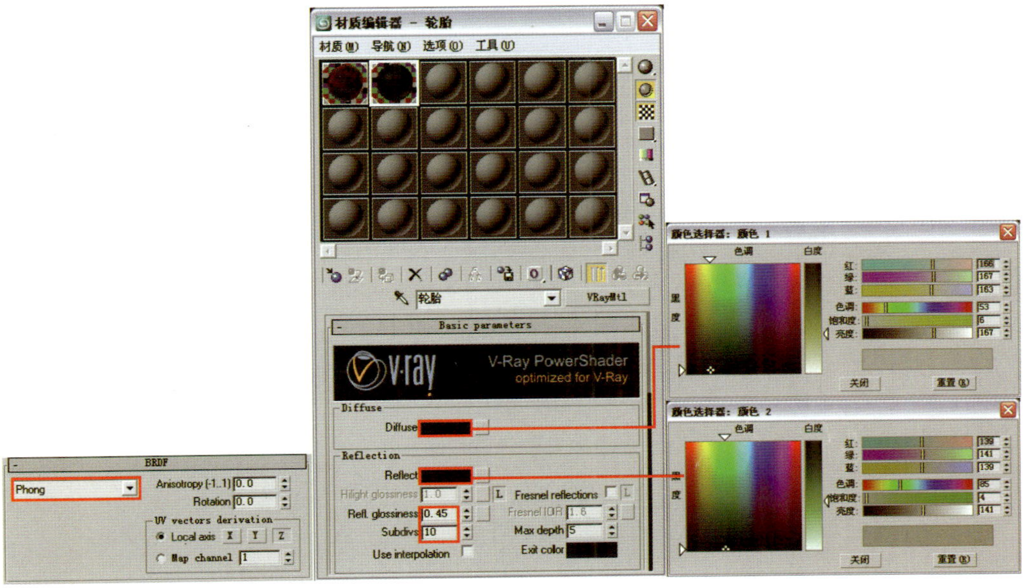

图6.90

Step 10 将材质指定给物体“轮胎”，对摄像机视图进行渲染，局部效果如图6.91所示。

图6.91

Step 11 接下来设置场景的不锈钢材质。在“材质编辑器”对话框中选择一个空白材质球，将其设置为 VRayMtl 材质，并将材质命名为“不锈钢”，单击“Diffuse（漫反射）”右侧的颜色按钮，具体参数设置如图6.92所示。

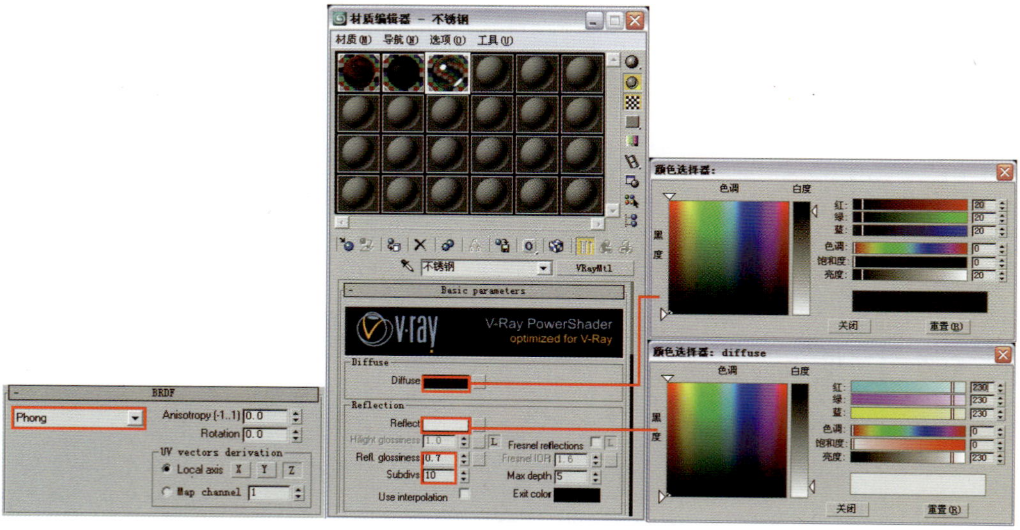

图6.92

Step 12 将材质指定给物体“轮毂”，对摄像机视图进行渲染，局部效果如图6.93所示。

图6.93

Tip 提示：

场景中部分物体的材质已经事先设置好，这里仅对场景中的主要材质的设置进行讲解。

Step 13 设置车灯金属的材质。选择一个空白材质球，将其设置为 VRayMtl 材质，并将材质球命名为“车灯金属”。单击“Diffuse（漫反射）”右侧的颜色按钮，参数设置如图6.94所示。

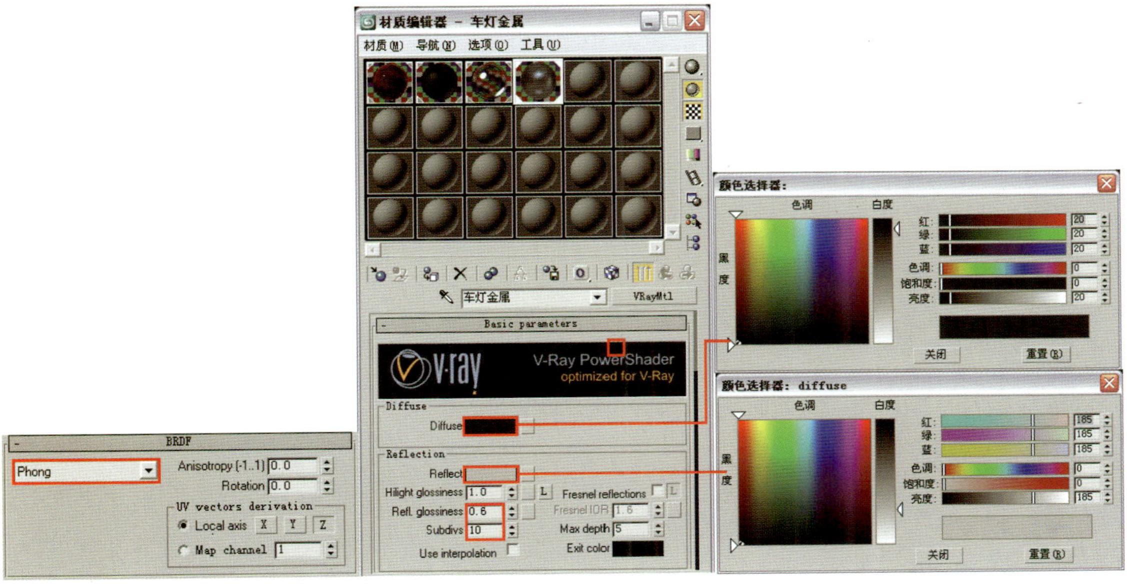

图6.94

Step 14 返回“VRayMtl”材质层级，在“Maps（贴图）”卷展栏中为“环境”右侧的贴图通道按钮添加一个“位图”贴图，具体参数设置如图6.95所示。贴图文件为本书配套光盘中提供的“第6章\贴图\车灯环境.hdr”文件。将材质指定给物体“车灯金属”。

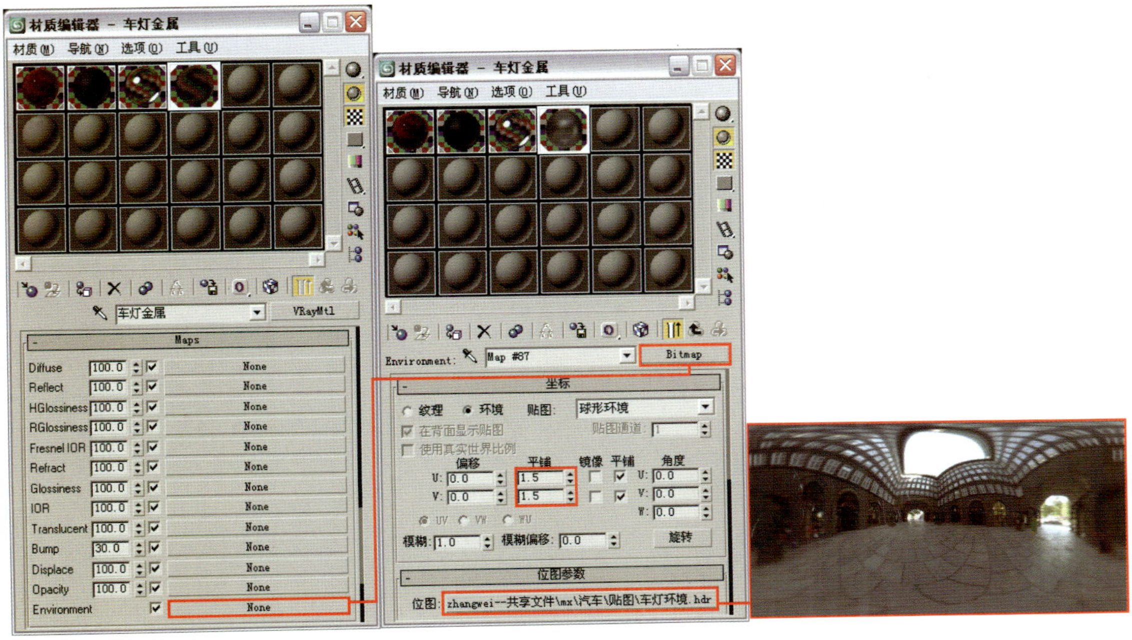

图6.95

Step 15 设置车灯玻璃的材质。首先在“材质编辑器”对话框中选择一个空白材质球，将材质设置为 VRayMtl 材质，并将材质命名为“车灯玻璃”。单击“Diffuse（漫反射）”右侧的颜色按钮，具体参数设置如图6.96所示。

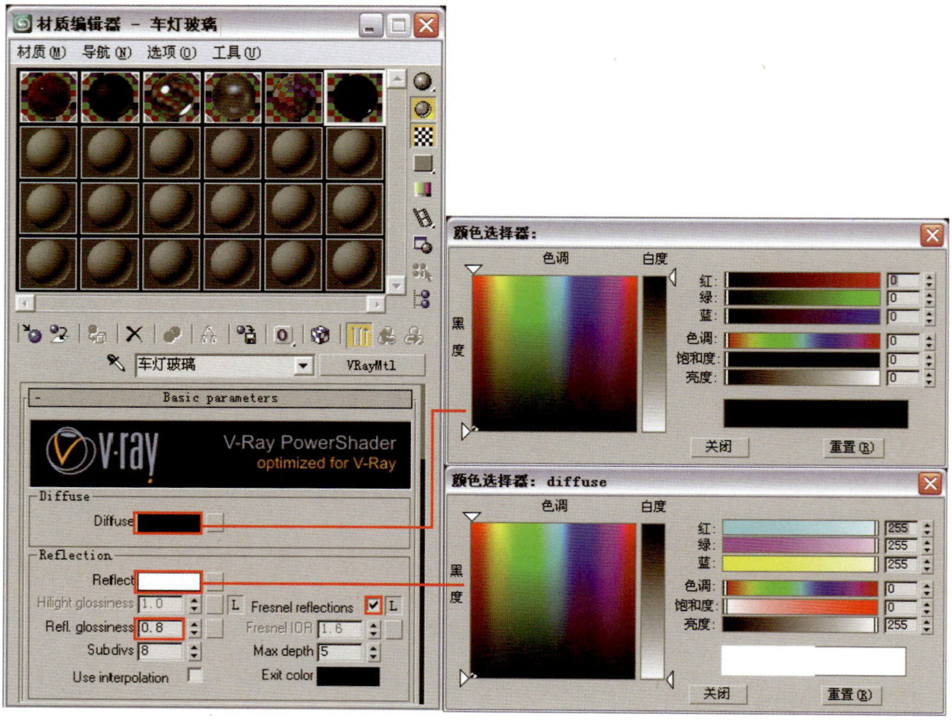

图6.96

Step 16 在“VRayMtl”材质层级中单击“Refract（折射）”右侧的颜色按钮，具体参数设置如图6.97所示。将材质指定给物体“车灯玻璃”。

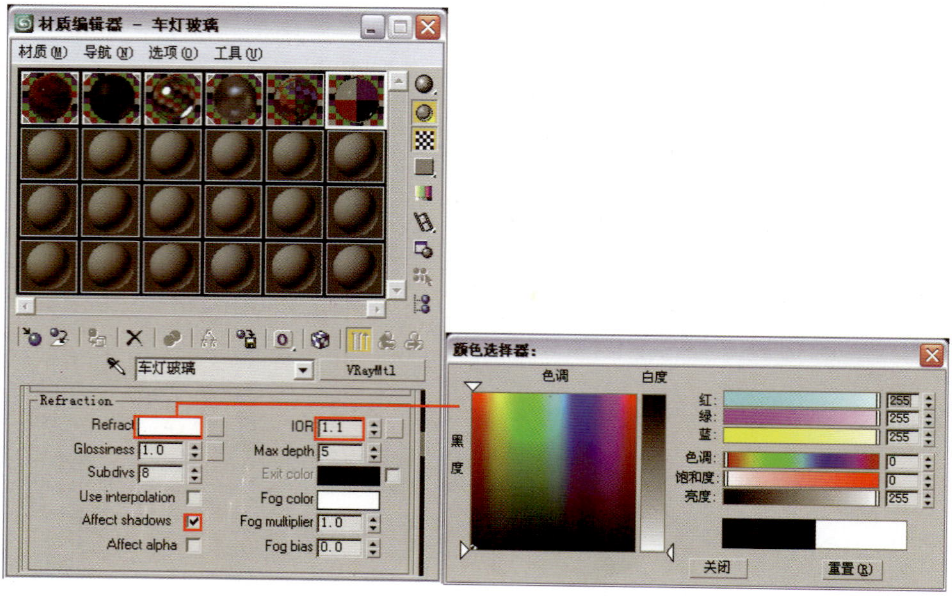

图6.97

Step 17 在“Maps（贴图）”卷展栏中为“Bump（凹凸）”右侧的贴图通道按钮添加一个“平铺”

程序贴图，具体参数设置如图6.98所示。

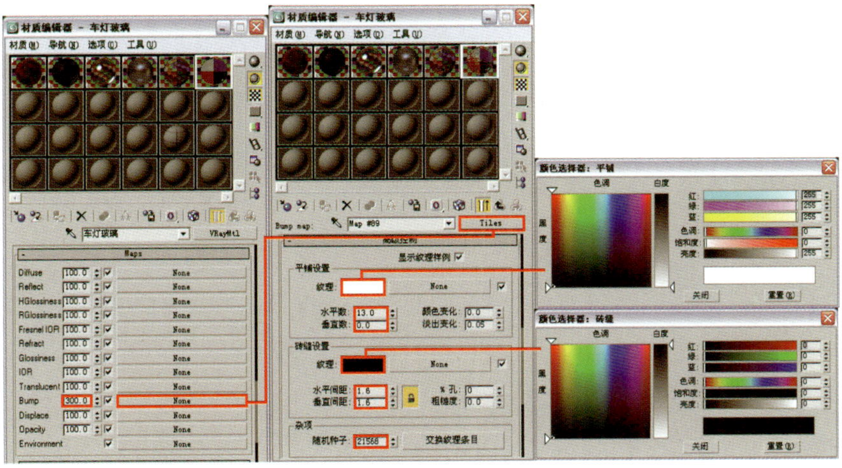

图6.98

Step 18 将材质指定给物体“车灯”，对摄像机视图进行渲染，局部效果如图6.99所示。

图6.99

Step 19 设置车玻璃的材质。首先在“材质编辑器”对话框中选择一个空白材质球，将材质设置为 VRayMtl 材质，并将材质命名为“车玻璃”，单击“Diffuse（漫反射）”右侧的颜色按钮，具体参数设置如图6.100所示。

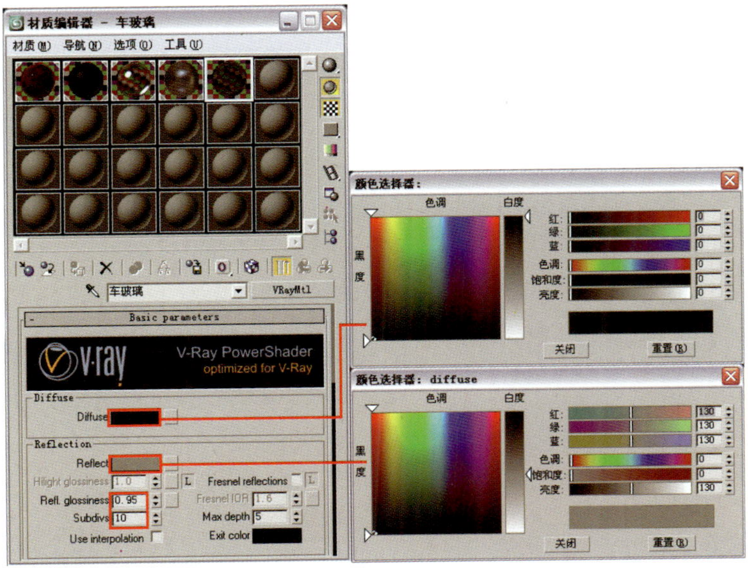

图6.100

Step 20 在“VRayMtl”材质层级中单击“Refract（折射）”右侧的颜色按钮，具体参数设置如图6.101所示。将材质指定给物体“车玻璃”，对摄像机视图进行渲染，局部效果如图6.102所示。

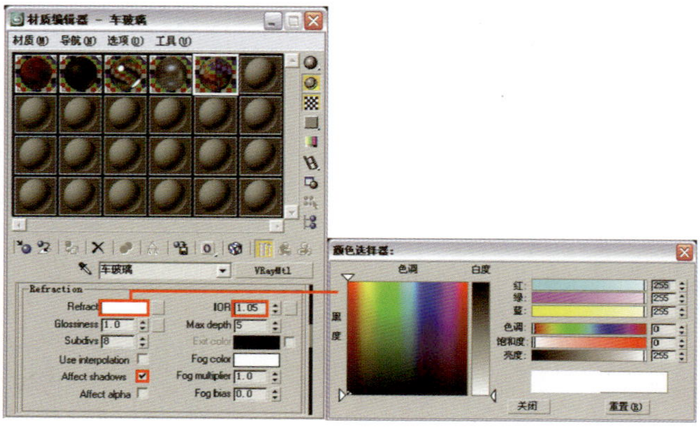

图6.101

图6.102

至此，场景的灯光测试和材质设置都已经完成，下面将对场景进行最终渲染设置。最终渲染设置将决定图像的最终渲染效果。

6.3.4 最终渲染设置

1. 最终测试灯光效果

场景中材质设置完毕后需要对场景进行渲染，观察此时的场景效果，对摄像机视图进行渲染，效果如图6.103所示。

图6.103

观察渲染效果可以看出，场景暗部区域有点暗，接下来对“V-Ray::Color mapping（色彩映射）”

卷展栏中的参数进行设置，如图6.104所示。再次对摄像机视图进行渲染，效果如图6.105所示。

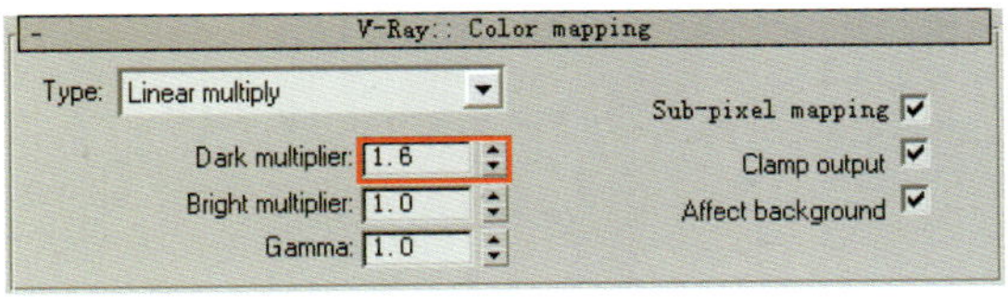

图6.104

图6.105

观察渲染效果，场景光线不需要再调整，接下来设置最终渲染参数。

2. 灯光细分参数设置

将VRayLight面光源的灯光细分值设置为24，如图6.106所示。

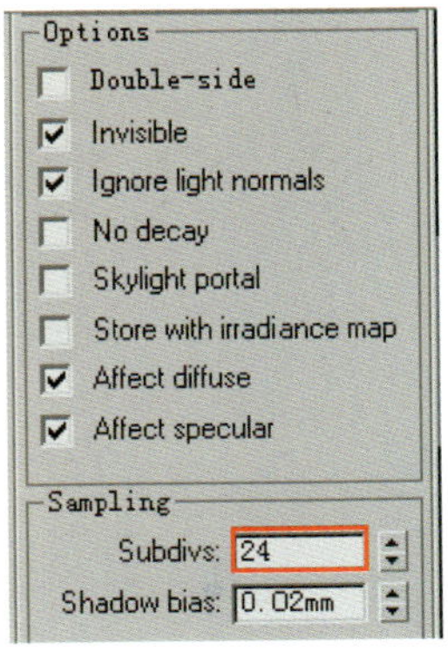

图6.106

3. 设置保存发光贴图和灯光贴图的渲染参数

在前几章中已经多次讲解过保存发光贴图和灯光贴图的方法，在此不再赘述，只对渲染级别设置进行讲解。

Step 01 下面进行渲染级别设置。在 V-Ray:: Irradiance map （发光贴图）卷展栏中设置参数，如图6.107所示。

Step 02 在 V-Ray:: Quasi-Monte Carlo GI （准蒙特卡罗全局光照）卷展栏中设置参数，如图6.108所示。

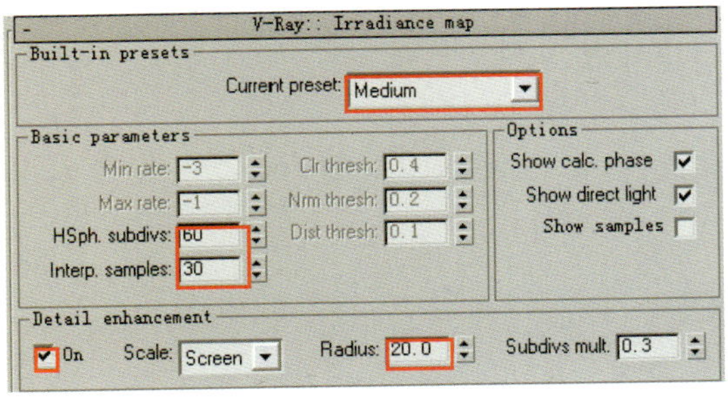

图6.107

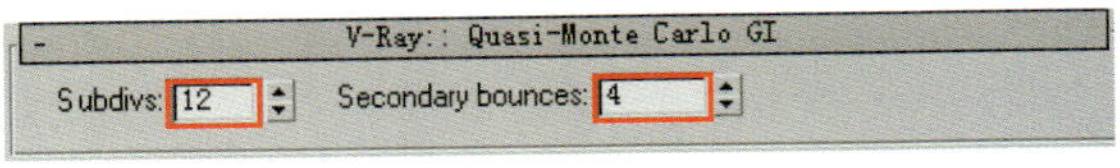

图6.108

Step 03 在 V-Ray:: rQMC Sampler （准蒙特卡罗采样器）卷展栏中设置参数，如图6.109所示，这是模糊采样设置。

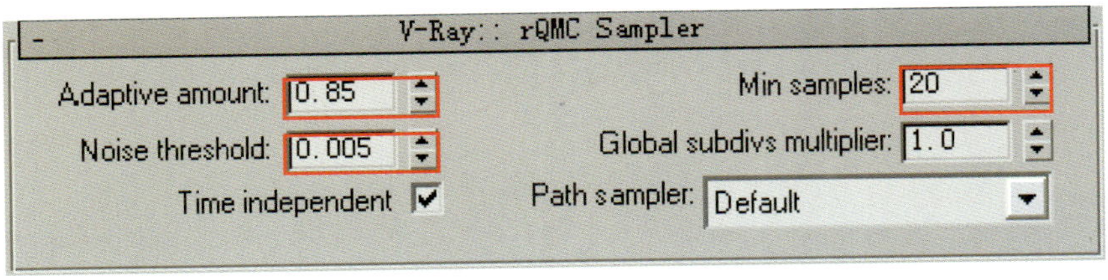

图6.109

渲染级别设置完毕后，最后设置保存发光贴图和灯光贴图的参数并进行渲染即可。

4. 最终成品渲染

最终成品渲染参数的设置步骤如下。

Step 01 设置出图尺寸。当发光贴图和灯光贴图计算完毕后，在“渲染场景”对话框的“公用”选项卡中设置最终渲染图像的输出尺寸，如图6.110所示。

Step 02 在V-Ray:: Global switches卷展栏中取消对“Don't render final image（不渲染最终图像）”复选框的勾选，如图6.111所示。

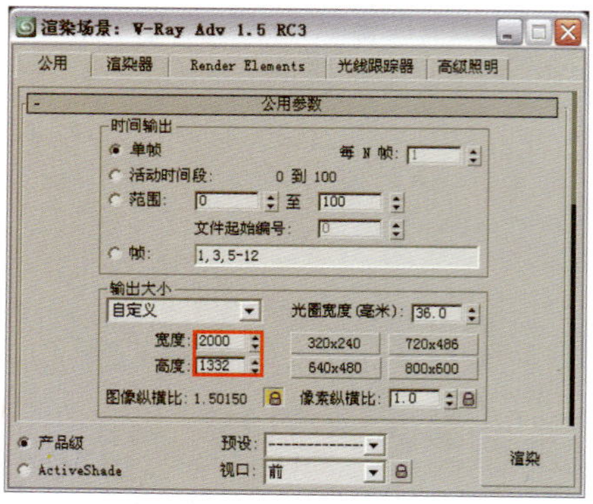

图6.110

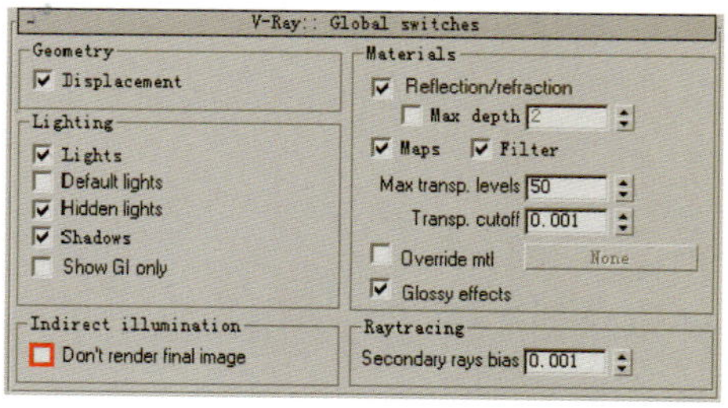

图6.111

Step 03 在V-Ray:: Indirect illumination (GI)（抗锯齿采样）卷展栏中设置抗锯齿和过滤器参数，如图6.112所示。

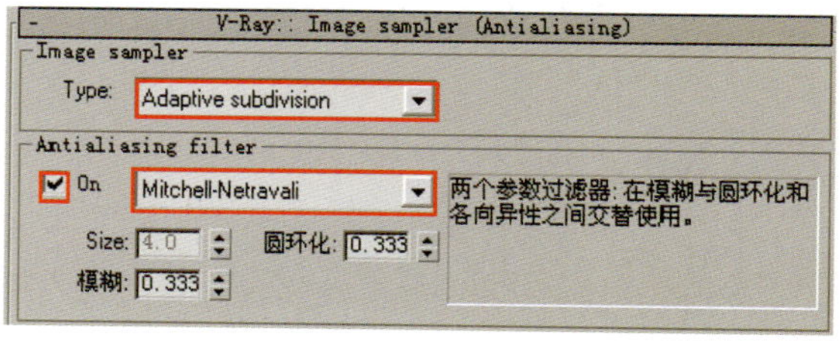

图6.112

Step 04 最终渲染效果如图6.113所示。

图6.113

最后使用Photoshop软件对图像的亮度、对比度以及饱和度进行调整，使效果更加生动、逼真。在前面几章中已经多次对后期处理的方法进行了讲解，在此不再赘述。后期处理后的最终效果如图6.114所示。

图6.114

NOTE

读书笔记

07

第7章 中式空间

光盘\第7章 /光盘路径

★★★ /操作难度

中式 /设计风格

本章实例是一个中式风格的室内空间，实例中以大面积的木材质和布料材质装饰墙面，使整个场景给人一种舒适温馨的感觉，中式的装饰使场景更具优雅气氛。

本场景将分为卧室和客厅两个场景进行表现，首先对场景的卧室表现部分进行详细讲解。

7.1 中式卧室空间实例

本实例是一个中式风格的卧室空间，场景采用了天光的表现手法，效果如图7.1所示。

图7.1

如图7.2所示为卧室模型的线框效果图。

图7.2

下面首先进行测试渲染参数设置，然后进行灯光布置。

7.1.1 中式卧室测试渲染设置

打开配套光盘中的“第7章\中式卧室源文件.max”场景文件，如图7.3所示，可以看到这是一个已经创建好的卧室场景模型，并且场景中的摄像机已经创建好。

下面首先进行测试渲染参数设置，然后进行灯光布置。灯光布置包括室外天光和室内光源的建立。

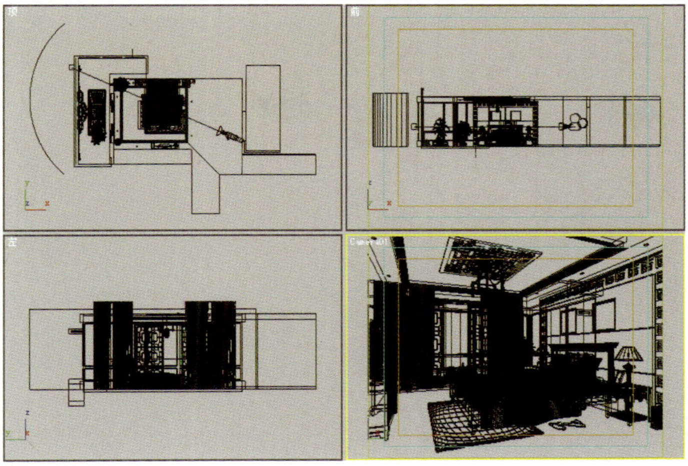

图7.3

1. 设置测试渲染参数

测试渲染参数的设置步骤如下。

Step 01 按F10键打开“渲染场景”对话框，在“公用”选项卡的“公用参数”卷展栏中设置较小的图像尺寸，如图7.4所示。

Step 02 在“渲染器”选项卡的-Ray:: Global switches卷展栏中设置参数，如图7.5所示。

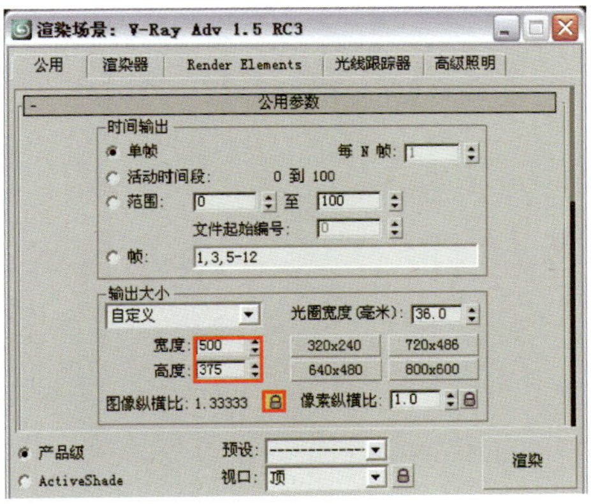

图7.4

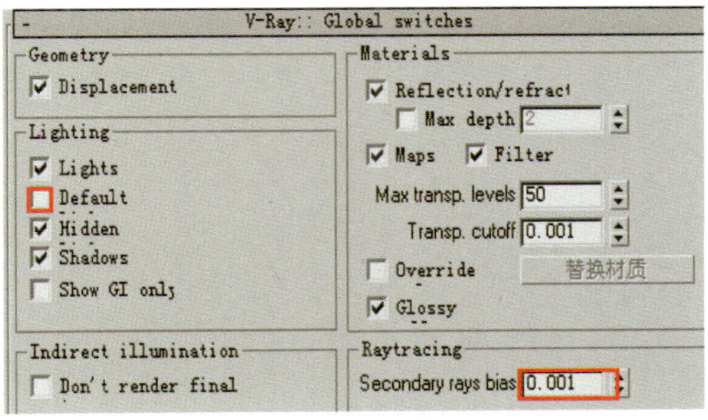

图7.5

Step 03 在 V-Ray:: Image sampler (Antialiasing) （抗锯齿采样）卷展栏中设置参数，如图7.6所示。

Step 04 在V-Ray:: Indirect illumination (GI) （间接照明）卷展栏中设置参数，如图7.7所示。

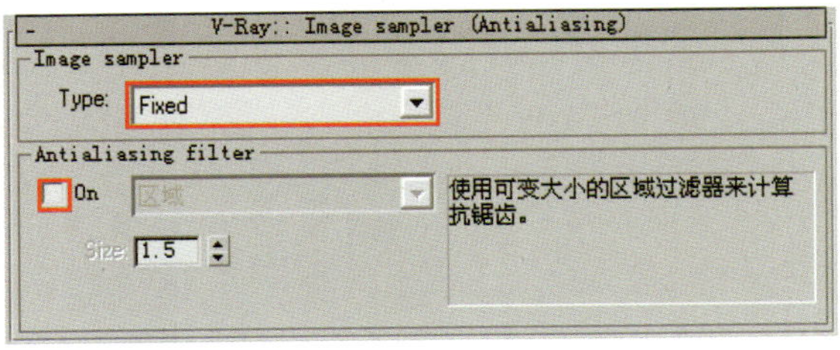

图7.6

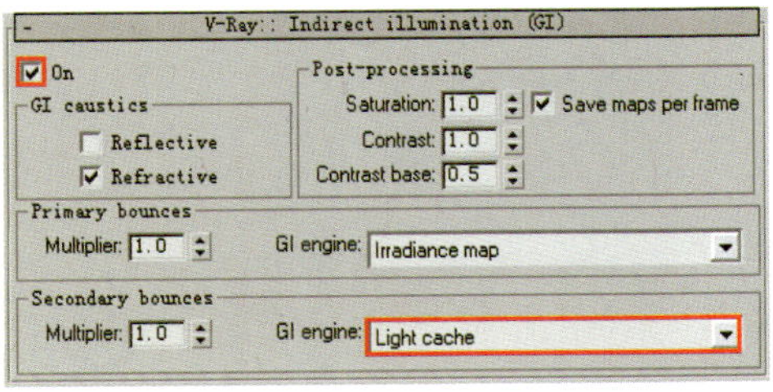

图7.7

Step 05 在V-Ray:: Irradiance map（发光贴图）卷展栏中设置参数，如图7.8所示。

Step 06 在V-Ray:: Light cache（灯光缓存）卷展栏中设置参数，如图7.9所示。

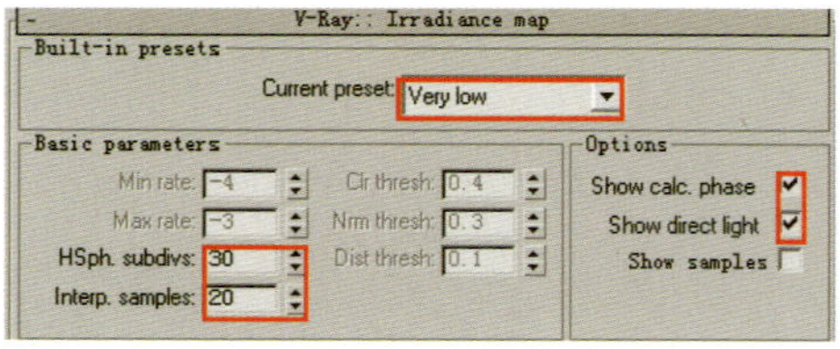

图7.8

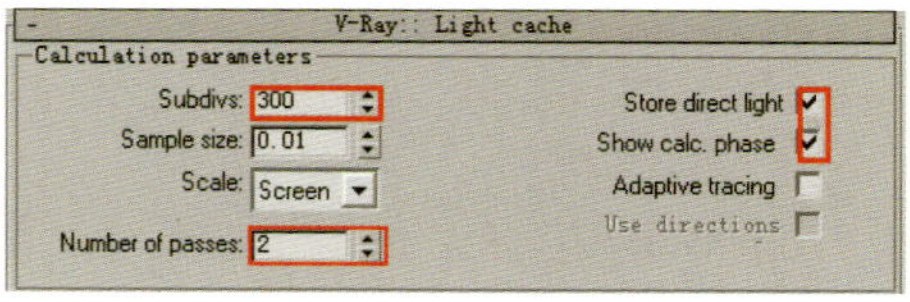

图7.9

2. 布置场景灯光

本场景的光线来源主要为室外天光和室内灯光，在为场景创建灯光前，首先用一种白色材质覆盖场景中的所有物体，这样便于观察灯光对场景的影响。

Step 01 按M键打开“材质编辑器”对话框，选择一个空白材质球，单击 Standard 按钮，在打开的“材质/贴图浏览器”对话框中选择 VRayMtl 材质，将材质命名为“替换材质”，具体参数设置如图7.10所示。

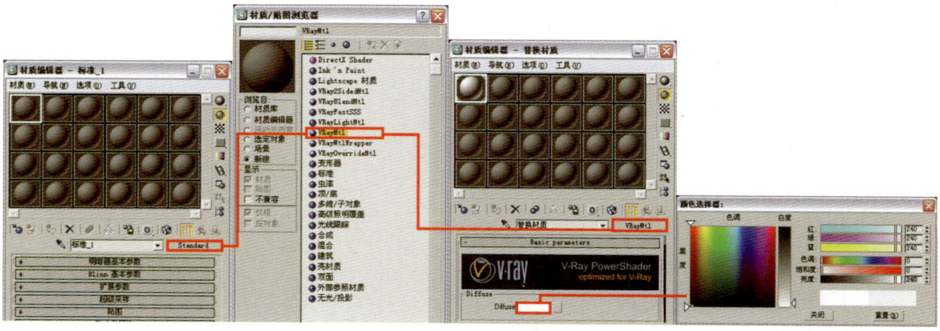

图7.10

Step 02 按F10键打开“渲染场景”对话框，在“渲染器”选项卡的V-Ray:: Global switches卷展栏中，勾选“Override mtl（替换材质）”复选框，然后在“材质编辑器”对话框中将“替换材质”的材质球拖放到“Override mtl（替换材质）”右侧的“替换材质”贴图通道按钮上，并以“实例”方式进行关联复制，具体参数设置如图7.11所示。

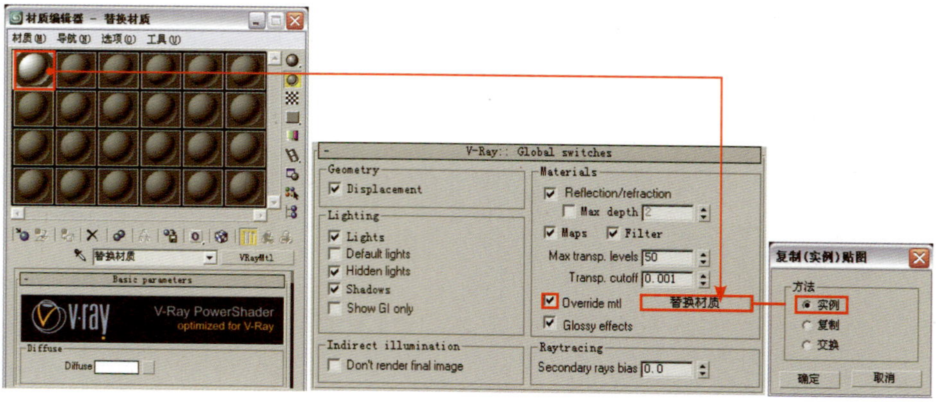

图7.11

Step 03 下面开始天光的创建。在“创建”面板中单击（灯光）按钮，在下拉菜单中选择

"VRay"选项，然后在"对象类型"卷展栏中单击 VRayLight 按钮，在窗口处创建一盏VRayLight面光源，位置如图7.12所示。

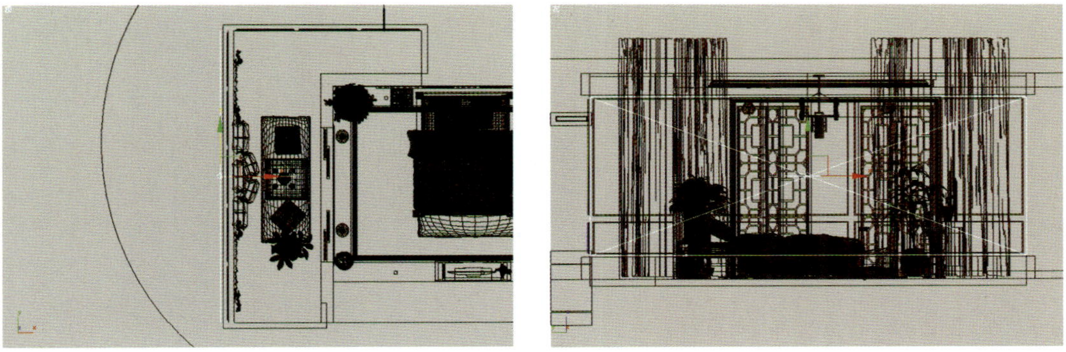

图7.12

Step 04 灯光参数设置如图7.13所示。

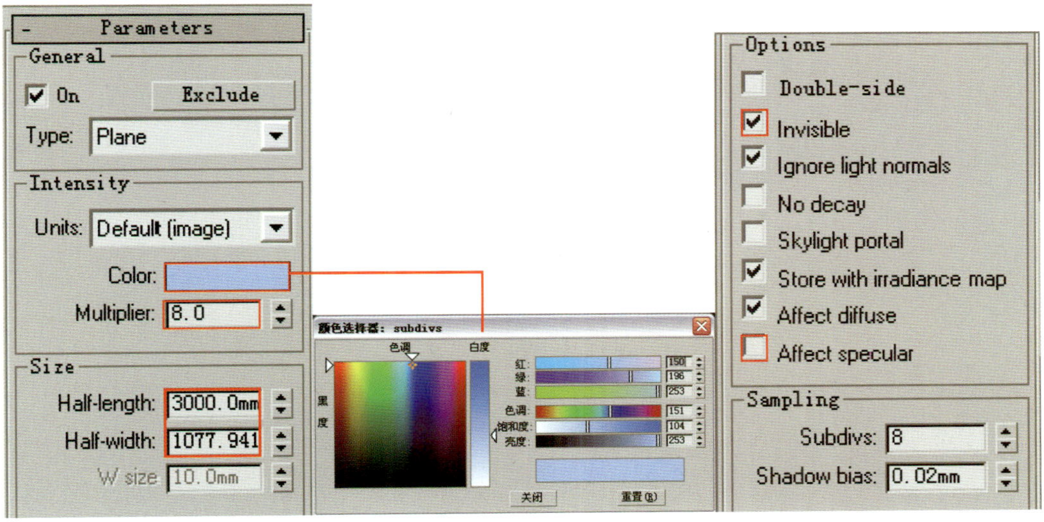

图7.13

Step 05 在视图中选中刚刚创建的模拟天光的VRayLight面光源，将其关联复制出1盏，调整灯光位置如图7.14所示。

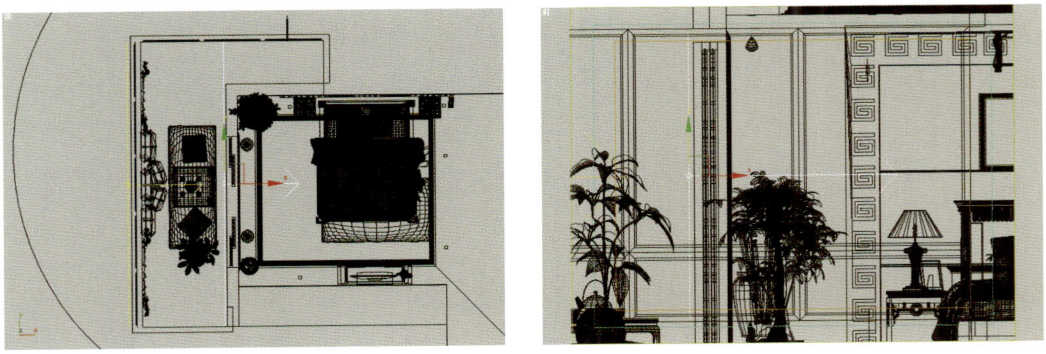

图7.14

Step 06 对摄像机视图进行渲染，效果如图7.15所示。

Step 07 从渲染效果中可以发现，由于天光的照射场景曝光严重，下面通过调整场景曝光参数来降低场景亮度。按F10键打开“渲染场景”对话框，在“渲染器”选项卡的V-Ray:: Color mapping卷展栏中进行曝光控制，参数设置如图7.16所示。再次渲染效果如图7.17所示。

图7.15

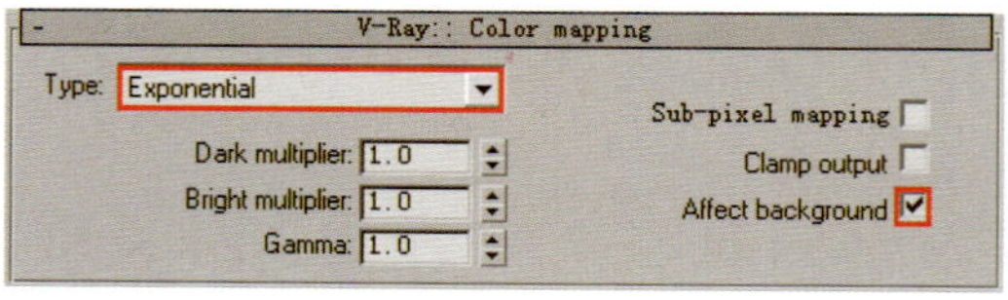

图7.16

图7.17

Step 08 为场景创建顶棚处的暗藏灯光。在顶棚处创建一盏VRayLignt面光源，灯光位置如图7.18所示。

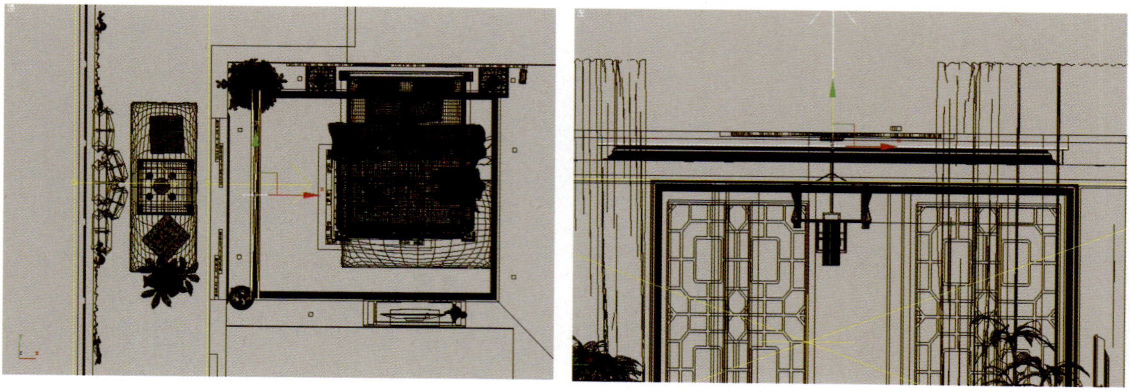

图7.18

Step 09 灯光参数设置如图7.19所示。

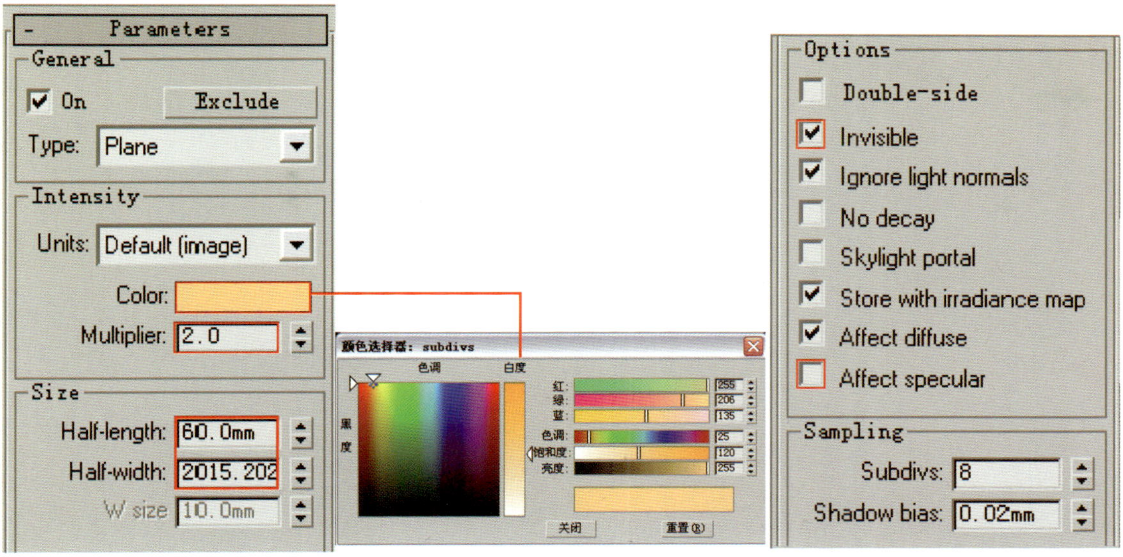

图7.19

Step 10 在视图中选中刚刚创建的暗藏灯光VRayLight面光源，将其关联复制出3盏灯光，调整灯光位置，如图7.20所示。

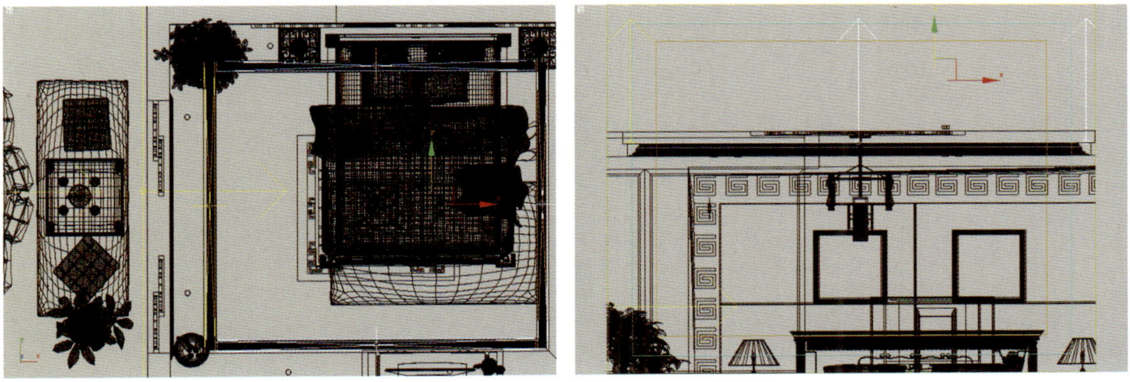

图7.20

Step 11 对摄像机视图进行渲染，效果如图7.21所示。

Step 12 设置顶棚处的筒灯灯光。在“创建”面板中单击（灯光）按钮，在下拉菜单中选择“光度学”选项，然后在“对象类型”卷展栏中单击 自由点光源 按钮，在如图7.22所示位置创建一个自由点光源来模拟室内的筒灯灯光。

图7.21

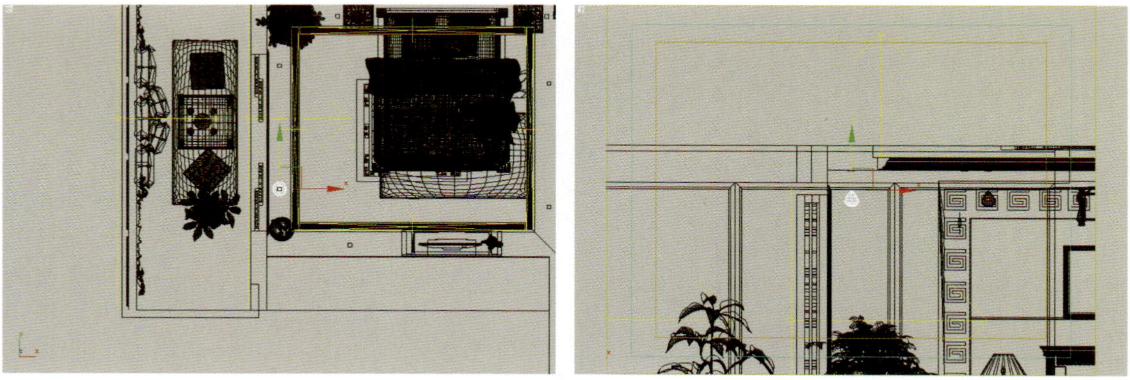

图7.22

Step 13 进入“修改”面板，对创建的自由点光源参数进行设置，如图7.23所示。

Tip 提示：

光域网文件为本书配套光盘中提供的“第7章\贴图\1牛眼灯.ies”文件。

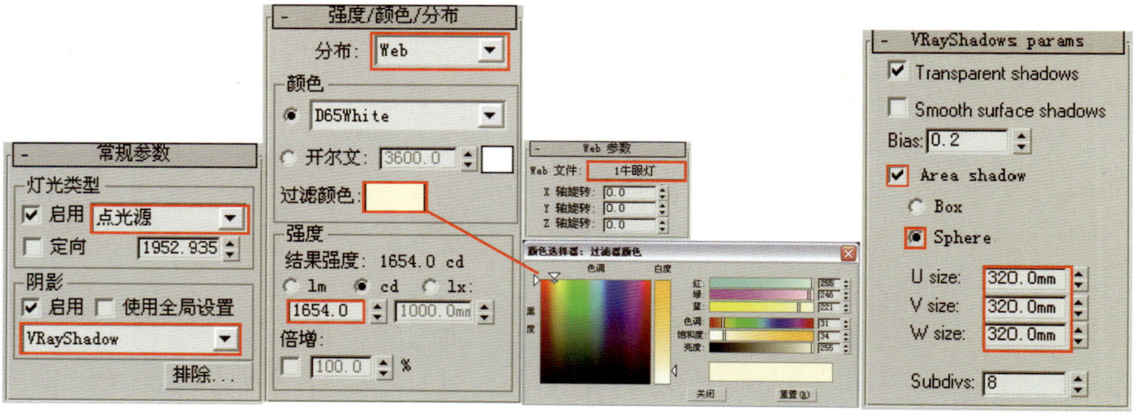

图7.23

Step 14 在视图中，选中刚刚创建的顶部筒灯灯光，将其关联复制出9盏，调整灯光位置如图7.24所示。

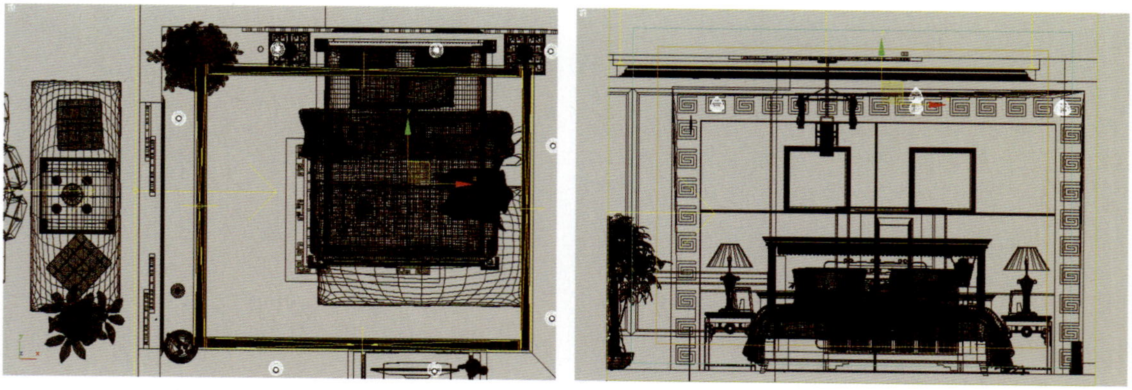

图7.24

Step 15 对摄像机视图进行渲染，效果如图7.25所示。

Step 16 接下来为场景创建补光。在场景中创建一盏VRayLignt面光源，灯光位置如图7.26所示。

图7.25

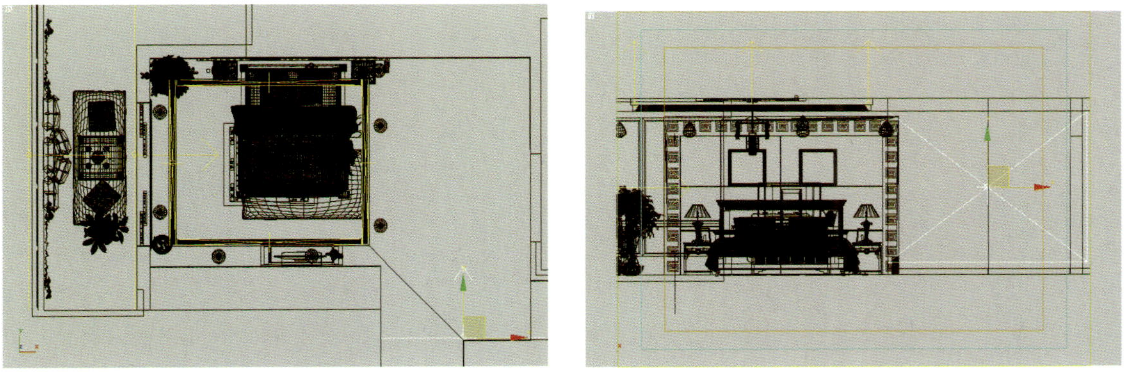

图7.26

Step 17 灯光参数设置如图7.27所示。

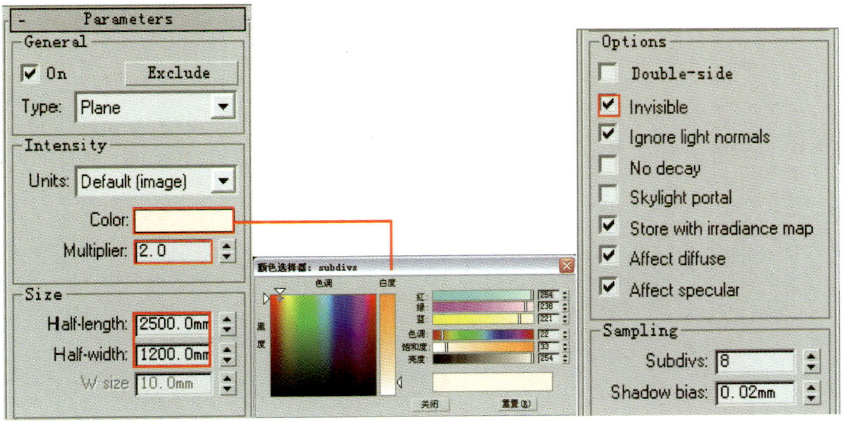

图7.27

Step 18 对摄像机视图进行渲染，局部效果如图7.28所示。

Step 19 继续为场景创建补光。在如图7.29所示位置创建一盏VRayLight面光源，灯光参数设置如图7.30所示。

图7.28

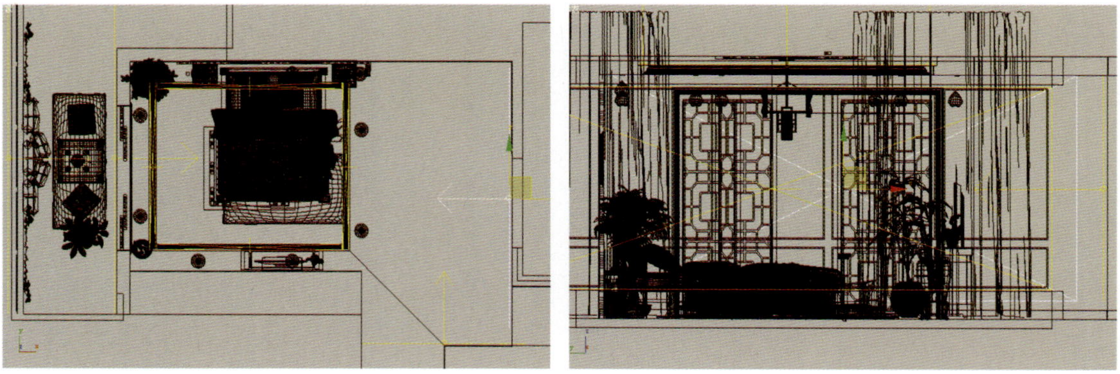

图7.29

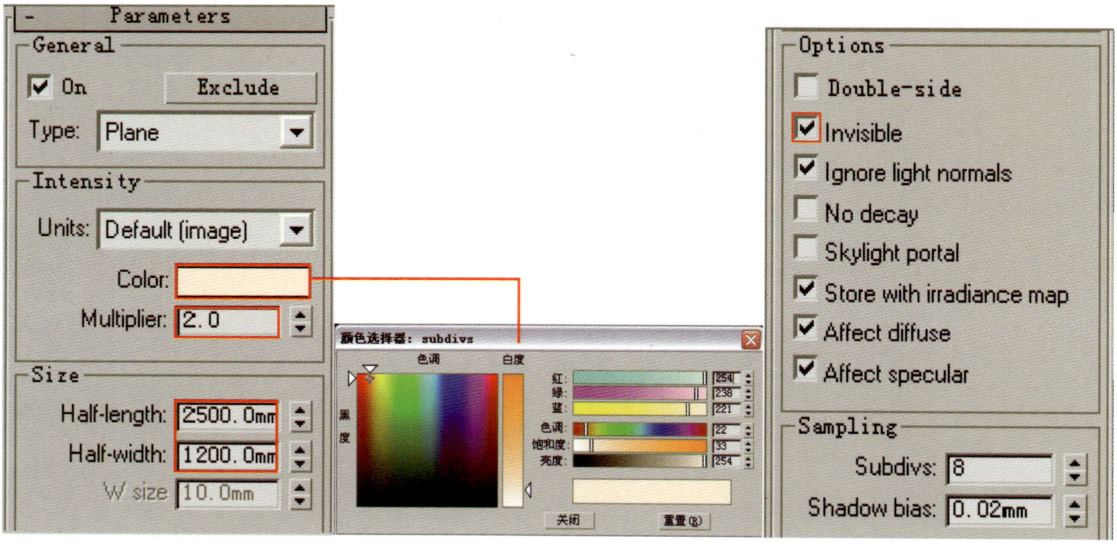

图7.30

Step 20 对摄像机视图进行渲染，效果如图7.31所示。

分别对室外的天光和室内的光源进行了测试，最终测试结果比较好。下面对场景的材质进行设置。

图7.31

7.1.2 设置场景材质

中式卧室的材质是比较丰富的，主要集中在木质、布艺等材质设置上，如何很好地表现这些材质的效果是表现的重点与难点。

下面对材质进行分类，并分类进行讲述。

Tip 提示：

在制作模型时必须先弄清楚物体材质的区别，将同一种材质的物体进行成组或附加操作，这样可以为赋予物体材质提供很多方便。

1. 设置主体材质

Step 01 在设置场景材质前，首先要取消前面对场景物体的材质替换状态。按F10键打开“渲染场景”对话框，在 V-Ray:: Global switches 卷展栏中取消对“Override mtl”复选框的勾选，如图7.32所示。

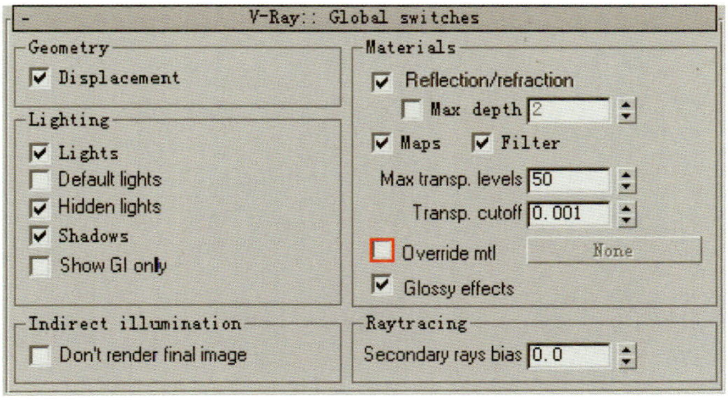

图7.32

Step 02 设置木地板的材质。在“材质编辑器”对话框中选择一个空白材质球，将其设置为 VRayMtl 材质，并将材质命名为“木地板”。单击“Diffuse”右侧的贴图按钮，为其添加一个“位图”贴图，具体参数设置如图7.33所示。贴图文件为本书配套光盘中提供的“第7章\贴图\木地板.jpg”文件。

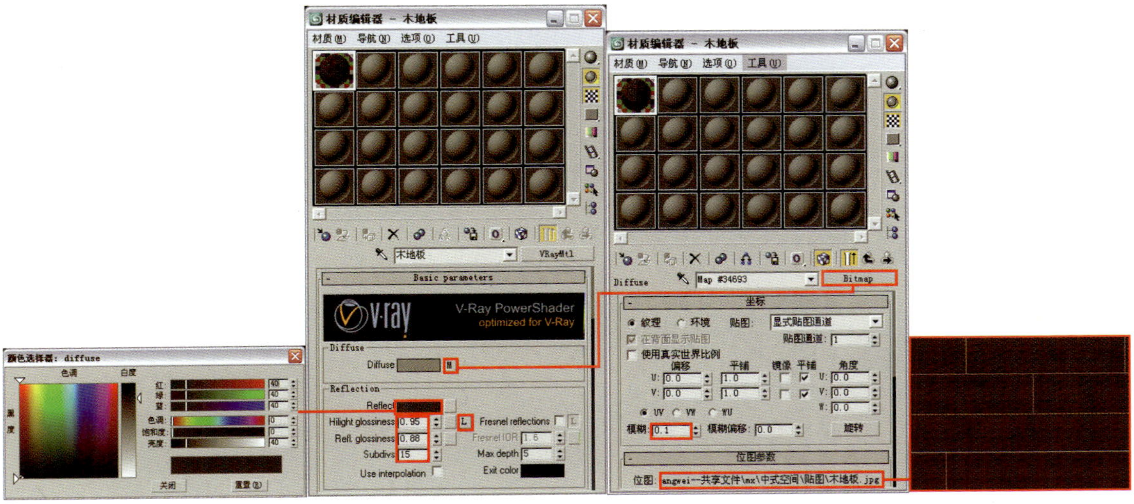

图7.33

Step 03 返回“VRayMtl”材质层级，在“Maps”卷展栏中把“Diffuse”右侧的贴图通道按钮拖动到“Bump”右侧的贴图通道按钮上，参数设置如图7.34所示。将材质指定给物体“地面”，对摄像机视图进行渲染，局部效果如图7.35所示。

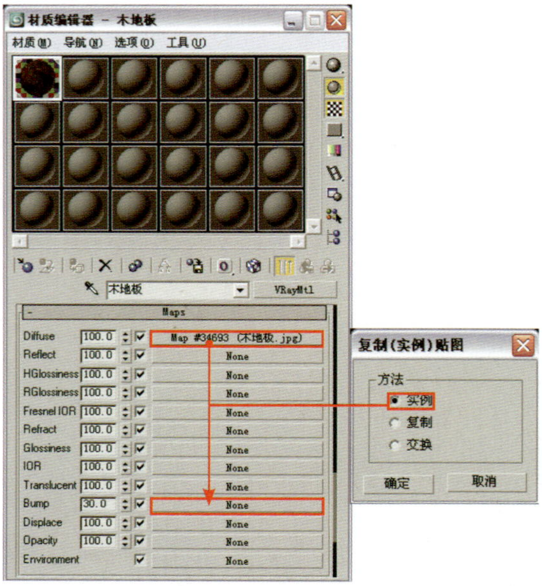

图7.34

图7.35

Step 04 设置清油木质材质。在“材质编辑器”对话框中选择一个空白材质球，将其设置为 VRayMtl 材质，并将材质命名为“清油木质”。单击“Diffuse”右侧的贴图按钮，为其添加一个“位图”贴图，具体参数设置如图7.36所示。贴图文件为本书配套光盘中提供的“第7章\贴图\wood010.jpg”文件。

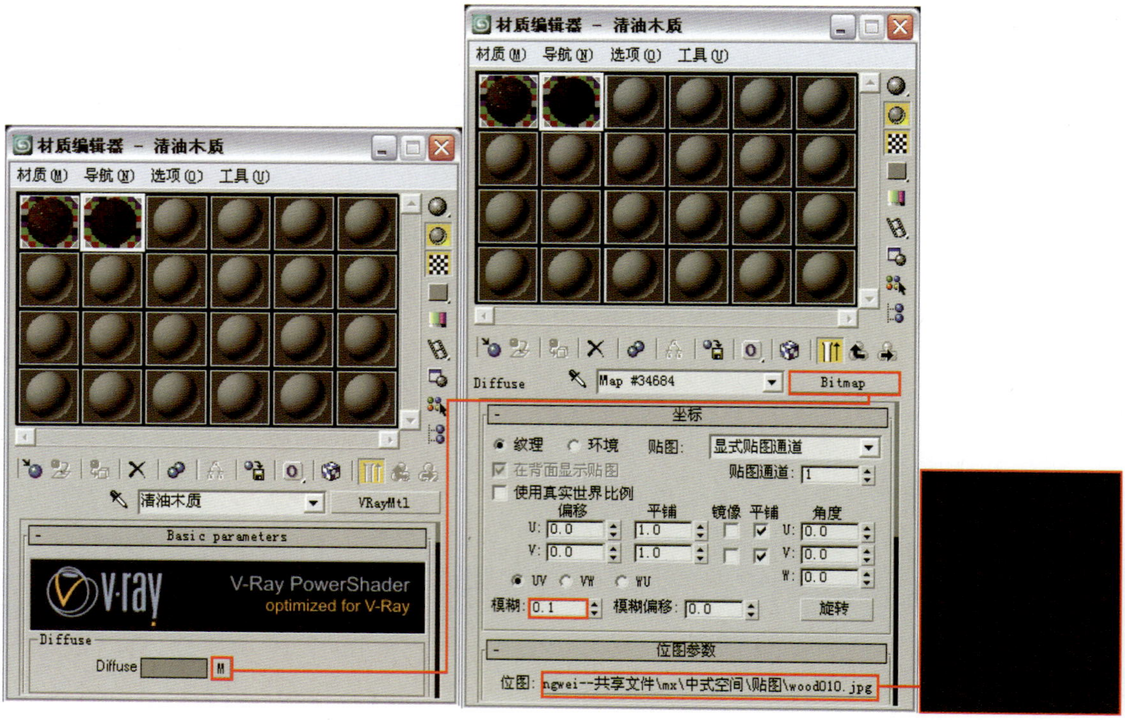

图7.36

Step 05 返回“VRayMtl”，单击“Reflect”右侧的贴图按钮，为其添加一个“衰减”程序贴图，具体参数设置如图7.37所示。

Step 06 返回“VRayMtl”材质层级，在“Maps”卷展栏中为“Bump”右侧的贴图通道添加一个“位图”贴图，参数设置如图7.38所示。将材质指定给物体“清油木质物体”，对摄像机视图进行渲染，局部效果如图7.39所示。贴图文件为本书配套光盘中提供的“第7章\贴图\wood_bump.jpg”文件。

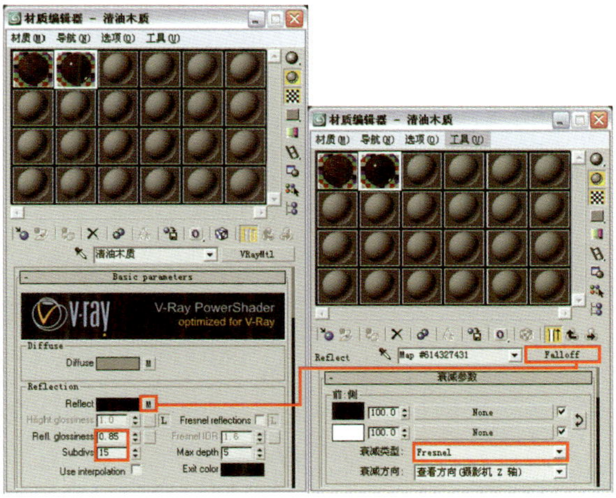

图7.37

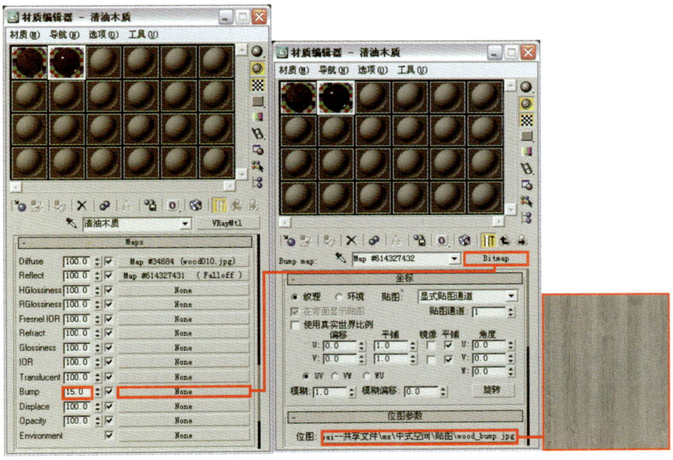

图7.38

图7.39

Step 07 设置背景壁纸的材质。在“材质编辑器”对话框中选择一个空白材质球，将其设置为 VRayMtl 材质，并将材质命名为“背景壁纸”。单击“Diffuse”右侧的贴图按钮，为其添加一个“位图”贴图，具体参数设置如图7.40所示。贴图文件为本书配套光盘中提供的“第7章\贴图\bw-126.jpg”文件。

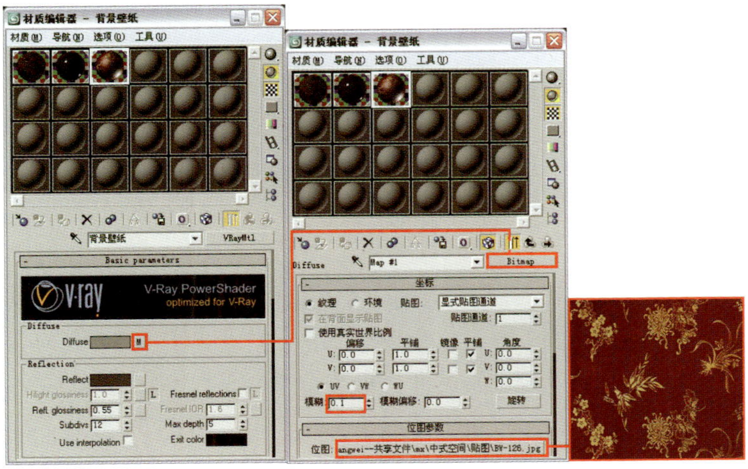

图7.40

Step 08 返回“VRayMtl”材质层级，在“Maps（贴图）”卷展栏中为“Bump”右侧的贴图通道添加一个“位图”贴图，参数设置如图7.41所示。将材质指定给物体“卧室背景墙”，对摄像机视图进行渲染，局部效果如图7.42所示。贴图文件为本书配套光盘中提供的“第12章\贴图\cloth_45.jpg”文件。

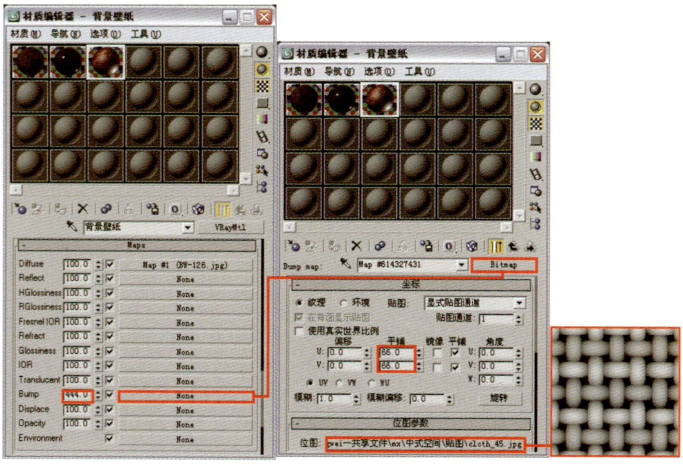

图7.41

图7.42

Tip 提示：

场景中部分物体的材质已经事先设置好，这里仅对场景中的主要材质进行讲解。

Step 09 下面设置被子的材质。选择一个空白材质球，将其设置为 VRayMtl 材质，并将材质球命名为“被子”。单击“Diffuse”右侧的贴图按钮，为其添加一个“位图”贴图，参数设置如图7.43所示。贴图文件为本书配套光盘提供的“第7章\贴图\258923-002-embed.jpg”文件。

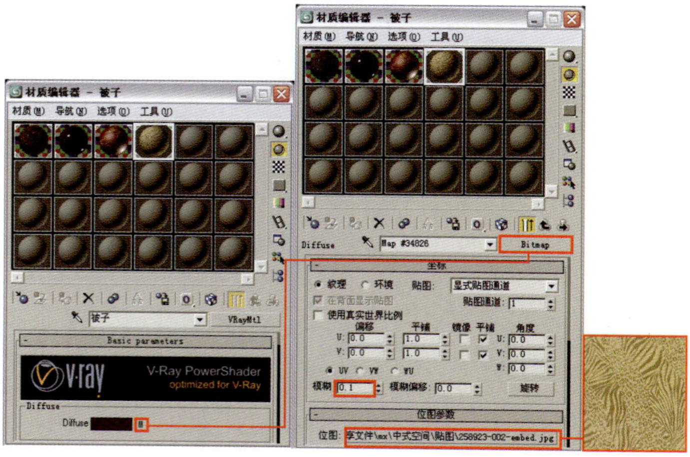

图7.43

Step 10 返回“VRayMtl”材质层级，在“Maps（贴图）”卷展栏中为“Bump”右侧的贴图通道添加一个“位图”贴图，参数设置如图7.44所示。贴图文件为本书配套光盘中提供的“第7章\贴图\cloth_02.jpg”文件。

Step 11 将材质指定给物体“被子”，对摄像机视图进行渲染，局部效果如图7.45所示。

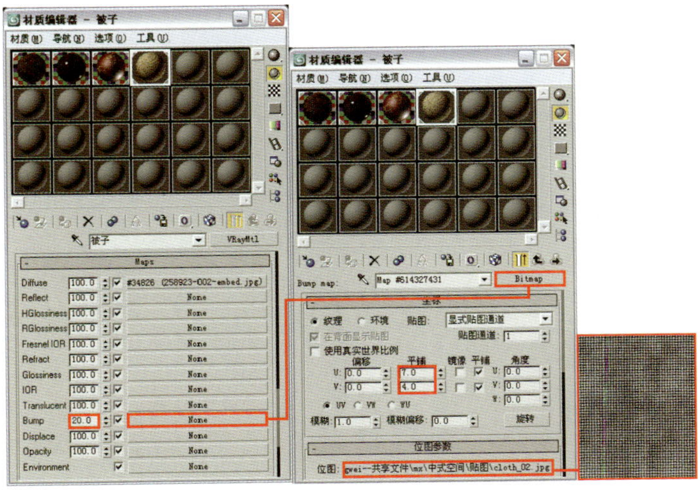

图7.44

图7.45

Step 12 设置红木材质。选择一个空白材质球，将其设置为 VRayMtl 材质，并将材质球命名为“红木”。单击“Diffuse”右侧的颜色按钮，参数设置如图7.46所示。

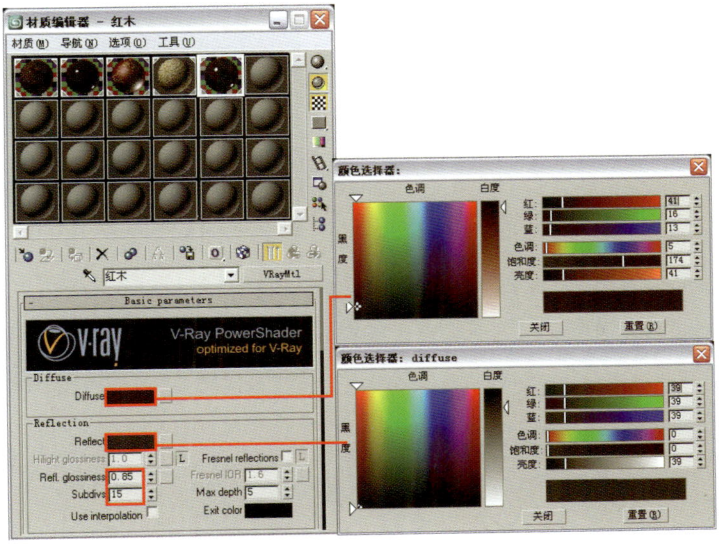

图7.46

Step 13 返回“VRayMtl”材质层级，在“Maps（贴图）”卷展栏中为“Bump”右侧的贴图通道添加一个“位图”贴图，参数设置如图7.47所示。贴图文件为本书配套光盘提供的“第7章\贴图\wood_46_bump.jpg”文件。

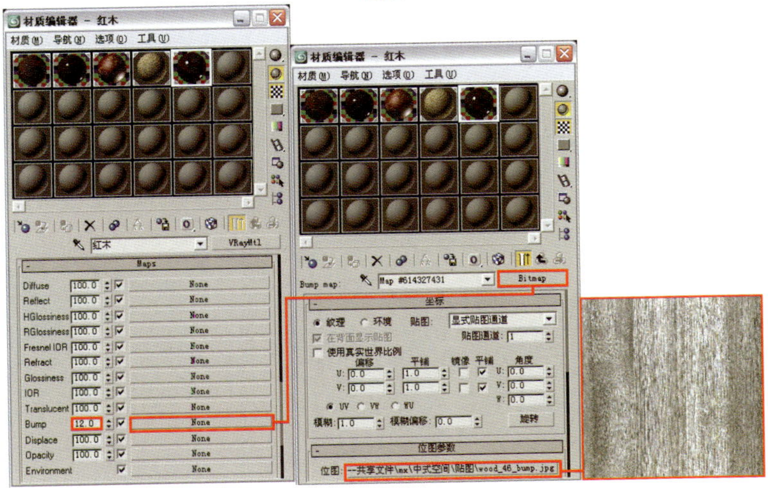

图7.47

Step 14 将材质指定给物体“床头柜”，对摄像机视图进行渲染，局部效果图7.48所示。

图7.48

2. 设置其他材质

Step 01 制作窗玻璃的材质。选择一个空白材质球，将其设置为 VRayMtl 材质，并将材质命名为“窗玻璃”。单击“Diffuse”右侧的颜色按钮，具体参数设置如图7.49所示。

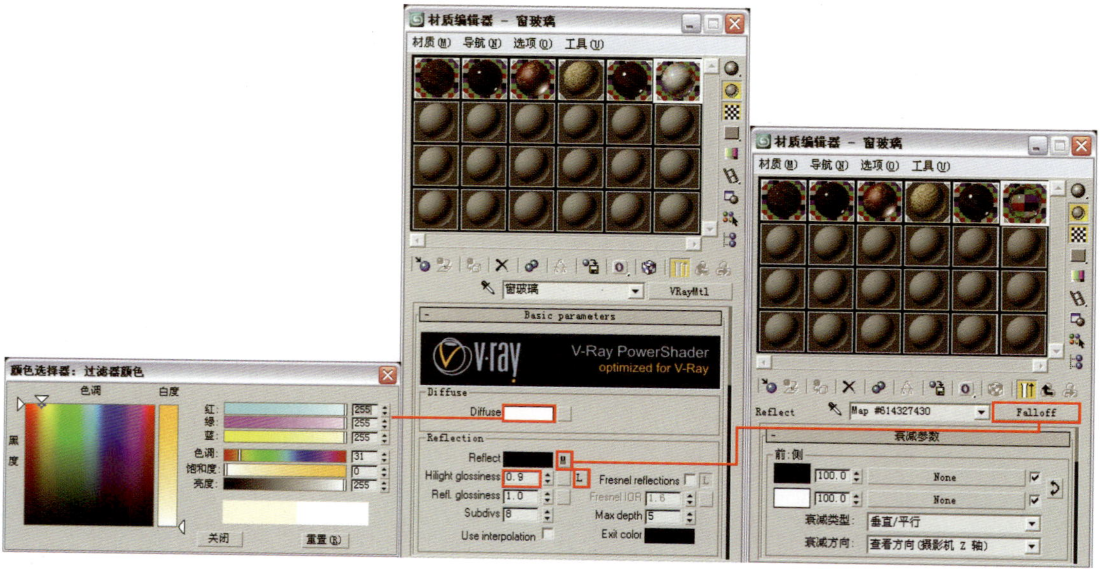

图7.49

Step 02 返回“VRayMtl”材质层级，单击“Refract”右侧的颜色按钮，具体参数设置如图7.50所示。

Step 03 将材质指定给物体“窗玻璃”，对摄像机视图进行渲染，局部效果如图7.51所示。

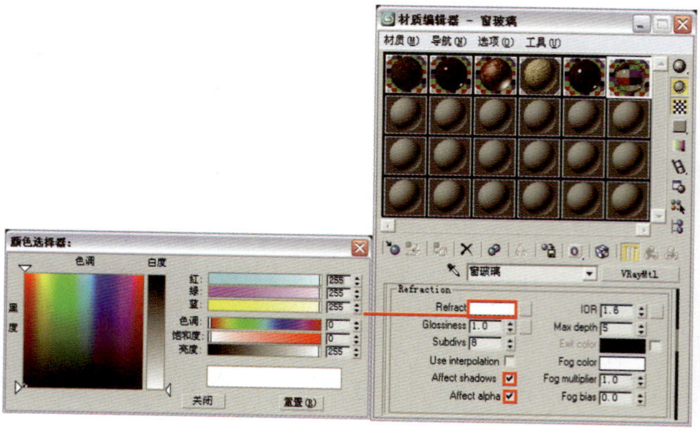

图7.50

图7.51

Step 04 制作纱帘的材质。选择一个空白材质球，将其设置为 VRayMtl 材质，并将材质命名为“纱帘”。单击“Diffuse”右侧的贴图按钮，为其添加一个“位图”贴图，具体参数设置如图7.52所示。贴图文件为本书配套光盘中提供的“第7章\贴图\dtyel010 副本.jpg”文件。

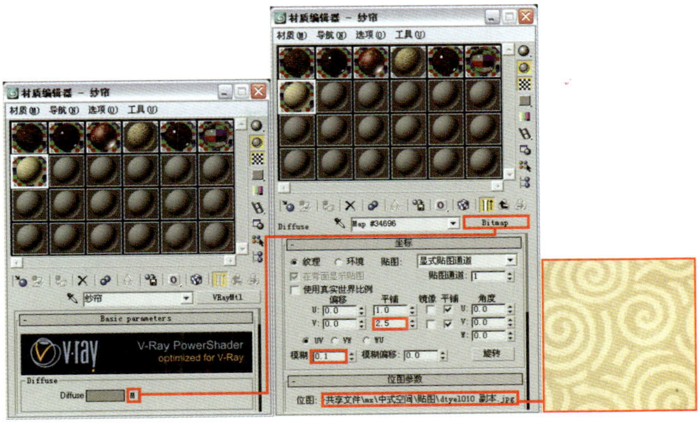

图7.52

Step 05 返回“VRayMtl”材质层级，单击“Refract”右侧的贴图按钮，为其添加一个“衰减”程序贴图，具体参数设置如图7.53所示。将材质指定给物体“纱帘”，对摄像机视图进行渲染，局部效果如图7.54所示。

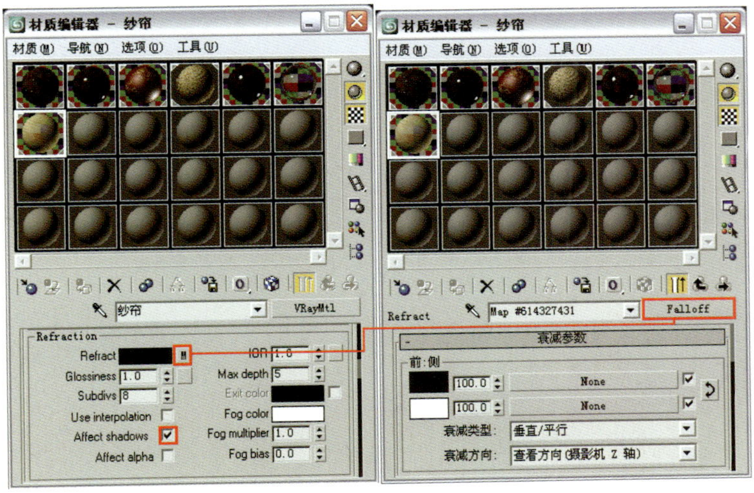

图7.53

图7.54

Step 06 制作茶桌的木质材质。选择一个空白材质球，将其设置为 VRayMtl 材质，并将材质命名为“茶桌木质”。单击“Diffuse”右侧的贴图按钮，为其添加一个“位图”贴图，具体参数设置如图7.55所示。贴图文件为本书配套光盘中提供的“第12章\贴图\柚木.1.jpg”文件。

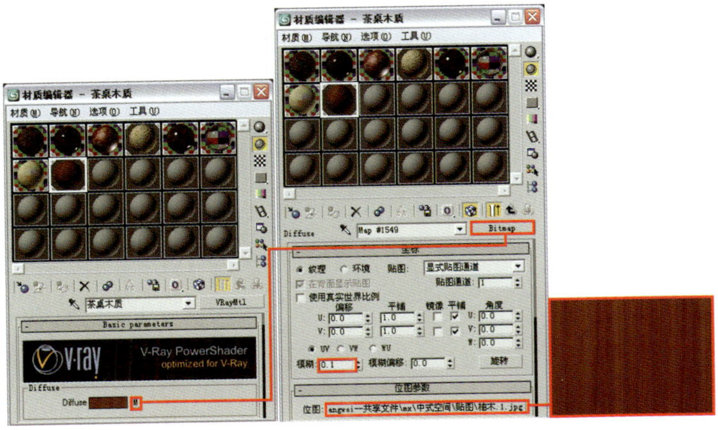

图7.55

Step 07 返回“VRayMtl”材质层级，单击“Refract”右侧的贴图按钮，为其添加一个“衰减”程序贴图，具体参数设置如图7.56所示。将材质制定给物体“茶桌”，对摄像机视图进行渲染，局部效果如图7.57所示。

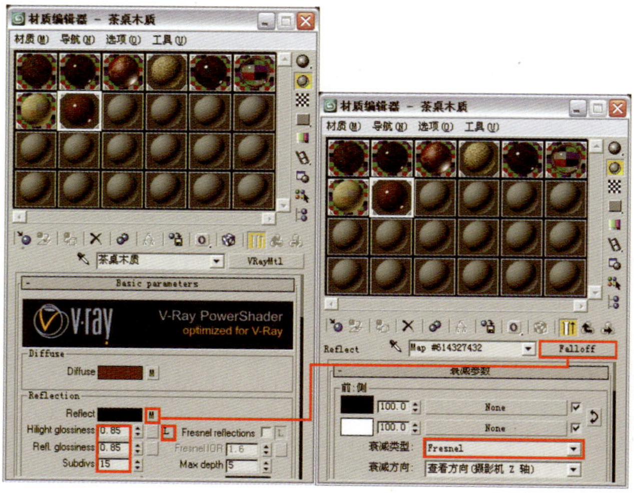

图7.56

图7.57

至此，场景的灯光测试和材质设置都已经完成，下面将对场景进行最终渲染设置。最终渲染设置将决定图像的最终渲染效果。

7.1.3 最终渲染设置

1. 最终测试灯光效果

场景中材质设置完毕后需要对场景进行渲染，观察此时的场景效果，对摄像机视图进行渲染，效果如图7.58所示。

图7.58

观察渲染效果可以看出，场景光线有点暗，接下来在“V-Ray：Color mapping”卷展栏中进行参数设置，如图7.59所示。再次对摄像机视图进行渲染，效果如图7.60所示。

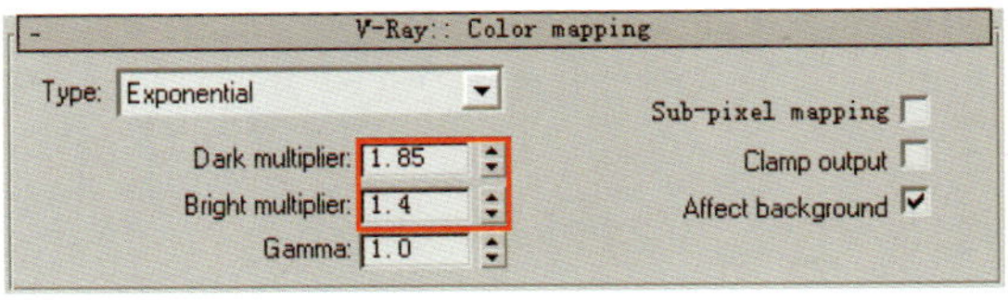

图7.59

图7.60

观察渲染效果，场景光线不需要再调整，接下来设置最终渲染参数。

2. 灯光细分参数设置

Step 01 将窗口处模拟天光的VRayLight的灯光细分值设置为24，如图7.61所示。

Step 02 将室内的辅助光源VRayLight的灯光细分值设置为12，如图7.62所示。

Step 03 将筒灯的灯光细分值设置为15，如图7.63所示。

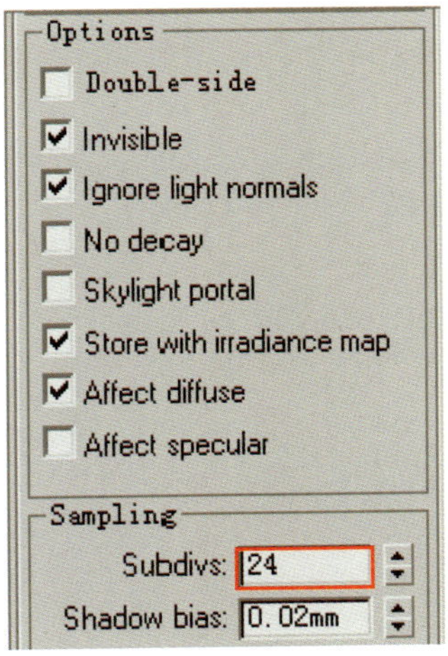

图7.61

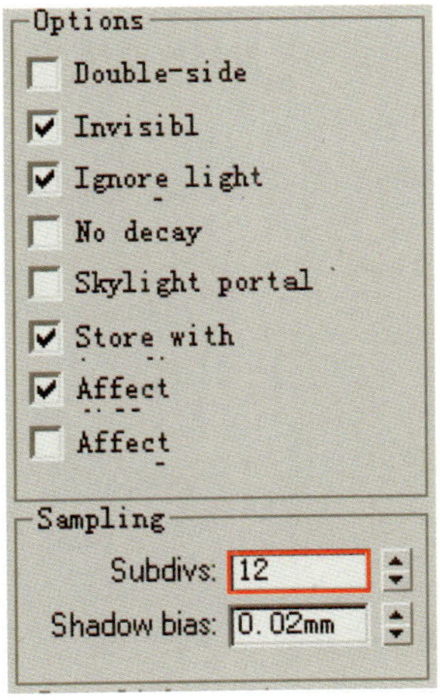

图7.62

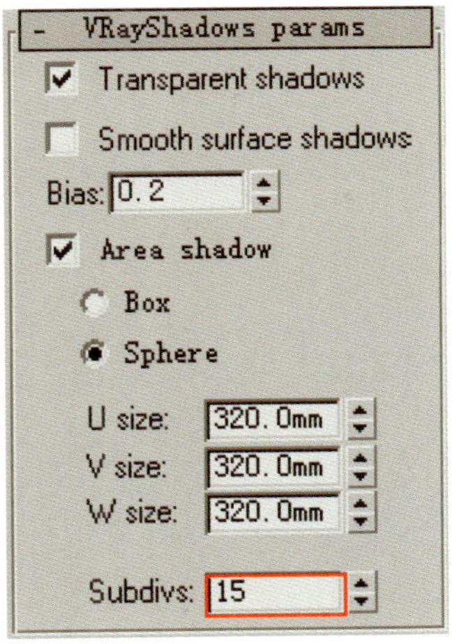

图7.63

3. 设置保存发光贴图和灯光贴图的渲染参数

在前几章中已经多次讲解保存发光贴图和灯光贴图的方法，在此不再赘述，只对渲染级别设置进行讲解。

Step 01 进行渲染级别设置。在V-Ray:: Irradiance map卷展栏中设置参数，如图7.64所示。

Step 02 在V-Ray:: Light cache卷展栏中设置参数，如图7.65所示。

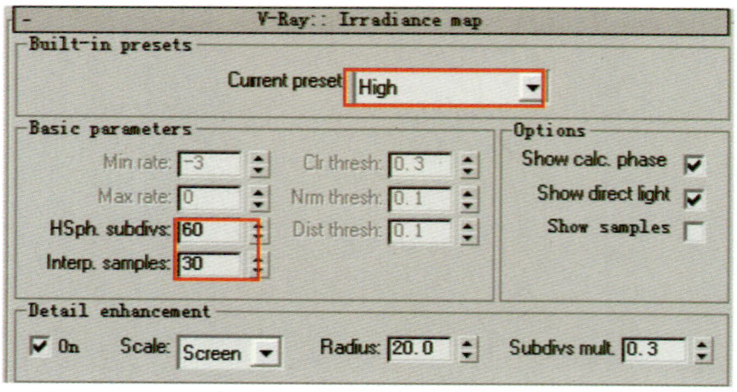

图7.64

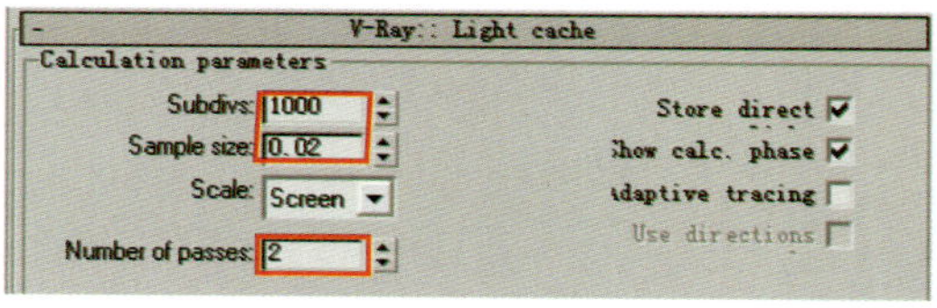

图7.65

Step 03 在 V-Ray:: rQMC Sampler （准蒙特卡罗采样器）卷展栏中设置参数，如图7.66所示，这是模糊采样设置。

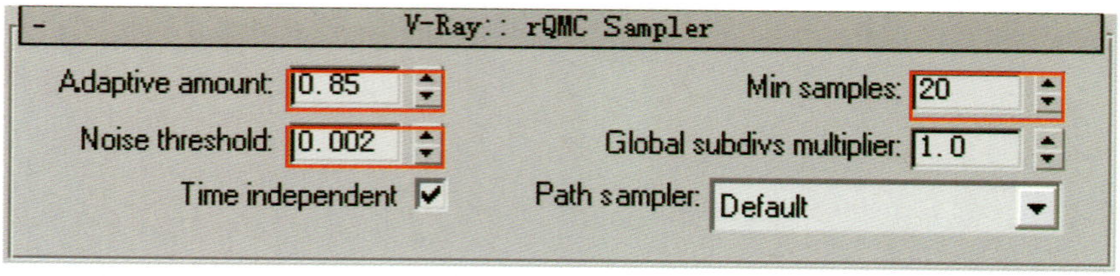

图7.66

渲染级别设置完成后，最后设置保存发光贴图和灯光贴图的参数并进行渲染即可。

4. 最终成品渲染

最终成品渲染的参数设置如下。

Step 01 设置图像的输出尺寸。当发光贴图和灯光贴图计算完毕后，在“渲染场景”对话框的“公用”选项卡中设置最终渲染图像的输出尺寸，如图7.67所示。

Step 02 在 Image sampler (Antialiasing) 卷展栏中设置抗锯齿和过滤器参数，如图7.68所示。

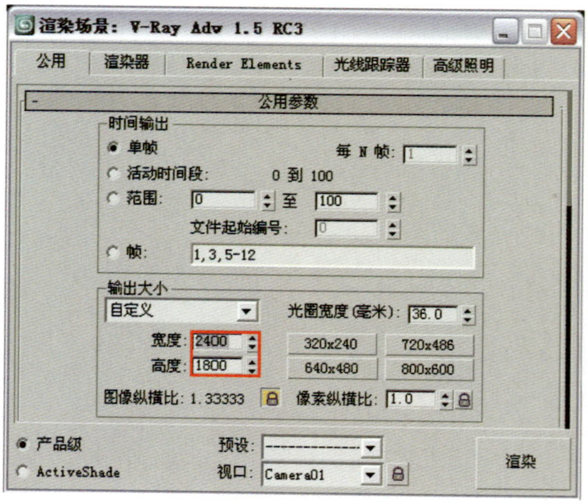

图7.67

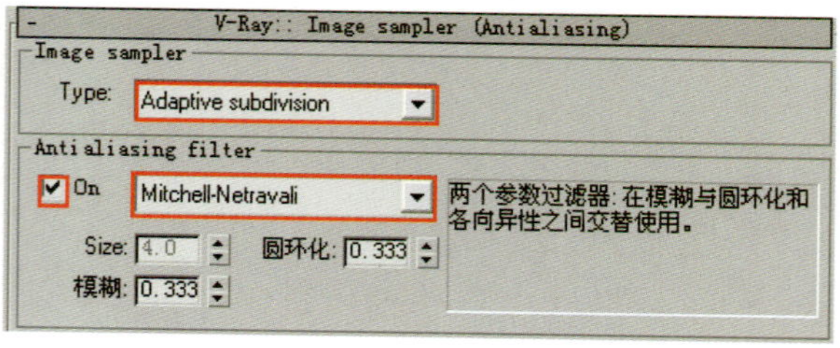

图7.68

Step 03 最终渲染效果如图7.69所示。

图7.69

最后使用Photoshop软件对图像的亮度、对比度以及饱和度进行调整，使效果更加生动、逼真。在前面几章中已经多次对后期处理的方法进行了讲解，在此不再赘述。后期处理后的最终效果如图7.70所示。

图7.70

下面对场景的客厅表现部分进行详细讲解。

7.2 中式客厅空间实例

本实例将讲解一个中式风格的客厅空间。场景采用了天光的表现手法，效果如图7.71所示。

图7.71

如图7.72所示为客厅模型的线框效果图。

图7.72

下面首先进行测试渲染参数设置，然后进行灯光布置。

7.2.1 中式客厅测试渲染设置

打开配套光盘中的“第7章\中式客厅源文件.max”场景文件，如图7.73所示，可以看到这是一个已经创建好的客厅场景模型，并且场景中的摄像机已经创建好。

下面首先进行测试渲染参数设置，然后进行灯光布置。灯光布置包括室外天光和室内光源的建立。

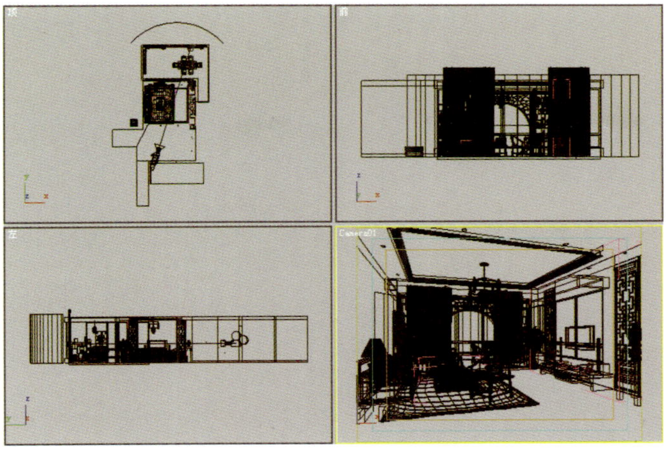

图7.73

1. 设置测试渲染参数

测试渲染参数的设置步骤如下。

Step 01 按F10键打开“渲染场景”对话框，在“公用”选项卡的“公用参数”卷展栏中设置较小的图像尺寸，如图7.74所示。

Step 02 在“渲染器”选项卡的V-Ray:: Global switches（全局设置）卷展栏中设置参数，如图7.75所示。

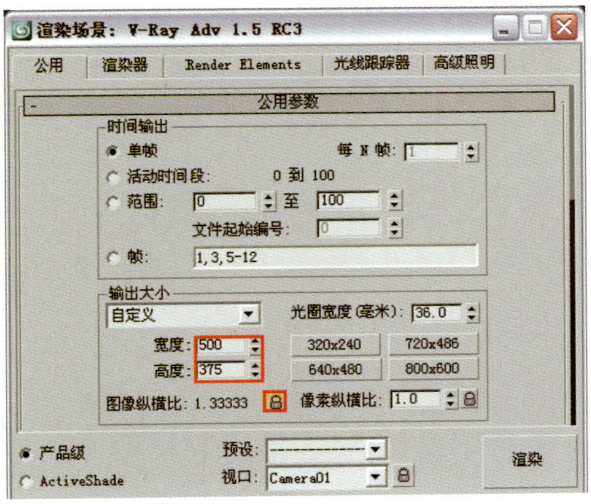

图7.74

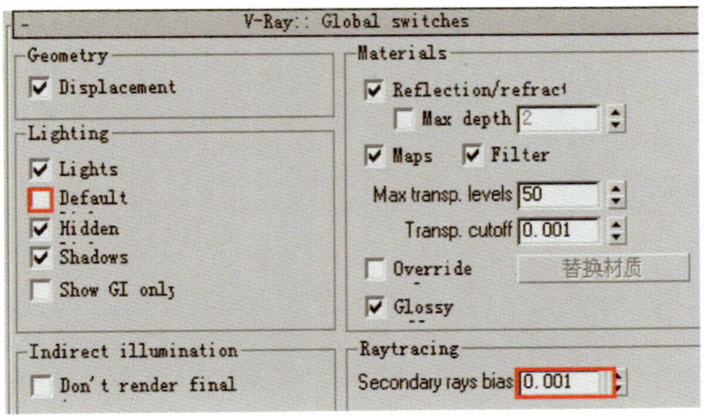

图7.75

Step 03 在V-Ray:: Image sampler (Antialiasing)（抗锯齿采样）卷展栏中设置参数，如图7.76所示。

Step 04 在V-Ray:: Indirect illumination (GI)（间接照明）卷展栏中设置参数，如图7.77所示。

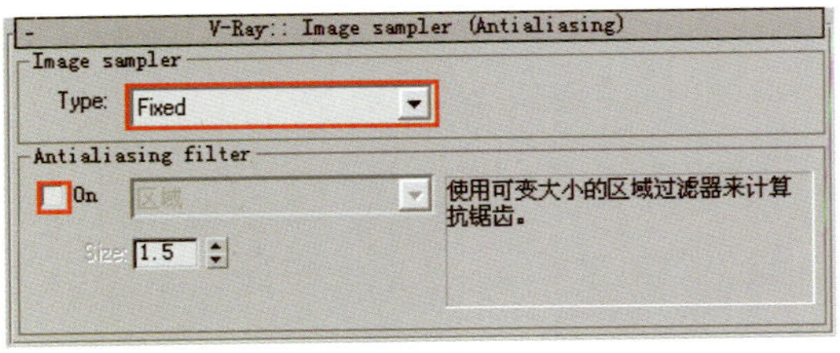

图7.76

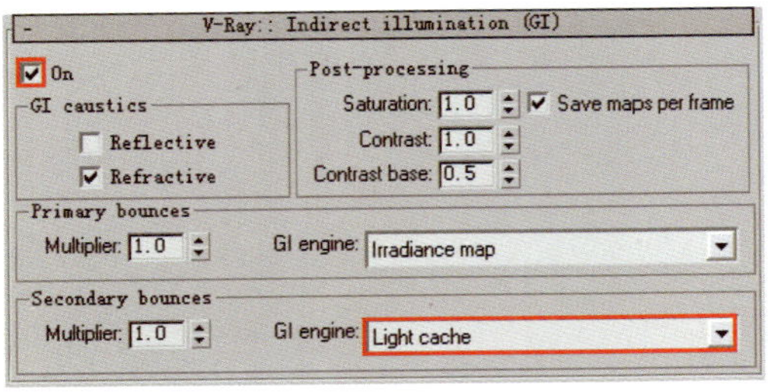

图7.77

Step 05 在V-Ray:: Irradiance map（发光贴图）卷展栏中设置参数，如图7.78所示。

Step 06 在V-Ray:: Light cache（灯光缓存）卷展栏中设置参数，如图7.79所示。

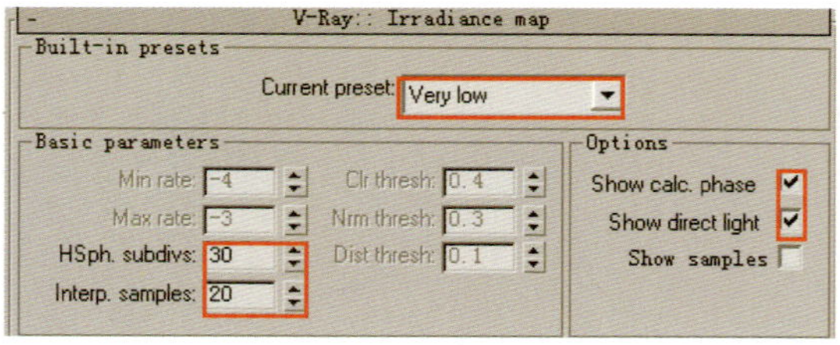

图7.78

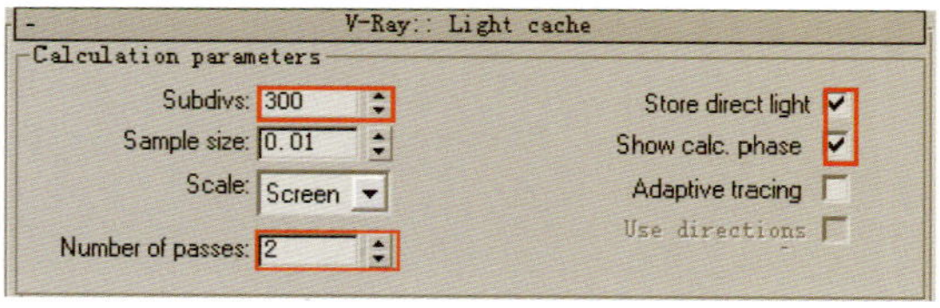

图7.79

2. 布置场景灯光

本场景的光线来源主要为室外天光和室内灯光，在为场景创建灯光前，首先用一种白色材质覆盖场景中的所有物体，这样便于观察灯光对场景的影响，具体设置方法在前面章节中已经介绍过，在此不再赘述。

Step 01 创建天光。在“创建”面板中单击（灯光）按钮，在下拉菜单中选择“VRay”选项，然后在“对象类型”卷展栏中单击VRayLight按钮，在窗口处创建一盏VRayLight面光源，位置如图7.80所示。

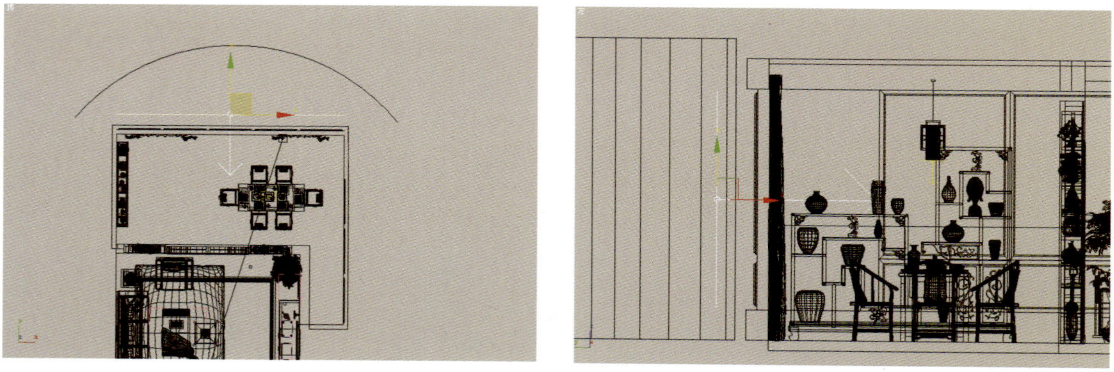

图7.80

Step 02 灯光参数设置如图7.81所示。

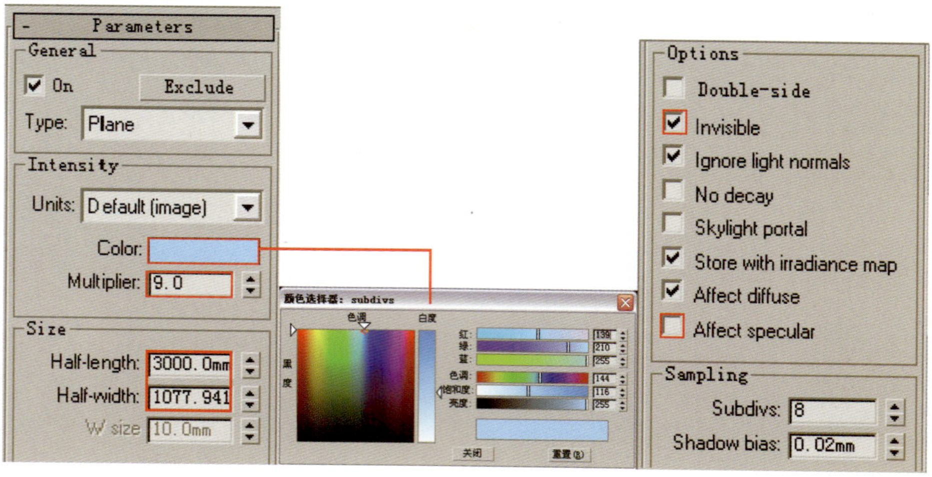

图7.81

Step 03 在视图中选中刚刚创建的模拟天光的VRayLight面光源，将其关联复制出1盏，调整灯光位置如图7.82所示。

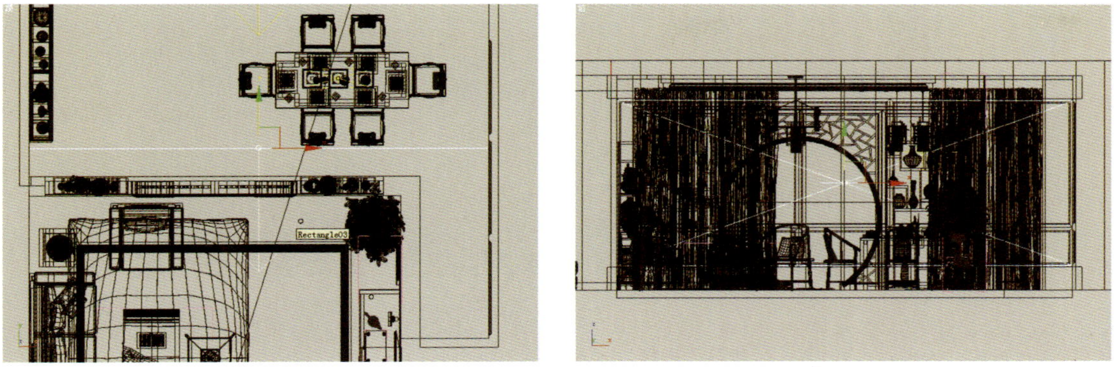

图7.82

Step 04 对摄像机视图进行渲染，效果如图7.83所示。

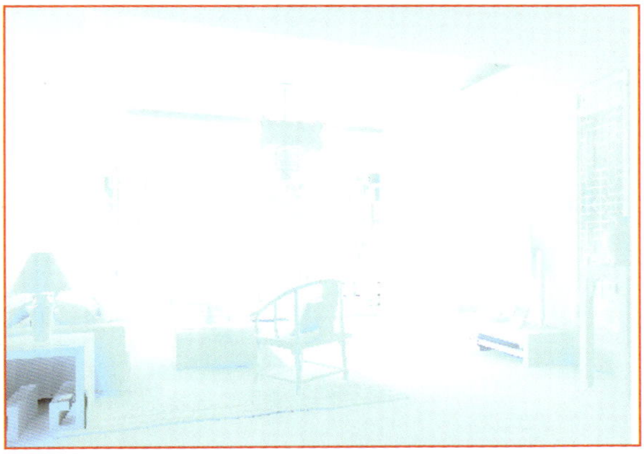

图7.83

Step 05 从渲染效果中可以发现，由于天光的照射场景曝光严重，下面通过调整场景曝光参数来降低场景亮度。按F10键打开“渲染场景”对话框，在“渲染器”选项卡的 V-Ray:: Color mapping 卷展栏中进行曝光控制，参数设置如图7.84所示。再次渲染效果如图7.85所示。

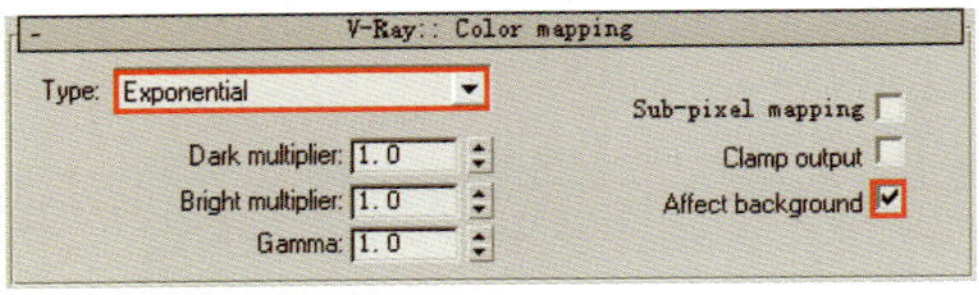

图7.84

图7.85

Step 06 为场景创建顶棚处的暗藏灯光。在顶棚处创建一盏VRayLignt面光源，灯光位置如图7.86所示。

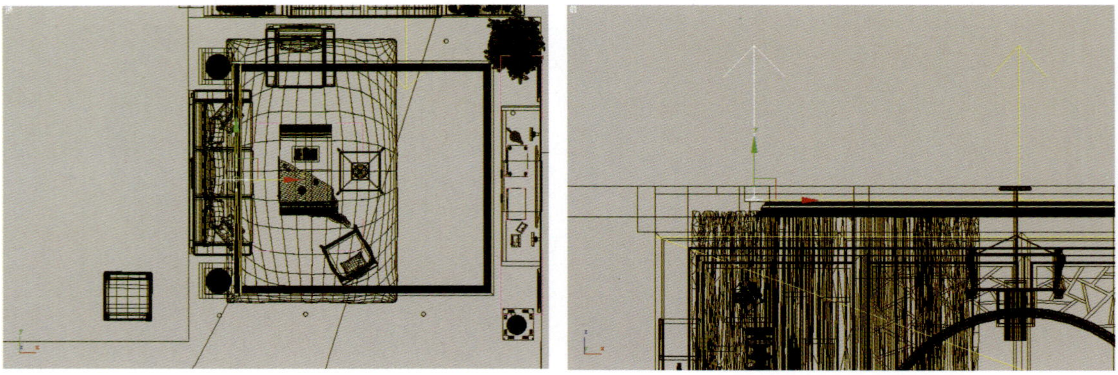

图7.86

Step 07 灯光参数设置如图7.87所示。

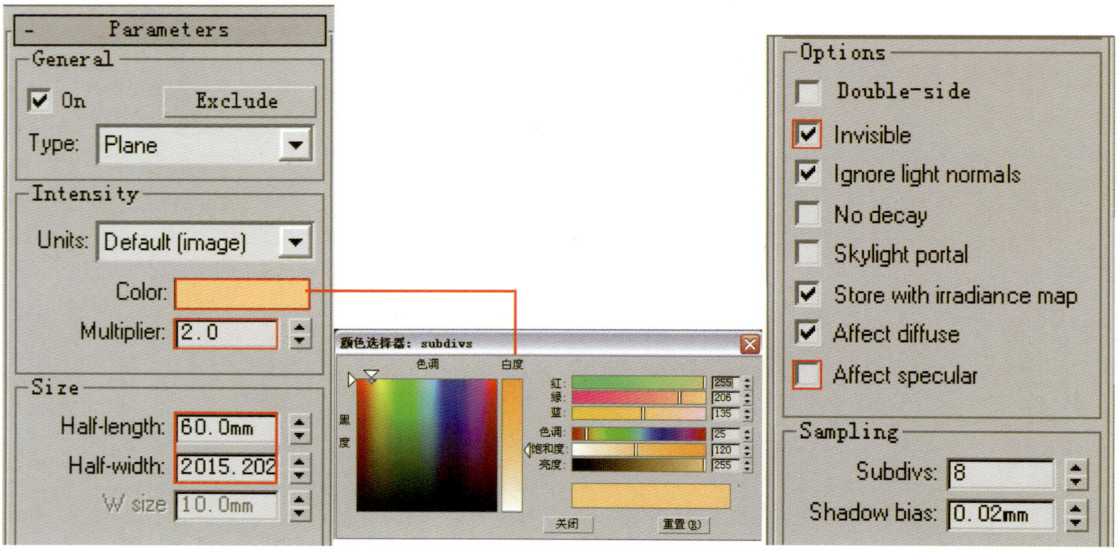

图7.87

Step 08 在视图中选中刚刚创建的暗藏灯光VRayLight面光源，将其关联复制出3盏灯光，调整灯光位置，如图7.88所示。

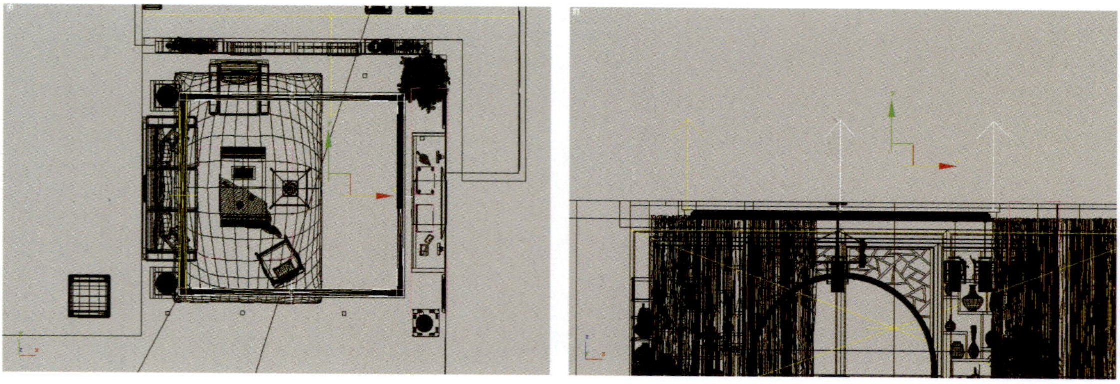

图7.88

Step 09 对摄像机视图进行渲染，效果如图7.89所示。

Step 10 继续为场景创建暗藏灯光。在电视背景墙处创建一盏VRayLignt面光源，灯光位置如图7.90所示。

图7.89

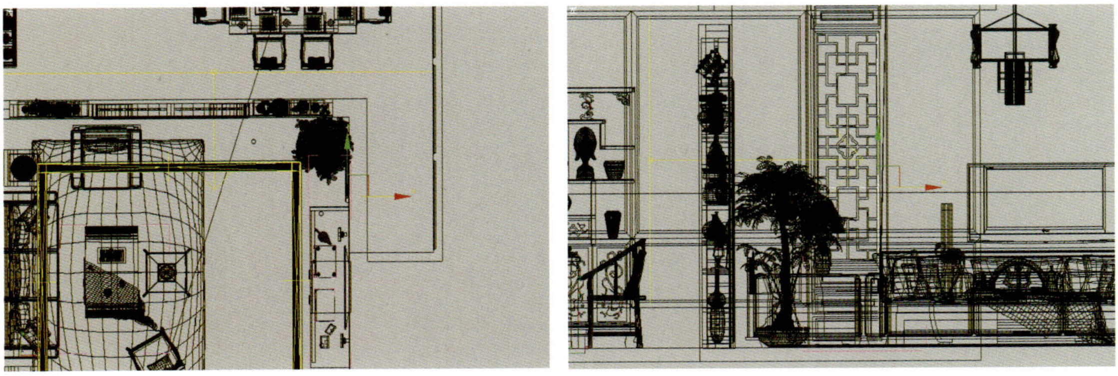

图7.90

Step 11 灯光参数设置如图7.91所示。

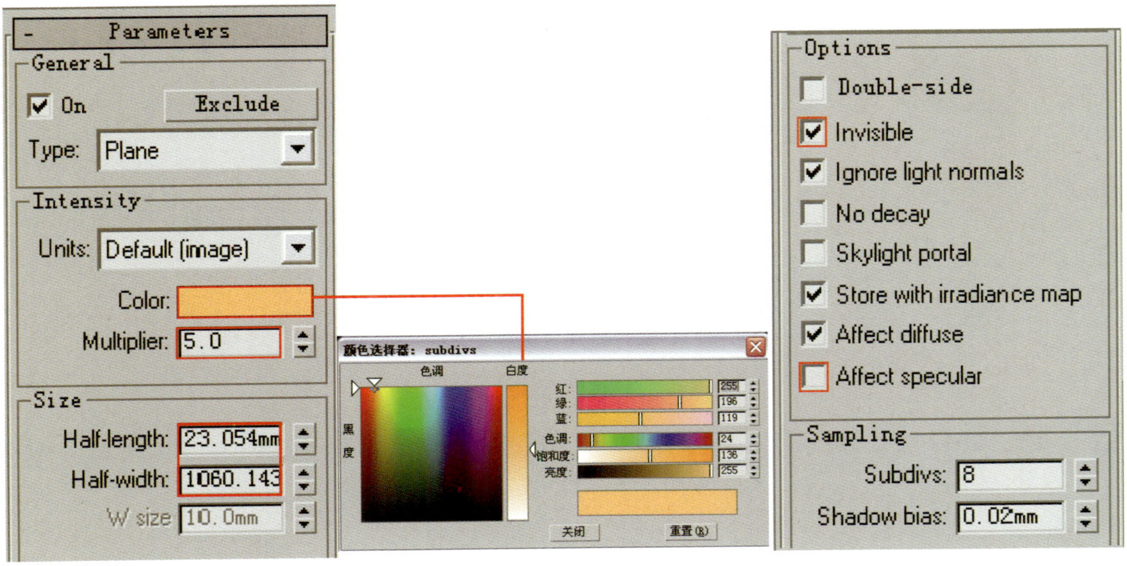

图7.91

Step 12 在视图中选中刚刚创建的暗藏灯光VRayLight面光源，将其关联复制出1盏灯光，调整灯光位置，如图7.92所示。

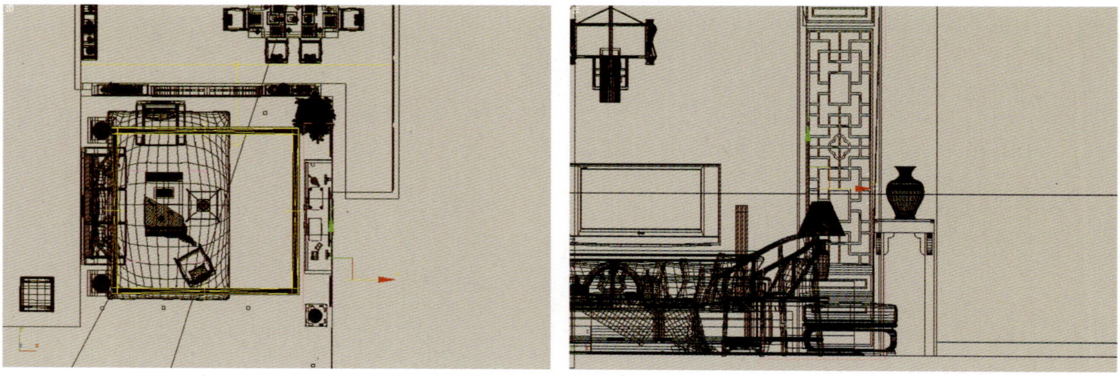

图7.92

Step 13 对摄像机视图进行渲染，效果如图7.93所示。

图7.93

Step 14 设置顶棚处的筒灯灯光。在“创建”面板中单击（灯光）按钮，在下拉菜单中选择“光度学”选项，然后在“对象类型”卷展栏中单击 自由点光源 按钮，在如图7.94所示的位置创建一个自由点光源来模拟室内的筒灯灯光。

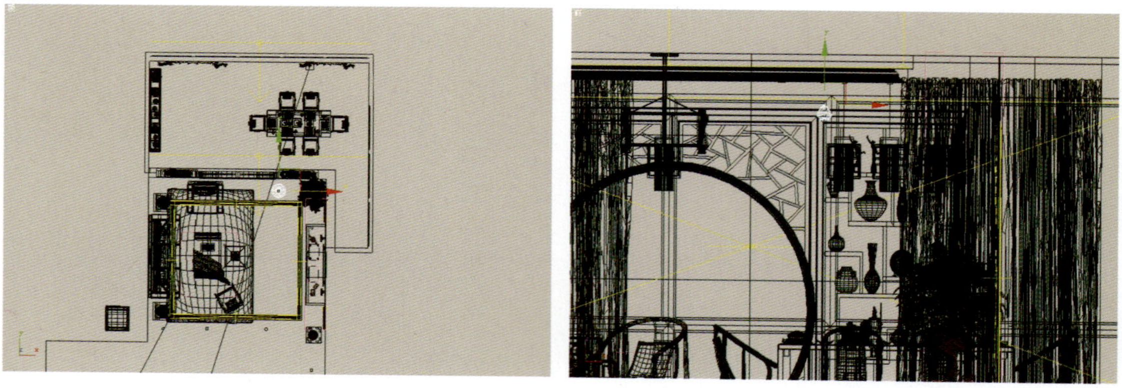

图7.94

Step 15 进入“修改”面板，对创建的自由点光源参数进行设置，如图7.95所示。光域网文件为本书配套光盘中提供的“第7章\贴图\1牛眼灯.ies”文件。

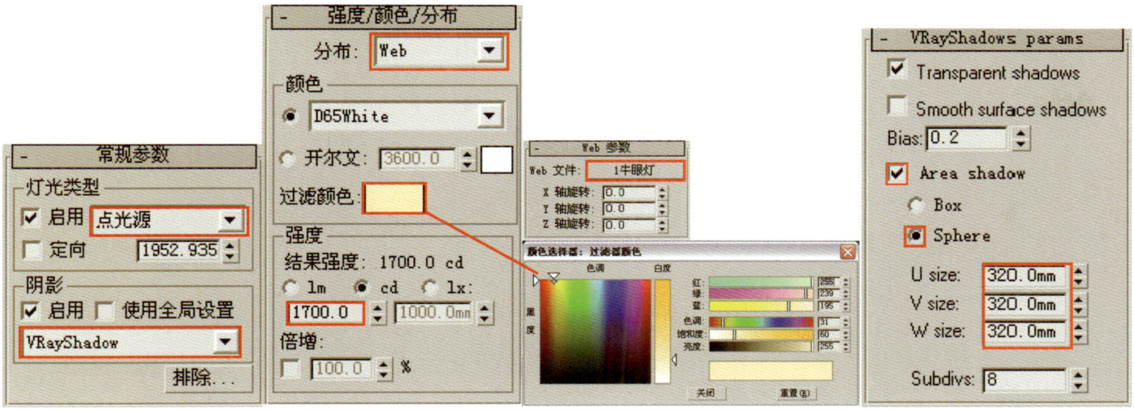

图7.95

Step 16 在视图中选中刚刚创建的顶部筒灯灯光，将其关联复制出9盏，调整灯光位置，如图7.96所示。

图7.96

Step 17 对摄像机视图进行渲染，效果如图7.97所示。

Step 18 为场景创建餐桌处的吊灯灯光。在吊灯处创建一盏VRayLignt面光源，灯光位置如图7.98所示。

图7.97

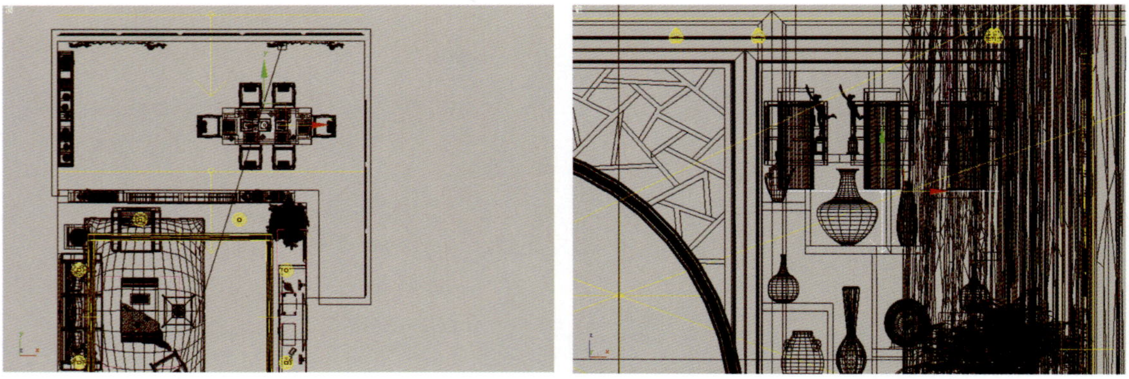

图7.98

Step 19 灯光参数设置如图7.99所示。

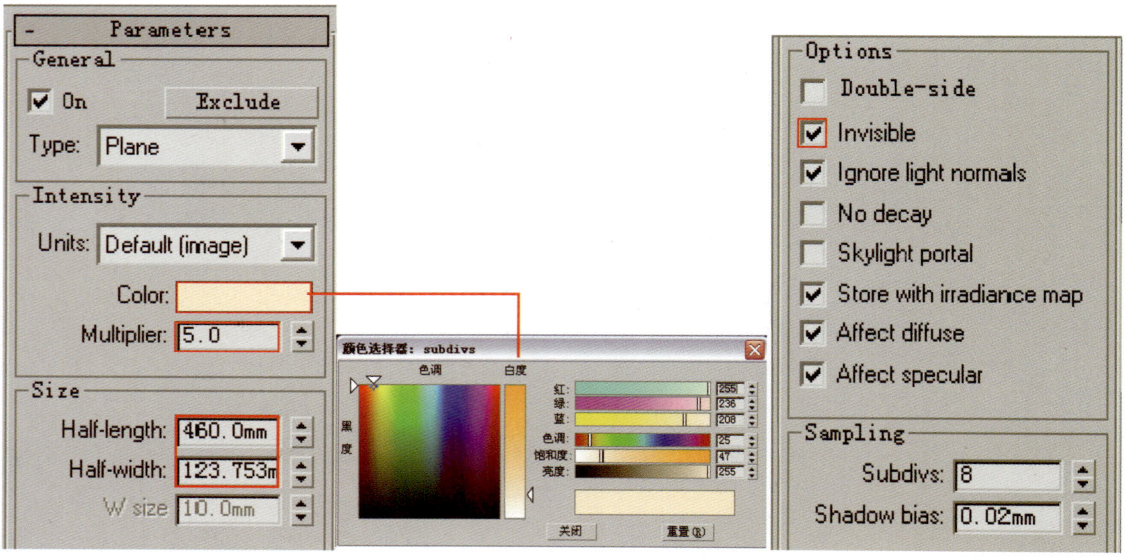

图7.99

Step 20 对摄像机视图进行渲染，效果如图7.100所示。

Step 21 继续为场景创建补光。在场景中创建一盏VRayLignt面光源，灯光位置如图7.101所示。

图7.100

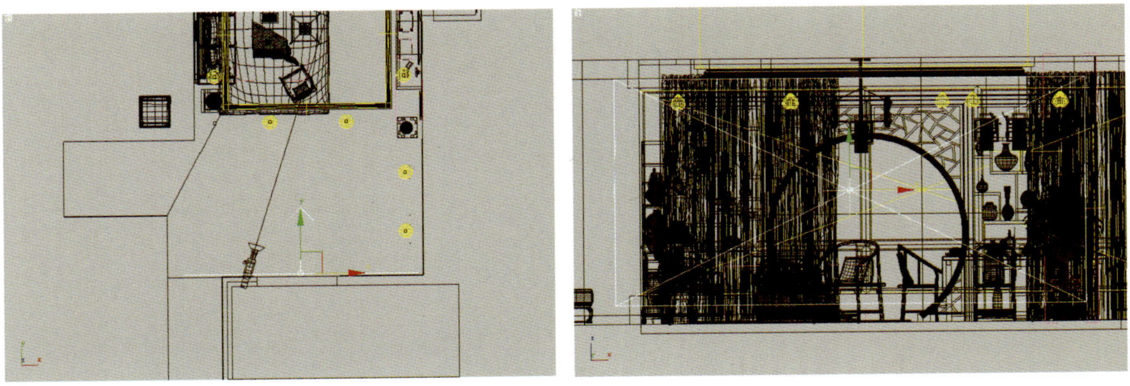

图7.101

Step 22 灯光参数设置如图7.102所示。

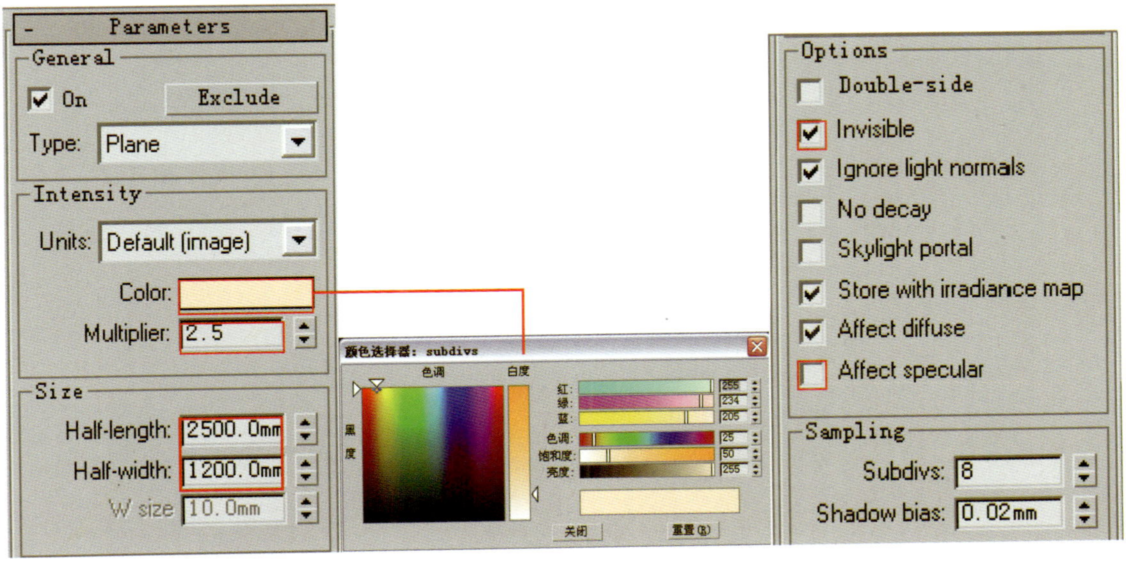

图7.102

Step 23 对摄像机视图进行渲染，局部效果如图7.103所示。

Step 24 在视图中选中刚刚创建的暗藏灯光VRayLight面光源，将其非关联复制出1盏灯光，调整灯光位置，如图7.104所示。

图7.103

图7.104

Step 25 灯光参数设置如图7.105所示。

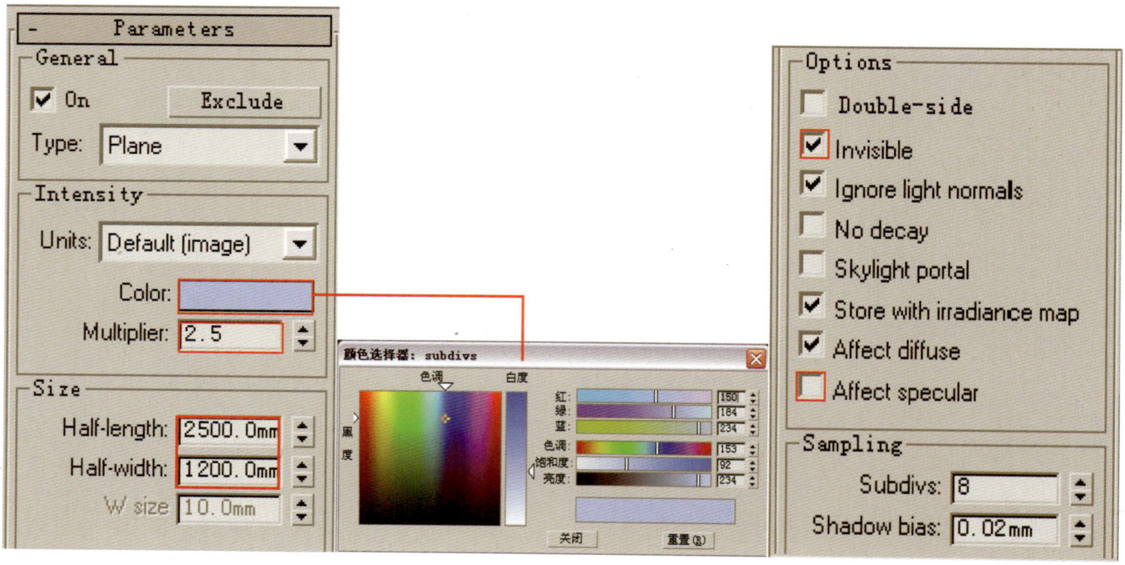

图7.105

Step 26 对摄像机视图进行渲染，效果如图7.106所示。

上面分别对室外的天光和室内的光源进行了测试，最终测试结果比较好，下面对场景的材质进行设置。

图7.106

7.2.2 设置场景材质

中式客厅的材质是比较丰富的，主要集中在木质、布艺等材质设置上，如何很好地表现这些材质的效果是表现的重点与难点。

Tip 提示：

在制作模型时必须先弄清楚物体材质的区别，将同一种材质的物体进行成组或附加操作，这样可以为赋予物体材质提供很多方便。

Step 01 在设置场景材质前，首先取消前面对场景物体材质的替换状态，在前面章节中已经介绍过，在此不再赘述。首先设置米黄乳胶漆材质。在“材质编辑器”对话框中选择一个空白材质球，将其设置为 VRayMtl 材质，并将材质命名为“米黄乳胶漆”，单击“Diffuse”右侧的颜色按钮，具体参数设置如图7.107所示。

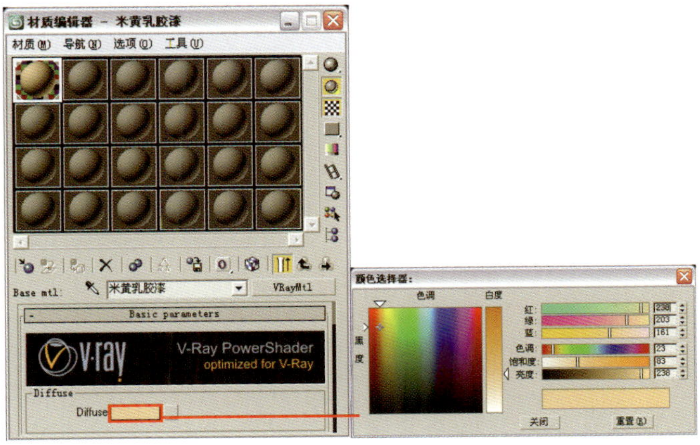

图7.107

Step 02 由于墙面材质饱和度较高且面积较大，很容易造成色溢现象。下面为其材质添加 VRayOverrideMtl（VRay替代材质），从而解决色溢问题，具体操作如图7.108所示。

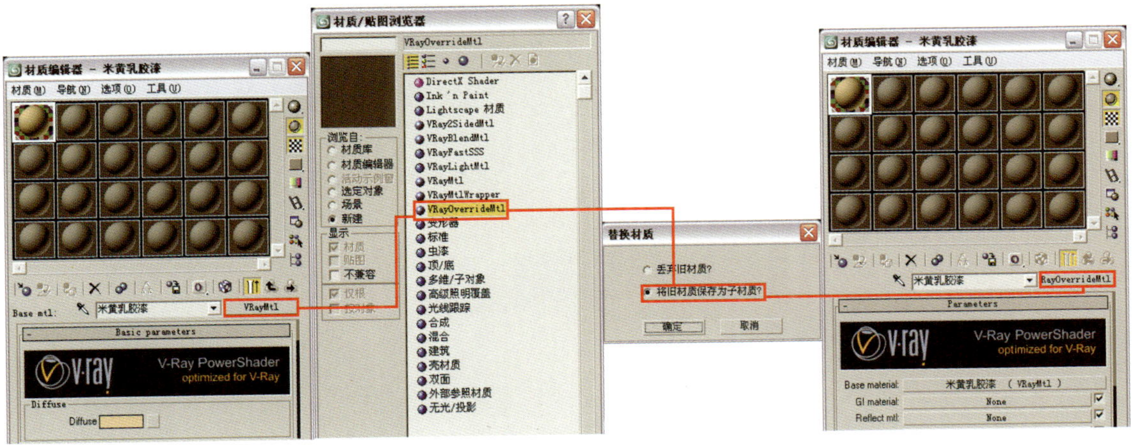

图7.108

Step 03 在“VRay”替代材质层级中把 Base material 右侧的贴图通道按钮拖动到 GI material 右侧的贴图通道按钮上，参数设置如图7.109所示。

Step 04 单击 GI material 右侧的贴图通道按钮，在VRayMtl材质层级，参数设置如图7.110所示。

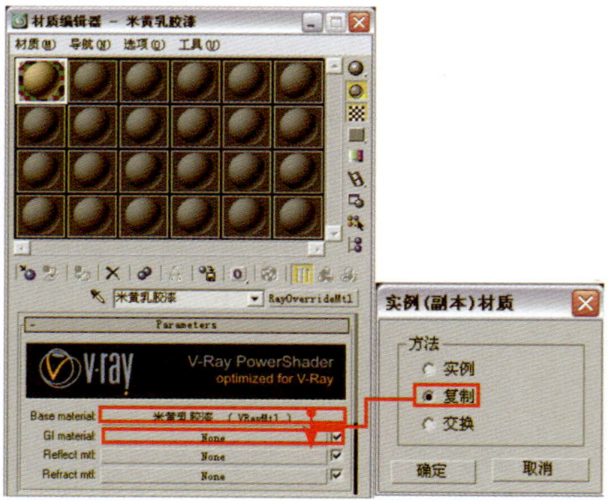

图7.109

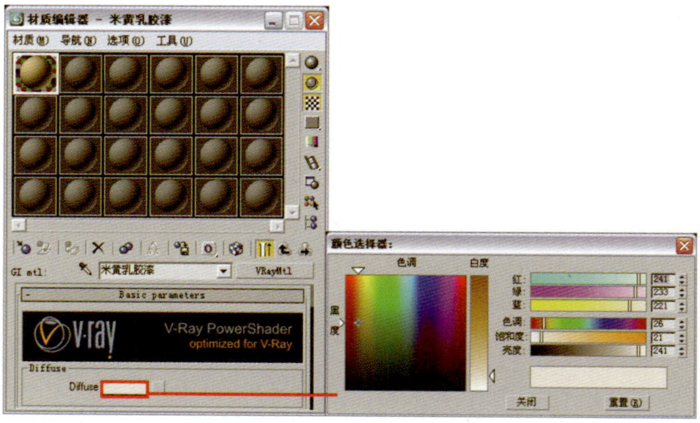

图7.110

Step 05 将材质指定给物体“墙面”，对摄像机视图进行渲染，局部效果如图7.111所示。

图7.111

Step 06 设置木地板的材质。在“材质编辑器”对话框中选择一个空白材质球，将其设置为 VRayMtl 材质，并将材质命名为“木地板”。单击“Diffuse”右侧的贴图按钮，为其添加一个“位图”贴图，具体参数设置如图7.112所示。贴图文件为本书配套光盘中提供的“第7章\贴图\地板25.jpg”文件。

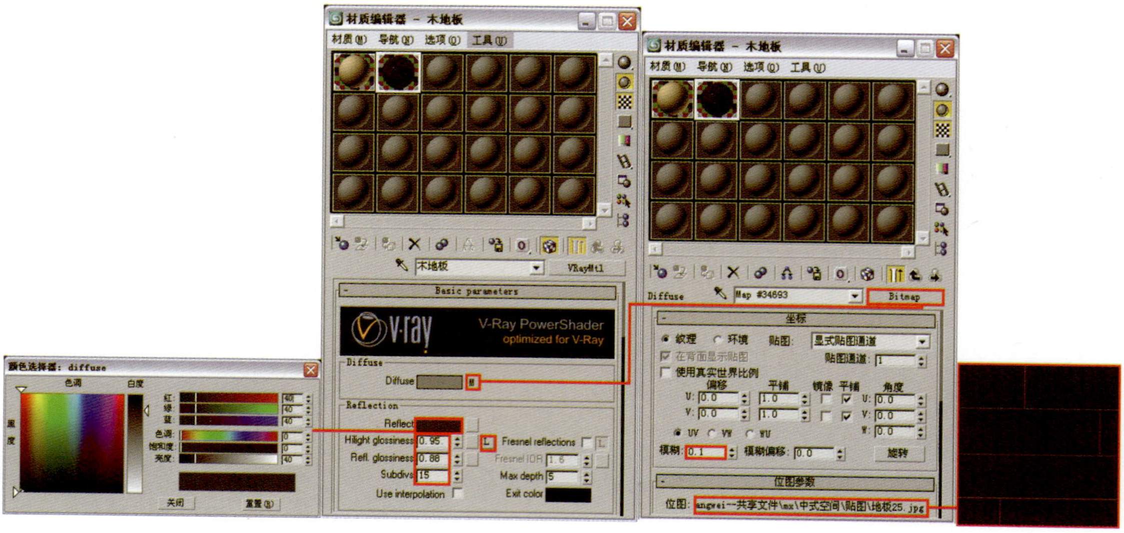

图7.112

Step 07 返回“VRayMtl”材质层级，在“Maps（贴图）”卷展栏中把“Diffuse”右侧的贴图通道按钮拖动到“Bump”右侧的贴图通道按钮上，参数设置如图7.113所示。将材质指定给物体“地面”，对摄像机视图进行渲染，局部效果如图7.114所示。

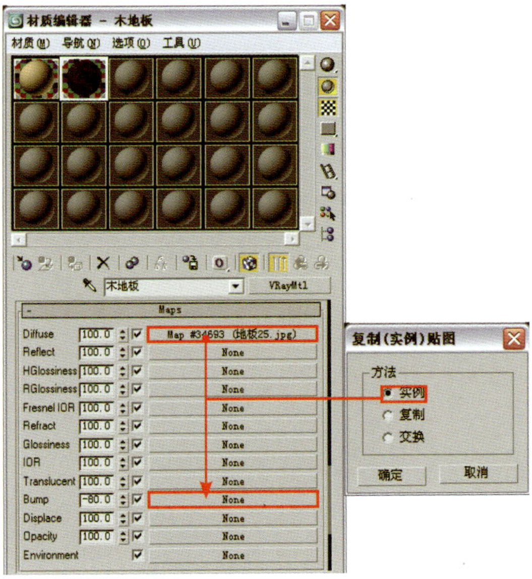

图7.113

图7.114

Step 08 设置清油木材质。在“材质编辑器”对话框中选择一个空白材质球，将其设置为 VRayMtl 材质，并将材质命名为“清油木”。单击“Diffuse”右侧的贴图按钮，为其添加一个“位图”贴图，具体参数设置如图7.115所示。贴图文件为本书配套光盘中提供的“第7章\贴图\黑胡桃4.jpg”文件。

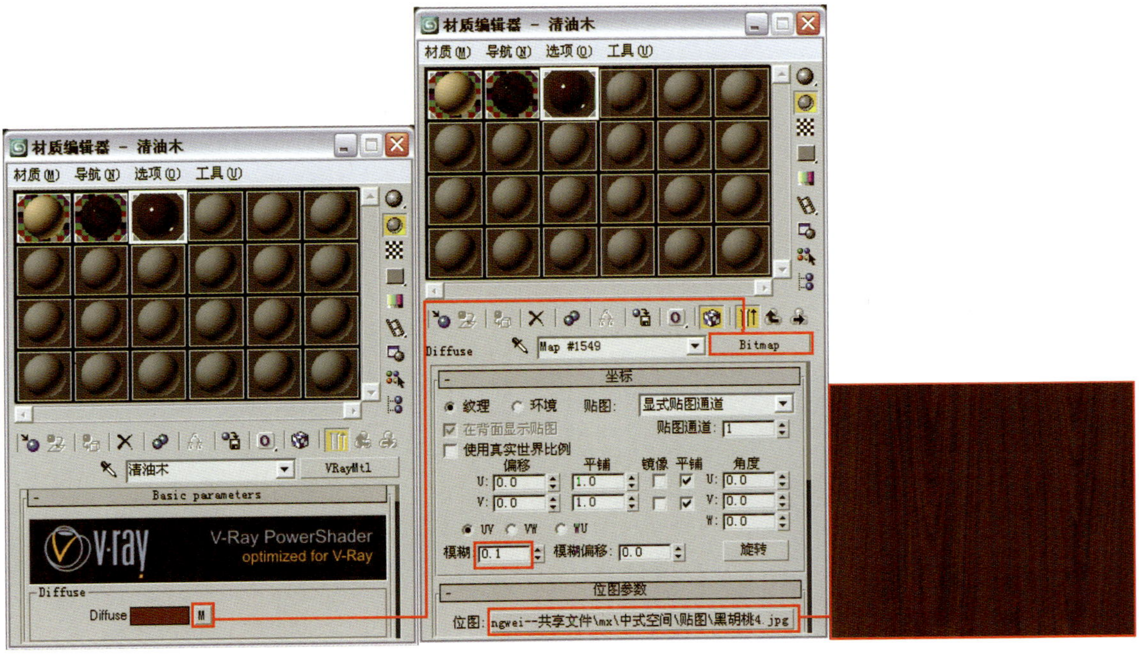

图7.115

Step 09 返回“VRayMtl”材质层级，单击“Reflect”右侧的贴图按钮，为其添加一个“衰减”程序贴图，具体参数设置如图7.116所示。将材质指定给物体“造型隔断”，对摄像机视图进行渲染，局部效果如图7.117所示。

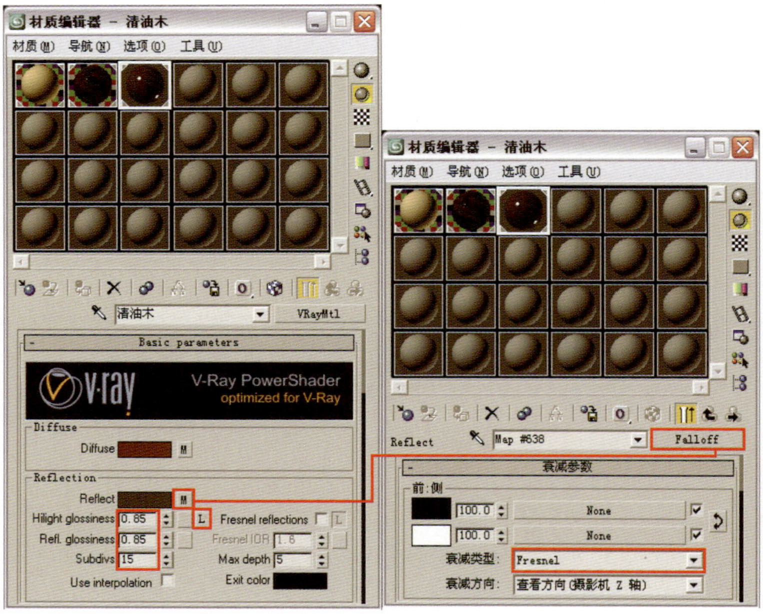

图7.116

图7.117

Tip 提示：

场景中部分物体材质已经设置好，这里仅对场景中的主要材质进行讲解。

Step 10 设置家具木材质。选择一个空白材质球，将其设置为 VRayMtl 材质，并将材质球命名为“家具木”。单击“Diffuse”右侧的贴图按钮，为其添加一个“位图”贴图，参数设置如图7.118所示。贴图文件为本书配套光盘中提供的“第7章\贴图\wood4.jpg”文件。

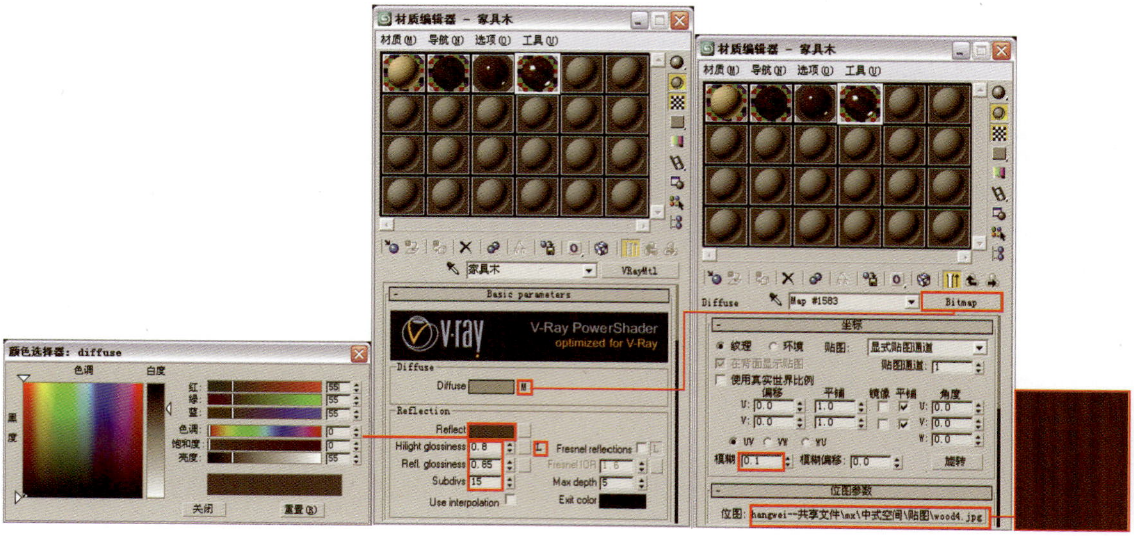

图7.118

Step 11 返回“VRayMtl”材质层级，在“Maps（贴图）”卷展栏中为“Bump”右侧的贴图通道添加一个“位图”贴图，参数设置如图7.119所示。贴图文件为本书配套光盘中提供的“第7章\贴图\wood_bump.jpg”文件。

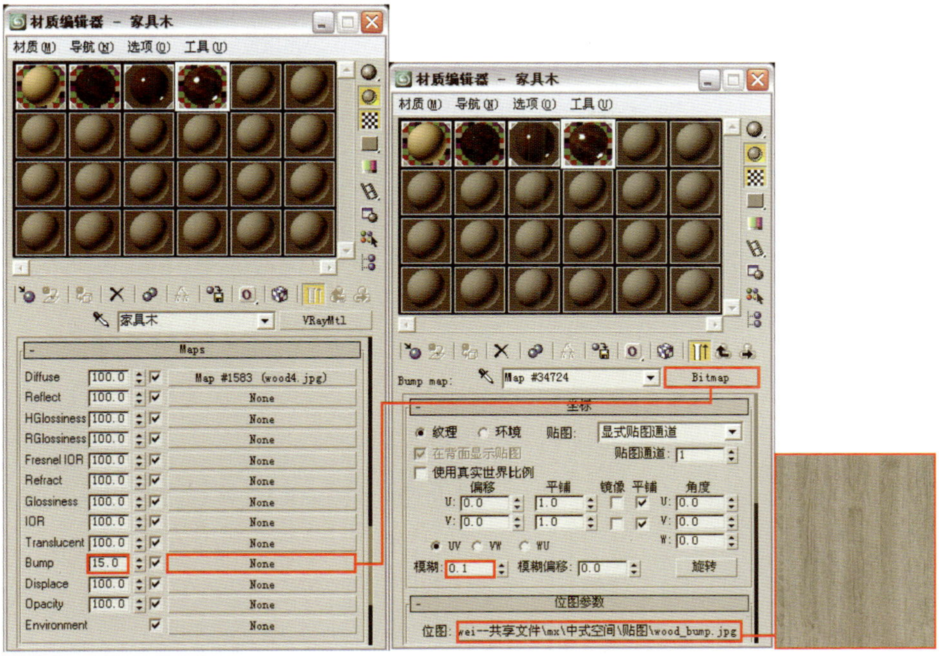

图7.119

Step 12 将材质指定给物体“家具”，对摄像机视图进行渲染，局部效果如图7.120所示。

图7.120

至此，场景的灯光测试和材质设置都已经完成，下面将对场景进行最终渲染设置。最终渲染设置将决定图像的最终渲染效果。

7.2.3 最终渲染设置

1. 最终测试灯光效果

场景中材质设置完毕后需要对场景进行渲染，观察此时的场景效果，对摄像机视图进行渲染，效果如图7.121所示。

图7.121

观察渲染效果可以看出，场景光线有点暗，接下来在“V-Ray：Color mapping”卷展栏进行参数设置，如图7.122所示。再次对摄像机视图进行渲染，效果如图7.123所示。

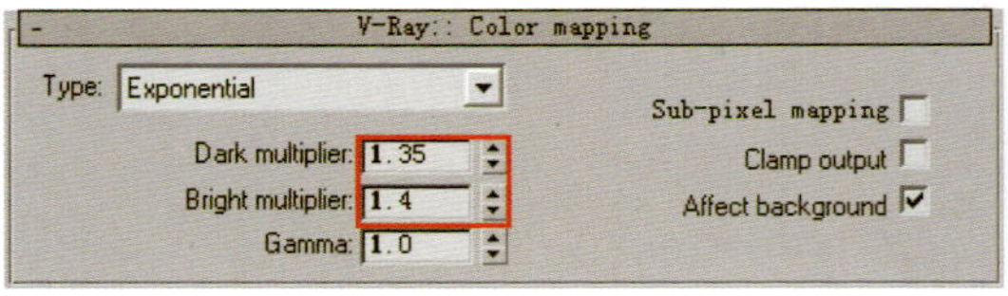

图7.122

图7.123

观察渲染效果，场景光线不需要再调整，接下来设置最终渲染参数。

2. 灯光细分参数设置

Step 01 将窗口处模拟天光的VRayLight的灯光细分值设置为24，如图7.124所示。

Step 02 将室内的辅助光源VRayLight的灯光细分值设置为12，如图7.125所示。

Step 03 将室内模拟筒灯灯光自由点光源的灯光细分值设置为15，如图7.126所示。

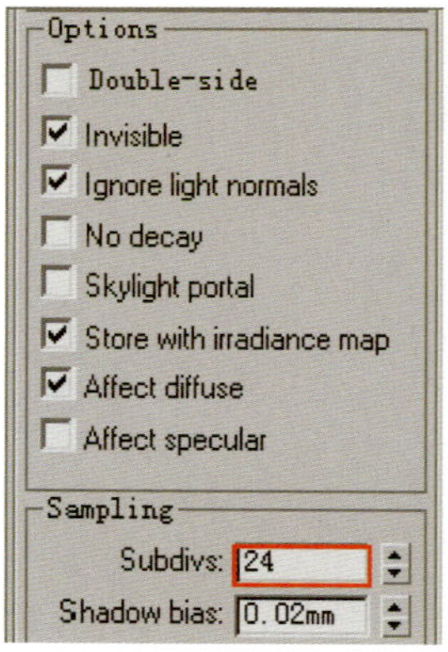

图7.124

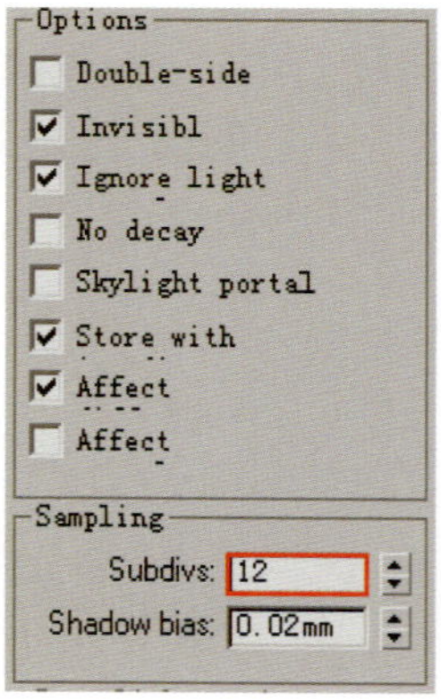

图7.125

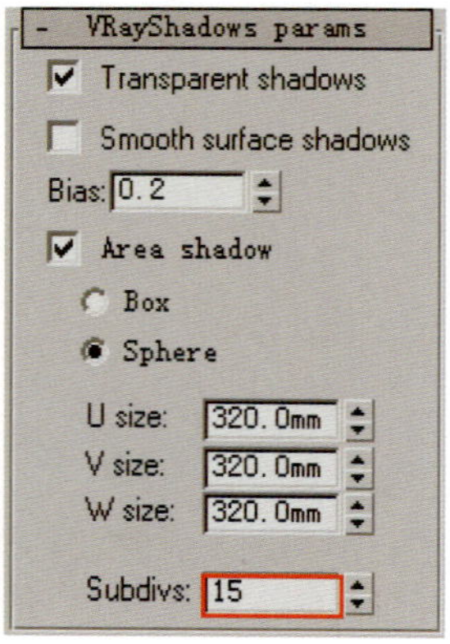

图7.126

3. 设置保存发光贴图和灯光贴图的渲染参数

在前几章中已经多次讲解过保存发光贴图和灯光贴图的方法，在此不再赘述，只对渲染级别设置进行讲解。

Step 01 进行渲染级别设置。在V-Ray:: Irradiance map卷展栏中设置参数，如图7.127所示。

Step 02 在 V-Ray:: Light cache 卷展栏中设置参数，如图7.128所示。

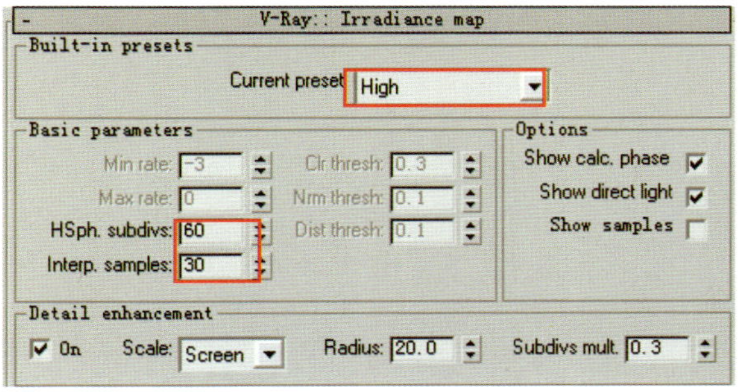

图7.127

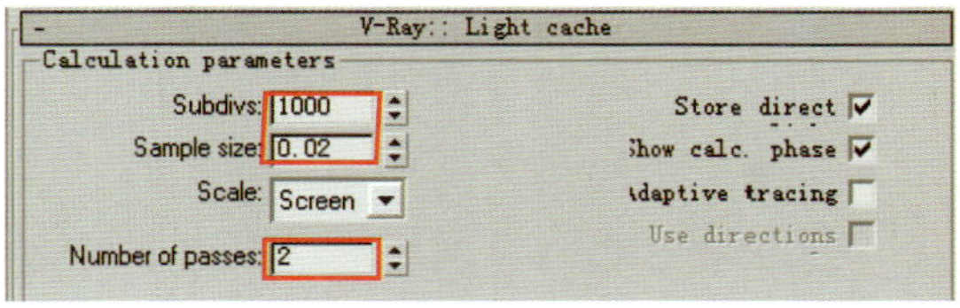

图7.128

Step 03 在 V-Ray:: rQMC Sampler （准蒙特卡罗采样器）卷展栏中设置参数，如图7.129所示，这是模糊采样设置。

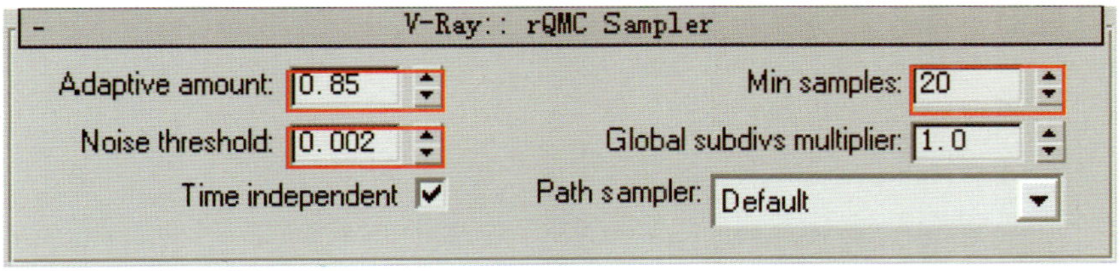

图7.129

渲染级别设置完毕，最后设置保存发光贴图和灯光贴图的参数并进行渲染即可。

4. 最终成品渲染

最终成品渲染的参数设置如下。

Step 01 设置图像的输出尺寸。当发光贴图和灯光贴图计算完毕后，在“渲染场景”对话框的“公用”选项卡中设置最终渲染图像的输出尺寸，如图7.130所示。

Step 02 在 Image sampler (Antialiasing) 卷展栏中设置抗锯齿和过滤器参数，如图7.131所示。

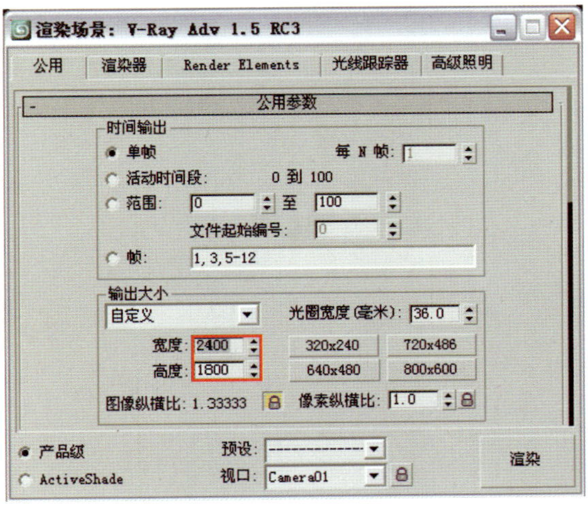

图7.130

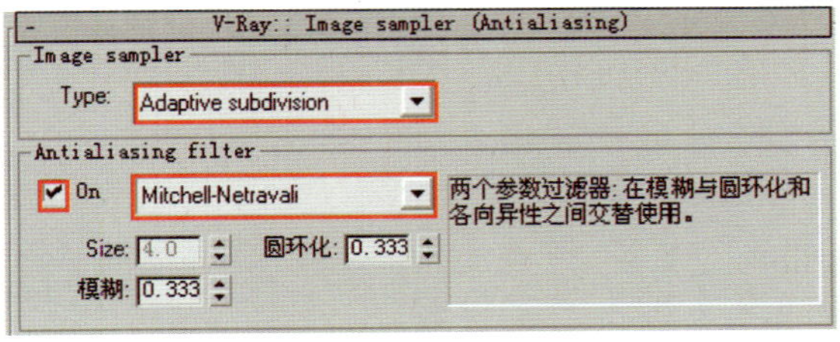

图7.131

Step 03 最终渲染效果如图7.132所示。

图7.132

最后使用Photoshop软件对图像的亮度、对比度以及饱和度进行调整，使效果更加生动、逼真。在前面几章中已经多次对后期处理的方法进行了讲解，在此不再赘述。经后期处理后的最终效果如图7.133所示。

图7.133

08

第8章 欧式空间

光盘\第8章 /光盘路径

★★★ /操作难度

欧式 /设计风格

本章实例是一个欧式风格的室内空间，案例中以大面积的布料材质装饰墙面，使整个场景给人一种舒适温馨的感觉。

本场景将分为客厅和卧室两个场景进行表现，首先对场景的客厅表现部分进行详细讲解。

8.1 欧式客厅空间实例

本节实例是一个欧式风格的客厅空间，场景采用了日光的表现手法，效果如图8.1所示。

图8.1

如图8.2所示为欧式客厅模型的线框效果图。

图8.2

下面首先进行测试渲染参数设置，然后进行灯光布置。

8.1.1 欧式客厅测试渲染设置

打开配套光盘中的“第8章\欧式客厅源文件.max”场景文件，如图8.3所示，可以看到这是一个已经创建好的欧式客厅场景模型，并且场景中的摄像机已经创建好。

下面首先进行测试渲染参数设置，然后进行灯光布置。灯光布置包括室外天光、日光和室内辅助光源的建立。

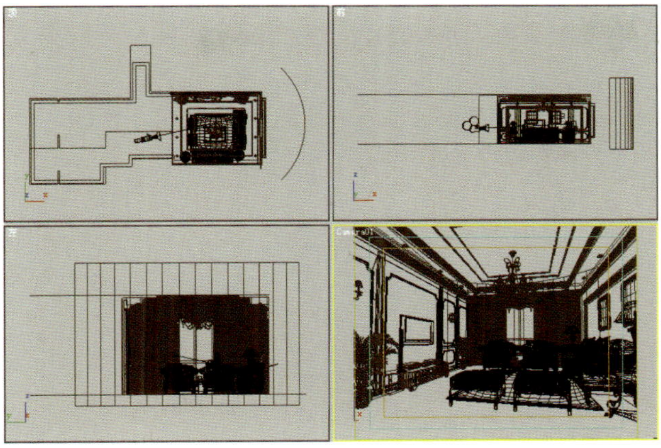

图8.3

1. 设置测试渲染参数

测试渲染参数的设置步骤如下。

Step 01 按F10键打开“渲染场景”对话框，在“公用”选项卡的“公用参数”卷展栏中设置较小的图像尺寸，如图8.4所示。

Step 02 在“渲染器”选项的 Ray:: Global switches （全局开关）卷展栏中设置参数，如图8.5所示。

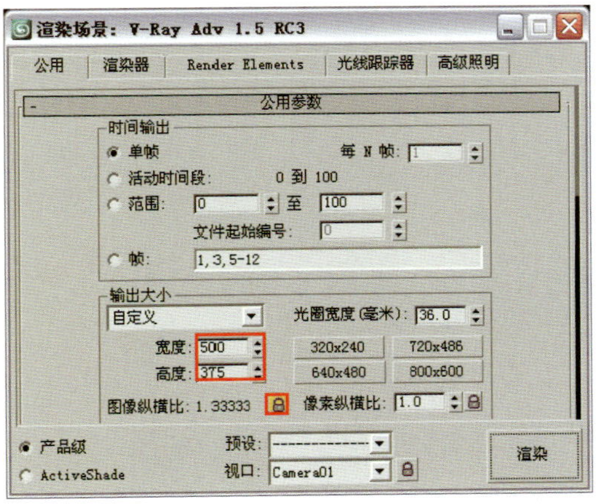

图8.4

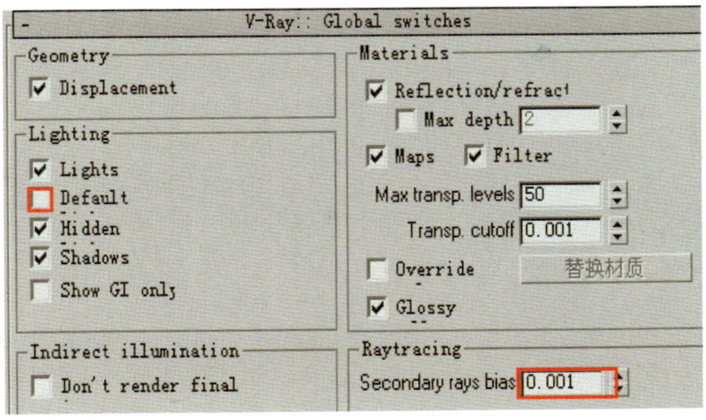

图8.5

Step 03 在 V-Ray:: Image sampler (Antialiasing) （抗锯齿采样）卷展栏中设置参数，如图8.6所示。

Step 04 在 V-Ray:: Indirect illumination (GI) （间接照明）卷展栏中设置参数，如图8.7所示。

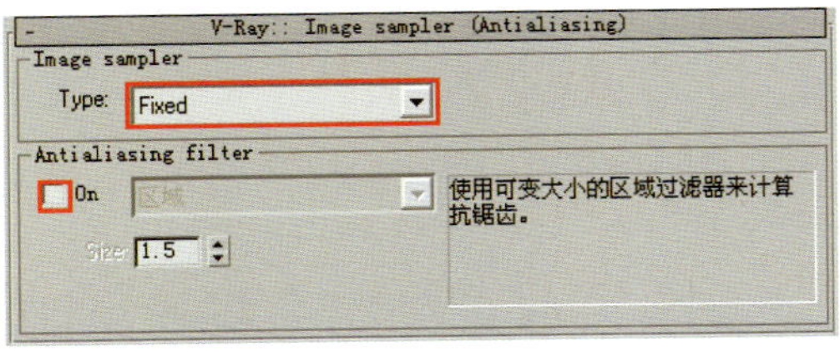

图8.6

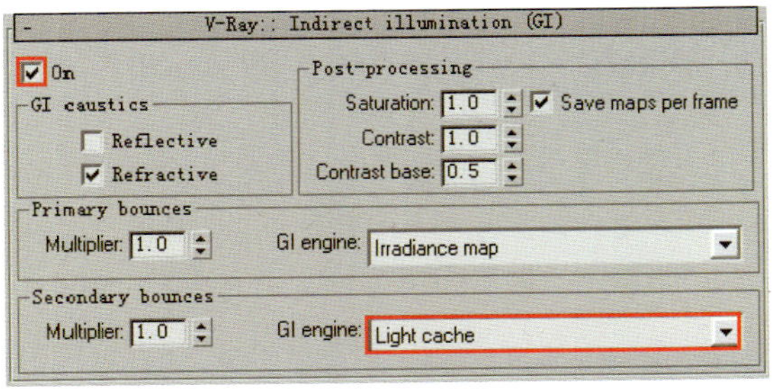

图8.7

Step 05 在V-Ray:: Irradiance map（发光贴图）卷展栏中设置参数，如图8.8所示。

Step 06 在V-Ray:: Light cache（灯光缓存）卷展栏中设置参数，如图8.9所示。

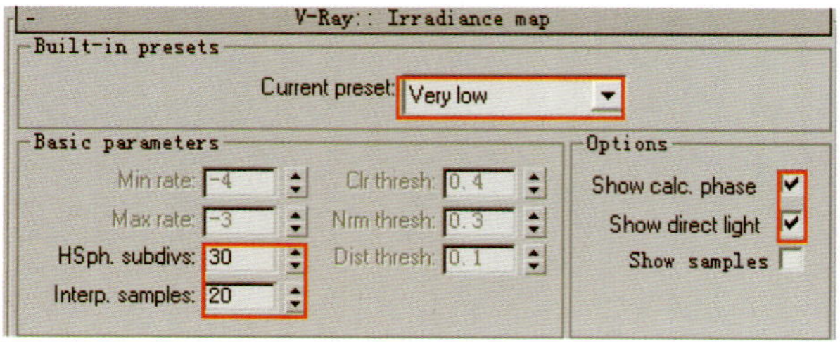

图8.8

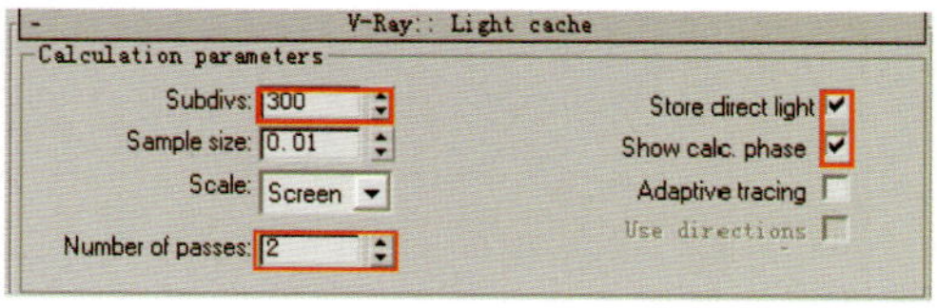

图8.9

2. 布置场景灯光

本场景的光线来源主要为室外天光、日光和室内灯光，在为场景创建灯光前，首先用一种白色材质覆盖场景中的所有物体，这样便于观察灯光对场景的影响，具体方法已经在前面几章中详细讲解过，在此不再赘述。

Step 01 创建室外的日光，在“创建”面板中单击（灯光）按钮，在下拉菜单中选择“标准”选项，然后在“对象类型”卷展栏中单击 目标平行光 按钮，在视图中创建一盏目标平行光，位置如图8.10所示，参数设置如图8.11所示。

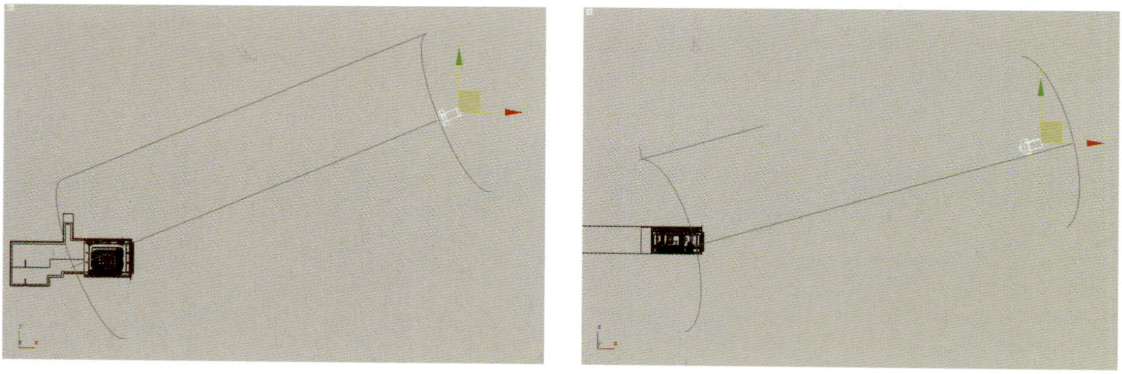

图8.10

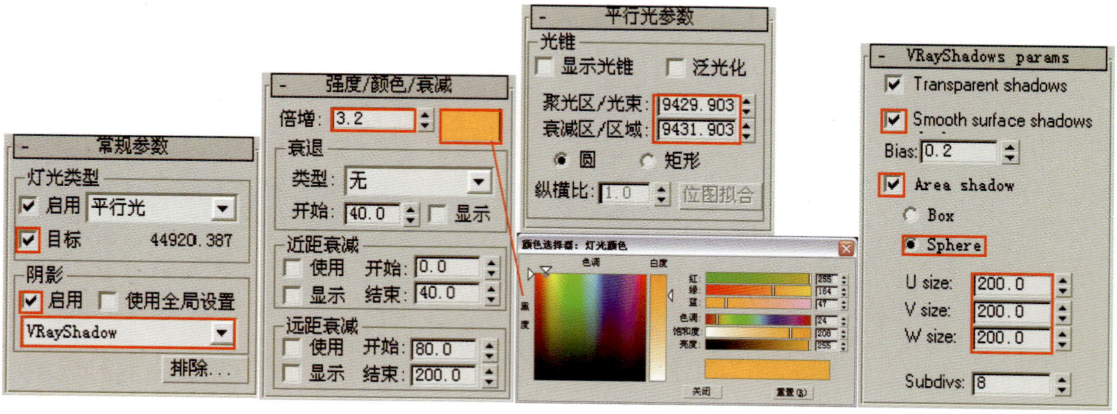

图8.11

Step 02 因物体“外景”在建筑物前，为了使目标平行光能够直接照射到室内产生正确的光照效果，下面将对目标平行光进行设置，使其排除对物体“外景”的影响。在目标平行光的“常规参数”卷展栏中单击 排除... 按钮，在打开的“排除/包含”对话框中进行参数设置，如图8.12所示。对摄像机视图进行渲染，效果如图8.13所示。

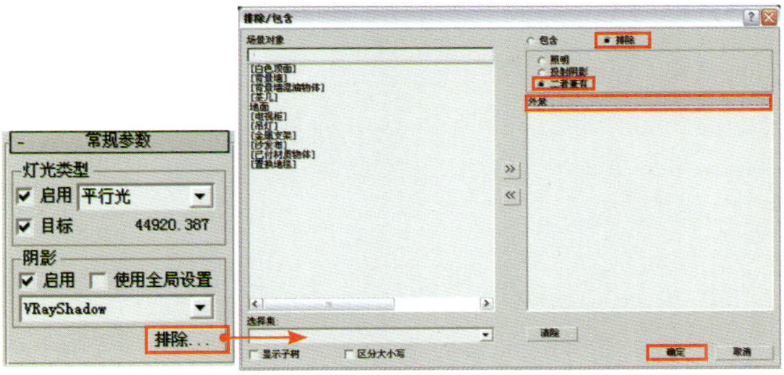

图8.12

图8.13

Step 03 渲染后可以看到场景已经严重曝光，变得非常亮，下面通过修改曝光类型来解决这个问题。在“渲染场景”对话框的“渲染器”选项卡中在 V-Ray:: Color mapping 卷展栏，对其参数进行设置，如图8.14所示。再次进行渲染，效果如图8.15所示。

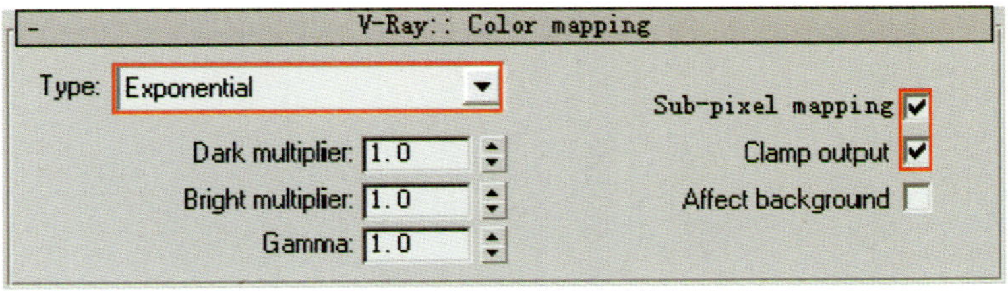

图8.14

图8.15

Tip 提示：

从渲染效果中可以看到场景曝光有了很大改善，光照效果比较理想。

Step 04 创建天光。在“创建”面板中单击 （灯光）按钮，在下拉菜单中选择“VRay”选项，然后在“对象类型”卷展栏中单击 VRayLight 按钮，在窗口处创建一盏VRayLight面光源，位置如图8.16所示。

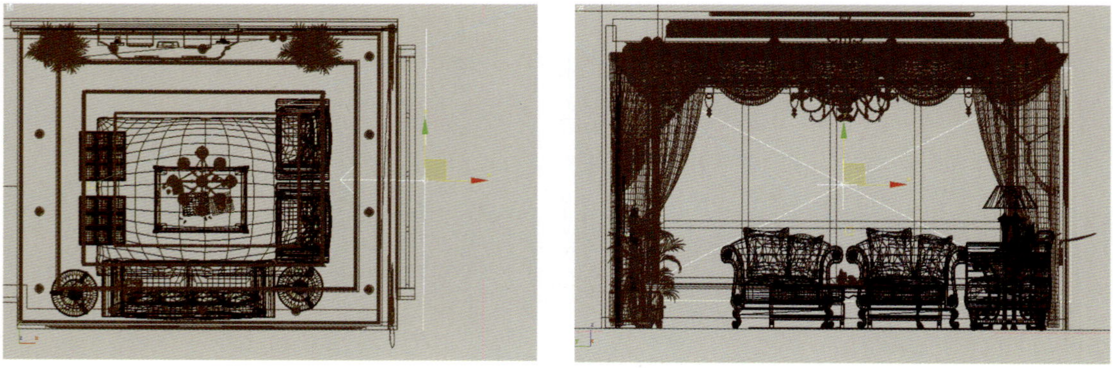

图8.16

Step 05 灯光参数设置如图8.17所示。

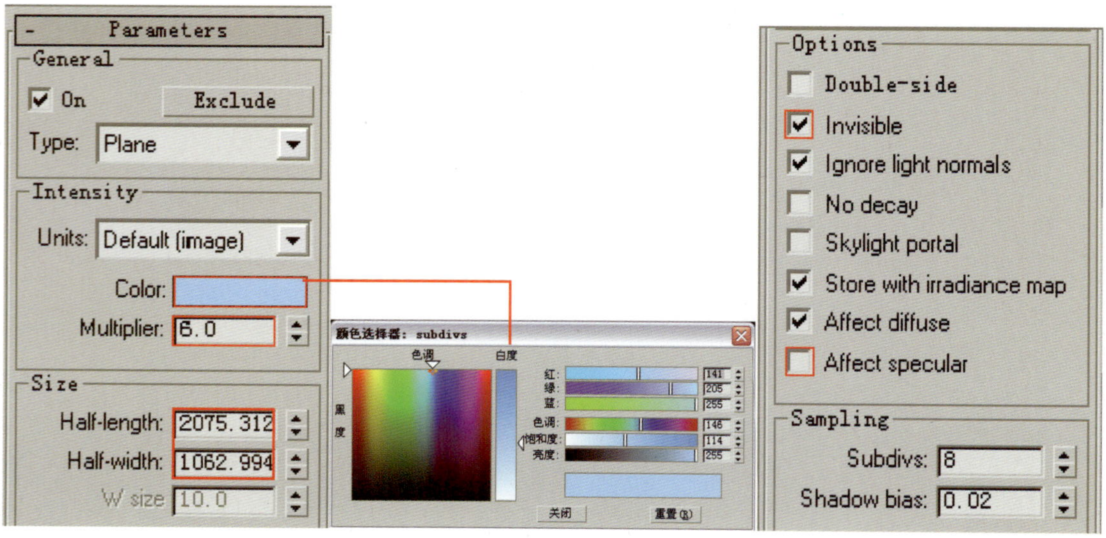

图8.17

Step 06 在视图中选中刚刚创建的模拟天光的VRayLight面光源，将其非关联复制出1盏灯光，调整灯光大小和位置，如图8.18所示。

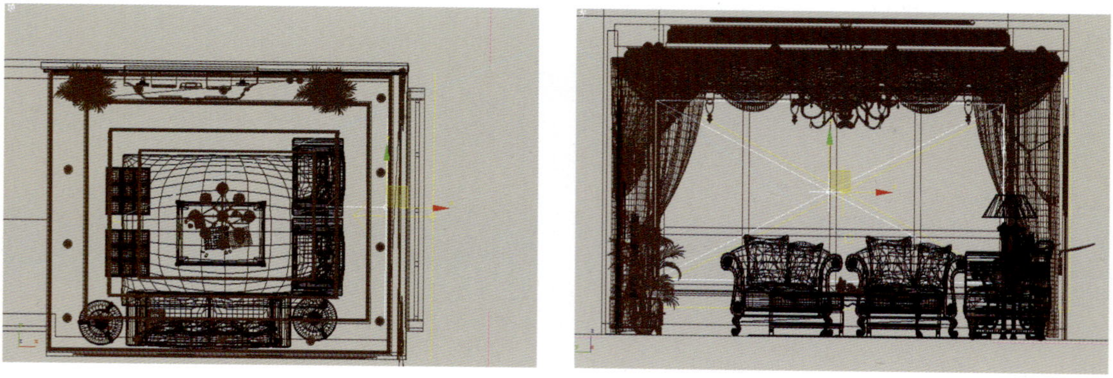

图8.18

Step 07 灯光参数设置如图8.19所示。

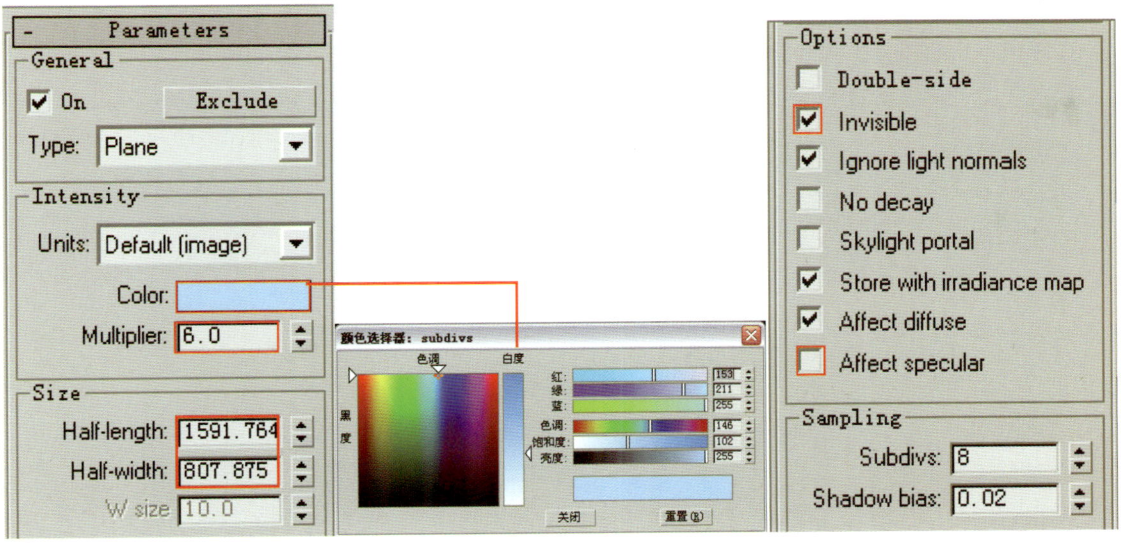

图8.19

Step 08 对摄像机视图进行渲染，效果如图8.20所示。

Step 09 为场景创建顶棚暗藏灯光。在顶棚位置创建一盏VRayLight面光源，位置如图8.21所示。

图8.20

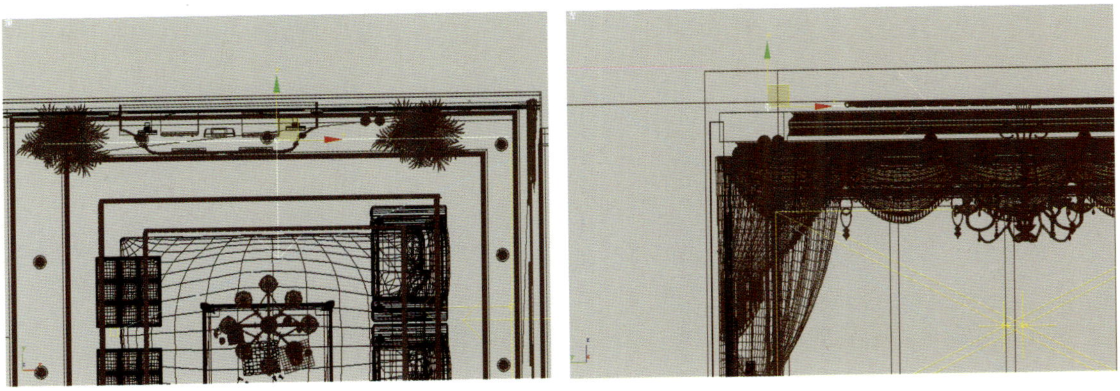

图8.21

Step 10 灯光参数设置如图8.22所示。

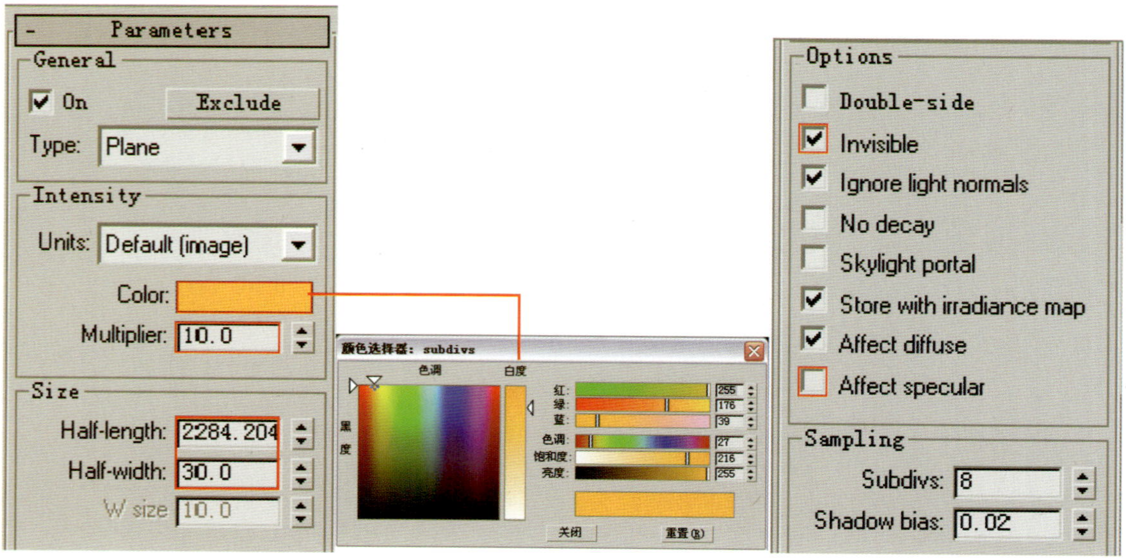

图8.22

Step 11 在视图中选中刚刚创建的顶棚暗藏灯光VRayLight面光源，将其关联复制出3盏灯光，调整灯光位置，如图8.23所示。

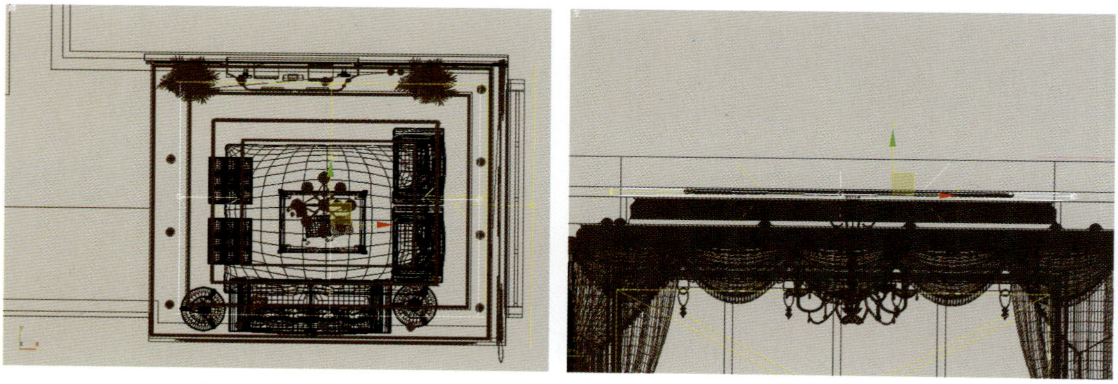

图8.23

Step 12 对摄像机视图进行渲染，效果如图8.24所示。

Step 13 设置顶棚处的筒灯灯光。在“创建”面板中单击（灯光）按钮，在下拉菜单中选择“光度学”选项，然后在“对象类型”卷展栏中单击 自由点光源 按钮，在如图8.25所示的位置创建一个自由点光源来模拟室内的筒灯灯光。

图8.24

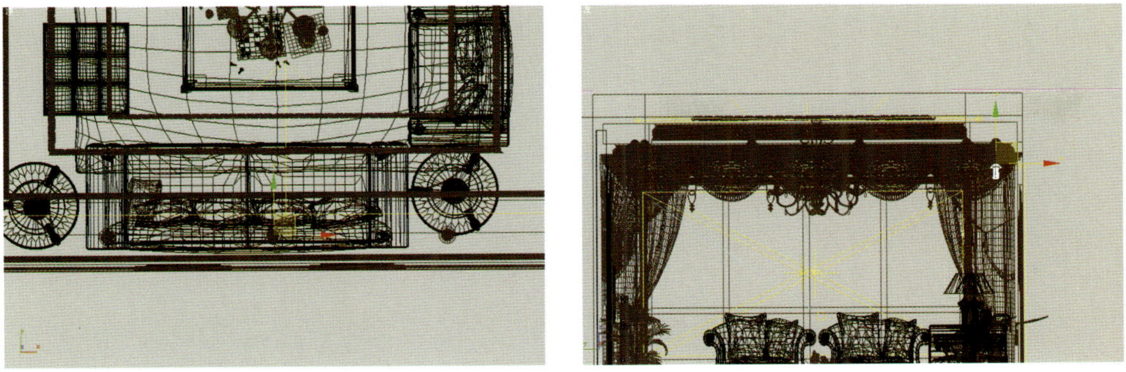

图8.25

Step 14 在“修改”面板中对创建的自由点光源参数进行设置，如图8.26所示。

Tip 提示：

光域网文件为本书配套光盘中提供的“第8章\贴图\2.ies”文件。

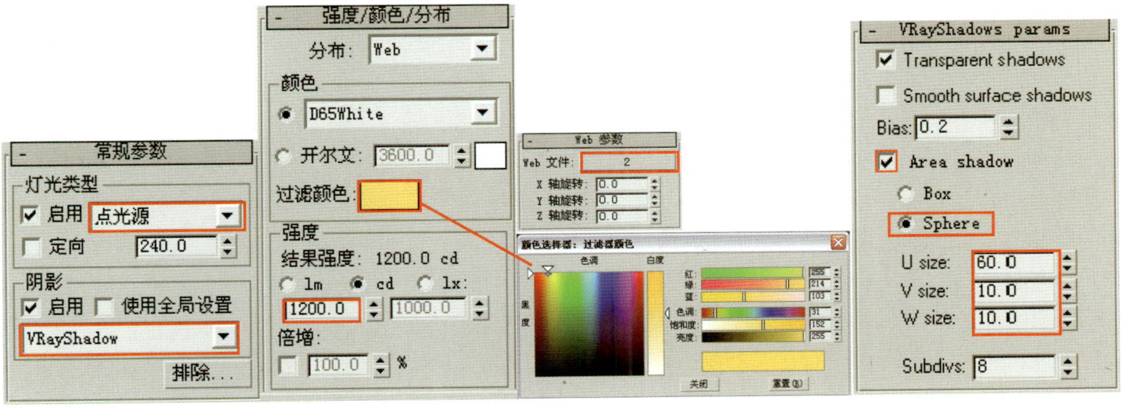

图8.26

Step 15 在视图中选中刚刚创建的用来模拟顶部筒灯灯光的自由点光源，将其关联复制出9盏，调整灯光位置，如图8.27所示。

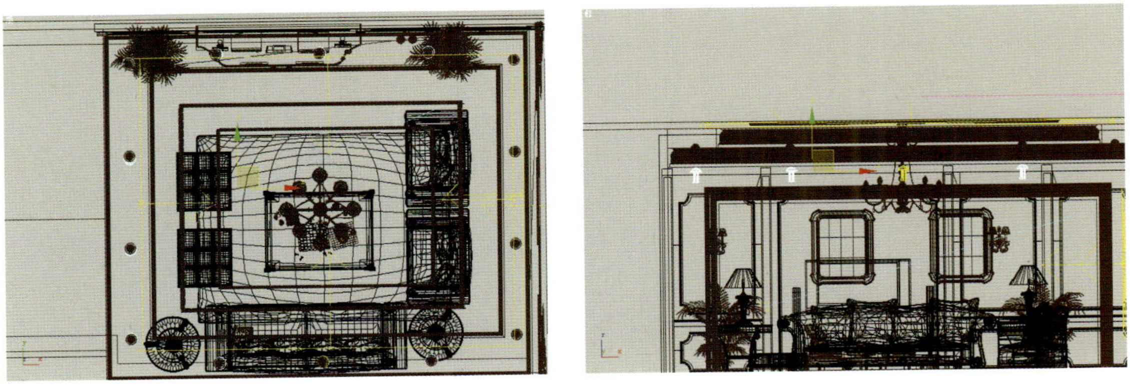

图8.27

Step 16 对摄像机视图进行渲染，效果如图8.28所示。

Step 17 为场景创建补光。如图8.29所示位置创建一盏VRayLight面光源，灯光参数设置如图8.30所示。

图8.28

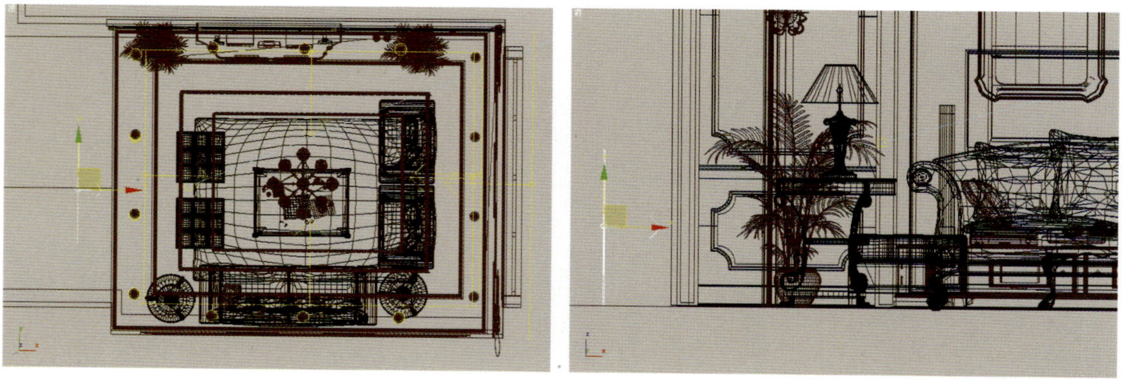

图8.29

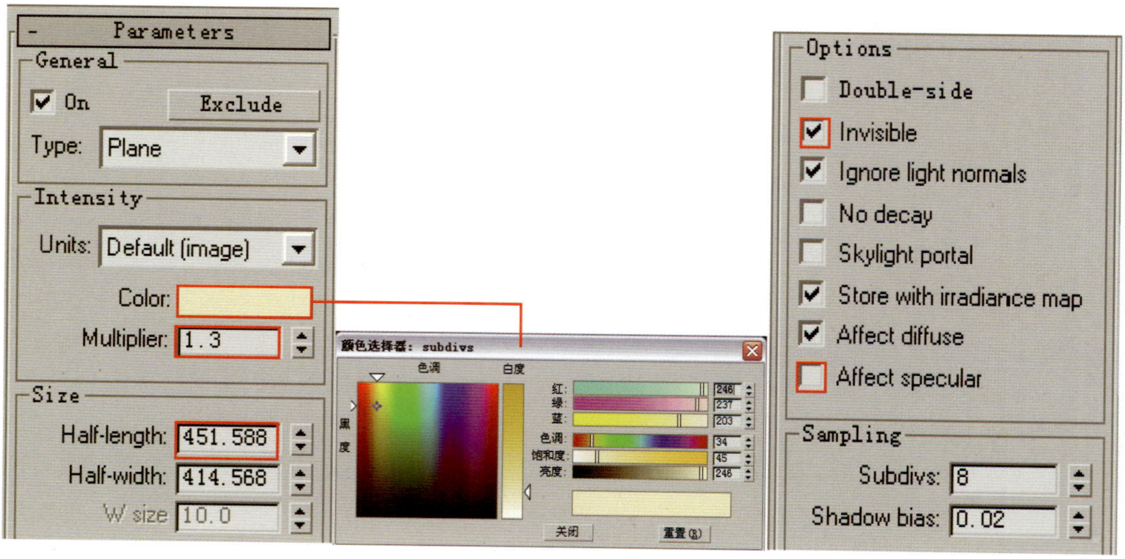

图8..30

Step 18 对摄像机视图进行渲染，效果如图8.31所示。

上面分别对室外的天光、日光和室内的辅助光源进行了测试，最终测试结果比较好，下面对场景的材质进行设置。

图8.31

8.1.2 设置场景材质

欧式客厅的材质是比较丰富的，主要集中在木质、布艺等材质设置上，如何很好地表现这些材质的效果是表现的重点与难点。

下面对材质进行分类讲述。

1. 设置主体材质

Step 01 在设置场景材质前，首先取消前面对场景物体的材质替换状态。下面开始设置白色乳胶漆材质。在“材质编辑器”对话框中选择一个空白材质球，将其设置为 VRayMtl 材质，并将材质命名为“白色乳胶漆”。单击“Diffuse”右侧的颜色按钮，具体参数设置如图8.32所示。

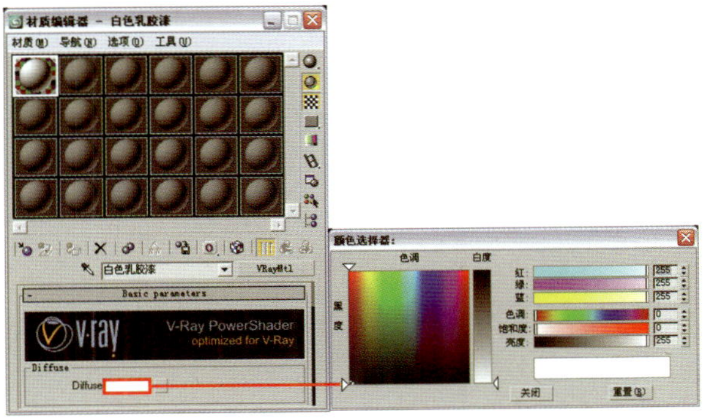

图8.32

Step 02 对摄像机视图进行渲染，局部效果如图8.33所示。

Step 03 设置背景墙壁纸材质。选择一个空白材质球，将其设置为 VRayMtl 材质，并将材质球命名为“背景墙壁纸”。单击“Diffuse”右侧的贴图按钮，为其添加一个“位图”贴图，参数设置如图8.34所示。贴图文件为本书配套光盘中提供的“第8章\贴图\壁纸0012.jpg”文件。

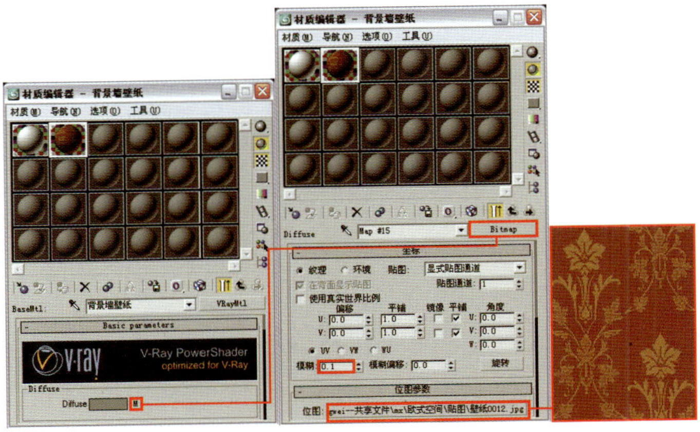

图8.33

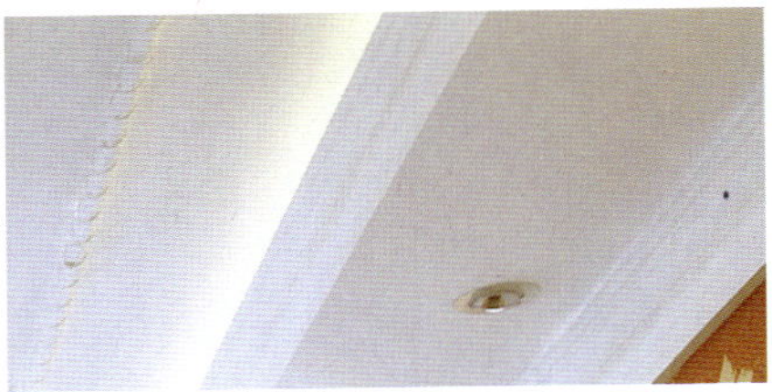

图8.34

Step 04 返回“VRayMtl”材质层级，单击“Reflect”右侧的贴图按钮，为其添加一个“位图”贴图，具体参数设置如图8.35所示。贴图文件为本书配套光盘提供的“第9章\贴图\复件 壁纸0012.jpg”文件。

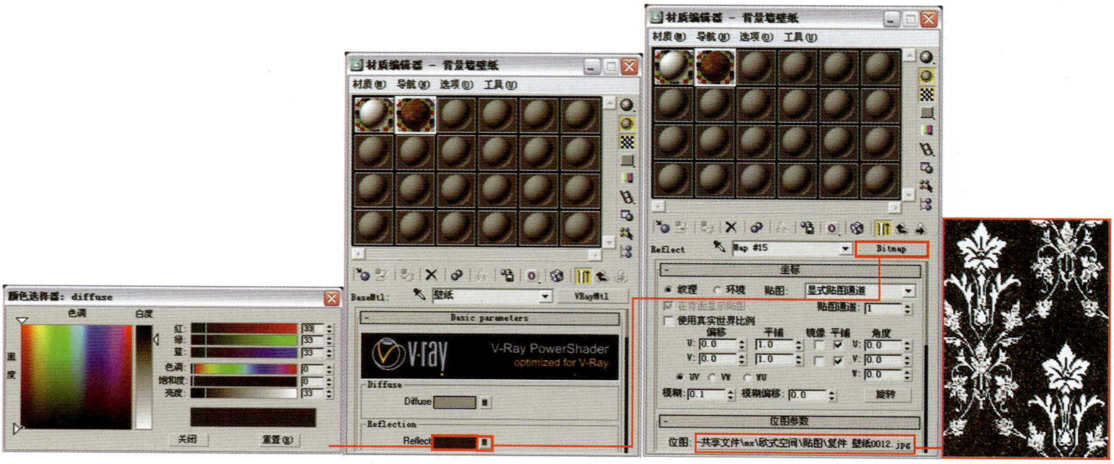

图8.35

Step 05 再次返回“VRayMtl”材质层级，单击 Refl. glossiness 右侧的贴图按钮，为其添加一个“位图”贴图，具体参数设置如图8.36所示。贴图文件为本书配套光盘中提供的“第8章\贴图\复件 壁纸0012.jpg”文件。

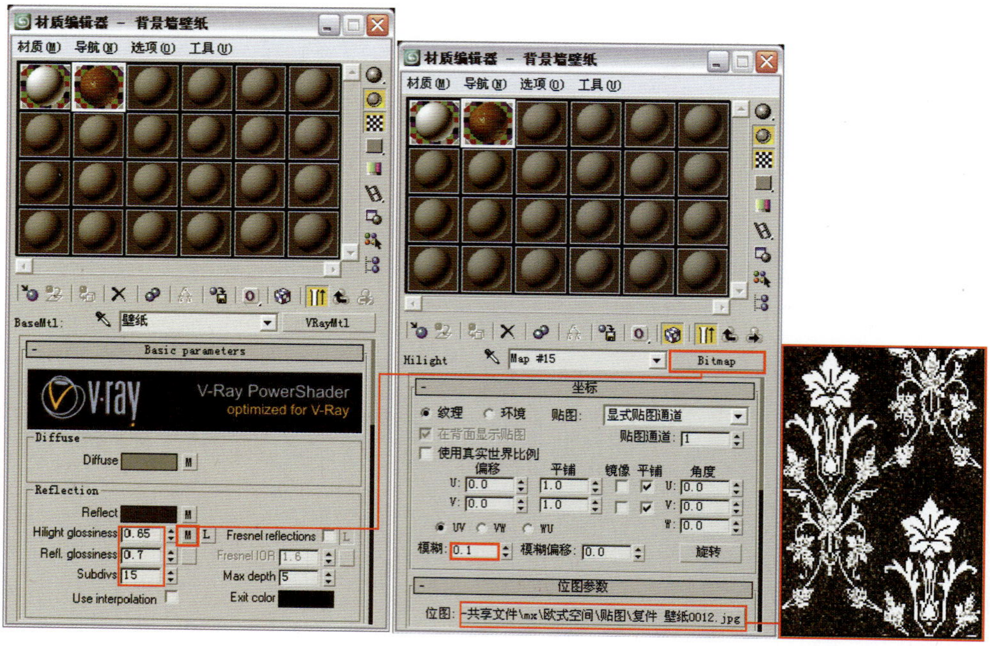

图8.36

Step 06 返回“VRayMtl”材质层级，在“Maps（贴图）”卷展栏中为“Bump”贴图通道添加一个“位图”贴图，具体参数设置如图8.37所示。贴图文件为本书配套光盘中提供的“第8章\贴图\壁纸0012.jpg”文件。

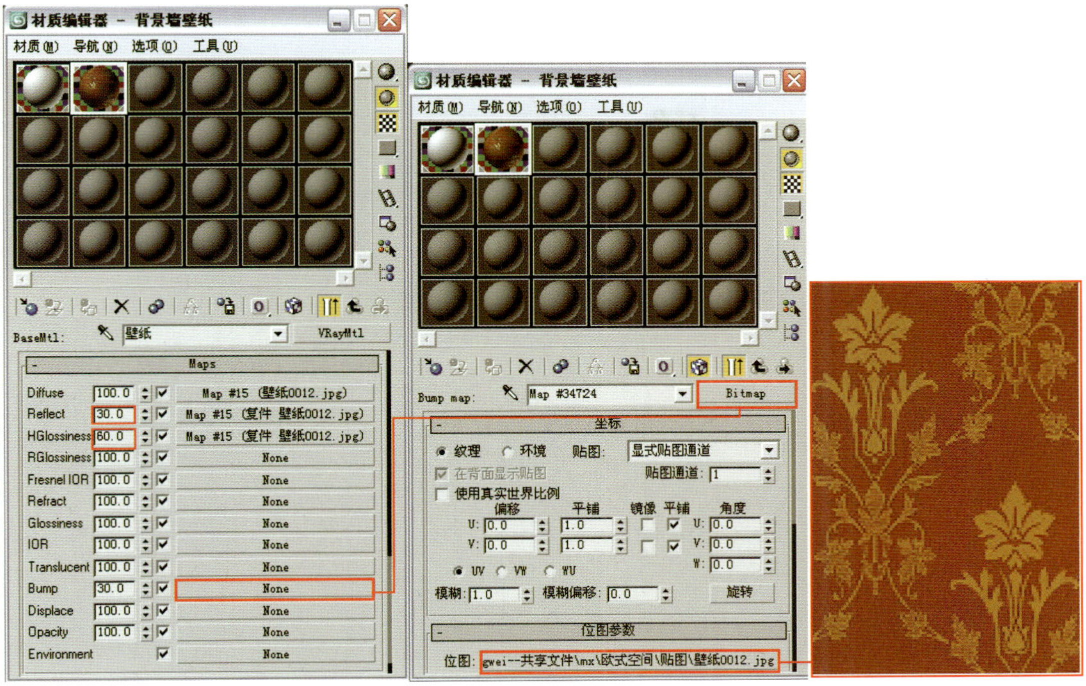

图8.37

Step 07 由于背景墙材质饱和度较高且面积较大，很容易造成色溢现象。下面为其材质添加 VRayMtlWrapper （VRay材质包裹），从而解决色溢问题，具体操作如图8.38所示。

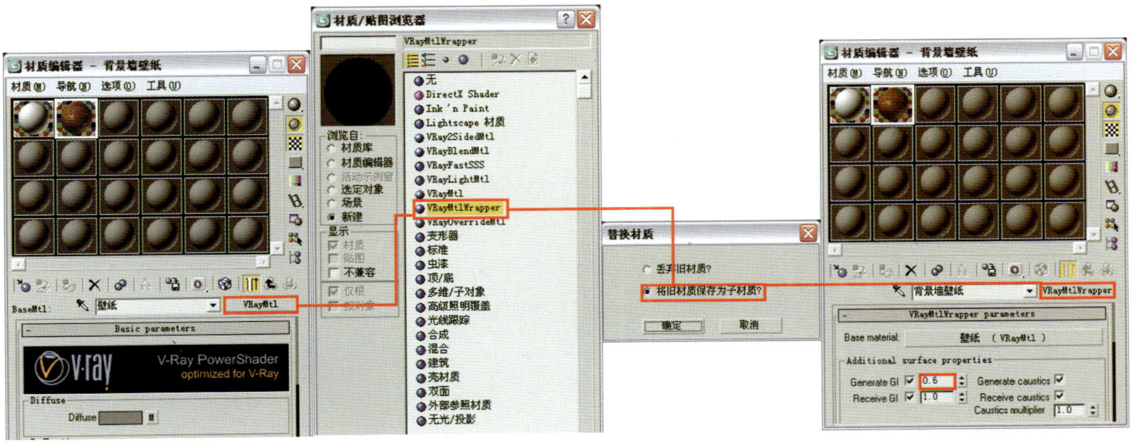

图8.38

Step 08 将材质指定给物体“背景墙”，对摄像机视图进行渲染，局部效果如图8.39所示。

Step 09 设置白色混油材质。在“材质编辑器”对话框中选择一个空白材质球，将其设置为 VRayMtl 材质，并将材质命名为“白色混油”。单击“Diffuse”右侧的颜色按钮，具体参数设置如图8.40所示。

图8.39

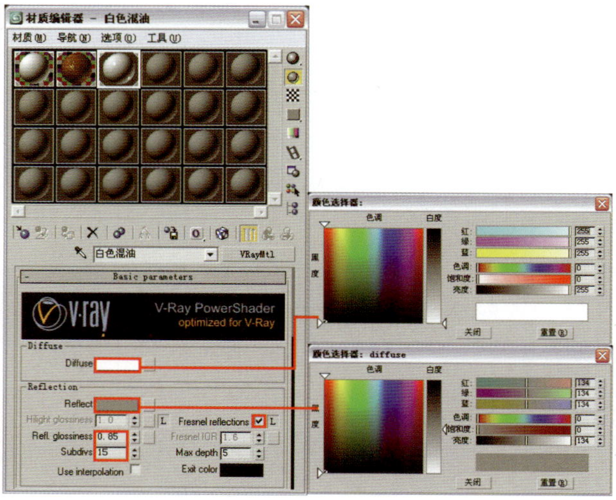

图8.40

Step 10 将材质指定给物体“背景墙混油物体”，对摄像机视图进行渲染，局部效果如图8.41所示。

图8.41

Step 11 设置场景的地砖材质。在“材质编辑器”对话框中选择一个空白材质球，将其设置为 VRayMtl 材质，并将材质命名为“地砖”。单击“Diffuse”右侧的贴图按钮，为其添加一个“位图”贴图，具体参数设置如图8.42所示。贴图文件为本书配套光盘中提供的“第8章\贴图\me005b-0 副本1111.jpg”文件。

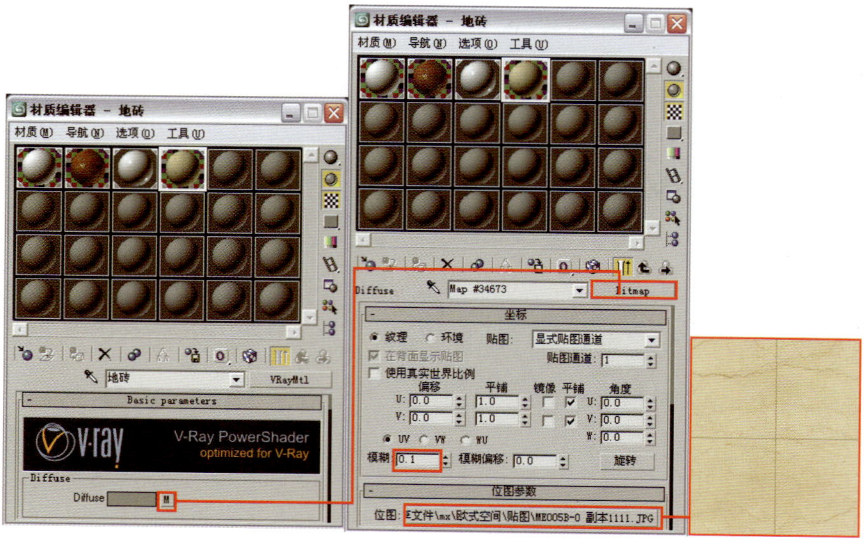

图8.42

Step 12 返回“VRayMtl”材质层级，单击“Reflect”右侧的贴图按钮，为其添加一个“衰减”程序贴图，具体参数设置如图8.43所示。

Step 13 返回“VRayMtl”材质层级，把“Diffuse”右侧的贴图通道按钮拖动到“Bump”右侧的贴图通道按钮上进行非关联复制操作，参数设置如图8.44所示。

Step 14 将材质指定给物体“地面”，对摄像机视图进行渲染，局部效果如图8.45所示。

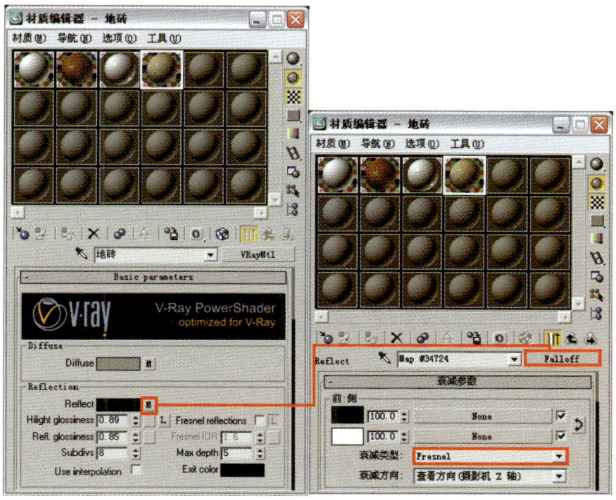

图8.43

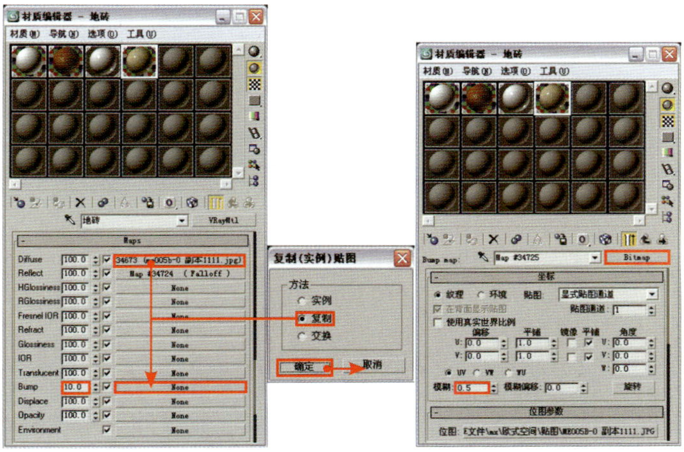

图8.44

图8.45

Step 15 设置清油木材质。选择一个空白材质球，将其设置为 VRayMtl 材质，并将材质球命名为“清油木”。单击“Diffuse”右侧的贴图按钮，为其添加一个“位图”贴图，参数设置如图8.46所示。贴图文件为本书配套光盘中提供的“第8章\贴图\1-1-樱桃木.jpg”文件。

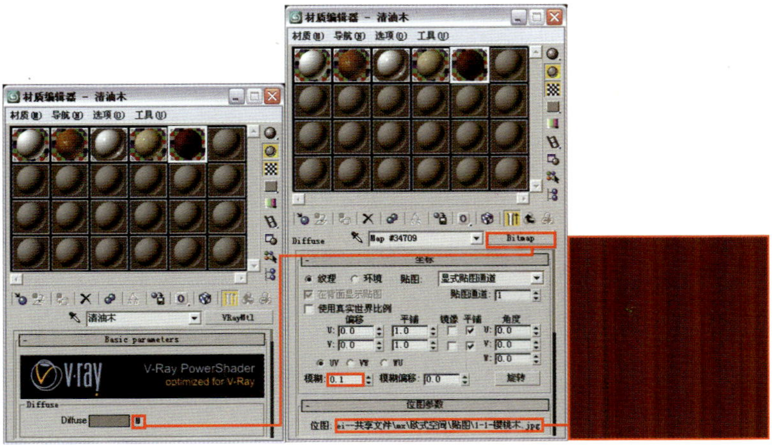

图8.46

Step 16 返回“VRayMtl”材质层级，单击“Reflect”右侧的贴图按钮，为其添加一个“衰减”程序贴图，具体参数设置如图8.47所示。

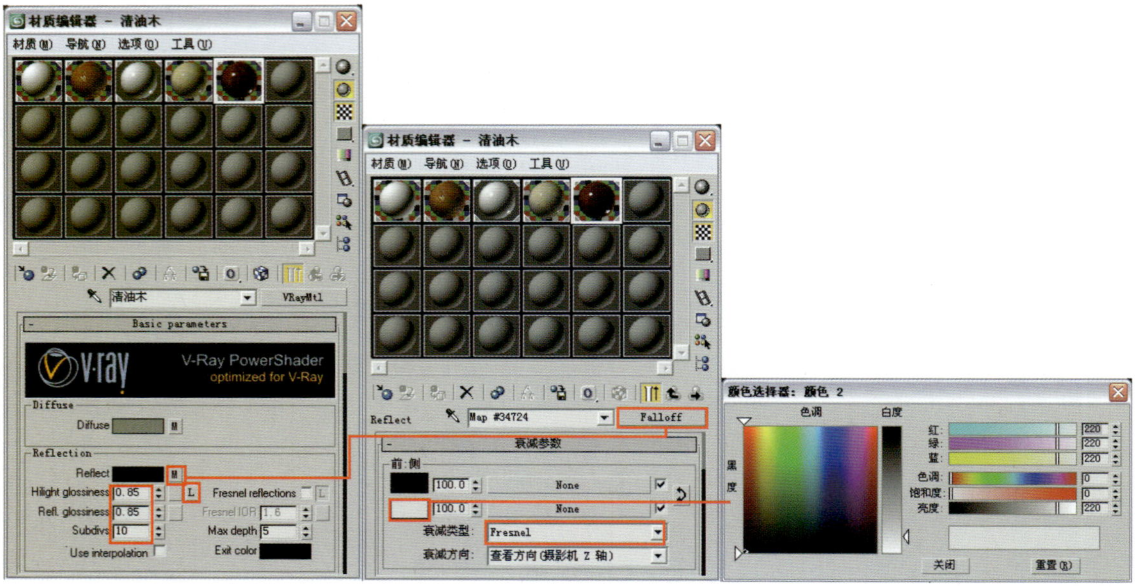

图8.47

Step 17 将材质制定给物体“电视柜”，对摄像机视图进行渲染，局部效果如图8.48所示。

Step 18 设置沙发布的材质。选择一个空白材质球，将其设置为 VRayMtl 材质，并将材质球命名为“沙发布”。单击“Diffuse”右侧的贴图按钮，为其添加一个“位图”贴图，参数设置如图8.49所示。贴图文件为本书配套光盘中提供的“第8章\贴图\bw-4-261.jpg”文件。

图8.48

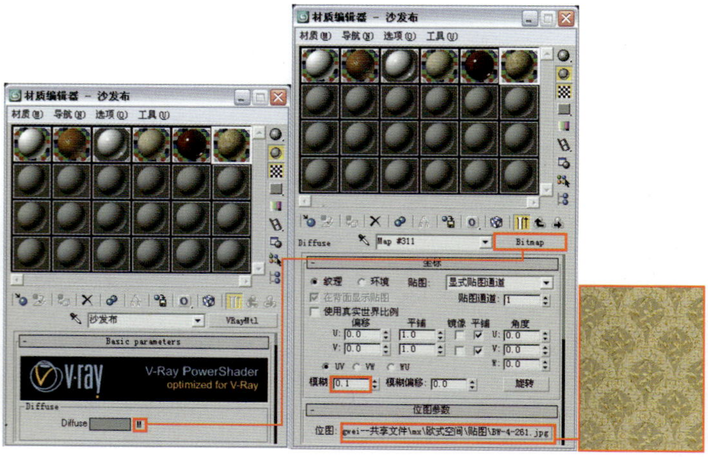

图8.49

Step 19 返回“VRayMtl”材质层级，把“Diffuse”右侧的贴图通道按钮拖动到“Bump”右侧的贴图通道按钮上进行非关联复制操作，参数设置如图8.50所示。

Step 20 将材质指定给物体“沙发布”，对摄像机视图进行渲染，局部效果如图8.51所示。

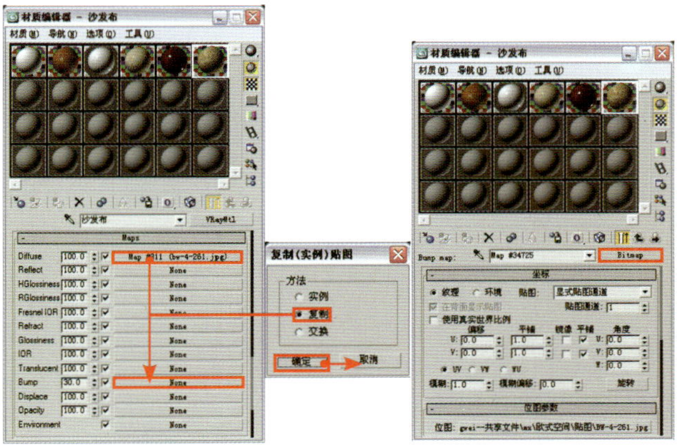

图8.50

图8.51

2. 设置其他材质

Step 01 设置茶几木的材质。选择一个空白材质球，将其设置为 VRayMtl 材质，并将材质球命名为“茶几木”。单击“Diffuse”右侧的贴图按钮，为其添加一个“位图”贴图，参数设置如图8.52所示。贴图文件为本书配套光盘提供的“第8章\贴图\mw-4-25.jpg”文件。

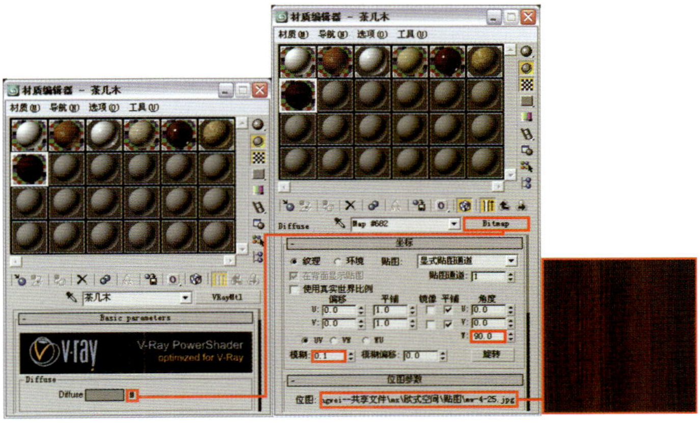

图8.52

Step 02 返回“VRayMtl”材质层级，单击“Reflect”右侧的贴图按钮，为其添加一个“衰减”程序贴图，具体参数设置如图8.53所示。

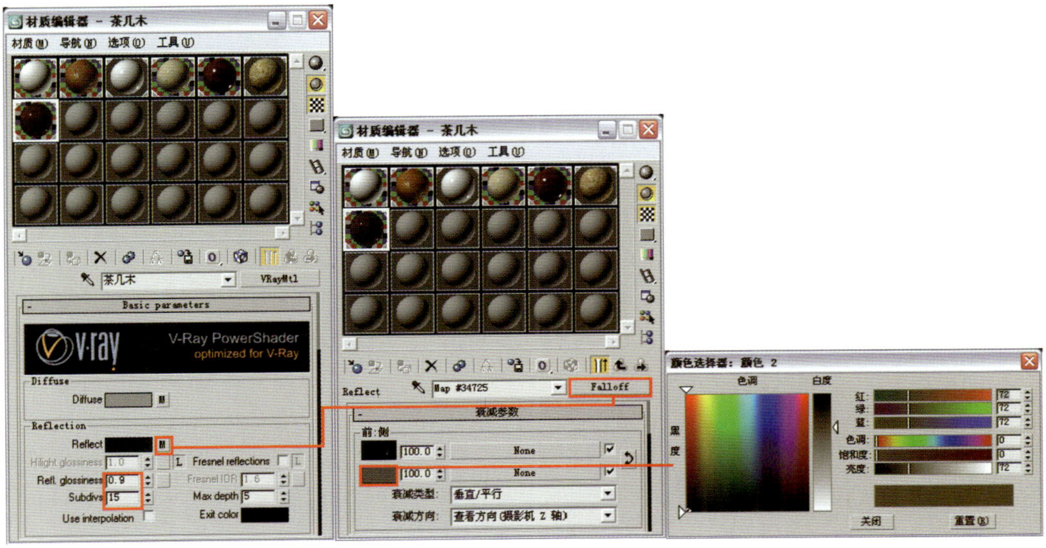

图8.53

Step 03 返回“VRayMtl”材质层级，把“Diffuse”右侧的贴图通道按钮拖动到“Bump”右侧的贴图通道按钮上进行非关联复制操作，参数设置如图8.54所示。

Step 04 将材质指定给物体“茶几”，对摄像机视图进行渲染，局部效果如图8.55所示。

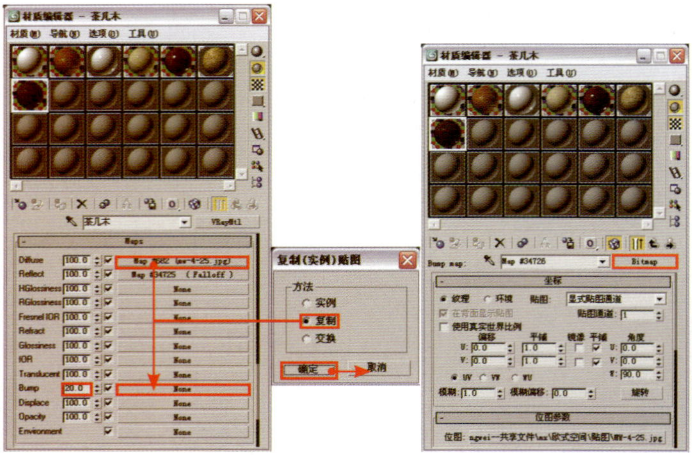

图8.54

图8.55

Step 05 制作黄色金属的材质。选择一个空白材质球，将其设置为 VRayMtl 材质，并将材质命名为“黄色金属”，单击“Diffuse”右侧的颜色按钮，具体参数设置如图8.56所示。将材质制定给物体“金属支架”，对摄像机视图进行渲染，局部效果如图8.57所示。

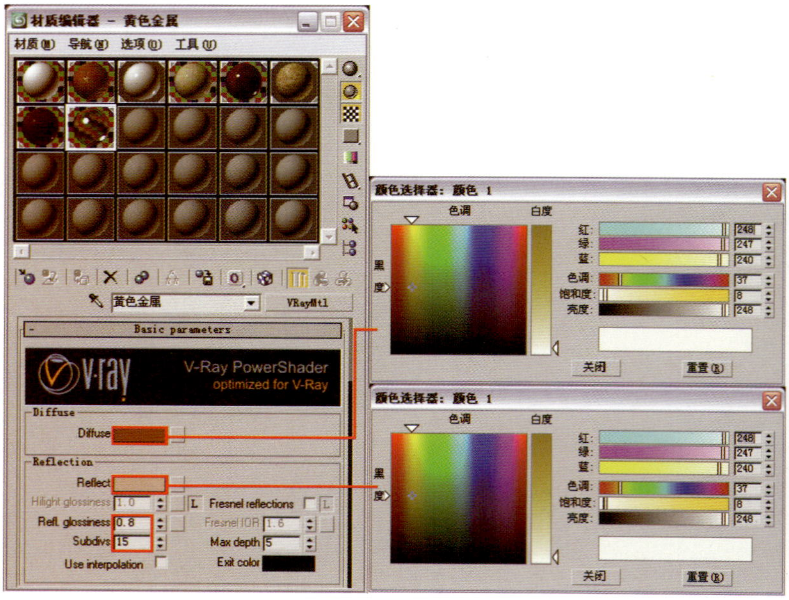

图8.56

图8.57

Step 06 设置吊灯玻璃的材质。选择一个空白材质球，将其设置为 VRayMtl 材质，并将材质命名为“吊灯玻璃”，单击“Diffuse”右侧的颜色按钮，具体参数设置如图8.58所示。

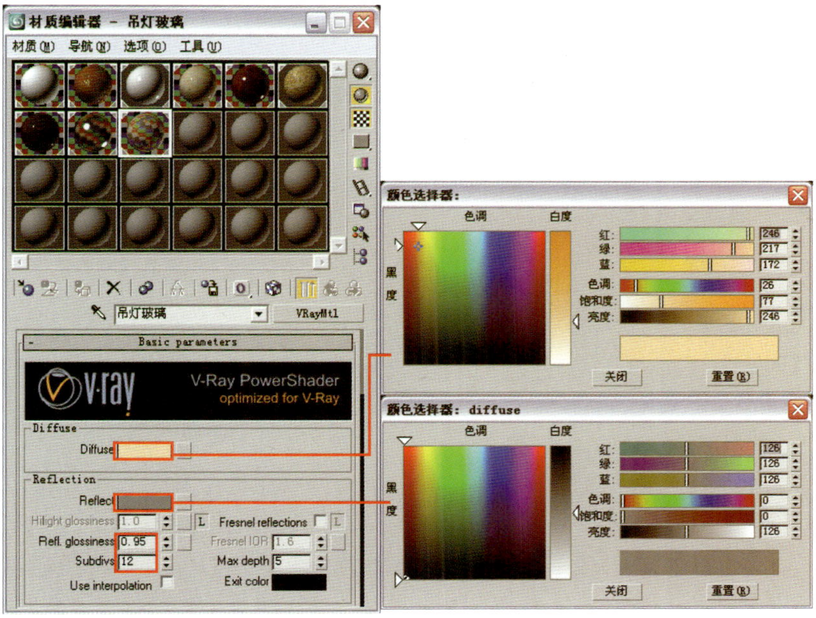

图8.58

Step 07 返回“VRayMtl”材质层级，单击“Refract”右侧的颜色按钮，具体参数设置如图8.59所示。

Step 08 将材质指定给物体“吊灯”，对摄像机视图进行渲染，局部效果如图8.60所示。

Step 09 设置地毯的材质。选择一个空白材质球，将其设置为 VRayMtl 材质，并将材质命名为“地毯”。单击“Diffuse”右侧的贴图按钮，为其添加一个“位图”贴图，具体参数设置如图8.61所示。贴图文件为本书配套光盘中提供的“第8章\贴图\地毯-4-25.jpg”文件。

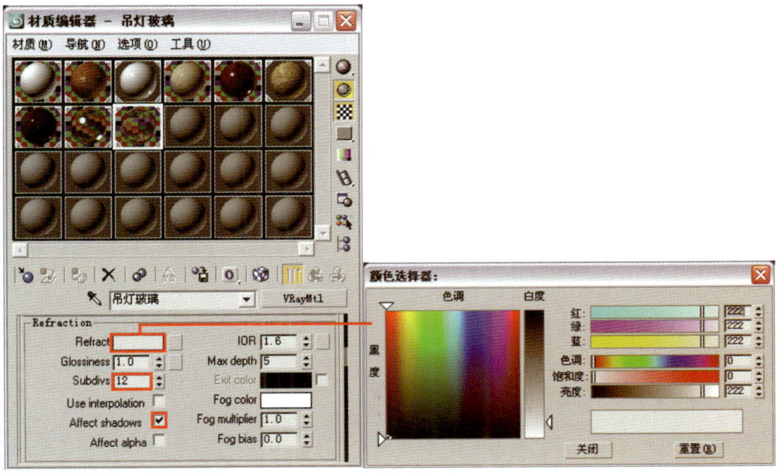

图8.59

图8.60

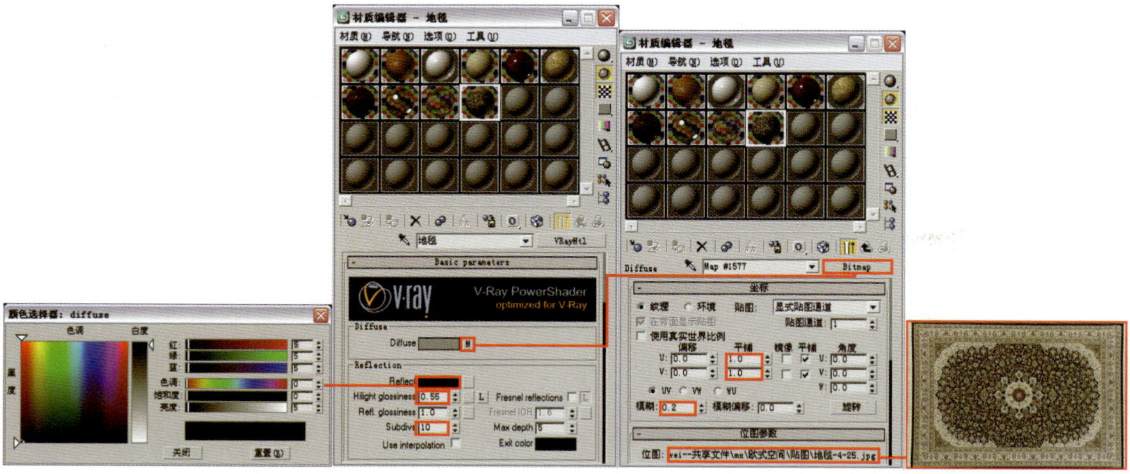

图8.61

Step 10 为了使地毯材质更加真实，下面为物体“置换地毯”添加VRay置换修改器。在视图中选中物体“置换地毯”，然后在“修改”面板，在“修改器列表”中选择VRay置换修改器，然后在其修改面板中单击其中的贴图通道按钮，为其添加一个“位图”贴图，具体参数设置如图8.62所示。贴图文件为本书配套光盘中提供的“第8章\贴图\地毯-4-25.jpg”文件。

Step 11 为了使贴图坐标正确，还需要为物体“地毯”添加一个“UVW 贴图”修改器，具体参数设置如图8.63所示。

Step 12 对摄像机视图进行渲染，地毯局部效果如图8.64所示。

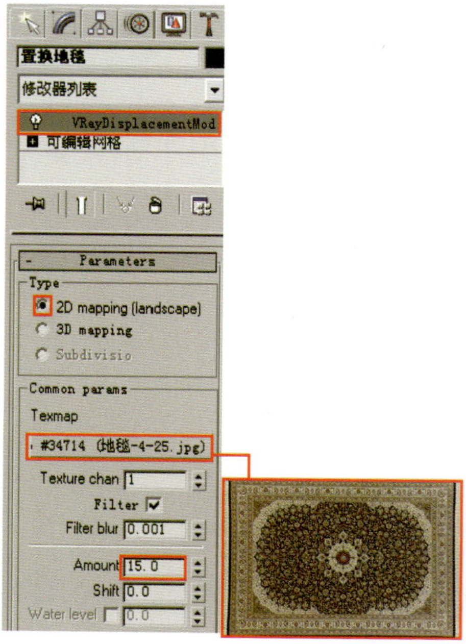

图8.62

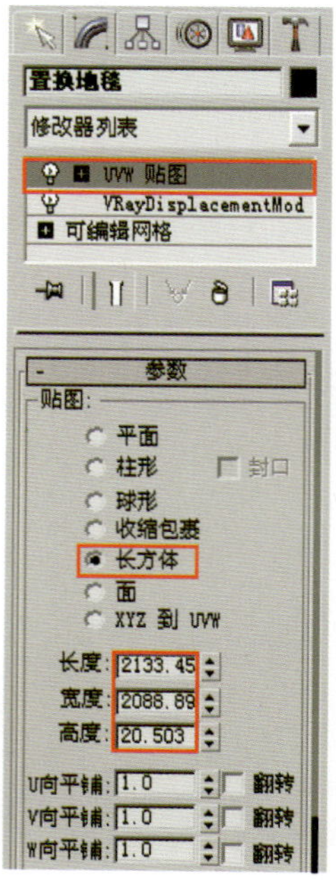

图8.63

图8.64

至此，场景的灯光测试和材质设置都已经完成，下面将对场景进行最终渲染设置。最终渲染设置将决定图像的最终渲染效果。

8.1.3 最终渲染设置

1. 最终测试灯光效果

场景中材质设置完毕后需要对场景进行渲染，观察此时的场景效果，对摄像机视图进行渲染，效果如图8.65所示。

图8.65

观察渲染效果可以看出，场景光线有点暗，接下来在“V-Ray∷Color mapping”卷展栏中进行参数设置，如图8.66所示。再次对摄像机视图进行渲染，效果如图8.67所示。

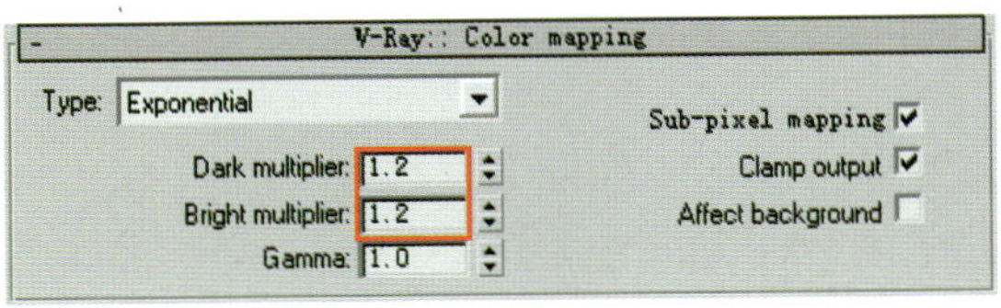

图8.66

图8.67

观察渲染效果，场景光线不需要再调整，接下来设置最终渲染参数。

2. 灯光细分参数设置

Step 01 将模拟日光的目标平行光的灯光细分值设置为20，如图8.68所示。

Step 02 将窗口处模拟天光的VRayLight的灯光细分值设置为20，如图8.69所示。

Step 03 将室内筒灯的灯光细分值设置为15，如图8.70所示。

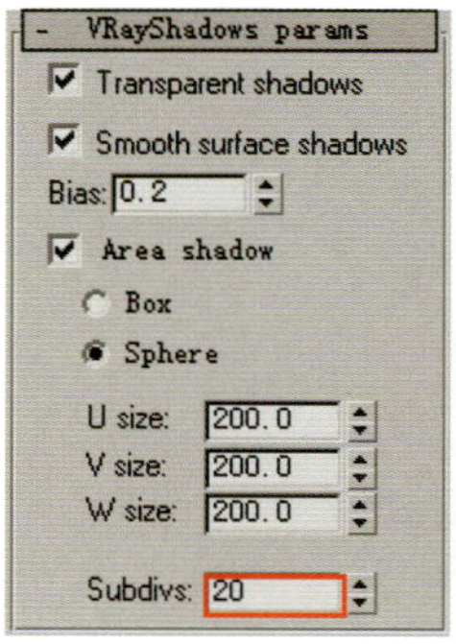

图8.68

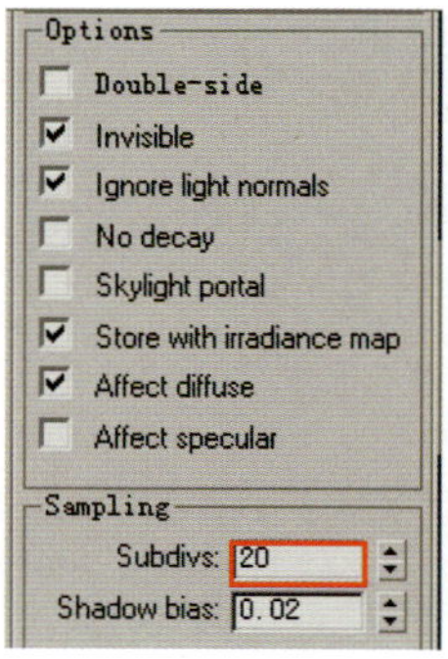

图8.69

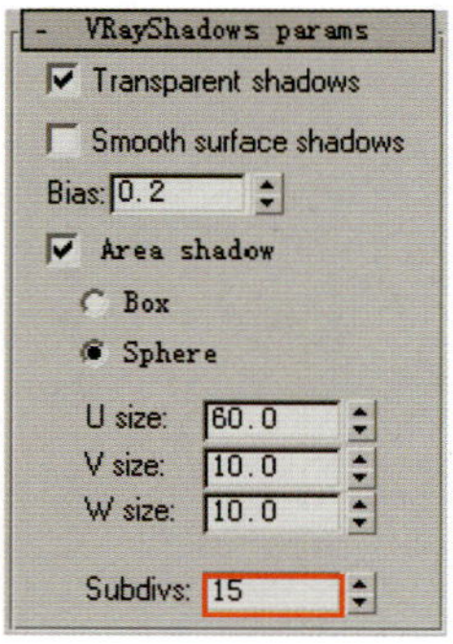

图8.70

3. 设置保存发光贴图和灯光贴图的渲染参数

在前几章中已经多次讲解保存发光贴图和灯光贴图的方法，在此不再赘述，只对渲染级别设置进行讲解。

Step 01 进行渲染级别设置。在V-Ray:: Irradiance map卷展栏中设置参数，如图8.71所示。

Step 02 在V-Ray:: Light cache卷展栏中设置参数，如图8.72所示。

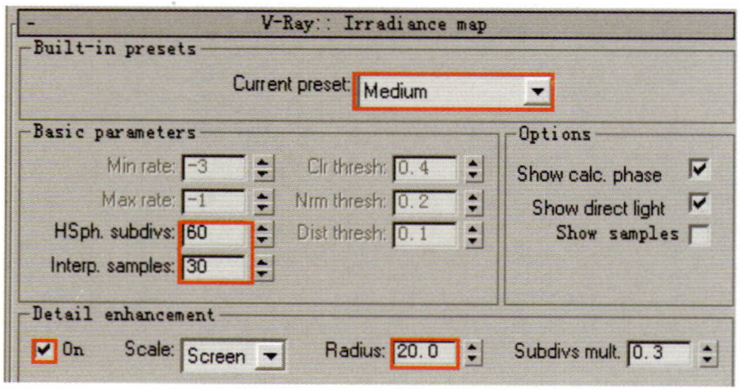

图8.71

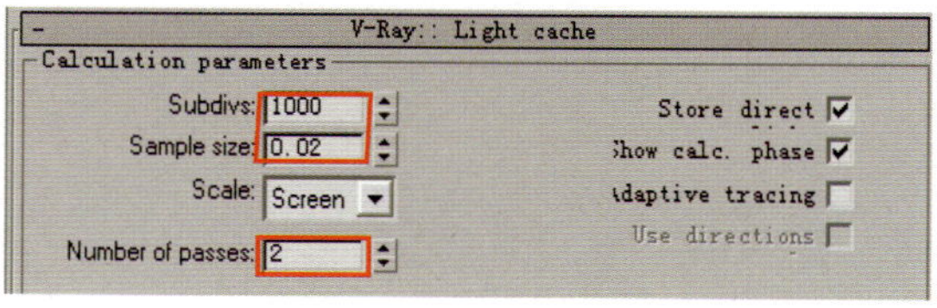

图8.72

Step 03 在V-Ray:: rQMC Sampler（准蒙特卡罗采样器）卷展栏中设置参数，如图8.73所示，这是模糊采样设置。

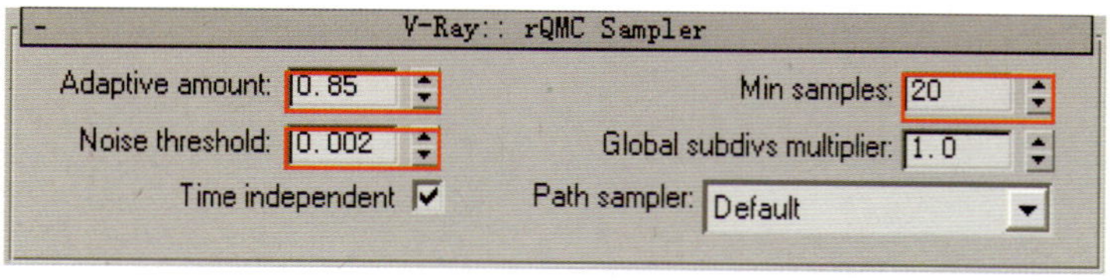

图8.73

渲染级别设置完成后，最后设置保存发光贴图和灯光贴图的参数并进行渲染即可。

4. 最终成品渲染

最终成品渲染的参数设置如下。

Step 01 设置图像的输出尺寸。当发光贴图和灯光贴图计算完毕后，在“渲染场景”对话框的“公用”选项卡中设置最终渲染图像的输出尺寸，如图8.74所示。

Step 02 在Image sampler (Antialiasing)卷展栏中设置抗锯齿和过滤器参数，如图8.75所示。

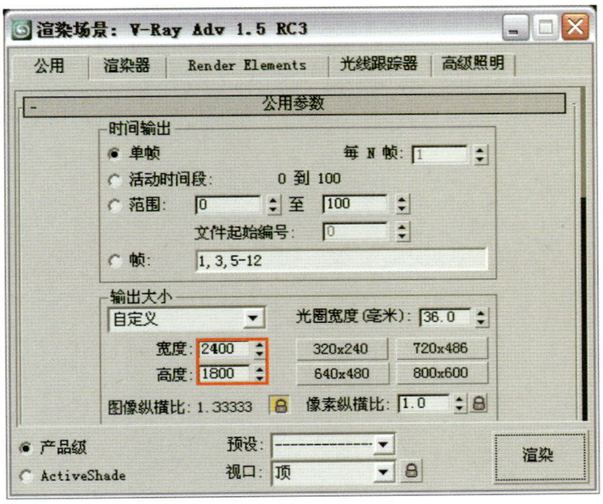

图8.74

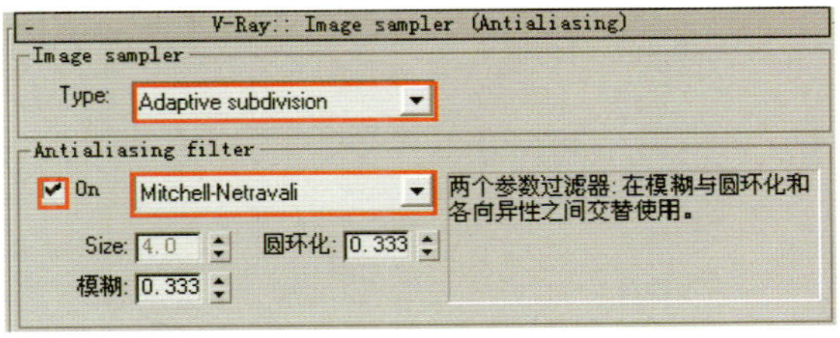

图8.75

Step 03 最终渲染效果如图8.76所示。

图8.76

最后使用Photoshop软件对图像的亮度、对比度以及饱和度进行调整，使效果更加生动、逼真。在前面几章中已经多次对后期处理的方法进行了讲解，在此不再赘述。后期处理后最终效果如图8.77所示。

图8.77

8.2 欧式卧室空间实例

本实例是一个欧式风格的卧室空间。场景采用了日光的表现手法，效果如图8.78所示。

图8.78

如图8.79所示为卧室模型的线框效果图。

图8.79

8.2.1 欧式卧室测试渲染设置

打开配套光盘中的"第8章\欧式卧室源文件.max"场景文件，如图8.80所示，可以看到这是一个已经创建好的卧室场景模型，并且场景中的摄像机已经创建好。

下面首先进行测试渲染参数设置，然后进行灯光布置。灯光布置包括室外天光、日光和室内光源的建立。

图8.80

1. 设置测试渲染参数

测试渲染参数的设置步骤如下。

Step 01 按F10键打开"渲染场景"对话框，在"公用"选项卡的"公用参数"卷展栏中设置较小的图像尺寸，如图8.81所示。

Step 02 在"渲染器"选项卡的 V-Ray:: Global switches 卷展栏中设置参数，如图8.82所示。

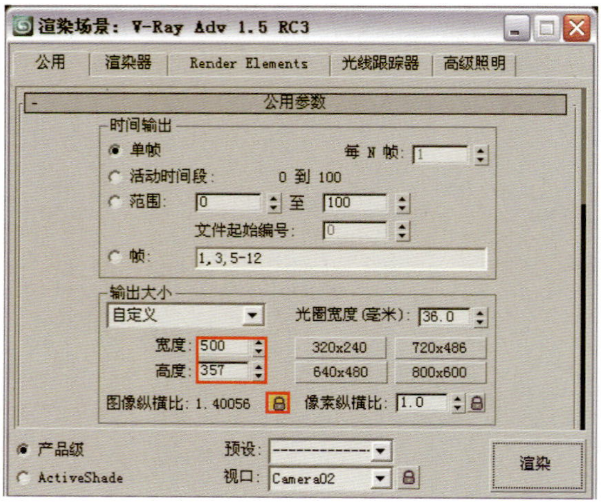

图8.81

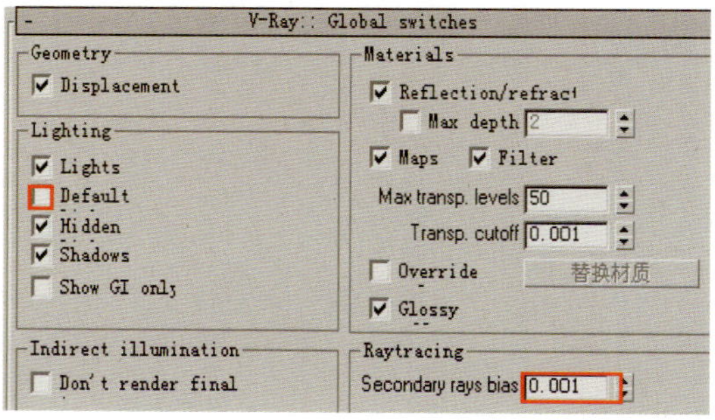

图8.82

Step 03 在 V-Ray:: Image sampler (Antialiasing) （抗锯齿采样）卷展栏中设置参数，如图8.83所示。

Step 04 在 V-Ray:: Indirect illumination (GI) （间接照明）卷展栏中设置参数，如图8.84所示。

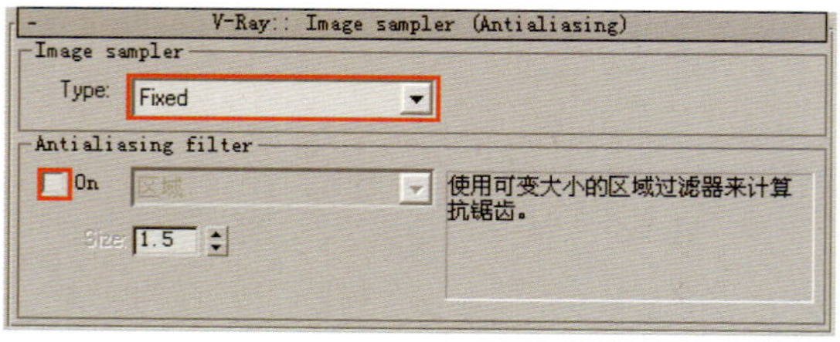

图8.83

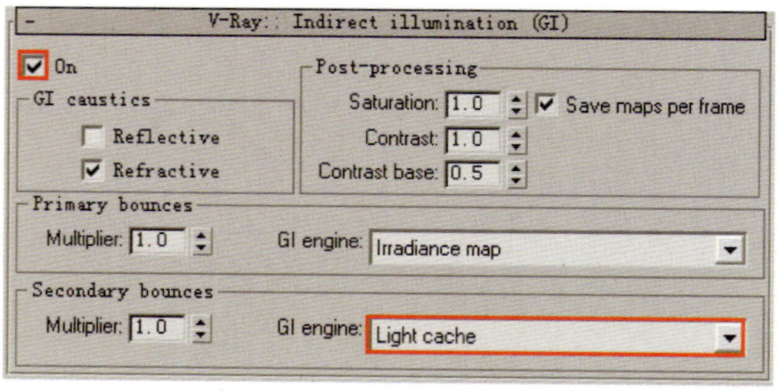

图8.84

Step 05 在V-Ray:: Irradiance map（发光贴图）卷展栏中设置参数，如图8.85所示。

Step 06 在V-Ray:: Light cache（灯光缓存）卷展栏中设置参数，如图8.86所示。

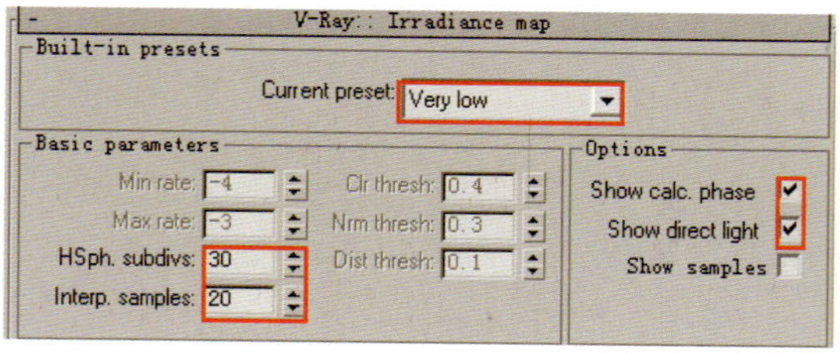

图8.85

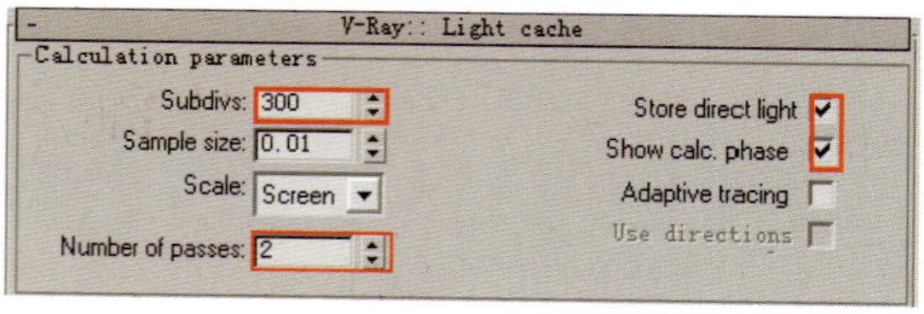

图8.86

2. 布置场景灯光

本场景的光线来源主要为室外天光、日光和室内灯光，在为场景创建灯光前，同样用一种白色材质覆盖场景中的所有物体，前几章中已经多次对其进行讲解，此处不再赘述。

Step 01 创建室外日光，在“创建”面板中单击 （灯光）按钮，在下拉菜单中选择VRay选项，然后在“对象类型”卷展栏中单击 VRaySun 按钮，在视图中创建一盏VRay太阳光，位置如图8.87所示。

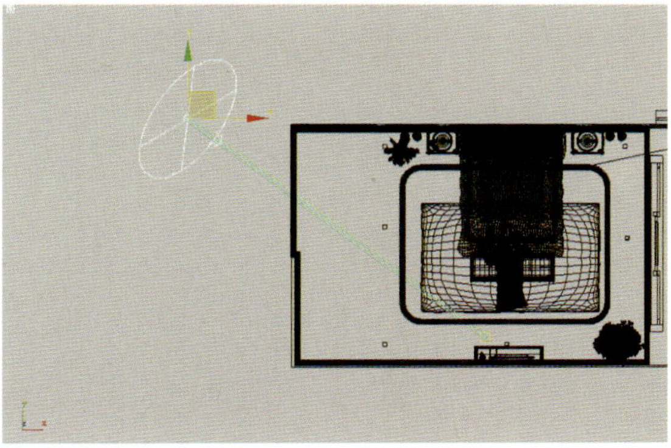

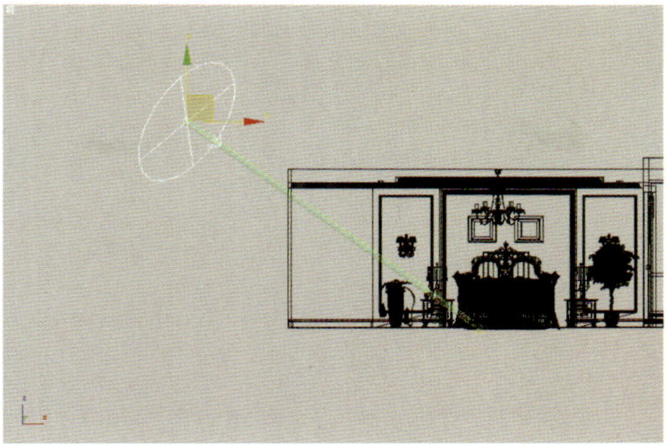

图8.87

Step 02 灯光参数设置如图8.88所示。对摄像机视图进行渲染，效果如图8.89所示。

- VRaySun Parameters	
enabled	☑
invisible	☐
turbidity	3.5
ozone	0.35
intensity multiplier	0.004
size multiplier	3.5
shadow subdivs	8
shadow bias	0.2mm
photon emit radius	50.0mm
Exclude...	

图8.88

图8.89

Step 03 创建天光。在“创建”面板中单击（灯光）按钮，在下拉菜单中选择VRay选项，然后在“对象类型”卷展栏中单击 VRayLight 按钮，在窗口处创建一盏VRayLight面光源，位置如图8.90所示。

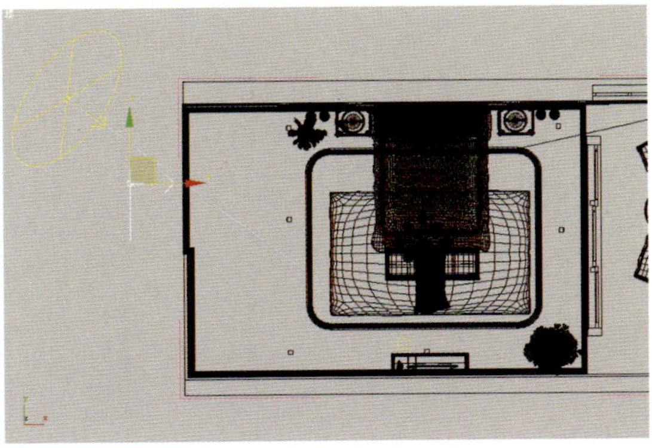

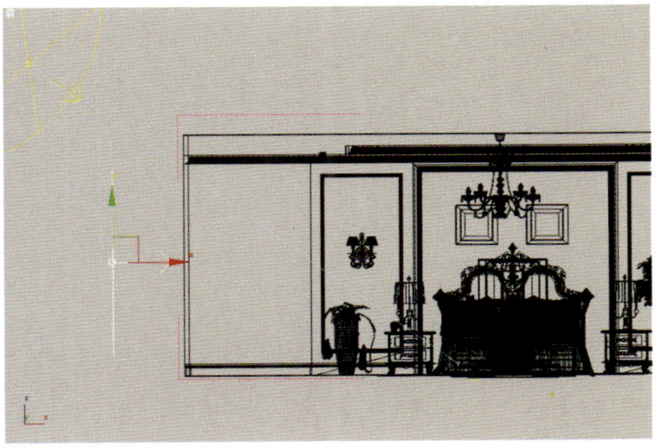

图8.90

Step 04 灯光参数设置如图8.91所示。

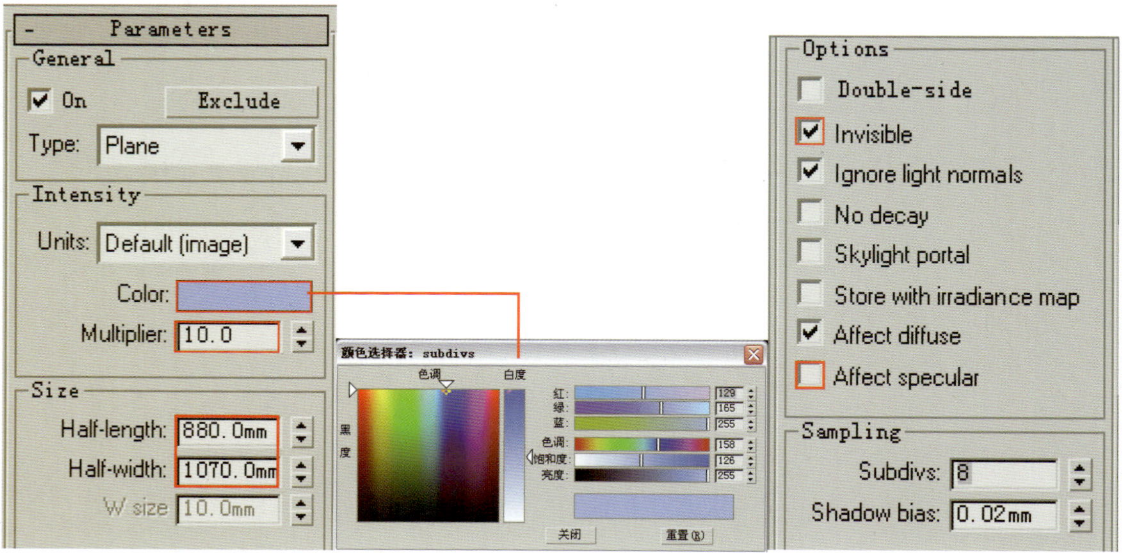

图8.91

Step 05 在视图中选中刚刚创建的用来模拟天光的VRayLight面光源，将其关联复制出1盏灯光，调整灯光位置，如图8.92所示。

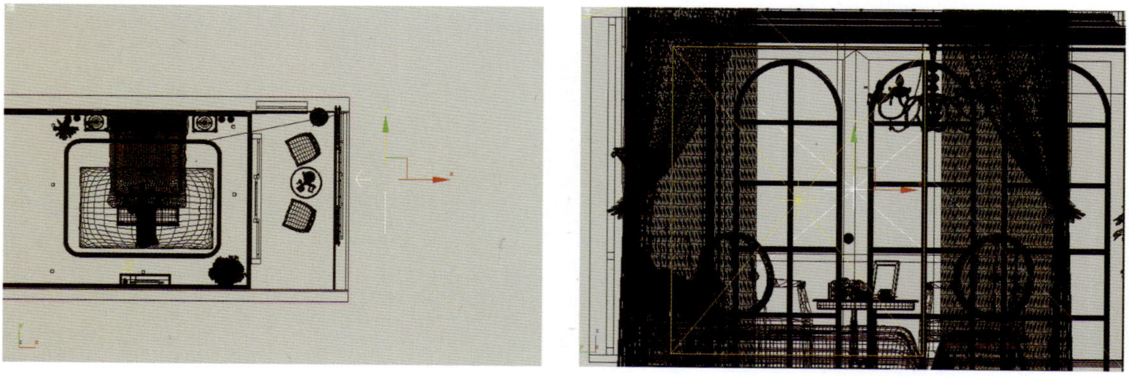

图8.92

Step 06 对摄像机视图进行渲染，效果如图8.93所示。

Step 07 从渲染效果中可以发现，由于天光的照射场景曝光严重，下面通过调整场景曝光参数来降低场景亮度。按F10键打开“渲染场景”对话框，在“渲染器”选项卡的V-Ray:: Color mapping卷展栏中进行曝光控制，参数设置如图8.94所示，再次渲染效果如图8.95所示。

图8.93

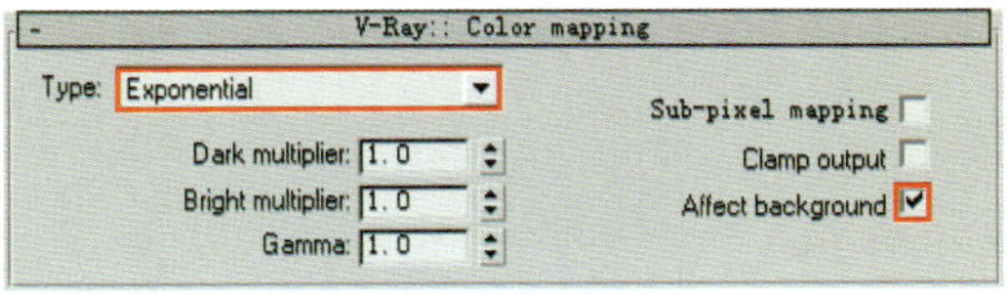

图8.94

图8.95

Step 08 继续为场景创建天光。在如图8.96所示位置创建一盏VRayLight面光源，灯光参数设置如图8.97所示。

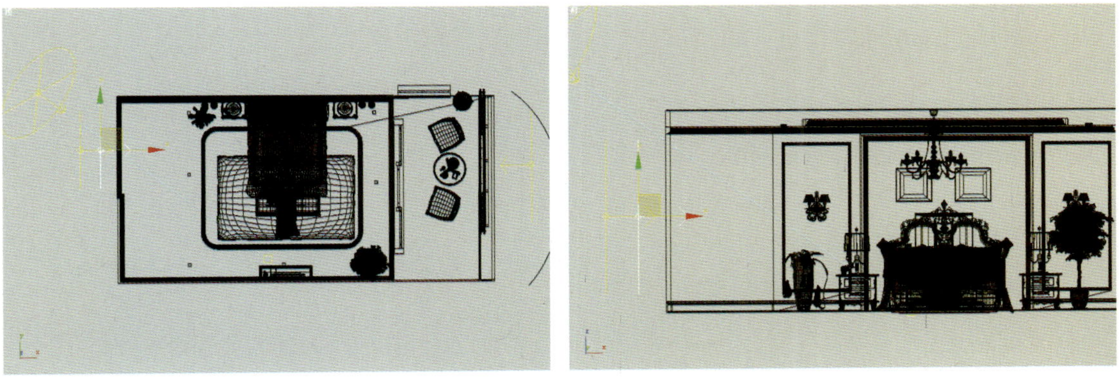

图8.96

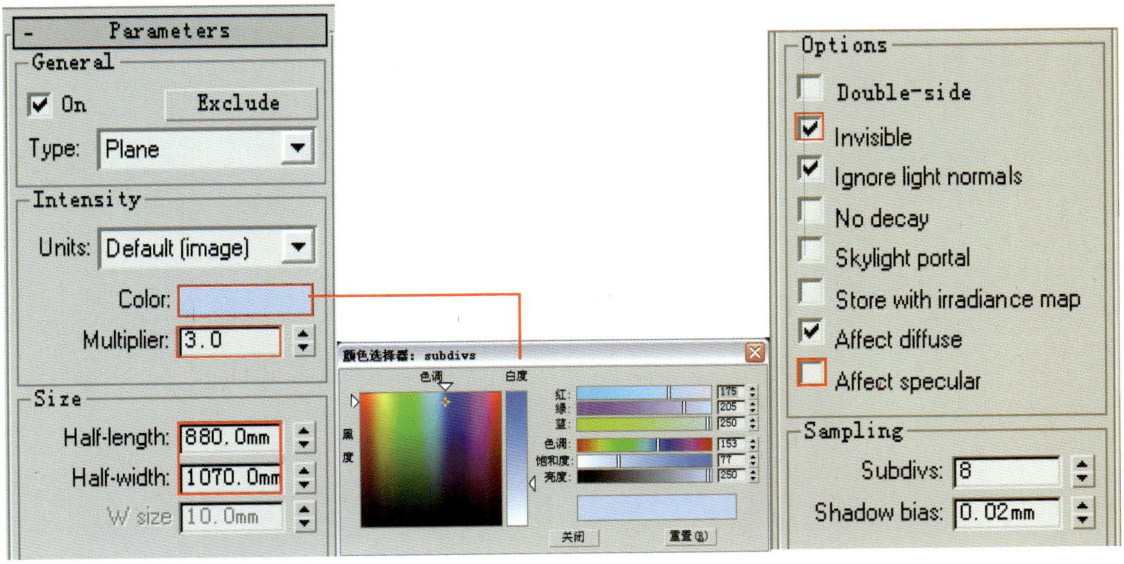

图8.97

Step 09 在视图中选中刚刚创建的用来模拟天光的VRayLight面光源，将其关联复制出1盏灯光，调整灯光位置，如图8.98所示。

图8.98

Step 10 对摄像机视图进行渲染，效果如图8.99所示。

Step 11 继续为场景创建天光。在如图8.100所示位置创建一盏VRayLight面光源。

图8.99

图8.100

Step 12 灯光参数设置如图8.101所示。

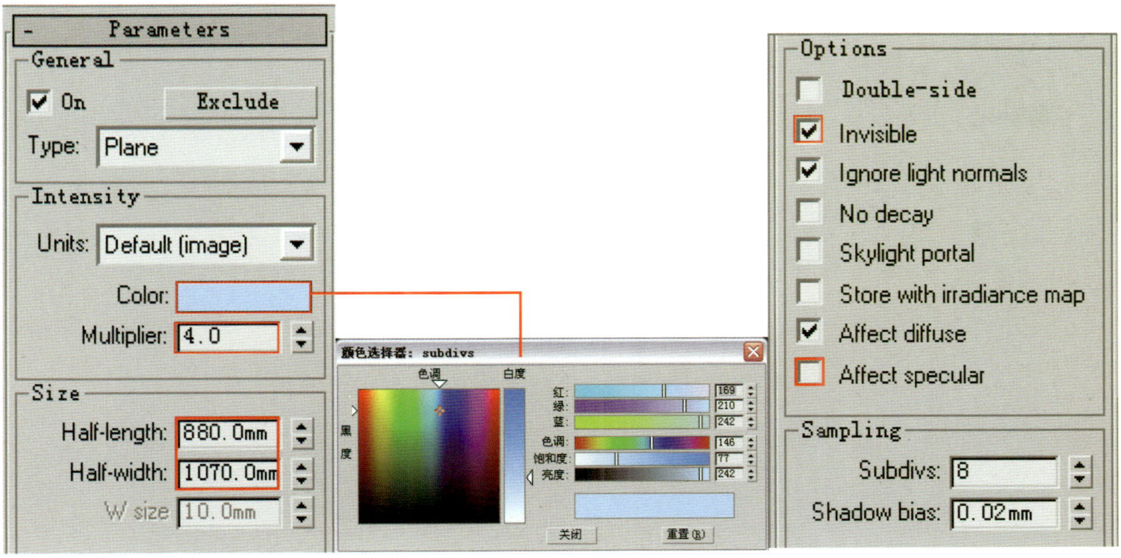

图8.101

Step 13 对摄像机视图进行渲染，局部效果如图8.102所示。

Step 14 为场景创建顶棚处的暗藏灯光。在顶棚位置处创建一盏VRayLight面光源，灯光位置如图8.103所示。

图8.102

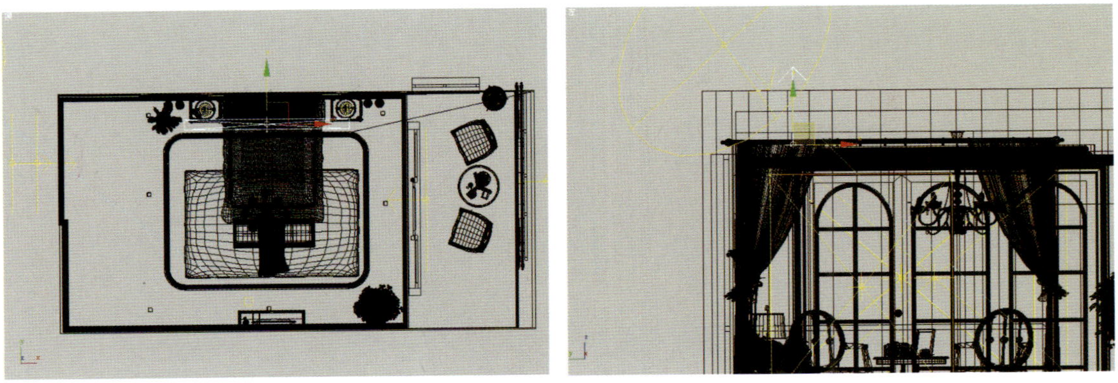

图8.103

Step 15 灯光参数设置如图8.104所示。

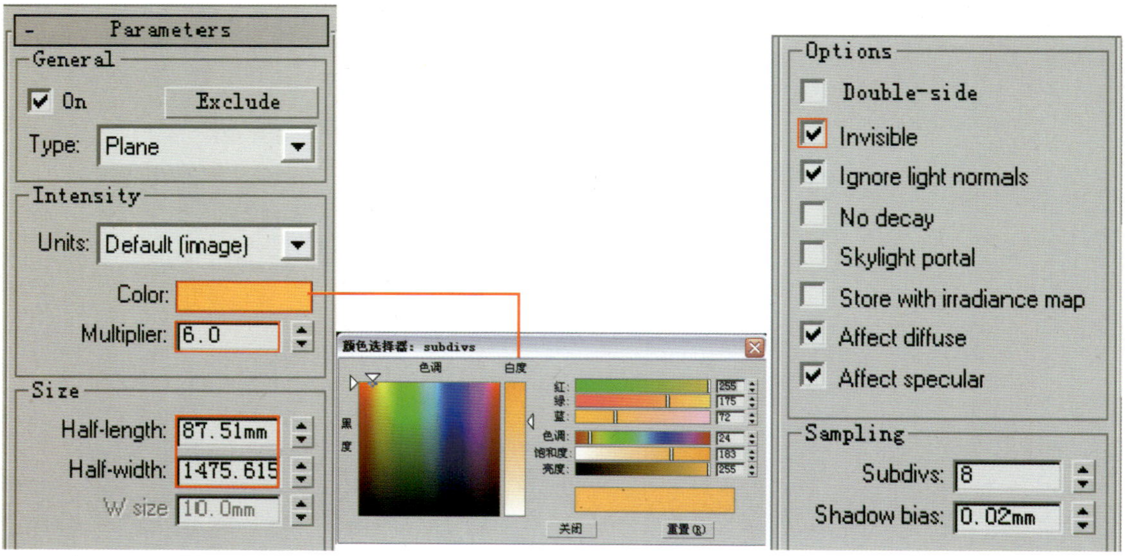

图8.104

Step 16 在视图中选中刚刚创建的暗藏灯光VRayLight面光源，将其关联复制出7盏灯光，调整灯光位置，如图8.105所示。

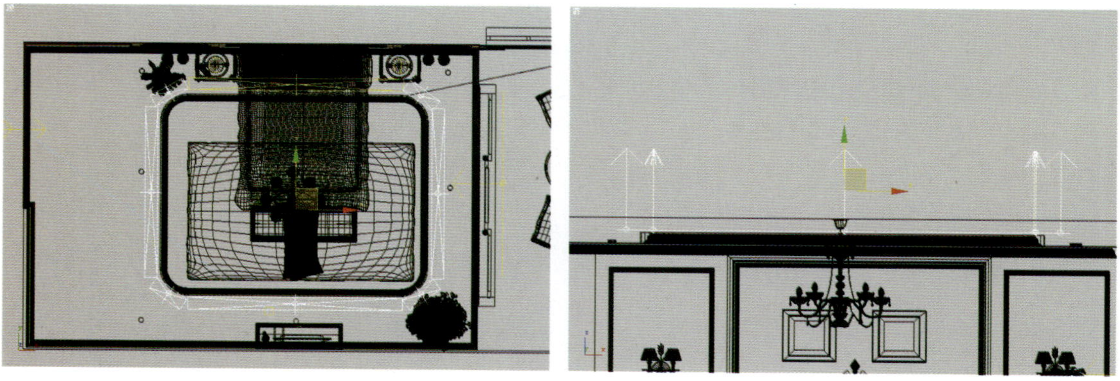

图8.105

Step 17 对摄像机视图进行渲染，效果如图8.106所示。

Step 18 设置顶棚处的筒灯灯光。在“创建”面板中单击（灯光）按钮，在下拉菜单中选择“光度学”选项，然后在“对象类型”卷展栏中单击 目标点光源 按钮，在如图8.107所示位置创建一个目标点光源来模拟室内的筒灯灯光。

图8.106

图8.107

Step 19 进入“修改”面板，对创建的目标点光源参数进行设置，如图8.108所示。光域网文件为本书配套光盘提供的“第8章\贴图\30（50000）.ies”文件。

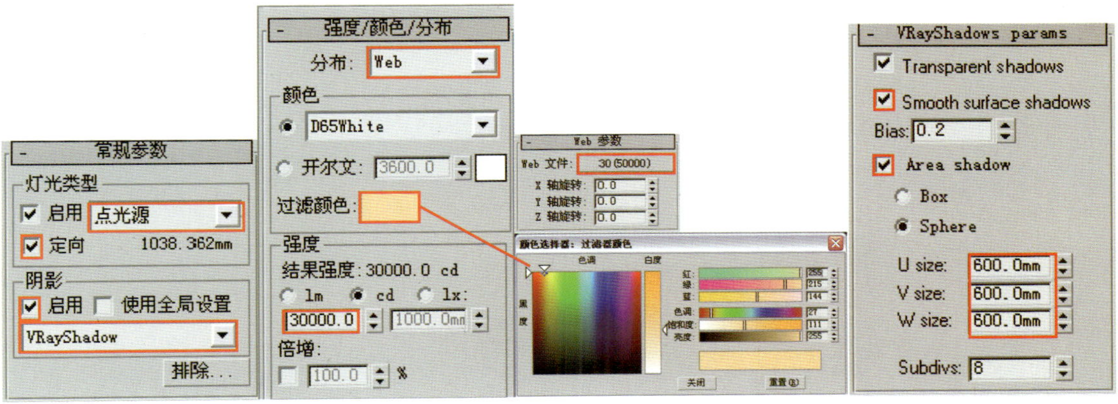

图8.108

Step 20 在视图中选中刚刚创建的用来模拟顶部筒灯灯光的目标点光源，将其关联复制出7盏，调整灯光位置，如图8.109所示。

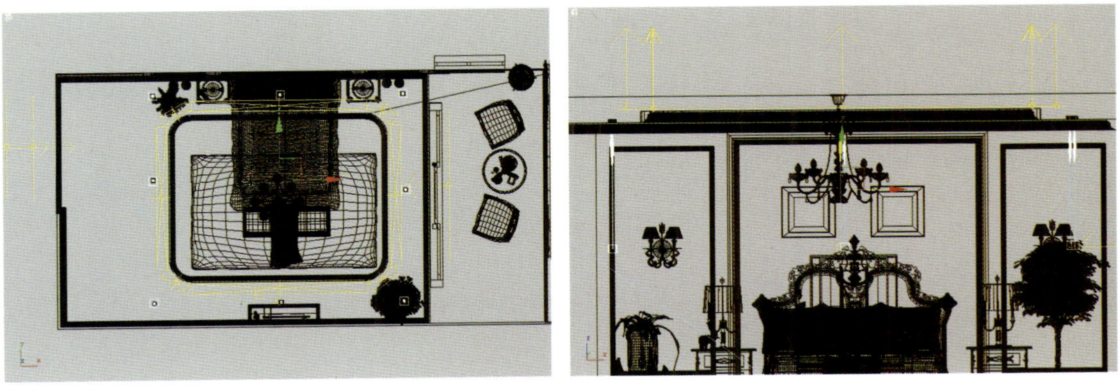

图8.109

Step 21 对摄像机视图进行渲染，效果如图8.110所示。

Step 22 为场景创建台灯灯光。在台灯位置处创建一盏VRayLight球形光，灯光位置如图8.111所示。

图8.110

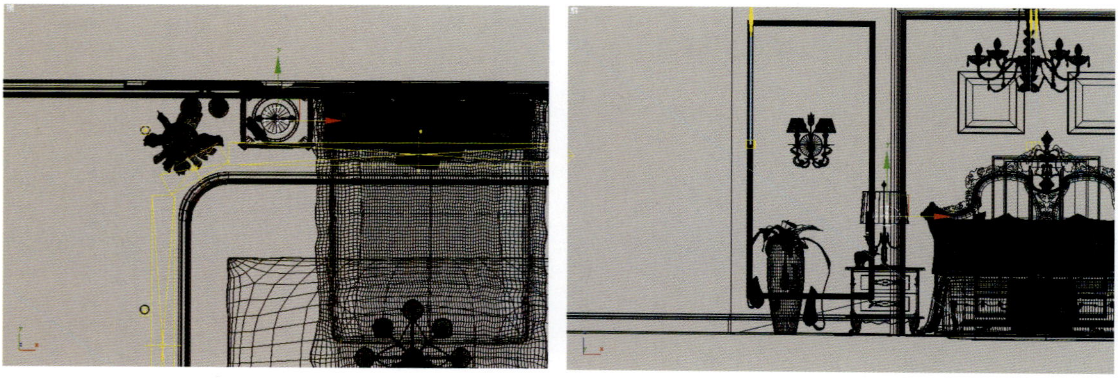

图8.111

Step 23 灯光参数设置如图8.112所示。

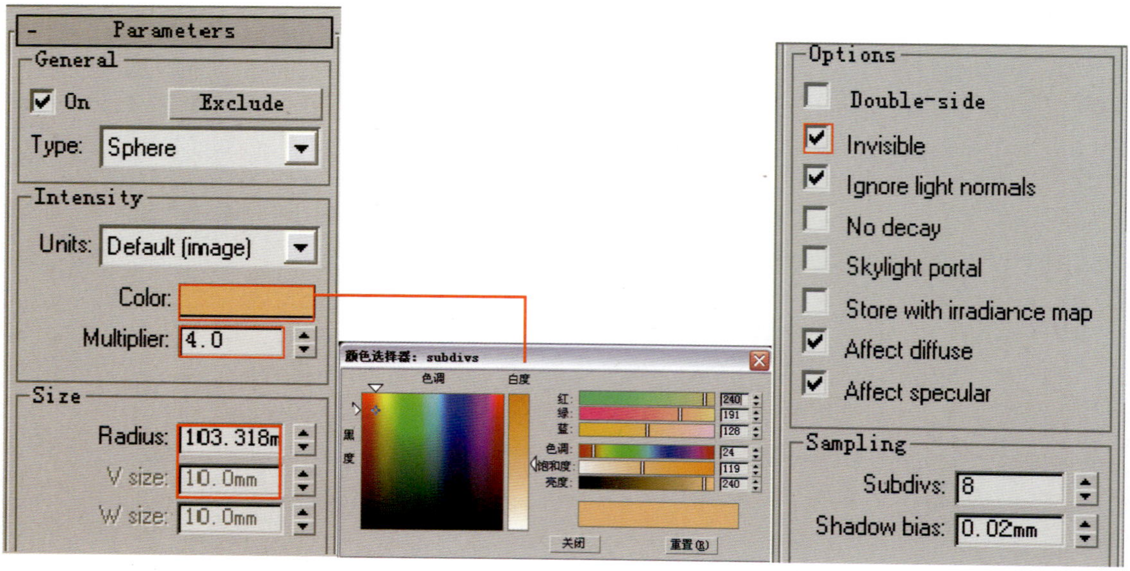

图8.112

Step 24 在视图中选中刚刚创建的VRayLight球形光，将其关联复制出1盏灯光，调整灯光位置，如图8.113所示。

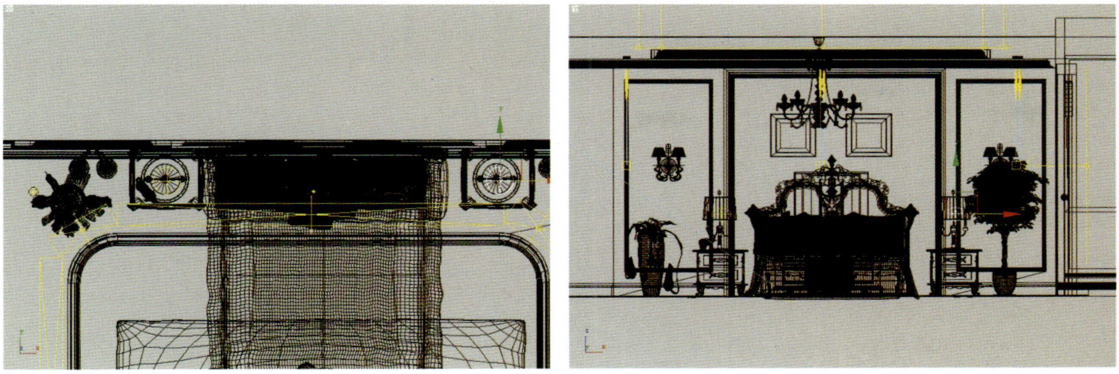

图8.113

Step 25 对摄像机视图进行渲染，效果如图8.114所示。

图8.114

上面分别对室外的天光和室内的光源进行了测试，最终测试结果比较好，下面对场景的材质进行设置。

8.2.2 设置场景材质

欧式卧室的材质是比较丰富的，主要集中在木质、布艺等材质设置上，如何很好地表现这些材质的效果是表现的重点与难点。

Step 01 在设置场景材质前，首先取消前面对场景物体的材质替换状态。下面开始设置白色乳胶漆材质。在“材质编辑器”对话框中选择一个空白材质球，将其设置为 VRayMtl 材质，并将材质命名为“白色乳胶漆”。单击“Diffuse”右侧的颜色按钮，具体参数设置如图8.115所示。将材质指定给物体“白色顶面”，对摄像机视图进行渲染，局部效果如图8.116所示。

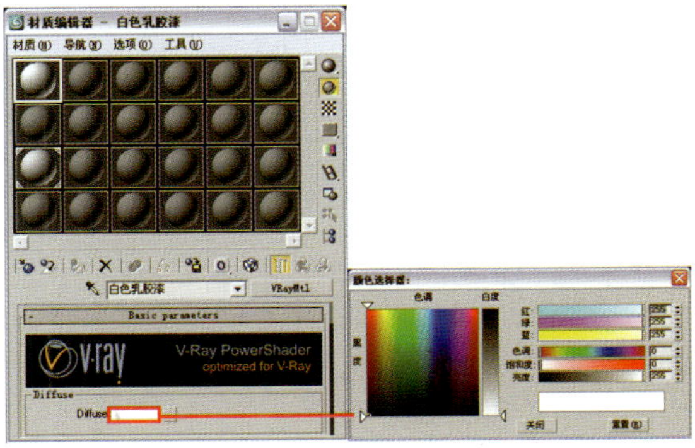

图8.115

图8.116

Step 02 设置木地板的材质。在“材质编辑器”对话框中选择一个空白材质球，将其设置为 VRayMtl 材质，并将材质命名为“木地板”。单击“Diffuse”右侧的贴图按钮，为其添加一个“位图”贴图，具体参数设置如图8.117所示。贴图文件为本书配套光盘中提供的“第8章\贴图\1115914008.jpg”文件。

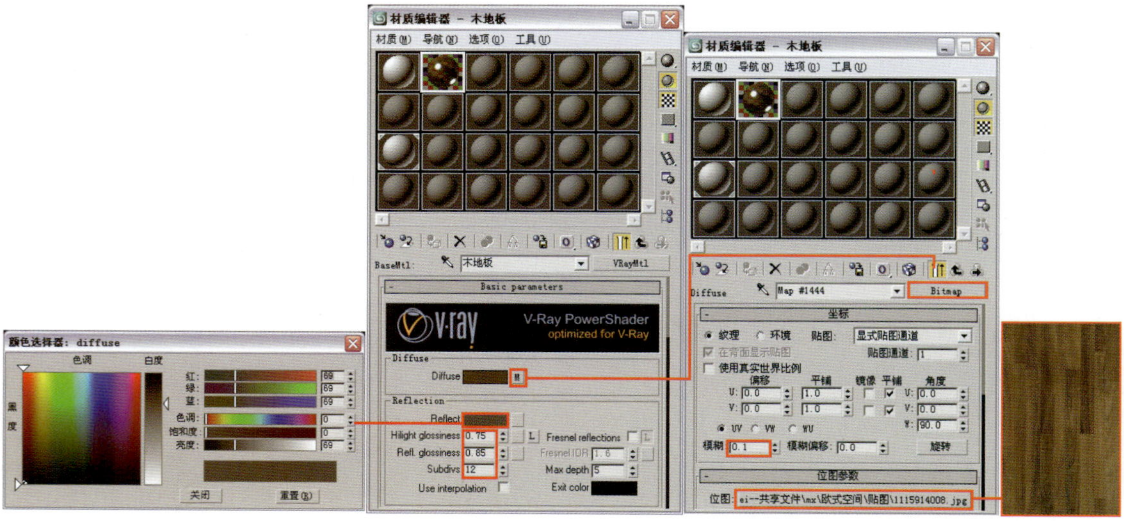

图8.117

Step 03 返回“VRayMtl”材质层级，在“Maps”卷展栏中把“Diffuse”右侧的贴图通道按钮拖动到“Bump”右侧的贴图通道按钮上进行非关联复制操作，参数设置如图8.118所示。

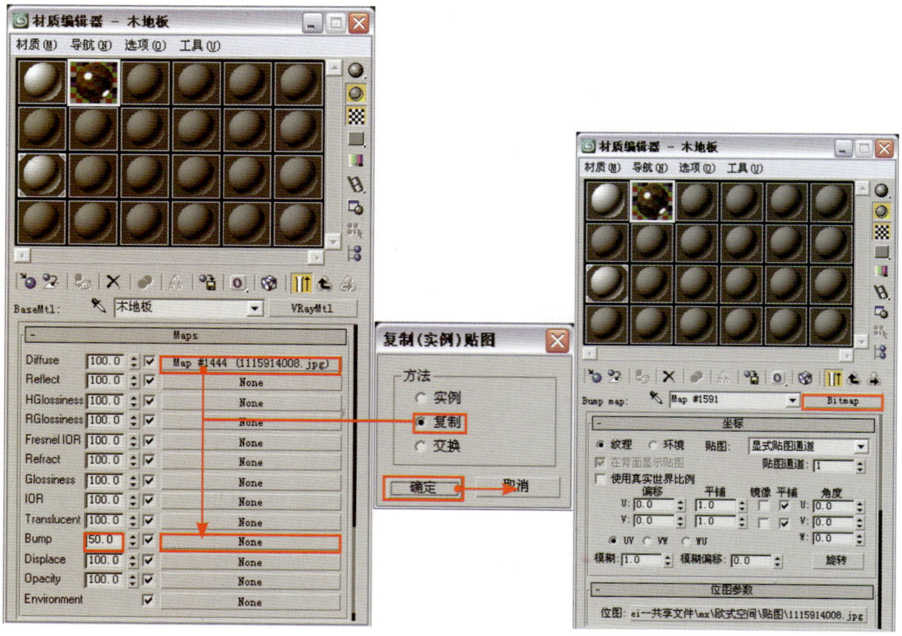

图8.118

Step 04 由于地面材质饱和度较高且面积较大，很容易造成色溢现象。下面为其材质添加

VRayOverrideMtl（VRay替代材质），从而解决色溢问题，具体操作如图8.119所示。

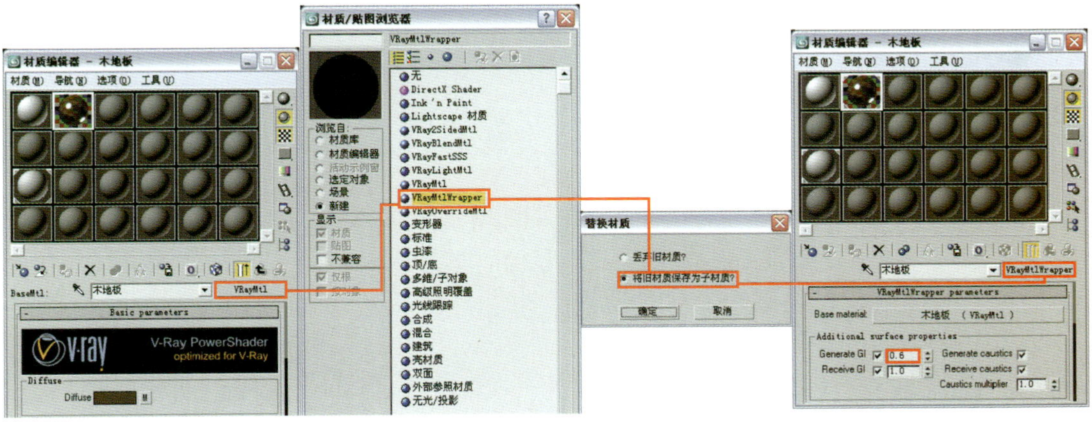

图8.119

Step 05 将材质指定给物体“地面”，对摄像机视图进行渲染，局部效果如图8.120所示。

图8.120

Step 06 设置木纹材质。选择一个空白材质球，将其设置为 VRayMtl 材质，并将材质球命名为“木纹”。单击“Diffuse”右侧的贴图按钮，为其添加一个“位图”贴图，参数设置如图8.121所示。贴图文件为本书配套光盘中提供的“第8章\贴图\木111.jpg”文件。

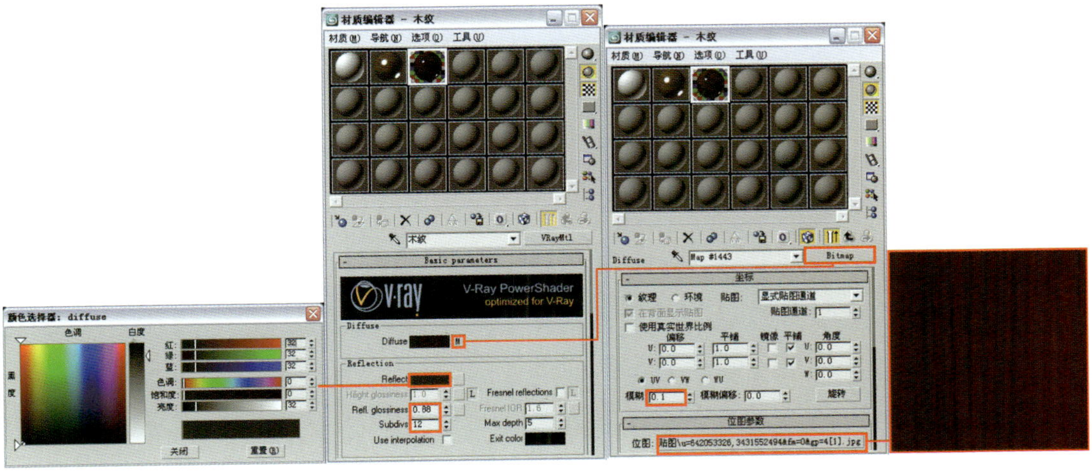

图8.121

Step 07 将材质指定给物体“木质饰面”，对摄像机视图进行渲染，局部效果如图8.122所示。

Step 08 设置床头背景壁纸的材质。选择一个空白材质球，将其设置为 VRayMtl 材质，并将材质球命名为“床头背景壁纸”。单击“Diffuse”右侧的贴图按钮，为其添加一个“位图”贴图，参数设置如图8.123所示。贴图文件为本书配套光盘中提供的“第8章\贴图\wp_damask_057.jpg”文件。

图8.122

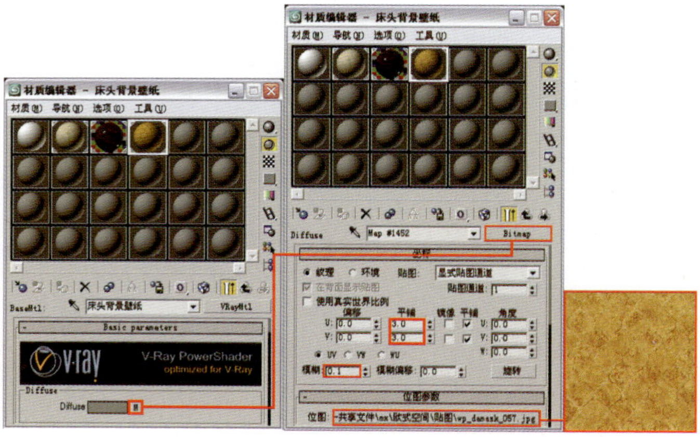

图8.123

Step 09 返回“VRayMtl”材质层级，在“Maps”卷展栏中把“Diffuse”右侧的贴图通道按钮拖动到“Bump”右侧的贴图通道按钮上进行非关联复制操作，参数设置如图8.124所示。

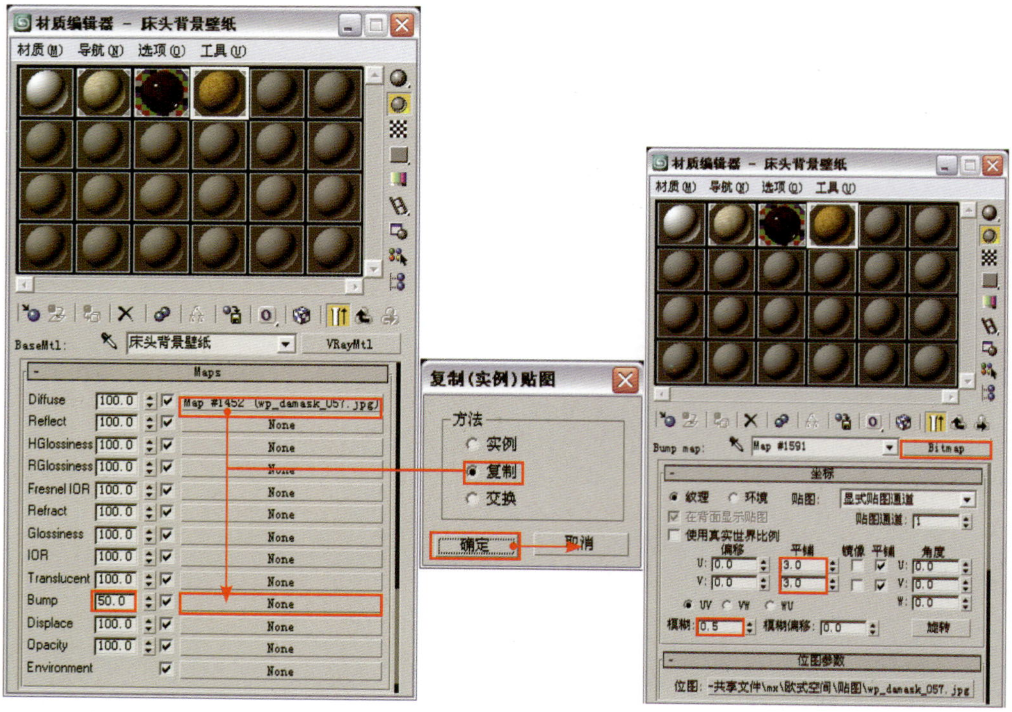

图8.124

Step 10 由于壁纸材质饱和度较高且面积较大，很容易造成色溢现象。下面为其材质添加 VRayOverrideMtl（VRay替代材质），从而解决色溢问题，具体操作如图8.125所示。

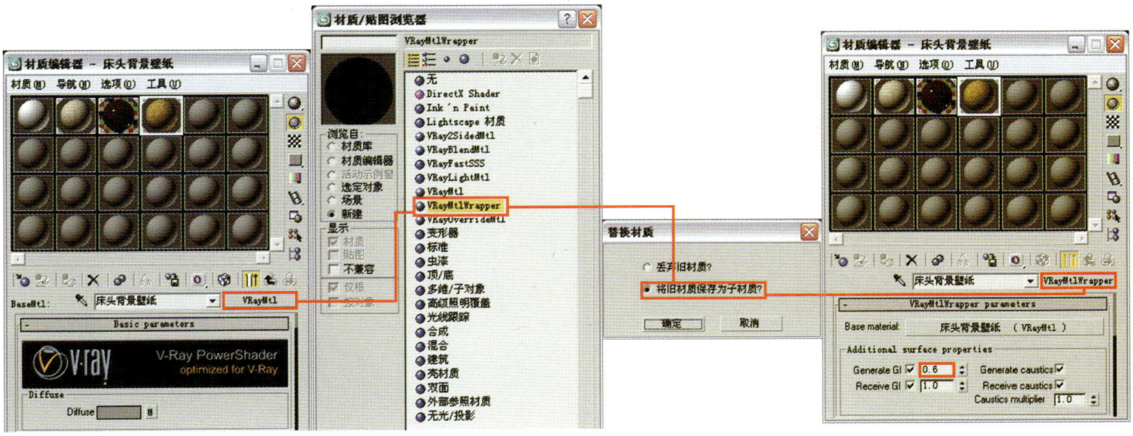

图8.125

Step 11 将材质指定给物体“床头背景墙”，对摄像机视图进行渲染，局部效果如图8.126所示。

图8.126

Step 12 设置被子的材质。选择一个空白材质球，将其设置为 VRayMtl 材质，并将材质球命名为“被子”。单击“Diffuse”右侧的贴图按钮，为其添加一个“位图”贴图，参数设置如图8.127所示。贴图文件为本书配套光盘中提供的“第8章\贴图\cloth_139_fabric_color.jpg”文件。

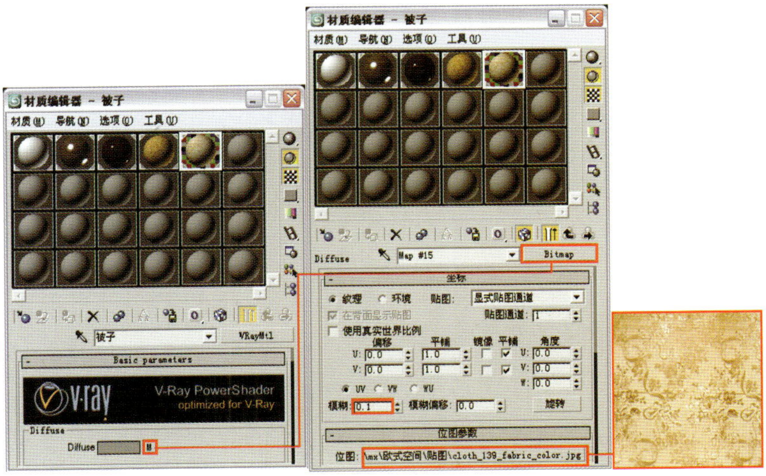

图8.127

Step 13 返回“VRayMtl”材质层级，单击“Reflect”右侧的贴图按钮，为其添加一个“位图”贴图，具体参数设置如图8.128所示。贴图文件为本书配套光盘中提供的“第8章\贴图\961-4160504.jpg”文件。

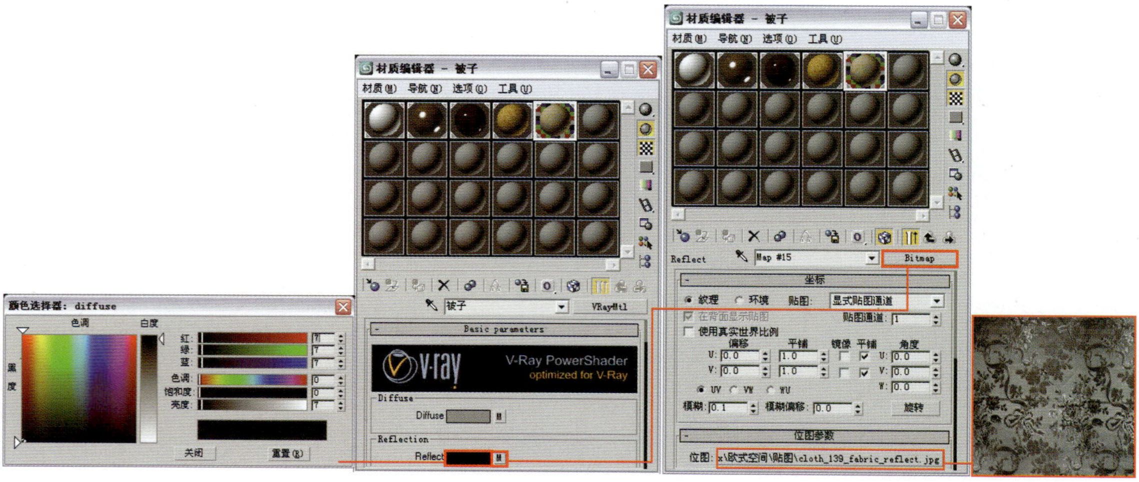

图8.128

Step 14 再次返回“VRayMtl”材质层级，单击 Refl. glossiness 右侧的贴图按钮，为其添加一个“位图”贴图，具体参数设置如图8.129所示。贴图文件为本书配套光盘中提供的“第8章\贴图\cloth_139_fabric_gloss.jpg”文件。

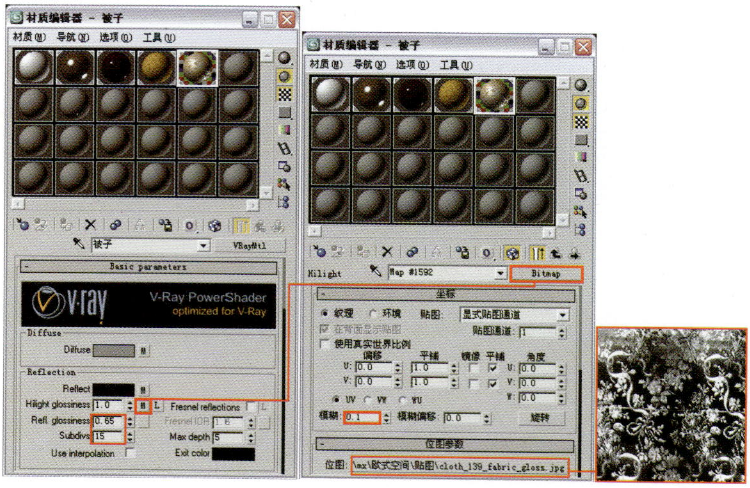

图8.129

Step 15 返回“VRayMtl”材质层级，在“Maps”卷展栏，为“Bump”贴图通道添加一个“位图”贴图，具体参数设置如图8.130所示。贴图文件为本书配套光盘中提供的“第8章\贴图\cloth_139_fabric_bump.jpg”文件。

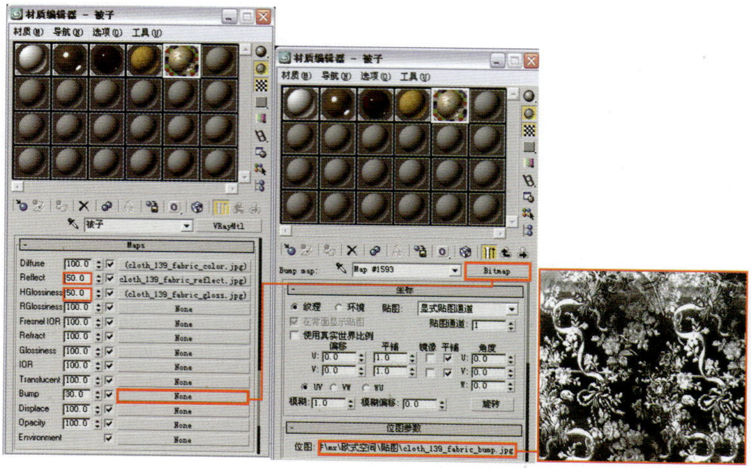

图8.130

Step 16 将材质指定给物体“被子”，对摄像机视图进行渲染，局部效果如图8.131所示。

至此，场景的灯光测试和材质设置都已经完成，下面将对场景进行最终渲染设置。最终渲染设置将决定图像的最终渲染效果。

图8.131

8.2.3 最终渲染设置

1. 最终测试灯光效果

场景中材质设置完毕后需要对场景进行渲染，观察此时的场景效果，对摄像机视图进行渲染，效果如图8.132所示。

图8.132

观察渲染效果可以看出，场景光线有点暗，接下来对“V-Ray∷Color mapping”卷展栏进行参数设置，如图8.133所示。再次对摄像机视图进行渲染，效果如图8.134所示。

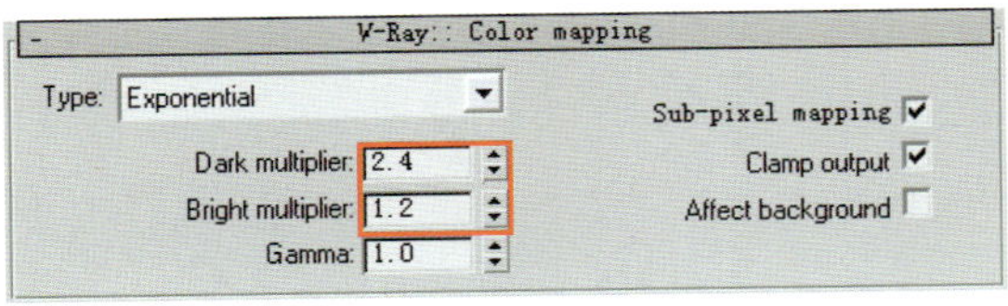

图8.133

图8.134

观察渲染效果，场景光线不需要再调整，接下来设置最终渲染参数。

2. 灯光细分参数设置

Step 01 将模拟日光的VRaySun的灯光细分值设置为20，如图8.135所示。

Step 02 将窗口处模拟天光的VRayLight的灯光细分值设置为24，如图8.136所示。

Step 03 将室内模拟筒灯灯光的目标点光源的灯光细分设置为15，如图8.137所示。

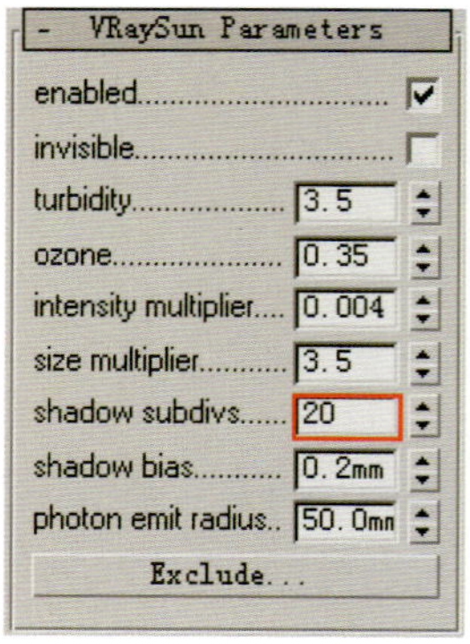

图8.135

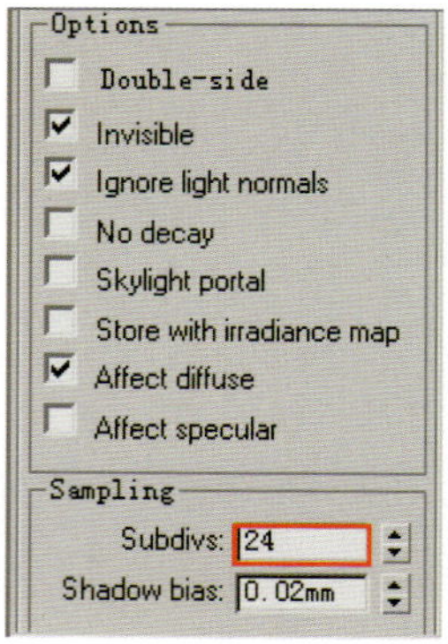

图8.136

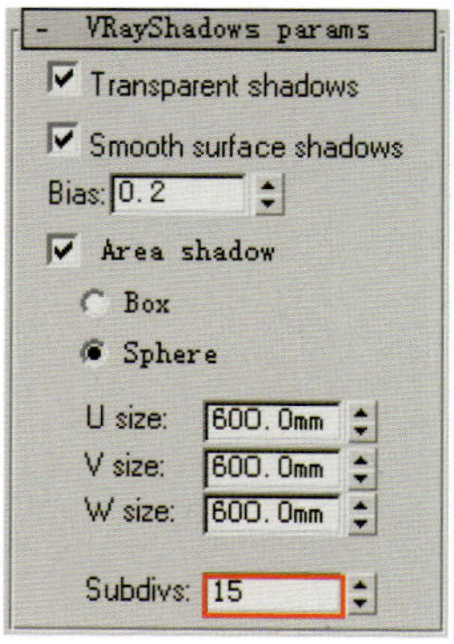

图8.137

3. 设置保存发光贴图和灯光贴图的渲染参数

在前几章中已经多次讲解过保存发光贴图和灯光贴图的方法，在此不再赘述，只对渲染级别设置进行讲解。

Step 01 进行渲染级别设置。在V-Ray:: Irradiance map卷展栏中设置参数，如图8.138所示。

Step 02 在V-Ray:: Light cache卷展栏中设置参数，如图8.139所示。

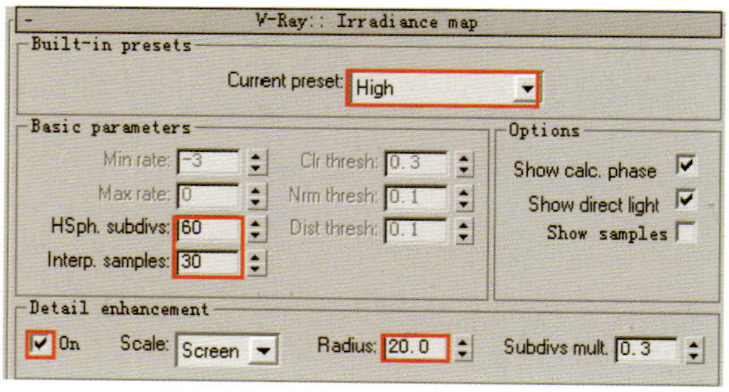

图8.138

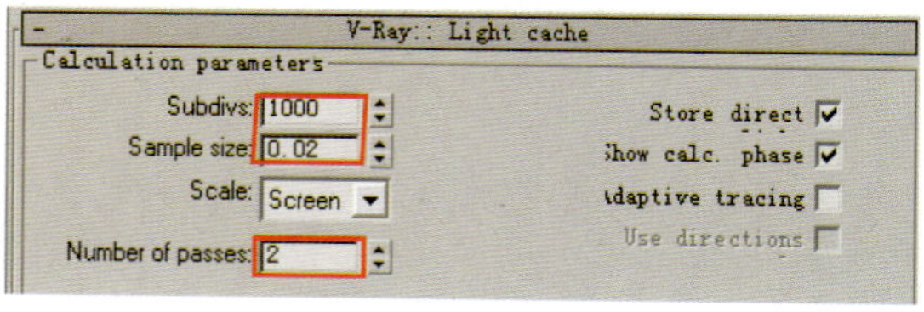

图8.139

Step 03 在V-Ray:: rQMC Sampler（准蒙特卡罗采样器）卷展栏中设置参数，如图8.140所示，这是模糊采样设置。

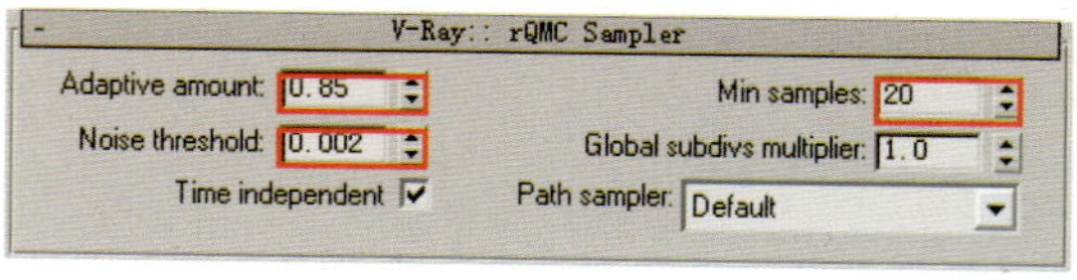

图8.140

渲染级别设置完毕，最后设置保存发光贴图和灯光贴图的参数并进行渲染即可。

4. 最终成品渲染

最终成品渲染的参数设置如下。

Step 01 设置出图像尺寸。当发光贴图和灯光贴图计算完毕后，在“渲染场景”对话框的“公用”选项卡中设置最终渲染图像的输出尺寸，如图8.141所示。

Step 02 在Image sampler (Antialiasing)卷展栏中设置抗锯齿和过滤器参数，如图8.142所示。

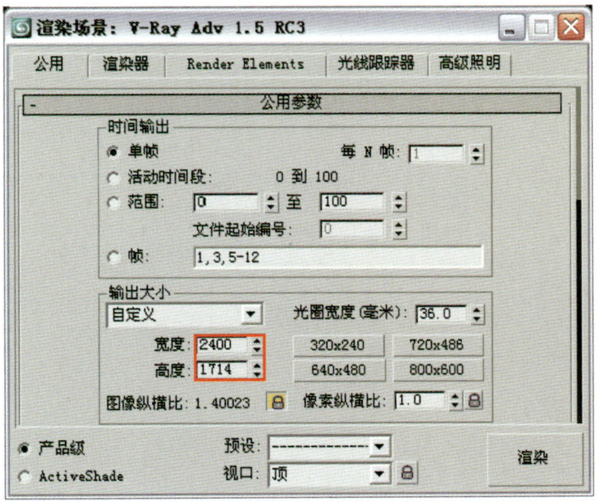

图8.141

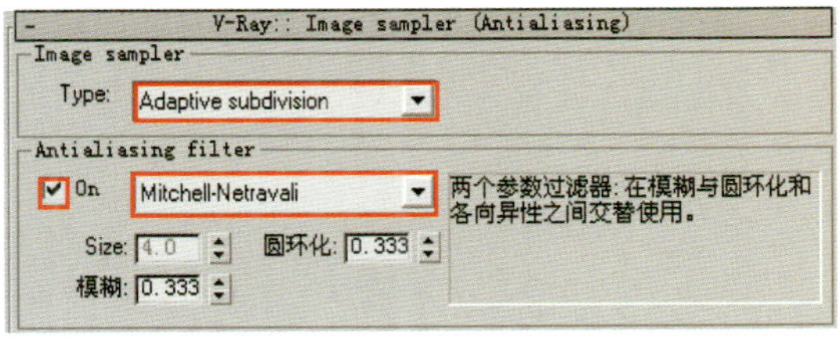

图8.142

Step 03 最终渲染效果如图8.143所示。

图8.143

最后使用Photoshop软件对图像的亮度、对比度以及饱和度进行调整，使效果更加生动、逼真。在前面几章中已经多次对后期处理的方法进行了讲解，在此不再赘述。后期处理后的最终效果如图8.144所示。

图8.144

09

第9章

欧式大客厅

光盘\第9章 /光盘路径

★★★ /操作难度

欧式 /设计风格

9.1 欧式大客厅空间实例

本实例展示了一个欧式风格的客厅空间。本场景比较大，由餐厅和客厅共同组成，几扇大窗户使得室内的光线十分充足，造型精致的家具营造出典雅温馨的气氛。

本场景采用了日光、天光和室内灯光的表现手法，效果如图9.1 所示。

图9.1

如图9.2所示为欧式大客厅模型的线框效果图。

图9.2

欧式大客厅的其他角度效果如图9.3所示。

图9.3

9.2 欧式大客厅测试渲染设置

打开本书配套光盘中的"第9章\欧式大客厅源文件.max"场景文件，如图9.4所示，可以看到这是一个已经创建好的客厅场景模型，并且场景中的摄像机已经创建好。

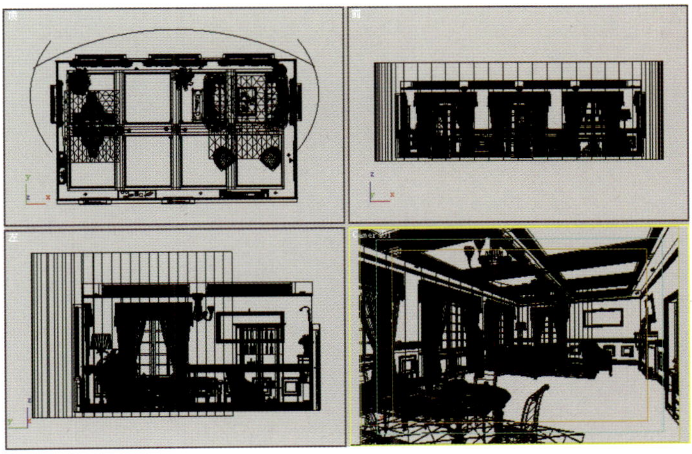

图9.4

下面首先进行测试渲染参数设置，然后为场景布置灯光。灯光布置包括室外阳光、天光以及室内人造光源等的创建，其中室外阳光和天光为场景的主要照明光源，对场景的亮度及层次起决定性作用。

9.2.1 设置测试渲染参数

测试渲染参数的设置步骤如下。

Step 01 按F10键打开"渲染场景"对话框，渲染器已经设置为V-Ray Adv 1.5 RC3渲染器，在"公用参数”卷展栏中设置较小的图像尺寸，如图9.5所示。

Step 02 在“渲染器”选项卡的 V-Ray:: Global switches （全局开关）卷展栏中设置参数，如图9.6所示。

图9.5

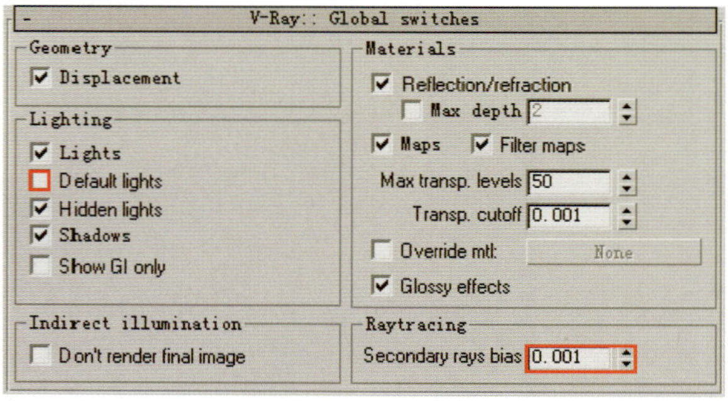

图9.6

Tip 提示：

“Default lights”为默认灯光开关。勾选该复选框表示开启默认灯光设置，取消对该复选框的勾选表示关闭默认灯光。

Step 03 在 V-Ray:: Image sampler (Antialiasing) （抗锯齿采样）卷展栏中设置参数，如图9.7所示。

Step 04 在 V-Ray:: Indirect illumination (GI) （间接照明）卷展栏中设置参数，如图9.8所示。

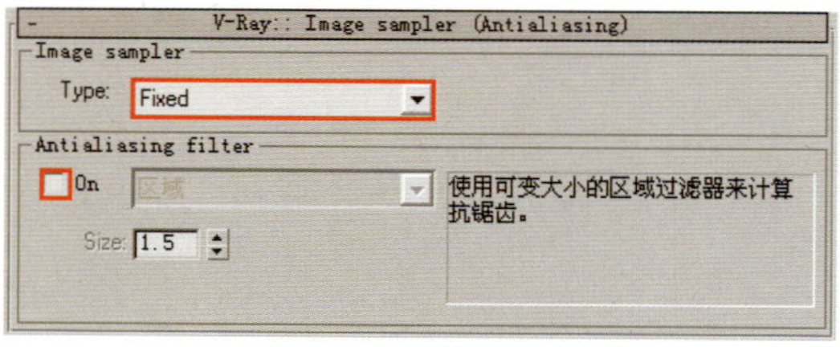

图9.7

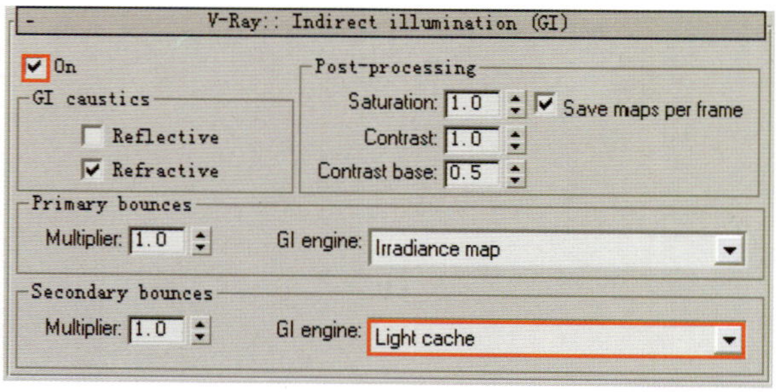

图9.8

Step 05 在 V-Ray:: Irradiance map （发光贴图）卷展栏中设置参数，如图9.9所示。

Step 06 在 V-Ray:: Light cache （灯光缓存）卷展栏中设置参数，如图9.10所示。

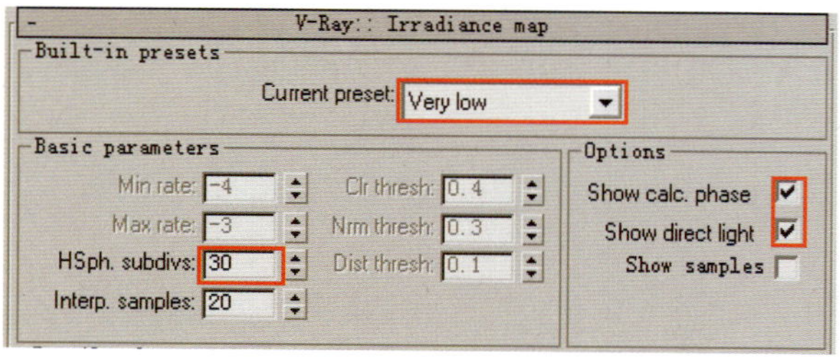

图9.9

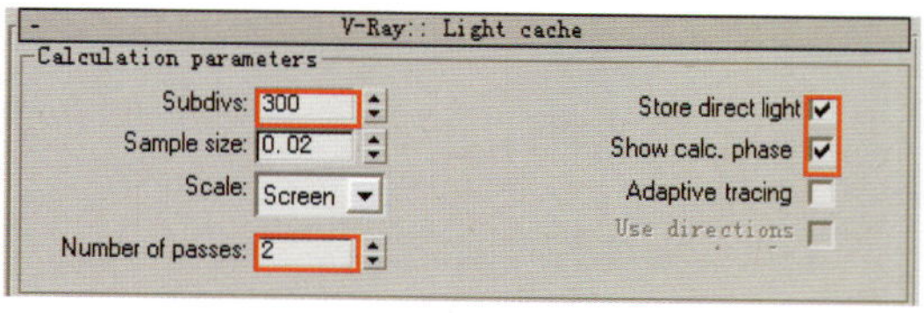

图9.10

Tip 提示：

预设测试渲染参数是根据自己的经验和计算机本身的硬件配制得到的一个相对较低的渲染设置，读者可以以图中的参数作为参考，也可以自己尝试一些其他的参数设置。

9.2.2 布置场景灯光

Step 01 创建室外的日光。在“创建”面板中单击（灯光）按钮，在下拉菜单中选择“标准”选项，然后在“对象类型”卷展栏中单击 目标平行光 按钮，在视图中创建一盏目标平行光，位置如图9.11所示。

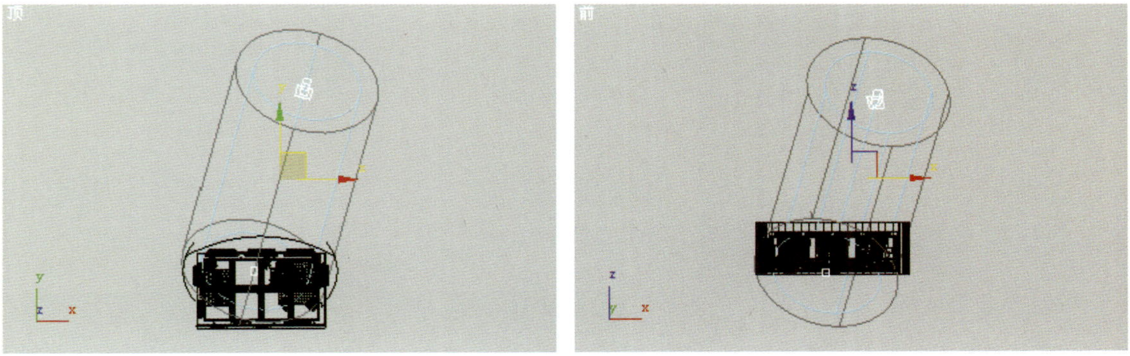

图9.11

Step 02 单击（修改）按钮进入“修改”面板，将刚刚创建的目标平行光Direct01的参数进行设置，如图9.12所示。

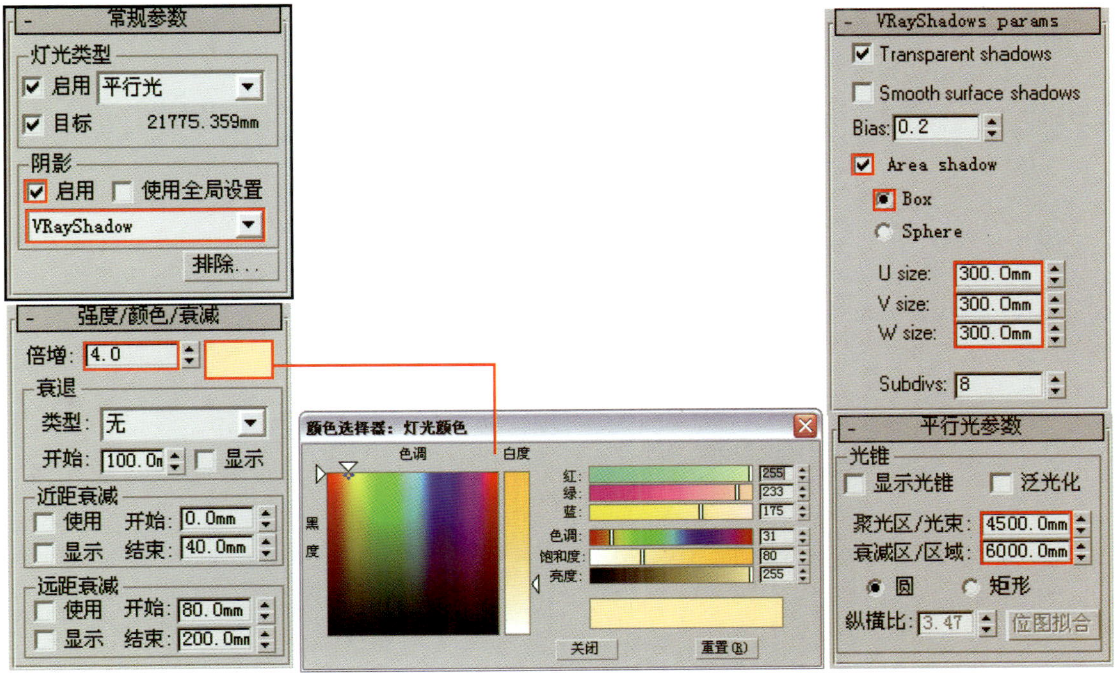

图9.12

Step 03 由于物体“外景”阻挡了阳光在室内，需在目标平行光中将其“排除”，参数设置如图9.13所示。

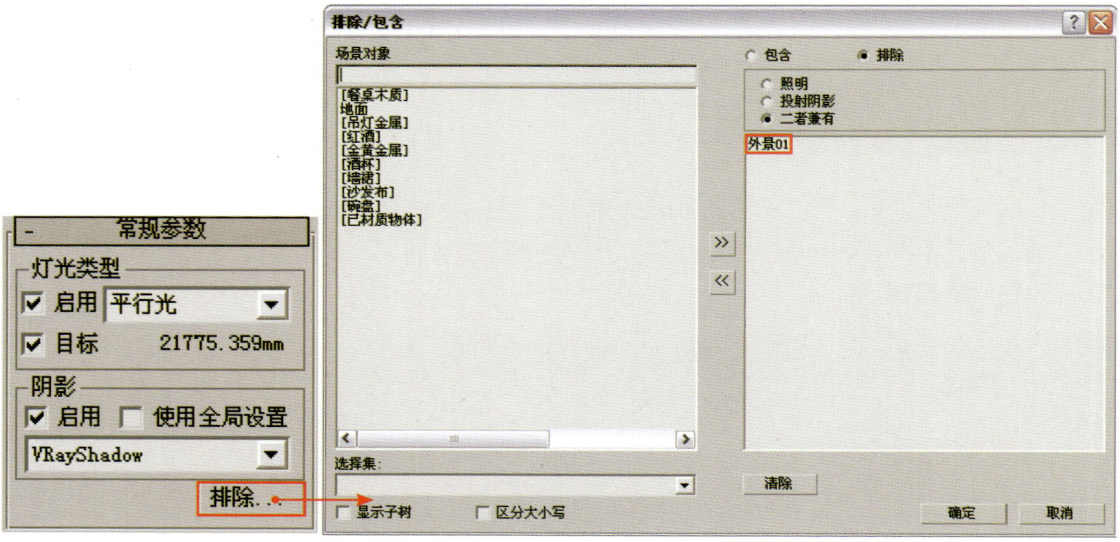

图9.13

Step 04 对摄像机视图进行渲染，灯光效果如图9.14所示。

Step 05 室外阳光创建完毕，下面创建室外的天光。在“创建”面板中再单击（灯光）按钮，在下拉菜单中选择“VRay”选项，然后在“对象类型”卷展栏中单击 VRayLight 按钮，在场景的阳面窗户外部区域创建一盏VRayLight面光源，如图9.15所示。灯光参数设置如图9.16所示。

图9.14

图9.15

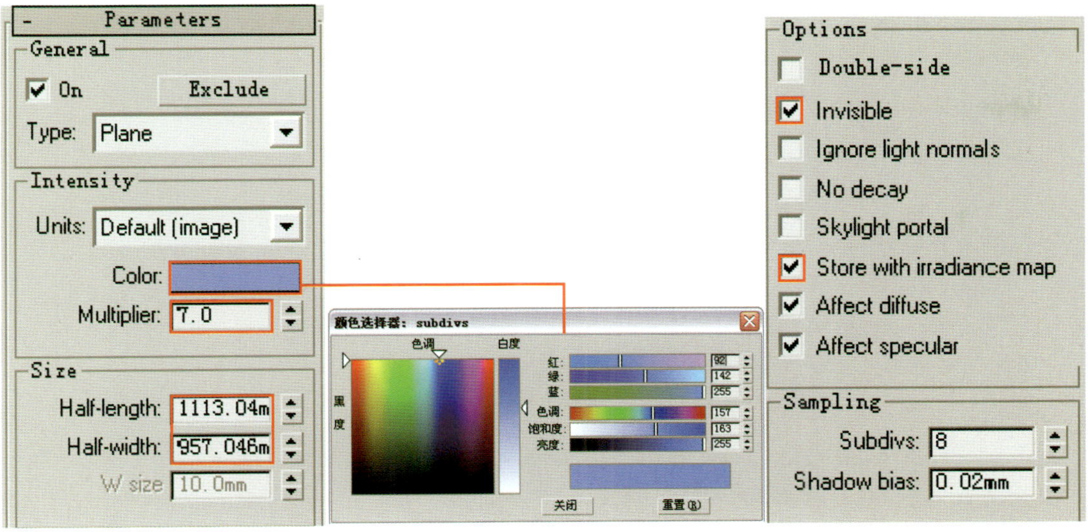

图9.16

Step 06 选中刚刚创建的VRayLight01面光源，通过移动工具将其沿Y轴负方向复制（非关联）出一盏，位置如图9.17所示。灯光参数设置如图9.18所示。

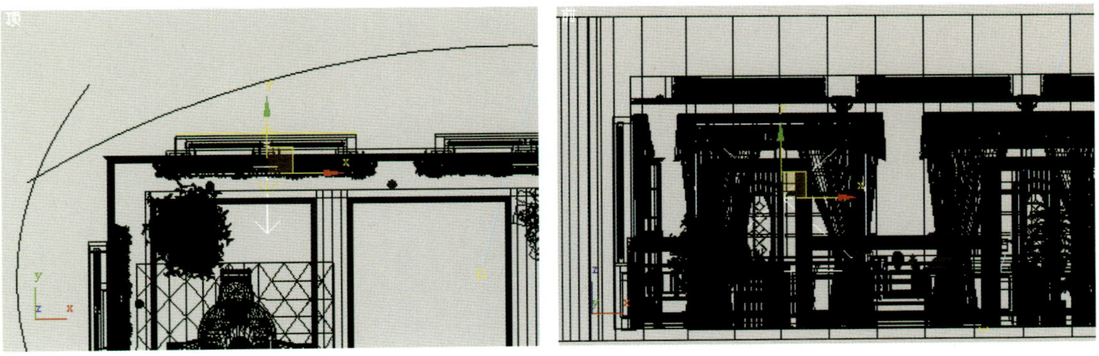

图9.17

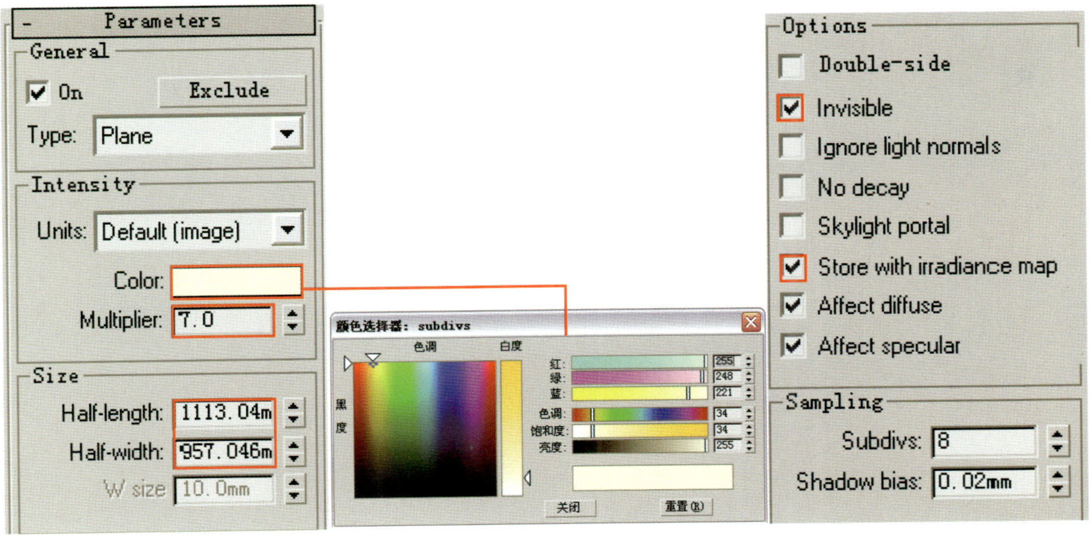

图9.18

Step 07 对摄像机视图进行渲染，效果如图9.19所示。

Step 08 从渲染画面中可以看到，当前场景靠近窗户处曝光比较严重，下面通过调整场景曝光参数来改善场景亮度。按F10键打开“渲染场景”对话框，在“渲染器”选项卡的 V-Ray:: Color mapping 卷展栏中进行曝光控制，参数设置如图9.20所示。再次渲染效果如图9.21所示。

图9.19

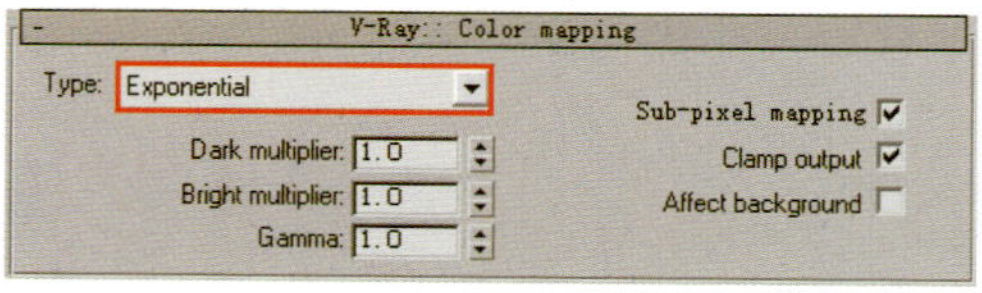

图9.20

图9.21

Step 09 在顶视图中选中刚刚创建的两盏VRayLight面光源，将其关联复制出4组，灯光的位置如图9.22所示。

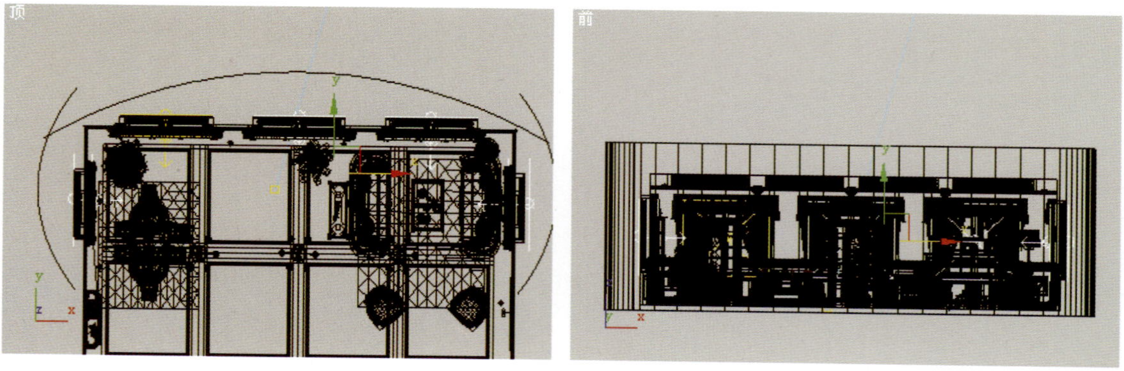

图9.22

Step 10 对摄像机视图进行渲染，效果如图9.23所示。

Step 11 室外的灯光已创建完毕，下面来创建室内的灯光效果。首先来设置天花板上的筒灯。在“创建”面板中单击（灯光）按钮，在下拉菜单中选择“光度学”选项，然后在“对象类型”卷展栏中单击 自由点光源 按钮，在如图9.24所示位置创建一个自由点光源来模拟天花板筒灯效果。

图9.23

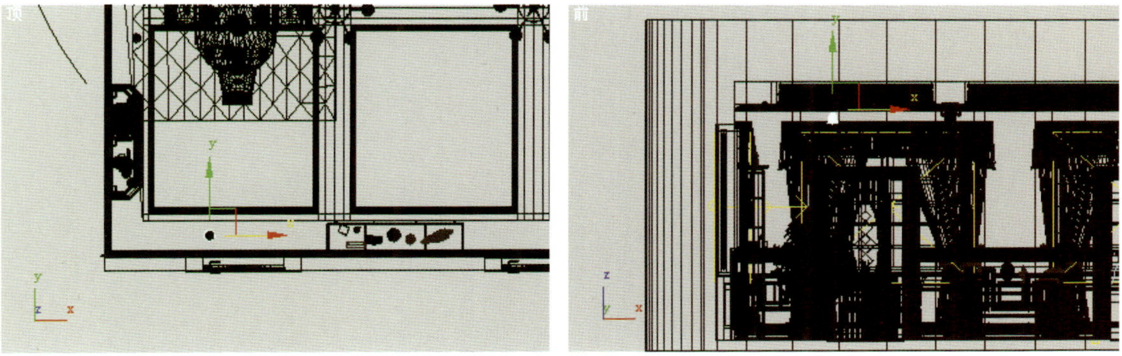

图9.24

Step 12 在“修改”面板中对创建的自由点光源参数进行设置，如图9.25所示。

Tip 提示：

光域网文件为本书配套光盘中提供的“第9章\贴图\10.ies”文件。

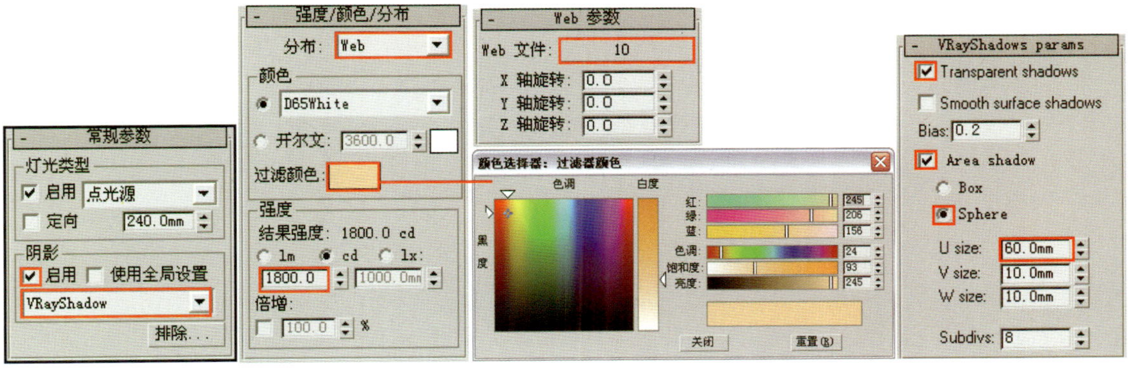

图9.25

Step 13 在顶视图选中刚刚创建的自由点光源FPoint01，并将其关联复制出3盏，位置如图9.26所示。

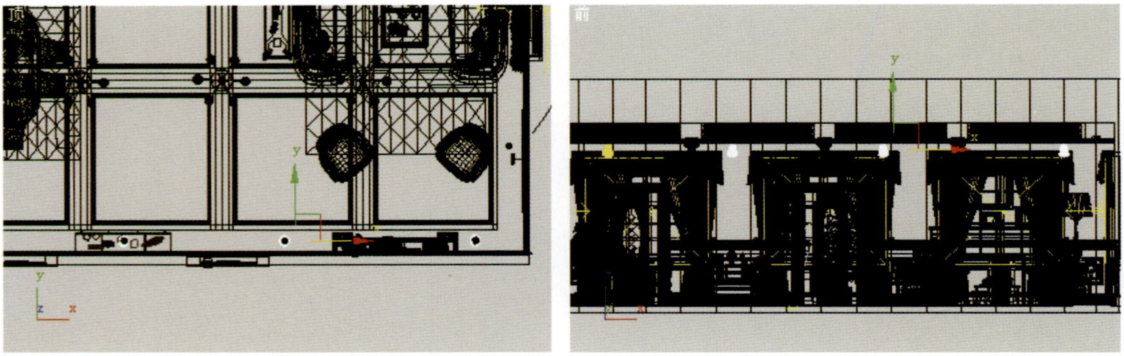

图9.26

Step 14 对摄像机视图进行渲染，效果如图9.27所示。

图9.27

上面已经对场景的灯光进行了布置，最终测试结果比较好，测试完灯光效果后，下面进行材质设置。

9.3 设置场景材质

为了提高设置场景材质时的测试渲染速度，可以在灯光布置完毕后对测试渲染参数下的发光贴图和灯光贴图进行保存，然后在设置场景材质时调用保存好的发光贴图和灯光贴图进行测试渲染，从而提高渲染速度。

9.3.1 设置主体材质

Step 01 设置场景中木地板的材质。选择一个空白材质球，将其设置为“VRayMtl”材质，并将其命名为“木地板”。单击“Diffuse”右侧的贴图通道按钮，为其添加一个“位图”贴图，具体参数设置如图9.28所示。贴图文件为本书配套光盘中提供的“第9章\贴图\木地板.jpg”。

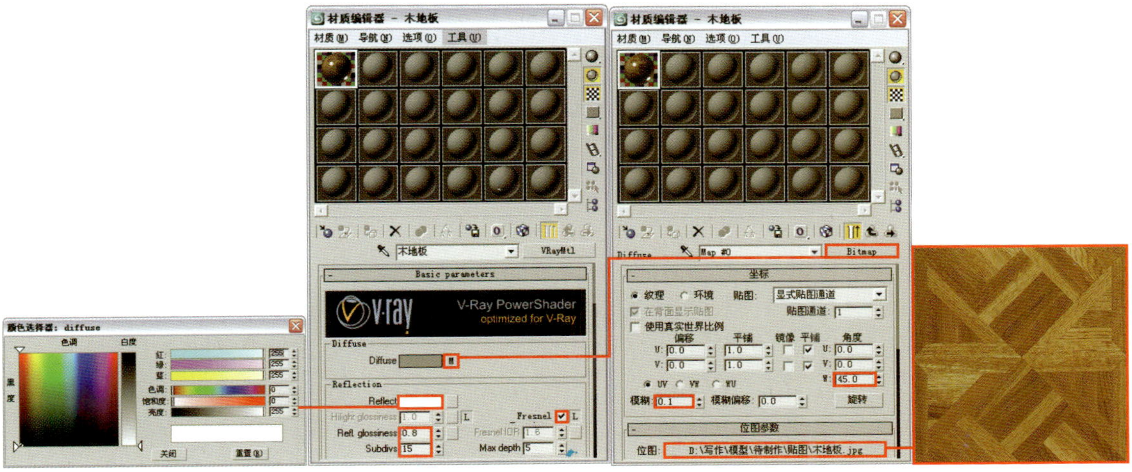

图9.28

Step 02 返回“VRayMtl”材质层级，在“Maps（贴图）”卷展栏中将“Diffuse”右侧的贴图复制（非关联）到“Bump”贴图通道上，具体参数设置如图9.29所示。

Step 03 将制作好的材质指定给物体“地面”，对摄像机视图进行渲染，效果如图9.30所示。

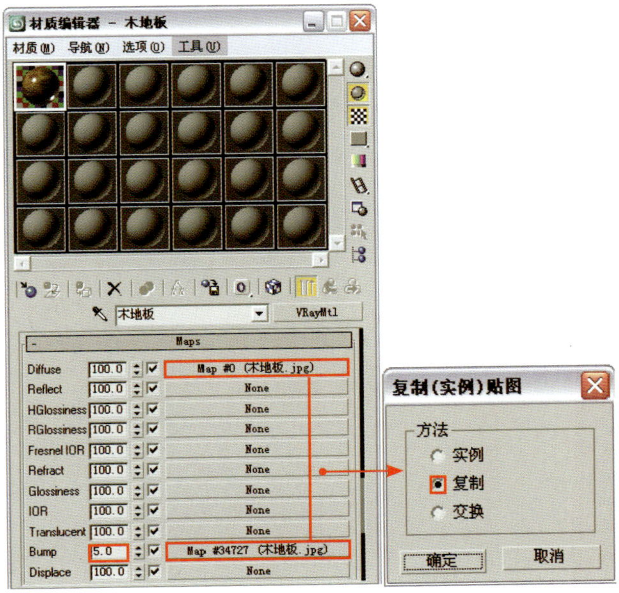

图9.29

图9.30

Step 04 设置场景中的木质材质，首先来设置餐桌木质。选择一个空白材质球，将其设置为“VRayMtl”材质，并将材质命名为“清油木质”。单击“Diffuse”右侧的贴图通道按钮，为其添加一个“位图”贴图，具体参数设置如图9.31所示。贴图文件为本书配套光盘中提供的“第9章\贴图\木质.jpg”。

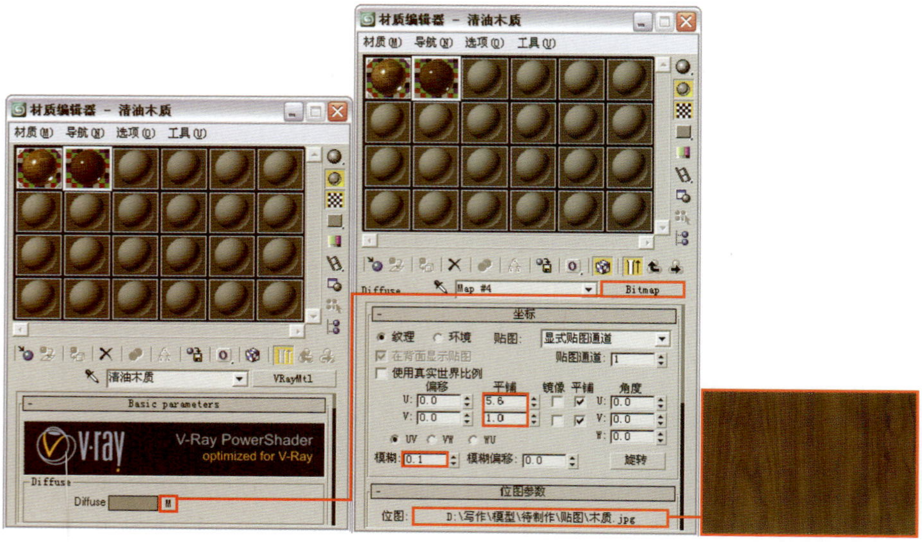

图9.31

Step 05 返回“VRayMtl”材质层级，单击“Reflect”右侧的贴图通道按钮，为其添加一个“衰减”程序贴图。具体参数设置如图9.32所示。

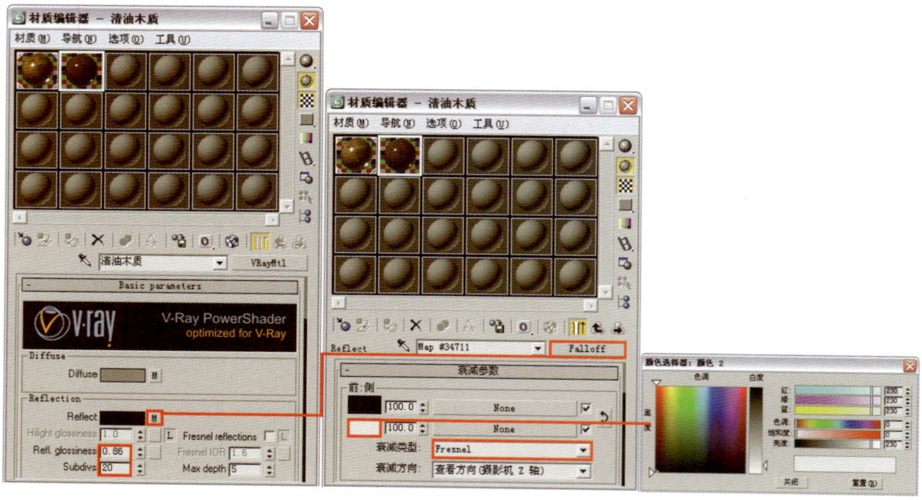

图9.32

Step 06 因为是清油木质，所示不需要加凹凸效果。将材质指定给物体“餐桌木质”，对摄像机视图进行渲染，效果如图9.33所示。

图9.33

Step 07 设置墙裙木材质。选择一个空白材质球，将其设置为“VRayMtl”材质，并将材质命名为“墙裙木质”。单击“Diffuse”右侧的贴图通道按钮，为其添加一个“位图”贴图，具体参数设置如图9.34所示。贴图文件为本书配套光盘中提供的“第9章\贴图\木纹02.jpg”。

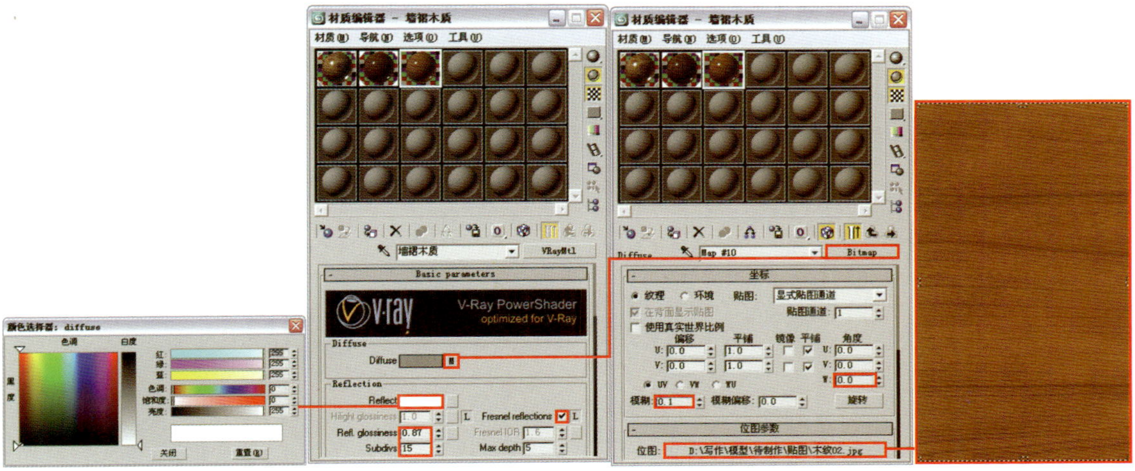

图9.34

Step 08 返回“VRayMtl”材质层级，在“Maps”卷展栏中将“Diffuse”右侧的贴图关联复制到“Bump”贴图通道上，具体参数设置如图9.35所示。

Step 09 将制作好的材质指定给物体“墙裙”，对摄像机视图进行渲染，效果如图9.36所示。

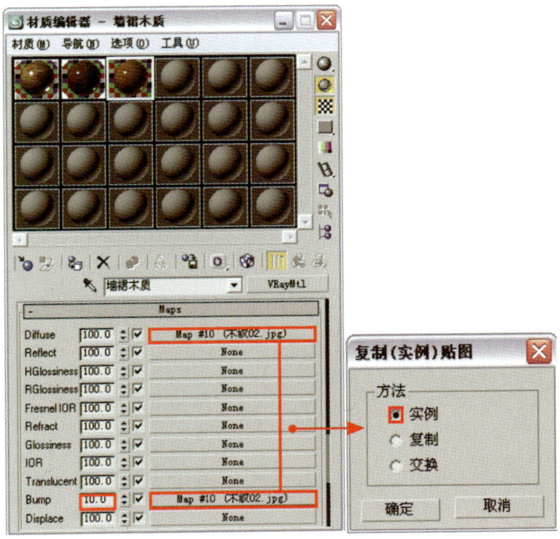

图9.35

图9.36

9.3.2 设置场景其他材质

Step 01 设置的沙发材质。选择一个空白的材质球，将其设置为“VRayMtl”材质，并将其命名为“沙发布”。单击“Diffuse”右侧的贴图通道按钮，为其添加一个“位图”贴图，具体参数设置如图9.37所示。贴图文件为本书配套光盘中提供的“第9章\贴图\wp_damask_084.jpg”。

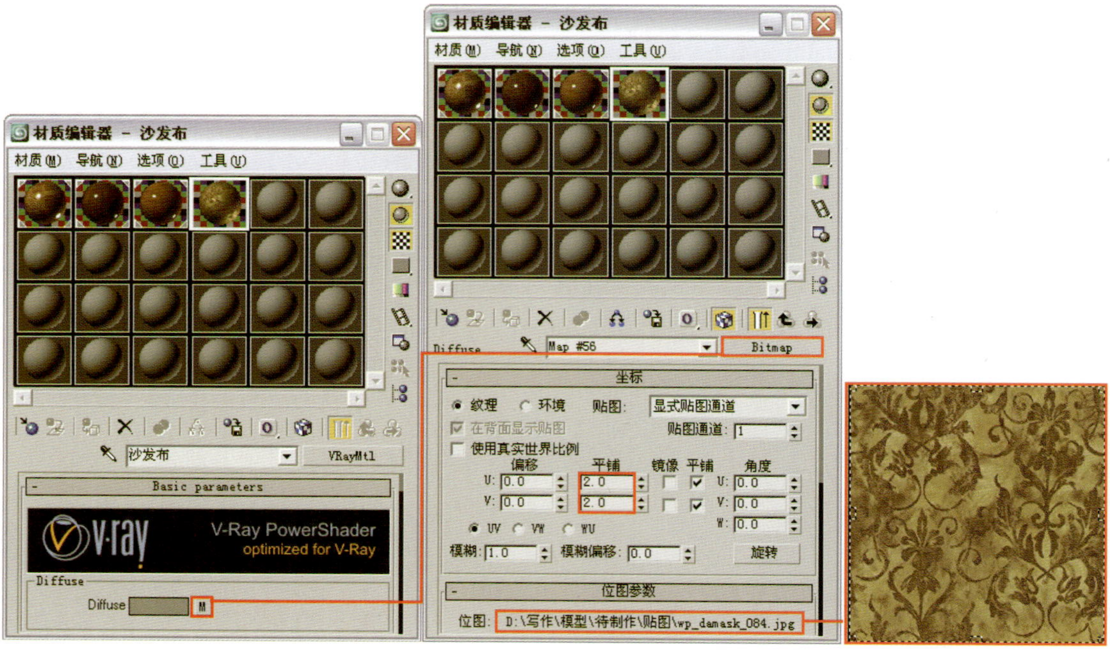

图9.37

Step 02 返回"VRayMtl"材质层级，在"Maps（贴图）"卷展栏中将"Diffuse"右侧的贴图分别关联复制到"Reflect"和"RGlossiness"右侧的贴图通道上，具体参数设置如图9.38所示。

Step 03 将材质指定给物体"沙发"，对摄像机视图进行渲染，沙发的局部效果如图9.39所示。

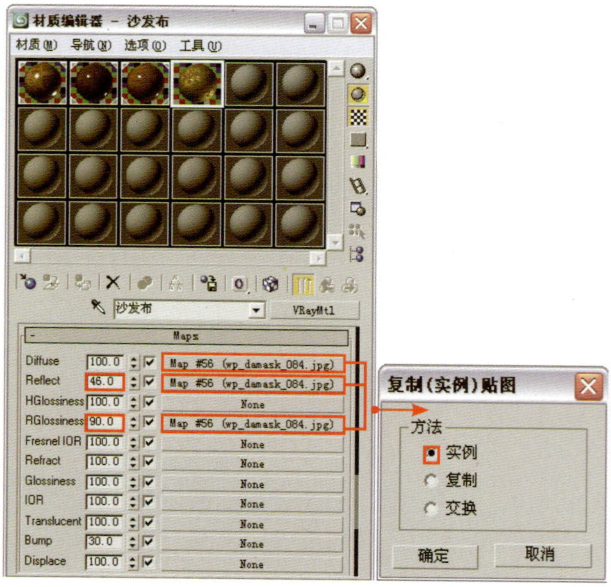

图9.38

图9.39

Step 04 设置几种金属的材质。选择一个空白材质球，将其设置为"VRayMtl"材质，并将其命名为"金黄金属"，具体参数设置如图9.40所示。将制作好的材质制定给物体"金黄金属"，对摄像机视图进行渲染，金属的局部效果如图9.41所示。

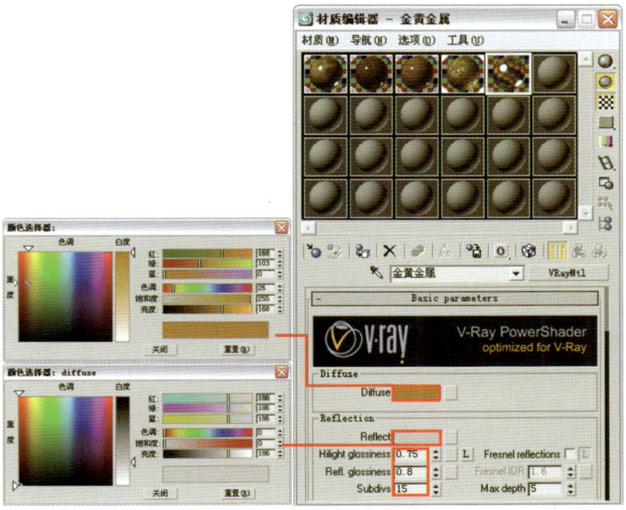

图9.40

图9.41

Step 05 设置吊灯金属的材质。选择一个空白材质球，将其设置为“VRayMtl”材质，并将其命名为“吊灯金属”，具体参数设置如图9.42所示。将制作好的材质制定给物体“吊灯金属”，对摄像机视图进行渲染，金属的局部效果如图9.43所示。

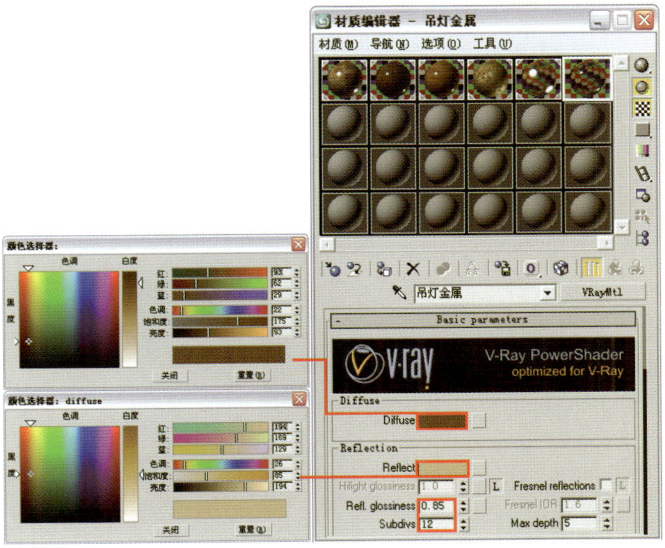

图9.42

图9.43

Step 06 设置餐桌上面瓷碗的材质。选择一个空白材质球，将其设置为VRayMtl材质，并将其命名为“白瓷”。单击“Reflect”右侧的贴图通道按钮，为其添加一个“衰减”程序贴图，具体参数设置如图9.44所示。

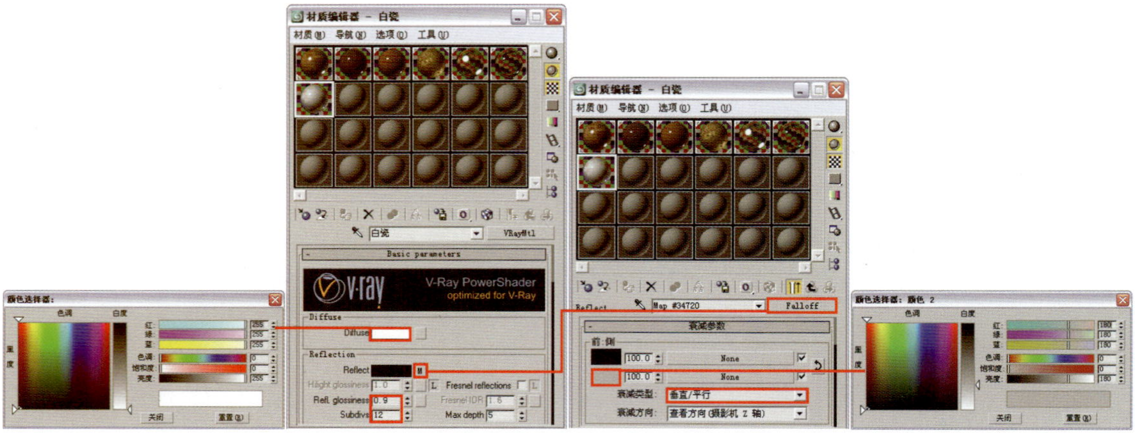

图9.44

Step 07 返回“VRayMtl”材质层级，在“Maps”卷展栏中单击“Environment”右侧的贴图通道按钮，为其添加一个“输出”程序贴图，具体参数设置如图9.45所示。

Tip 提示：

这里添加了一个“输出”程序贴图，可以提高瓷碗的亮度，从而更好地表现出瓷碗的质感。

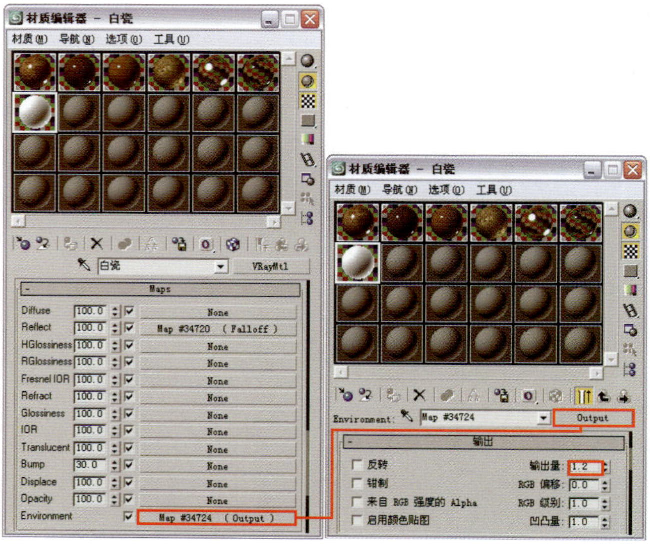

图9.45

Step 08 将制作好的材质指定给物体“瓷碗”，对摄像机视图进行渲染，效果如图9.46所示。

图9.46

Step 09 设置酒瓶的材质。选择一个空白材质球，将其设置为“VRayMtl”材质，并将其命名为“酒杯”。单击“Reflect”右侧的贴图通道按钮，为其添加一个“衰减”程序贴图，具体参数设置如图9.47所示。

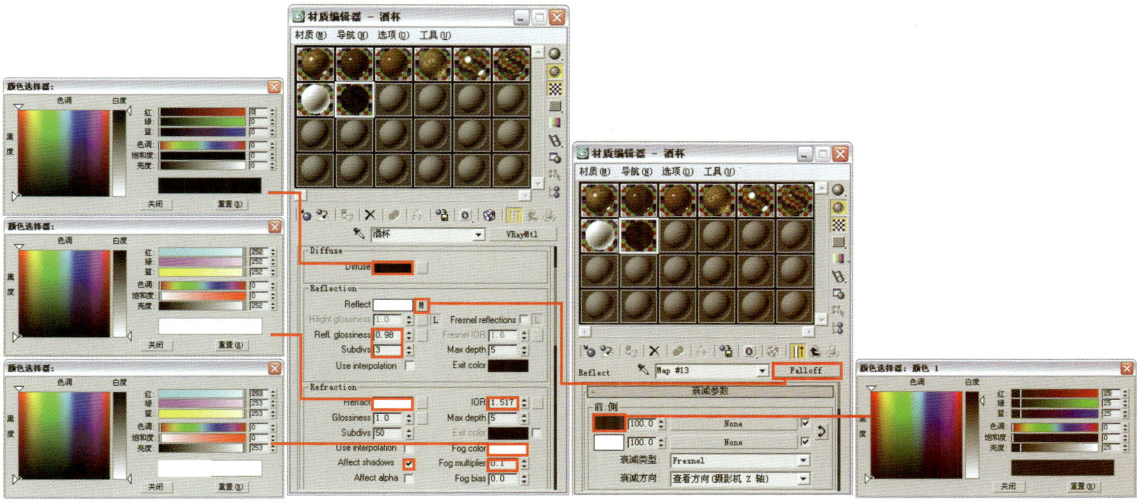

图9.47

Tip 提示：

“Affect shadows（影响阴影）”复选框用来控制透明物体产生的阴影。勾选该复选框后，透明物体将产生真实的阴影。此复选框仅对VRay灯光或者VRay阴影类型有效。

Step 10 返回“VRayMtl”材质层级，进入“Options（选项）”卷展栏，设置如图9.48所示。

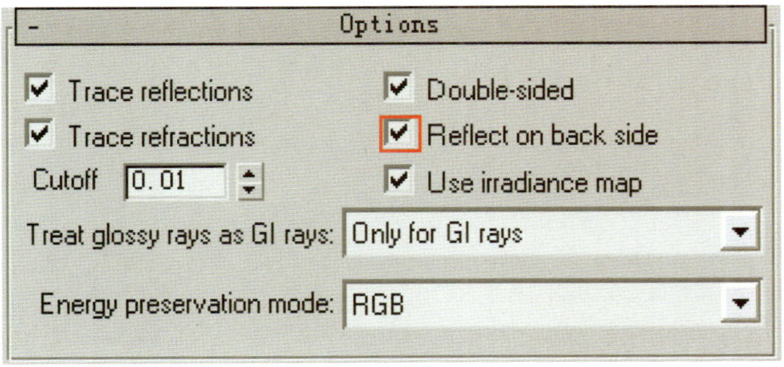

图9.48

Step 11 进入“Reflect interpolation（反射插值）”和“Refract interpolation（折射插值）”卷展栏，参数设置如图9.49所示。将材质指定给物体“酒杯”。

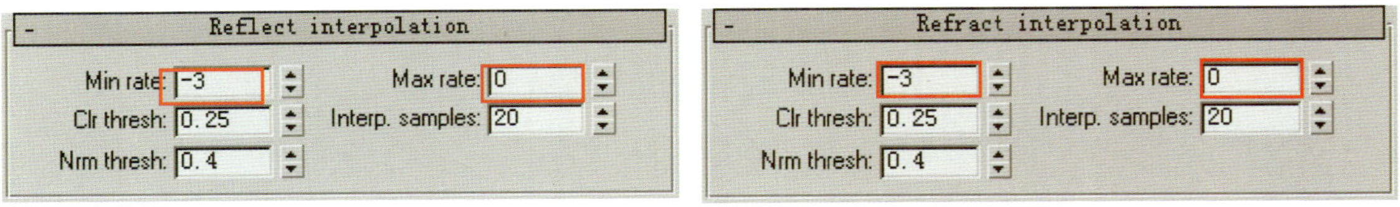

图9.49

Step 12 设置酒的材质。选择一个空白材质球，将其设置为“VRayMtl”材质，并将其命名为“红酒”，具体参数设置如图9.50所示。

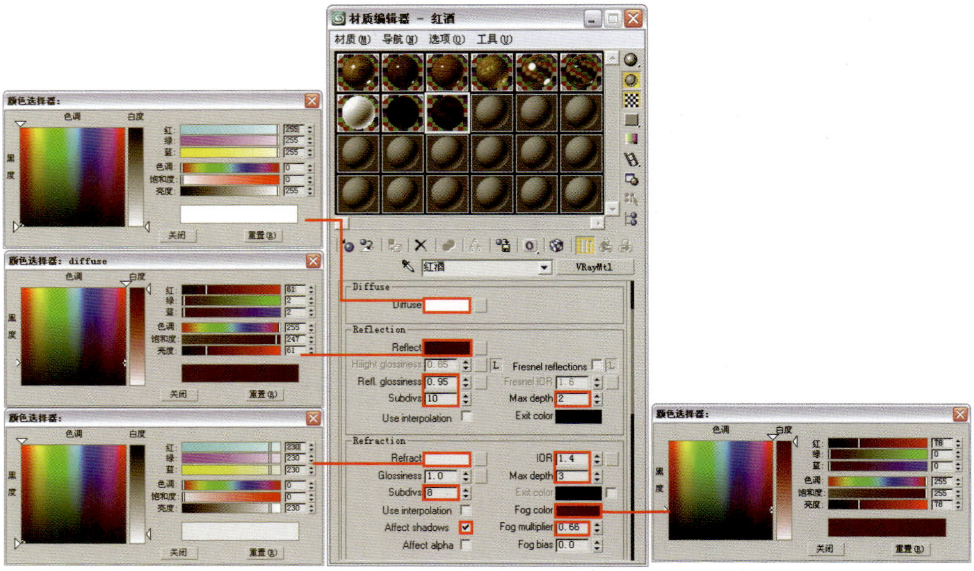

图9.50

Step 13 进入“BRDF（双向反射分布）”卷展栏，改变其高光类型，如图9.51所示。将材质指定给物体“红酒”，对摄像机视图进行渲染，酒瓶和红酒的局部效果如图9.52所示。

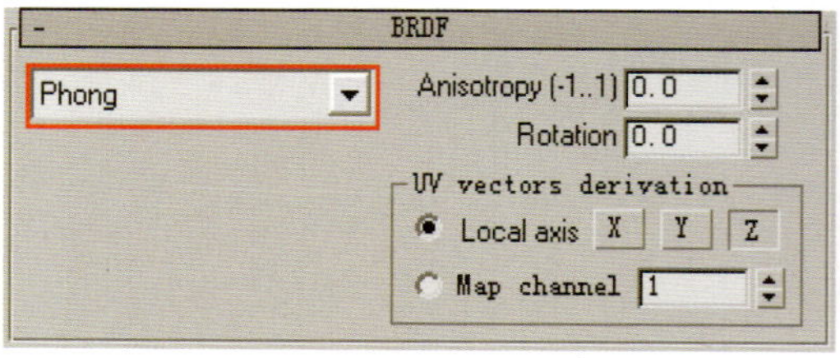

图9.51

图9.52

至此，场景的灯光测试和材质设置都已经完成。

9.4 最终渲染设置

9.4.1 最终测试灯光效果

场景中材质设置完毕后需要取消对发光贴图和灯光贴图的调用，再次对场景进行渲染，观察此时的场景效果，如图9.53所示。

图9.53

观察渲染效果发现场景整体太暗，下面将通过提高曝光参数来提高场景亮度，参数设置如图9.54所示。再次渲染效果如图9.55所示。

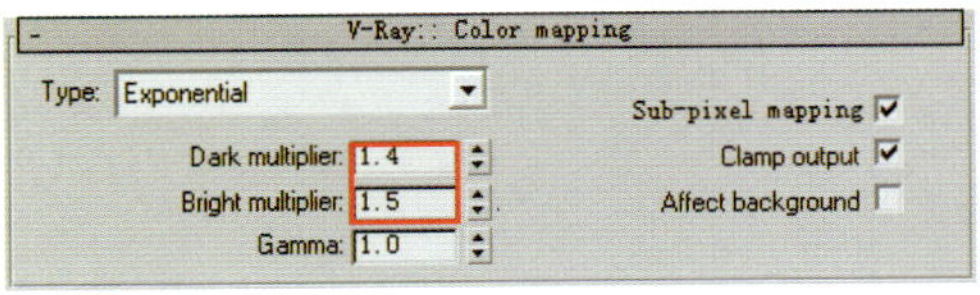

图9.54

图9.55

观察渲染效果，场景光线不需要再调整。

9.4.2 灯光细分参数设置

Step 01 将场景中用来模拟室外阳光的目标平行光的灯光灯光细分值设置为24，如图9.56所示。

Step 02 然后将用来模拟室外天光的VRayLight灯光细分值设置为20，如图9.57所示。

Step 03 最后将模拟筒灯的FPoint点光源的灯光细分值设置为10，如图9.58所示。

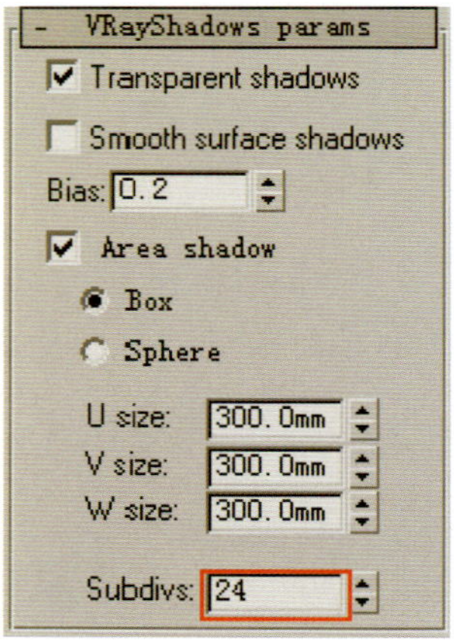

图9.56

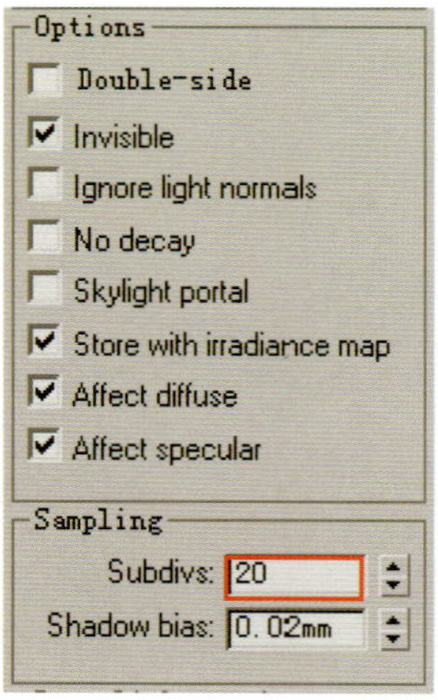

图9.57

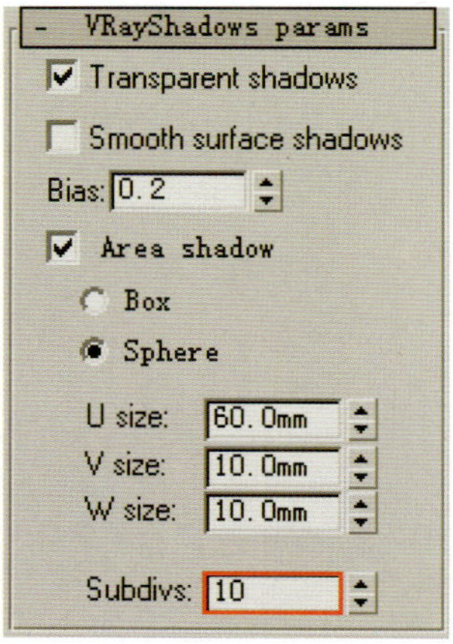

图9.58

9.4.3 设置保存发光贴图和灯光贴图的渲染参数

在前几章中已经多次讲解过保存发光贴图和灯光贴图的方法，在此不再赘述，只对渲染级别设置进行讲解。

Step 01 在 V-Ray:: Irradiance map （发光贴图）卷展栏中设置参数，如图9.59所示。

Step 02 在 V-Ray:: Light cache （灯光缓存）卷展栏中设置参数，如图9.60所示。

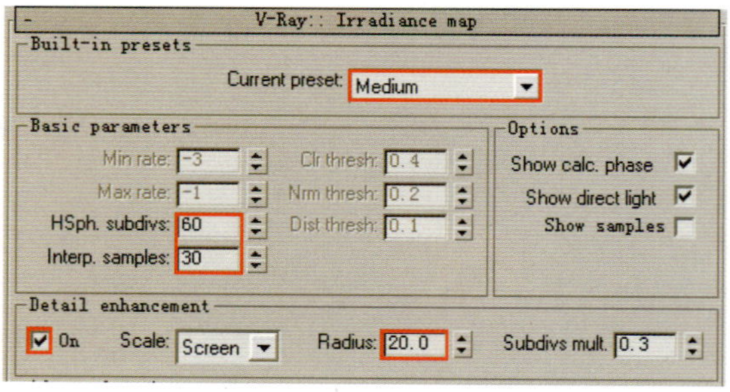

图9.59

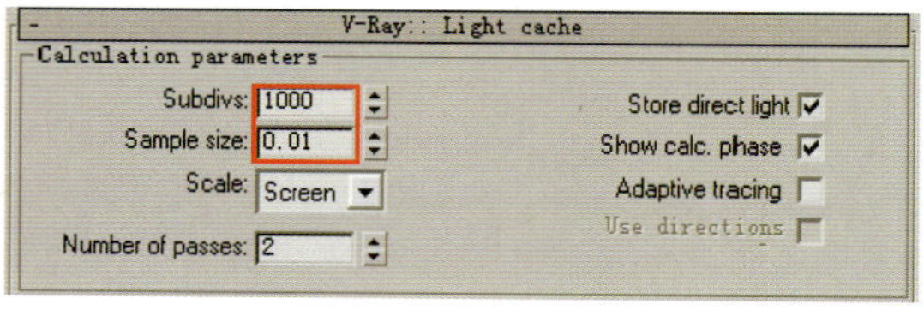

图9.60

Step 03 在 V-Ray:: rQMC Sampler （准蒙特卡罗采样器）卷展栏中设置参数，如图9.61所示，这是模糊采样设置。

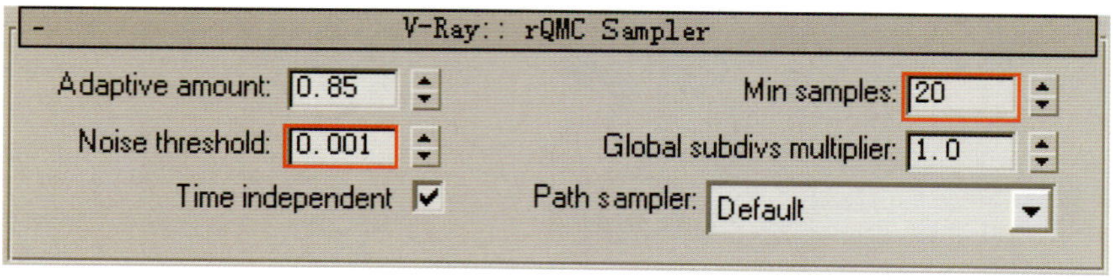

图9.61

渲染级别设置完成后，最后设置保存发光贴图和灯光贴图的参数并进行渲染即可。

9.4.4 最终成品渲染

最终成品渲染的参数设置如下。

Step 01 当发光贴图和灯光贴图计算完毕后，在“渲染场景”对话框中的“公用”选项卡中设置最终渲染图像的输出尺寸，如图9.62所示。

Step 02 在 V-Ray:: Image sampler (Antialiasing) （图像采样）卷展栏中设置抗锯齿和过滤器参数，如图9.63所示。

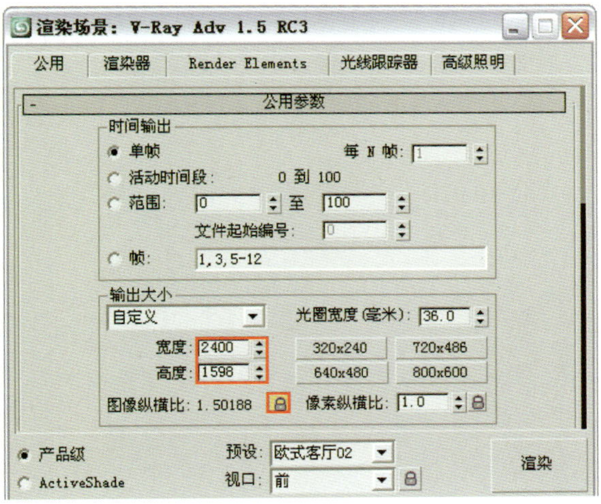

图9.62

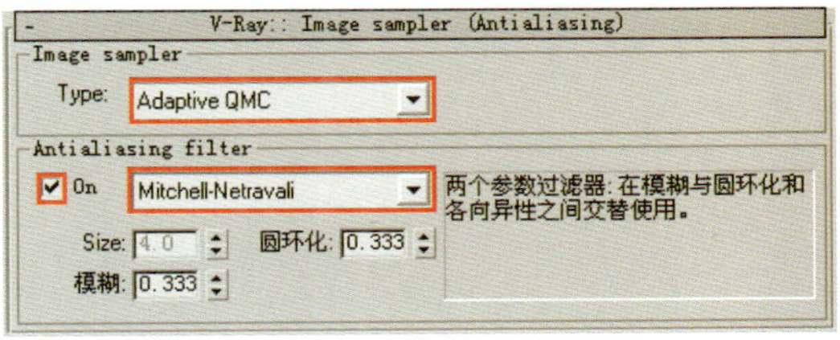

图9.63

Step 03 最终渲染效果如图9.64所示。

图9.64

最后使用Photoshop软件对图像的亮度、对比度以及饱和度进行调整，使效果更加生动、逼真。在前面几章中已经多次对后期处理的方法进行了讲解，在此不再赘述。后期处理后的最终效果如图9.65所示。

图9.65

10

第10章 中式餐厅

光盘\第10章 /光盘路径

★★★★ /操作难度

中式 /设计风格

10.1 中式餐厅空间实例

本章实例是一个中式风格的餐厅空间，地面的红色地毯与屋顶的白色形成强烈的对比，大量的中式家具及装饰更使整个场景极具中式氛围。

本场景采用了日光的表现手法，效果如图10.1所示。

图10.1

如图10.2所示为餐厅模型的线框效果图。

图10.2

10.2 中式餐厅测试渲染设置

打开配套光盘中的“第10章\中式餐厅源文件.max”场景文件，如图10.3所示，可以看到这是一个已经创建好的餐厅场景模型，并且场景中的摄像机已经创建好。

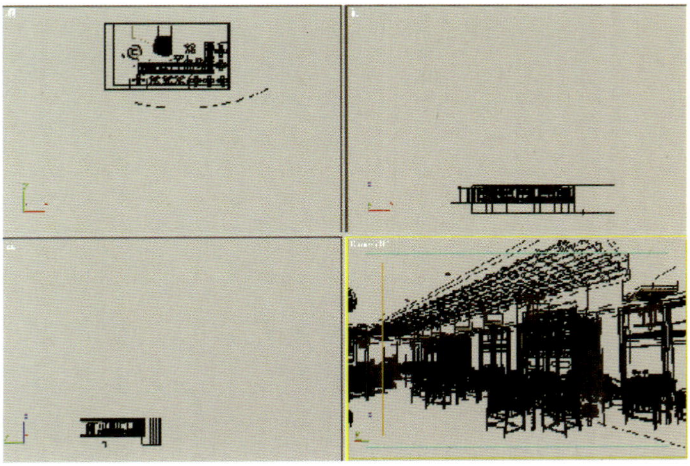

图10.3

下面首先进行测试渲染参数设置，然后进行灯光布置。灯光布置包括室外天光、日光和室内光源的建立。

10.2.1 设置测试渲染参数

测试渲染参数的设置步骤如下。

Step 01 按F10键打开“渲染场景”对话框，在“公用”选项卡的“公用参数”卷展栏中设置较小的图像尺寸，如图10.4所示。

Step 02 在“渲染器”选项卡的V-Ray:: Global switches（全局开关）卷展栏中设置参数，如图10.5所示。

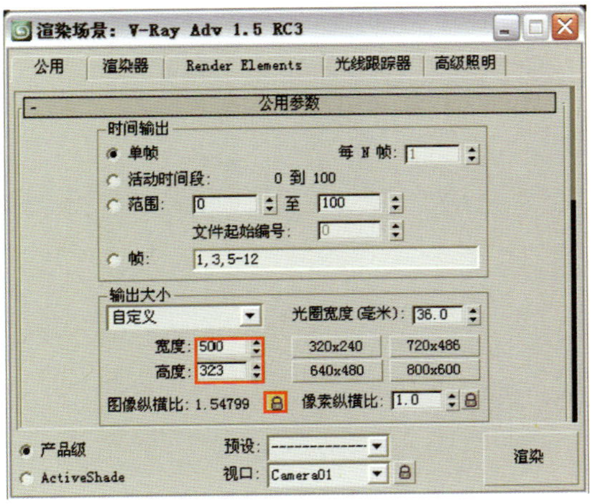

图10.4

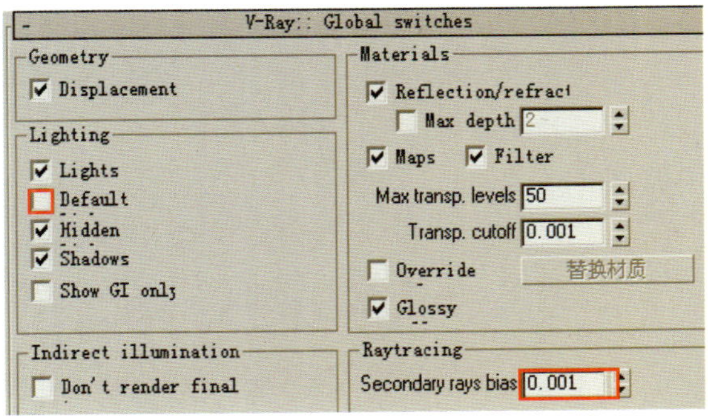

图10.5

Step 03 在 V-Ray:: Image sampler (Antialiasing) （抗锯齿采样）卷展栏中设置参数如图10.6所示。

Step 04 在 V-Ray:: Indirect illumination (GI) （间接照明）卷展栏中设置参数，如图10.7所示。

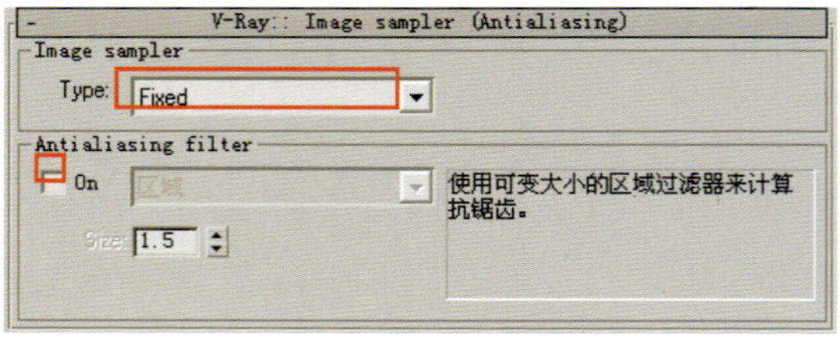

图10.6

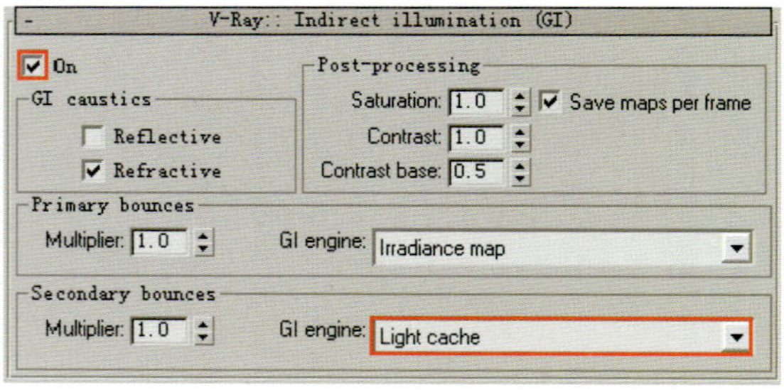

图10.7

Step 05 在V-Ray:: Irradiance map （发光贴图）卷展栏中设置参数，如图10.8所示。

Step 06 在V-Ray:: Light cache （灯光缓存）卷展栏中设置参数，如图10.9所示。

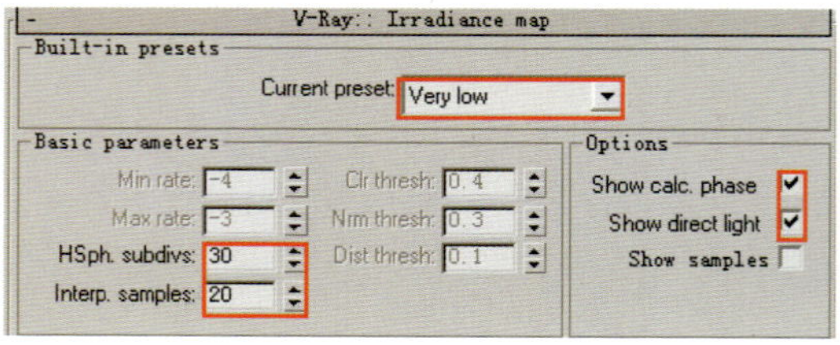

图10.8

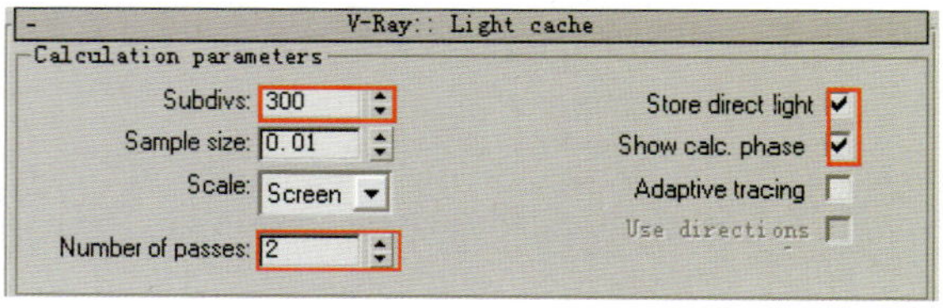

图10.9

10.2.2 布置场景灯光

本场景的光线来源主要为室外天光、日光和室内灯光，在为场景创建灯光前，首先用一种白色材质覆盖场景中的所有物体，这样便于观察灯光对场景的影响，具体设置方法已经在前几章中详细讲解过，在此不再赘述。

Step 01 创建室外日光，在“创建”面板中单击（灯光）按钮，在下拉菜单中选择“标准”选项，然后在“对象类型”卷展栏中单击 目标平行光 按钮，在视图中创建一盏目标平行光，位置如图10.10所示，参数设置如图10.11所示。

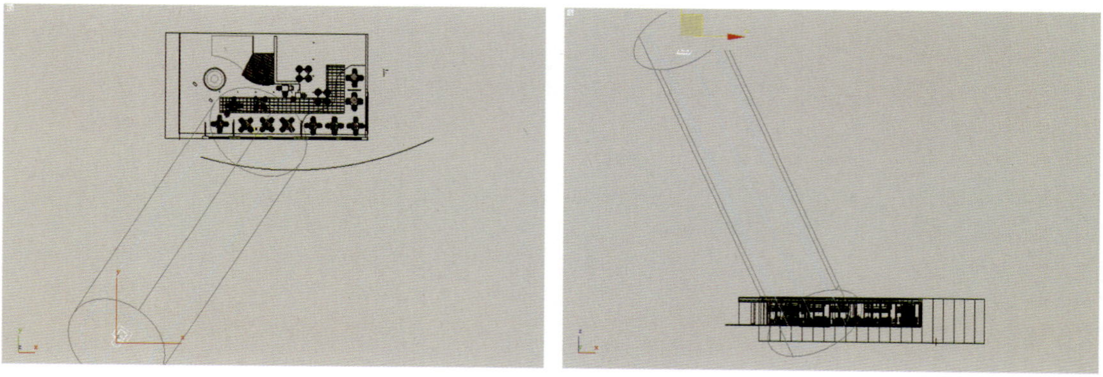

图10.10

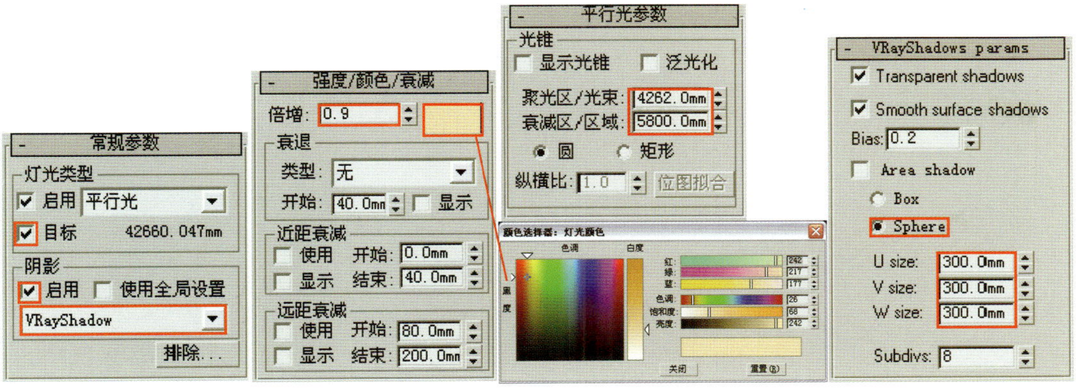

图10.11

Step 02 因物体“外景”在建筑物前，为了使目标平行光能够直接照射到室内，产生正确的光照效果，下面将对目标平行光进行设置，使其排除对物体“外景”的影响。在目标平行光的“常规参数”卷展栏中，单击 排除... 按钮，在打开的“排除/包含”对话框中进行参数设置，如图10.12所示。对摄像机视图进行渲染，效果如图10.13所示。

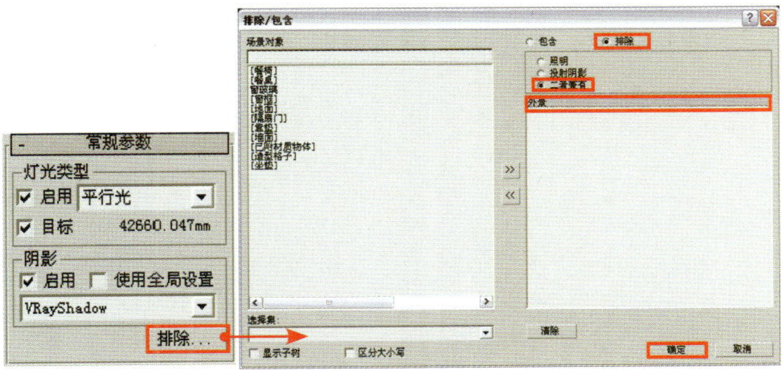

图10.12

图10.13

Step 03 创建天光。在“创建”面板中单击（灯光）按钮，在下拉菜单中选择“VRay”选项，然后在“对象类型”卷展栏中单击 VRayLight 按钮，在窗口处创建一盏VRayLight面光源，位置如图10.14所示。

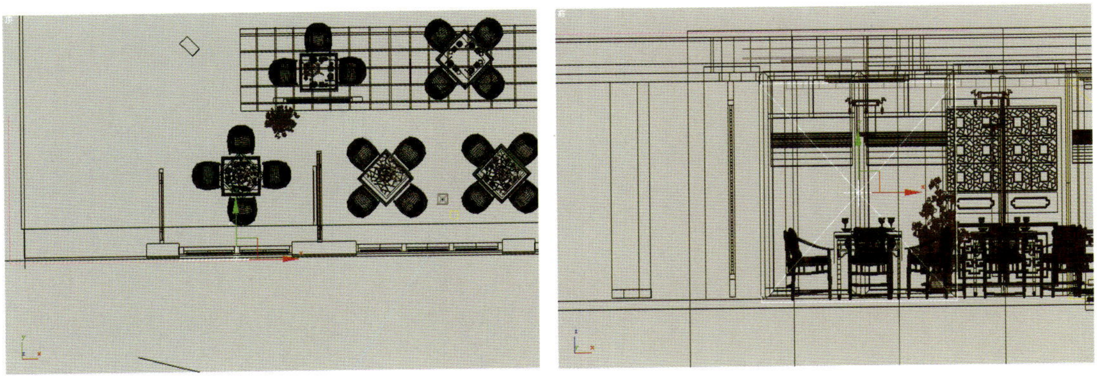

图10.14

Step 04 灯光参数设置如图10.15所示。

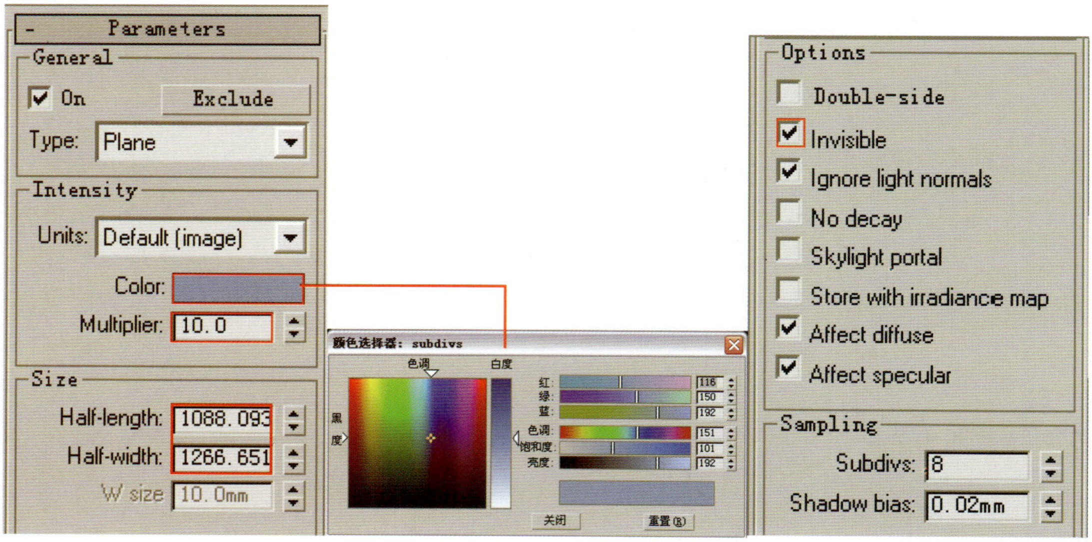

图10.15

Step 05 在视图中选中刚刚创建的用来模拟天光的VRayLight面光源，将其关联复制出4盏灯光，调整灯光位置，如图10.16所示。

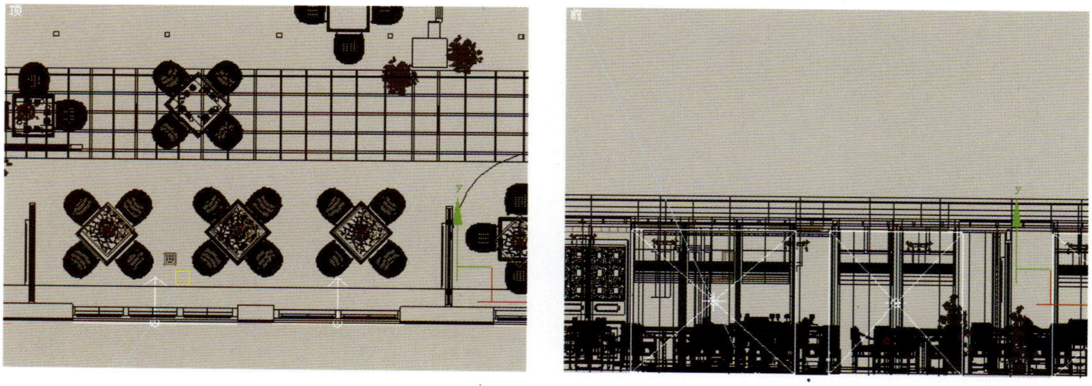

图10.16

Step 06 对摄像机视图进行渲染，效果如图10.17所示。

Step 07 从渲染效果中可以发现，由于天光的照射场景曝光严重。下面通过调整场景曝光参数来降低场景亮度。按F10键打开“渲染场景”对话框，在“渲染器”选项卡，在 V-Ray:: Color mapping （颜色映射）卷展栏中进行曝光

图10.17

控制，参数设置如图10.18所示。再次渲染效果如图10.19所示。

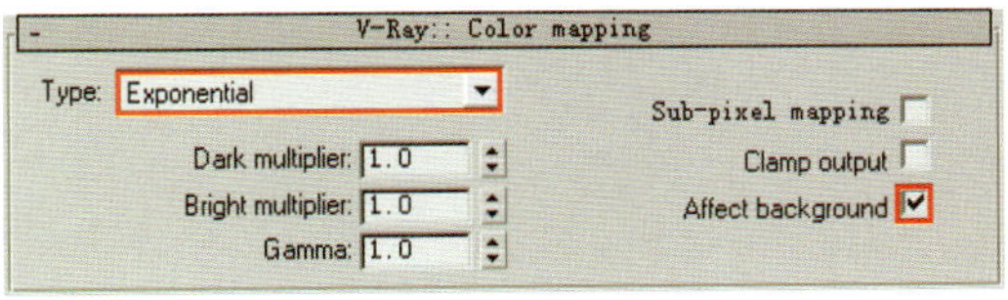

图10.18

图10.19

Step 08 设置顶棚处的筒灯灯光。在“创建”面板中单击（灯光）按钮，在下拉菜单中选择“光度学”选项，然后在“对象类型”卷展栏中单击 目标点光源 按钮，在如图10.20所示的位置创建一个目标点光源来模拟室内的筒灯灯光。

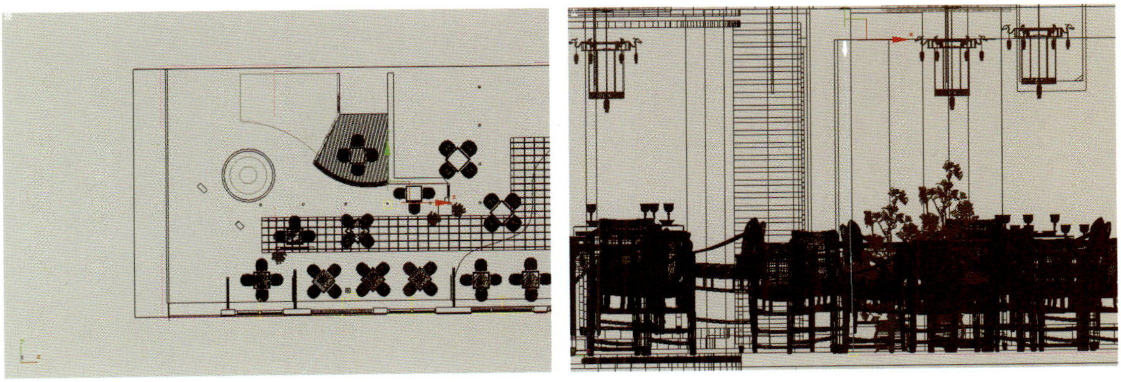

图10.20

Step 09 进入“修改”面板，对创建的目标点光源参数进行设置，如图10.21所示。光域网文件为本书配套光盘中提供的“第10章\贴图\28.ies”文件。

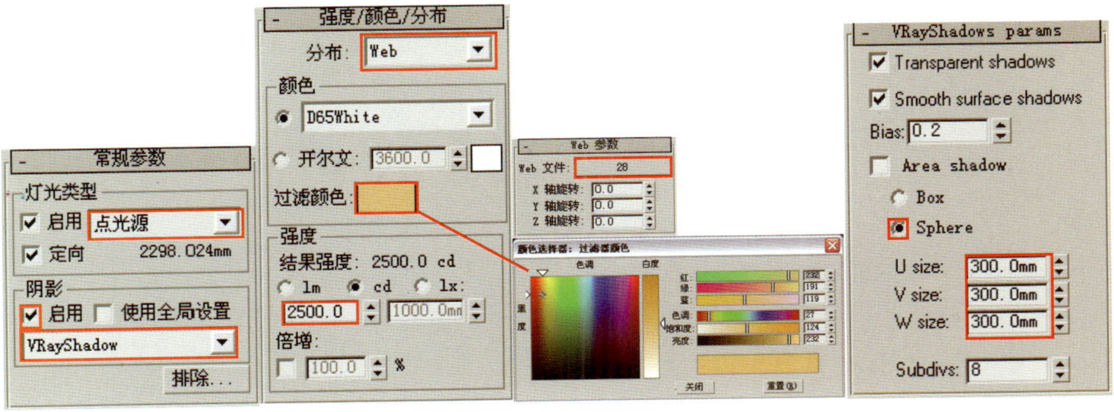

图10.21

Step 10 在视图中选中刚刚创建的用来模拟顶部筒灯灯光的目标点光源，将其关联复制出8盏，调整灯光位置如图10.22所示。

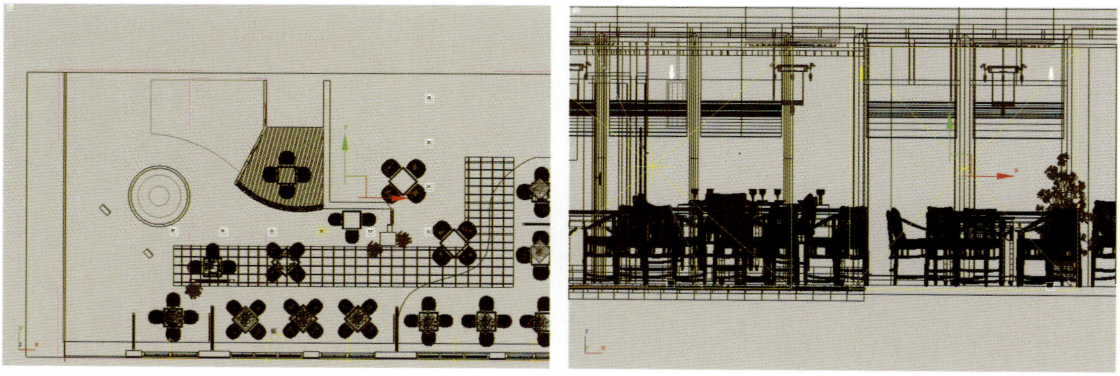

图10.22

Step 11 对摄像机视图进行渲染，效果如图10.23所示。

Step 12 为场景创建射灯灯光。在背景墙位置处创建一盏 目标点光源 ，灯光位置如图10.24所示。

图10.23

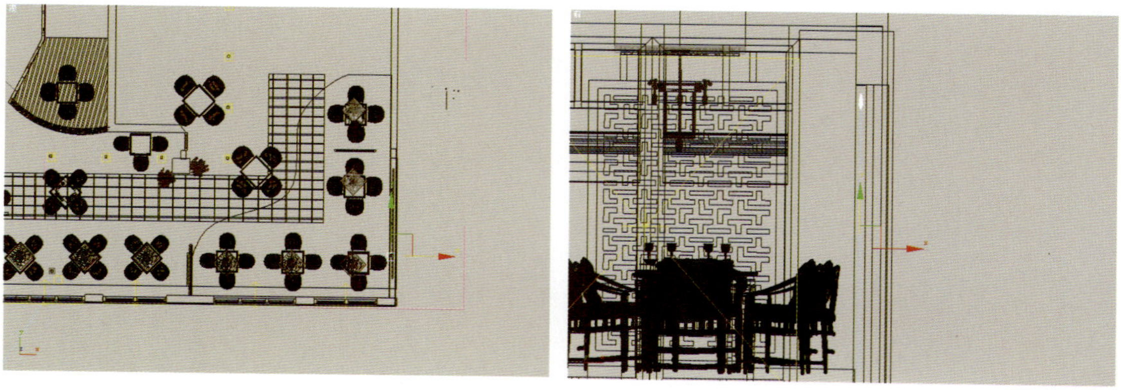

图10.24

Step 13 灯光参数设置如图10.25所示。光域网文件为本书配套光盘中提供的“第10章\贴图\28.ies”文件。

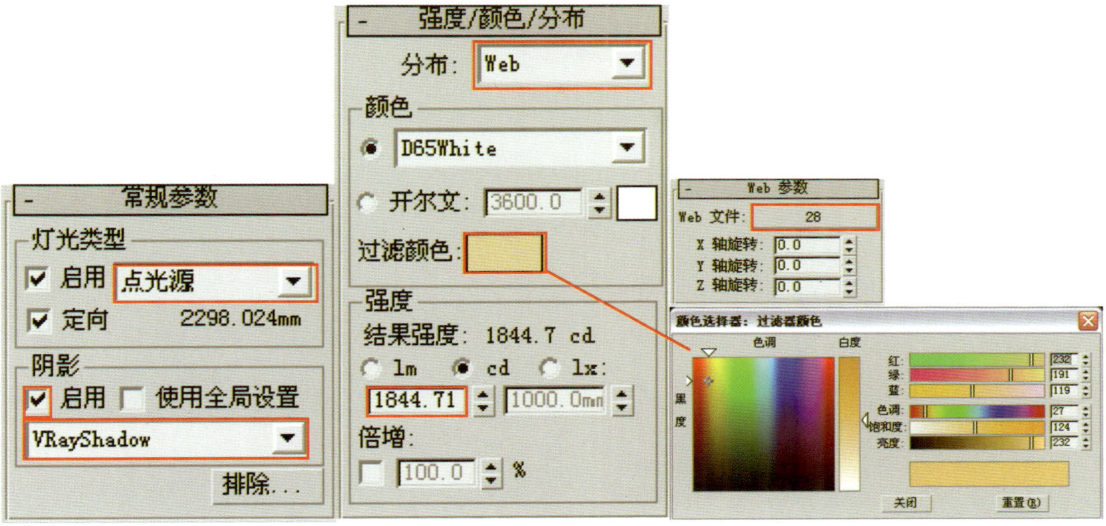

图10.25

Step 14 在视图中选中刚刚创建的目标点光源，将其关联复制出两盏灯光，调整灯光位置，如图10.26所示。

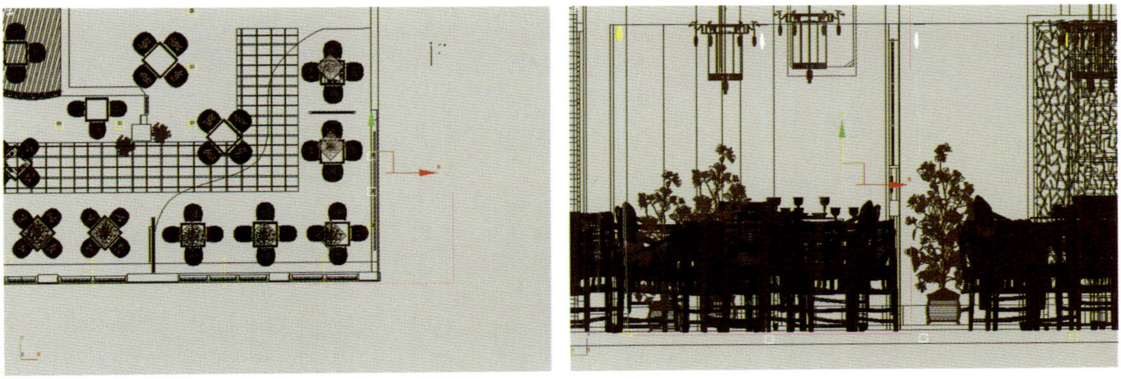

图10.26

Step 15 对摄像机视图进行渲染，效果如图10.27所示。

图10.27

Step 16 为场景创建吊灯灯光。在吊灯底部处创建一盏VRayLight面光源来模拟吊灯的灯光，灯光位置如图10.28所示。

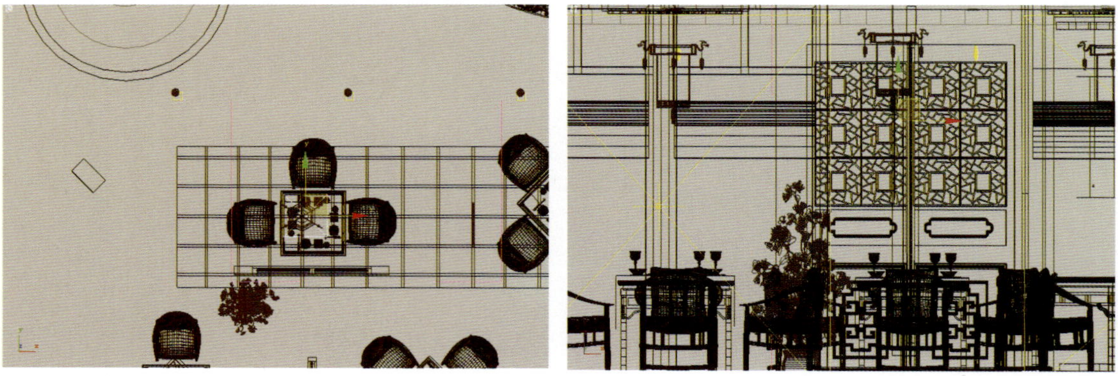

图10.28

Step 17 灯光参数设置如图10.29所示。

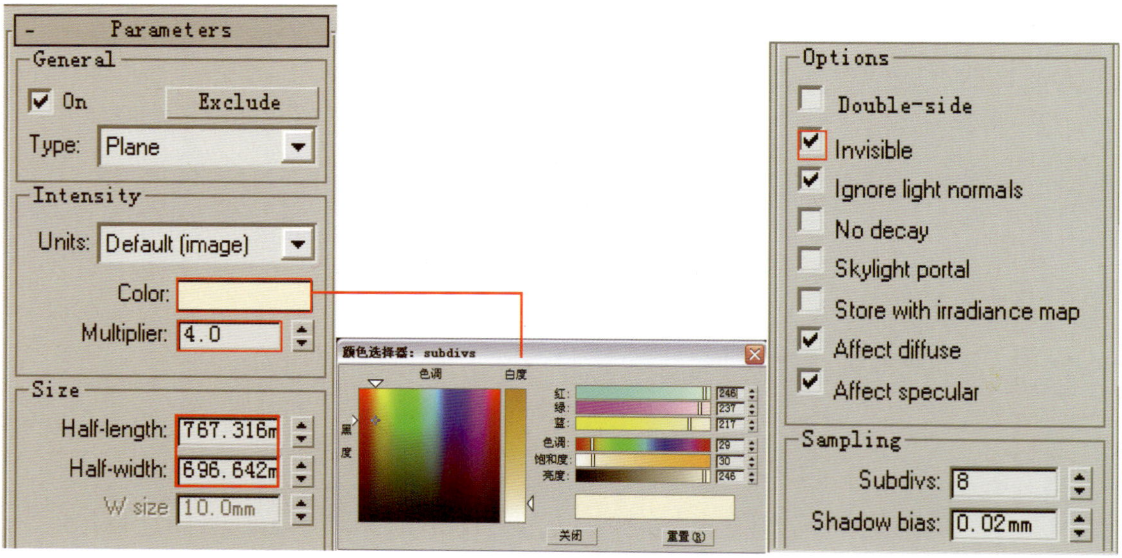

图10.29

Step 18 在视图中选中刚刚创建的灯光VRayLight面光源，将其关联复制出两盏灯光，调整灯光位置，如图10.30所示。

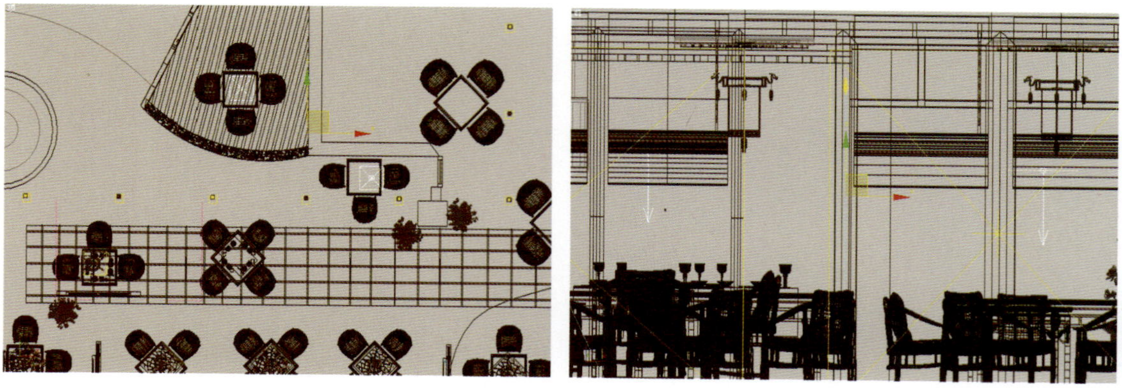

图10.30

Step 19 对摄像机视图进行渲染，效果如图10.31所示。

图10.31

Step 20 为场景创建补光。在如图10.32所示的位置创建一盏VRayLight面光源，灯光参数设置如图10.33所示。

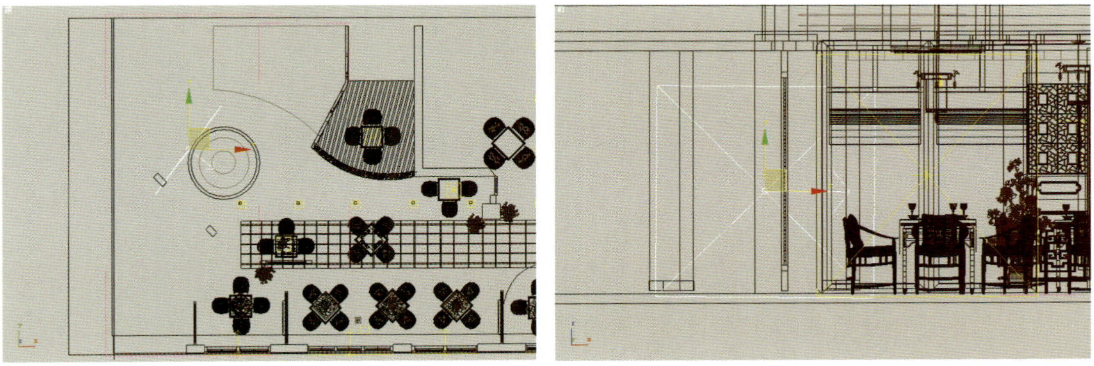

图10.32

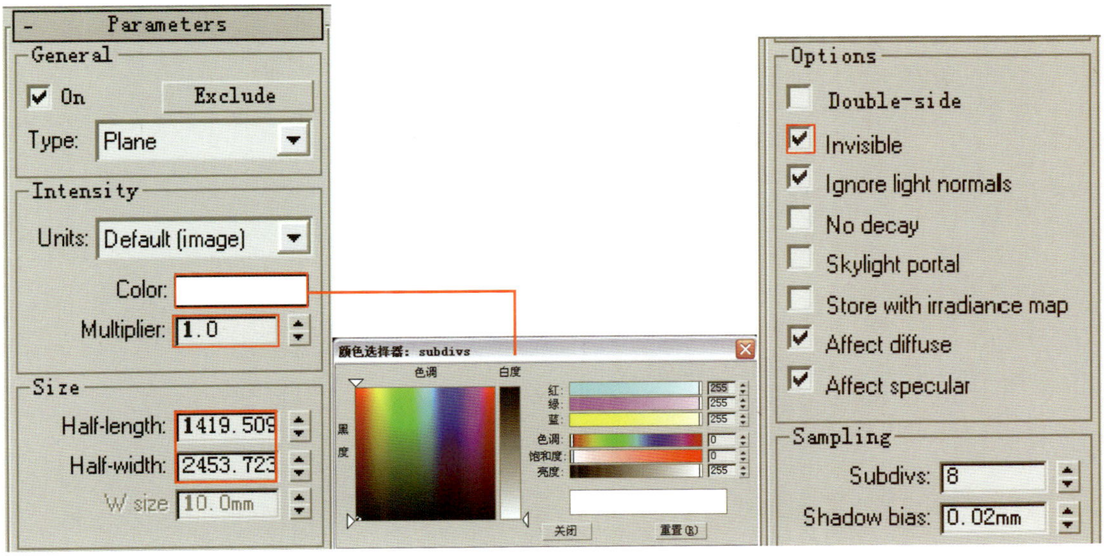

图10.33

Step 21 对摄像机视图进行渲染，效果如图10.34所示。

图10.34

上面分别对室外的天光和室内的光源进行了测试，最终测试结果比较好，下面对场景的材质进行设置。

10.3 设置场景材质

中式餐厅的材质是比较丰富的，主要集中在木质、布艺等材质设置上，如何很好地表现这些材质的效果是表现的重点与难点。

下面对材质进行分类讲述。

Tip 提示：

在制作模型的时候必须清楚物体材质的区别，将同一种材质的物体进行成组或附加，这样可以为赋予物体材质时提供很多方便。

10.3.1 设置主体材质

Step 01 在设置场景材质前，首先取消前面对场景物体的材质替换状态。下面开始设置地毯材质。在“材质编辑器”对话框中选择一个空白材质球，将其设置为 VRayMtl 材质，并将材质命名为“地毯”。单击“Diffuse”右侧的贴图按钮，为其添加一个“位图”贴图，具体参数设置如图10.35所示。贴图文件为本书配套光盘中提供的“第10章\贴图\枕2.jpg”文件。

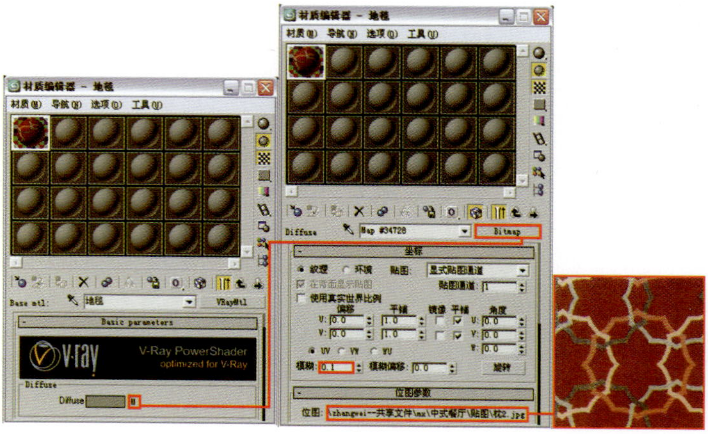

图10.35

Step 02 返回“VRayMtl”材质层级，在“Maps（贴图）”卷展栏中为“Bump”右侧的贴图通道添加一个“斑点”程序贴图，参数设置如图10.36所示。

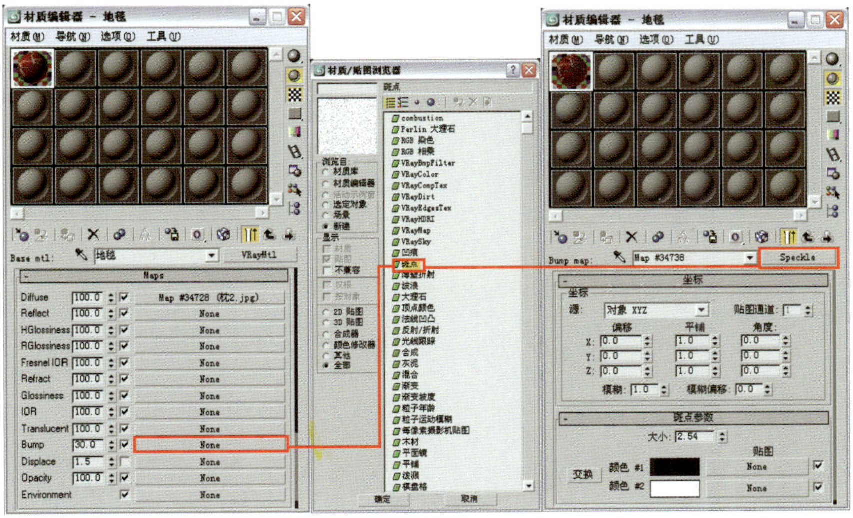

图10.36

Step 03 由于地面材质饱和度较高且面积较大，很容易造成色溢现象，下面为其材质添加 VRayOverrideMtl（VRay替代材质），从而解决色溢问题，具体操作如图10.37所示。

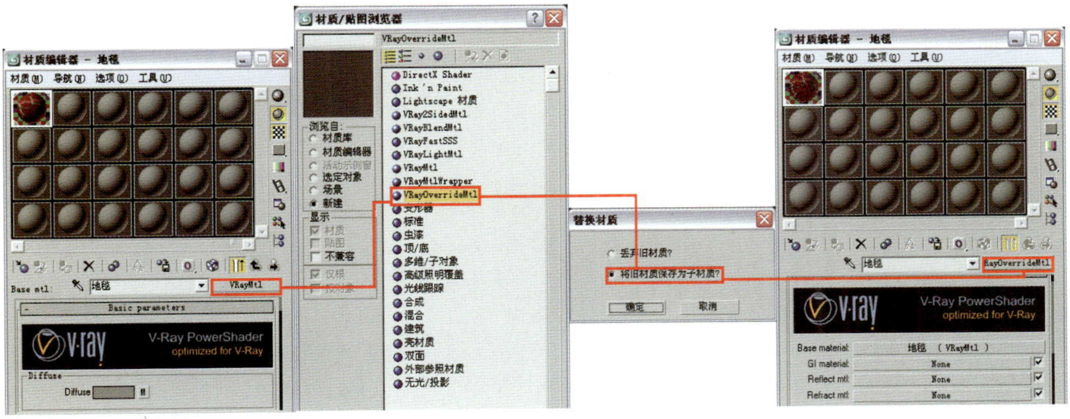

图10.37

Step 04 在VRay替代材质层级中，把Base material右侧的贴图通道按钮拖动到GI material右侧的贴图通道按钮上，参数设置如图10.38所示。

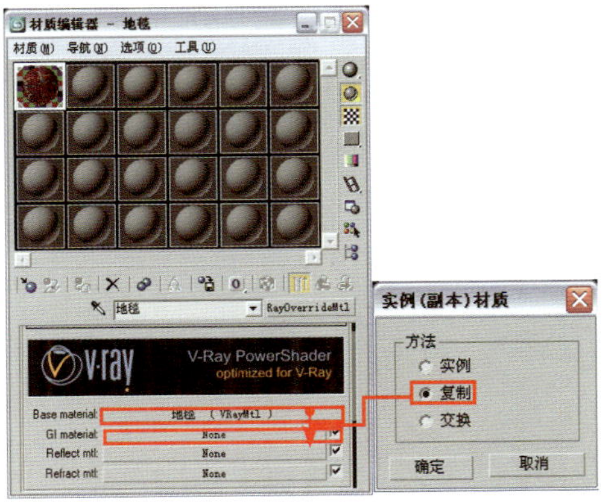

图10.38

Step 05 单击 GI material: 右侧的贴图通道按钮，进入“VRayMtl”材质层级，参数设置如图10.39所示。

Step 06 将材质指定给物体“地面”，对摄像机视图进行渲染，局部效果如图10.40所示。

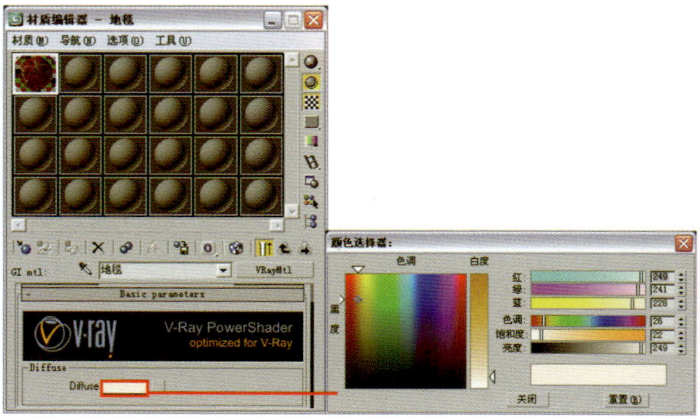

图10.39

图10.40

Step 07 设置清油木材质。在“材质编辑器”对话框中选择一个空白材质球，将其设置为 VRayMtl 材质，并将材质命名为“清油木”。单击“Diffuse”右侧的贴图按钮，为其添加一个“位图”贴图，具体参数设置如图10.41所示。贴图文件为本书配套光盘中提供的“第10章\贴图\wood1.jpg”文件。

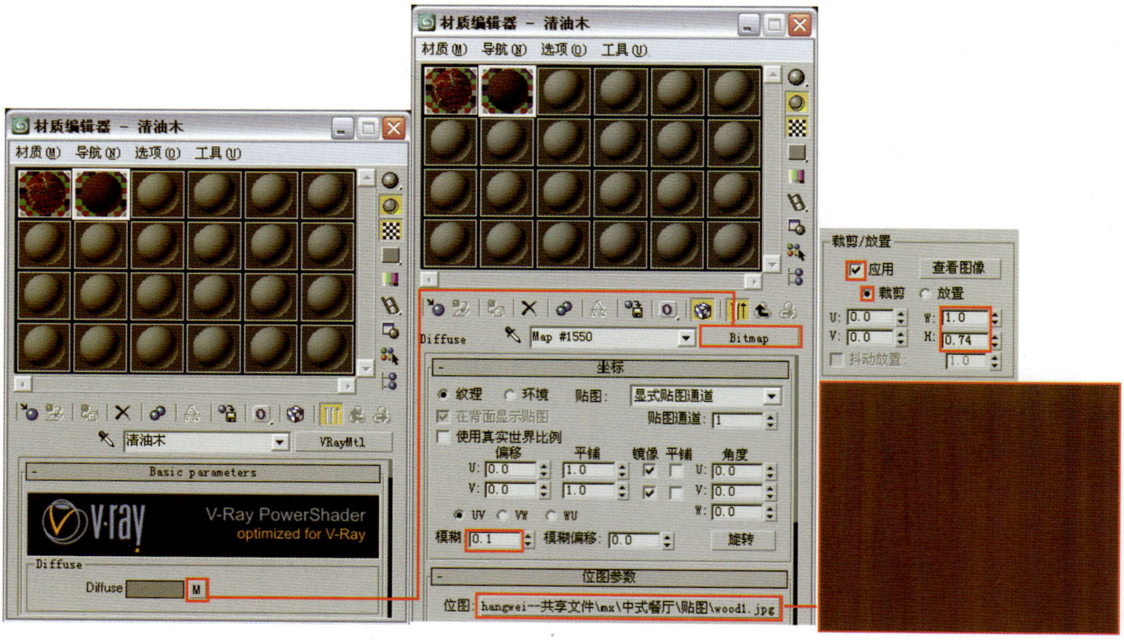

图10.41

Step 08 返回“VRayMtl”材质层级，单击“Reflect”右侧的贴图按钮，为其添加一个“衰减”程序贴图，具体参数设置如图10.42所示。

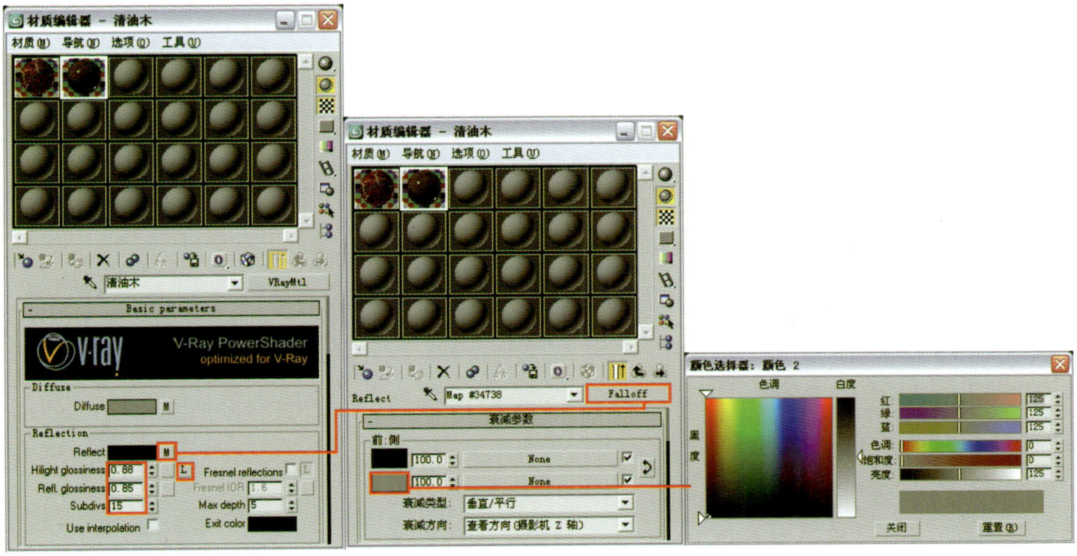

图10.42

Step 09 将材质指定给物体“隔扇门”，对摄像机视图进行渲染，局部效果如图10.43所示。

图10.43

Step 10 设置墙砖的材质。选择一个空白材质球，将其设置为 VRayMtl 材质，并将材质球命名为“墙砖”。单击“Diffuse”右侧的贴图按钮，为其添加一个“位图”贴图，参数设置如图10.44所示。贴图文件为本书配套光盘中提供的“第10章\贴图\6009.bmp”文件。

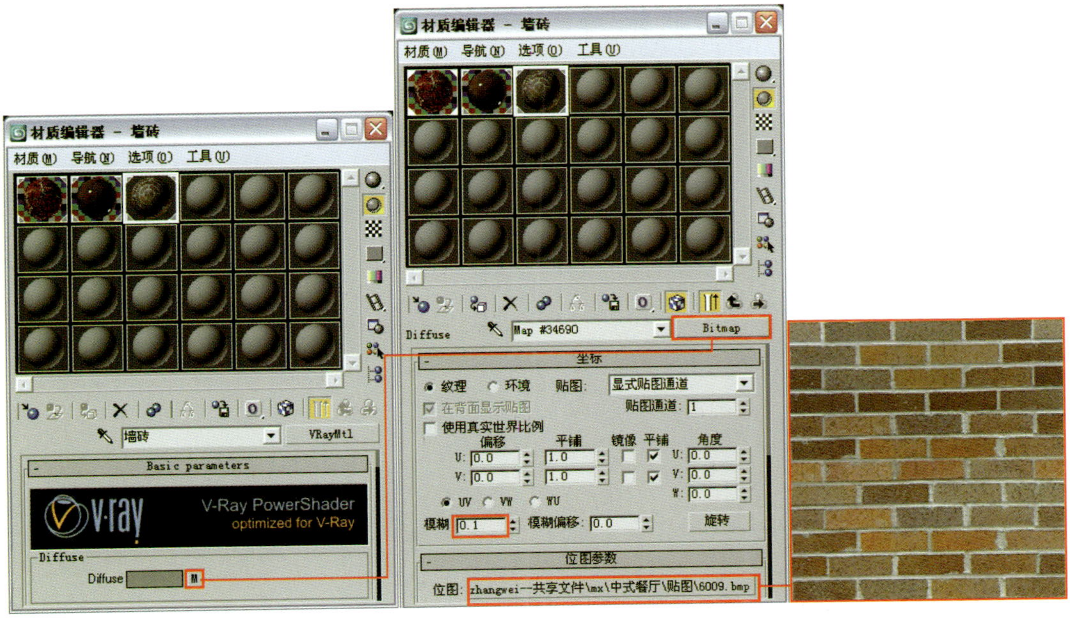

图10.44

Step 11 返回“VRayMtl”材质层级，在“Maps（贴图）”卷展栏中把“Diffuse”右侧的贴图通道按钮拖动到“Bump”右侧的贴图通道按钮上进行非关联复制操作，参数设置如图10.45所示。

Step 12 将材质指定给物体“墙面”，对摄像机视图进行渲染，局部效果如图10.46所示。

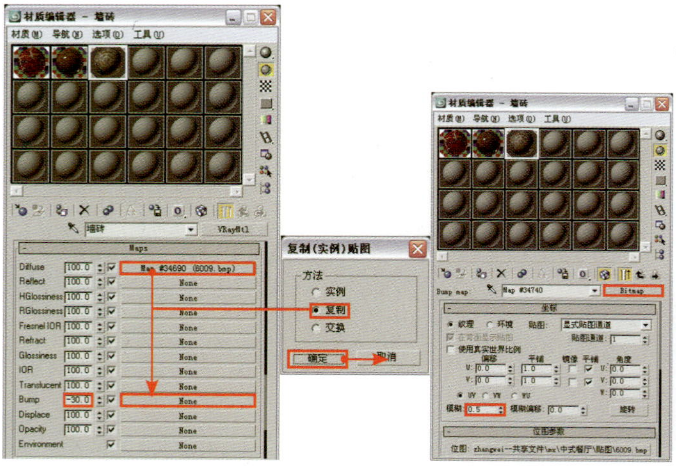

图10.45

图10.46

Step 13 设置家具木材质。选择一个空白材质球，将其设置为 VRayMtl 材质，并将材质球命名为“家具木”。单击“Diffuse”右侧的贴图按钮，为其添加一个“位图”贴图，参数设置如图10.47所示。贴图文件为本书配套光盘中提供的“第10章\贴图\沙比利.jpg”文件。

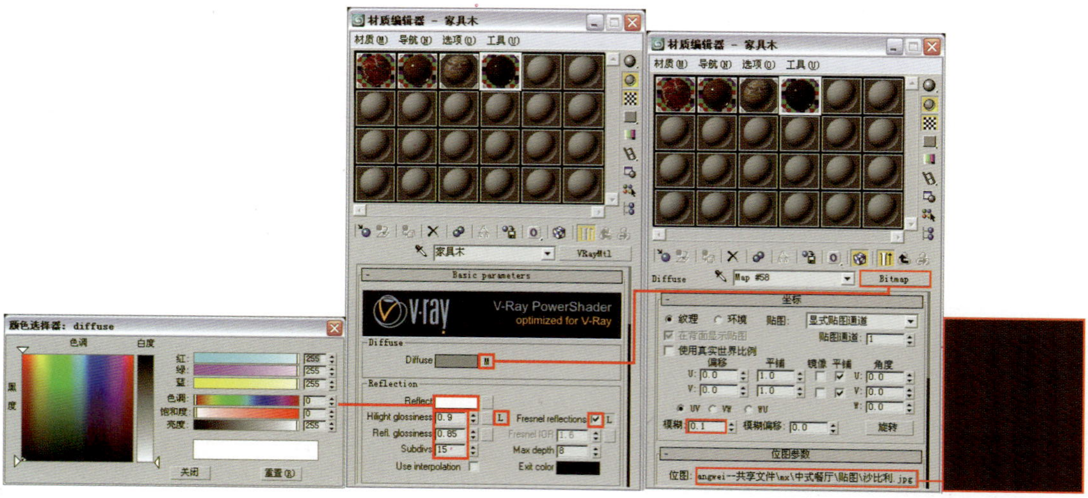

图10.47

图10.48

Step 14 将材质指定给物体“餐椅”，对摄像机视图进行渲染，局部效果如图10.48所示。

Step 15 设置餐桌木材质。选择一个空白材质球，将其设置为 VRayMtl材质，并将材质命名为“餐桌木”。单击“Diffuse”右侧的贴图按钮，为其添加一个“位图”贴图，具体参数设置如图10.49所示。贴图文件为本书配套光盘中提供的“第10章\贴图\arch41_028_wood.jpg”文件。

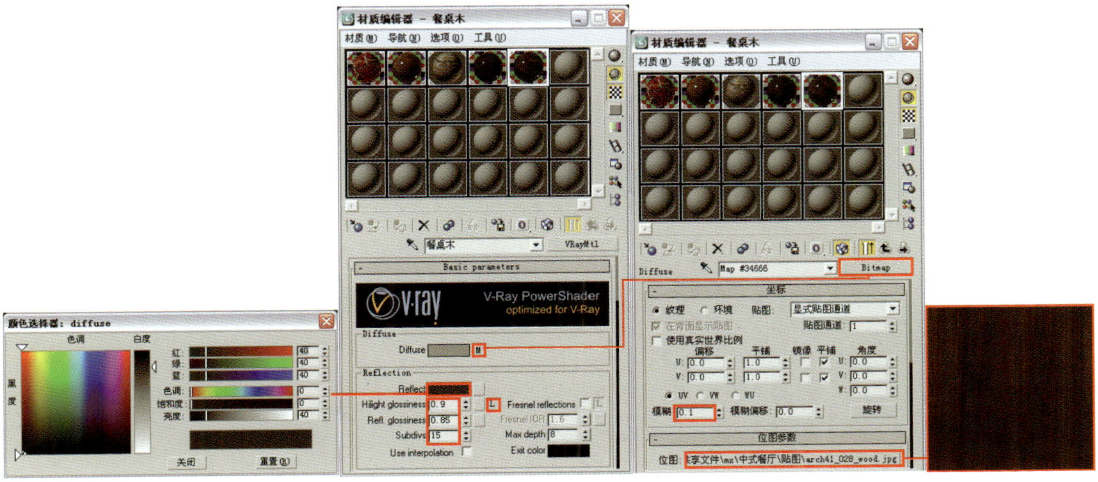

图10.49

Step 16 返回“VRayMtl”材质层级，在“Maps（贴图）”卷展栏中为“Bump”右侧的贴图通道上添加一个“位图”贴图，参数设置如图10.50所示。贴图文件为本书配套光盘中提供的“第10章\贴图\hfdm.jpg”文件。

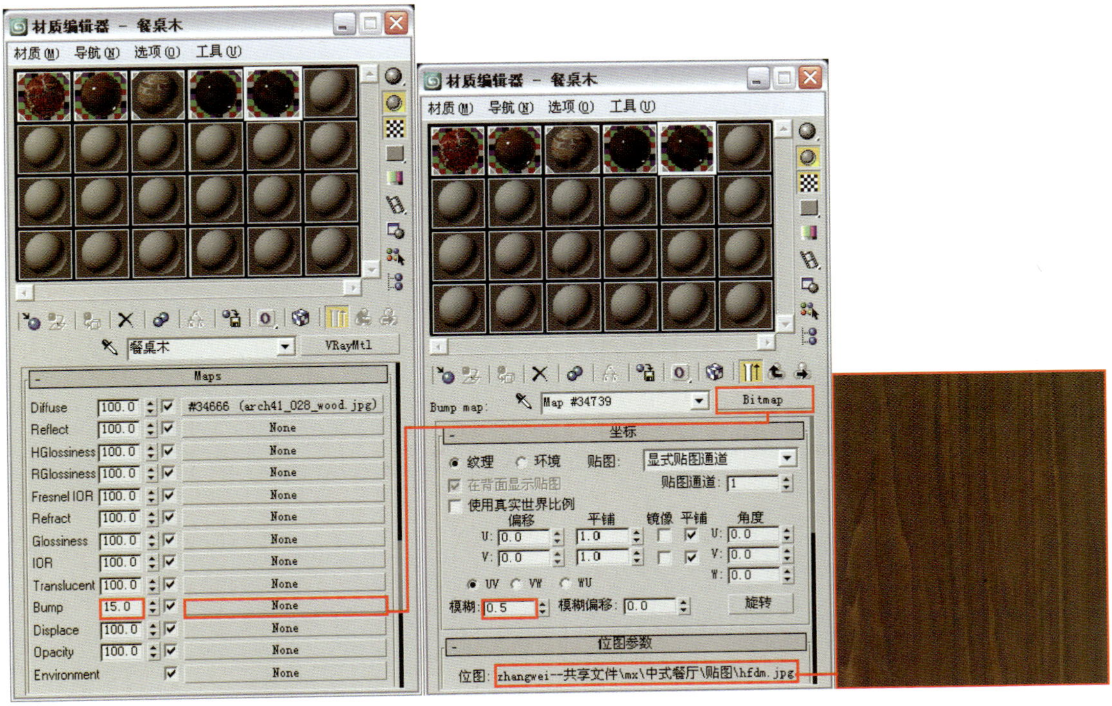

图10.50

Step 17 将材质指定给物体“餐桌”，对摄像机视图进行渲染，局部效果如图10.51所示。

Step 18 设置布纹材质。选择一个空白材质球，将其设置为 VRayMtl 材质，并将材质球命名为“布纹”。单击“Diffuse”右侧的贴图按钮，为其添加一个“位图”贴图，参数设置如图10.52所示。贴图文件为本书配套光盘中提供的“第10章\贴图\cloth_133_fabric_color.jpg”文件。

图10.51

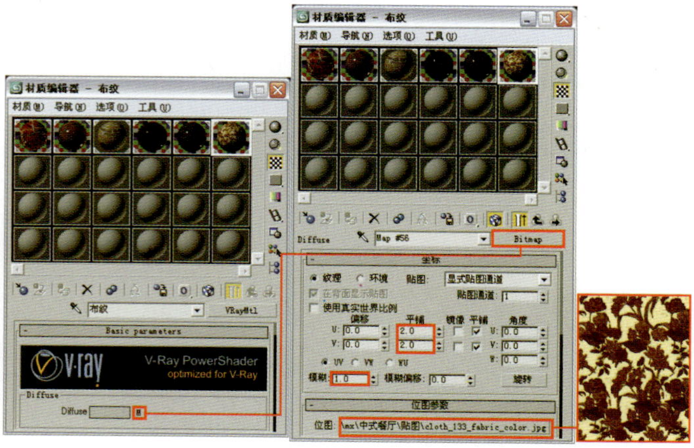

图10.52

Step 19 返回“VRayMtl”材质层级，单击“Reflect”右侧的贴图按钮，为其添加一个“位图”贴图，具体参数设置如图10.53所示。贴图文件为本书配套光盘中提供的“第10章\贴图\cloth_133_fabric_refl.jpg”文件。

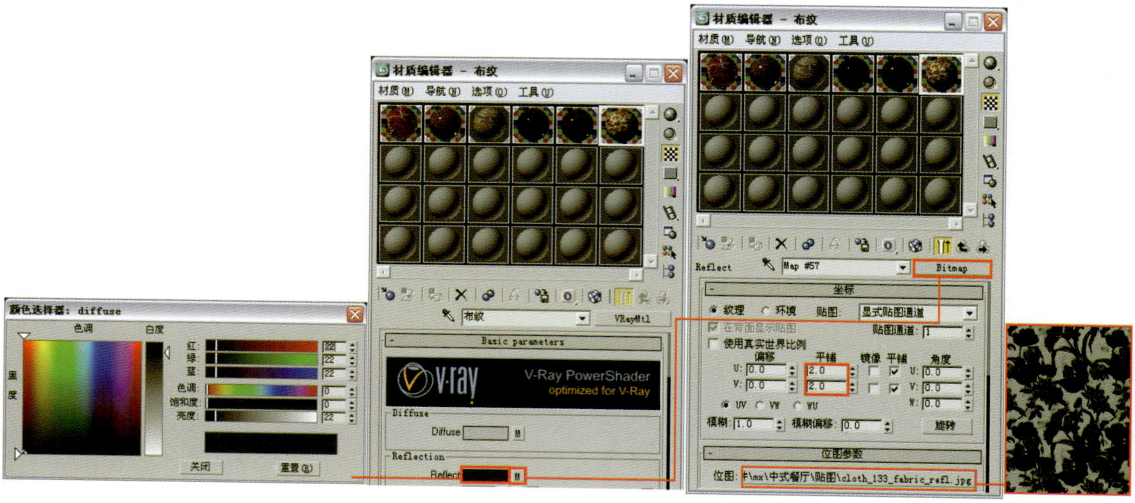

图10.53

Step 20 再次返回“VRayMtl”材质层级，单击 Refl. glossiness 右侧的贴图按钮，为其添加一个“位图”贴图，具体参数设置如图10.54所示。贴图文件为本书配套光盘中提供的“第10章\贴图\cloth_133_fabric_gloss.jpg”文件。

Step 21 返回“VRayMtl”材质层级，在“Maps（贴图）”卷展栏，为“Bump”贴图通道添加一个“位图”贴图，具体参数设置如图10.55所示。贴图文件为本书配套光盘中提供的“第10章\贴图\sf-34.jpg”文件。

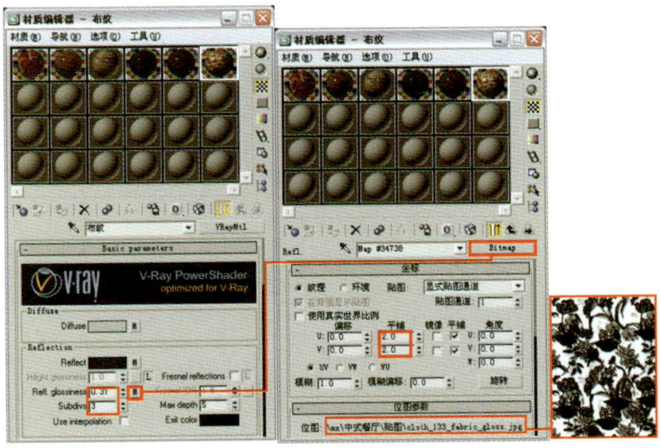

图10.54

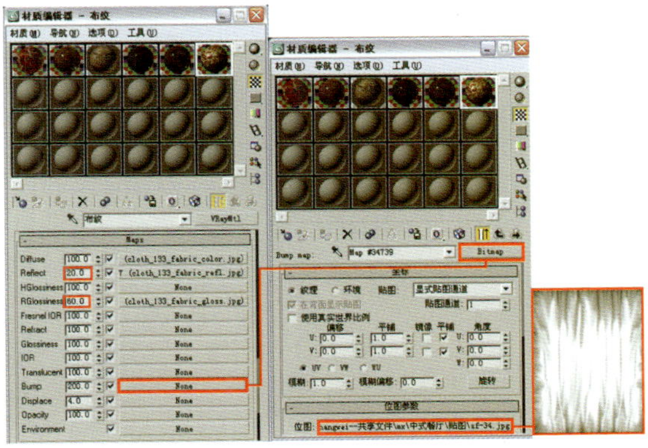

图10.55

Step 22 将材质指定给物体“靠垫”，对摄像机视图进行渲染，局部效果如图10.56所示。

Step 23 设置坐垫的材质，选择一个空白材质球，将其设置为 VRayMtl 材质，并将材质命名为“坐垫”。单击“Diffuse”右侧的贴图按钮，为其添加一个“衰减”程序贴图，具体参数设置如图10.57所示。

图10.56

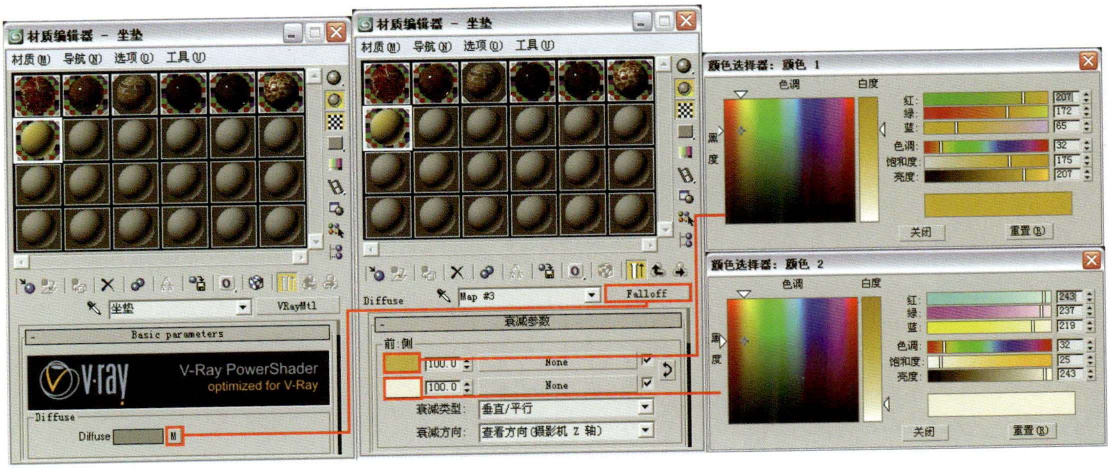

图10.57

Step 24 返回“VRayMtl”材质层级，在“Maps（贴图）”卷展栏中为“Bump”贴图通道添加一个“位图”贴图，具体参数设置如图10.58所示。贴图文件为本书配套光盘中提供的“第10章\贴图\cloth_45.jpg”文件。

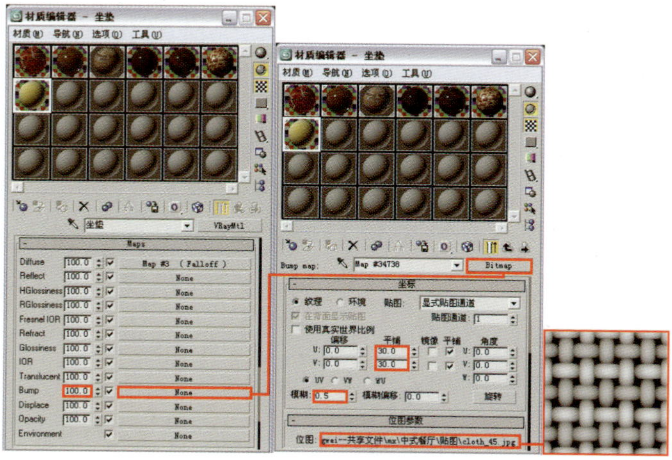

图10.58

Step 25 将材质指定给物体“坐垫”，对摄像机视图进行渲染，局部效果如图10.59所示。

图10.59

Step 26 设置木纹材质。选择一个空白材质球，将其设置为 VRayMtl 材质，并将材质命名为“木纹”。单击“Diffuse”右侧的贴图按钮，为其添加一个“位图”贴图，具体参数设置如图10.60所示。贴图文件为本书配套光盘中提供的“第10章\贴图\wood_26_diffuse.jpg”文件。

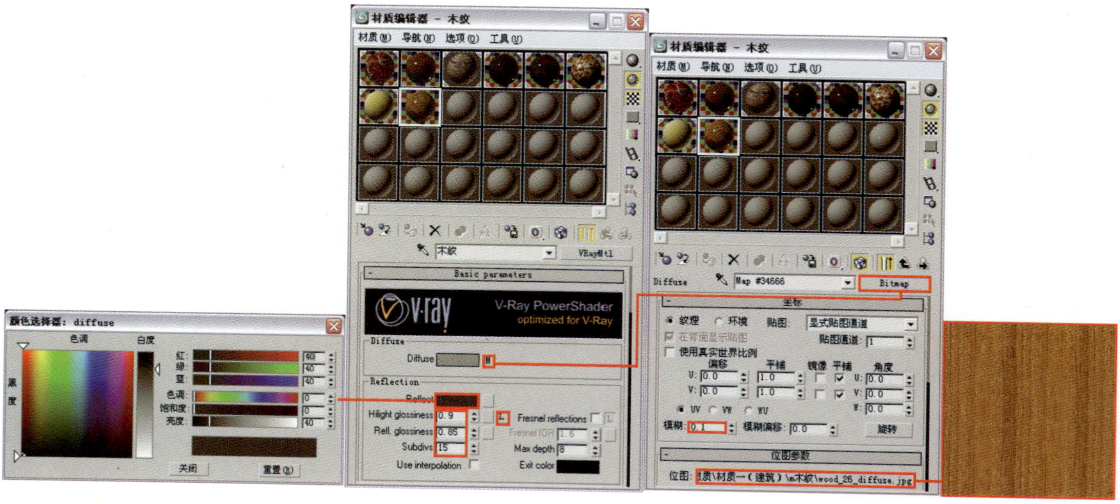

图10.60

Step 27 返回“VRayMtl”材质层级，在“Maps（贴图）”卷展栏中把“Diffuse”右侧的贴图通道按钮拖动到“Bump”右侧的贴图通道按钮上进行复制操作，具体参数设置如图10.61所示。将材质指定给物体“造型格子”，对摄像机视图进行渲染，局部效果如图10.62所示。

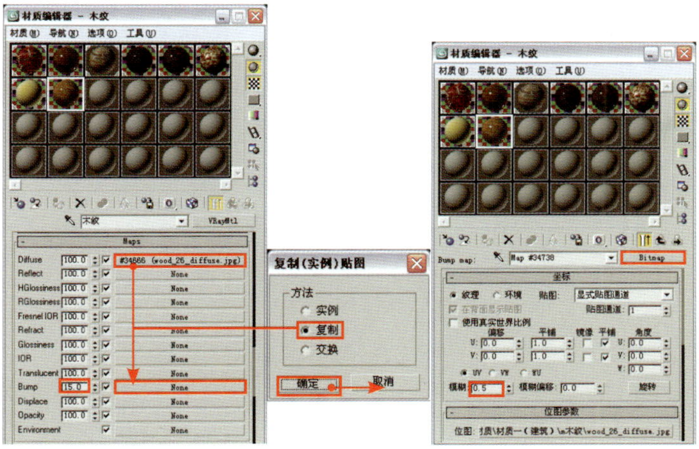

图10.61

图10.62

10.3.2 设置其他材质

Step 01 设置窗玻璃的材质。选择一个空白材质球，将其设置为 VRayMtl 材质，并将材质命名为“窗玻璃”。单击“Diffuse”右侧的颜色按钮，具体参数设置如图10.63所示。

Step 02 在“VRayMtl”材质层级中单击“Refract”右侧的颜色按钮，具体参数设置如图10.64所示。将材质指定给物体“窗玻璃”，对摄像机视图进行渲染，局部效果如图10.65所示。

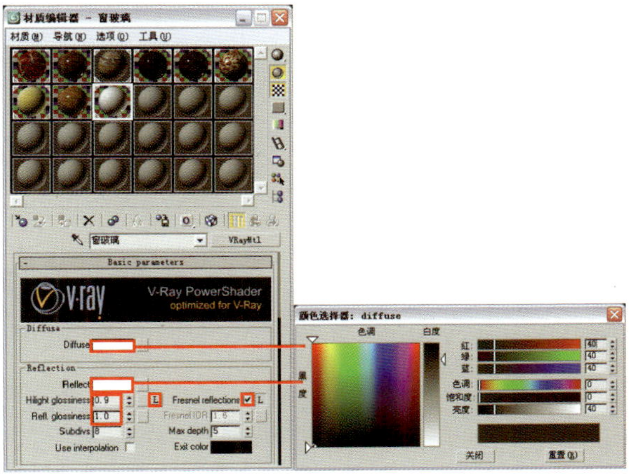

图10.63

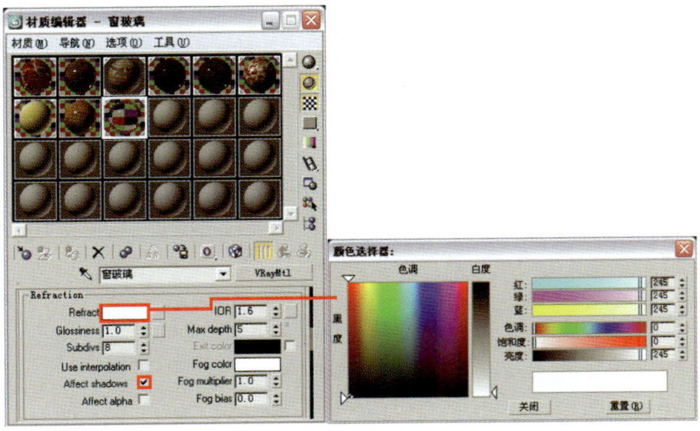

图10.64

图10.65

Step 03 设置窗格的材质，选择一个空白材质球，将其设置为 VRayMtl 材质，并将材质命名为“窗格”。单击“Diffuse”右侧的贴图按钮，为其添加一个“位图”贴图，具体参数设置如图10.66所示。贴图文件为本书配套光盘中提供的“第10章\贴图\wood_26_diffuse.jpg”文件。

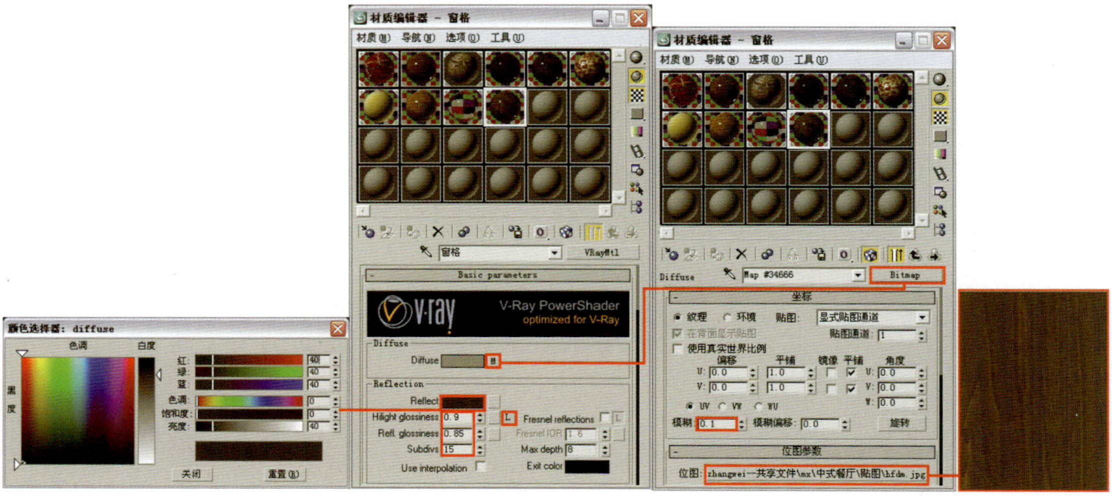

图10.66

Step 04 返回“VRayMtl”材质层级，在“Maps（贴图）”卷展栏中把“Diffuse”右侧的贴图通道按钮拖动到“Bump”右侧的贴图通道按钮上进行复制操作，具体参数设置如图10.67所示。将材质指定给物体“造型格子”，对摄像机视图进行渲染，局部效果如图10.68所示。

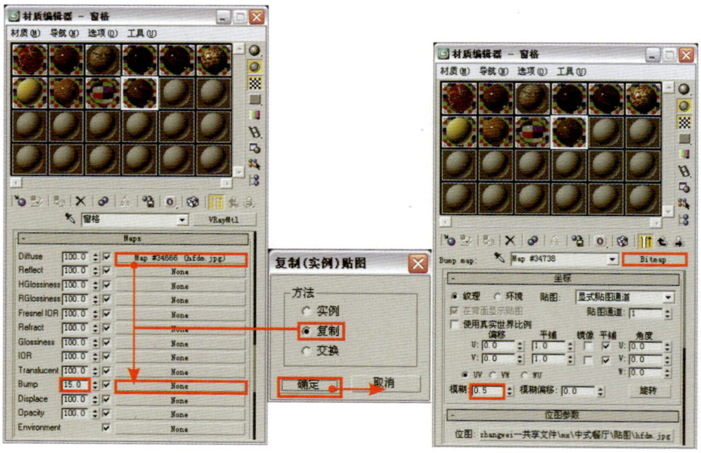

图10.67

图10.68

至此，场景的灯光测试和材质设置都已经完成，下面将对场景进行最终渲染设置。最终渲染设置将决定图像的最终渲染效果。

10.4 最终渲染设置

10.4.1 最终测试灯光效果

场景中材质设置完毕后需要对场景进行渲染，观察此时的场景效果，对摄像机视图进行渲染，效果如图10.69所示。

图10.69

观察渲染效果可以看出，场景光线有点暗，接下来“V-Ray∷Color mapping”卷展栏中进行参数设置，如图10.70所示。再次对摄像机视图进行渲染，效果如图10.71所示。

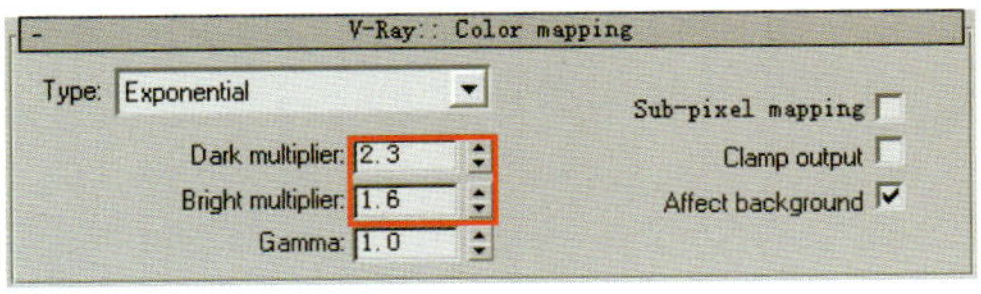

图10.70

图10.71

观察渲染效果，场景光线不需要再调整，接下来设置最终渲染参数。

10.4.2 灯光细分参数设置

Step 01 将模拟日光的目标平行光的灯光细分值设置为24，如图10.72所示。

Step 02 将窗口处模拟天光的VRayLight的灯光细分值设置为24，如图10.73所示。

Step 03 将室内的辅助光源VRayLight的灯光细分值设置为15，筒灯的灯光细分设置为12，如图10.74所示。

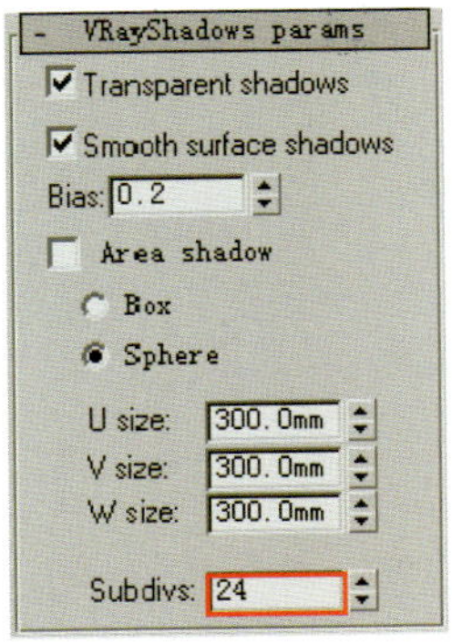

图10.72

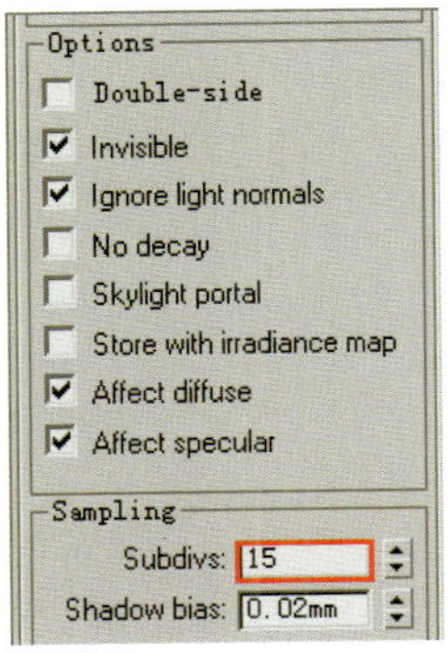

图10.73

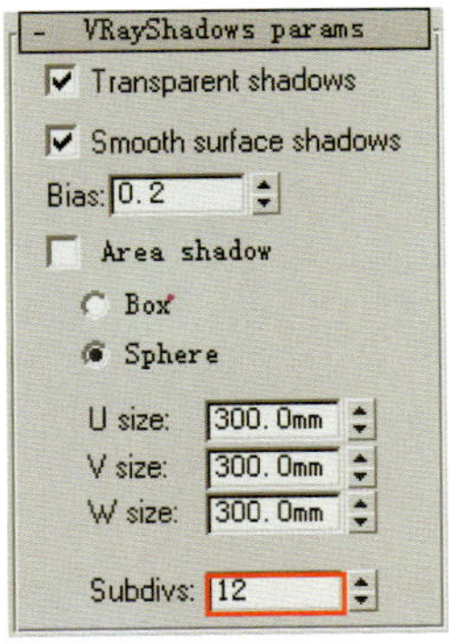

图10.74

10.4.3 设置保存发光贴图和灯光贴图的渲染参数

在前几章中已经多次讲解过保存发光贴图和灯光贴图的方法，在此不再赘述，只对渲染级别设置进行讲解。

Step 01 进行渲染级别设置。在V-Ray:: Irradiance map卷展栏中设置参数，如图10.75所示。

Step 02 在V-Ray:: Light cache卷展栏中设置参数，如图10.76所示。

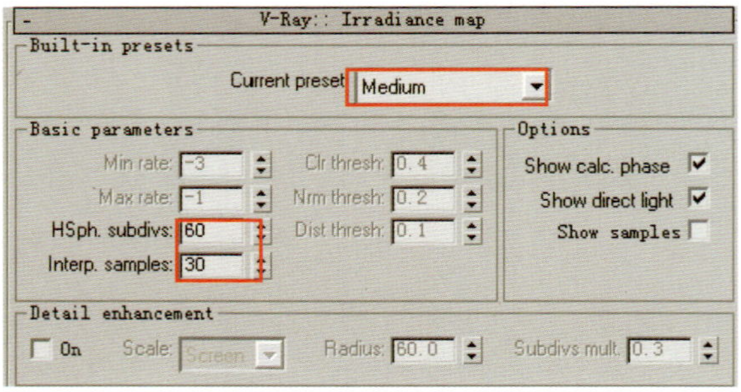

图10.75

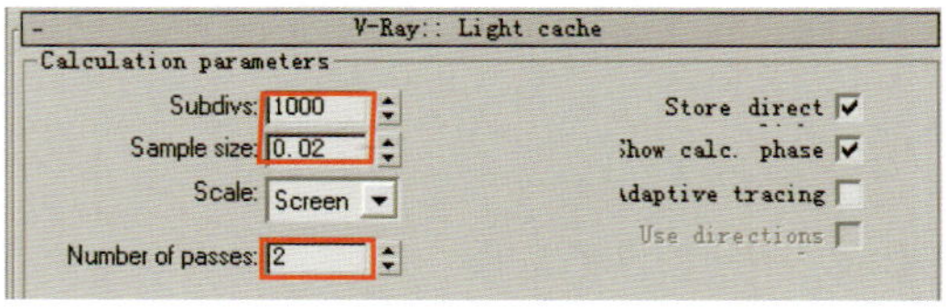

图10.76

Step 03 在V-Ray:: rQMC Sampler（准蒙特卡罗采样器）卷展栏中设置参数，如图10.77所示，这是模糊采样设置。

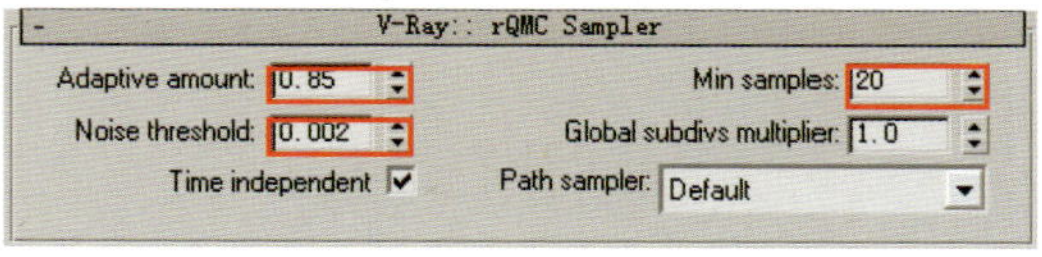

图10.77

渲染级别设置完毕，最后设置保存发光贴图和灯光贴图的参数并进行渲染即可。

10.4.4 最终成品渲染

最终成品渲染的参数设置如下。

Step 01 设置出图像的输出尺寸。当发光贴图和灯光贴图计算完毕后，在“渲染场景”对话框的“公用”选项卡中设置最终渲染图像的输出尺寸，如图10.78所示。

Step 02 在Image sampler (Antialiasing)卷展栏中设置抗锯齿和过滤器参数，如图10.79所示。

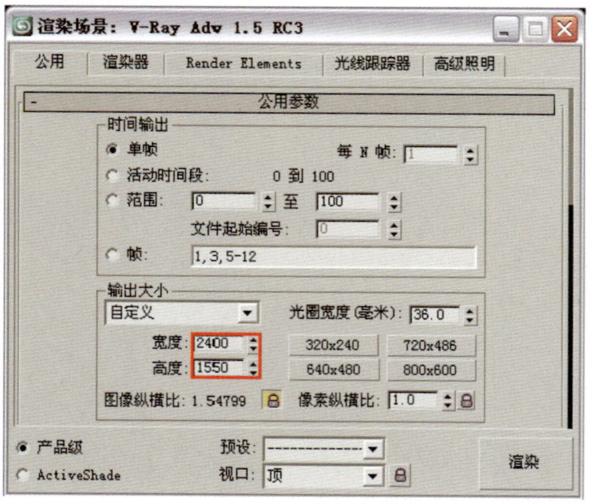

图10.78

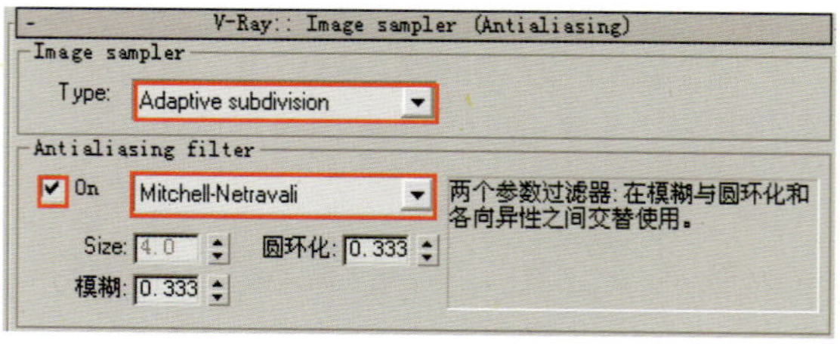

图10.79

Step 03 最终渲染效果如图10.80所示。

图10.80

最后使用Photoshop软件对图像的亮度、对比度以及饱和度进行调整，使效果更加生动、逼真。在前面几章中已经多次对后期处理的方法进行了讲解，在此不再赘述。后期处理后的最终效果如图10.81所示。

图10.81

NOTE

读书笔记

11

第11章 办公大厅

光盘\第11章 /光盘路径

★★★★ /操作难度

现代 /设计风格

11.1 办公大厅空间实例

本章案例展示了一个办公大厅的公共空间，十分通透的采光设计，使整个办公大厅显得空间感十足。

本场景采用了日光的表现手法，时间为下午14点到16点，体现了浓厚的阳光气氛，效果如图11.1所示。

图11.1

如图11.2所示为办公大厅模型的线框效果图。

图11.2

本场景的其他角度效果如图11.3所示。

图11.3

11.2 办公大厅测试渲染设置

打开配套光盘中的“第11章\办公大厅源文件.max”场景文件，如图11.4所示，可以看到这是一个已经创建好的公共空间场景模型，并且场景中已经创建好了摄像机。

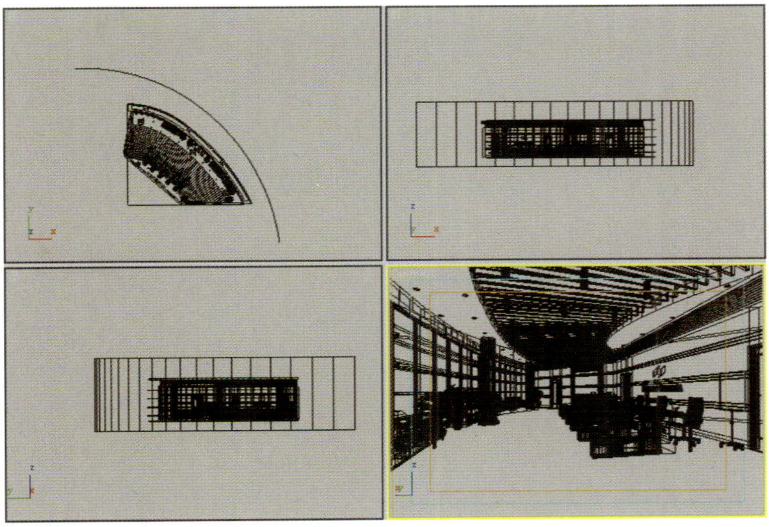

图11.4

下面首先进行测试渲染参数设置，然后为场景布置灯光。灯光布置包括室外天光和室内装饰射灯的创建，其中室外天光为场景的主要照明光源，对场景的亮度及层次起决定性作用。

11.2.1 设置测试渲染参数

测试渲染参数的设置步骤如下。

Step 01 按F10键打开“渲染场景”对话框，渲染器已经设置为V-Ray Adv 1.5 RC3渲染器，在“公用参数”卷展栏中设置较小的图像尺寸，如图11.5所示。

Step 02 在“渲染器”选项卡的 V-Ray:: Global switches （全局开关）卷展栏中设置参数，如图11.6所示。

图11.5

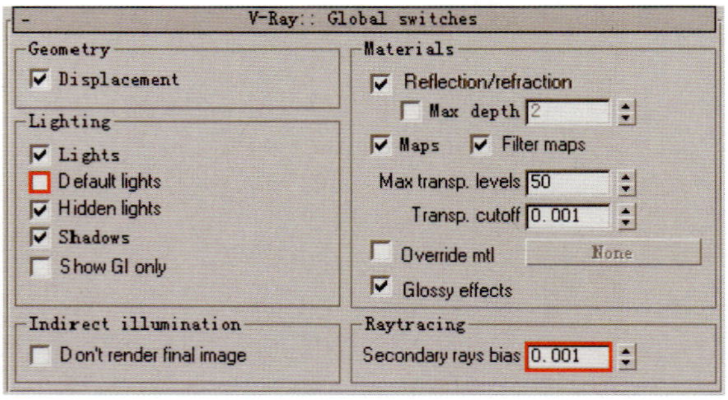

图11.6

Step 03 在 V-Ray:: Image sampler (Antialiasing) （抗锯齿采样）卷展栏中设置参数，如图11.7所示。

Step 04 在 V-Ray:: Indirect illumination (GI) （间接照明）卷展栏中设置参数，如图11.8所示。

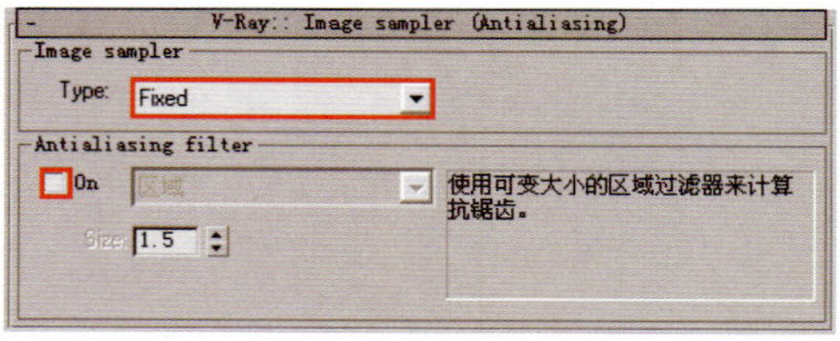

图11.7

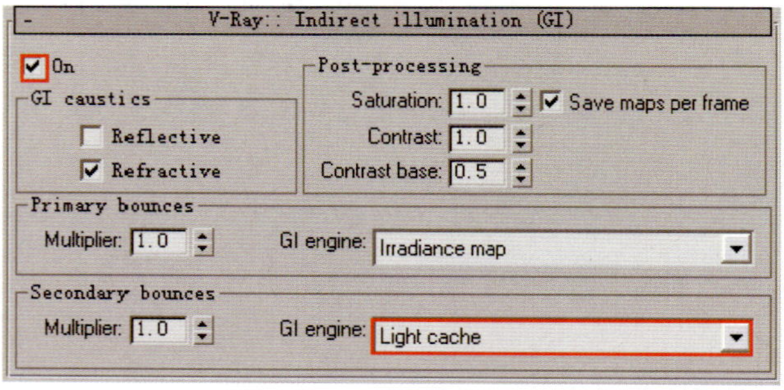

图11.8

Step 05 在 V-Ray:: Irradiance map （发光贴图）卷展栏中设置参数，如图11.9所示。

Step 06 在 V-Ray:: Light cache （灯光缓存）卷展栏中设置参数，如图11.10所示。

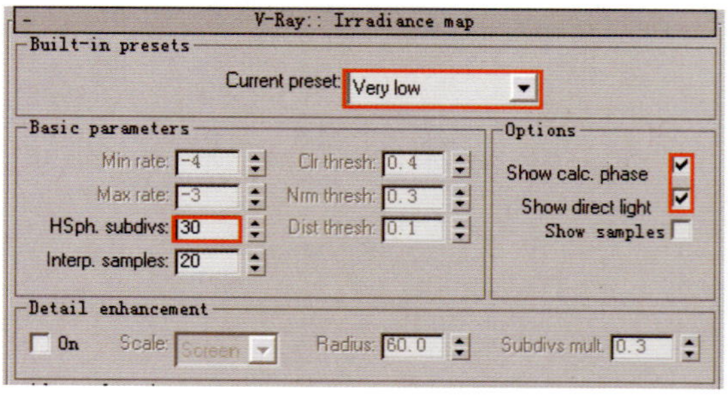

图11.9

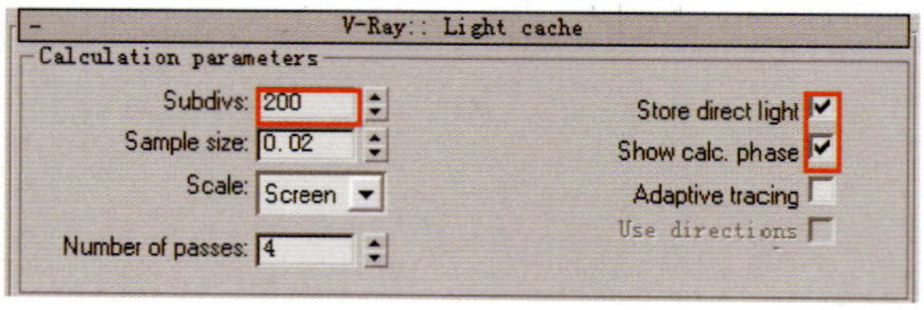

图11.10

Step 07 对环境光进行设置。打开 V-Ray:: Environment （环境）卷展栏，在“Reflection/Refraction environment override（环境替代）”组中勾选“On”复选框，如图11.11所示。

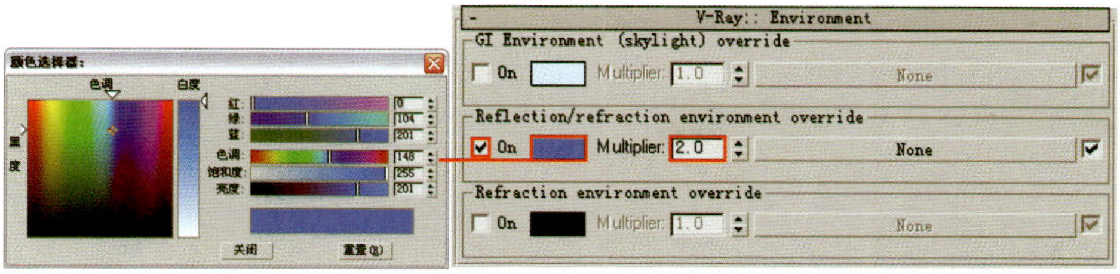

图11.11

11.2.2 布置场景灯光

Step 01 创建室外的日光。在“创建”面板中单击（灯光）按钮，在下拉菜单中选择“标准”选项，然后在“对象类型”卷展栏中单击 **目标平行光** 按钮，在场景窗户室外部分创建一盏目标平行光，用其来模拟室外的日光，位置如图11.12所示。灯光参数设置如图11.13所示。

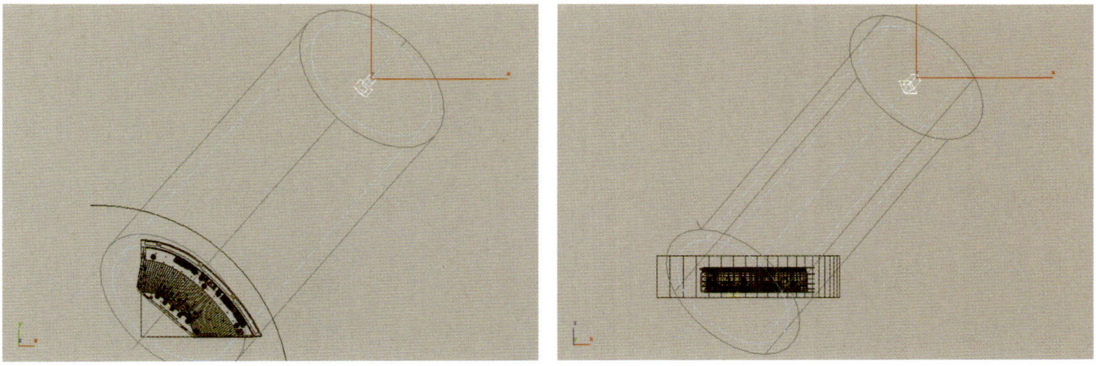

图11.12

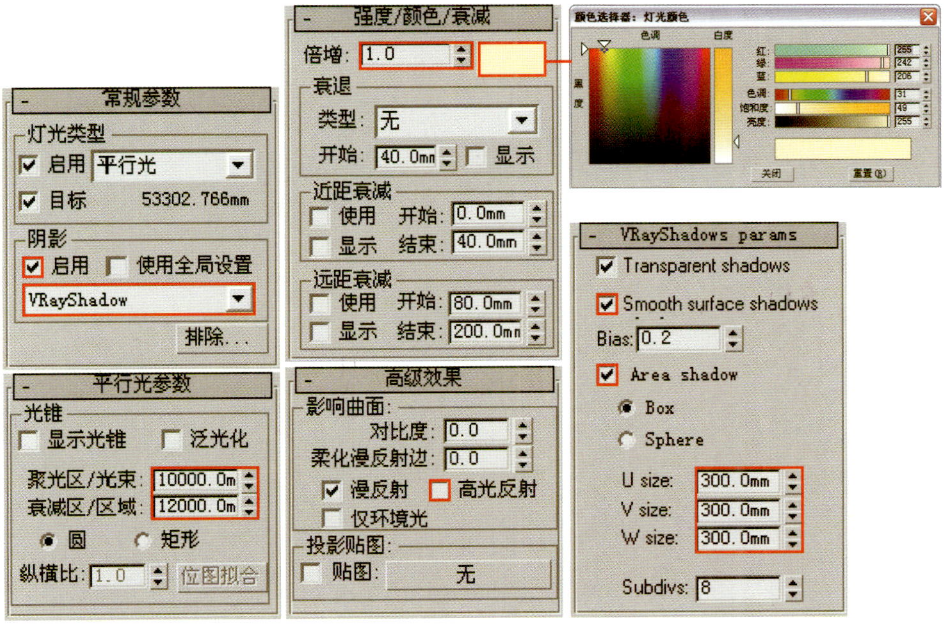

图11.13

Step 02 由于物体“外景”阻挡了日光在室内，下面在刚的创建的目标平行光的“常规参数”卷展栏中将物体“外景”排除，如图11.14所示。

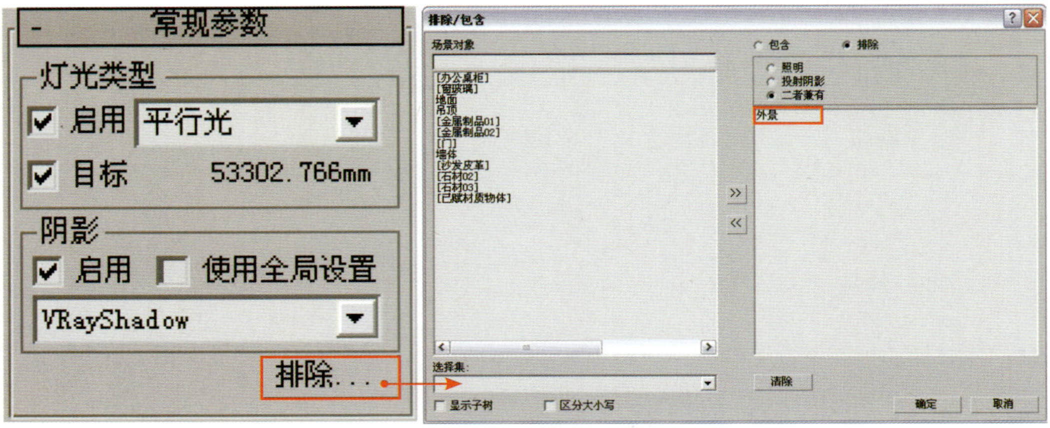

图11.14

Step 03 对摄像机视图Camera01进行渲染，效果如图11.15所示。

> **Tip 提示：**
>
> 在测试渲染之前，必须先隐藏物体“窗玻璃”，否则室外光照无法在室内。

图11.15

Step 04 再创建室外天光。单击（灯光）按钮，在下拉菜单中选择“VRay”选项，然后在“对象类型”卷展栏中单击 VRayLight 按钮，在场景窗户外部创建一盏VRayLight面光源，使用“主工具栏”上的（选择并旋转）工具进行调整，如图11.16所示。参数设置如图11.17所示。

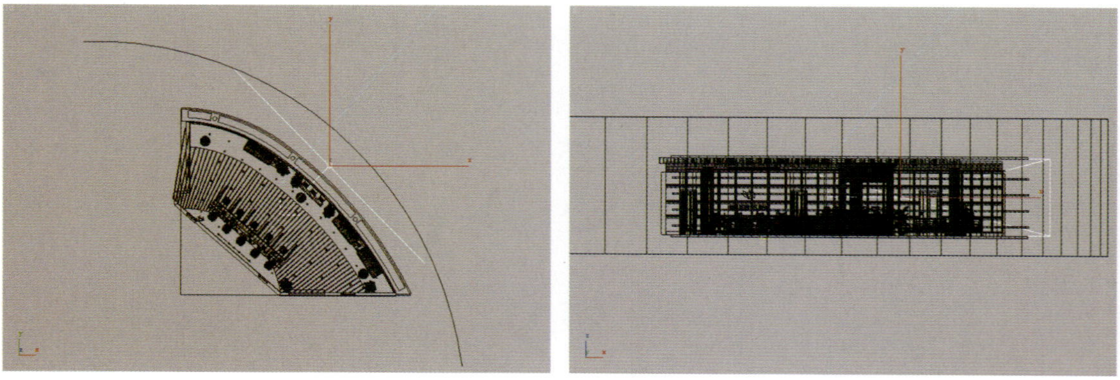

图11.16

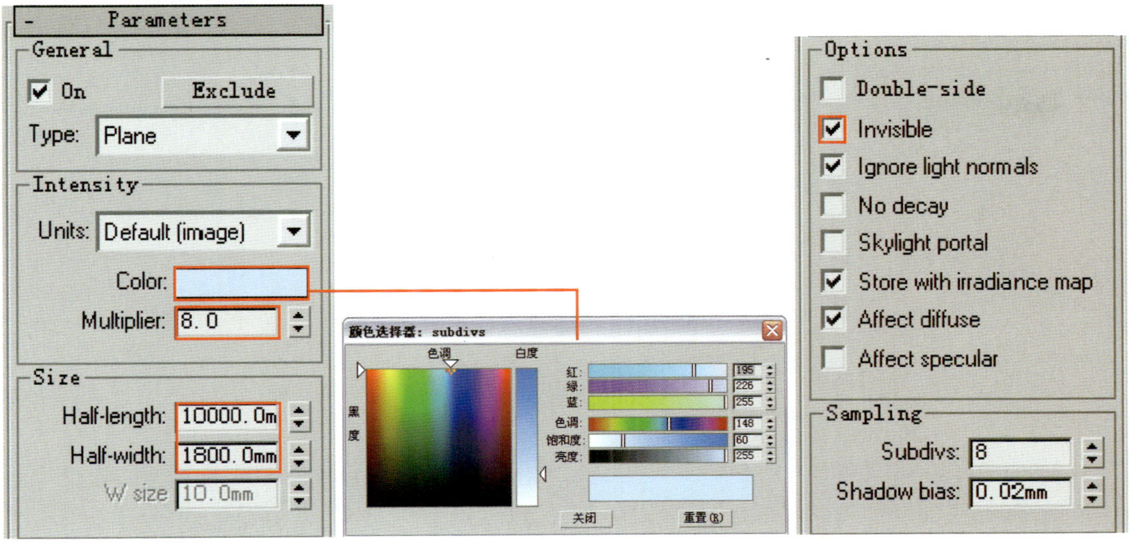

图11.17

Step 05 对摄像机视图进行渲染，效果如图11.18所示。

图11.18

Step 06 选择刚刚创建的VRayLight面光源，在“主工具栏”上选择“局部”视图坐标，然后在顶视图中将其沿Z轴复制一盏（非关联复制），如图11.19所示，对其参数进行修改，如图11.20所示。

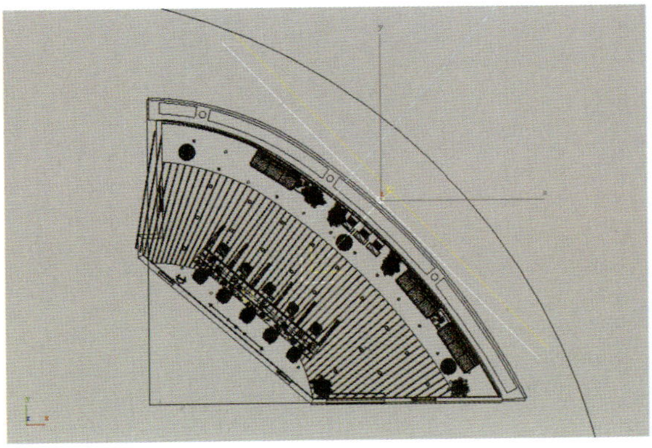

图11.19

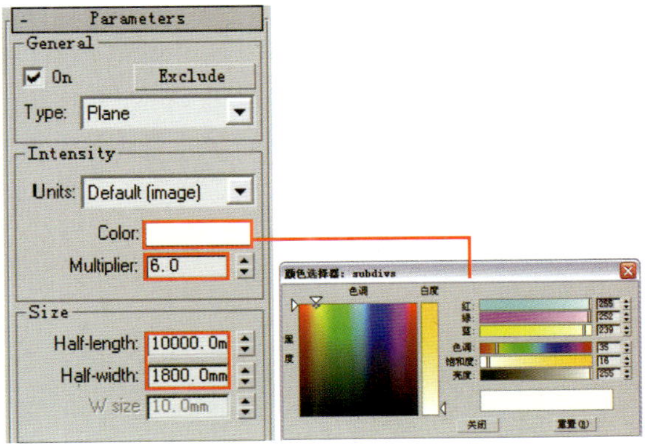

图11.20

Step 07 再次对摄像机视图进行渲染，效果如图11.21所示。

图11.21

Step 08 从渲染效果可以看出，当前画面严重曝光，下面通过调整场景曝光参数来降低场景亮度。按F10键打开“渲染场景”对话框，在“渲染器”选项卡的V-Ray:: Color mapping卷展栏中进行曝光控制，参数设置如图11.22所示。再次渲染效果如图11.23所示。

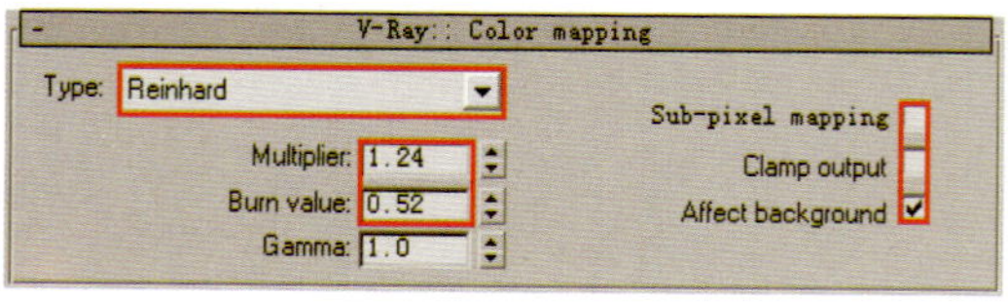

图11.22

图11.23

Tip 提示：

从上图的渲染效果可以看到，整体画面的亮度明显得到改善。

Step 09 室外天光布置完毕，下面开始创建室内灯光。单击（灯光）按钮，在下拉菜单中选择“光度学”选项，然后在“对象类型”卷展栏中单击 目标点光源 按钮，在如图11.24所示位置创建一盏目标点光源。

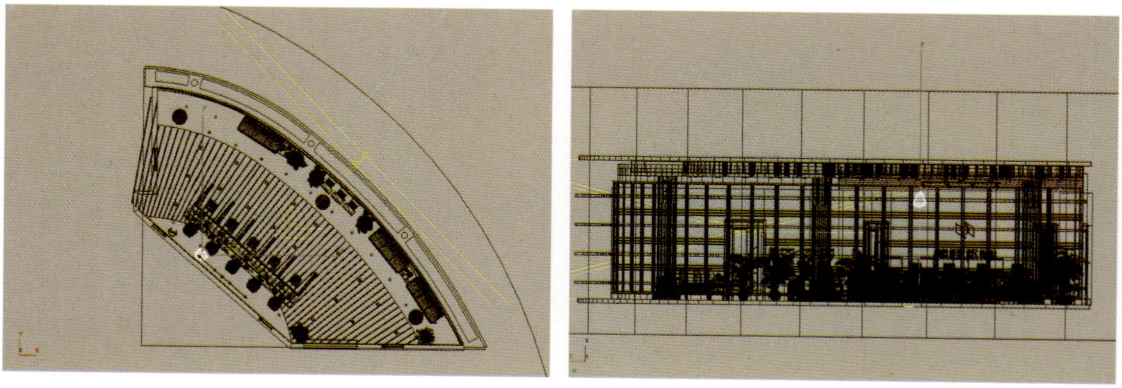

图11.24

Step 10 进入“修改”面板，对创建的目标点光源参数进行设置，如图11.25所示。光域网文件为本书配套光盘中提供的“第11章\贴图\多光.ies”。

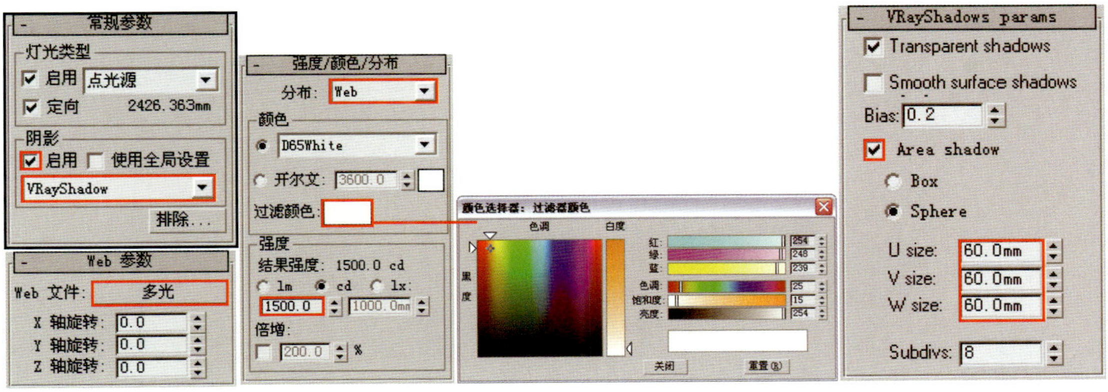

图11.25

Step 11 在顶视图中选中刚刚创建的目标点光源Point01，将其以“实例”方式关联复制3盏，如图11.26所示。进行渲染，效果如图11.27所示。

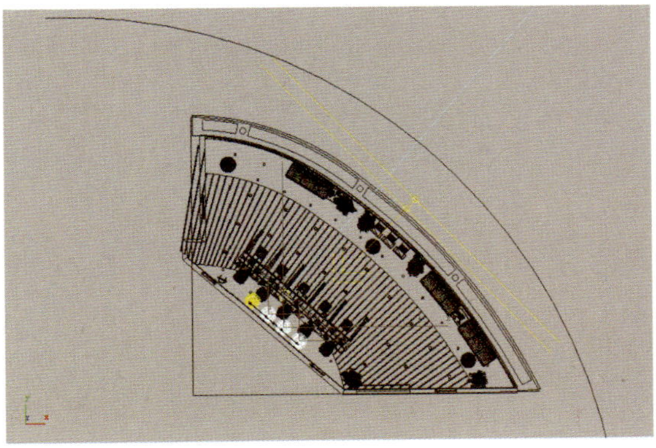
图11.26

图11.27

上面已经对场景的灯光进行了布置，最终测试结果比较好，测试完灯光效果后，下面进行材质设置。

11.3 设置场景材质

Step 01 设置窗玻璃的材质。按M键打开“材质编辑器”对话框，选择一个空白材质球，单击 Standard 按钮，在打开的“材质/贴图浏览器”对话框中选择 VRayMtl 材质，将材质命名为“窗玻璃”，参数设置如图11.28所示。取消前面对物体“窗玻璃”的隐藏，将其材质指定给物体“窗玻璃”。

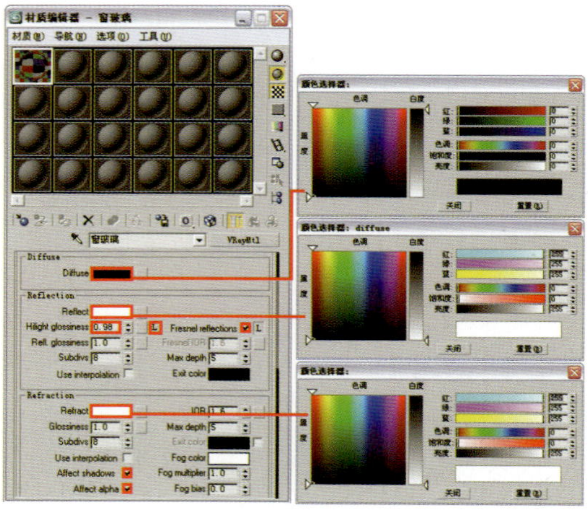

图11.28

Step 02 设置窗户外景的材质。选择一个空白材质球，将其设置为 VRayLightMtl 材质，并将材质命名为“外景”，参数设置如图11.29所示。

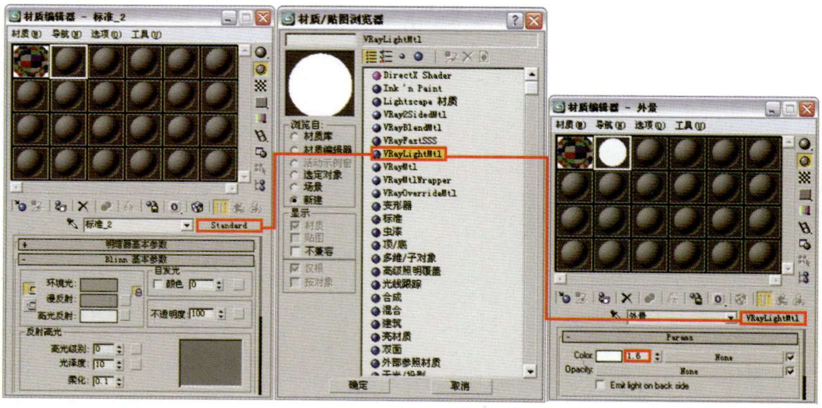

图11.29

Step 03 在 VRayLightMtl 材质层级中单击“Color”右侧的贴图通道按钮，为其添加一个“位图”贴图，参数设置如图11.30所示。贴图文件为本书配套光盘中提供的“第11章\贴图\环境.jpg”文件。

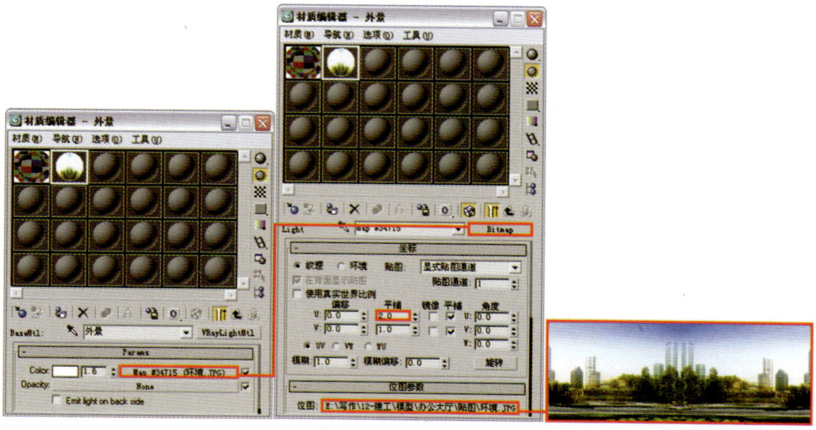

图11.30

Step 04 返回 VRayLightMtl 材质层级，单击 VRayLightMtl 按钮，为其添加一个 VRayMtlWrapper（VRay材质包裹），操作及参数设置如图11.31所示。

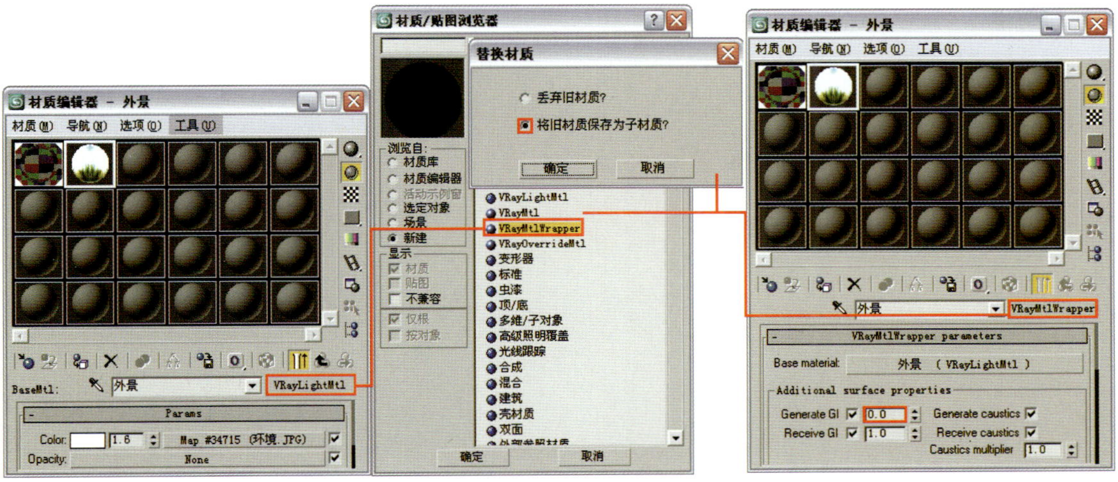

图11.31

Step 05 将材质指定给物体“外景”，对摄像机视图进行渲染，窗玻璃及外景效果如图11.32所示。

图11.32

Step 06 设置地砖的材质。选择一个空白材质球，将其材质设置为“VRayMtl”材质，并将其命名为“地砖”，然后单击“Diffuse”右侧的贴图通道按钮，为其指定一个“位图”贴图，具体参数设置如图11.33所示。贴图文件为本书配套光盘中提供的“第11章\贴图\地砖013.jpg”文件。

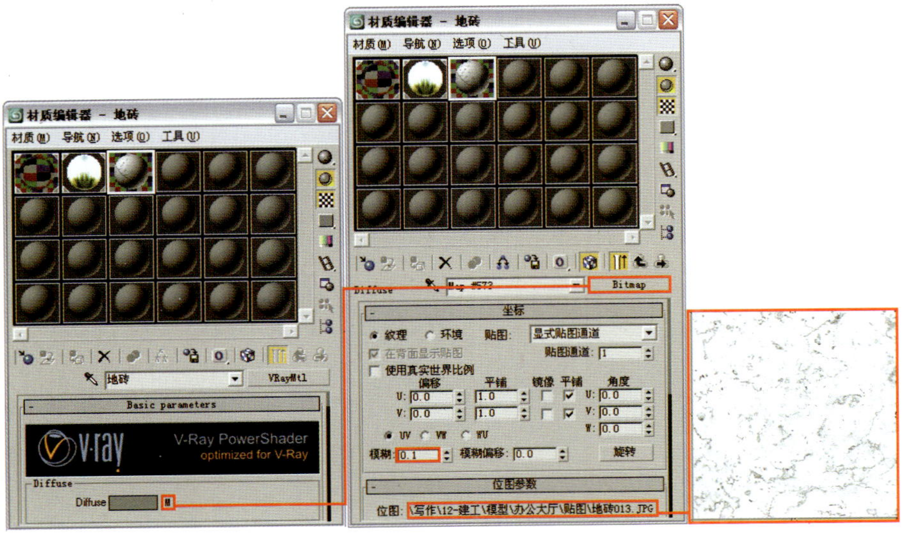

图11.33

Step 07 返回“VRayMtl”材质层级，单击“Reflect”右侧的贴图通道按钮，为其添加一个“衰减”程序贴图，参数设置如图11.34所示。

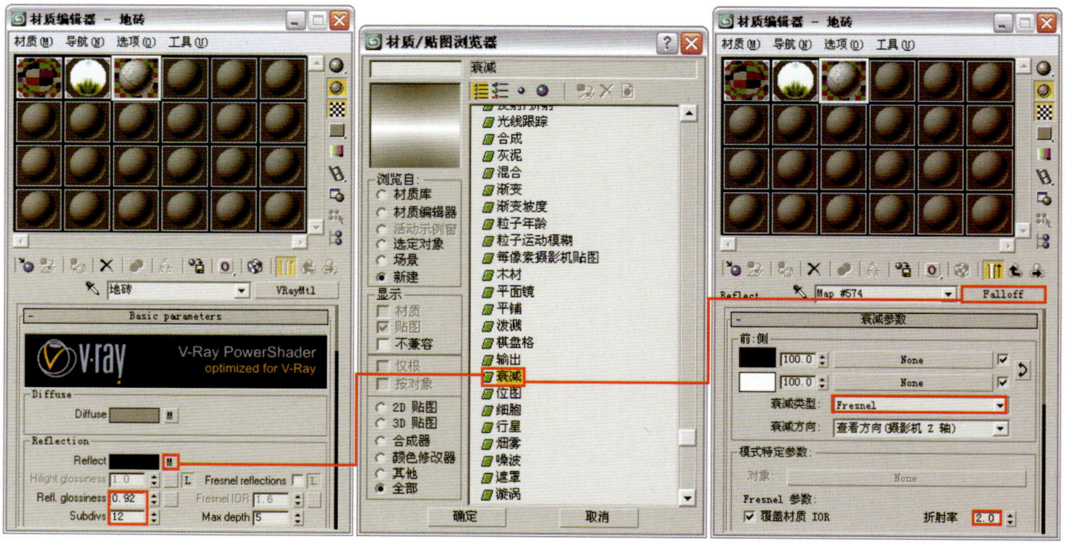

图11.34

Step 08 再次返回“VRayMtl”材质层级，在“Maps（贴图）”卷展栏中将“Diffuse”右侧的贴图通道按钮拖动到“Bump”右侧的“None”贴图通道按钮上，以“实例”方式进行关联复制，具体操作如图11.35所示。最后将材质指定给物体“地面”，渲染效果如图11.36所示。

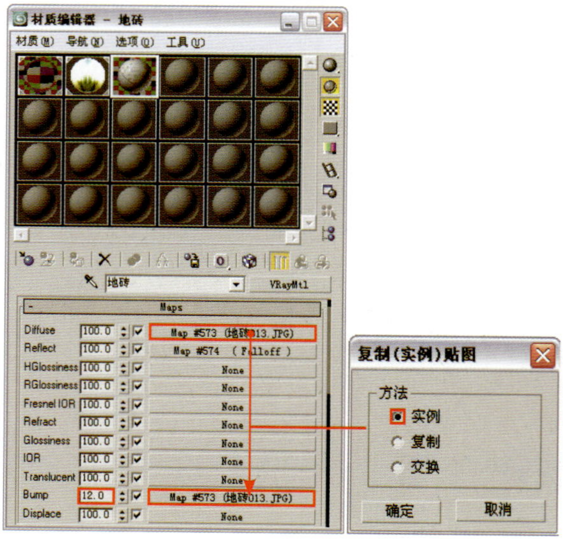

图11.35

图11.36

Step 09 设置吊顶的乳胶漆材质。选择一个空白材质球，将其材质设置为“VRayMtl”材质，并将其命名为“浅蓝乳胶漆”，参数设置如图11.37所示。将材质指定给物体“吊顶”，渲染效果如图11.38所示。

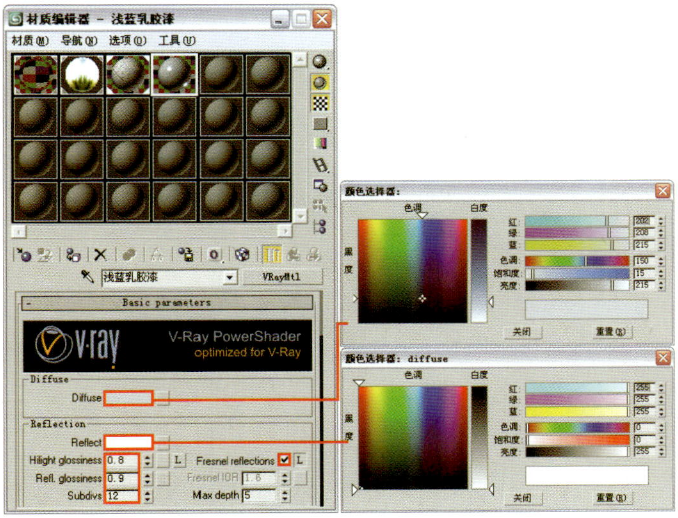

图11.37　　图11.38

Step 10 设置墙面的花岗岩材质。选择一个空白材质球，将其材质设置为“VRayMtl”材质，并将其命名为“石材01”，然后单击“Diffuse”右侧的贴图通道按钮，为其指定一个“位图”贴图，具体参数设置如图11.39所示，贴图文件为本书配套光盘中提供的“第11章\贴图\granite_02.jpg”文件。

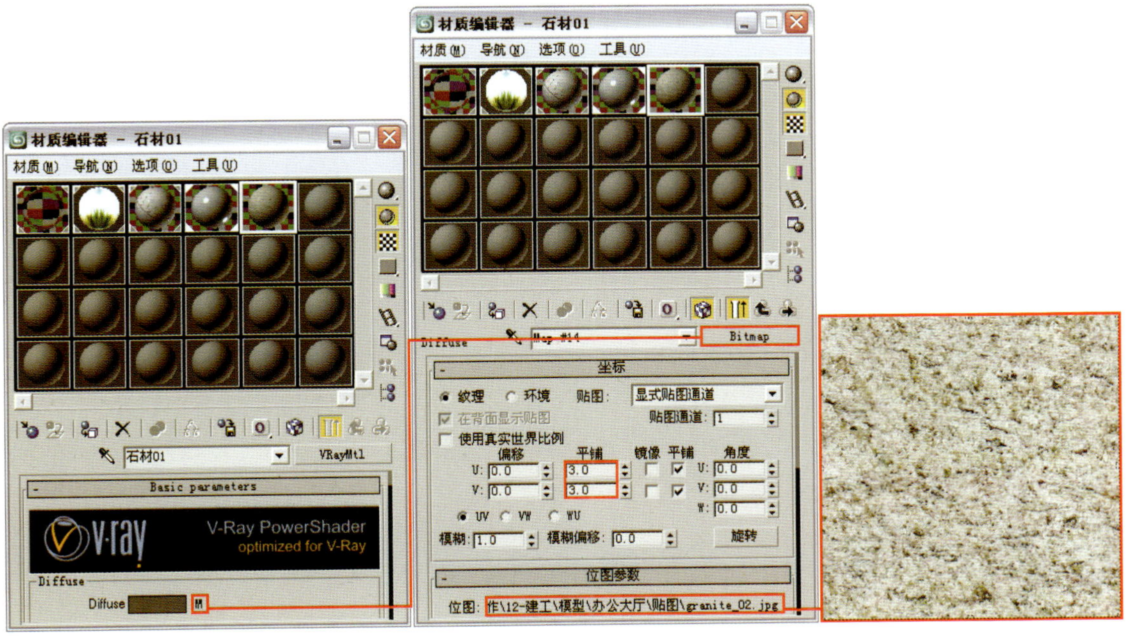

图11.39

Step 11 返回“VRayMtl”材质层级，单击“Reflect”右侧的贴图通道按钮，为其添加一个“衰减”程序贴图，参数设置如图11.40所示。

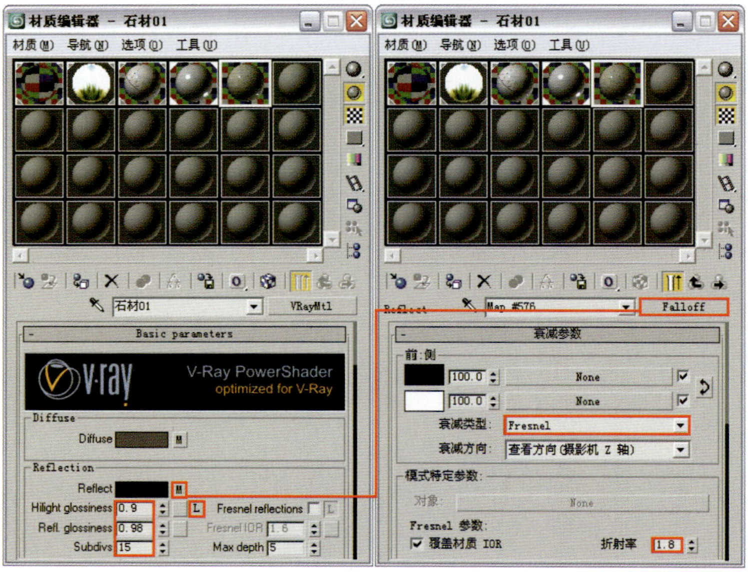

图11.40

Step 12 再次返回“VRayMtl”材质层级，在“Maps（贴图）”卷展栏中将“Diffuse”右侧的贴图通道按钮拖动到“Bump”右侧的“None”贴图通道按钮上，以“实例”方式进行关联复制，具体操作如图11.41所示。最后将材质指定给物体“墙体”，渲染效果如图11.42所示。

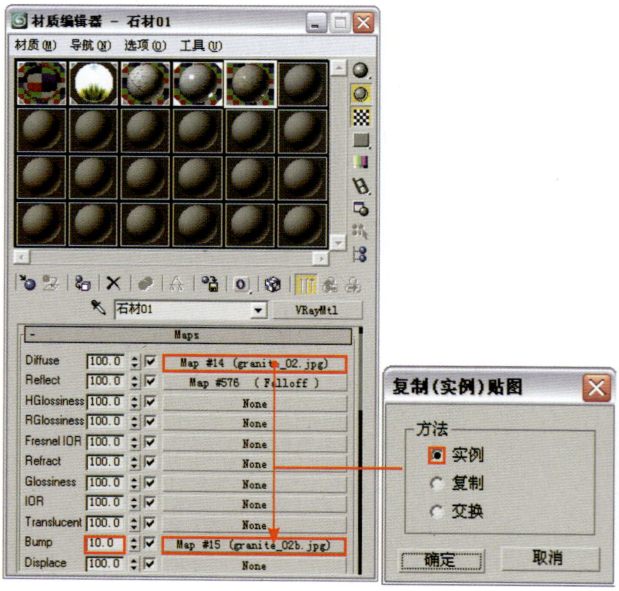

图11.41

图11.42

Step 13 设置柱子等的白色大理石材质。选择一个空白材质球，将其材质设置为“VRayMtl”材质，并将其命名为“石材02”，然后单击“Diffuse”右侧的贴图通道按钮，为其指定一个“位图”贴图，具体参数设置如图11.43所示。贴图文件为本书配套光盘中提供的“第11章\贴图\爵士白.jpg”。

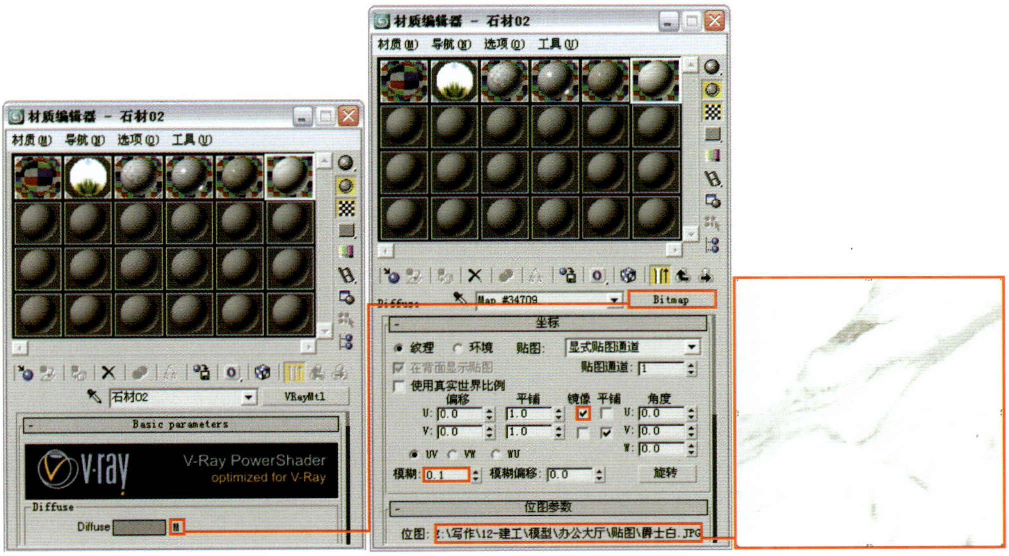

图11.43

Step 14 再次返回“VRayMtl”材质层级，单击“Reflect”右侧的贴图通道按钮，为其添加一个“衰减”程序贴图，参数设置如图11.44所示。

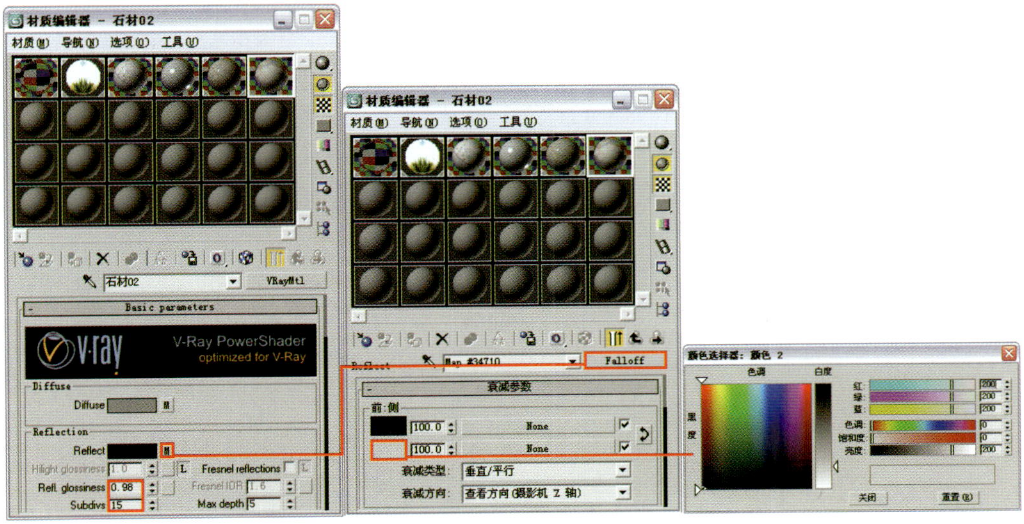

图11.44

Step 15 将材质指定给物体“石材制品02”，渲染效果如图11.45所示。

Step 16 设置另一种啡网纹大理石材质。选择一个空白材质球，将材质设置为“VRayMtl”材质，并将其命名为“石材03”，然后单击“Diffuse”右侧的贴图通道按钮，为其指定一个“位图”贴图，具体参数设置如图

图11.45

11.46所示。贴图文件为本书配套光盘中提供的“第11章\贴图\黑蝴蝶.jpg”文件。

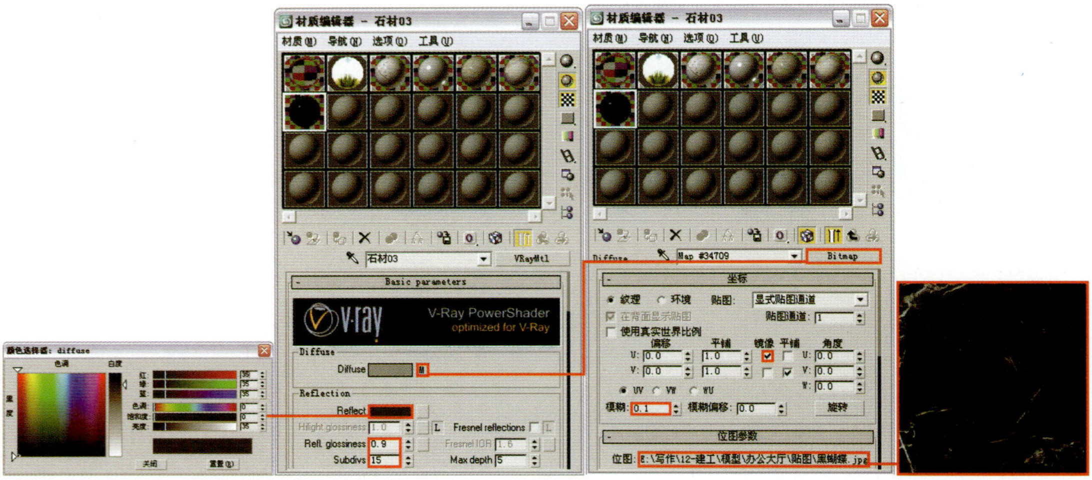

图11.46

Step 17 将材质指定给物体“石材制品03”，渲染效果如图11.47所示。

Step 18 设置作门及门套的木质材质。选择一个空白材质球，将其材质设置为“VRayMtl”材质，并将其命名为“清油木质01”，然后单击“Diffuse”右侧的贴图通道按钮，为其指定一个“位图”贴图，具体参数设置如图11.48所示，贴图文件为本书配套光盘中提供的“第11章\贴图\wood4.jpg”文件。

图11.47

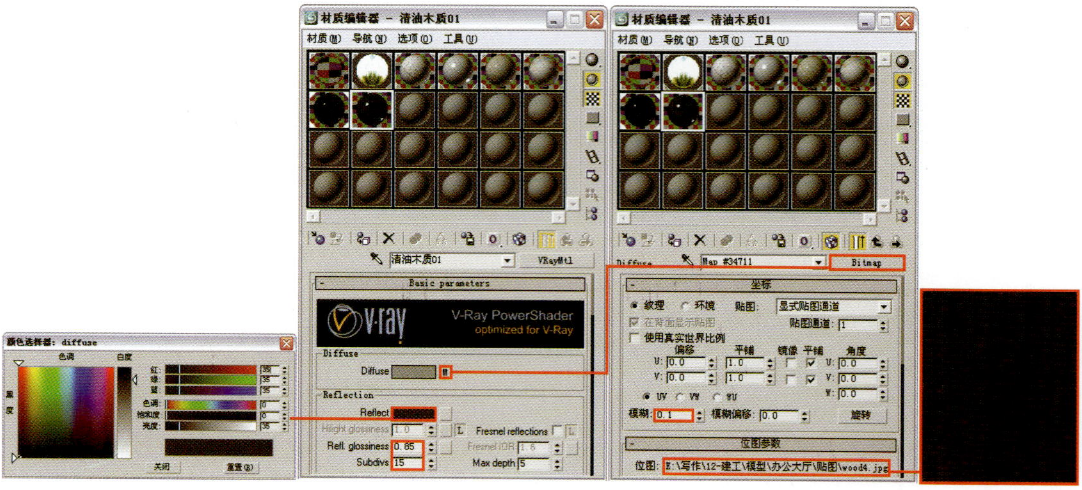

图11.48

Step 19 返回“VRayMtl”材质层级，在“Maps（贴图）”卷展栏中将“Diffuse”右侧的贴图通道按钮拖动到“Bump”右侧的“None”贴图通道按钮上，以“实例”方式进行关联复制，具体操作如图11.49所示。最后将材质指定给物体“门”，渲染效果如图11.50所示。

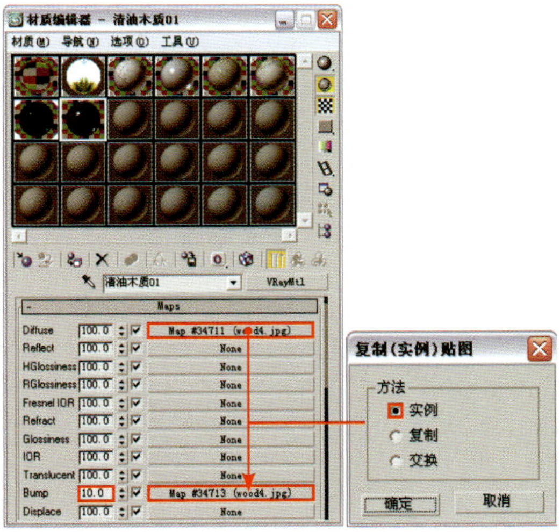

图11.49

图11.50

Step 20 设置用于办公桌柜的浅色木质材质。选择一个空白材质球，将其材质设置为“VRayMtl”材质，并将其命名为“清油木质02”，然后单击“Diffuse”右侧的贴图通道按钮，为其指定一个“位图”贴图，具体参数设置如图11.51所示。贴图文件为本书配套光盘中提供的“第11章\贴图\wood016.jpg”文件。

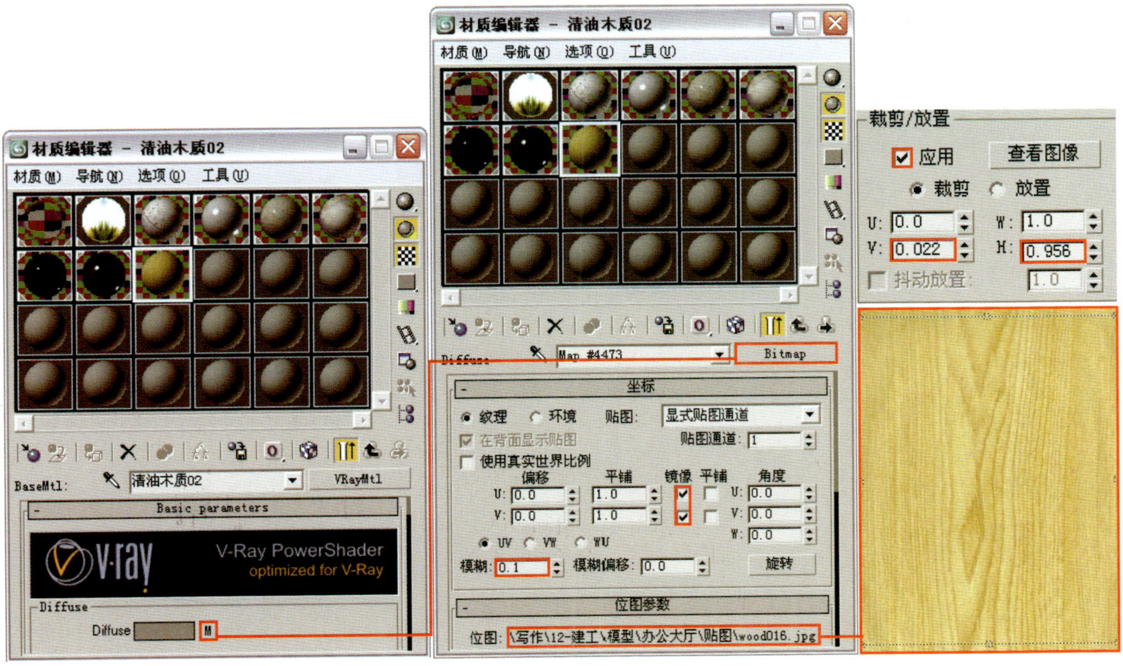

图11.51

Step 21 返回“VRayMtl”材质层级，单击“Reflect”右侧的贴图通道按钮，为其添加一个“衰减”程序贴图，参数设置如图11.52所示。

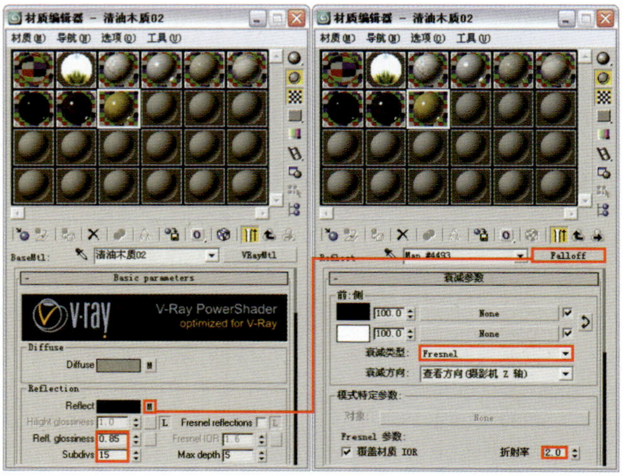

图11.52

Step 22 再次返回“VRayMtl”材质层级，单击 VRayMtl 按钮，为其添加一个 VRayMtlWrapper（VRay材质包裹），参数设置如图11.53所示。最后将材质指定给物体“办公桌”，对摄像机视图Camera02进行渲染，效果如图11.54所示。

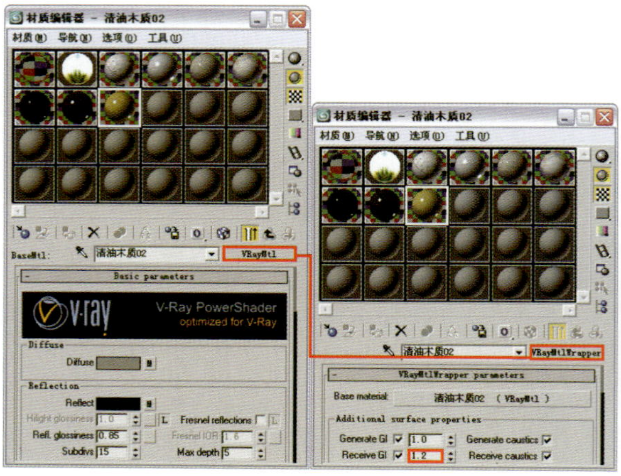

图11.53

图11.54

Step 23 设置沙发及办公椅的皮革材质。选择一个空白材质球，将其材质设置为“VRayMtl”材质，并将其命名为“黑皮革”，参数设置如图11.55所示。

Step 24 返回“VRayMtl”材质层级，在“Maps（贴图）”卷展栏中单击“Bump”右侧的贴图通道按钮，为其添加一个“位图”贴图，参数设置如图11.56所示。贴图文件为本书配套光盘中提供的“第11章\贴图\leather_bump.jpg”文件。

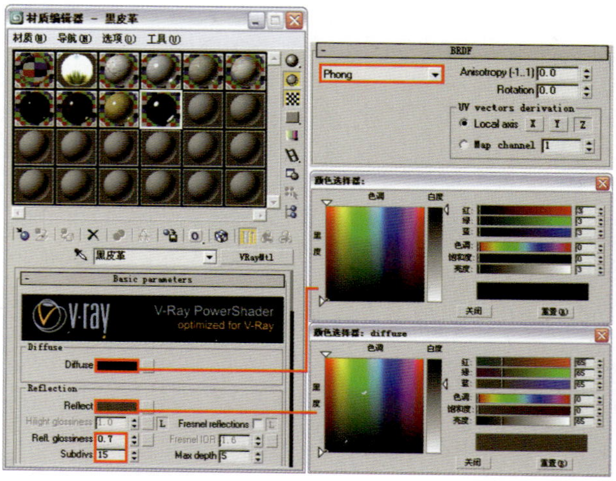

图11.55

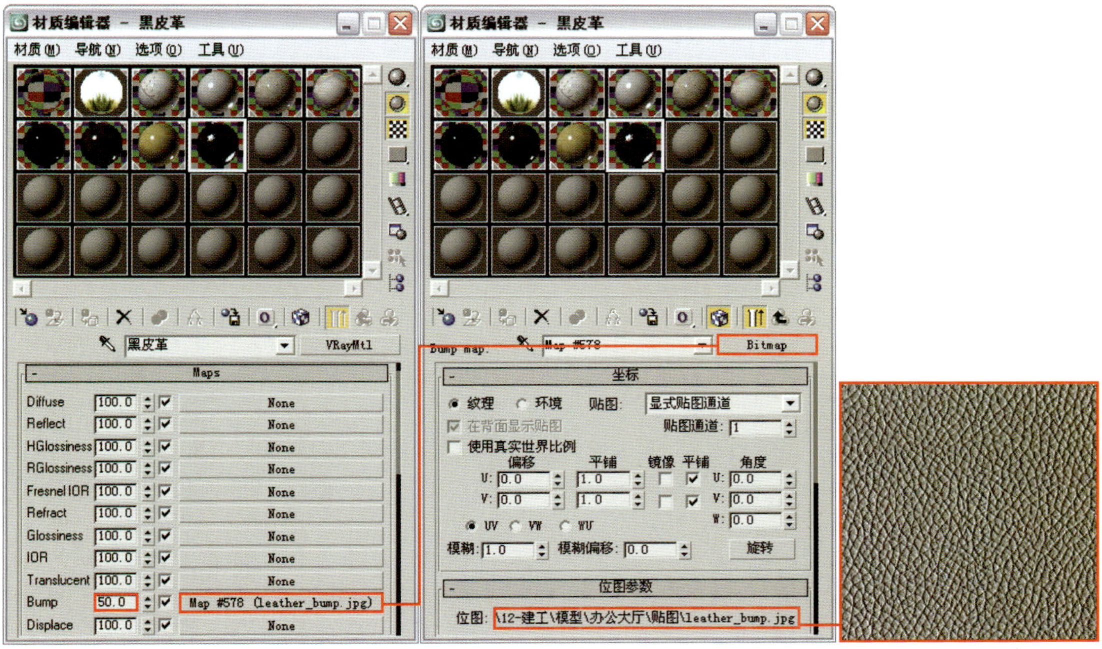

图11.56

Step 25 将材质指定给物体“椅子和沙发”，渲染效果如图11.57所示。

图11.57

Step 26 设置两种不同的金属材质。选择一个空白材质球，将材质设置为“VRayMtl”材质，并将其命名为“金属01”，参数设置如图11.58所示。将材质指定给物体“金属制品01”，渲染效果如图11.59所示。

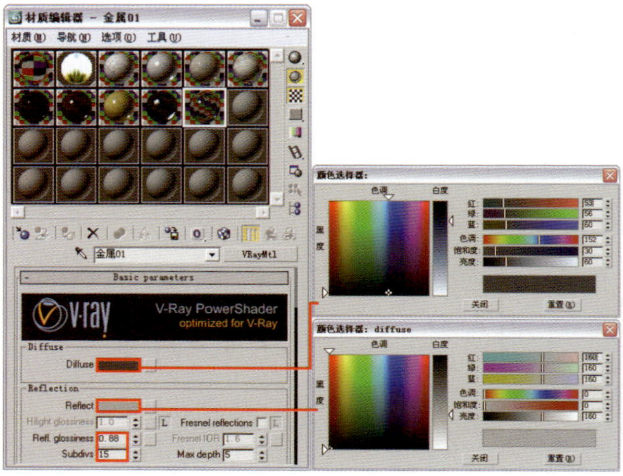

图11.58

图11.59

Step 27 再设置另一种金属材质。选择一个空白材质球，将其材质设置为“VRayMtl”材质，并将其命名为“金属02”，参数设置如图11.60所示。将材质指定给物体“金属制品02”，渲染效果如图11.61所示。

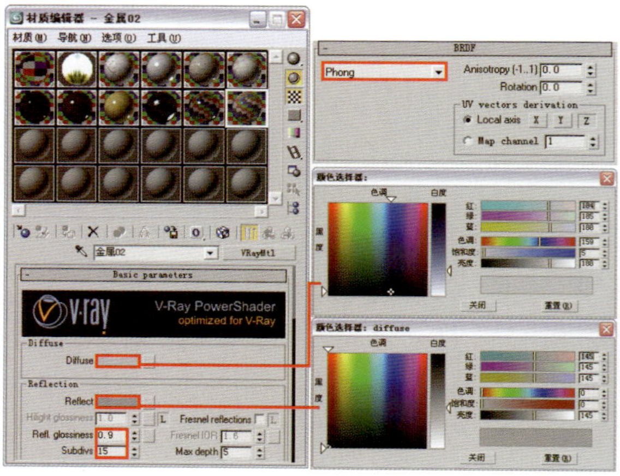

图11.60

图11.61

至此，场景的灯光测试和材质设置都已经完成，观察渲染效果，场景光线比较理想，不需要再调整，下面将对场景进行最终渲染设置。

11.4 最终渲染设置

11.4.1 灯光细分参数设置

Step 01 将场景中用来模拟室外日光的目标平行光的灯光细分值设置为24，如图11.62所示。

Step 02 将场景中模拟室外天光的两盏VRayLight面光源的灯光细分值设置为20，如图11.63所示。

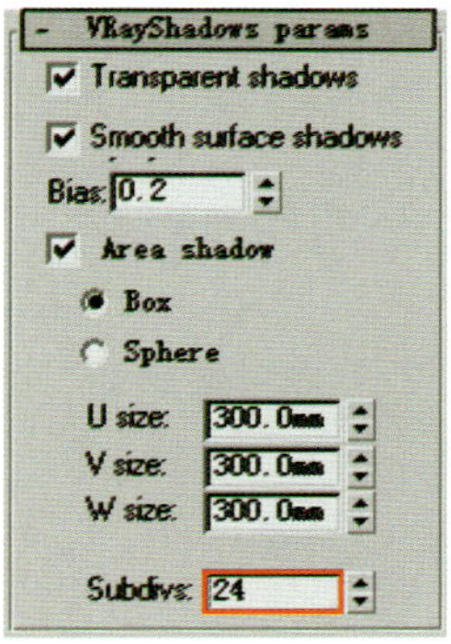

图11.62

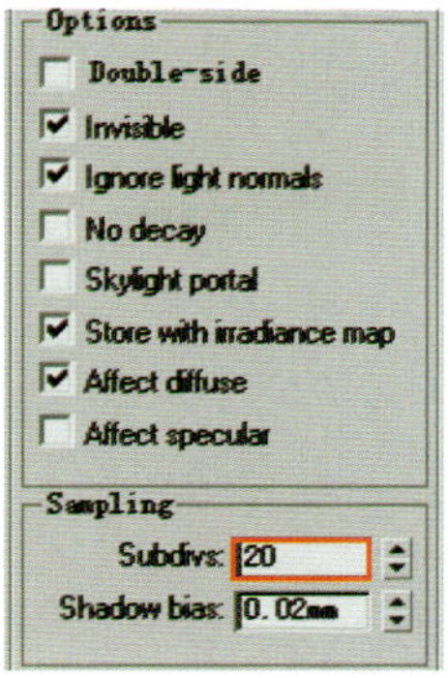

图11.63

11.4.2 设置保存发光贴图和灯光贴图的渲染参数

在前几章中已经多次讲解保存发光贴图和灯光贴图的方法，这里就不再重复，只对渲染级别设置进行讲解。

Step 01 在V-Ray:: Irradiance map卷展栏中参数设置，如图11.64所示。

Step 02 在V-Ray:: Light cache卷展栏中参数设置，如图11.65所示。

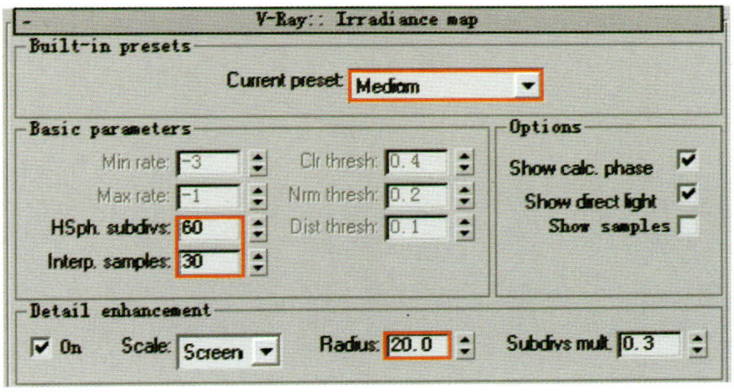

图11.64

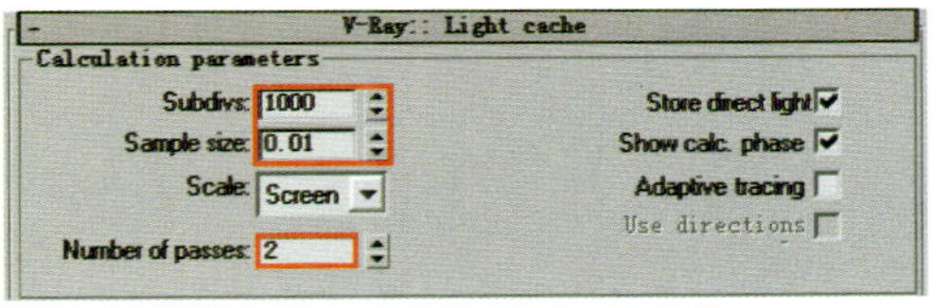

图11.65

Step 03 在V-Ray:: rQMC Sampler（准蒙特卡罗采样器）卷展栏中设置参数，如图11.66所示，这是模糊采样设置。

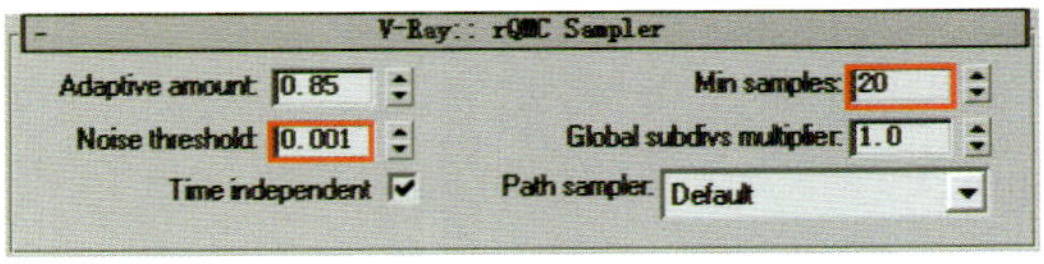

图11.66

渲染级别设置完成后，最后设置保存发光贴图和灯光贴图的参数并进行渲染即可。

11.4.3 最终成品渲染

最终成品渲染的参数设置如下。

Step 01 发光贴图和灯光贴图计算完毕后，在“渲染场景”对话框的“公用”选项卡中设置最终渲染图像的输出尺寸，如图11.67所示。

Step 02 在V-Ray:: Image sampler (Antialiasing)卷展栏中设置抗锯齿和过滤器参数，如图11.68所示。

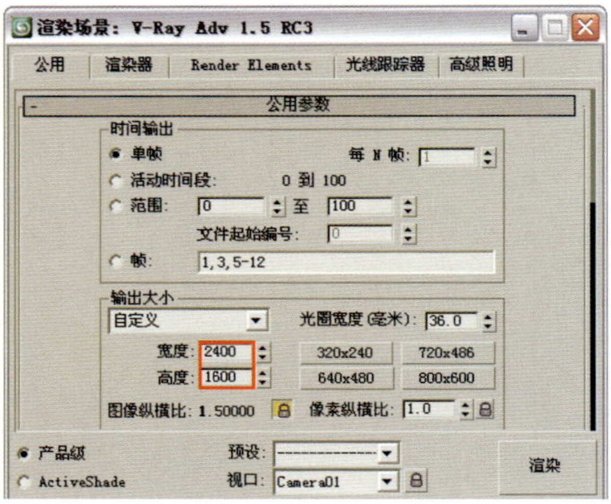

图11.67

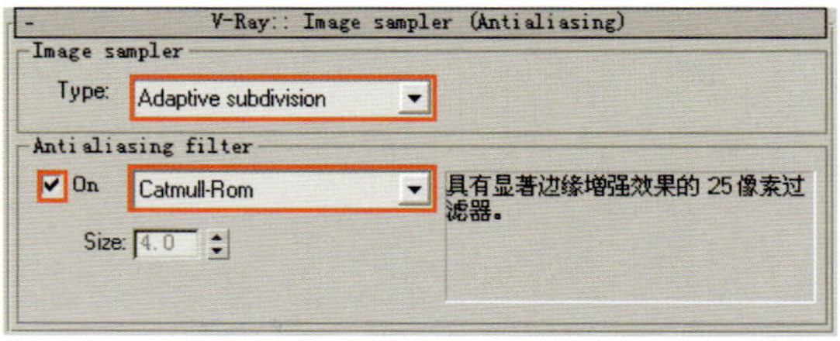

图11.68

Step 03 最终渲染效果如图11.69所示。

图11.69

最后使用Photoshop软件对图像的亮度、对比度以及饱和度进行调整，使效果更加生动、逼真。在前面几章中已经多次对后期处理的方法进行了讲解，在此不再赘述。后期处理后的最终效果如图11.70所示。

图11.70

NOTE

读书笔记

12

第12章 现代会议室

光盘\第12章 /光盘路径

★★★★★ /操作难度

现代 /设计风格

12.1 现代会议室空间实例

本章实例展示了一个现代风格的会议室。场景表现的是会议室日光效果，阳光透过窗户射进室内，很好地表现了室内空间的层次和质感，效果如图12.1所示。

图12.1

如图12.2所示为会议室模型的线框效果图。

图12.2

该空间的其他角度渲染效果如图12.3所示。

图12.3

12.2 现代会议室测试渲染设置

打开本书配套光盘中的“第12章\现代会议室源文件.max”场景文件，如图12.4所示，可以看到这是一个已经创建好的会议室场景模型，并且场景中的摄像机已经创建好。

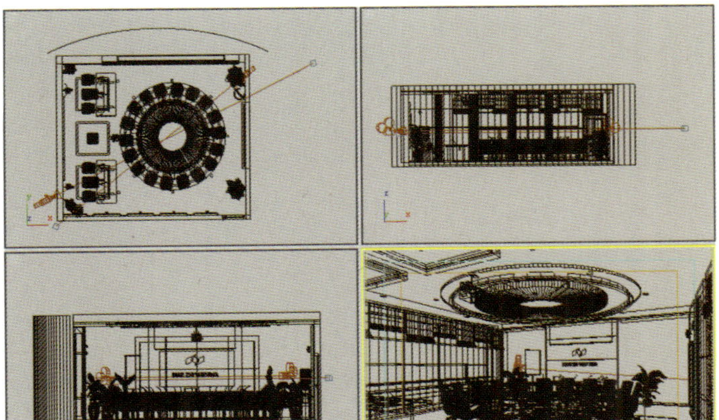

图12.4

下面首先进行测试渲染参数设置，然后为场景布置灯光。灯光布置包括室外日光、天光以及室内人造光源等的创建，其中室外阳光和天光为场景的主要照明光源，对场景的亮度及层次起决定性作用。

12.2.1 设置测试渲染参数

测试渲染参数的设置步骤如下。

Step 01 按F10键打开“渲染场景”对话框，渲染器已经设置为V-Ray Adv 1.5 RC3渲染器，在“公用参数”卷展栏中设置较小的图像尺寸，如图12.5所示。

Step 02 在“渲染器”选项卡的 V-Ray:: Global switches （全局开关）卷展栏中设置参数，如图12.6所示。

图12.5

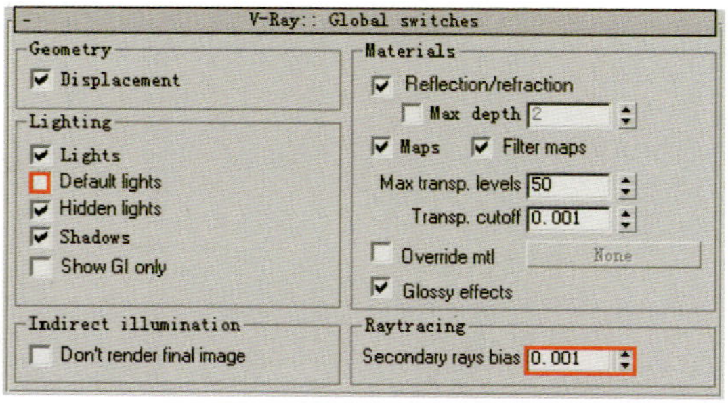

图12.6

Step 03 在 V-Ray:: Image sampler (Antialiasing) （抗锯齿采样）卷展栏中设置参数，如图12.7所示。

Step 04 在 V-Ray:: Indirect illumination (GI) （间接照明）卷展栏中设置参数，如图12.8所示。

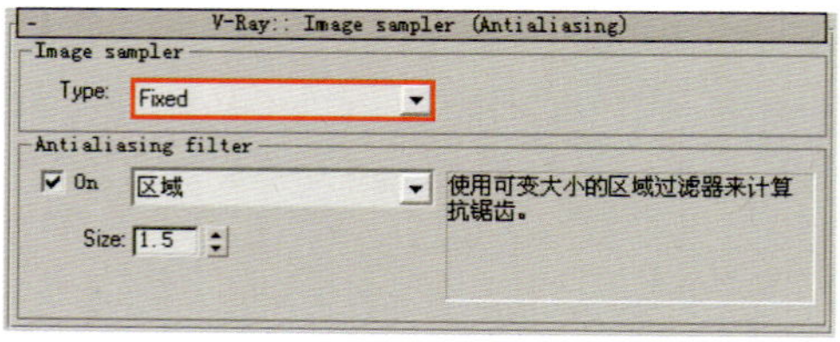

图12.7

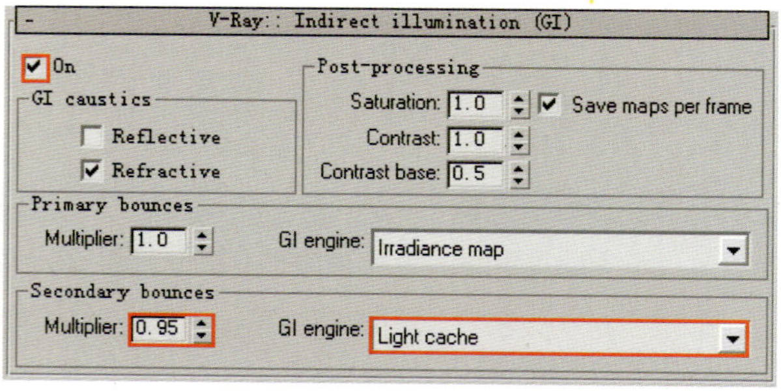

图12.8

Step 05 在 V-Ray:: Irradiance map （发光贴图）卷展栏中设置参数，如图12.9所示。

Step 06 在 V-Ray:: Light cache （灯光缓存）卷展栏中设置参数，如图12.10所示。

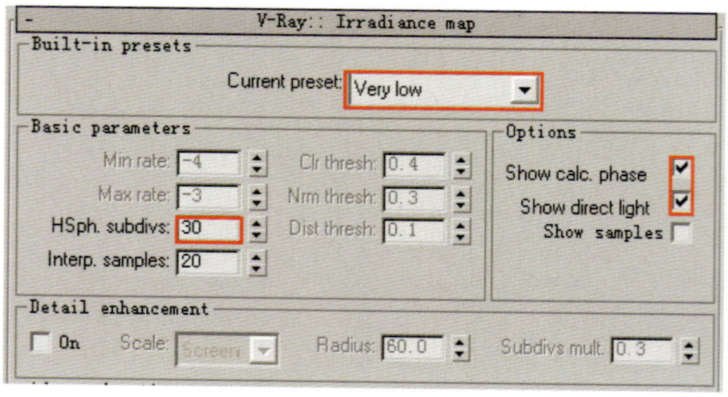

图12.9

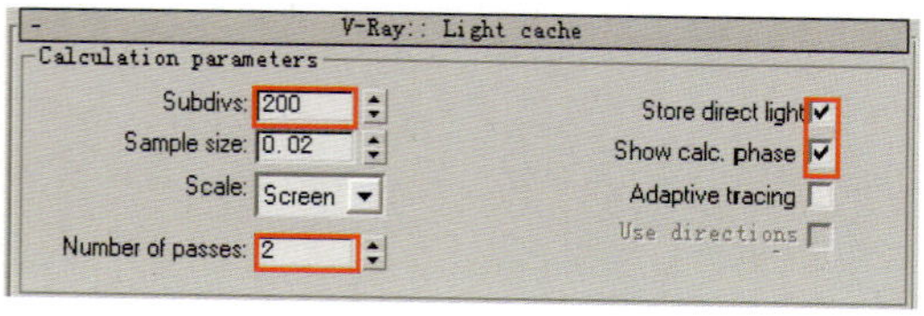

图12.10

12.2.2 布置场景灯光

Step 01 创建室外的日光。在“创建”面板中单击（灯光）按钮，在下拉菜单中选择“标准”选项，然后在“对象类型”卷展栏中单击 目标平行光 按钮，在场景中创建一盏目标平行光来模拟日光透过窗户照射进室内的效果，灯光位置如图12.11所示。

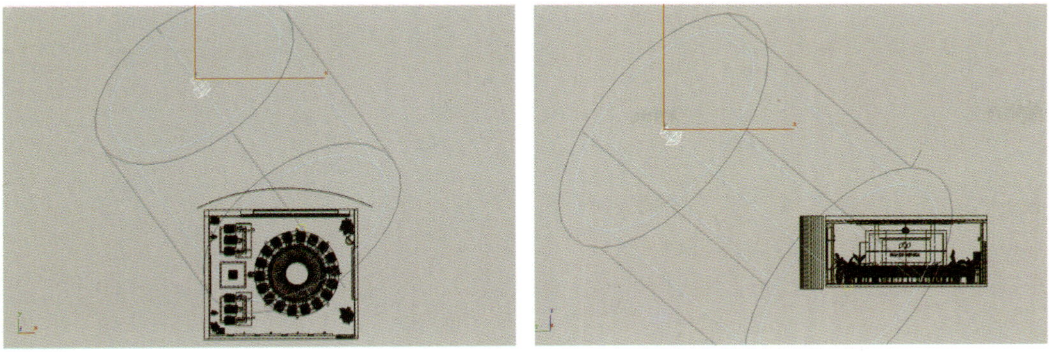

图12.11

Step 02 单击（修改）按钮进入“修改”面板，为刚刚创建的目标平行光Direct01设置参数，如图12.12所示。

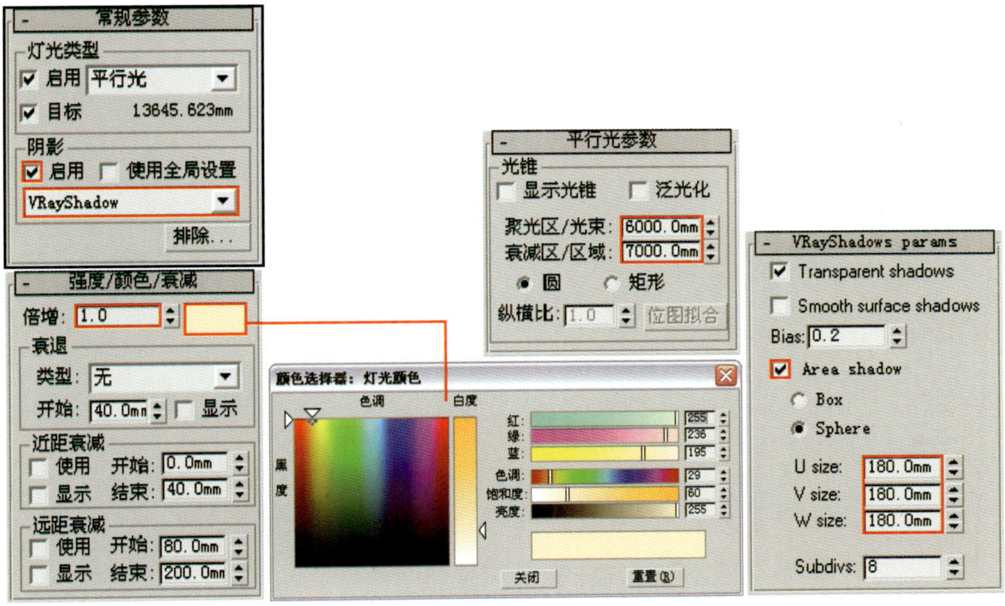

图12.12

Step 03 由于物体“外景”阻挡了阳光，无法照射到室内，所以需要在目标平行光中将其“排除”，参数设置如图12.13所示。

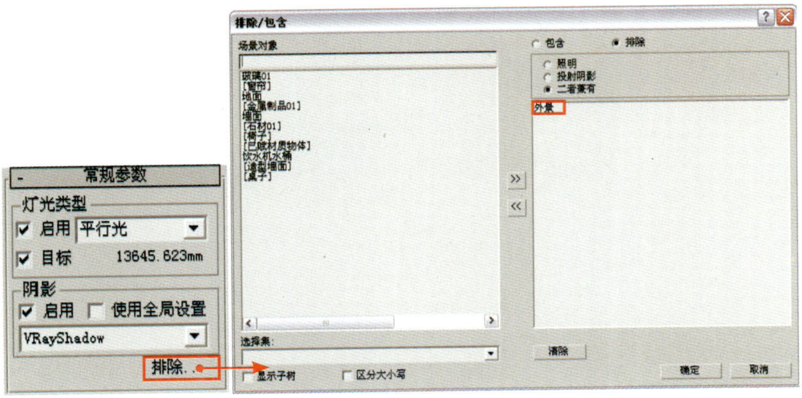

图12.13

Step 04 对摄像机视图Camera01进行渲染，效果如图12.14所示。

Step 05 创建室外的天光。单击（灯光）按钮，在下拉菜单中选择“VRay”选项，然后在“对象类型”卷展栏中单击 VRayLight 按钮，在场景的窗户外部区域创建一盏VRayLight面光源，如图12.15所示。灯光参数设置如图12.16所示。

图12.14

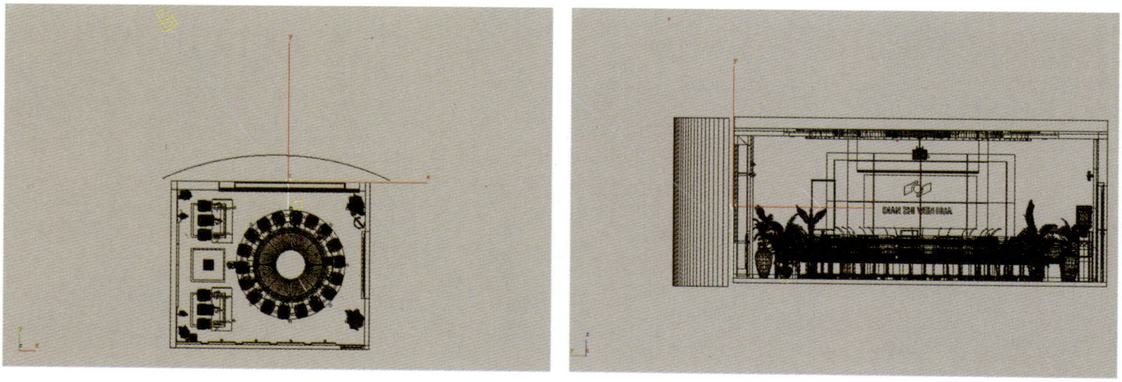

图12.15

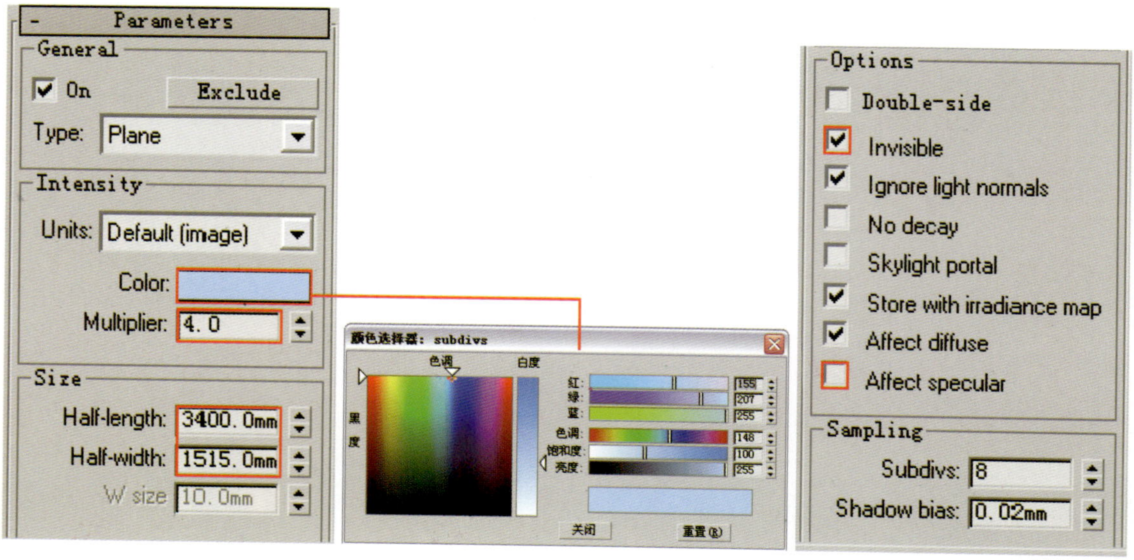

图12.16

Step 06 对摄像机视图进行渲染，效果如图12.17所示。

图12.17

Step 07 室外的天光已创建完毕，下面开始布置室内灯光。首先来模拟圆桌顶部吸顶灯的灯光效果，按照前面讲解的方法，在如图12.18所示的位置创建一盏VRayLight面光源，并设置其参数，如图12.19所示。

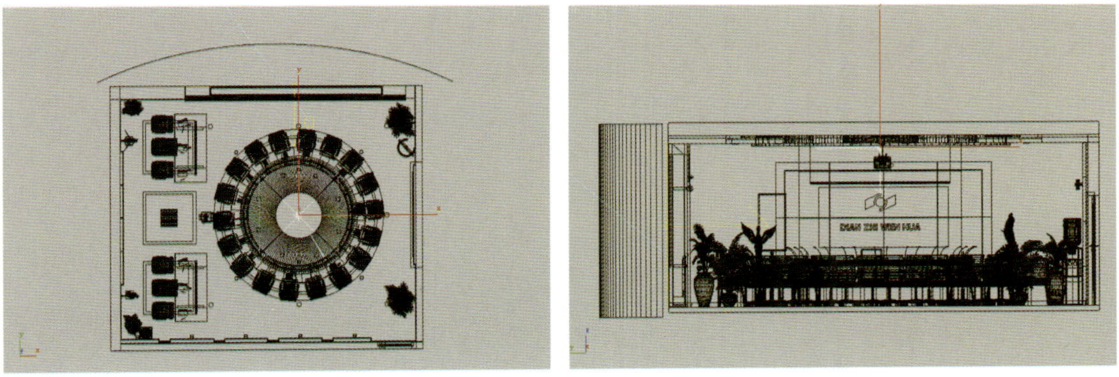

图12.18

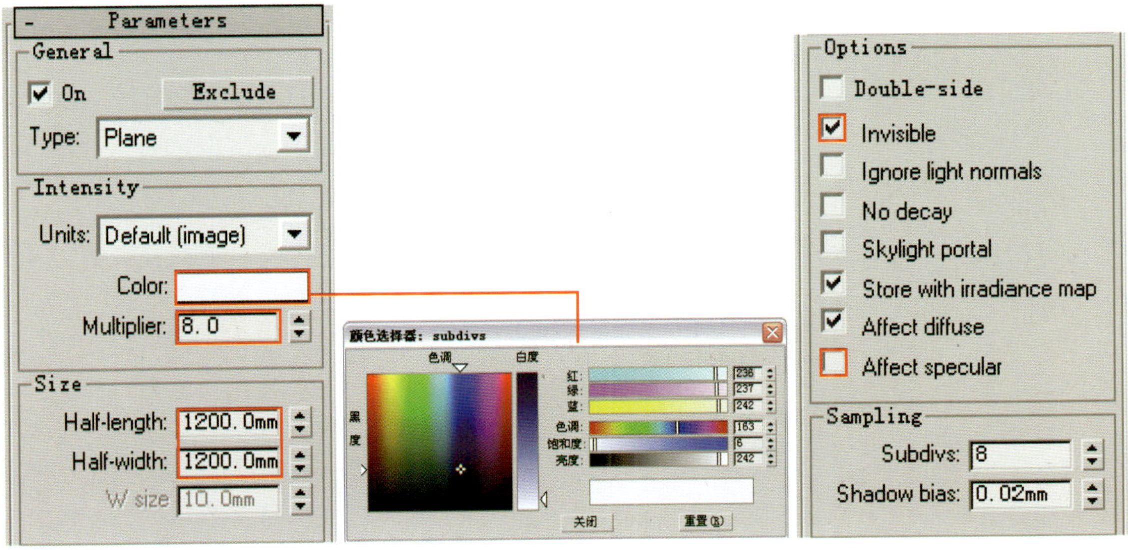

图12.19

Step 08 再次对摄像机视图进行渲染，效果如图12.20所示。

图12.20

Step 09 从渲染画面中可以看到，当前场景靠近窗户处曝光比较严重，下面通过调整场景曝光参数来改善场景亮度。按F10键打开“渲染场景”对话框，在“渲染器”选项卡的 V-Ray:: Color mapping （色彩映射）卷展栏中进行曝光控制，参数设置如图12.21所示。再次渲染效果如图12.22所示。

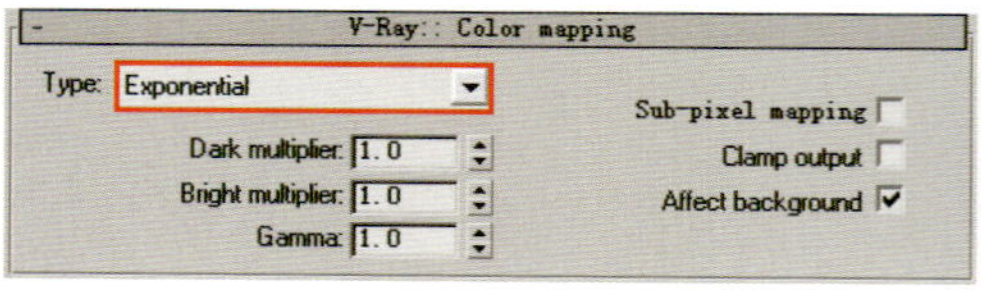

图12.21

图12.22

Step 10 模拟格栅灯的照明效果，在如图12.23所示的位置再创建一盏VRayLight面光源，参数设置如图12.24所示 。

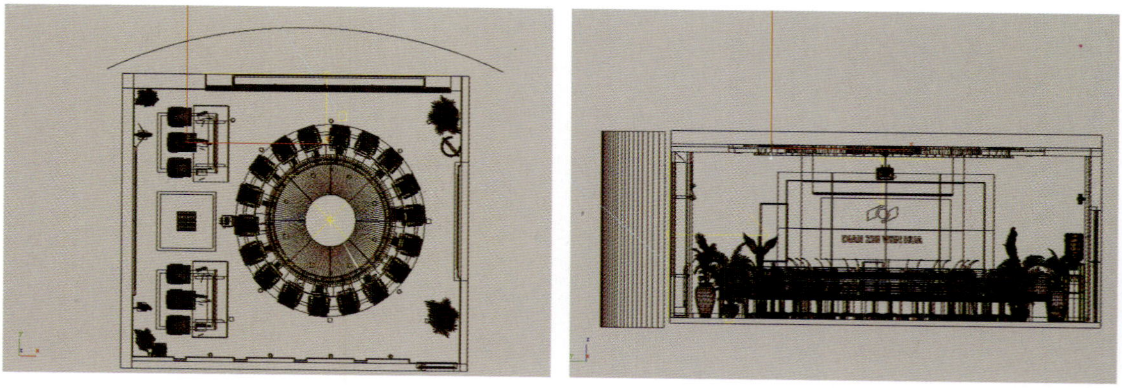

图12.23

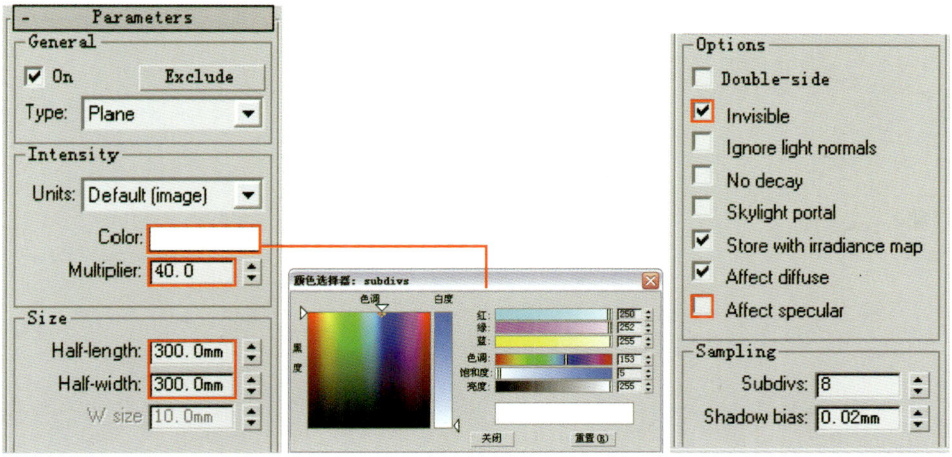

图12.24

Step 11 在顶视图中选中刚刚创建的VRayLight面光源，将其沿Y轴向下以“实例”方式关联复制两盏，位置如图12.25所示。此时进行渲染，效果如图12.26所示。

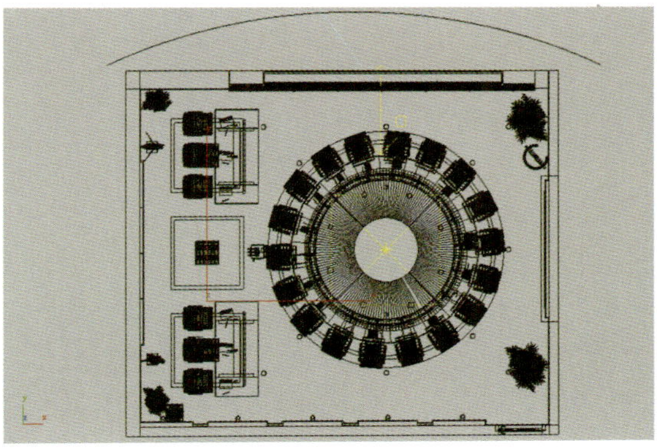

图12.25

图12.26

Step 12 布置顶部的筒灯灯光。单击（灯光）按钮，在下拉菜单中选择“光度学”选项，然后在“对象类型”卷展栏中单击 自由点光源 按钮，在如图12.27所示位置创建一盏自由点光源，并设置其参数，如图12.28所示。光域网文件为本书配套光盘中提供的“第12章\贴图 \16.ies”文件。

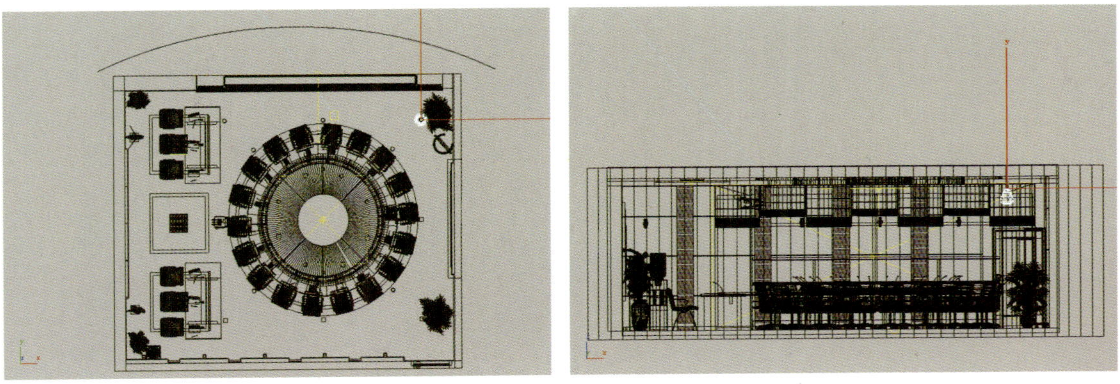

图12.27

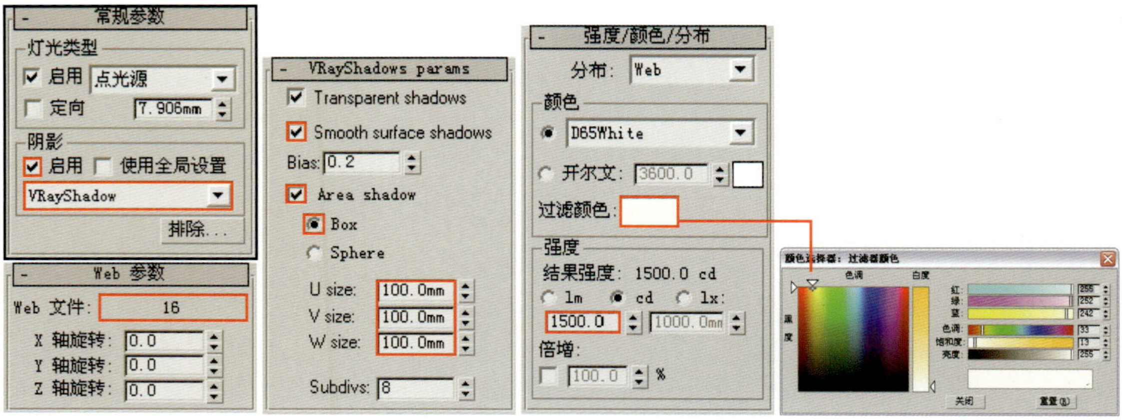

图12.28

Step 13 在顶视图中选择刚刚创建的自由点光源FPoint01，将其以“实例”方式关联复制19盏，使每盏自由点光源与相应的灯光模型一一对应，如图12.29所示。

Step 14 对摄像机视图进行渲染，效果如图12.30所示。

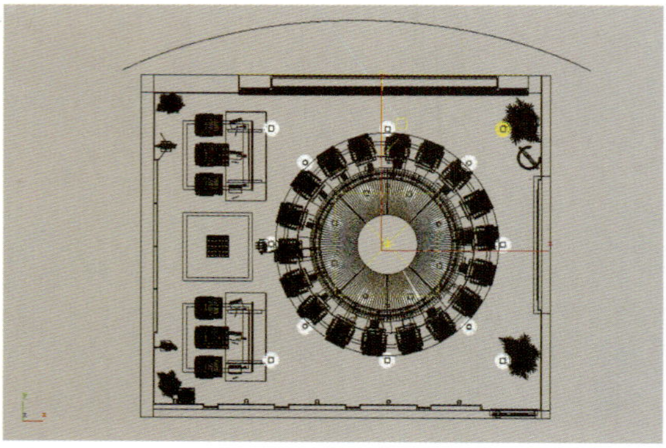

图12.29

图12.30

Step 15 创建墙面壁灯灯光。在如图12.31所示的位置创建一盏自由点光源，参数设置如图12.32所示。光域网文件为本书配套光盘中提供的“第12章\贴图\1.ies”。

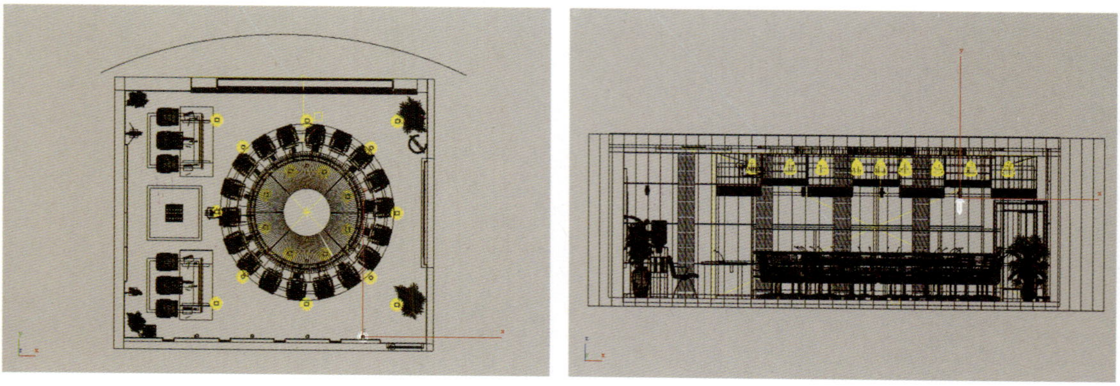

图12.31

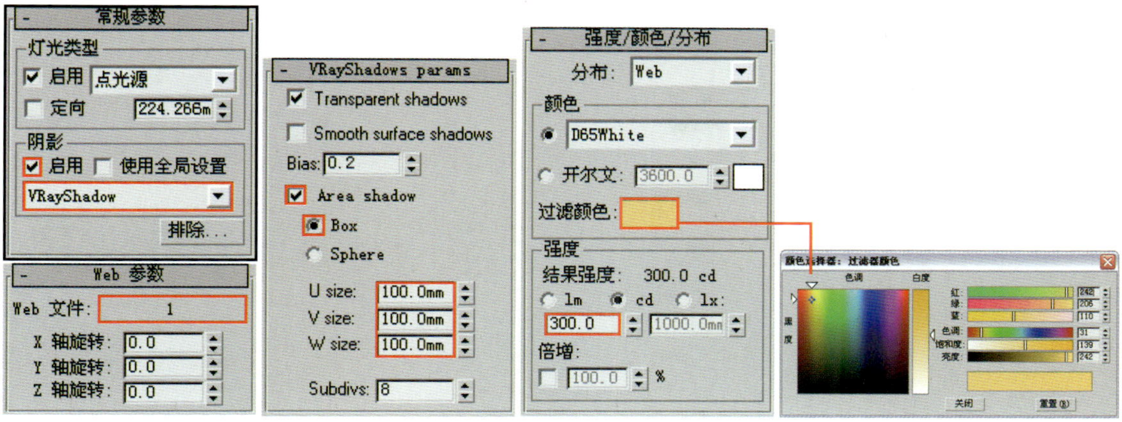

图12.32

Step 16 在前视图中选择刚刚创建的自由点光源FPoint21，使用“主工具栏”中的 （镜像）工具沿Y轴镜像关联复制一盏灯光，如图12.33所示。

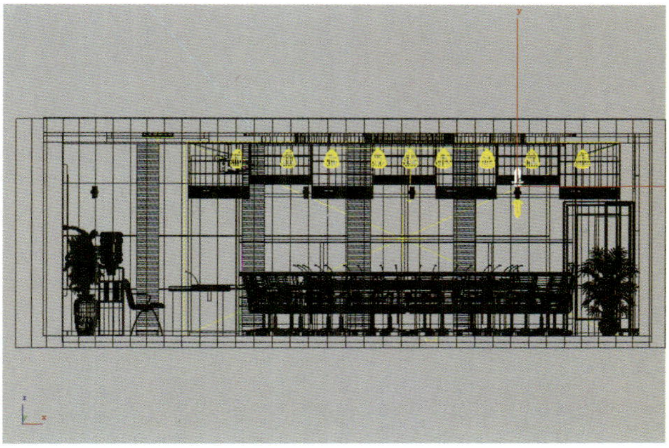

图12.33

Step 17 选择刚刚创建的自由点光源FPoint21和FPoint22，将其作为一组，在顶视图中以“实例”方式关联复制4组，如图12.34所示。对摄像机视图Camera02进行渲染，效果如图12.35所示。

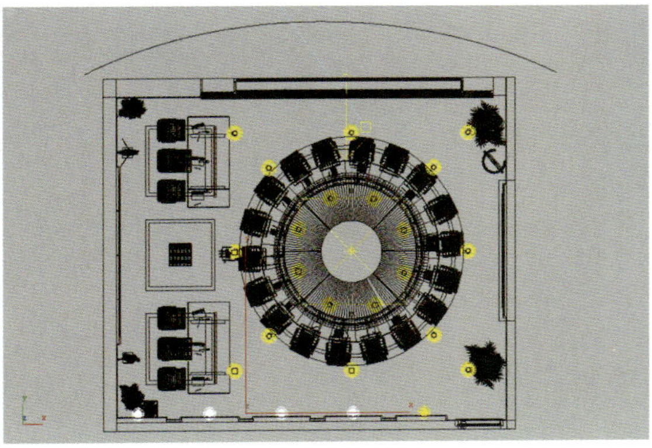

图12.34

图12.35

Step 18 创建背景墙暗藏灯带的灯光效果。在如图12.36所示的位置创建一盏VRayLight面光源，设置其参数如图12.37所示。

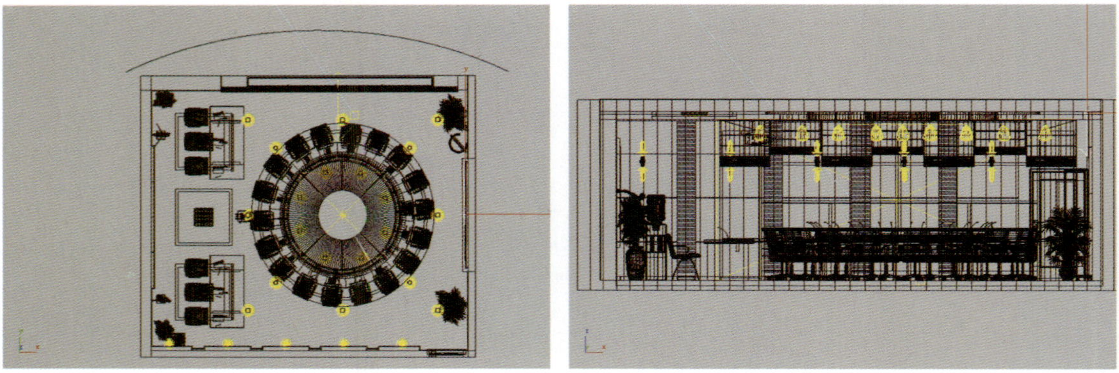

图12.36

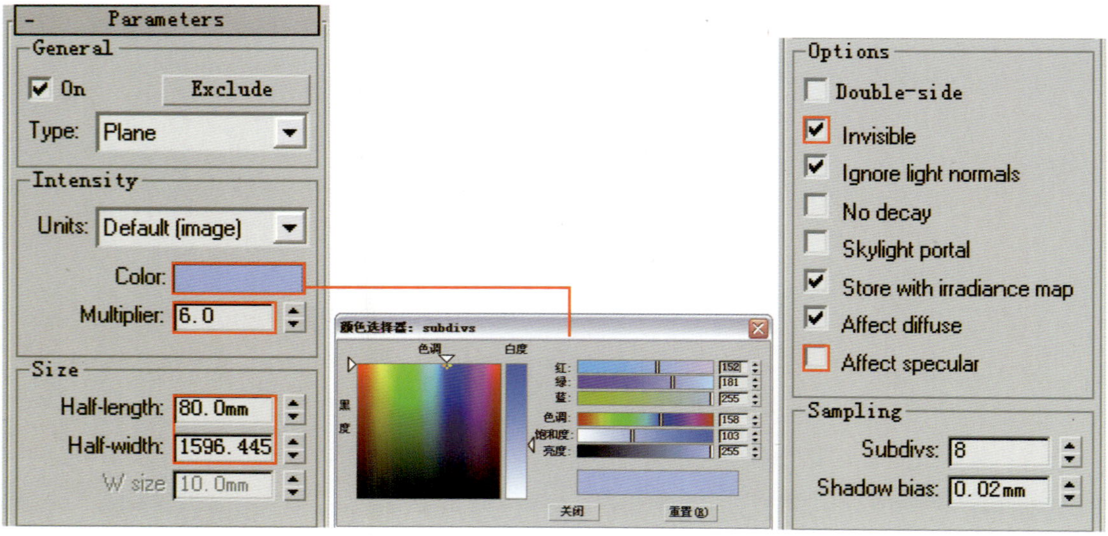

图12.37

Step 19 对摄像机视图进行渲染，效果如图12.38所示。

图12.38

Step 20 创建吊顶灯的灯光效果。在如图12.39所示的位置创建一盏VRayLight面光源，参数设置如图12.40所示。

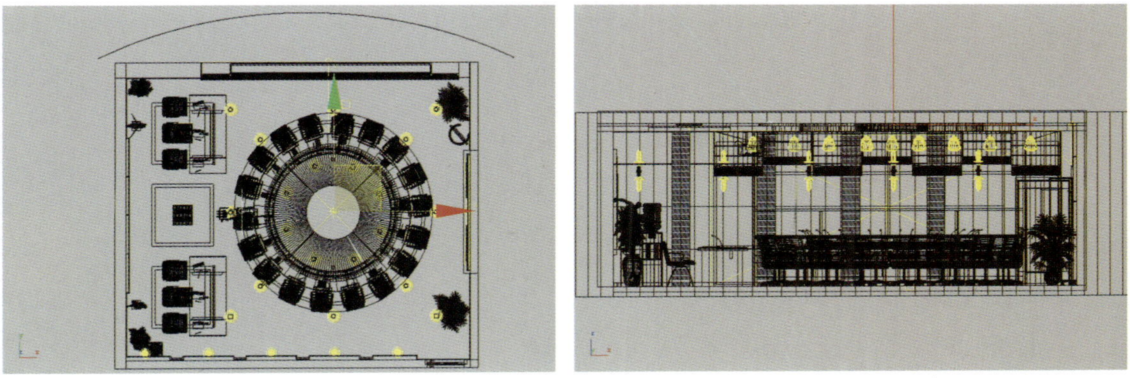

图12.39

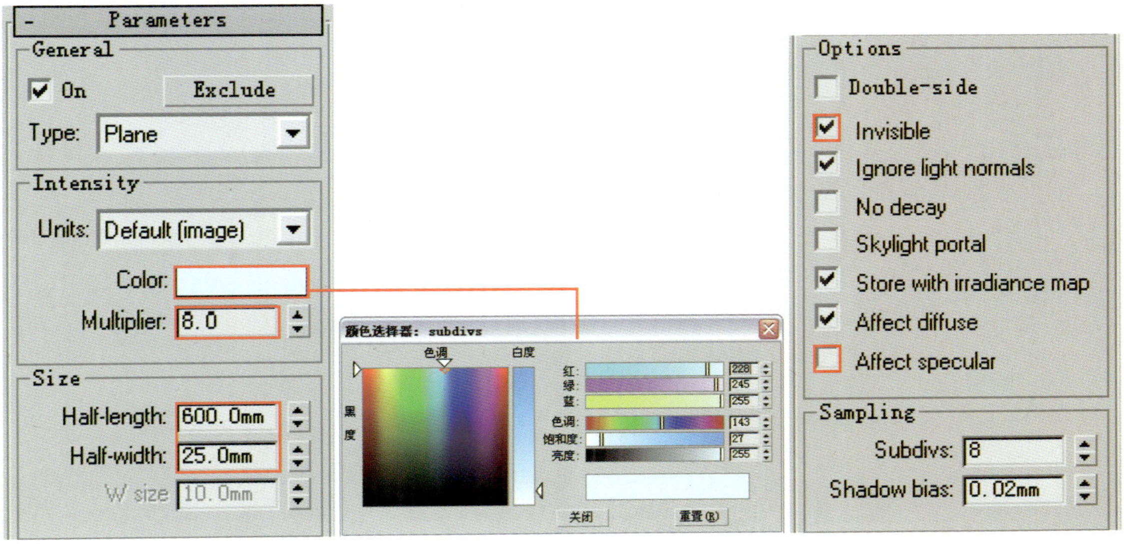

图12.40

Step 21 选择刚刚创建的VRayLight面光源，在顶视图中将其以圆形吊顶的正中心为中心点，以“实例”方式进行旋转关联复制两盏，如图12.41所示。

Step 22 对摄像机视图再次进行渲染，效果如图12.42所示。

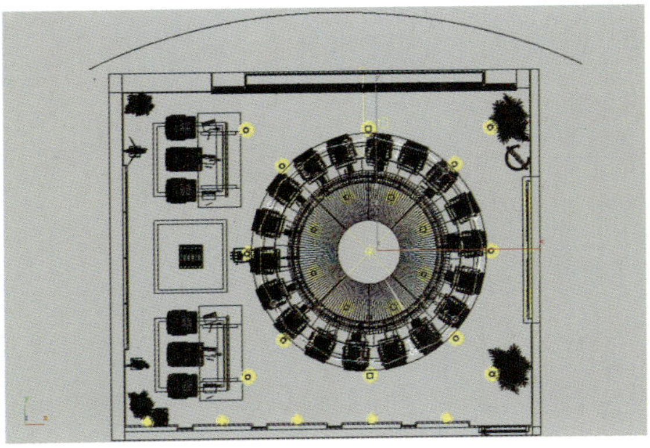

图12.41

图12.42

上面已经对场景的灯光进行了布置，最终测试结果比较好，测试完灯光效果后，下面进行材质设置。

12.3 设置场景材质

12.3.1 设置场景主体材质

Step 01 设置外景的材质。按M键打开“材质编辑器”对话框，选择一个空白材质球，将其设置为VRayLightMtl材质，并将材质命名为“外景”，如图12.43所示。

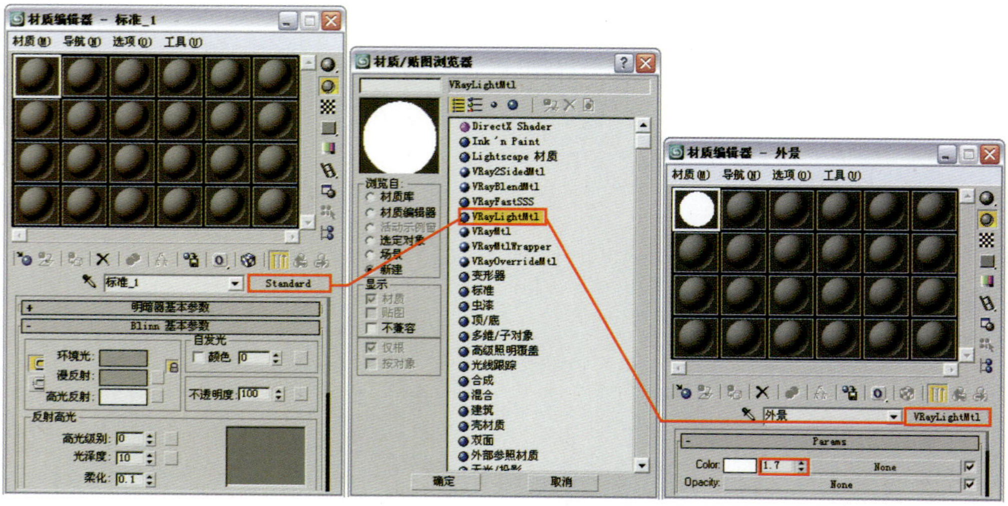

图12.43

Step 02 在VRayLightMtl材质层级中单击“Color”右侧的贴图通道按钮，为其添加一个“位图”贴图，如图12.44所示。贴图文件为本书配套光盘中提供的“第12章\贴图\land043.jpg”文件。

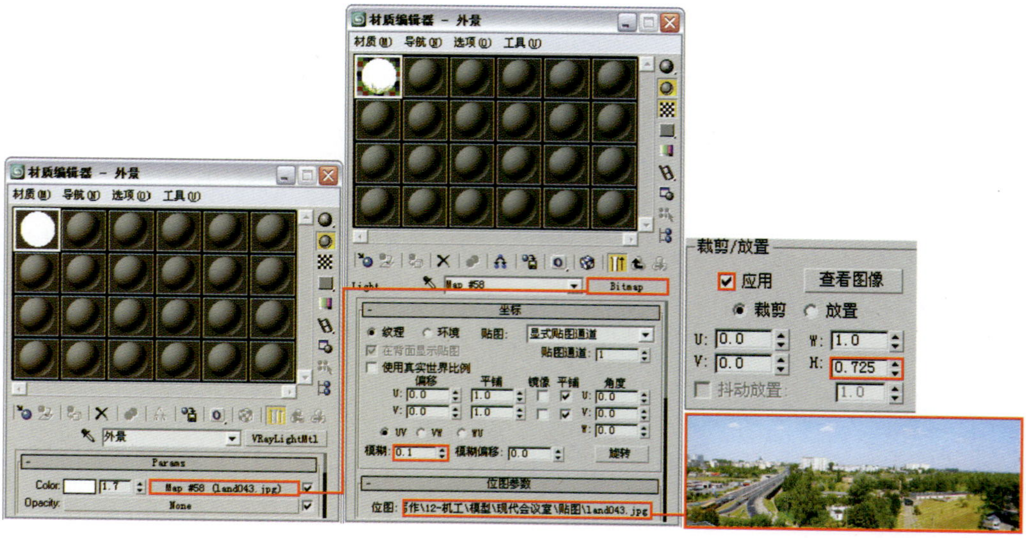

图12.44

Step 03 返回 VRayLightMtl 材质层级，单击 VRayLightMtl 材质通道按钮，再为其添加一个 VRayMtlWrapper（VRay材质包裹），参数设置如图12.45所示。

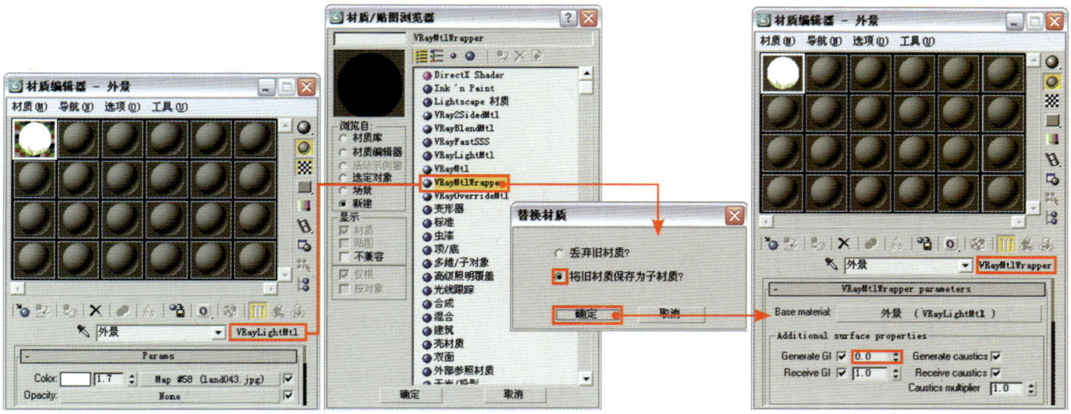

图12.45

Step 04 将材质指定给物体“外景”，渲染效果如图12.46所示。

Step 05 设置窗帘的材质。窗帘材质分为两部分，ID号已设置完毕，在此主要进行材质设置。选择一个空白材质球，将其设置为“多维/子对象”材质，并将材质命名为“窗帘”，具体操作如图12.47所示。

图12.46

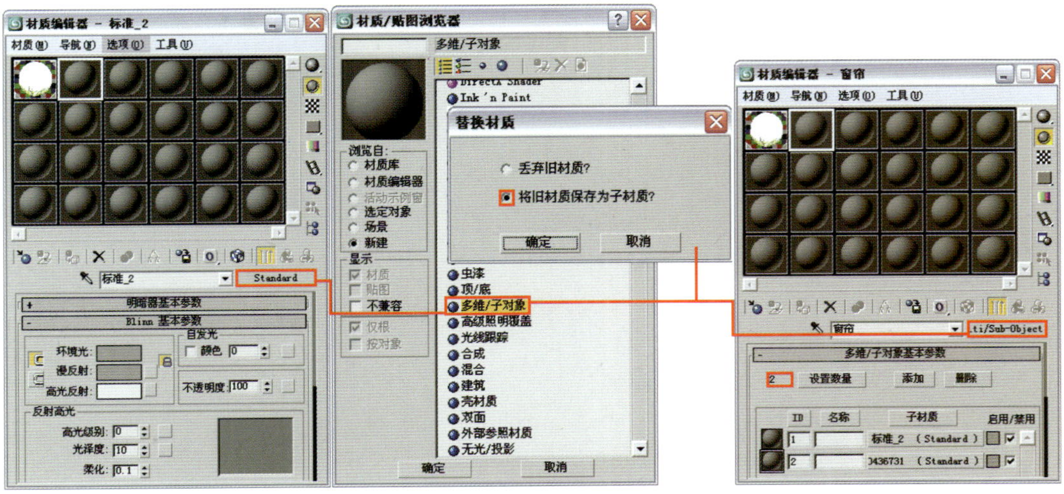

图12.47

Step 06 在“多维/子对象”材质层级中，单击1#材质通道按钮，将其设置为“VRayMtl”材质，并将材质命名为“窗帘边”，再单击“Refract”右侧的贴图通道按钮，为其添加一个“衰减”程序贴图，参数设置如图12.48所示。

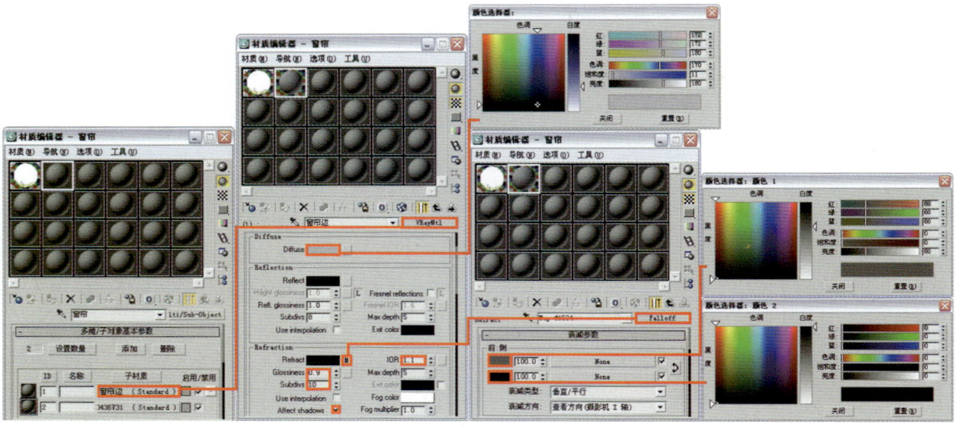

图12.48

Step 07 返回“多维/子对象”材质层级，再单击2#材质通道按钮，将其设置为“VRayMtl”材质，并将材质命名为“窗帘布”，参数设置如图12.49所示。

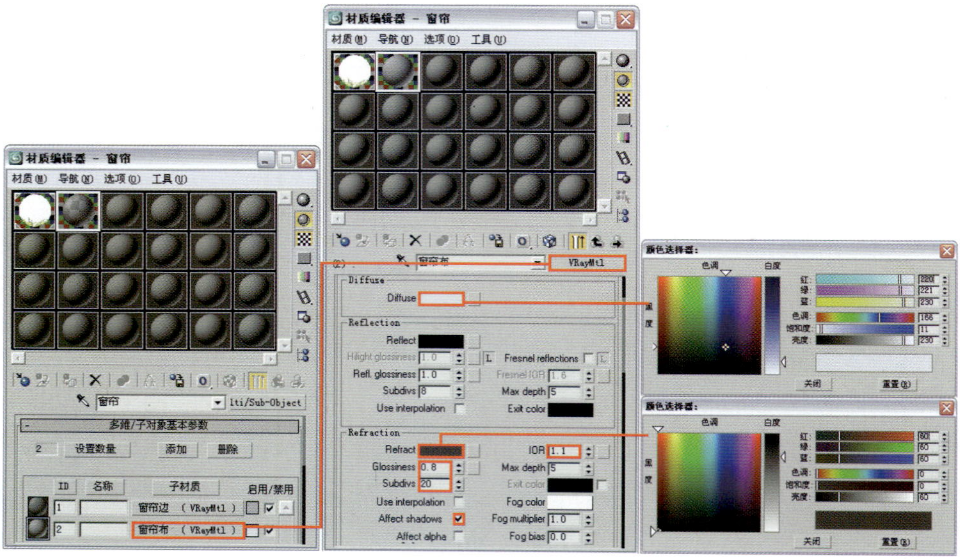

图12.49

Step 08 将材质指定给物体“窗帘”，对摄像机视图进行渲染，效果如图12.50所示。

图12.50

Step 09 设置地毯的材质。选择一个空白材质球，将其设置为“VRayMtl”材质，并将材质命名为“地毯”。单击“Diffuse”右侧的贴图通道按钮，为其添加一个“位图”贴图，具体参数设置如图12.51所示。贴图文件为本书配套光盘中提供的“第12章\贴图 \dt.jpg”文件。

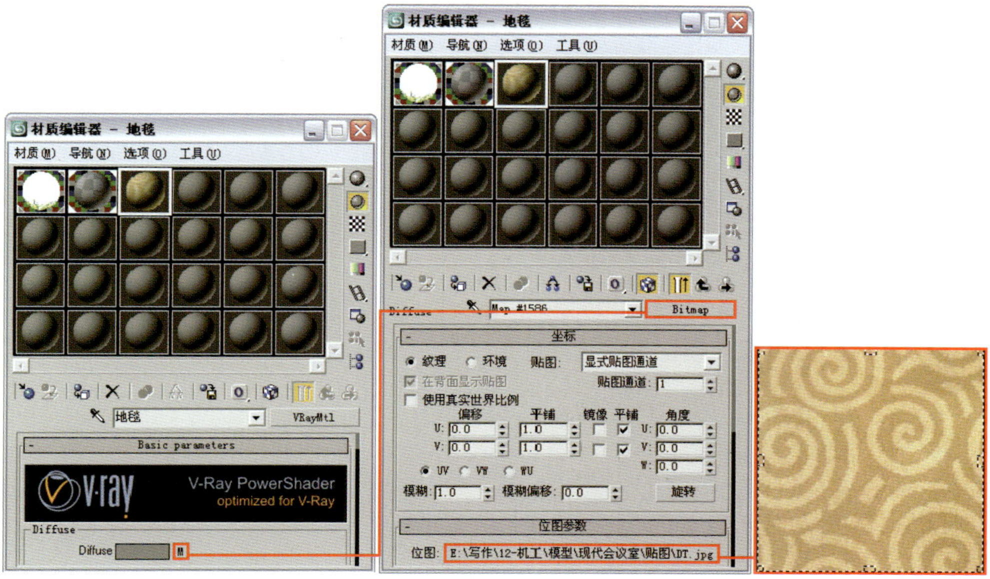

图12.51

Step 10 返回“VRayMtl”材质层级，在“Maps（贴图）”卷展栏中将“Diffuse”右侧的贴图通道按钮拖动到“Displace”右侧的“None”贴图通道按钮上，以“实例”方式进行关联复制，参数设置如图12.52所示。

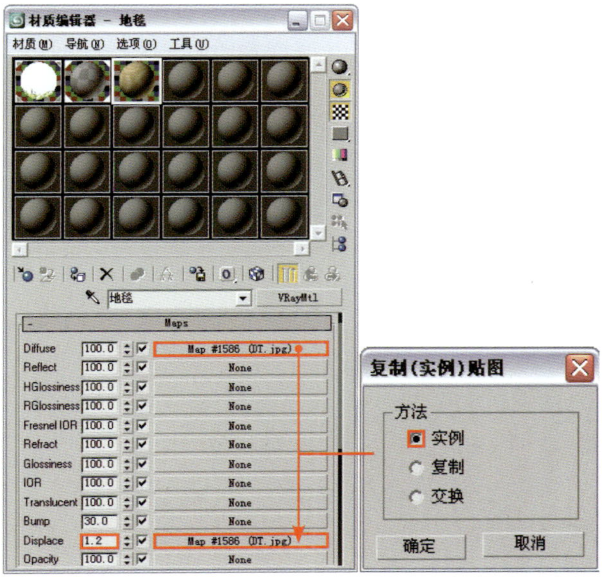

图12.52

Step 11 由于地毯贴图饱和度较高，且所占面积较大，很容易对空间造成大面积色溢，下面为其添加一个 VRayOverrideMtl （VRay替代材质），从而有效的控制地毯色溢。返回“VRayMtl”材质层级，单击 VRayMtl 材质通道按钮，为其添加一个 VRayOverrideMtl 材质，操作及参数如图12.53所示。

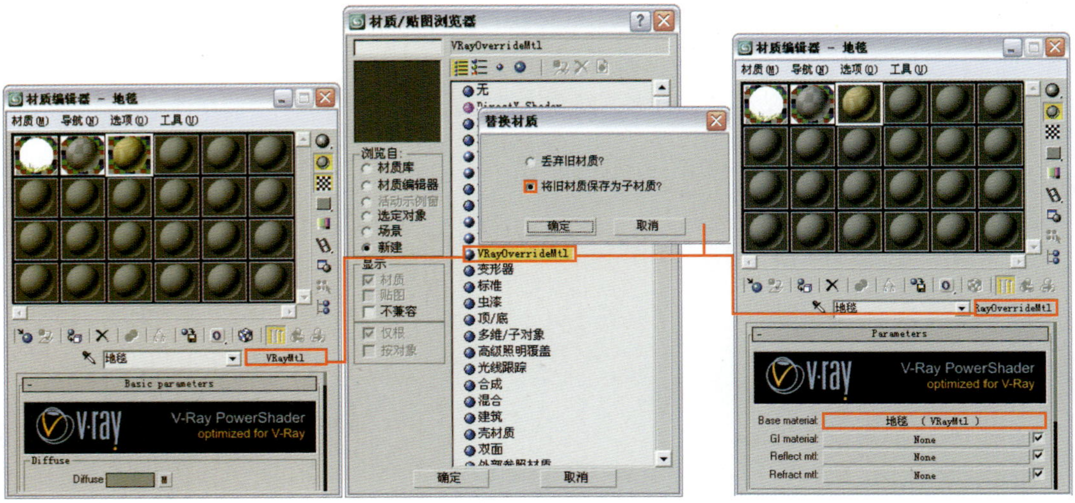

图12.53

Step 12 在VRayOverrideMtl材质层级中，将“Base material”右侧的贴图通道按钮拖动到“GI material”右侧的“None”贴图通道按钮上，进行材质复制操作，如图12.54所示。

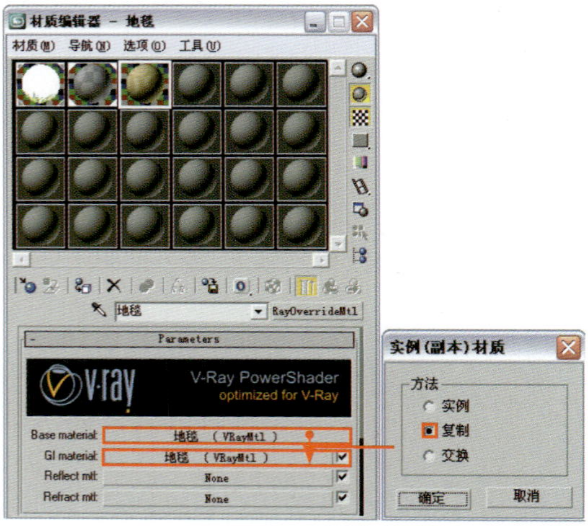

图12.54

Step 13 单击“GI material”右侧的材质通道按钮在当前材质，清除“Diffuse”贴图通道上的贴图，对其颜色进行修改，如图12.55所示。

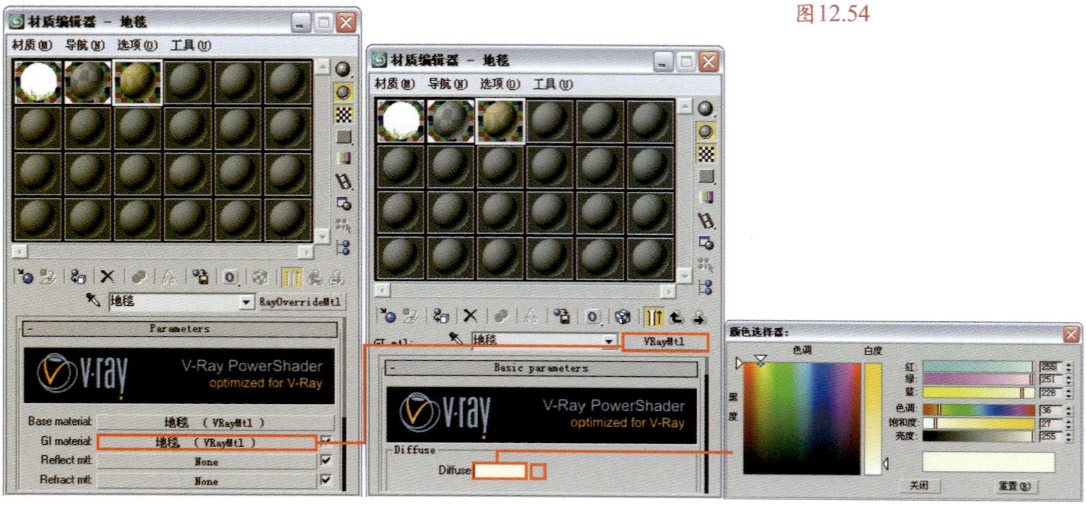

图12.55

Step 14 将制作好的材质指定给物体“地面”，渲染效果如图12.56所示。

图12.56

Step 15 设置墙面壁纸的材质。选择一个空白材质球，将其设置为“VRayMtl”材质，并将材质命名为“壁纸”。单击“Diffuse”右侧的贴图通道按钮，为其添加一个“位图”贴图，具体参数设置如图12.57所示。贴图文件为本书配套光盘中提供的“第12章\贴图\壁纸-1.jpg”文件。

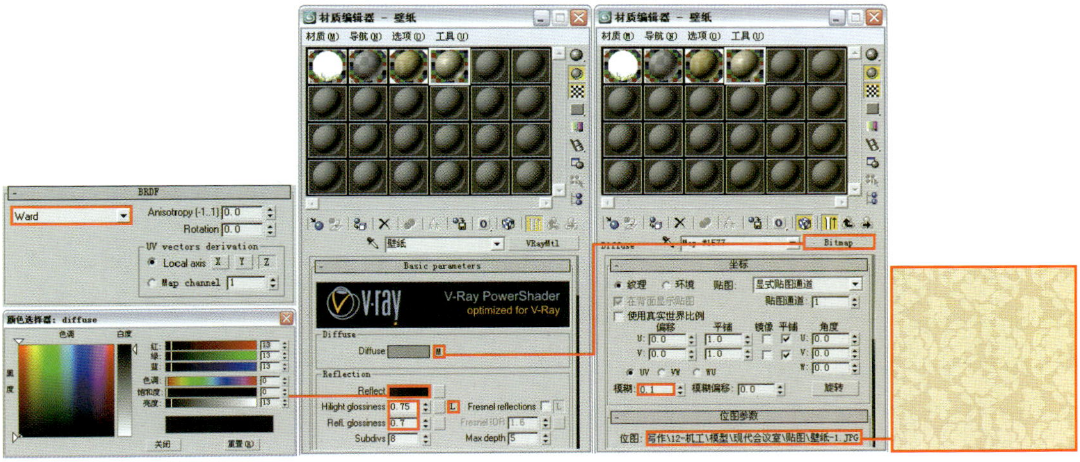

图12.57

Step 16 返回“VRayMtl”材质层级，在“Maps（贴图）”卷展栏中将“Diffuse”右侧的贴图通道按钮拖动到“Bump”右侧的“None”贴图通道按钮上，以“实例”方式进行关联复制，参数设置如图12.58所示。

Step 17 将材质指定给物体“墙面”，对摄像机视图进行渲染，效果如图12.59所示。

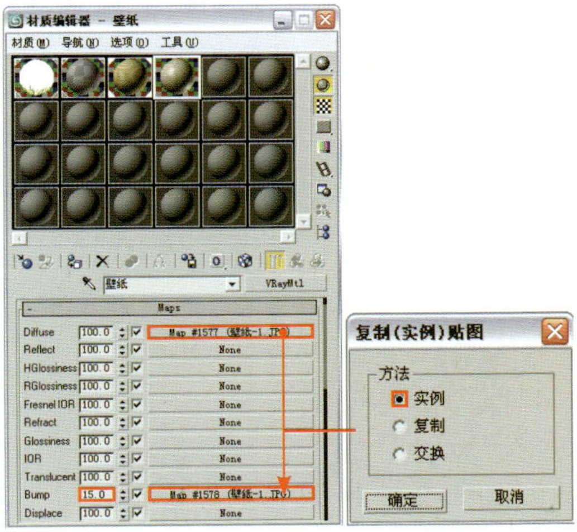

图12.58

图12.59

12.3.2 设置场景木质材质

Step 01 设置墙面的木质造型材质。墙面木质材质分为两部分，ID号已经设置完毕，在此主要对其材质进行设置。选择一个空白材质球，将其设置为“多维/子对象”材质，并将材质命名为“木质造型”，如图12.60所示。

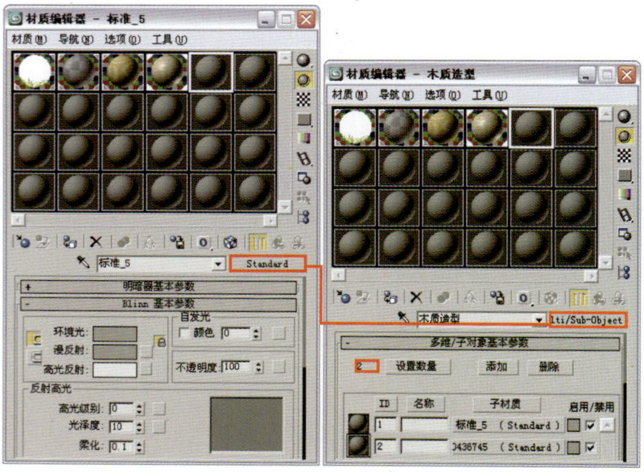

图12.60

Step 02 在“多维/子对象”材质层级，单击1#材质通道按钮，将其设置为“VRayMtl”材质，并将材质命名为“清油木质01”，再单击“Diffuse”右侧的贴图通道按钮，为其添加一个“位图”贴图，参数设置如图12.61所示。贴图文件为本书配套光盘中提供的“第12章\贴图\樱桃木3.jpg”文件。

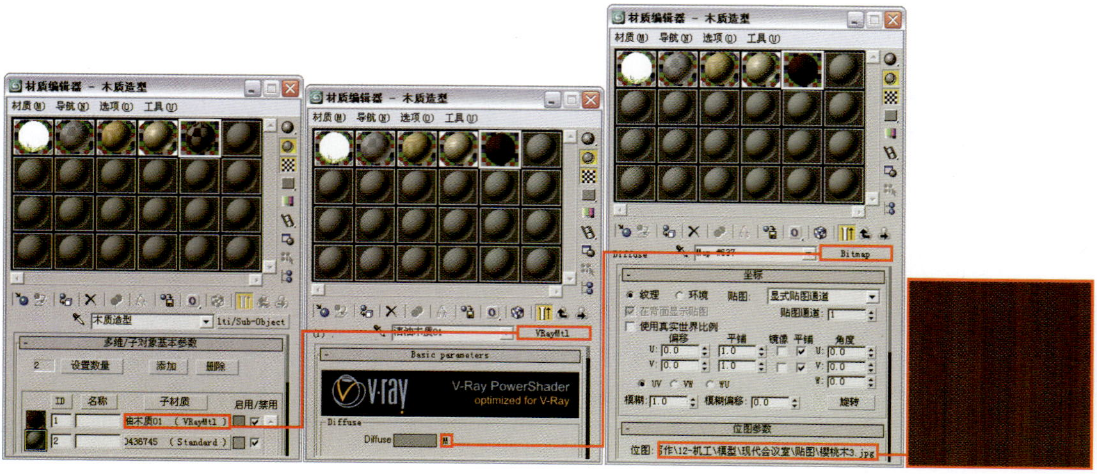

图12.61

Step 03 返回到“清油木质01”的“VRayMtl”材质层级，再单击“Reflect”右侧的贴图通道按钮，为其指定一个“衰减”程序贴图，参数设置如图12.62所示。

Step 04 单击按钮返回到“多维/子对象”材质层级，再单击2#材质通道按钮，将其设置为“VRayMtl”材质，并将材质命名为“不锈钢”，参数设置如图12.63所示。

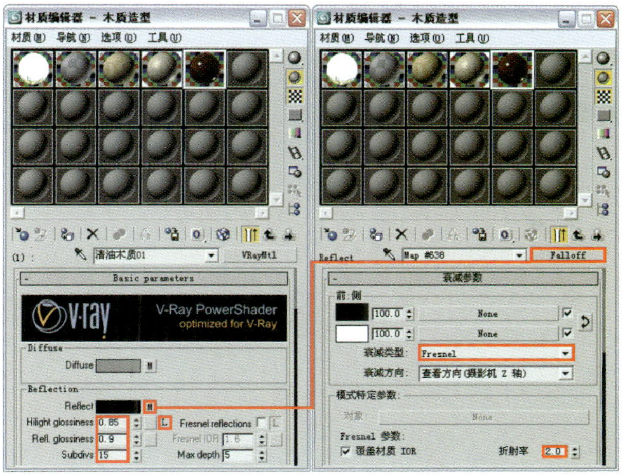

图12.62

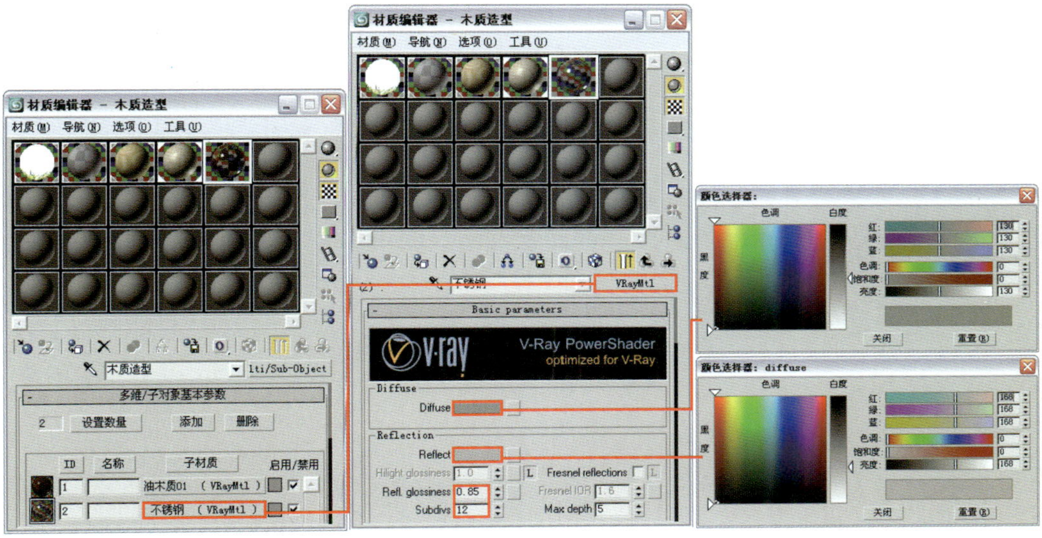

图12.63

Step 05 将制作好的材质指定给物体“造型墙面”，对摄像机视图Camera02进行渲染，效果如图12.64所示。

图12.64

Step 06 设置会议桌的木质材质。选择一个空白材质球，将其设置为“VRayMtl”材质，并将材质命名为“清油木质02”。单击“Diffuse”右侧的贴图通道按钮，为其添加一个“位图”贴图，具体参数设置如图12.65所示。贴图文件为本书配套光盘提供的“第12章\贴图\wood132.jpg”文件。

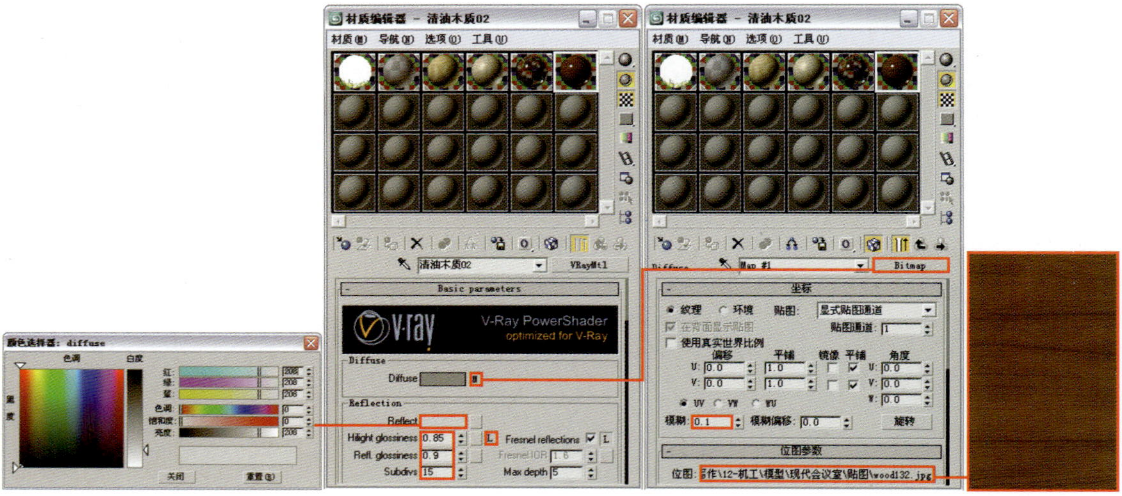

图12.65

Step 07 返回“VRayMtl”材质层级，在“Maps（贴图）”卷展栏中将“Diffuse”右侧的贴图通道按钮拖动到“Bump”右侧的“None”贴图通道按钮上，以“实例”方式进行关联复制，参数设置如图12.66所示。将材质指定给物体“会议桌”，渲染效果如图12.67所示。

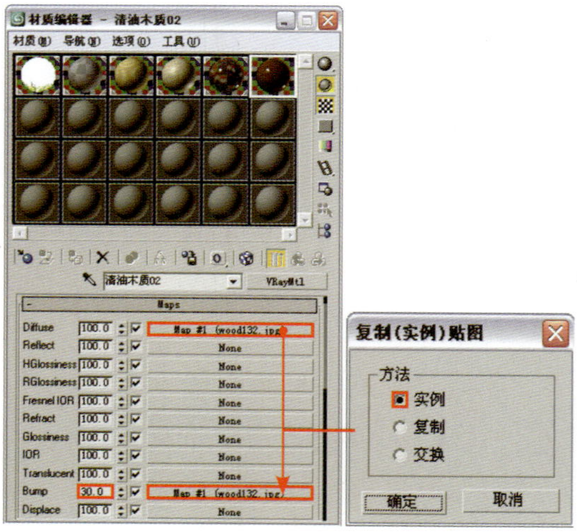

图12.66

图12.67

Step 08 设置黄色波浪板的材质。选择一个空白材质球，将其设置为“VRayMtl”材质，并将材质命名为“波浪板”。单击“Diffuse”右侧的贴图通道按钮，为其添加一个“位图”贴图，具体参数设置如图12.68所示。贴图文件为本书配套光盘中提供的“第12章\贴图 \007.jpg”文件。

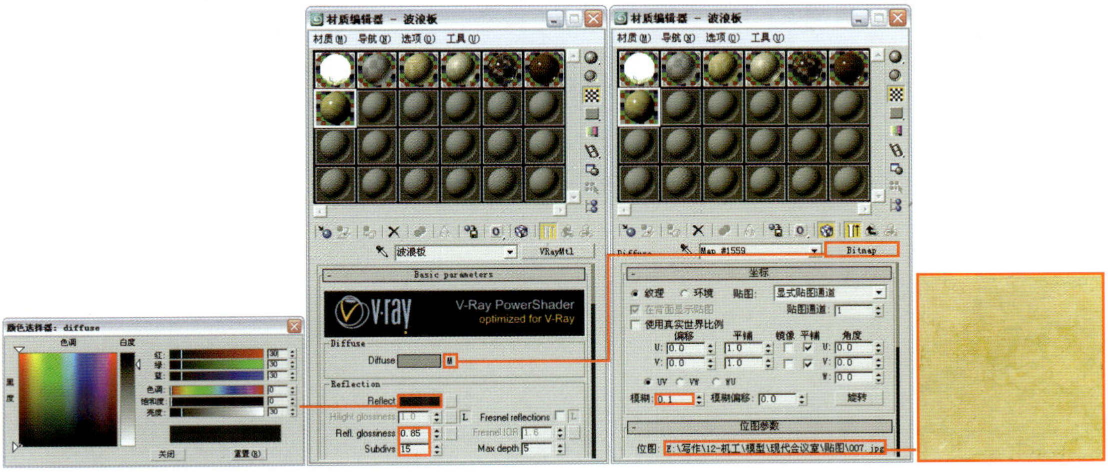

图12.68

Step 09 将材质指定给物体“波浪板”，对摄像机视图进行渲染，效果如图12.69所示。

图12.69

12.3.3 设置场景其他材质

Step 01 设置椅子皮革的材质。选择一个空白材质球，将其设置为“VRayMtl”材质，并将材质命名为“黑皮革”，参数设置如图12.70所示。

Step 02 返回“VRayMtl”材质层级，在“Maps（贴图）”卷展栏中单击“Bump”右侧的“None”贴图通道按钮上，为其添加一个“位图”贴图，参数设置如图12.71所示。贴图文件为本书配套光盘中提供的“第12章\贴图\leather_bump.jpg”文件。

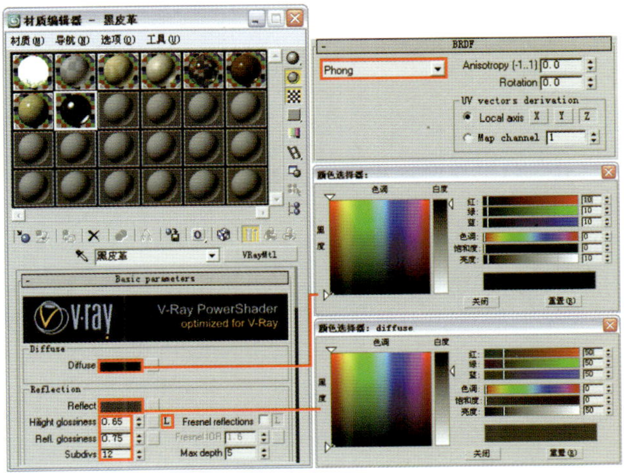

图12.70

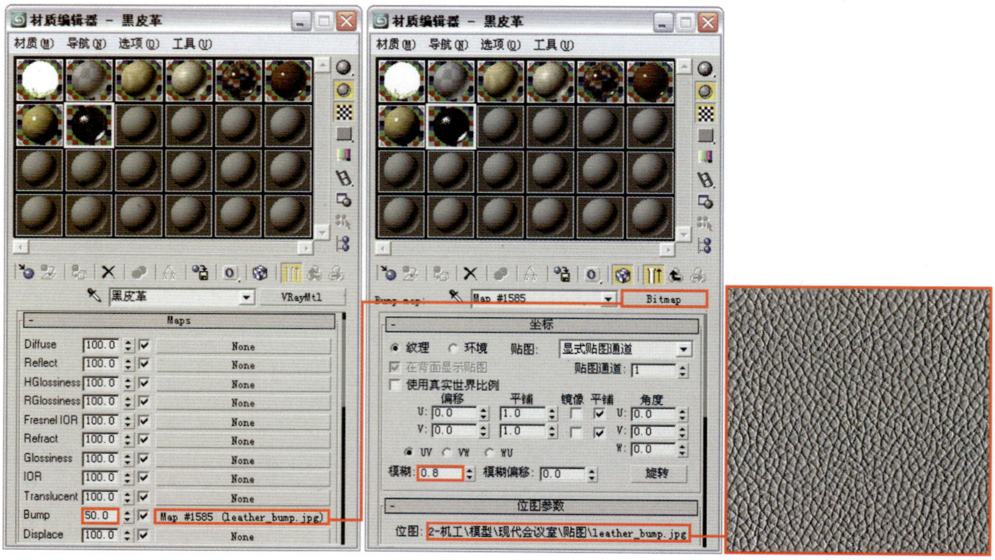

图12.71

图12.72

Step 03 将材质指定给物体“椅子”，渲染效果如图12.72所示。

Step 04 设置椅子腿等金属制品的材质。选择一个空白材质球，将其设置为“VRayMtl”材质，并将材质命名为“金属01”，参数设置如图12.73所示。最后将材质指定给物体“椅腿”，对摄像机视图进行渲染，局部效果如图12.74所示。

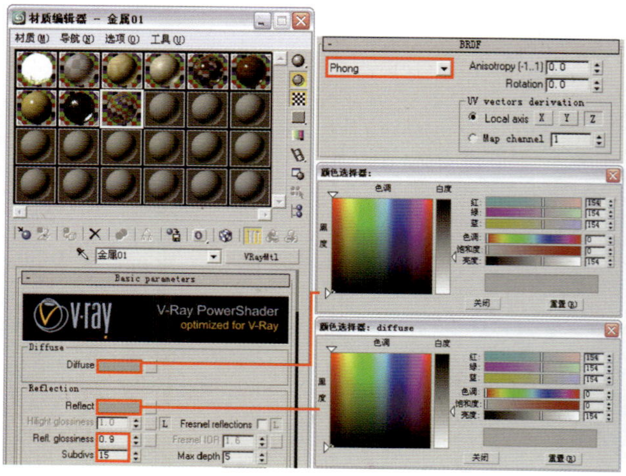

图12.73

图12.74

Step 05 设置装饰背景墙的玻璃材质。选择一个空白材质球，将其设置为“VRayMtl”材质，并将材质命名为“背景墙玻璃”，参数设置如图12.75所示。

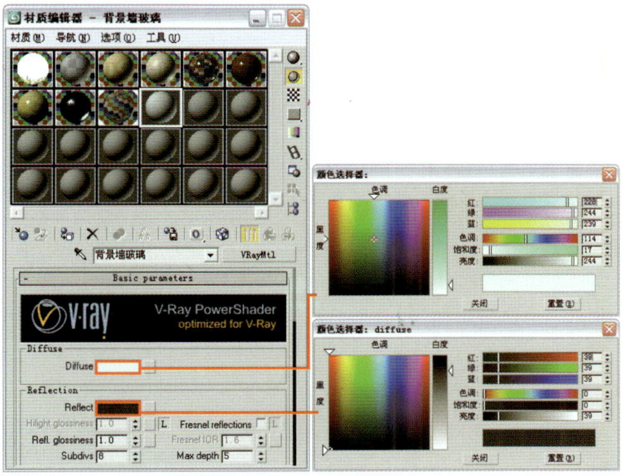

图12.75

Step 06 将材质指定给物体“背景墙玻璃”，渲染效果如图12.76所示。

图12.76

Step 07 设置饮水机水筒的材质。选择一个空白材质球，将其设置为“VRayMtl”材质，并将材质命名为“饮水机水筒”，参数设置如图12.77所示。

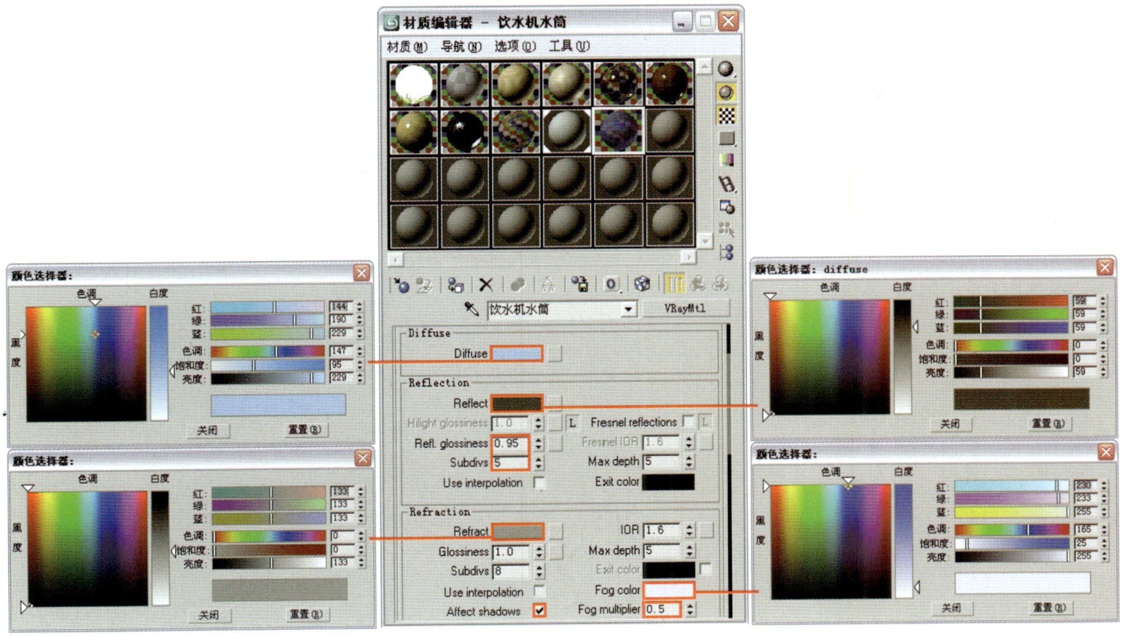

图12.77

Step 08 将材质指定给物体“饮水机水筒”，渲染效果如图12.78所示。

图12.78

至此，场景的灯光测试和材质设置都已经完成。

12.4 最终渲染设置

12.4.1 最终测试灯光效果

材质设置完毕后对场景进行渲染，此时的场景效果如图12.79所示。

图12.79

观察渲染效果发现场景整体太暗，下面将通过提高曝光参数来提高场景亮度，参数设置如图12.80所示。再次渲染效果如图12.81所示。

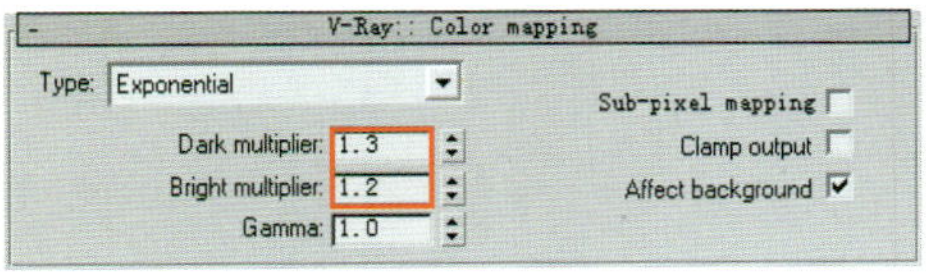

图12.80

图12.81

观察渲染效果，场景光线不需要再调整，接下来设置最终渲染参数。

12.4.2 灯光细分参数设置

Step 01 将场景中用来模拟室外日光的目标平行光的灯光细分值设置为24，如图12.82所示。

Step 02 将场景中用来模拟室外天光的VRayLight的灯光细分值设置为20，如图12.83所示。

Step 03 将模拟吊顶吸吊灯和格栅灯的4盏VRayLight面光源的灯光细分值都设置为16，如图12.84所示。

Step 04 将模拟吊顶顶部筒灯的自由点光源的灯光细分值设置为12，如图12.85所示。

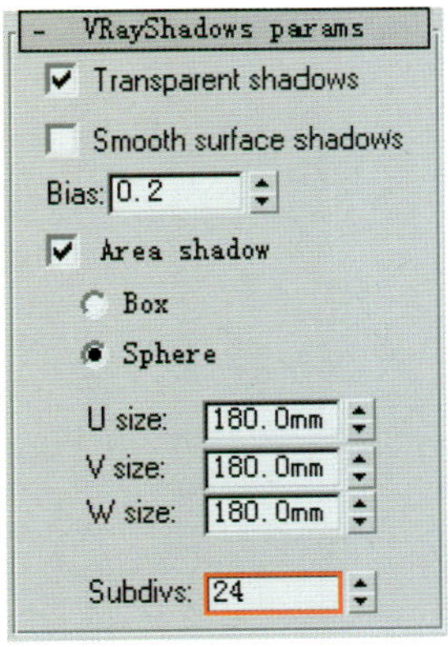

图12.82

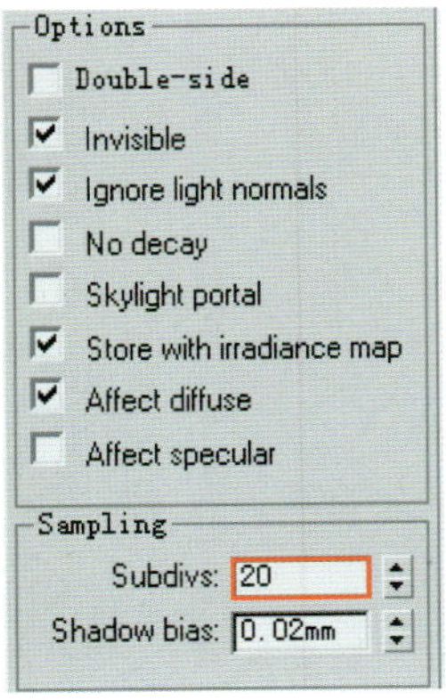

图12.83

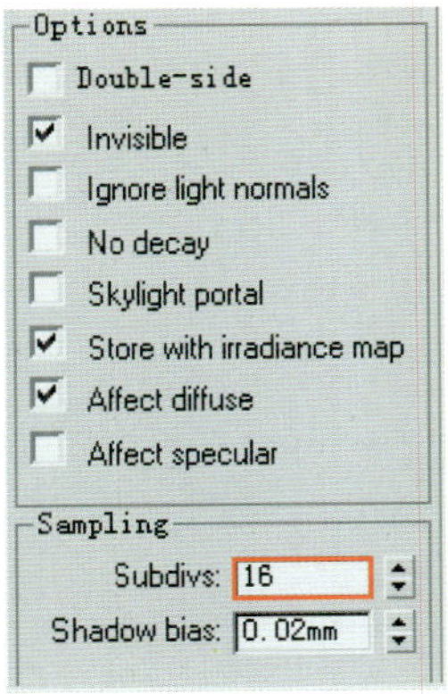

图12.84

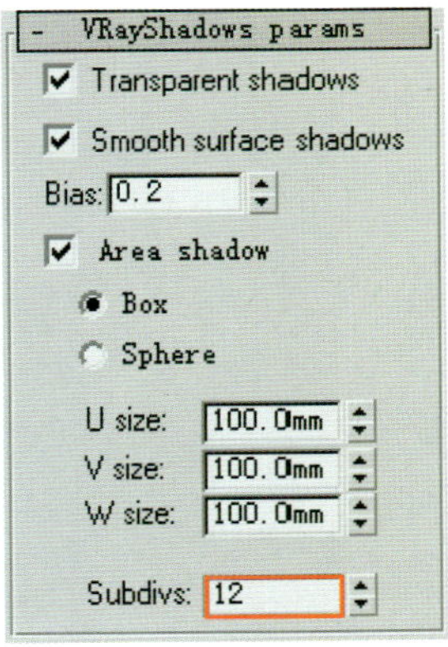

图12.85

12.4.3 设置保存发光贴图和灯光贴图的渲染参数

在前几章中已经多次讲解过保存发光贴图和灯光贴图的方法，在此不再赘述，只对渲染级别设置进行讲解。

Step 01 在 V-Ray:: Irradiance map （发光贴图）卷展栏中设置参数，如图12.86所示。

Step 02 在 V-Ray:: Light cache （灯光缓存）卷展栏中设置参数，如图12.87所示。

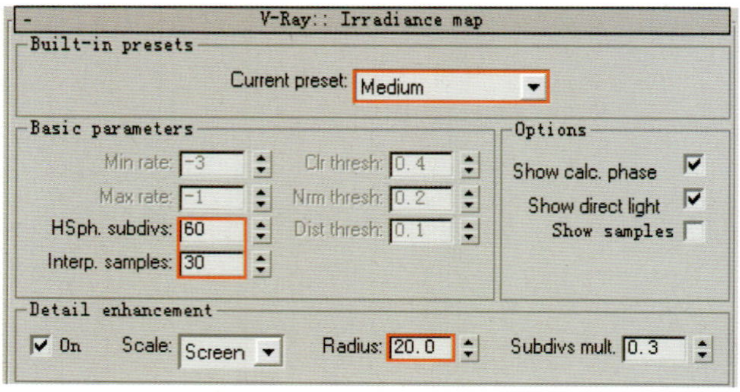

图12.86

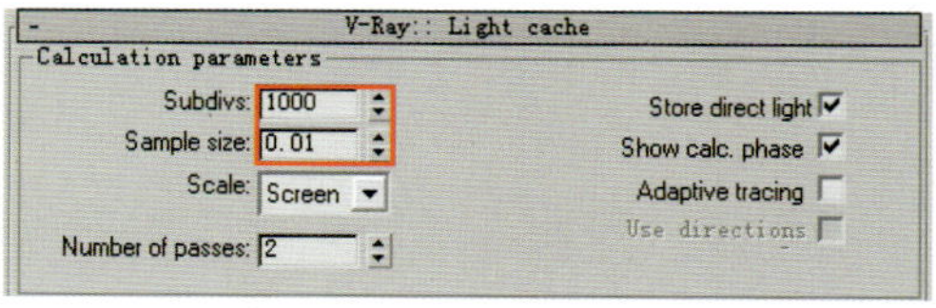

图12.87

Step 03 在 V-Ray:: rQMC Sampler （准蒙特卡罗采样器）卷展栏中设置参数，如图12.88所示，这是模糊采样设置。

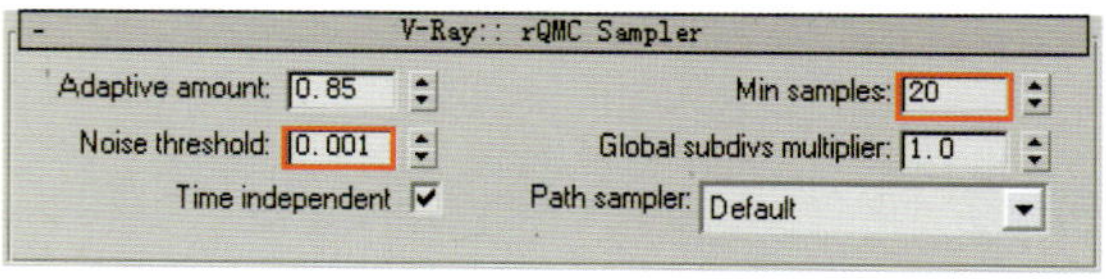

图12.88

渲染级别设置完成后，最后设置保存发光贴图和灯光贴图的参数并进行渲染即可。

12.4.4 最终成品渲染

最终成品渲染的参数设置如下。

Step 01 当发光贴图和灯光贴图计算完毕后，在“渲染场景”对话框的“公用”选项卡中设置最终渲染图像的输出尺寸，如图12.89所示。

Step 02 在 V-Ray:: Image sampler (Antialiasing) 【图像采样（抗锯齿）】卷展栏中设置抗锯齿和过滤器参数，如图12.90所示。

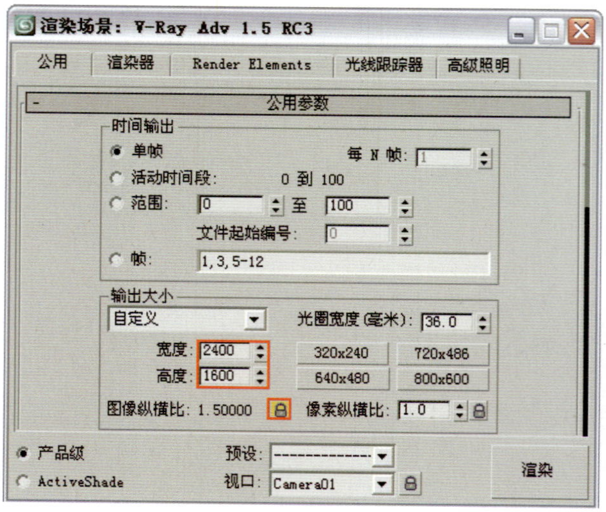

图12.89

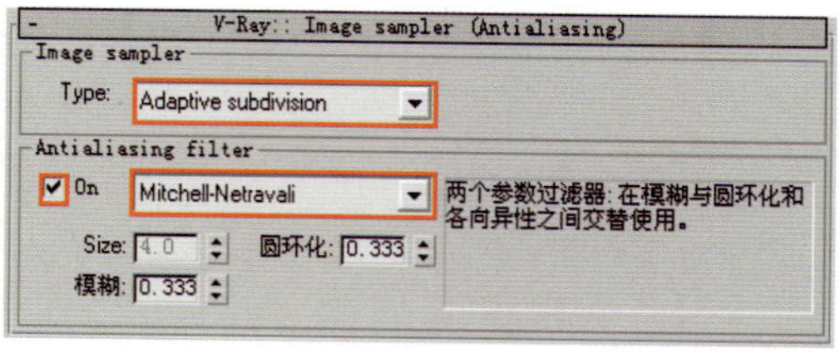

图12.90

Step 03 最终渲染效果如图12.91所示。

图12.91

最后使用Photoshop软件对图像的亮度、对比度以及饱和度进行调整，使效果更加生动、逼真。在前面几章中已经多次对后期处理的方法进行了讲解，在此不再赘述。后期处理后的最终效果如图12.92所示。

图12.92

NOTE

读书笔记